高等职业教育"十四五"规划教材

植物与植物生理

（植物生产类各专业适用）

第3版

杨福林　张　爽　主编

中国农业大学出版社
·北京·

内 容 简 介

本书以被子植物为主线，根据植物生产类各专业核心课程对植物学知识的需要，本着“必需、够用、管用”的原则，主要介绍了植物形态、植物解剖、植物分类、植物生理的基本知识和基本理论以及与后续专业课程相关的综合实训等内容。全书包括绪论和五个模块，每个模块都有模块介绍、教学建议、知识目标、技能目标和专项实训。全书内容简练，通俗易懂，图文并茂。

作为教材的补充和深化，本书在纸质版的基础之上，增加了专项实训参考答案、图片、视频、拓展学习优秀科普书推荐等数字教学资源，不仅有利于帮助老师优化教学资源，还有利于学生自主学习。读者可利用智能手机或平板电脑扫描二维码，获取数字教学资源。

本书可作为高等职业教育植物生产类各专业教材，也可作为相关专业技术人员的参考书。

图书在版编目(CIP)数据

植物与植物生理/杨福林，张爽主编. —3 版. —北京：中国农业大学出版社，2018. 6(2023. 8 重印)

ISBN 978-7-5655-1942-0

Ⅰ. ①植…　Ⅱ. ①杨…　②张…　Ⅲ. ①植物学-高等职业教育-教材　②植物生理学-高等职业教育-教材　Ⅳ. ①Q94

中国版本图书馆 CIP 数据核字(2017)第 271997 号

书　　名　植物与植物生理　第 3 版

作　　者　杨福林　张　爽　主编

策划编辑　郭建鑫　　**责任编辑**　王艳欣

封面设计　郑　川　李尘工作室

出版发行　中国农业大学出版社

社　　址　北京市海淀区圆明园西路 2 号　　**邮政编码**　100193

电　　话　发行部 010-62818525，8625　　读者服务部 010-62732336

编辑部 010-62732617，2618　　出　版　部 010-62733440

网　　址　http://www.caupress.cn　　**E-mail**　cbsszs @ cau.edu.cn

经　　销　新华书店

印　　刷　北京时代华都印刷有限公司

版　　次　2018 年 6 月第 3 版　2023 年 8 月第 3 次印刷

规　　格　787×1 092　16 开本　25.5 印张　635 千字

定　　价　66.00 元

编写人员 CONTRIBUTORS

主　　编　杨福林（河北旅游职业学院）

张　爽（黑龙江农业职业技术学院）

副主编　李　娟（河北旅游职业学院）

任学坤（黑龙江农业职业技术学院）

刘殿红（聊城职业技术学院）

包雪英（河北旅游职业学院）

黄　萍（河南农业职业学院）

编写人员　（按姓氏笔画排序）

包雪英（河北旅游职业学院）

任学坤（黑龙江农业职业技术学院）

刘殿红（聊城职业技术学院）

安文杰（山西林业职业技术学院）

孙龙飞（河南农业职业学院）

李　娟（河北旅游职业学院）

杨福林（河北旅游职业学院）

张　爽（黑龙江农业职业技术学院）

黄　萍（河南农业职业学院）

崔文芳（内蒙古农业大学职业技术学院）

前 言
PREFACE

党的二十大报告提出："坚持农业农村优先发展"，并指出"坚持科技是第一生产力、人才是第一资源、创新是第一动力，深入实施科教兴国战略、人才强国战略、创新驱动发展战略，开辟发展新领域新赛道，不断塑造发展新动能新优势"。这为新时期我国农业现代化发展指明了方向。涉农高等职业院校应全面贯彻党的教育方针，落实立德树人根本任务，积极为农业农村发展培养和输送创新型、实干型人才。

"植物与植物生理"是以植物为研究对象，以形态、解剖、分类、植物与环境之间相互关系为内容的一门基础学科，是高职高专院校植物生产类各专业的一门重要专业基础课程。该课程要为后续专业核心课奠定知识和能力基础，同时也为学生以后从事专业工作提供必要的知识和技能。根据《国家中长期教育改革和发展规划纲要(2010—2020 年)》、教育部《高等职业教育创新发展行动计划(2015—2018 年)》的有关精神，按照中国农业大学出版社高职教材建设的有关要求，在中国农业大学出版社的组织和指导下，我们对高职高专教育"十二五"规划建设教材《植物与植物生理》(第 2 版)进行了修订。在不改变教材性质和主体内容的前提下，根据植物生产类各专业核心课程对植物学知识的需要，本着"必需、够用、管用"的原则，我们对《植物与植物生理》原教材各章节进行了拆分和重新整合，即把性质相同和有内在联系的教学内容组成一个相对独立的主题教学内容，即"模块"。分成教学模块后，各模块可根据季节进行教学安排，如植物形态和植物分类模块可结合植物生长季节进行实物教学、现场教学、项目教学等。教学内容模块化后，就其学习内容而言，整体内容的各个组成部分都有较强的联系，可说明和解决某一方面的问题；就学生而言，在学完一个单元后，能对单元的共同目标有清晰而全面的整体把握。同时，植物分类模块可与其他专业基础课和专业核心课紧密结合进行相关的实验，还可进行一些拓展性、探究性试验研究。

课程的基本理念是树立以教师主导、以学生为主体的教学观和学习观，让学生真正成为学习活动中的主人；遵循建构主义的学习观和教学观，边学边做，在做中教、做中学；帮助学生形成自主学习的能力和树立终身学习的理念。

该课程的知识目标是能熟悉植物器官形态特征，能掌握植物解剖构造；了解植物类群和常见被子植物种类，会采集制作植物标本，会利用植物分类工具书识别当地常见植物；能理解植物生命活动规律，正确利用植物生理知识调控植物生长发育。技能目标是学会植物及植物生理所涉及的相关技能，并且能利用所学的植物与植物生理知识分析和解决某些生活、生产或社会实际问题，有一定的观察能力、科学思维能力和不断获取新知识的能力，具有较高的与人交流、合作的能力，有一定创新精神和社会实践能力。

参加本书编写工作的人员为相关院校长期从事植物教育的专家和一线骨干教师，编写内容按照每位教师相对专长的研究领域进行分工，保证教材内容能反映相关领域的最新成果。本书分正文、实验实训和附录三个部分。杨福林编写绪论，模块五学习单元二；张爽编写模块二的学习单元一，实验实训一、二、三、四；李娟编写模块三，模块四学习单元一的水分代谢，实验实训九、十，附录；任学坤编写模块一的学习单元二，学习单元三，模块四学习单元一的矿质营养，实验实训十一；刘殿红编写模块二的学习单元二，实验实训五、六、七；包雪英编写模块四学习单元一的光合作用，学习单元二的生殖生理，实验实训十二、十三、十四、十九、二十；黄萍编写模块四学习单元二的生长物质、生长生理，学习单元三，实验实训十六、十七、十八、二十一；安文杰编写模块一的学习单元一，模块五学习单元一；孙龙飞编写模块四学习单元一的呼吸作用，实验实训十五；崔文芳编写模块二的学习单元三，实验实训八，模块五的学习单元三。全书由杨福林统稿，李娟负责图表总体编绘、文字排版和二维码数据源内容整理（1.5 万字），最后由张爽审定全稿。编写团队院校制作了详细的讲义（ppt）文件，以便订书院校师生参考，请订书院校电询出版社索取。

本书在编写过程中得到了中国农业大学出版社和河北旅游职业学院的支持和指导，也得到了各位编者所在单位领导和同行的支持和关心，同时，我们在编写过程中也参考了国内外有关研究人员的成果和相关图片，在此一并表示感谢。由于编写者水平有限，书中缺点和错误之处在所难免，恳请专家以及使用本书的师生提出宝贵意见。

编　者

2023 年 8 月

目录 CONTENTS

模块三 植物类群和被子植物分类

模块四 植物生理

模块五 植物形态、分类教学实习

绪论

一、植物的多样性和我国的植物资源

地球上到处都能追寻到植物的踪迹，上至高山之巅，下至大海深处，分布十分广泛。目前已发现的植物种类约有50万种，包括藻类、菌类、地衣、苔藓、蕨类、种子植物等，这些植物的形态结构、生活习性以及对环境的适应性各不相同，但均具有植物的基本特征：①细胞具有细胞壁；②多数植物可进行光合作用，是自养生物；③生长发育可持续进行，分生组织可以不断产生新组织和新器官，具有无限生长的特性；④植物的生活细胞具有全能性，在适宜条件下，一个体细胞可以生长和分化为一个完整的植物体；⑤陆生植物终生被固定一地，对变化的环境不能做出应激反应，植物也因而形成了对不良环境的耐性和抗性等类型。

在地球复杂多变环境的影响下，植物出现了多种多样的类型。植物的多样性表现在以下几方面：①形态结构、生活习性以及对环境的适应性各不相同，有低等植物、高等植物；直立型、攀援型；水生、陆生；一年生、二年生、多年生；草本、木本等。②个体大小差别巨大，最小的植物体仅有一个细胞（衣藻），常见的花草树木则是多细胞有组织分工的复杂生物。③植物还分为绿色植物和非绿色植物。绿色植物能进行光合作用，自养，如自然界常见的大多数植物；非绿色植物不能进行光合作用，异养，如天麻和寄生成功的菟丝子。

如今地球上的植物都是经由自然选择形成的，其进化的一般趋势是：从水生到陆生、由简单到复杂。根据植物的进化程度可以把植物界分为两大类：无根茎叶分化的低等植物和有根茎叶分化的高等植物，这是按照林奈18世纪的二界法进行的分类，称为二界说；但植物界划分还存在不同说法，常见的还有三界、四界、五界、六界说。

我国地域广阔，跨越多种气候地带，地形复杂多变，植物资源十分丰富，已知高等植物就有3万多种。例如，裸子植物全世界共有13科，700种；我国就有12科，300多种。我国特有的银杏、水松、水杉被称为植物活化石，水稻、谷子、大豆、桃、梨、杨梅、荔枝、枇杷、柑橘、茶、桑、油桐、苎麻、牡丹、芍药均为我国原产，药用植物上千种，特产经济植物种类众多。

二、植物在自然界和人类生活中的作用

绿色植物通过光合作用，将二氧化碳和水这些简单的无机物合成碳水化合物，并释放氧气；又以碳水化合物为骨架将根吸收的矿质元素合成蛋白质、核酸和脂类等生物大分子；在植物的各种代谢过程中还产生多达数千种的代谢产物。这一过程积蓄了太阳能，是地球上所有生物能量及食物的来源；放出了氧气，保证大气中氧气含量的相对稳定；各种植物代谢产物使植物成为人类治疗疾病的重要药物来源。非绿色植物的矿化分解，将复杂的有机物分解成简单的无机物，能促进自然界物质循环，被绿色植物再次利用。此外，植物在净化环境、减少污染、防风固沙、水土保持等方面具有重要作用。可以说，植物促使自然界进行物质循环，人类不可缺少的物质资源（工、农、医、交通等）——粮、棉、油、麻、丝、茶、糖、菜、烟、果、药、杂等都与植物有直接或间接关系。

三、植物学研究内容及分支学科

植物学是研究植物的形态结构、生理机能、生长发育、遗传进化、分类系统及生态分布的生物科学。研究内容是植物形态结构的发育规律;植物生长发育的基本特性;植物类群进化与分类;植物与环境的相互关系等。研究的目的在于全面了解植物,更好地利用植物和保护植物,为人类的生产和生活服务。

植物学在发展过程中形成了很多分支科学,主要有植物分类学、植物形态学、植物解剖学、植物生理学、植物遗传学、植物生态学。

植物分类学:研究植物种类鉴定、亲缘关系,对植物进行分类的科学。

植物形态学:研究植物的外部形态、形态建成规律及其与环境之间关系的科学。

植物解剖学:研究植物的内部构造、构造建成规律及其与生理机能的关系的科学。

植物生理学:研究植物生命活动规律及其与环境之间关系的科学。

植物遗传学:研究植物遗传和变异规律的科学。

植物生态学:研究植物与环境相互关系的科学。(又分为个体生态学、群落生态学、生态系统学等)

除此之外还有:古植物学、花粉植物学、植物地理学等。

四、学习本课程的目的和方法

(一)学习目的

植物与植物生理是植物生产类各专业的一门专业基础课,通过系统学习植物形态、构造、分类、生理等相关知识,将为进一步学习各门专业课打基础,同时也为进一步解决生产实际问题,合理开发、利用和改造植物奠定基础。

(二)学习方法

1.用辩证的方法去理解形态、结构及发育规律

把握知识间的内在联系(形态结构与生理、共性与个性等)。

2.注意了解本课新成就、新发展动向

经常查阅学术期刊和参考书,浏览相关网站,掌握植物科学的新信息。

3.建立立体概念和动态发育的观点

植物有机体是一个完整的整体,个体成长需一系列生长发育过程;植物种类繁多,类群复杂,它们是在自然界中经过长期演化而来的,所以要用由低级到高级的演化观去理解问题。

4.注意理论联系实际

加强实验实训,加深对知识的理解,为后续课程学习打下坚实基础。

模块一　植物器官形态特征

学习单元一　根茎叶的形态及变态

学习单元二　花果形态及种类

学习单元三　种子和幼苗

模块介绍：

本模块包括3个学习单元：

1. 根、茎、叶的形态及变态，以几种典型植物来介绍植物根、茎、叶的形态和营养器官变态。

2. 花、果形态及种类。

3. 种子和幼苗。

教学建议：

本阶段学习时间为新生入学至初冬（或第二年春季），此时户外有较多新鲜植物材料可以利用。学习内容主要是植物根、茎、叶、花、果实及种子等的外部形态特征，以及幼苗的类型。这部分内容应采用现场教学、实物教学、多媒体教学、任务驱动法、项目教学法等多种教学方法，通过现代教学手段和传统教学方法相结合，完成教学和学习任务。另外，建议组织学生以小组为单位，开展与课程相关的课余活动。如到实验室和校园周围，学习和识别植物各器官形态特征；采集制作植物各器官的形态标本，并进行拓印学习；种植和培养植物幼苗供教学用等。通过这些活动使学生逐步养成自主学习、合作学习的习惯，以小组为单位开展系列活动，还可培养学生与人交流和沟通的能力。模块一建议10～12学时。

知识目标：

1. 掌握根、茎、叶的形态及变态类型，营养器官的功能及价值；

2. 掌握被子植物花各部分形态及类型，熟悉花序类型，了解花在植物分类中的意义，理解花程式和花图式的含义；

3. 掌握果实类型及其传播途径；

4. 了解种子构造和类型，掌握种子萌发条件、萌发过程和幼苗类型。

技能目标：

1. 有收集和利用课内外的图文资料及其他信息的能力；

2. 具备一定的科学实验能力，在科学探究中发展合作能力、实践能力和创新能力；

3. 学会植物标本拓印技术、植物形态标本制作技术、幼苗培养技术，能识别幼苗类型。

Project 1

根茎叶的形态及变态

植物的形态结构是在长期的进化过程中逐渐形成的。在高等植物(除苔藓植物外)中,由多种组织组成,具有显著形态特征并能够行使特定生理功能的部分,称为器官。植物的器官可分为营养器官和生殖器官。营养器官包括根、茎和叶三部分,它们共同承担着植物体的营养生长,并为生殖器官的分化形成提供物质基础。

一、根

根是植物长期适应陆地生活而形成的地下营养器官。它具有固着、吸收、输导、合成、贮藏的功能,少数植物的根也有繁殖作用。

(一)根的功能及价值

1.根的主要生理功能

(1)固着作用　被子植物通过庞大的根系来固定植株,支持高大、分枝繁多的茎叶系统,既固定了植物,也固定了土壤。

(2)吸收作用　根是重要的吸收器官,根毛能从土壤中吸收水分及溶于水中的营养物质,供植物地上部分生长、发育的需要。

(3)输导作用　根从地下吸收的水分和无机盐,通过根的维管组织输送到枝叶,而叶所制造的有机养料,最后经根维管组织输送到根的各部分。

(4)合成作用　根能合成多种有机物,至少有十余种氨基酸以及植物碱、有机氮和某些激素是在根中合成的。

(5)贮藏和繁殖作用　根内的薄壁组织较发达,可贮藏大量的营养物质。有些植物的根可以产生不定芽而萌发为新枝,可进行植物的营养繁殖。

2. 根的价值

根除了生理功能外,有些植物的根还可以入药,如槐树、枣树的根;有些植物的根含有丰富的营养,可以食用,如牛蒡、桔梗的根;还可以以树根(包括树身、树瘤、竹根等)为对象进行根雕创作,通过艺术手法进行加工,赋予其艺术价值;由于根系的生长特性,可以防风固沙,有一定的生态价值。

(二)根的种类

根据根的来源将根分为主根和侧根。种子萌发时,胚根突破种皮,向下生长形成的根称为主根。主根上产生的各级分支都称为侧根,侧根上也能产生新的分支;根据根的位置将根分为定根和不定根。由于主根和侧根发生于植物体的固定部位,所以又称为定根。有些植物能从茎、叶、老根和胚轴上产生根,这种根没有固定的着生位置,称为不定根。

(三)根系及在土壤中的分布

植物体全部根的总和称为根系。根系有直根系和须根系两种基本类型(图 1-1)。直根系主根发达粗壮,垂直向下生长,侧根较细小,能够明显将二者区分开。裸子植物和大部分双子叶植物的根系属于直根系,如油松、棉花、大豆等。须根系无明显的主根和侧根之分。主根不发达或早期停止生长,主要由茎基部生出许多粗细相似、丛生如须状的不定根组成,因此称为须根系,单子叶植物的根系属于须根系,如小麦、吊兰等。

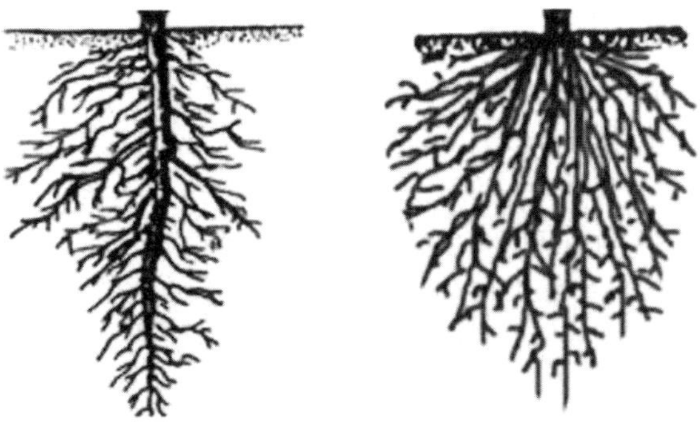

图 1-1　直根系(左)与须根系(右)

根系在土壤中的分布状况和发展程度对植物地上部分的生长、发育极为重要。植物地上部分枝叶的发展和根系的生长常常保持一定的平衡。植物根系和土壤接触的总面积通常超过茎叶面积的 5～15 倍。果树根系在土壤中的扩展面积一般都超过树冠范围的 2～5 倍。

依据根系在土壤中的分布深度,可分为深根系和浅根系两类。深根系主根发达,向下垂直生长,深入土层可达 3～5 m,甚至 10 m 以上,如大豆、蓖麻、马尾松等。浅根系主根不发达,侧根或不定根向四面扩张,并占有较大面积,根系主要分布在土壤的表层,如小麦、水稻等。

根系在土壤中的分布,除因植物种类不同外,还受环境条件的影响。同一作物的根系,生长在地下水较低、通气良好、肥沃的土壤中,根系就发达,分布较深;反之,根系就不发达,分布较浅。此外,人为的影响也能改变根系的深度。如植物苗期的灌溉、苗木的移栽、压条和扦插等易形成浅根系。种子繁殖、深层施肥易形成深根系。因此,在生产中,应掌握各种植物根系的特性,并为根系的发育创造良好的环境,促使根系健全发育,为地上部分的繁茂和稳产高产打下良好基础。

(四)根的变态

植物的营养器官由于长期适应环境条件的变化,在形态结构及生理功能上发生了极大的改变,并以此成为该种植物的遗传特性,这种变化称为变态。根的变态主要有贮藏根、气生根和寄生根(图 1-2)。

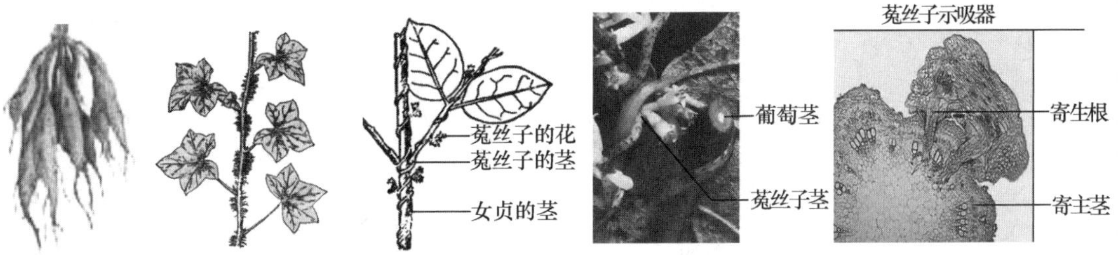

贮藏根　　气生根　　寄生根

图 1-2　变态根

1. 贮藏根

贮藏根外形肥大，贮藏大量的营养物质。可分为肉质根和块根。肉质根的主根肥大肉质，其内的薄壁细胞中贮存大量养料，可供植物越冬和次年生长之用，也是食用的部分。如萝卜、胡萝卜。块根由侧根或不定根的局部膨大而成，形似块状。如甘薯、何首乌等。

2. 气生根

暴露在空气中，能正常生长的不定根称为气生根。可分为支持根、攀援根和呼吸根。有些植物如玉米，从茎基部的节上长出许多不定根，并向下伸入土中，形成能够支持植物体的辅助根系，称为支持根，同时能吸收水分和无机盐。有些植物如常春藤，茎细长柔软不能直立，茎上产生不定根，可将其固定在墙壁或其他物体上，称为攀援根。部分沼泽或热带海滩地带的植物如红松，长期生长在泥水中，有部分根垂直向上生长，通过根中发达的通气组织，进行呼吸作用，称为呼吸根。

3. 寄生根

寄生植物如菟丝子、桑寄生等常寄生在寄主植株上，根发育为吸器伸入寄主体内，它们的维管束与寄主植物的维管束相连接，以此吸收寄主的水分和养料而生存。

二、茎

茎是植物联系根、叶以及输导水分、无机盐和有机养料的轴状结构。除少数生于地下外，一般是植物体生长在地上的营养器官之一。

（一）茎的功能及价值

茎是植物体的枝干，和根共同支撑着植物体；茎将根吸收的水分和无机物向上输送到植物体的上部器官，同时将光合作用合成的有机物向下输送；有些植物的幼茎含叶绿体，能进行光合作用；有些植物的茎具有贮藏营养物质和繁殖的作用；有些植物的茎可药用。

（二）茎的形态

1. 枝条及形态

着生叶和芽的茎称为枝条。茎上着生叶的部位，称为节。两个节之间的部分，称为节间。叶片与枝条之间所形成的夹角称为叶腋，叶腋处和茎顶端常有芽。多年生落叶乔木和灌木，当叶子脱落后，在枝条上留下的疤痕（叶柄痕迹）称为叶痕。叶痕中的小突起是叶柄和茎间的维管束断离后的痕迹，称叶迹（又称维管束痕）。春季顶芽萌发时，芽鳞脱落，留下许多密集的痕迹，称为芽鳞痕。芽鳞痕环绕在枝条周围，根据它可以辨别茎的生长年龄和生长量。在木本植物的枝条上还有皮孔，它是茎内组织与外界进行气体交换的通道（图 1-3）。

节间较长的正常枝条，称为长枝；节间短缩，各个节间紧密相接，甚至难于分辨的枝条，称为短枝。如银杏、金钱松、雪松、梨和苹果等均有明显的长短枝之分（图 1-4）。有些草本植物节间短缩，叶排列成基生的莲座状，如马蔺、车前、蒲公英等。

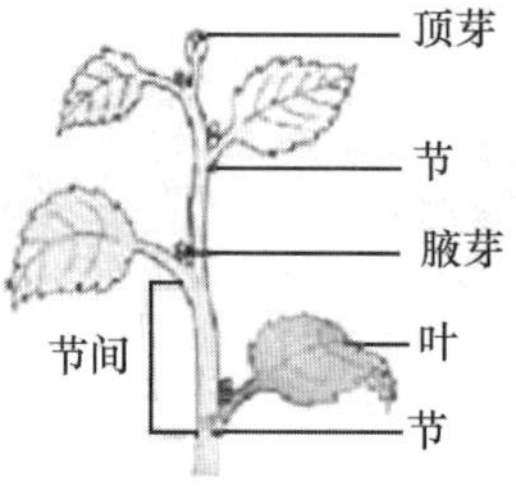

图 1-3　茎的形态

图 1-4　金钱松的长短枝

2. 茎的质地

有些植物的茎含有大量的木质素，一般比较坚硬，常把这类植物称为木本植物。它们又可分为：乔木，有明显主干的高大树木，如杨树、松树等。灌木，主干不明显，比较矮小，常由基部分枝，如月季、蔷薇、紫荆等。还有些植物的茎含有木质素较少，常把这类植物称为草本植物。这类植物又可分为：一年生草本植物：生活周期在本年内完成，并开花结果，结束其生命。如水稻、棉花等。二年生草本植物：生活周期跨越两个年份，即第一年生长，第二年才开花结果后枯死。如冬小麦、白菜、萝卜等。多年生草本植物：植物的地下部分能生活多年，每年都发芽生长。如芦苇、紫苜蓿等。茎肉质肥厚多汁者称肉质茎。如仙人掌、芦荟、景天等。

（三）芽及类型

植物的枝条和花都是芽发育形成的，因此，芽是枝条、花或花序的原始体。根据着生位置、性质、结构、生理状态等不同，可将芽分为以下类型。

1. 按芽的位置分为定芽和不定芽

发生在茎的顶端和叶腋的芽即顶芽和腋芽（侧芽），称为定芽。发生在根、叶或茎的其他部位（茎顶或叶腋外）的芽，称为不定芽。一般一个叶腋内有一个腋芽；有些植物的腋芽不止一个，多个腋芽并列着生，称为并生芽，如桃；多个腋芽呈垂直方向而生，称为叠生芽，如忍冬属植物；有的腋芽生长在叶柄基部内，称为柄下芽，如悬铃木、刺槐等。

2. 按芽的性质分为枝芽、花芽和混合芽

芽萌发后形成枝、叶的称枝芽（或叶芽）。芽萌发后形成花或花序的称花芽。芽萌发后既可以发育成枝、叶，又能形成花或花序的，称为混合芽，如梨、苹果等的芽。

3. 按芽鳞的有无分为鳞芽和裸芽

多数多年生木本植物的芽越冬时，外面包有幼叶变成的芽鳞，芽鳞上常有蜡层、绒毛等附属物，以保护芽越冬，这种芽称为鳞芽，如悬铃木、卫矛等。一年生植物、多数二年生植物和少数多年生木本植物，芽外面没有芽鳞包被，称为裸芽，如稻、麦及木本植物枫杨等。

4. 按芽的活动性分为活动芽和休眠芽

活动芽是正常萌发的芽，指在当年形成，当年或次年春天萌发的芽。一年生草本植物，当年由种子萌发生出的幼苗，逐渐成长至开花结果，植株上多数芽都是活动芽。温带的多年生木本植物，在生长季节一般只有顶芽或距顶芽较近的腋芽萌发形成枝、叶或花、花序，这部分芽为活动芽；而距顶芽较远的腋芽不萌发，保持休眠状态，这部分芽为休眠芽或潜伏芽。

一个具体的芽，分类根据不同，可以有不同的名称，如水稻的顶芽，按位置分为顶芽；当年形成，当年活动又叫活动芽；外面无芽鳞保护，可称裸芽；将来成穗，又可称为花芽。

（四）茎的分枝（含分蘖）

植物的顶芽和腋芽发育情况不同，形成不同的分枝方式。分枝是茎生长时普遍存在的现象，植物通过分枝来增加地上部分与周围环境的接触面积，形成庞大的树冠。同时，茎的分枝可以使植物充分地利用阳光进行光合作用，有利于植物的生长发育。每种植物都有一定的分枝方式，这种特性既取决于遗传性，有时还会受到环境的影响。常见的分枝方式有四种类型（图 1-5）。

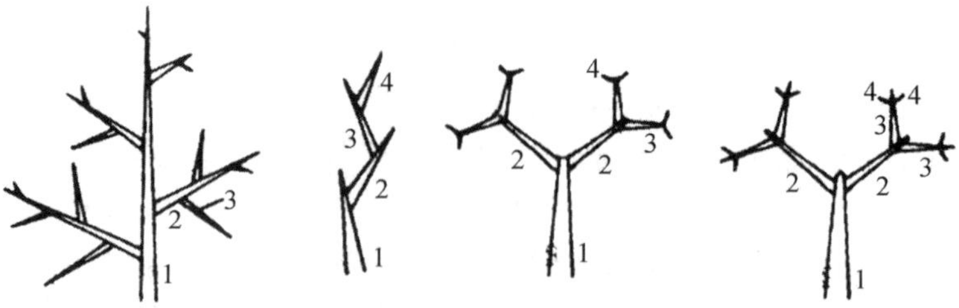

图 1-5　茎的分枝方式(数字表示分枝的级数)

1. **单轴分枝(总状分枝)**

主干顶芽生长始终占优势,形成通直的主干,主干上发生分枝,分枝上还可以再分枝,但所有分枝都超不过主干,最后形成圆锥形树冠。此分枝的树木出材率较高,如银杏、白皮松、圆柏、杨等;一些草本植物如黄麻,也是单轴分枝,因而能长出长而直的经济纤维。

2. **合轴分枝**

合轴分枝没有明显的顶端优势,主干顶芽生长一段后,停止生长或分化为花芽,由靠近顶芽的侧芽代替其生长成新枝,新枝的生长类似于主干,最后形成多折的主轴。这种分枝类型使主茎和侧枝呈曲折状,而且节间很短,使树冠呈开展状态,有利于通风透光;另一方面能够形成较多的花芽,有利于繁殖。因此,合轴分枝是进化的分枝方式。此分枝多见于被子植物中具有互生叶的树木,如桃、李、苹果等。

3. **二叉分枝**

植物顶芽生长一段后,顶端一分为二,形成两个相同的小枝,小枝经过一段时间的生长,又进行同样的分枝。此分枝多见于低等植物,在部分高等植物如石松、卷柏中也存在。

4. **假二叉分枝**

主干生长一段后,顶芽不再发育或形成花芽,由顶芽下面的两个对生侧芽同时迅速发育,形成两个叉状的分枝,每个分枝的生长又类似于主干。此分枝多见于具有对生叶的被子植物,如丁香、茉莉、接骨木、石竹等。

植物的分枝方式不是一成不变的,有些树木在幼年时呈总状分枝,生长到一定年龄后,可能逐渐变为合轴分枝或假二叉分枝,如茶、玉兰、女贞等,有的树木在一株植物上同时具有两种分枝类型。

5. **禾本科植物的分蘖**

禾本科植物如水稻、小麦等的分枝方式和双子叶植物不同。在幼苗期,茎的节间很短,几个节密集于基部,栽培学上称为分蘖节。分蘖节上产生腋芽和不定根。由腋芽迅速生长形成分枝。禾本科植物由分蘖节上腋芽形成分枝称为分蘖。分蘖上又可形成新的分蘖,依次可形成很多分蘖。从主茎发生的分蘖叫作一级分蘖,由一级分蘖上发生的分蘖叫作二级分蘖,依此类推。禾本科植物分蘖与产量关系密切,栽培上应促进有效分蘖早生快发,抑制无效分蘖的出现,以调整植株生长、提高产量。

(五)茎的生长习性

不同植物的茎在长期的进化过程中形成了各自的生长习性,以适应各自的环境条件。

按照茎的生长习性，可分为直立茎、缠绕茎、攀援茎、匍匐茎和平卧茎等 5 种(图 1-6)。

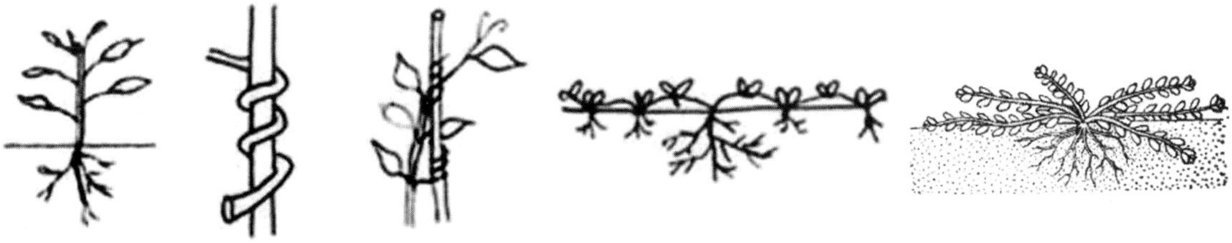

图 1-6　茎的生长习性

1. 直立茎

茎内机械组织发达，植物的主茎垂直于地面，背地而向上生长，侧枝直立或斜生。如松、柏、杨等。

2. 缠绕茎

茎幼时机械组织不发达而柔软，不能直立生长，以茎本身缠绕于支持物上升。如牵牛、忍冬等。

3. 攀援茎

茎幼时较柔软，不能直立生长，以特有的结构攀援它物向上生长。依攀援结构可分为：以卷须攀援的，如葡萄、南瓜；以钩刺攀援的，如白藤、猪殃殃；以吸盘攀援的，如爬山虎等。

4. 匍匐茎

茎柔弱细长，不能直立且没有攀援结构，只能沿着地面蔓延生长。如草莓、三叶草等。匍匐茎一般节间较长，节向下产生不定根，向上产生不定芽，逐渐形成新的植株，甘薯和草莓就是利用这一习性进行营养繁殖的。

5. 平卧茎

茎细长平卧于地面，与匍匐茎相似，节上不产生不定根。如马齿苋和地锦草。

(六)茎的变态

有些植物的茎由于长期适应环境的变化，出现形态和功能的改变，形成变态茎。变态茎是一种可以稳定遗传的变异，其上仍保留着茎所特有的特征，如有节和节间，节上生叶和芽，或节上能开花结果。变态茎可分为地上变态茎和地下变态茎两大类(表 1-1、表 1-2；图 1-7)。

表 1-1　地上茎的变态类型

类型	主要特征	主要功能	实例
叶状茎	叶退化，茎变成叶片状	光合作用	天门冬、竹节蓼
茎刺	茎变为刺状，发生在顶芽或腋芽处	保护作用	皂荚、山楂
茎卷须	茎细长，不能直立，发育为卷须状	攀援作用	葡萄、南瓜
肉质茎	叶退化，茎变成绿色肉质状	光合作用	仙人掌类植物
珠芽、小块茎	珠芽具鳞片，小块茎肉质无鳞片	繁殖作用	蒜的花间小球体、薯蓣

表 1-2　地下茎的变态类型

类型	主要特征	主要功能	实例
根状茎	外形似根状	贮藏和繁殖作用	莲、竹类
块茎	外形呈块状		菊芋、马铃薯
球茎	球形或扁球形		慈姑、荸荠
鳞茎	外形呈鳞片状		洋葱、百合

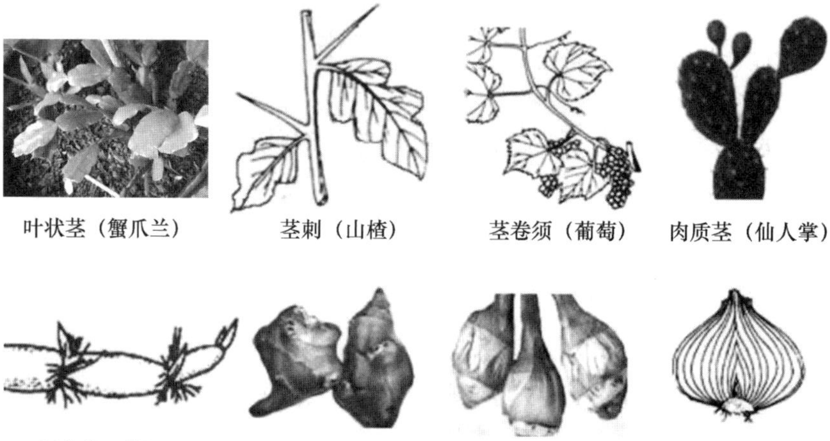

图 1-7　茎的变态

三、叶

(一)叶的功能及价值

叶的主要功能是光合作用和蒸腾作用。光合作用把 CO_2 和 H_2O 合成有机物，将光能转变为化学能而贮存起来，同时释放出 O_2。对人和动物界而言，光合作用的产物是直接或间接的食物来源，该过程释放的 O_2 又是生物生存的必要条件之一。蒸腾作用是水分以气体状态从植物体内散失到大气中的过程，是植物根吸收水和矿质元素的动力，并有调节叶温的作用。因此，蒸腾作用可以协调体内各种生理活动，但过于旺盛的蒸腾作用对植物不利。有些植物的叶片还有吸收、贮藏和繁殖等功能。如落地生根、秋海棠等植物的叶具有繁殖能力；洋葱、百合的鳞叶肥厚，具有贮藏养料的作用；猪笼草、茅膏菜的叶具有捕捉与消化昆虫的作用；紫苏、罗布麻、莨菪等很多植物的叶可以入药。

(二)叶的形态

1.叶的组成

典型的叶由叶片、叶柄和托叶组成。具有这三部分的叶称完全叶(图 1-8)，如桃、梨、月季等；缺少其中一部分或两部分的叶称为不完全叶(图 1-9)，如丁香、茶等缺少托叶，荠菜、莴苣等缺少叶柄和托叶又称为无柄叶。叶片通常为绿色扁平状，是进行光合作用的主要部分。

叶柄是连接叶片与茎的柄状结构，主要起输导和支持作用。托叶为叶柄基部的附属物，通常成对而生，形状因种而异；托叶对幼叶和腋芽有保护作用。有些植物的叶柄扩展成片状，将茎包围，称叶鞘，如禾本科植物；在叶鞘与叶片连接处的内侧，有膜质的小片称叶舌；叶舌两侧有毛状物称叶耳（图 1-10）。

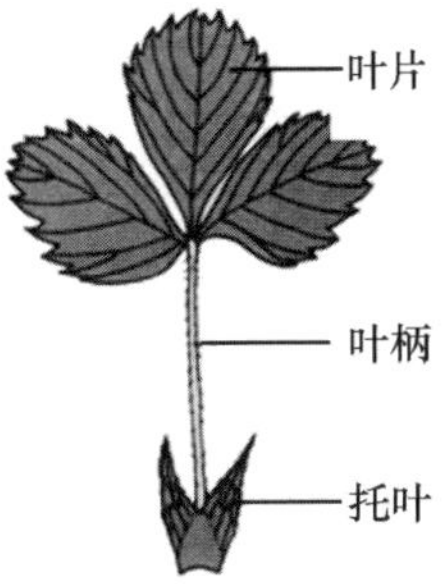

图 1-8　完全叶

图 1-9　不完全叶

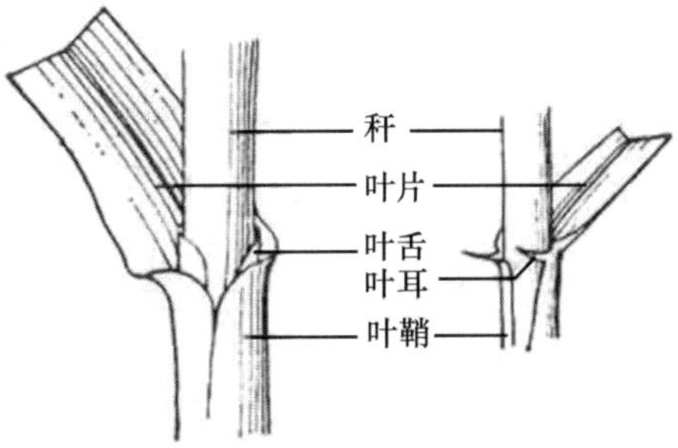

图 1-10　禾本科植物的叶

2. 叶片形态

植物叶片的大小不同、形态各异，叶片形态在很大程度上由植物遗传特性决定，所以叶片是识别植物的主要依据之一。一般从叶形、叶尖、叶基、叶缘以及叶脉等特征进行描述。

1）叶形

叶形是指叶片的形状。叶片的形状多种多样，通常根据它们的长宽比例以及最宽部分的位置进行划分。但就一种植物来讲，叶片的形态还是比较稳定的，可作为识别植物和分类的依据（图 1-11）。在叙述叶形时，根据叶片的长阔比也常用“长”、“广”、“倒”等字眼冠在叶形的前面。此外，叶还有很多特殊的形状（图 1-12）。如松为针形叶，细长，先端尖锐；麦、稻、玉米、韭菜等为线形叶，叶片狭长，上下宽度近似相等，两侧叶缘近平行；银杏叶为扇形；桃、柳叶是披针形；唐菖蒲、射干的叶为剑形；莲的叶为圆形等。

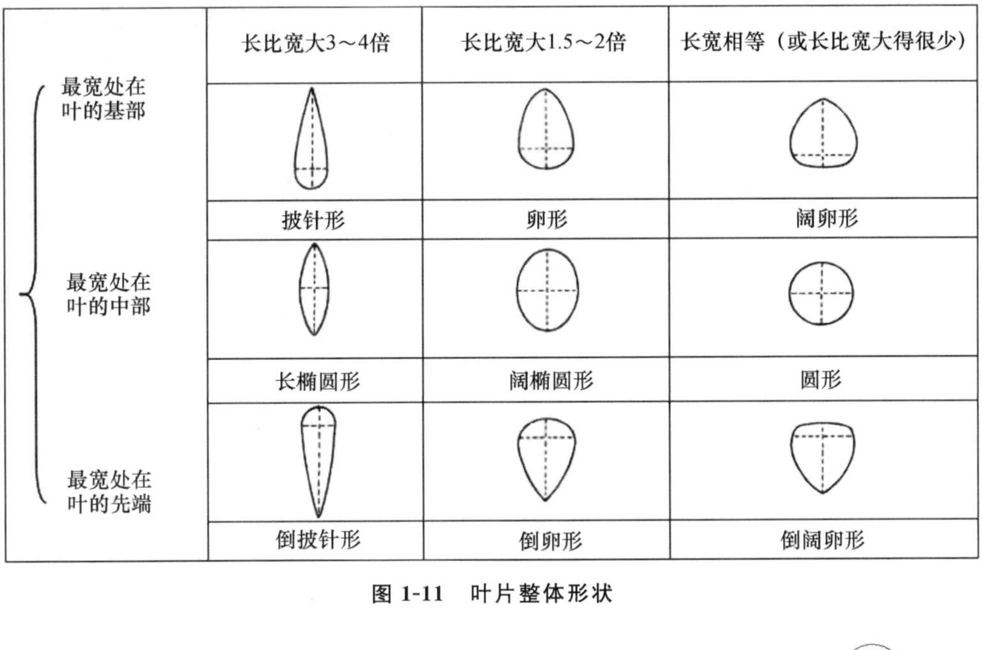

图 1-11　叶片整体形状

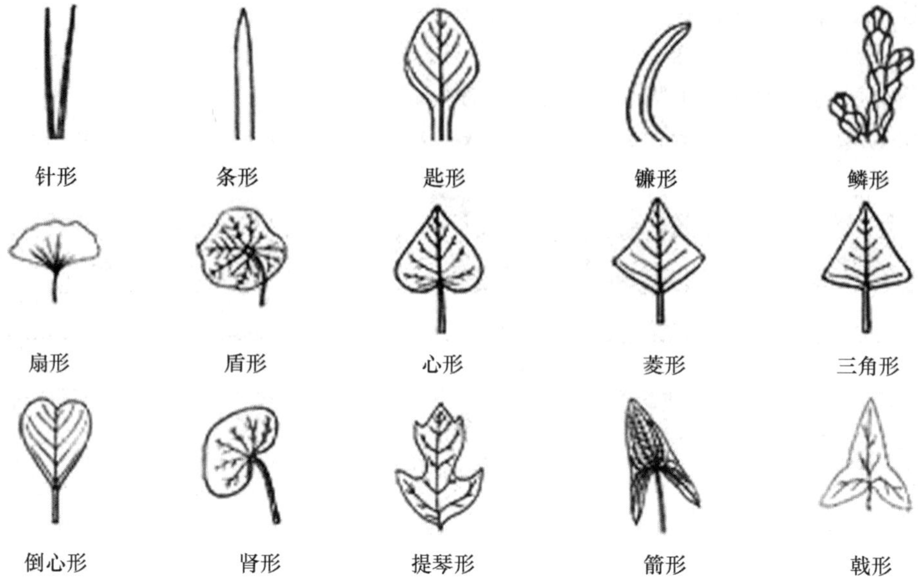

图 1-12　叶片的特殊形状

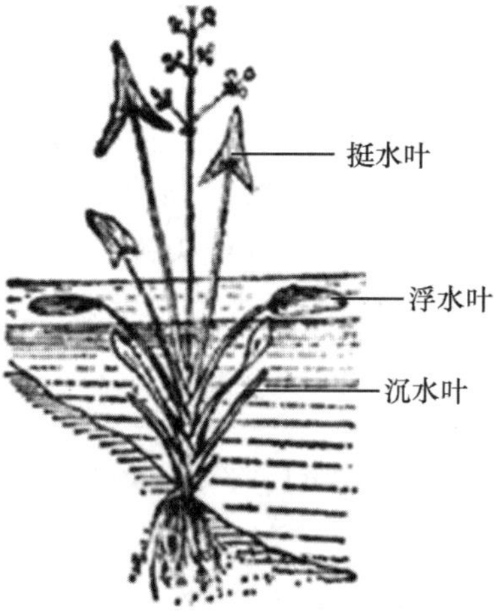

图 1-13　不同水层慈姑叶形不同

2)异形叶性

一般情况下,一种植物具有一定形状的叶子,但有些植物,却在一个植株上有不同形状的叶。这种同一植株上具有不同叶形的现象,称为异形叶性。异形叶性的发生,有两种情况。一种是因枝的老幼不同而叶形各异,例如蓝桉,嫩枝上的叶较小,卵形无柄,对生,而老枝上的叶较大,披针形或镰刀形,有柄,互生,且常下垂。又如圆柏的幼枝上的叶为针形,老枝上的叶为鳞片形。我们常见的白菜、油菜,基部的叶较大,有显著的带状叶柄,而上部的叶较小,无柄,抱茎而生。另一种是由于外界环境的影响,而引起异形叶性。例如慈姑(图 1-13),有三种不同形状的叶:挺水叶(气生叶),作箭形;浮水叶,作椭圆形;沉水叶,呈带状。又如水毛茛,气生叶,扁平广阔;而沉水叶细裂呈丝状。这些都是生态的异形叶性。

3)叶尖形状

叶尖是叶片的先端,常见的叶尖有卷须状、芒尖、尾尖、渐尖、急尖、骤尖、短尖、钝尖、圆形、微凹、微缺、倒心形等(图 1-14)。

4)叶基形状

叶片的基部叫叶基,常见的叶基形状有心形、耳形、箭形、楔形、戟形、盾形、偏斜、抱茎、截形、渐尖等(图 1-15)。

5)叶缘形状

叶缘指的是叶片的边缘,有全缘、浅波状、波状、深波状、皱波状、圆锯齿、锯齿状、细锯齿、睫毛状、重锯齿等类型(图 1-16)。

图 1-14　叶尖的形状

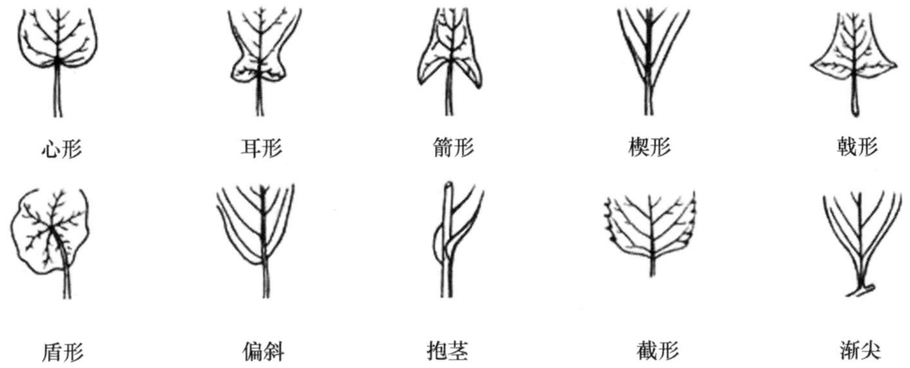

图 1-15　叶基的形状

图 1-16　叶缘的形状

6)叶裂

叶缘凹凸不齐时,缺陷处称为缺刻,两缺刻之间的部分称为裂片。叶缘具有较大缺刻的边缘形态称为叶裂。按叶裂的形状分为羽状裂(表 1-3)、掌状裂(表 1-4)和三出裂,按叶裂缺刻的程度分为浅裂、深裂和全裂。

表 1-3　羽状裂的类型

项目	羽状浅裂	羽状深裂	羽状全裂
主要特点	缺口至中脉不及 1/2 的	缺口至中脉超过 1/2 的	缺口抵达中脉的
图例	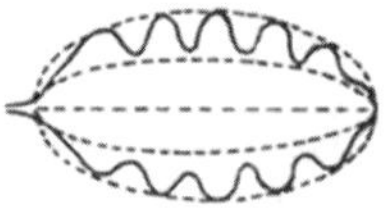	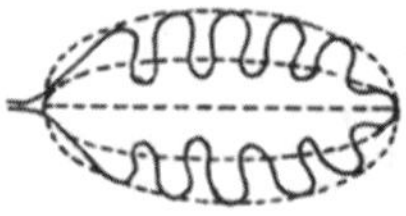	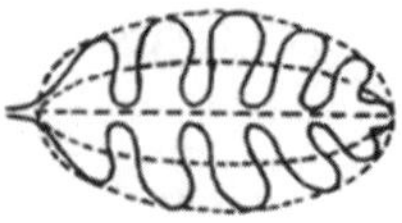
实例	一品红、辽东栎等	山楂等	茵陈蒿、银桦等

表 1-4　掌状裂的类型

项目	掌状浅裂	掌状深裂	掌状全裂
主要特点	缺口至中脉不及 1/2 的	缺口至中脉超过 1/2 的	缺口抵达中脉的
图例			
实例	五角枫等	鸡爪槭、梧桐等	掌叶秋海棠等

7)叶脉

叶片中分布的脉纹为叶脉，是贯穿在叶肉内的维管束，起支持和输导作用。叶脉分为网状脉和平行脉两种。网状脉的叶脉错综分枝，相互交织成网状，是双子叶植物的特征之一；网状脉分为羽状网脉和掌状网脉(表 1-5)。平行脉的叶脉彼此平行、接近平行而不交叉，是单子叶植物的特征之一；平行脉分为直出平行脉、弧状平行脉、射出平行脉和横出平行脉等(表 1-6)。

表 1-5　网状脉的类型

项目	羽状网脉	掌状网脉
图例	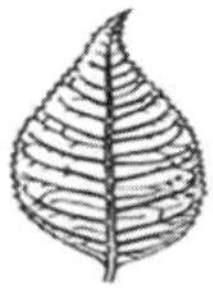	
实例	女贞、苹果等	蓖麻、枫香等

表 1-6　平行脉的类型

项目	直出平行脉	弧状平行脉	横出平行脉	射出平行脉
图例			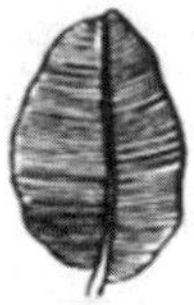	
实例	禾本科植物	玉簪、鸭跖草	芭蕉等	棕榈等

8)叶片质地

叶片除形态多种多样外，质地也有所不同。有的肥厚多汁，称为肉质叶，如景天；有的较厚而坚韧，称革质叶，如木兰、枇杷等；有的较薄如纸，称草质叶，如桃、一品红等。

(三)单叶和复叶

根据叶柄上着生的叶片数，可将叶分为单叶和复叶两种类型(图 1-17)。

单叶　奇数羽状复叶　偶数羽状复叶　二回羽状复叶　掌状复叶　三出复叶　单身复叶

图 1-17　单叶与复叶

1. 单叶

一个叶柄上只着生有一个叶片的叶称为单叶，如杨、柳、桃等。

2. 复叶

一个叶柄(或叶轴)上着生有两个或两个以上叶片的叶称为复叶。复叶中的叶柄称为总叶柄(或叶轴)，总叶柄上着生的叶称为小叶。根据小叶在总叶柄上的排列情况，复叶可分为羽状复叶、掌状复叶、三出复叶和单身复叶四种类型。

1)羽状复叶

小叶着生在叶轴两侧，呈羽毛状排列。根据其顶端的小叶数，可分为奇数羽状复叶和偶数羽状复叶。顶端只有 1 片小叶的为奇数羽状复叶，如胡桃、月季、洋槐、玫瑰等；顶端具有 2 片小叶的为偶数羽状复叶，如合欢、皂荚、红豆等。

根据叶轴的分枝情况，也可进行分类。叶轴不分枝，小叶直接着生在叶轴上的为一回羽状复叶，如国槐、紫穗槐、黄刺玫、月季等；叶轴进行一次羽状分枝，在分枝上着生小叶的为二回羽状复叶，如栾树、合欢等；叶轴进行了两次及两次以上羽状分枝的为多回羽状复叶，如南天竹、楝树等。

2)掌状复叶

小叶 5 个以上，集中生长在叶轴顶端，呈掌状排列，如七叶树、人参等。

3)三出复叶

具有 3 个小叶的复叶，如三叶草、大豆、草莓等。顶生小叶有叶柄的叫三出羽状复叶；顶生小叶没有叶柄的叫三出掌状复叶。

4)单身复叶

总叶柄顶生的小叶较发达，侧生小叶退化，在顶生小叶基部和退化小叶间有一明显关节，这种复叶特称为单身复叶，如柚、柑、橙等，是芸香科柑橘属植物所特有的。

(四)叶序和叶镶嵌

叶在茎上的排列方式称叶序。常见的叶序有互生、对生、轮生、簇生、基生等。每个节上只长一个叶，叶交互而生的为互生，如杨、柳、榆、玉兰等。每个节上相对着生两个叶的为对生，如雪柳、冬青、女贞等。每个节上着生三个或三个以上叶的为轮生，如夹竹桃、茜草等。多个叶着生在极度缩短的短枝上的为簇生，如华北落叶松、银杏、雪松等。多个叶着生于地表附近的短茎上的为基生，如车前、蒲公英等(图 1-18)。

互生（榆树）　对生（大叶黄杨）　轮生（茜草）　簇生（雪松）　基生（车前）

图 1-18　叶序

一般地，植物枝条上的叶，下部叶的叶柄较长，上部叶的叶柄较短，排在两相邻节上的叶方向不一，从而能充分接受光照，进行光合作用。叶的这种镶嵌排列、彼此不重叠的现象称为叶镶嵌。叶镶嵌在叶间密集的种类尤为明显，如落地生根等。

(五)叶的变态

有些植物的叶由于长期适应环境条件的变化，往往使器官原有的形态与功能发生改变，形成变态叶。变态叶的类型有七种(表 1-7)。

表 1-7　变态叶的类型

项目	芽鳞	苞片	鳞叶	叶刺	叶卷须	叶状柄	捕虫叶
图例							
主要特点	冬芽外面所覆盖的变态幼叶	花序、果序下方的变态叶	叶退化成不含叶绿体的鳞片状	植株的部分或全部叶变为刺状	植株的部分叶变为卷须	叶片退化，叶柄成为扁平叶片状	叶变成能捕食昆虫的结构
主要作用	保护幼嫩的芽组织	保护花果，吸引昆虫、动物	贮藏营养物质	保护作用	攀援生长	光合作用	捕食昆虫
实例	杨、柳、棠梨、丁香等	马蹄莲、合果芋、叶子花等	百合、洋葱等	红叶小檗、仙人掌、火棘等	豌豆、爆仗花、土茯苓等	相思树、金合欢等	猪笼草等

单元小结

根系是植物重要的营养器官，它的主要生理功能是吸收和支持。根的生长具有向地性。根系通常分为直根系和须根系。直根系由主根和侧根组成，而须根系主要由不定根组成，侧根和不定根增强了根的吸收和支持能力。有些植物的根可行使不同的特殊功能，产生相应的变态，还有一些植物的根与细菌或真菌共生，形成根瘤或菌根。茎与根共同支持着植物体，并具有运输、繁殖等功能。植物的主茎由种子的胚芽发育而来，侧枝则由腋芽产生。带有叶、芽的茎称为枝条。枝条上有节、节间、顶芽、侧芽及皮孔等结构。芽根据位置、性质、结构和生理状态可分为各种类型。茎依生长方式的不同，可分为缠绕茎、攀援茎、匍匐茎、直立茎和平卧茎。茎的分枝主要有总状分枝、合轴分枝和假二叉分枝三种类型。茎产生分枝有利于在其上形成更大的光合面积，茎的不同生长习性有利于将叶分布到不同的空间，接受更多的阳光。茎有各种变态，按部位可分为地上茎变态和地下茎变态两大类，它们仍保留茎的基本特点。叶的功能有光合作用、蒸腾作用和气体交换等。完全叶由叶片、叶柄和托叶组成。不同植物的叶的形态具有很大的差异。叶在茎上的着生有一定的次序，常见的叶序有互生、对生和轮生。叶有单叶和复叶两大类。复叶又有羽状复叶、掌状复叶、三出复叶和单身复叶之分。

专项实训

一、名词解释

不定根　直根系　芽　叶痕　叶迹　完全叶　复叶　叶序　叶镶嵌

二、填空题

1. 种子植物茎的分枝方式有________、________、________、________和禾本科植物的________5种类型。

2. 依茎的生长习性，茎可分为________、________、________、________、________5种类型。

3. 木本植物的叶脱落后在茎上留下的疤痕叫________。

4. 完全叶具有________、________和________三部分。

5. 叶序的类型一般有________、________、________、________、________5种；常见的叶脉有________和________两大类。

6. 下列各部分属于哪种器官变态：山楂的刺为________，皂荚的刺为________，枣的刺为________，豌豆的卷须为________，南瓜的卷须为________，葡萄的卷须为________，萝卜是________的变态，番薯是________的变态。

7. 常见的复叶类型有________、________、________、________。

三、单项选择题

1. 玉米近地面的节上产生的根属于(　　)。

A. 不定根　　B. 次生根　　C. 主根　　D. 初生根

2. 下列哪种植物的食用部分是茎？（　　）

A. 胡萝卜　　B. 萝卜　　C. 荸荠　　D. 甘薯

3. 生姜属于（　　）变态。

A. 根　　B. 茎　　C. 叶　　D. 果

4. 葡萄是合轴分枝，它的卷须是（　　）的变态。

A. 顶芽　　B. 腋芽　　C. 不定芽

5. 玫瑰茎上的刺是（　　）。

A. 茎刺　　B. 叶刺　　C. 皮刺　　D. 枝刺

6. 下列植物中具有直根系的是（　　）。

A. 玉米　　B. 小麦　　C. 大豆　　D. 水稻

7. 缠绕茎靠（　　）向上升，如牵牛花。

A. 气生根　　B. 卷须　　C. 吸盘　　D. 茎本身

8. 作为蔬菜食用的藕，属于营养器官变态中的（　　）。

A. 肉质根　　B. 根状茎　　C. 肉质茎　　D. 块茎

9. 柑橘的叶是（　　）。

A. 单身复叶　　B. 单叶　　C. 掌状复叶　　D. 羽状复叶

10. 槐树的分枝方式是（　　）。

A. 合轴分枝　　B. 单轴分枝　　C. 二叉分枝　　D. 假二叉分枝

四、多项选择题

1. 具有须根系的植物是（　　）。

A. 玉米　　B. 百合　　C. 刺槐　　D. 小麦

2. 下列属于单轴分枝的是（　　）。

A. 杨树　　B. 松树　　C. 国槐　　D. 苹果果枝

3. 下列具有完全叶的是（　　）。

A. 桃　　B. 玫瑰　　C. 贴梗海棠　　D. 丁香

4. 下列属于地下茎的变态的是（　　）。

A. 马铃薯　　B. 生姜　　C. 藕　　D. 甘薯

5. 下列属于叶刺的是（　　）。

A. 刺槐的刺　　B. 玫瑰的刺　　C. 枣的刺　　D. 仙人掌的刺

五、判断题　在后面的括号里对打√错打×

1. 从老根上长出的根叫定根。（　　）

2. 一株植物只有一个顶芽，但可以有很多腋芽。（　　）

3. 一些叶片也具有繁殖的功能。（　　）

4. 叶脱落后留在茎上的痕迹称叶迹。（　　）

5. 直根系多为深根系，须根系多为浅根系。（　　）

6. 单轴分枝的节间较长，较多的花芽得以发育，能多结果，故为丰产的分枝方式。（　　）

7. 月季上的刺是茎的变态。（　　）

8. 单叶叶柄与复叶小叶柄基部都有腋芽。（　　）

9. 在叶部产生的根和芽分别称为不定根和不定芽。(　　)

10. 食虫植物捕虫的结构是变态的叶。(　　)

六、用简图表示下列术语

单轴分枝　合轴分枝　互生　对生

七、问答题

1. 主根和侧根为什么称为定根? 不定根是怎么形成的?

2. 根系有哪些类型? 环境条件如何影响根系的分布?

3. 从外部形态上怎样区别根和茎?

4. 单轴分枝与合轴分枝有何区别? 这两种分枝方式在生产上有何意义?

5. 植物典型的叶由哪几部分组成? 举例说明完全叶与不完全叶。

6. 怎样区别单叶和复叶?

7. 平行脉和网状脉有何不同? 举例说明。

八、试验设计

根据专业特点、生长季节、地理位置等,选择若干种典型植物的枝条,按下表所列项目描述不同植物叶的特征。

植物种类	完全叶或不完全叶	叶的类型	叶序	叶形	叶尖	叶基	叶脉	叶缘

Project 2

花果形态及种类

植物从发芽出苗开始，首先进行根、茎、叶等营养器官的生长，这一生长过程属于营养生长。植物经过一定时间的营养生长后，才开始形成花芽，以后经过开花、传粉、受精，结出果实。花、果实和种子是植物的生殖器官，它们的形成和生长过程则属于生殖生长。营养生长和生殖生长是植物生长周期中的两个不同阶段。

一、花的形态及种类

（一）花芽分化

被子植物经过一定时期的营养生长后，在适宜的温度、光照和营养条件下，植物的叶和茎生长锥分别对特定的光周期和温差产生感受反应，茎生长锥不再形成叶原基和腋芽原基，而发生花原基或花序原基，逐渐依次形成花或花序的各组成部分，最后分化成花或花序，这一过程称为花芽分化（图 1-19）。

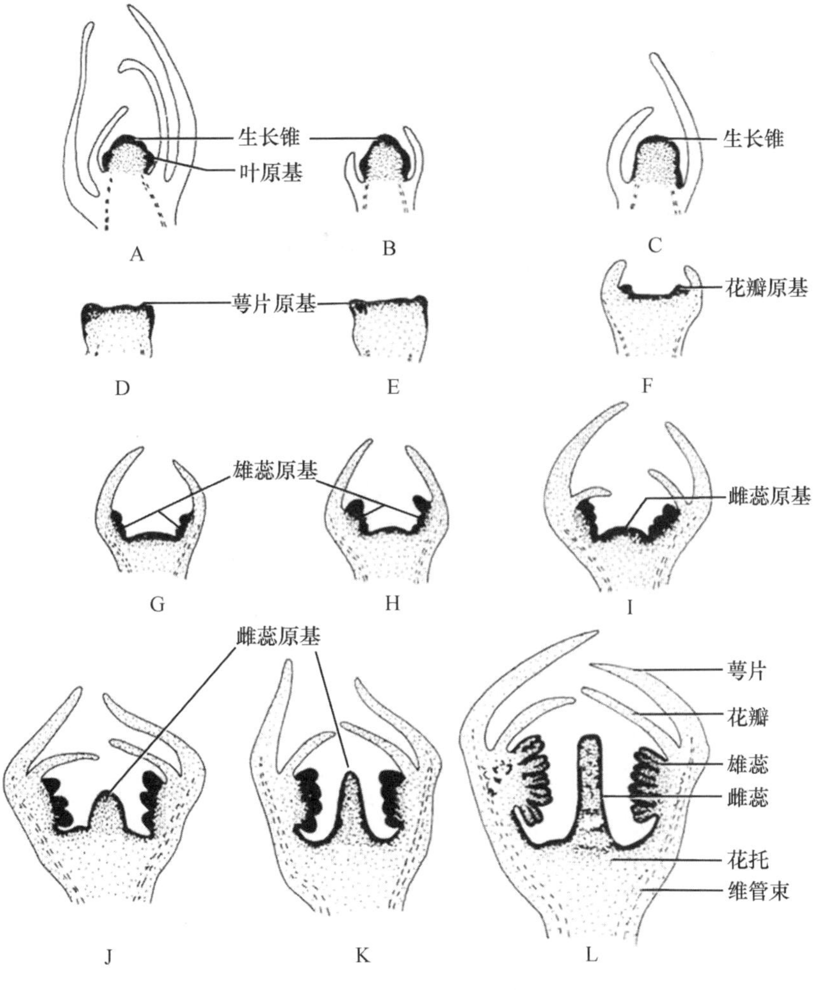

图 1-19　桃花芽分化

A. 营养生长锥　B、C. 生殖生长锥分化期　D、E. 萼片原基分化期

F. 花瓣原基分化期　G、H. 雄蕊原基形成期　I～L. 雌蕊原基形成期

当花芽分化开始时生长锥伸长，横径增大，逐渐由尖变平，首先在半球形生长锥周围的若干点上，由第2、3层细胞进行分裂，产生第一轮小突起，即为花萼(萼片)原基，以后依次由外向内再分化形成花瓣原基，在花瓣原基内侧相继产生2～3轮小突起，即为雄蕊原基。这些突起继续分化、生长，最后在花芽中央产生突起，形成雌蕊原基。各部分原基逐渐长大，最外一轮分化为花萼，向内依次分化出花冠、雄蕊和雌蕊。小麦、玉米和水稻等禾本科植物的花序形成过程，称为穗分化。

(二)花的组成

被子植物典型的花，由花柄、花托、花萼、花冠、雄蕊群和雌蕊群6个部分组成。后4个部分都具备的称为完全花，如桃花、油菜花等。缺少其中一部分或几部分的称为不完全花，如南瓜、玉米、杨树等的花。花萼和花冠统称为花被。花的各部分着生在花柄顶部膨大的花托上。花柄和花托是枝条的部分，着生在花托上的花被、雄蕊和雌蕊均是变态叶，所以花被认为是节间极度缩短的、不分枝的、适应生殖的变态短枝(图1-20)。

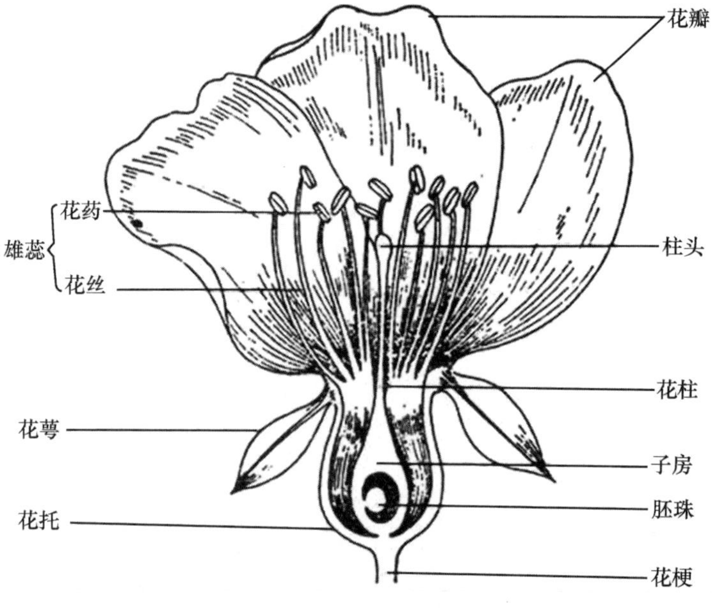

图1-20　花的组成部分

1.花柄

花柄又称花梗，是着生花的小枝，使花分布在一定的空间。花柄的结构与茎相似，并与茎相连。因此，花柄也是营养物质和水分由茎向花运输的通道。花柄有长有短，随着不同植物种类而异，有些植物的花无花柄，如小麦，有些植物的花柄较长，如梨、莲花等。花柄以后发育成为果实的柄，叫作果柄。

2.花托

花托位于花柄顶端，花萼、花冠、雄蕊和雌蕊着生其上。花托的形状随植物种类不同而不同。有些植物的花托伸长，呈圆柱状，如木兰、含笑等；有的呈圆锥状，如草莓等；有的花托凹陷呈杯状，如桃、梅等；有的呈壶状，如苹果等；有的呈倒圆锥状，如莲等。有的在雌蕊基部形成短柄状，传粉受精后，能迅速伸长，将子房插入土中结实，如花生等。

3. 花被

花被是花萼和花冠的总称，具有保护雌雄蕊群和引诱昆虫传粉的作用。花被由于形态和作用的不同，分为内外两轮，外轮的花被多为绿色，称为花萼，内轮花被有鲜艳的颜色，称为花冠。多数植物具有分化明显的花萼和花冠，也有一些植物的花萼和花冠形态相似而不易区分，如百合、丝兰等。花萼和花冠二者在形状、大小和颜色上有明显区别的花称双被花，如马铃薯、油菜、番茄等。有些植物的花只有一轮花被，即只有花萼或花冠，称为单被花，如甜菜、榆、桑等。有的完全没有花被，称为无被花，如杨、柳、核桃的雄花序。

1）花萼

花萼是一朵花中所有萼片的总称，位于花的最外层。萼片一般呈绿色的叶片状，其形态和构造与叶片相似。一朵花的萼片彼此分离的称为离生萼，如白菜、油菜等；萼片互相联合的称为合生萼，如草莓、棉花等。合生萼下部联合的部分称为萼筒或萼管，上端分离的部分称为萼齿或萼裂片。有些植物的萼筒下端向一侧延伸成短小的管状突起，称为距，如凤仙花、旱金莲等。大多数花萼通常只有一轮，但也有两轮的，其中外轮花萼称副萼，如棉花、木槿等。花萼通常在花开之后脱落，称落萼，但也有随果实一起发育成熟后仍然宿存的，称宿萼，如番茄、茄子、辣椒等。花萼主要有保护花蕊和进行光合作用的功能，有些植物如一串红的花萼大并具有色彩，有引诱昆虫传粉的作用；而蒲公英等菊科植物的萼片特化为冠毛，则有助于果实种子借风力传播。

2）花冠

花冠是一朵花中所有花瓣的总称，位于花萼的内方，排列成一轮或数轮。多数植物的花瓣由于细胞内含有花青素或有色体，因而使花冠呈现不同颜色。有些植物的花瓣具有分泌蜜汁的腺体，使花具有芳香气味，有利于吸引昆虫传播花粉，如茉莉花、栀子花、桂花等。花瓣的形态、大小和结构的差异，花冠的形状、对称性和作用均因种而异，常是植物分类的主要依据之一（图 1-21）。

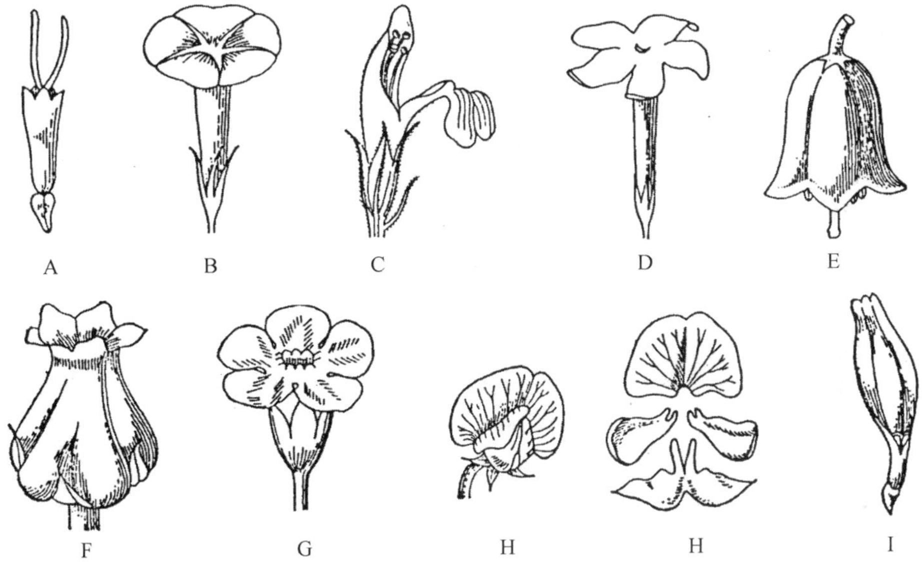

图 1-21　花冠的类型

A. 筒状　B. 漏斗状　C. 唇形　D. 高脚蝶形　E. 钟状　F. 坛状　G. 辐状　H. 蝶形　I. 舌状

根据花瓣的离合情况将花冠分为离瓣花冠和合瓣花冠两类。

(1)离瓣花冠　花瓣彼此分离的称为离瓣花冠,如油菜、桃等。离瓣花冠中的花瓣也分成两部分,上部较宽大的部分叫瓣片,下部较狭长的部分叫瓣爪。

①十字花冠　花瓣4个,分离,上部外展呈十字形,如油菜、白菜、萝卜等十字花科植物的花冠。

②蔷薇型花冠　花瓣5片(或5的倍数),分离,花瓣排列成五星辐射状,如月季、玫瑰、桃、苹果等植物的花冠。

③蝶形花冠　花瓣5个,分离,上面一枚位于最外方且最大,称为旗瓣,侧面2枚较小,称为翼瓣,最下面2枚最小,顶端部分常联合,并向上弯曲,称为龙骨瓣,是豆科植物特征之一,如大豆、蚕豆、豌豆、花生等植物的花冠。

(2)合瓣花冠　花瓣部分或全部联合的称为合瓣花冠,联合的部位称花冠筒,上部分离的部分叫花冠裂片,如牵牛、桔梗、南瓜等植物的花冠。

①唇形花冠　花冠呈对称的二唇形。即上面由二裂片合生为上唇,下面三裂片多少结合构成下唇,如益母草、一串红、薄荷、丹参等植物的花冠。

②管状花冠(筒状花冠)　花冠合生,花冠管细长呈细管状,如红花、菊花、向日葵花序的盘花等菊科植物的管状花。

③舌状花冠　花冠筒较短,花冠裂片向一侧延伸成舌状,也是菊科植物特征之一,如向日葵花序周边的边花、莴苣花序的花全为舌状花。

④漏斗状花冠　花冠下部筒状,并且较长,向上逐渐扩大成漏斗状,如甘薯、牵牛、田旋花等植物的花冠。

⑤钟状花冠　花冠合生成宽而稍短的筒状,上部裂片扩大成钟状,如桔梗、沙参、南瓜等植物的花冠。

⑥辐状花冠　花冠筒很短,裂片由基部呈水平状向四周展开,形似车轮,如枸杞、茄子、番茄等茄科植物的花冠。

4.雄蕊群

雄蕊群是一朵花中所有雄蕊的总称,位于花被内方或上方,是花中重要的组成部分。每个雄蕊一般由花药和着生在它上面的细长花丝两部分组成。花丝细长呈柄状,一般直接着生在花托上或贴生在花冠上,具有支持花药的作用,使花药伸展于一定的空间,利于传粉,并为花药的发育输送营养。

根据雄蕊的离合情况,可将雄蕊分为离生雄蕊和合生雄蕊两类(图1-22)。

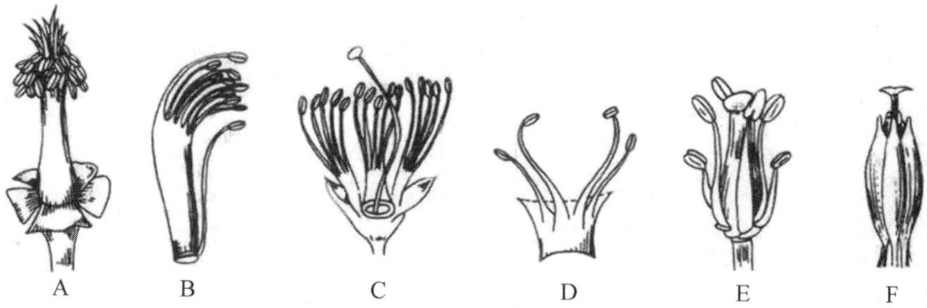

图1-22　雄蕊的类型

A.单体雄蕊　B.二体雄蕊　C.多体雄蕊　D.二强雄蕊　E.四强雄蕊　F.聚药雄蕊

1)离生雄蕊

花中雄蕊各自分离的叫离生雄蕊。离生雄蕊中，雄蕊数目多少常随植物种类不同而有很大差异，有些植物雄蕊很多而无定数，如莲、桃、苹果等，有些植物雄蕊少而有定数，如垂柳2枚、小麦3枚、黄芩4枚、亚麻5枚、水稻6枚、石竹10枚。在植物分类学中，当雄蕊数目在10枚以上时，用∞表示，当雄蕊数目在10枚以下时，应写出具体数目。离生雄蕊中一朵花中的雄蕊长度大多相等，但有些植物中也存在雄蕊不等长，而且数目固定的特殊情况，典型的有：

(1)二强雄蕊　花中有4枚分离的雄蕊，2枚花丝较长，2枚花丝较短，如益母草、芝麻、地黄等。

(2)四强雄蕊　花中有6枚分离的雄蕊，4枚花丝较长，2枚花丝较短，是十字花科植物所特有，如萝卜、油菜、独行菜等。

2)合生雄蕊

一朵花中雄蕊全部或部分合生，常见的类型有：

(1)单体雄蕊　花中雄蕊的花丝联合成一束，花药完全分离的称为单体雄蕊，如棉花、木槿、山茶等。

(2)二体雄蕊　雄蕊的花丝联合成两束，其中9枚花丝联合，另1枚单生，如大豆、豌豆等豆科植物。

(3)多体雄蕊　雄蕊常多数，花丝联合成数束，如柑橘、蓖麻等。

(4)聚药雄蕊　雄蕊的花药联合成筒状，花丝彼此分离，如蒲公英、向日葵、南瓜等。

5.雌蕊群

一朵花中的所有雌蕊总称为雌蕊群，位于花的中央，是花的雌性器官，也是花的重要组成部分。大多数植物，一朵花中只有一个雌蕊。雌蕊由心皮卷合而成(图1-23)，心皮是具有生殖作用的变态叶，心皮的边缘连接处，称为腹缝线，相当于叶主脉处的缝线称为背缝线。胚珠着生在腹缝线上。

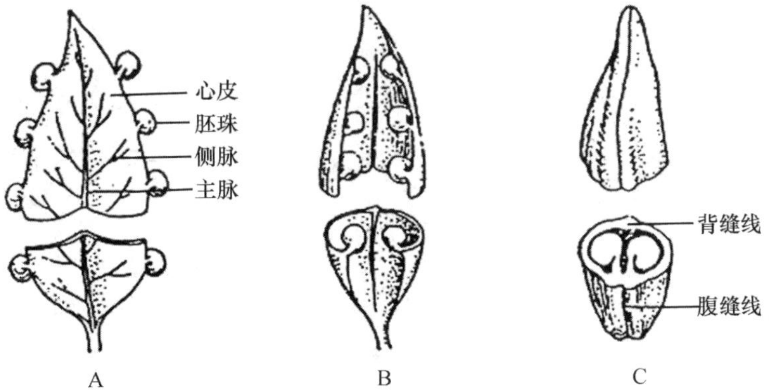

图1-23　心皮发育为雌蕊的示意图

A.一个打开的心皮　B.心皮边缘内卷　C.心皮边缘愈合

1)雌蕊的组成

雌蕊由柱头、花柱和子房三部分组成。

(1)柱头　柱头位于雌蕊的顶端，是识别和接受花粉的部位。柱头成熟时为花粉萌发提供必要的物质与识别信号，一般膨大或扩展成各种形状。有些植物的柱头表面有分泌物(如水分、糖类、酚类、激素等)，利于花粉粒的附着和萌发。

(2)花柱　花柱位于柱头与子房之间，呈圆柱形，是花粉粒萌发后，花粉管进入子房的通道。花柱多为细长的结构，如玉米的花柱细长如丝；也有极短不明显的，如莲、罂粟。

(3)子房　子房位于雌蕊下面，一般略为膨大。子房里面有胚珠，当传粉受精后，子房发育成果实，胚珠发育为种子。

2)雌蕊的类型

雌蕊因心皮数目和离合情况的不同，形成了以下 3 种类型(图 1-24)。

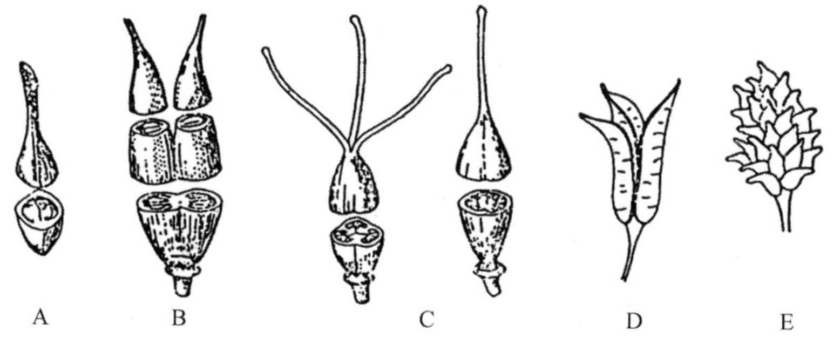

图 1-24　雌蕊的类型

A. 单雌蕊　B. 2 心皮组成合生心皮雌蕊　C. 3 心皮组成合生心皮雌蕊
D. 3 心皮组成离生心皮雌蕊　E. 多心皮组成离生心皮雌蕊

(1)单雌蕊　雌蕊由一个心皮组成，如大豆、豌豆、桃、李等。

(2)合生雌蕊　雌蕊由两个或两个以上心皮彼此联合组成，如棉花、番茄、南瓜等。

(3)离生雌蕊　雌蕊由多个离生的心皮组成，如草莓、莲、毛茛等。

3)子房的位置

根据子房在花托上着生的位置和与花托联合的情况，子房可分为如下 3 种类型(图 1-25)。

图 1-25　子房的类型

A. 上位子房　B. 半下位子房　C. 下位子房

(1)上位子房　子房仅以底部与花托相联合，花的其他部分不与子房相贴生。它又可分下位花和周位花 2 种类型。子房着生在凸起或平坦的花托上，花萼、花冠和雄蕊群着生的位置低于子房(或在子房的下方)，称为下位花，如油菜、稻、玉米等的花。花托呈杯状，子房仅以底部着生在杯状花托凹陷的中央，花萼、花冠和雄蕊群着生在杯状花托的边缘或着生在由花萼、花冠和雄蕊群的下部贴生而成的花管的边缘，因位于子房的周围，故称为周位花，如蔷薇、桃、梅等植物的花。

（2）下位子房　整个子房着生在凹陷的花托或花管中，并且与之合生，花萼、花冠和雄蕊群或它们的分离部分着生在子房的上方，称为下位子房，其花为上位花，如梨、瓜类、向日葵和仙人掌等植物的花。

（3）半下位子房　子房有一半左右与杯状花托或花管相贴生，花的其他部分着生在子房的周围，称为半下位子房，其花为周位花，如马齿苋、甜菜、菱等植物的花。

4）胎座的类型

胚珠在子房内着生的位置称胎座。胚珠在子房内着生的方式称胎座式，常见的有 6 种类型（图 1-26）。

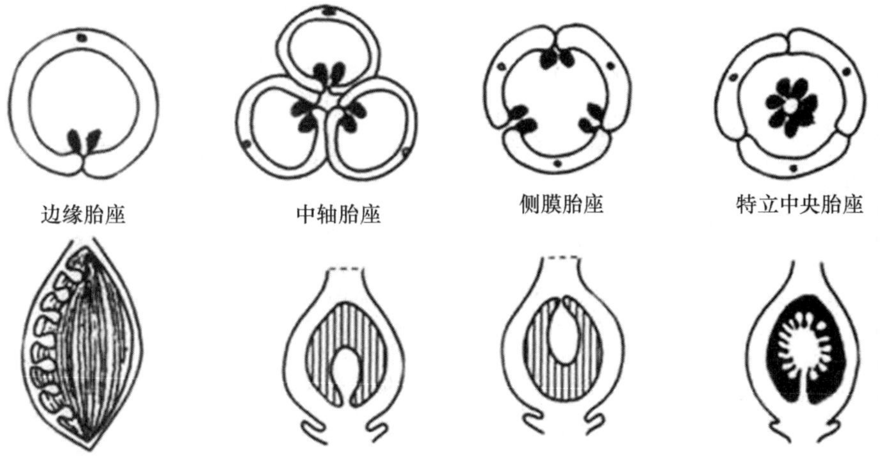

图 1-26　胎座式的类型

（1）边缘胎座　雌蕊由单心皮构成，子房 1 室，胚珠着生在腹缝线上，如蚕豆、豌豆等豆类植物的胎座式。

（2）中轴胎座　雌蕊由多心皮构成，各心皮互相联合，在子房中形成中轴和隔膜，子房室数与心皮数相同，胚珠着生在中轴上，如棉花、柑橘等的胎座式。

（3）侧膜胎座　雌蕊由多心皮构成，各心皮边缘合生，子房 1 室，胚珠着生在腹缝线上，如油菜、三色堇和瓜类植物的胎座式。

（4）特立中央胎座　雌蕊由多心皮构成，子房 1 室，心皮基部和花托上部贴生，向子房内伸突起，成为特立于子房中央的中轴，但不达子房的顶部，胚珠着生在中轴上；有的因子房内隔或中轴上部消失而形成。前者如樱草，后者如石竹等的胎座式。

（5）基生胎座　雌蕊由 2 心皮构成，子房 1 室，胚珠着生在子房的基部。如向日葵等菊科、莎草科植物的胎座式。

（6）顶生胎座　雌蕊由 2 心皮构成，子房 1 室，胚珠着生在子房的顶部呈悬垂状态，如桑等植物的胎座式。

（三）禾本科植物花的结构特点

禾本科植物花的形态和结构与一般植物的花有显著的不同。现以小麦、水稻为例说明。

小麦的麦穗是一个复穗状花序，在花序的主轴两侧着生许多小穗（图 1-27），每个小穗的基部有 2 个较大的硬片称为颖片（或护颖），下面的一片称为外颖，上面的一片称为内颖，在颖片内通常只有小穗基部 2～3 朵小花结实，为能育花，其余的是结构不完整的不育花。禾本科植物的花称为小花，每朵小花有稃片 2 枚，分内、外稃；外稃的中脉明显，并外延成芒；在内外稃的内侧基部有 2 个较小的片状结构，称为浆片。在开花时，浆片吸水膨胀，可使内外稃撑开，花药和柱头露于花外，以利传粉。在花的中央有 3 枚雄蕊和 1 枚雌蕊，雌蕊的柱头二裂并呈羽毛状，子房 1 室。

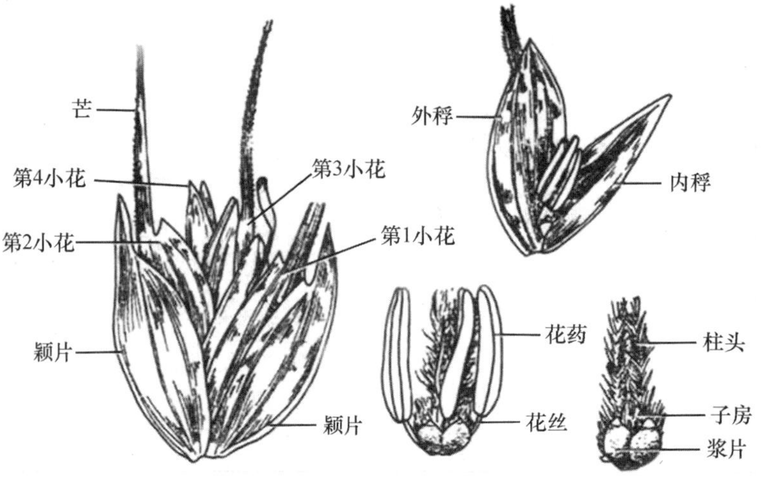

图 1-27　小麦小穗的结构组成

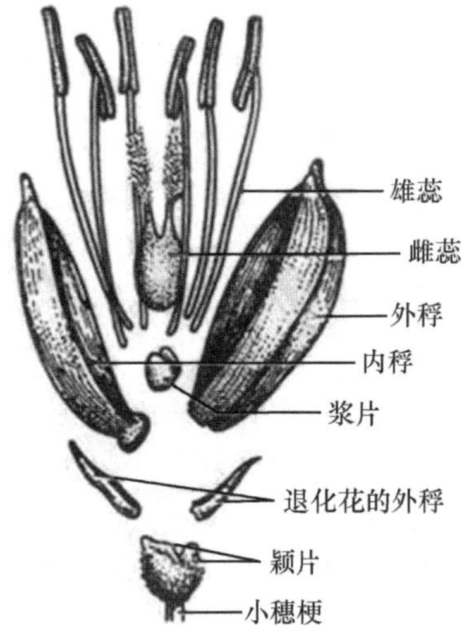

图 1-28　水稻小穗的结构组成

水稻为圆锥花序，由穗轴、枝梗及许多小穗组成，小穗有柄，基部有 2 片退化的颖片，有 3 朵小花，但只有上部 1 朵小花能结实，下部 2 朵小花退化，各剩下 1 枚外稃。结实小花有外稃、内稃各 1 枚，浆片 2 枚，雄蕊 6 枚，雌蕊 1 枚（图 1-28）。

（四）花的类型

被子植物的花种类繁多，形成了不同类型，一般可按下述几个方面来分类。

1.依花中花被的有无和多少分类

（1）双被花　有花萼和花冠的花称为双被花，如桃、杏等的花。

（2）单被花　仅有花萼而无花冠的花称为单被花，单被花的花被片常呈一轮或多轮排列，多具鲜艳的颜色，呈花瓣状，如郁金香、玉兰、百合等的花。

（3）无被花　不具有花被的花称为无被花或裸花，如杨、柳、杜仲等的花。

（4）重瓣花　花瓣常呈数轮排列且数目比较多，称为重瓣花，如月季、碧桃等植物的花。

2. 依花中有无雄蕊群和雌蕊群分类

(1)两性花　具有雌蕊和雄蕊的花称为两性花，如油菜、水稻、白菜的花。

(2)单性花　只有雄蕊群或雌蕊群的花为单性花。仅有雄蕊的花为雄花，仅有雌蕊的花为雌花，如南瓜、柳的花。

一株植物上既有雄花又有雌花，称为单性同株或雌雄同株，如南瓜、玉米等；若同种植物的雌花和雄花分别生于不同植株上，称为单性异株或雌雄异株，如银杏、栝楼等。同株植物既有两性花又有单性花，称为杂性同株，如柿、荔枝、向日葵等；若同种植物两性花和单性花分别生于不同植株上，称为杂性异株，如葡萄、臭椿等。

(3)无性花　有些植物花的雄蕊和雌蕊均退化或发育不全，称为无性花或中性花，如绣球、八仙花花序周围的花，向日葵花序边缘的舌状花。

3. 依花冠是否对称分类

(1)辐射对称花　植物的花被各片的形状、大小相似，通过花的中心可作几个对称面的花称为辐射对称花或整齐花，如十字形、管状、钟状、漏斗状花冠的花。

(2)两侧对称花　若花被各片的形状、大小不一，通过其中心只可作一个对称面，称为两侧对称花或不整齐花，如蝶形、唇形、舌状花冠的花。

(3)不对称花　通过花的中心不能做出对称面的花称为不对称花，如美人蕉等极少植物的花。

(五)花程式和花图式

1. 花程式

把花的类型、组成、排列以及彼此的关系，运用字母、符号和数字列成类似数学方程式的形式来表示，称为花程式。在花程式中，字母、符号、数字的含义和书写规则如下。

1)字母表示的含义

花的各部分以拉丁文或其他拼音文字的首位或两位字母表示。通常 K(Kelch)或 Ca(Calyx)表示花萼；C 或 Co 代表花冠(Corolla)；A 代表雄蕊群(Androecium)；G 代表雌蕊群(Gynoecium)。如花萼和花冠不能区分，可用 P 代表花被(Perigonium)。

2)符号表示的含义

花各组成部分形态结构特征用符号表示。* 表示辐射对称花(整齐花)，↑表示两侧对称花(不整齐花)，⚥/☿ 表示两性花，♂表示雄花，♀表示雌花，+表示分组或成轮，(　)表示合生；子房的位置用 G 和“—”表示，若子房上位，则“—”写在 G 下方，如子房下位，则“—”写在 G 上方，如子房半下位，在 G 上、下方均写“—”。

3)数字表示的含义

数字表示花各部分的数目，写在各代表符号的右下方。0 表示缺少或退化；1，2，3…表示花各部的数目，∞表示多数或不定数(表示胚珠数时常省略)；雌蕊右下角如果有三个数字即 $G_{(a:b:c)}$，则 a 表示心皮数，b 表示子房室的数目，c 表示每个子房室内的胚珠数，数字之间用“：”隔开。

4)花程式的书写顺序

按照如下顺序书写：花的性别、花的对称情况、花各部分从外部到内部依次写 K、C、A、G 或 P、A、G，并在各字母右下方标明各部分的数字及离合情况。

梨花：$♂/♀ * K_5\ C_5\ A_{\infty}\ \overline{G}_{(5:5:2)}$ 或 $Ca_5\ Co_5\ A_{\infty}\ \overline{G}_{(5:5:2)}$
表示梨花为两性花；辐射对称；萼片和花瓣均 5 枚，分离；雄蕊多枚，分离；雌蕊为下位子房，5 心皮合生，5 个子房室，每室 2 枚胚珠。

大豆：$♂/♀ \uparrow K_{(5)}\ C_5\ A_{(9)+1}\ \underline{G}_{(1:1:\infty)}$ 或 $Ca_{(5)}\ Co_5\ A_{(9)+1}\ \underline{G}_{(1:1:\infty)}$
表示大豆为两性花；两侧对称；花萼 5 枚，合生；花瓣 5 枚，分离；雄蕊 10 枚，9 个合生，1 枚分离成二体雄蕊；雌蕊为上位子房，1 心皮构成 1 室子房，胚珠多枚。

2.花图式

花图式是花的横切面简图，用以表示花各部分的轮数、数目、离合、排列（包括花被卷叠方式）、胎座式等。花图式还能表示花的远轴面和近轴面。在绘制花图式时，用黑色圆点在花图式上方表示花着生的花轴；用空心的弧片在花图式的两侧表示苞片；用带有线条的弧片表示萼片，弧片中央尖突的部分表示萼片的中脉；实心的弧片表示花瓣；雄蕊和雌蕊用花药和子房的横切面来表示；用连接线表示雄蕊的联合或与花冠的贴生；子房的胎座式应绘出子房室数和胚珠的着生方式，如百合和蚕豆（图 1-29）。

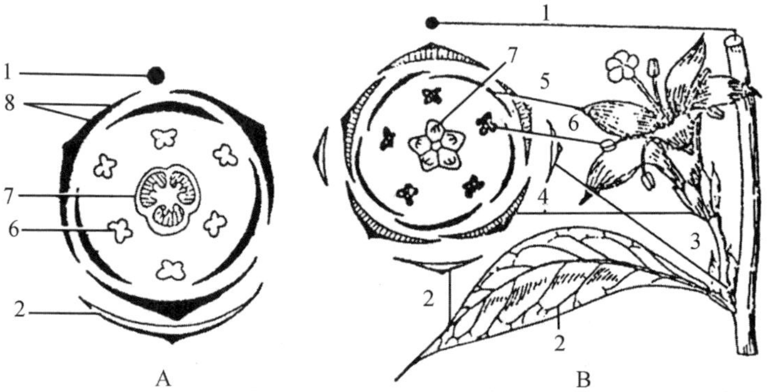

图 1-29 花图式

A.单子叶植物（百合） B.双子叶植物（蚕豆）

1.花轴 2.苞片 3.小苞片 4.萼片 5.花瓣 6.雄蕊 7.雌蕊 8.花被

花程式和花图式各有优缺点，花图式不能表示子房与花托的相关位置，而花程式不能表示花部各轮的相互关系及花被卷叠情况，二者结合使用才能全面反映花的特征。

（六）花序

许多花着生于花轴之上，则形成花序。有些植物的花单生于茎的顶端或叶腋，称为花单生，如棉、桃等的花。多数植物的花按照一定的规律排列在花轴上，花在花轴上有规律的排列方式称为花序（图 1-30）。花序中的每一朵花称为小花，着生小花的部分称为花序轴或花轴，花序轴基部的变态叶称总苞（片），而每朵小花花梗基部的变态叶称苞片。常见花序可分为无限花序和有限花序两大类。

1.无限花序

无限花序也称作总状类花序，其开花顺序是花序下部的花先开，渐渐往上开，或边缘花先开，中央花后开。无限花序包括以下几种类型。

（1）总状花序　花序轴长，其上着生许多花梗长短大致相等的两性花，如油菜、大豆等的花序。

图 1-30　花序的类型

(2)圆锥花序　总状花序的花序轴分枝,每一分枝为一总状花序,整个花序略呈圆锥形,又称复总状花序,如稻、葡萄等的花序。

(3)穗状花序　长长的花序轴上着生许多无梗或花梗甚短的两性花,如车前等的花序。

(4)复穗状花序　穗状花序的花序轴上的每一分枝为一穗状花序,整个构成复穗状花序,如大麦、小麦等的花序。

(5)肉穗状花序　花序轴肉质肥厚,其上着生许多无梗单性花,花序外具有总苞。如果花序外面有一个大型苞片,称佛焰苞,因而也称佛焰花序,如芋、马蹄莲的花序。玉蜀黍的雌花序外有多数总苞包被。

(6)葇荑花序　花序轴长而细软,常下垂(有少数直立),其上着生许多无梗的单性花。花缺少花冠或花被,花后或结果后整个花序脱落,如柳、杨、栎的雄花序。

(7)伞房花序　花序轴较短,其上着生许多花梗长短不一的两性花,下部花的花梗长,上部花的花梗短,整个花序的花几乎排成一平面,如梨、苹果的花序。

(8)复伞房花序　花序轴上每个分枝(花序梗)为一伞房花序,如石楠、光叶绣线菊的花序。

(9)伞形花序　花序轴缩短,花梗几乎等长,聚生在花轴的顶端,呈伞状,如韭菜及五加科等植物的花序。

(10)复伞形花序　许多小伞形花序又呈伞形排列,基部常有总苞,如胡萝卜、芹菜等伞形科植物的花序。

（11）头状花序　花序上各花无梗，花序轴常膨大为球形、半球形或盘状，花序基部常有总苞，常称篮状花序，如向日葵的花序；有的花序下面无总苞，如喜树的花序；也有花序轴不膨大，花集生于顶端的，如三叶草、紫云英等的花序。

（12）隐头花序　花序轴顶端膨大，中央部分凹陷呈囊状，内壁着生单性花，花序轴顶端有一孔，与外界相通，为虫媒传粉的通路，如无花果等桑科榕属植物的花序。

2.有限花序

有限花序也称聚伞花序，其花序轴为合轴分枝，因此花序中间或顶端的花先开，渐渐外面或下面的花开放，或逐级向上开放。聚伞花序根据花序轴分枝与侧芽发育的不同，可分为以下几种类型。

（1）单歧聚伞花序　顶芽成花后，其下只有1个侧芽发育形成枝，顶端也成花，再依次形成花序。单歧聚伞花序又有两种，如果侧芽左右交替地形成侧枝和顶生花朵，呈两列的，形如蝎尾状，叫蝎尾状聚伞花序，如唐菖蒲、黄花菜、萱草等的花序；如果侧芽只在同一侧依次形成侧枝和花朵，呈镰状卷曲，叫螺旋状聚伞花序，如附地菜、勿忘草等的花序。

（2）二歧聚伞花序　顶芽成花后，其下左右两侧的侧芽发育成侧枝和花朵，再依次发育成花序，如卷耳等石竹科植物的花序。

（3）多歧聚伞花序　顶芽成花后，其下有3个以上的侧芽发育成侧枝和花朵，再依次发育成花序，如泽漆等。

（4）轮伞花序　聚伞花序着生在对生叶的叶腋，花序轴及花梗极短，呈轮状排列，如野芝麻、益母草等唇形科植物的花序。

（七）花与植株的性别及其与生产实践的关系

在花芽的分化过程中，进行着性别分化。大多数高等植物的花芽逐渐在同一花内形成雌蕊和雄蕊，称为雌雄同花，即两性花。如多数蔷薇科植物和一些花卉植物。但是，也有不少雌雄异株植物，如银杏、杨、柳、冬青和大麻等，这些植物同一株的花只形成雌蕊或雄蕊，分别为雌株或雄株。也有些植物在同一株中有两种花，一种是雄花，另一种是雌花，称为雌雄同株植物，如四季海棠、球根海棠、玉米、黄瓜和山毛榉等。同一株植物上既有两性花，又有单性花的称为杂性同株，如柿、向日葵等。

多数植物在花的分生组织都产生雄蕊和雌蕊的雏形，但以后某一性器官就退化了。植物花器官的性别分化不仅是个理论问题，还有重要的实践意义。在许多雌雄异株植物中，其雌株和雄株的经济价值不同。以收获果实、种子为栽培目的的作物，如核用银杏、千年桐、留种用的大麻和菠菜等，除需留一定数量的雄株外，主要是保留大量的雌株；而以纤维为收获对象的大麻，其雄株纤维的拉力较优，则以多留雄株较好。栽培雌雄同株异花的作物，如黄瓜、玉米就需要大大增加雌花数，以便早结实，多结实。在花卉植物中，一些花朵大而鲜艳的类型多数是两性花。由于植物性别分化的多样性和生产栽培的不同要求，研究植物性别分化规律以及外因对性别分化的影响，对于性别的早期鉴别和定向控制，具有一定的指导意义。

二、果实的类型

果实由子房发育而来。果皮由子房壁发育而成，它通常分为外果皮、中果皮、内果皮三层，这种果实称为真果，多数植物的果实是真果。但是，有些植物其果实的形成，除子房壁外，还有花托或花管参与，甚至花序轴也参加组成，如梨、苹果、瓜类、无花果和凤梨（菠萝）等，这类果实称为假果(图 1-31)。

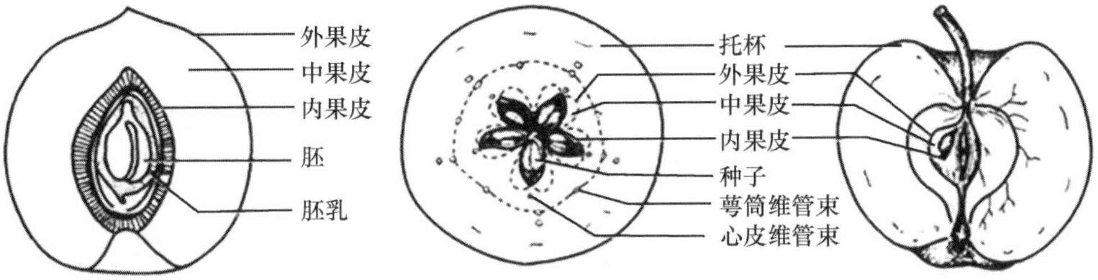

图 1-31　真果(左:桃)和假果(右:苹果)的结构

根据果实的来源、结构和果皮性质的不同，可将果实分为三大类，即单果、聚合果和聚花果。

(一)单果

每朵花中仅有的一个子房形成的单个果实称为单果，这种果实最为常见。按果皮及附属部分成熟时的质地与结构，可分为肉质果(图 1-32)及干果两大类。

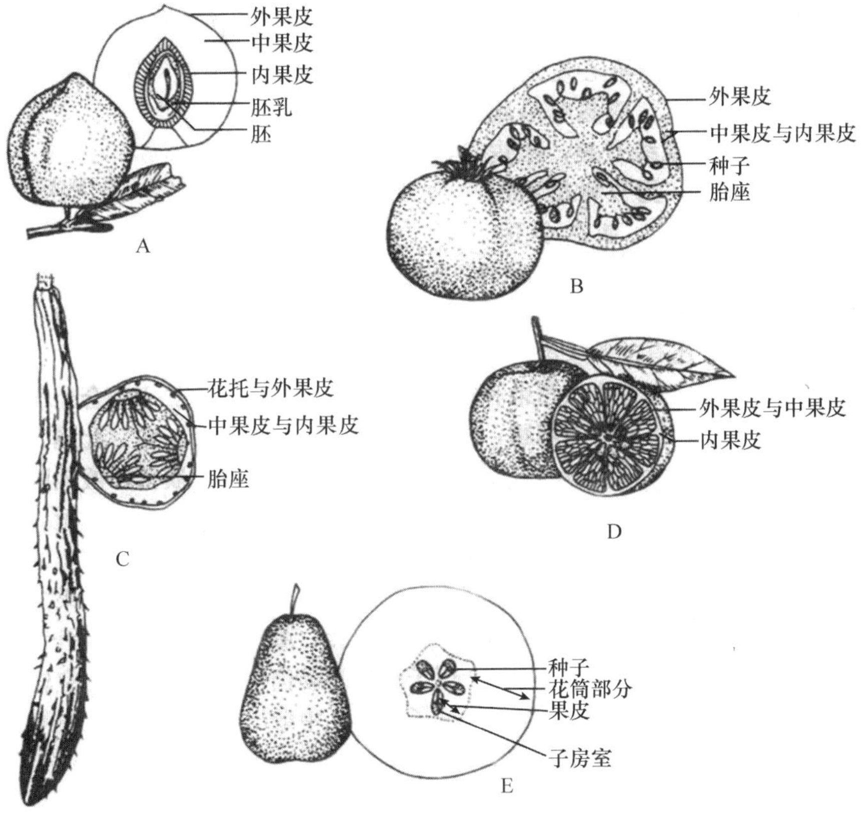

图 1-32　肉质果的类型

A. 核果(桃)　B. 浆果(番茄)　C. 瓠果(黄瓜)　D. 柑果(橘子)　E. 梨果(梨)

模块一　植物器官形态特征

1. 肉质果

1)核果

外果皮薄,中果皮肉质,内果皮坚硬木化成果核,多由单心皮雌蕊形成,如桃、李、杏、梅等的果实;也有的由2~3枚心皮发育而成,如枣、橄榄等的果实;有的核果成熟后,中果皮干燥无汁,如椰子的果实。

2)浆果

由一至多数心皮的雌蕊发育而成。外果皮薄,中、内果皮多汁,有的难分离,皆肉质化,如葡萄、番茄、柿等的果实。番茄这种浆果的胎座发达,肉质化,也是食用的部分。

3)柑果

外果皮革质,有许多挥发油囊;中果皮疏松髓质,有多数维管束,有的与外果皮结合不易分离;内果皮呈囊瓣状,其壁上长有许多肉质的汁囊,是食用部分。如柑橘、柚等的果实,为芸香科植物所特有。

4)梨果

由下位子房的复雌蕊和花管发育而成。肉质食用的大部分"果"肉是花筒形成的,只有中央的很少部分为子房形成的果皮。果皮薄,外果皮、中果皮不易区分,内果皮由木化的厚壁细胞组成。如梨、苹果、枇杷、山楂等的果实,为蔷薇科梨亚科植物所特有。

5)瓠果

由下位子房的复雌蕊和花托共同发育而成,果实外层(花托和外果皮)坚硬,中果皮和内果皮肉质化,胎座也肉质化,如南瓜、冬瓜等瓜类的果实。西瓜的胎座特别发达,是食用的主要部分。瓠果为葫芦科植物所特有。

2. 干果

如果果实成熟后,果皮干燥,这样的果实称为干果。成熟后果皮开裂,称裂果;成熟后果皮不开裂,称闭果。

1)裂果

常见的裂果有如下几种(图1-33)。

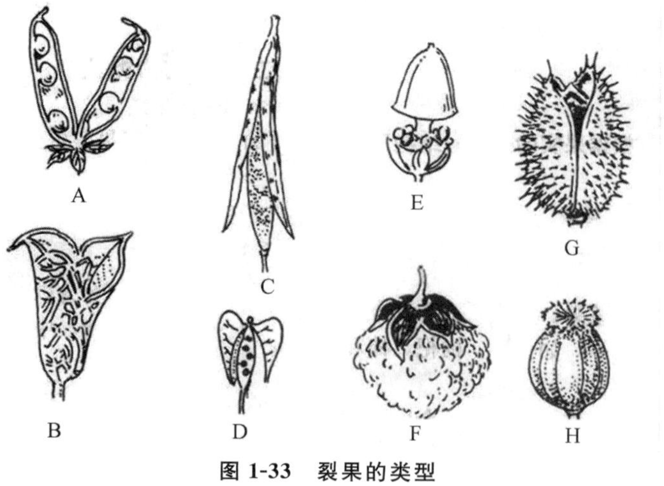

图1-33 裂果的类型

A. 荚果(豌豆) B. 蓇葖果(飞燕草) C. 长角果(油菜) D. 短角果(荠菜)
E. 蒴果(车前) F. 蒴果(棉花) G. 蒴果(曼陀罗) H. 蒴果(罂粟)

(1)荚果　由单心皮雌蕊发育而成，边缘胎座。成熟时沿背缝线和腹缝线同时开裂，如大豆、豌豆、蚕豆等的果实，但也有不开裂的，如落花生等的果实；有的荚果皮在种子间收缩并分节断裂，如含羞草、山蚂蝗等的果实。荚果为豆目(或豆科)植物所特有。

(2)蓇葖果　由单心皮雌蕊发育而成。果实成熟后常在腹缝线一侧开裂(有的在背缝线开裂)，如飞燕草的果实。

(3)角果　由2心皮的复雌蕊发育而成，侧膜胎座，子房常因假隔膜分成2室，果实成熟后多沿2条腹缝线自下而上地开裂。角果有的细长，称长角果，如油菜、甘蓝、桂竹香等的果实；有的角果呈三角形、圆球形，称短角果，如荠菜、独行菜等的果实。但长角果有不开裂的，如萝卜的果实。角果为十字花科植物所特有。

(4)蒴果　由2个以上心皮的复雌蕊发育而成，有数种胎座式，果实成熟后有不同开裂方式：室背开裂，沿心皮的背缝线开裂，如棉、三色堇、胡麻(芝麻)、鸢尾等的果实；室间开裂，沿心皮(或子房室)间的隔膜开裂，但子房室的隔膜仍与中轴连接，如牵牛等的果实；孔裂，果实成熟，在每一心皮上方裂成一个小孔，种子由小孔中因风吹摇动而散出，如虞美人、金鱼草的果实；盖裂，果实成熟后，沿果实的中部或中上部作横裂，呈一盖状脱落，如马齿苋、车前等的果实。

2)闭果

果实成熟后，果皮不开裂或分离成几部分，但种子仍包被在果实中。常分为以下几种类型(图1-34)。

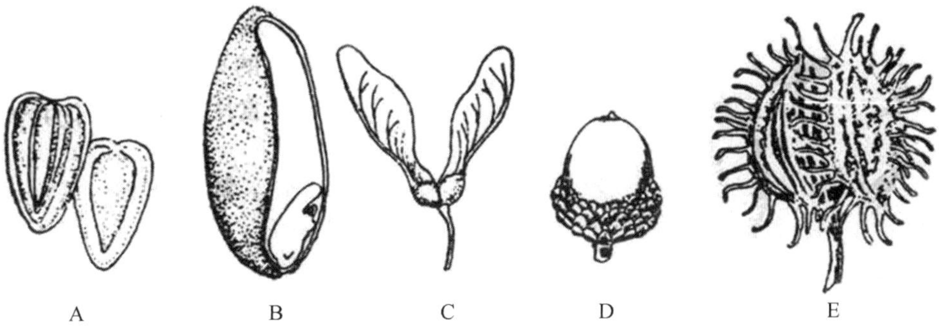

图1-34　闭果的主要类型

A.向日葵的瘦果　B.小麦的颖果　C.槭的翅果　D.栎的坚果　E.胡萝卜的分果

(1)瘦果　由1～3心皮构成的小型闭果；果皮坚硬，果内含1枚种子，成熟时果皮与种皮仅在一处相连，易于分离。如白头翁、向日葵、蒲公英、荞麦等的果实。

(2)颖果　颖果的果皮薄，革质，只含一粒种子，果皮与种皮紧密愈合不易分离。果实小，一般易误认为种子，是水稻、小麦、玉米等禾本科植物的特有果实类型。

(3)翅果　翅果的果实本身属瘦果性质，但果皮延展成翅状，有利于随风飘飞，如榆、槭、臭椿等植物的果实。

(4)坚果　坚果是外果皮坚硬木质，含一粒种子的果实。成熟果实多附有原花序的总苞，称为壳斗。如栎、榛和栗等的果实。

(5)双悬果　双悬果是由2心皮的子房发育而成的果实，也称为分果。伞形科植物的果实多属这一类型。成熟后心皮分离成两瓣，并列悬挂在中央果柄的上端，种子仍包于心皮中，以后脱离。果皮干燥，不开裂。如胡萝卜、小茴香的果实。

(6)胞果　亦称“囊果”，是由合生心皮形成的一类果实，具1枚种子，成熟时干燥而不开裂。果皮薄，疏松地包围种子，极易与种子分离。如藜、滨藜、地肤等的果实。

(二)聚合果

聚合果是由一朵花中许多离生心皮雌蕊形成的果实，每个雌蕊形成一个单果，聚生于同一花托上(图1-35)，如草莓、莲、悬钩子、玉兰等。

(三)聚花果

聚花果是由整个花序发育成的果实，又称为复果(图1-36)，如桑葚、凤梨、无花果等。桑葚是由桑的雌花序中雌花的肉质化的花萼组成的。凤梨是由多数不孕的花着生在肥大肉质的花序轴上所形成的果实，其肉质多汁的花序轴和肉质化的花被和子房一起成为果实的可食部分。无花果则是由隐头花序形成的果实，其花序轴肉质化并内陷成囊状，为果实的可食用部分。

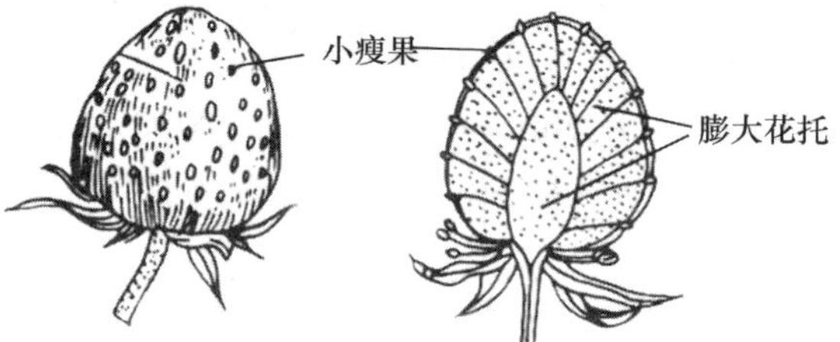

图1-35　聚合果(草莓)

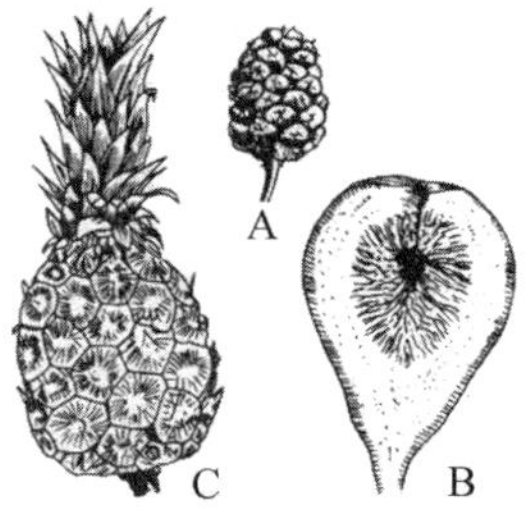

图1-36　聚花果(复果)

A.桑葚　B.无花果　C.凤梨

三、种子和果实的传播

在长期自然选择过程中，很多植物的果实和种子形成了适应不同传播媒介的形态特征，以扩大果实和种子的传播范围，利于种族延续和发展。

1.借风力传播

这类果实和种子一般小而轻，具有毛翅、囊等附属物，有利随风传播(图1-37)。

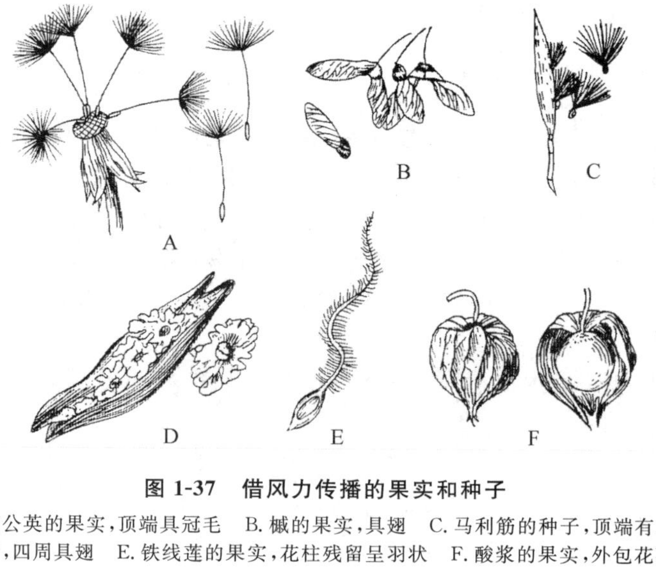

图1-37　借风力传播的果实和种子

A.蒲公英的果实，顶端具冠毛　B.槭的果实，具翅　C.马利筋的种子，顶端有种毛

D.紫葳的种子，四周具翅　E.铁线莲的果实，花柱残留呈羽状　F.酸浆的果实，外包花萼形成的气囊

2. 借水力传播

一般水生或沼生植物，其果实或种子形成漂浮结构，以适应水力传播，如莲蓬、椰子等(图 1-38)。

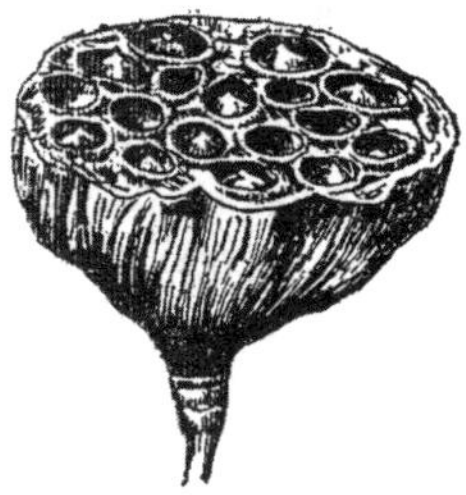

图 1-38 莲的果实

3. 借人及动物传播

这类植物果实或种子常有钩、刺，可附于动物皮毛或人的衣服上，被携至远方，如鬼针、苍耳、窃衣等；有的具坚硬的果皮或种皮，被吞食后不易消化，随粪便排出而传播；有些杂草的种子与农作物同时成熟，借农作物收获及播种而传播，如稗与水稻同时成熟(图 1-39)。

4. 借自身机械力传播

某些植物如大豆、绿豆、凤仙花的果实，其果皮各部分结构和细胞的含水量不同，果实成熟干燥时，果皮各部分发生不均衡收缩，使果皮爆裂将种子弹出(图 1-40)。

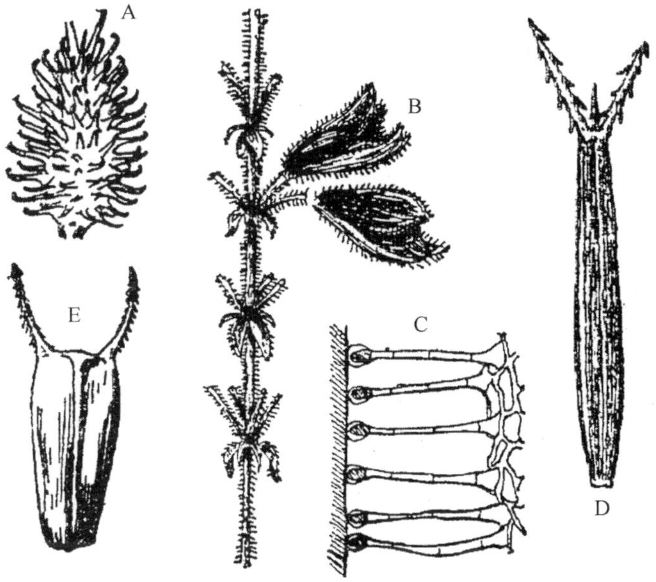

图 1-39 借人类和动物传播的果实

A. 苍耳的果实 B. 鼠尾草属的一种，萼片上有黏液腺

C. 为 B 图黏液腺的放大 D、E. 两种鬼针草的果实

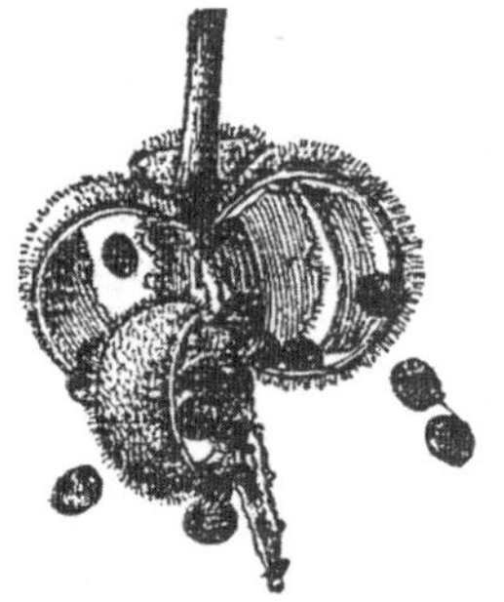

图 1-40 凤仙花的果实

(成熟裂开后种子弹出的情况)

单元小结

花、果实是植物的生殖器官。在被子植物的个体发育过程中，花的分化标志着植物从营养生长转入生殖生长。花和果实是种子植物特有的器官，一朵完整的花由花柄、花托、花萼、花冠、雄蕊群和雌蕊群组成。花萼和花冠合称为花被，具有保护雄蕊和雌蕊的作用。雄蕊由花丝和花药组成。雌蕊由柱头、花柱和子房组成，子房内的胎座上着生胚珠。由一朵花的单雌蕊或复雌蕊发育形成的果实称为单果，单果因果皮性质不同分为肉质果和干果。由一朵花中许多离生心皮雌蕊形成的果实，每个雌蕊形成一个单果，聚生于同一花托上称为聚合果。由整个花序发育形成的果实称为聚花果。果实和种子的传播方式有借风力传播、借水

力传播、借人力和动物传播和借自身机械力传播四种。

专项实训

一、名词解释

完全花　花萼　花冠　双被花　单被花　雄蕊群　雌蕊群　合生雌蕊　上位子房　胎座　单性花　辐射对称花　花程式　花图式　花序　无限花序　有限花序　单果　干果　聚花果

二、填空题

1. 一朵完整的花由花梗、花托、花被、________、雄蕊群组成。

2. 一朵花中有雄蕊6枚，其中外轮的2枚较短，内轮的4枚较长，称为________雄蕊。

3. 花瓣彼此分离的花，称________花，花瓣彼此联合的花称________花。

4. 雌蕊位于花的中央，由________、________、________组成；构成雌蕊的基本单位是________。

5. 根据子房与花托结合的程度，子房的位置可分为________、________和________三类。

6. 小麦花由________、________、________、________、________五部分组成。

7. 花按照一定顺序排列在枝上，这样的排列方式叫________。它可分为两大类型，即________和________。

8. 无限花序中的简单花序类型有________、________、________、________、________、________和________等。

9. 雄蕊包括________与________两部分。

10. 去掉谷壳的糙米外皮是由________与________愈合而成的。所以水稻属于________果。

11. 果实主要根据果皮是否肉质化，分为两大类型，即________和________。

12. 果实成熟后，果皮裂开的果实叫________，其类型有________、________、________和________四种。

13. 在肉果中，桃的果实为________，柑橘的果实为________，苹果的果实为________，南瓜的果实为________。在干果中豌豆的果实为________，向日葵的果实为________，板栗的果实为________。

三、单项选择题

1. 花生的花冠属于(　　)。

A. 蝶形花冠　　B. 唇形花冠

C. 十字形花冠　　D. 钟状花冠

2. 一朵完整的花可分为五个部分，即(　　)、花托、花被、雄蕊群和雌蕊群。

A. 花柄　B. 花丝　C. 花柱　D. 花萼

3. 每一雌蕊由柱头、(　　)和子房三部分组成。

A. 花柄　B. 花丝　C. 花柱　D. 花萼

4. 花单性，雌花和雄花分别在不同的植株上称为(　　)。

A. 雌雄异株　　B. 雌雄同株　　C. 混合花　　D. 雌雄花

5. 在被子植物的花程式中，K代表(　　)。

A. 雄蕊　　B. 雌蕊　　C. 花萼　　D. 花被

6. 下列各种花序，为有限花序的是(　　)。

A. 伞房花序　　B. 伞形花序　　C. 聚伞花序　　D. 头状花序

7. 两性花无花柄、着生在伸长的花轴上称(　　)。

A. 葇荑花序　　B. 隐头花序　　C. 穗状花序　　D. 头状花序

8. 子房基部着生在花托上，花的其他组成部分都着生在花托上，低于子房，叫作(　　)。

A. 上位子房下位花　　B. 上位子房周位花

C. 下位子房上位花　　D. 下位子房下位花

9. 有限花序的特点是(　　)。

A. 顶花先开，开花顺序是由上而下或由内而外

B. 花轴基部的花先开或由内而外开放

C. 开花时边缘的花先开

D. 随时开放

10. 豆角的胎座式是(　　)。

A. 边缘胎座　　B. 侧膜胎座　　C. 中轴胎座　　D. 顶生胎座

11. 花轴单一，较长，其上着生有柄的花朵，各花的花柄长度大致相等，开花顺序自下而上，这样的花序称为(　　)。

A. 总状花序　　B. 伞房花序　　C. 穗状花序　　D. 葇荑花序

12. 小麦和水稻的花属于(　　)。

A. 完全花　　B. 不完全花　　C. 单性花　　D. 无性花

13. 果实成熟后沿背腹两条缝线开裂的叫(　　)。

A. 角果　　B. 荚果　　C. 蒴果　　D. 瘦果

四、多项选择题

1. 一朵完整的花包括(　　)。

A. 花柄　　B. 花托　　C. 雄蕊群　　D. 花被

2. 花序轴不分枝的花序为简单花序，可分为(　　)。

A. 总状花序　　B. 伞房花序　　C. 穗状花序　　D. 葇荑花序

3. 下列属于假果的植物有(　　)。

A. 苹果　　B. 西瓜　　C. 草莓　　D. 樱桃　　E. 枣

4. 下列属于真果的植物有(　　)。

A. 苹果　　B. 西瓜　　C. 草莓　　D. 樱桃　　E. 枣

5. 下列属于核果的植物有(　　)。

A. 花生　　B. 李　　C. 核桃　　D. 樱桃　　E. 枣

五、判断题　在后面的括号里对打√错打×

1. 凡是仅有花萼或花冠的花称之为单被花。(　　)

2. 无限花序花的开放次序是从下往上，从中心向边缘逐渐开放。(　　)

3. 一朵花内可能生有一至无定数个雌蕊。(　　)

4. 子房上位可有下位花和周位花两种情况。(　　)

5. 子房室数的多少完全由心皮的数目来决定。(　　)

6. 胚珠在子房室内着生的地方叫胎座,一般发生在心皮的边缘,即心皮的联合处,但在心皮的基部或端部也是时常发生胎座的地方。(　　)

7. 苹果是梨果。(　　)

8. 颖果的果皮与种皮合生。(　　)

9. 单心皮一条缝线开裂的是荚果。(　　)

10. 果实成熟后,果皮内含有大量的薄壁组织和少量的厚壁组织,薄壁组织内含有大量的水分,这种果实叫肉质果,如核桃。(　　)

11. 草莓和无花果、莲蓬、桑葚、菠萝均为复果。(　　)

六、用简图表示下列术语

十字形花冠　蝶形花冠　唇形花冠　二强雄蕊　四强雄蕊　二体雌蕊　上位子房　双被花　辐射对称花　总状花序　伞房花序　单歧聚伞花序　瓠果　荚果　双悬果　聚合果　聚花果

七、问答题

1. 花的概念是什么？一朵典型的花包括哪几部分？各有什么作用？

2. 以小麦、水稻为例,说明禾本科植物花的结构特点。

3. 雌蕊由哪几部分组成？各有什么作用？

4. 举例说明子房的类型。

5. 花程式和花图式是怎样进行表示的？

6. 无限花序有哪些类型？举例说明。

7. 果实有哪些类型？各有什么特点？

8. 掌握植物开花习性在生产上有何意义？

八、试验设计

需用体视镜、放大镜、解剖器等用具,可结合课堂实训及学生课余时间进行。

根据专业特点、生长季节、地理位置等,选择若干种典型植物,按下表所列项目描述不同植物花各部分特征。

各部分类型 植物种类	整齐花或不整齐花	花萼数目离合情况	花冠类型离合情况	雄蕊数目类型	雌蕊心皮数目类型	子房位置	胎座类型	花和植株性别	花序类型	果实类型	花程式

Project 3

种子和幼苗

一、种子的构造和类型

种子在植物学上是指由胚珠发育而成的繁殖器官。它和植物繁衍后代有着密切联系。但植物界的所有种类并不都是以种子繁殖的，只有种子植物才能产生种子。种子是种子植物特有的有性繁殖器官，是农业生产中最常用的播种材料，也是农业生产的主要收获物。种子萌发后，形成具有根、茎、叶的植物体，继而开花结实产生新的种子。

(一)种子的构造

不同种类的植物，其种子在大小、形状和颜色等方面差异较大。大者如椰子的球形种子，其直径可达 15～20 cm，小的如油菜、芝麻的种子；烟草的种子比油菜、芝麻的更小，犹如微细的沙粒。种子的形状各式各样，有肾形的，如大豆、菜豆种子；椭圆形的，如油菜、豌豆的种子；扁形的，如蚕豆的种子；三棱形的，如荞麦的种子；以及其他各种形状的种子。种子的颜色也各不相同，仅豆类作物种子的颜色就有黄色、白色、绿色、褐色、红色等。虽然种子在大小、形状和颜色等方面存在差异，但其基本结构是一致的，一般种子外面都有种皮，内部有胚，部分植物种子内还有胚乳。

1.种皮

种皮是种子外面的保护层，具有保护种子不受外力机械损伤、避免水分丧失和防止病虫害入侵的作用。种皮通常一层或两层，由珠被发育而成。如果两层种皮，称外种皮和内种皮。外种皮厚而硬，表面有各种颜色和花纹；内种皮多呈薄膜状。种皮的花纹、颜色、绒毛等特征，是鉴别植物种类和作物品种的依据之一。成熟的种子在种皮上常可以看到种脐、种孔、合点、种脊和种阜等结构。

2.胚

胚是幼小的植物体，由受精卵发育而来，似一台微型电脑，贮藏该植株的全部信息，关系到种子的萌发、植物的生长和发育。因此，胚是种子重要的组成部分，可分为胚芽、胚轴、胚根和子叶 4 个部分。

1)胚芽

胚芽位于胚轴的上方，由茎尖生长点和包在外围的数片幼叶组成，将来形成部分茎和叶。小麦、水稻的胚芽外有胚芽鞘。

2)胚轴

胚轴是连接胚芽、子叶与胚根的过渡部分，呈轴状结构，将来形成部分茎。胚轴根据分布位置，可分为上胚轴和下胚轴。由子叶着生点到第一片真叶之间的一段胚轴，称为上胚轴。由子叶着生点到胚根的一段胚轴，称为下胚轴。

3)胚根

胚根正对着种孔，为植物未发育的根，将来发育成植物的主根。

4)子叶

子叶是植物体最早的叶，是一种变态叶，着生于胚轴的两边或一侧，不同植物种子的子叶在数目上和生理功能上不完全相同。根据胚中子叶数目不同，植物可分为单子叶植物、双子叶植物和多子叶植物。

(1)单子叶植物　种子的胚只有 1 片子叶的植物，如水稻、小麦、玉米等。

(2)双子叶植物　种子的胚只有 2 片子叶的植物，如大豆、花生、瓜类等。

(3)多子叶植物　种子的胚有多片子叶的植物，如松树、柏树等。

3. 胚乳

胚乳位于种皮内，胚的周围或侧面。胚乳由受精的极核发育而成，是种子集中贮藏养料的地方，供胚发育时分解、吸收、利用，占有种子的一定体积。大多数种子的胚乳均属此类，如禾本科、茄科、伞形科等植物。有些植物在种子形成过程中，胚乳已被胚吸收利用，把营养物质转移贮藏在胚的子叶内，形成肥而大的子叶，所以这类种子在成熟后无胚乳，如大豆、棉花等。

(二)种子的类型

根据成熟种子内胚乳的有无，将种子分为有胚乳种子和无胚乳种子两种类型。

1. 有胚乳种子

有胚乳种子由种皮、胚和胚乳 3 部分组成。胚相对较小，子叶薄，而胚乳较发达。双子叶植物中的蓖麻、番茄、辣椒、葡萄等和单子叶植物中的小麦、水稻、玉米、高粱、谷子、洋葱等植物的种子属于有胚乳种子。

1)双子叶植物有胚乳种子

种子有 2 片子叶，如蓖麻、烟草、茄、番茄、辣椒等，下面以蓖麻为例加以说明。

蓖麻种子椭圆形，稍侧扁，外种皮光滑、坚硬有花纹，在种子的一端有海绵状的突起称为种阜，由外种皮延伸而成，遮盖于种孔之外，吸水时有利于种子萌发。在种子扁平面的种皮上有一长条状突起称为种脊，与种子几乎等长。外种皮以内有一层白色、膜质的内种皮，其内是含有大量脂肪的白色胚乳，胚包藏于胚乳中央，具 2 片大而薄的子叶，上面有显著的脉纹，2 片子叶基部与短的胚轴相连，胚轴上方是胚芽，下方是圆锥形的胚根(图 1-41)。

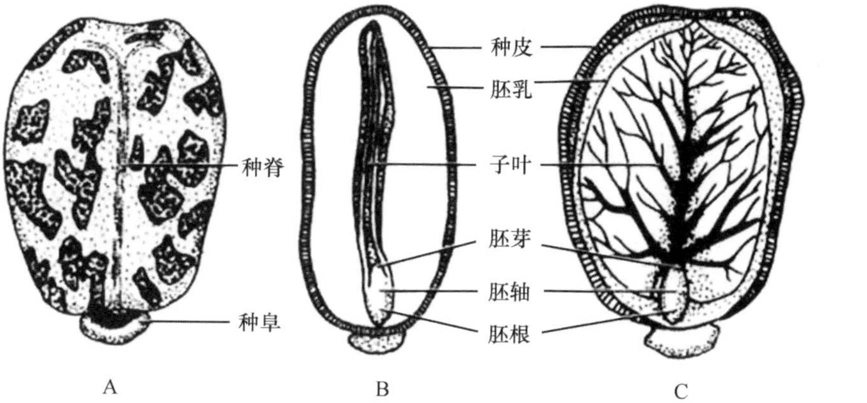

图 1-41　蓖麻种子的结构

A. 表面观　B. 与子叶面垂直的正中纵切　C. 与子叶面平行的正中纵切

2)单子叶植物有胚乳种子

单子叶植物有胚乳种子与双子叶植物有胚乳种子相似，但胚只有 1 片子叶，大多数单子叶植物属于此类，如小麦、水稻、玉米、洋葱等，下面以小麦为例进行说明(图 1-42)。

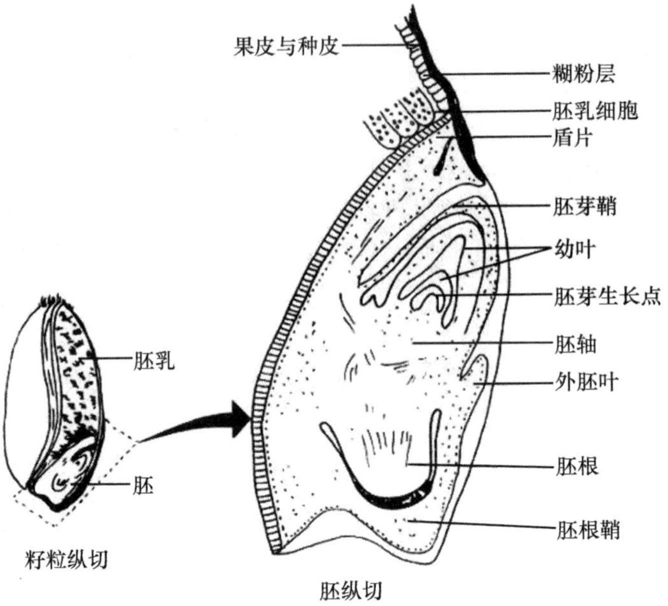

图 1-42　小麦籽粒纵切(示胚的结构)

(1)小麦种皮　一般情况下,将一粒小麦称为种子,但实际上它们是果实,果皮较厚,种皮较薄,二者愈合不易分离,果皮起保护作用,因此小麦在植物学上称为颖果。

(2)小麦胚乳　从小麦颖果的纵切面来看,胚和胚乳界限明显。果皮和种皮以内绝大部分是胚乳。胚乳可分为两部分,紧贴种皮的胚乳称为糊粉层(含糊粉粒的细胞层),其内是含淀粉的胚乳细胞。在胚乳和胚之间是一层排列整齐的上皮细胞,种子萌发时,上皮细胞吸水,能分泌酶到胚乳中,使胚乳被消化、吸收,释放能量供胚利用。

(3)小麦胚　胚很小,仅位于籽实一侧的基部,由胚芽、胚轴、胚根和子叶 4 部分构成。胚芽位于胚轴上方,由生长点和包被在生长点之外的数片幼叶所构成,其外面还有胚芽鞘包着。胚根位于胚轴下方,由生长点和根冠所组成,外方由胚根鞘所包被。胚芽与胚根之间是胚轴。在紧靠胚乳一侧的胚轴上,生有 1 片子叶,子叶形如盾状,故称为盾片。当种子萌发时,通过子叶从胚乳中吸收养料。有些禾谷类植物在胚轴与子叶着生处相对的一侧,有一小突起,称为外胚叶(外子叶)。

2.无胚乳种子

无胚乳种子由种皮和胚两部分组成,胚乳中的养料在胚发育过程中被胚吸收并贮藏在子叶中,子叶较肥厚。双子叶植物中的菜豆、大豆、向日葵、瓜类、花生、棉花和柑橘的种子都属于这一类。单子叶植物中慈姑的种子属于此类。

1)双子叶植物无胚乳种子

种子只有种皮和胚两部分,营养物质贮藏在子叶中,如菜豆、花生、大豆、油菜、棉花、瓜类等的种子。现以菜豆为例进行说明。

菜豆种皮表面有花纹或无,颜色多种。种子一侧的中央有一椭圆形的斑痕,称为种脐,多为灰白色。种脐的一端有一小圆孔,称为种孔,为珠孔的遗迹,种子萌发时,胚根多由此伸出。从种脐另一端直到种子顶端,具较长隆起的棱脊,称为种脊。菜豆种皮里面是胚,由胚芽、胚轴、胚根和两片子叶所组成。剥开种皮，露出两片肥厚的豆瓣便是子叶，呈乳白色；两片子叶连接处是胚轴，胚轴较短，子叶着生于其两侧；胚轴的下端是胚根，它的尖端正对着种孔。胚轴的上端呈小叶状部分叫胚芽，由生长点和幼叶组成（图 1-43）。

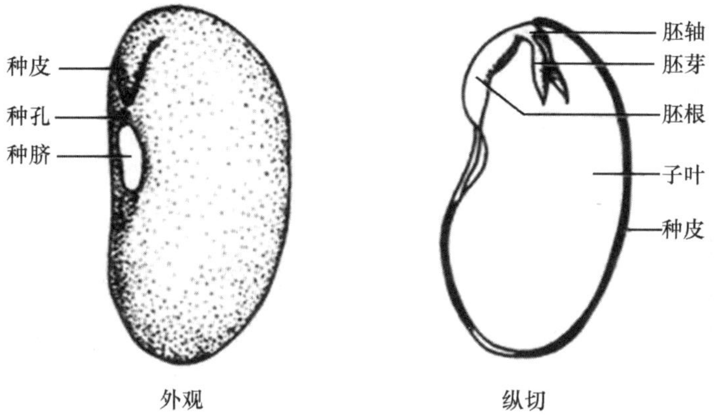

图 1-43　菜豆种子的结构

2）单子叶植物无胚乳种子

这类种子在农作物中较少见，农田杂草慈姑的种子属于此类。慈姑的种子很小，包含于三角形的瘦果内，每一果实仅含有一粒种子。种皮极薄，仅一层细胞。胚弯曲，由胚芽、胚轴、胚根和一片子叶组成。子叶长柱形，着生在胚轴上，其基部包被着胚芽。胚芽着生在胚轴上方，由生长点和幼叶组成。胚轴下端为胚根，胚根和下胚轴连在一起，组成胚的一段短轴（图 1-44）。

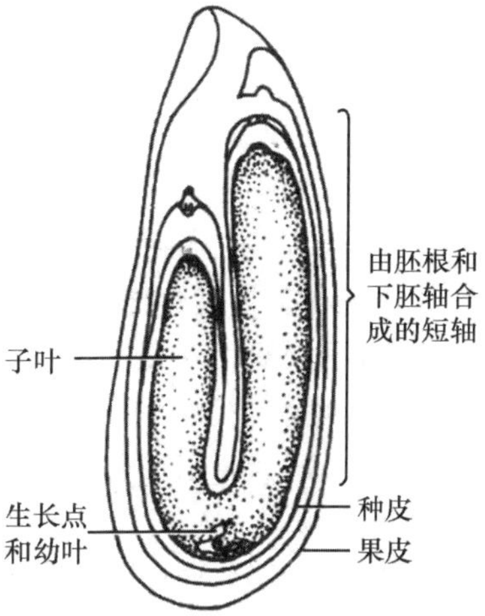

图 1-44　慈姑种子的结构

二、种子萌发和幼苗类型

（一）种子萌发

种子是种子植物特有的延存器官。虽然在植物的有性生殖过程中卵细胞受精即是新一代生命的开始，但习惯上常以种子的萌发作为个体发育的起始。人们常常把胚根突破种皮作为种子萌发的标志。种子在适宜条件下，在新陈代谢的基础上，从萌动到逐渐形成幼苗的这一过程叫种子的萌发。种子萌发除了种子自身已经完成休眠和具有生活力外，还要具备适当的外界条件。

1. 种子萌发过程

1）吸胀

吸胀是指干种子吸水膨胀的过程。种子萌发的第一阶段是吸水膨胀，它是一个物理过程，活种子和死种子都能发生吸胀作用。当生活的种子吸水膨胀后，其含水量不断增加，种皮被软化，酶的活性与呼吸作用显著增强，物质代谢大大加快。同时种子内贮藏的淀粉、脂肪和蛋白质等大部分化合物，在各种水解酶的作用下，分解为简单的小分子化合物，由原来的不可溶解状态转变为可溶解状态。

2)萌动

萌动是指胚根突破种皮从种子中暴露(露白)的现象。种子吸水后,内部物质继续转化,淀粉转化为蔗糖,蛋白质转化为氨基酸和酰胺。这些有机物质经过运输,转移到胚以后,很快转入合成过程,其中蔗糖降解为葡萄糖后,一部分用于呼吸作用供给能量,另一部分用于原生质和细胞壁的形成。氨基酸再分解成氨和有机酸,氨又可和其他有机酸合成新的氨基酸。这些氨基酸用于合成原生质的结构蛋白质,组建新的细胞,使胚生长,胚根首先突破种皮。因此种子萌发的第二阶段主要是物质与能量的转化,它经历了降解、运输和重建 3 个环节,萌发种子中营养物质的转移过程见图 1-45。

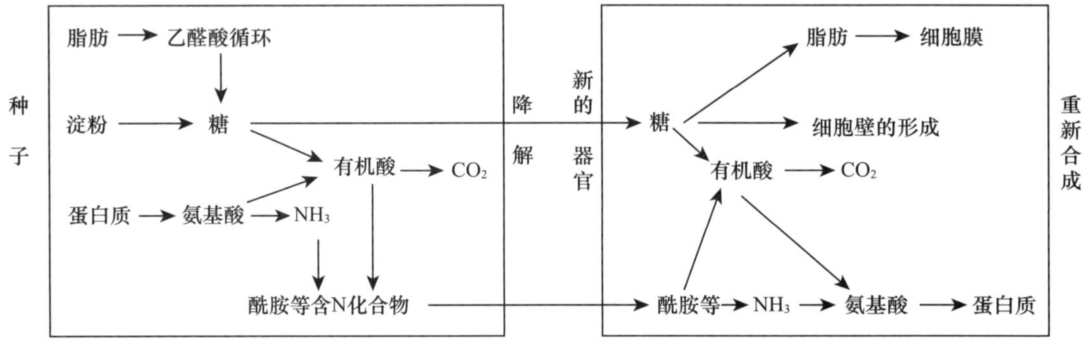

图 1-45 种子萌发时营养物质转移过程

3)发芽

生产上常把胚根的长度与种子长度相等,胚芽长度达到种子长度一半,定为种子发芽标准。种子萌动后,由于幼胚不断吸收营养,细胞的数目增多,体积不断增大,生长速度加快,胚根和胚芽伸出种皮继续生长,当胚根与种子等长时即完成种子萌发的第三阶段。

种子萌发过程中最明显的变化是从种子到幼苗所发生的形态上的变化。胚根向地下延伸,随后长出胚芽伸出地面,展开幼叶,再不断形成新的根、茎、叶等,这样就形成了一个新的独立生活的幼苗(图 1-46)。

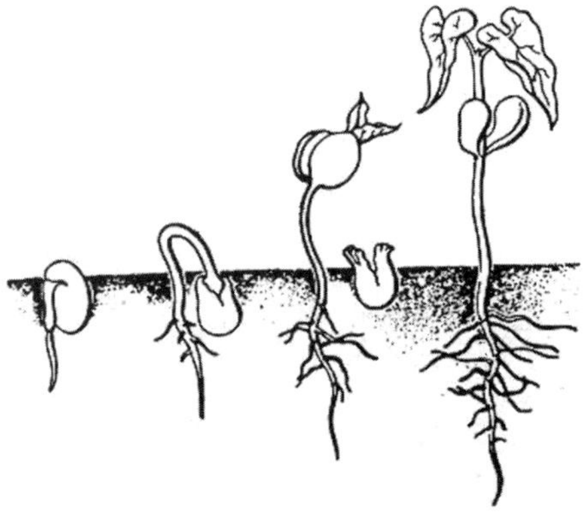

图 1-46 菜豆种子的萌发过程

2.种子萌发的因素

1)内部因素

内部因素包括种子是否具有生活力和种子活力的高低。

(1)种子生活力　种子生活力是指种子能够萌发的潜在能力或种胚具有的生命力。没有生活力的种子是不能萌发的。种子从发育成熟到丧失生活力所经历的时间,即种子的寿命。种子寿命与植物种类及环境条件有关。一般农作物种子的寿命只有 3～5 年,通常以保持 50%～60%的发芽率作为种子有实用价值的标准,当发芽率低于此值时,生产上就不宜使用(表 1-8)。

表 1-8　常见作物种子的寿命及使用年限　　年

作物种类	种子寿命	使用年限	作物种类	种子寿命	使用年限
向日葵	3	1	绿豆	8	5
花生	1～2	1	菜豆	2～3	2
水稻	3	3	番茄	3	2
高粱	2～3	2	黄瓜	5	3
小麦	2～3	2	西瓜	3～5	3
棉花	3	2	白菜	4～6	4
玉米	>3	3	茄子	5	4
大豆	2～3	2	萝卜	5	4

种子寿命与贮藏条件关系密切，一般来说，干燥、低温、缺氧的条件有利于延长种子寿命。在高温、多湿条件下，种子呼吸强度剧增，消耗贮藏养料较多，呼吸释放的能量产生的高温使原生质和酶受到破坏，种子将很快丧失生活力。

(2)种子活力　种子活力是指种子在田间状态下迅速而整齐地萌发并形成健壮幼苗的能力。用种子活力作指标能更准确地评价种子的播种品质和田间生产性能。在播种时选用高活力的种子有利于形成健壮的幼苗，从而提高作物的抗逆能力和增产潜力。

2)外部因素

影响种子萌发的外部因素主要有水分、温度、O_2等，有些植物种子的萌发还需要光照条件。

(1)水分　干燥的种子含水量少，一般油料种子含水量在8%～9%或以下，淀粉类种子含水量在12%～14%或以下，属于安全贮藏含水量指标。在这样的条件下，原生质处于凝胶状态，很多重要的生命活动是无法进行的，所以种子萌发的首要条件是吸收充足的水分，只有种子吸收了足够的水分以后，才能使生命活跃起来。

水在种子萌发过程中所起的作用是多方面的。首先，种子浸水后，坚硬的种皮吸水软化，可以使更多的氧透过种皮，进入种子内部，加强细胞呼吸和新陈代谢作用的进行，同时使CO_2透过种皮排出种子之外。其次，种子内贮藏的有机养料，在干燥的状态下是无法被细胞利用的，只有在细胞吸水后，各种酶才能开始活动，把贮藏的养料进行分解，成为溶解状态向胚运送，供胚利用。此外，胚和胚乳吸水后，体积增大，柔软的种皮在胚和胚乳的压迫下，易于破裂，为胚根、胚芽突破种皮，向外生长创造条件。

不同种子，萌发时的吸水量是不一致的，这决定于种子内贮藏养料的性质。一般种子需要的吸水量超过种子干重的30%左右，有的甚至更多(表1-9)。

表 1-9　几种主要作物种子萌发时的吸水率(占风干重的百分率)　　%

作物种类	吸水率	作物种类	吸水率
水稻	35	豌豆	186
油菜	48	蚕豆	157
小麦	60	大豆	120
玉米	40	棉花	60

(2)温度　种子萌发时,种子内的一系列物质变化,包括胚乳或子叶内有机养料的分解,以及由有机和无机物质同化为生命的原生质,都是在各种酶的催化作用下进行的,而酶的作用需要有一定的温度才能进行,所以温度也就成了种子萌发的必要条件之一。

一般说来,一定范围内温度的提高,可以加速酶的活动,如果温度降低,酶的作用也就减弱,低于最低限度时,酶的活动几乎完全停止。过高的温度会破坏酶的作用,使其失去催化能力。所以,种子萌发对温度的要求,表现出三个基点,就是最低温度、最高温度和最适温度。最低温度和最高温度是二个极限,低于最低温度或高于最高温度,都能使种子失去萌发力,只有最适温度才是种子萌发最理想的温度条件(表 1-10)。

表 1-10　作物种子萌发时对温度的要求　　℃

作物种类	最低温度	最适温度	最高温度	作物种类	最低温度	最适温度	最高温度
小麦	0～5	20～28	30～43	玉米	8～12	32～35	40～44
大麦	0～5	20～28	30～40	水稻	10～12	30～37	40～42
高粱	6～7	30～33	40～45	烟草	10～12	25～28	35～40
大豆	6～8	25～30	39～40	棉花	10～13	25～32	38～40
谷子	6～8	30～33	40～45	花生	12～15	25～37	41～46

但是种子萌发的最适温度往往也是呼吸作用的最适温度,虽然种子萌发的速度快,但呼吸消耗有机物过多,所以导致幼苗较细弱,因此,农林业生产中,种子健壮萌发的温度应比最低温度稍高,而又比最适温度略低。

不同植物种子萌发时,对温度条件的不同要求,是这类植物生长在某一地区(南方或北方)长期适应的结果,是由这一植物的遗传特性所决定的。了解种子萌发对温度的要求以后,可以结合植物体的生长和发育特性,选择适当季节播种,过早或过迟都会对种子的萌发产生不良影响,使植株不能正常生长。

(3)O_2　种子萌发时,还要有足够的空气。这是因为种子在萌发时,种子各部分细胞的代谢作用加快进行,一方面,贮存在胚乳或子叶内的有机养料,在酶的催化作用下很快分解,运送到胚,而胚细胞对这部分养料加以氧化分解,以取得能量,维持生命活动的进行,还把一部分养料经过同化作用,组成新细胞的原生质,所有这些活动是需要能量的,能量的来源只能通过呼吸作用产生。所以种子的萌发,O_2就成为必要的条件之一,特别是在萌发初期,种子的呼吸作用十分旺盛,需氧量更大。作物播种前的松土,就是为种子的萌发提供呼吸所需要的 O_2。旱地作物如高粱、落花生、棉等的种子,如果完全浸于水中或埋在坚实的土中,以致正常的呼吸不能进行,胚就不能生长。水稻籽粒长期浸泡水中,同样不能萌发,或不能正常生长。所以播种前的浸种、催芽,需要加强人工管理,以控制和调节氧的供应,使萌发正常进行。

(4)光照和土壤　一般种子萌发和光线关系不大,无论在黑暗或光照条件下都能正常进行,但有少数植物的种子,需要在有光的条件下,才能萌发良好,对这些种子,光就成为萌发的必要条件之一,如烟草、杜鹃等植物。相反,也有少数植物的种子,如苋菜、菟丝子等,只有在黑暗条件下才能萌发。光照所以能促进某些植物种子萌发,或抑制另一些种子萌发是通过植物内一种称为光敏素的特殊物质的作用来产生影响的。再如土壤的酸碱性,与种子萌发也有一定关系。一般种子在中性、微酸性或微碱性的情况下，萌发良好。酸碱度过高对一般种子萌发不利。

(二)幼苗类型

种子萌发后，胚开始生长，由胚长成的幼小植株叫作幼苗。幼苗出土后，形成根、茎、叶。常见的幼苗主要有3种类型：子叶出土幼苗、子叶留土幼苗及子叶半出土幼苗。

子叶能否出土，主要取决于下胚轴的生长特性。下胚轴伸长，子叶出土；下胚轴不伸长，子叶留土。

1.子叶出土幼苗

种子在萌发时，胚根先突破种皮，深入土中，形成主根。然后下胚轴加速伸长，将子叶和胚芽顶出土面，所以幼苗的子叶是出土的，如大豆、棉花等。大豆等种子的肥厚子叶，继续把贮存的养料运往根、茎、叶等部分，直到营养消耗完毕，子叶干瘪脱落。棉花等种子的子叶较薄，出土后立即展开，进行光合作用，待真叶长出，子叶才枯萎脱落(图1-47)。

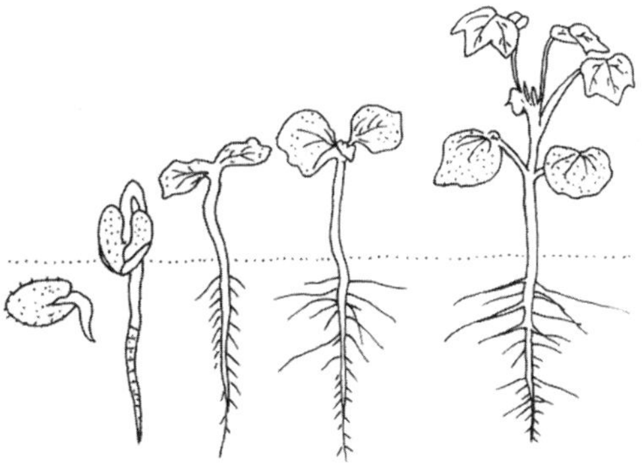

图1-47　棉花种子出土萌发过程，示子叶出土

2.子叶留土幼苗

种子萌发时，下胚轴并不伸长，而是上胚轴伸长，所以子叶或胚乳并不随胚芽伸出土面，而是留在土中，直到养料耗尽死去。如豌豆种子萌发时胚根先穿出种皮向下生长，成为根系的主轴，由于上胚轴的伸长，胚芽不久就被推出土面，下胚轴的伸长不大，所以子叶不会被顶出土面，而始终埋在土里(图1-48)。

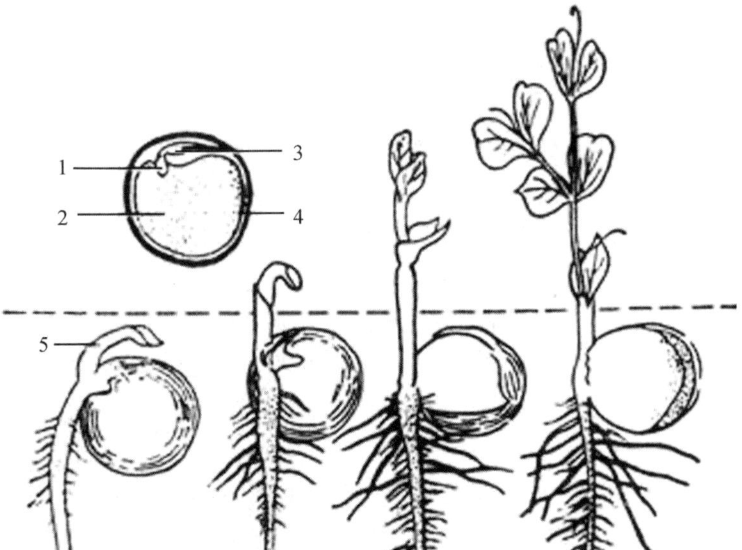

图1-48　豌豆种子萌发过程，示子叶留土

1.胚芽　2.子叶　3.胚根　4.种皮　5.上胚轴

3. 子叶半出土幼苗

花生种子的萌发兼有子叶出土和子叶留土的特点，它的下胚轴也能伸长，但有一定限度。播种较深时，子叶不出土；播种较浅时，则子叶出土。这种情况的幼苗称为子叶半出土幼苗（图 1-49）。

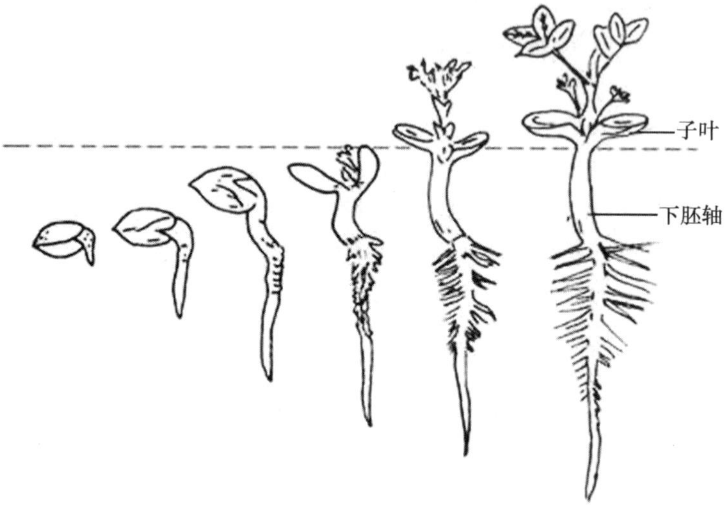

图 1-49 花生种子萌发过程，示子叶半出土

三、种子和幼苗知识与生产实践

1. 种子与植物播种的联系

种子发芽后，在胚的生长初期主要是利用种子中的贮藏营养进行呼吸作用。直到胚芽出土形成绿色幼苗后，开始进行光合作用，自己制造有机物，行自养生活。种子贮藏的营养物质多则出苗快，且整齐健壮，反之则迟迟不能出苗，或长出瘦苗、弱苗，易遭受病虫为害。所以，生产上选择大粒饱满的种子播种，是获得壮苗的基础。在播种时选用高活力的种子有利于形成健壮的幼苗；对活力偏低的种子，可以通过播种前的预处理，提高其活力，改善其田间成苗能力，如利用一定浓度的 PEG（聚乙二醇）溶液对种子进行渗透调节处理，可以缩短播种至出苗所需的时间，提高幼苗的整齐度，从而提高作物的抗逆能力和增产潜力。

在种子播种期，首先要保证一定水分的供应，以促进种子的萌发、幼苗出土和出苗整齐。但是，如果水分过多，引起 O_2 缺乏，种子进行无氧呼吸时就会产生 CO_2 和酒精，使种子发生酒精中毒，出现烂种、烂根和烂芽的现象。其次，种子健壮萌发的适宜温度一般应稍高于最低温度而低于最适温度。变温处理有利于种子的萌发，而且还可提高幼苗的抗寒能力。第三，种子萌发所需的 O_2 大多来自土壤孔隙中。若播种后得不到充足的 O_2 供应，播种过深、土壤积水、雨后表土板结等，将影响种子的正常萌发，甚至造成烂种。

要获得全苗壮苗，首先要有健全饱满的种子；其次要有适宜的环境条件，即充足的水分、适宜的温度和足够的 O_2。因此，适期播种，播种前充分整地，注意播种深度和方法，就能获得水、气、温、光协调的萌发环境，种子便能顺利萌发并长成壮苗。

2. 幼苗与植物播种的联系

熟悉幼苗类型及特点，在农业、园艺生产上可作为正确掌握种子播种深度的依据。一般情况下，子叶留土幼苗的种子播种可以稍深；子叶出土幼苗的种子播种的深度浅一些，以利于下胚轴伸长，将子叶和胚芽顶出土面。但是，虽然同属于子叶出土类型的幼苗，其种子播种深浅还需要根据具体植物下胚轴顶土能力的强弱而定。如菜豆的下胚轴顶土能力较强，适当深播一些也不会影响种子萌发和幼苗生长；而棉花的下胚轴顶土能力较弱，就必须实行浅播。子叶半出土幼苗如花生，尽管下胚轴伸长能将子叶顶出地面，但下胚轴伸长能力非常有限，因此，为培育花生壮苗，也不宜播种过深。

单元小结

种子是植物高度进化的产物，是种子植物特有的繁殖器官。在植物学上，种子是由受精后的胚珠发育而来的结构。生产上，通常将一切可用来播种的植物材料称为“种子”。两者既有区别，又有联系。种子都有种皮和胚两部分，有的植物的种子内还具有胚乳。种皮坚韧，为种子的保护层，禾谷类作物种子的种皮与果皮不易分开。胚由胚芽、胚轴、胚根和子叶4部分组成。其中胚芽一般由生长点与幼叶构成(有些植物无幼叶)，禾本科作物的胚芽外面有胚芽鞘包围，起保护作用；胚轴是连接胚芽、子叶和胚根的轴(包括上胚轴和下胚轴)，胚轴的生长与幼苗类型有关；胚根由生长点与根冠所组成，禾本科作物的胚根外面有胚根鞘，起保护作用；双子叶植物的胚有两片子叶，单子叶植物的胚只有一片子叶。胚乳是贮藏营养物质的组织，禾本科作物的胚乳包括糊粉层和淀粉细胞。

根据成熟种子内胚乳的有无和胚中子叶的数目，将种子分为双子叶植物有胚乳种子(如蓖麻等)、双子叶植物无胚乳种子(如大豆等)、单子叶植物有胚乳种子(如洋葱、小麦等)和单子叶植物无胚乳种子(如慈姑等)4种类型。

种子是有寿命的。种子萌发是指成熟的种子在适宜的萌发条件下，其胚由休眠状态转变为活动、生长状态的过程。种子萌发的过程包括吸胀、萌动和发芽。种子萌发生长过程中，如果下胚轴的相对生长速度和生长量明显大于上胚轴的相对生长速度和生长量，则形成子叶出土幼苗，如大豆、洋葱等；如果上胚轴的相对生长速度和生长量大于下胚轴的相对生长速度和生长量，则形成子叶留土幼苗，如豌豆、小麦等。了解幼苗类型对把握播种深度、精耕细作有指导意义。

专项实训

一、名词解释

种子　种孔　种脊　种阜　胚芽　胚根　子叶　胚乳　无胚乳种子　种子萌发　下胚轴　子叶出土幼苗　子叶留土幼苗

二、填空题

1. 种子一般由________、________和________组成。

2. 植物的主根由________发育而来，而主茎则主要由________发育而来。

3. 稻、麦等禾谷类作物种子中的胚是由________、________、________、________组成的。

4. 与双子叶植物种子的胚相比较，小麦种子的胚具有如下特点：胚根具有________；胚芽具有________；胚轴的一侧为子叶，又称为________；在胚轴的另一侧与子叶相对处，还有一片薄膜状突起，称为________。

5. 种子萌发时，首先________突破种皮，向下生长形成________，接着________伸长，将胚芽或胚芽连同________一起撑出土面，不久，胚芽生长，形成________和________。

6. 植物的幼苗可分为 3 种，即________、________和________。

7. 种子萌发可分为________、________和________三个阶段。

三、单项选择题

1. 种子中最主要的部分是(　　)。

A. 胚　　B. 胚乳　　C. 种皮　　D. 子叶

2. 下列哪种植物的种子属于有胚乳种子？(　　)

A. 大豆　　B. 蚕豆　　C. 花生　　D. 蓖麻

3. 双子叶植物种子的胚一般包括(　　)。

A. 胚根、胚芽、子叶、胚乳　　B. 胚根、胚轴、子叶、胚乳

C. 胚根、胚轴、胚芽　　D. 胚根、胚轴、胚芽、子叶

4. 种子内贮藏营养的结构是(　　)。

A. 胚　　B. 胚乳　　C. 子叶　　D. 胚乳或子叶

四、多项选择题

1. 胚是构成种子最重要的部分，它由(　　)等部分所组成。

A. 胚芽　　B. 胚根　　C. 胚轴　　D. 子叶

2. 下列植物属于单子叶植物的是(　　)。

A. 水稻　　B. 小麦　　C. 玉米　　D. 大豆

3. 下列植物属于双子叶植物的是(　　)。

A. 水稻　　B. 大豆　　C. 花生　　D. 玉米

4. 种子萌发的过程包括(　　)。

A. 吸胀阶段　　B. 萌动阶段　　C. 发芽阶段　　D. 出土阶段

5. 下列幼苗属于子叶出土幼苗的是(　　)。

A. 大豆　　B. 豌豆　　C. 油菜　　D. 水稻

6. 下列幼苗属于子叶留土幼苗的是(　　)。

A. 大豆　　B. 蚕豆　　C. 大豆　　D. 玉米

五、判断题　在后面的括号里对打√错打×

1. 种子中胚乳最重要，在成熟的种子中没有胚乳，胚就不能生长。(　　)

2. 胚乳的主要功能是贮藏营养物质。(　　)

3. 植物种子播种在土壤中，不久就吸水膨胀，这种吸胀现象，就标志着种子开始发芽。(　　)

4. 在适宜的条件下，一粒大米也能长成一株水稻。(　　)

5. 种子萌发时所谓“出芽”就是指种子已露出了“胚芽”。(　　)

6. 大豆是子叶出土幼苗。(　　)

7. 对于子叶出土幼苗,播种时覆土应该厚一些。(　　)

六、问答题

1. 植物种子由哪几部分组成?试说明其特点。

2. 举例说明种子有哪几种类型。

3. 举例说明植物幼苗的类型。

4. 种子萌发到形成幼苗的变化过程如何?

5. 种子萌发受到哪些因素的影响?

6. 留土萌发种子和出土萌发种子的萌发过程的主要区别是什么?

7. 怎样通过掌握幼苗子叶出土的类型进行播种?

七、试验设计

将油松、大豆、菜豆、花生、豌豆、玉米、水稻、小麦、向日葵、蓖麻、蚕豆种子经挑选后浸泡2～3 d,使其充分吸胀,然后播入盛有沙或土的盆内,并适当浇水后,观察种子萌发时幼苗的子叶、真叶、上胚轴、下胚轴,并识别子叶出土幼苗和子叶留土幼苗。将观察的结果填入下表。

种子名称	浸种日期	播种日期	根伸出日期	芽伸出日期	留土或出土萌发	备注
油松						
大豆						
菜豆						
花生						
豌豆						
玉米						
水稻						
小麦						
向日葵						
蓖麻						
蚕豆						

二维码 1-1　模块一专项实训参考答案

模块二　细胞、组织、器官构造

学习单元一　细胞和组织

学习单元二　营养器官构造

学习单元三　花、果的形成与构造

模块介绍：

本模块包括 3 个学习单元：

1. 细胞和组织。

2. 营养器官构造。

3. 花、果的形成与构造。

教学建议：

植物细胞、组织、器官构造知识学习阶段正值冬季，此期缺少新鲜植物材料，可利用模型、挂图、多媒体课件、各类切片学习植物细胞、组织及各类器官的内部构造。此阶段的理论教学应掌握以应用为目的，以“必需、够用、管用”为度，满足专业课教学和学生职业能力培养的需要。每学完一部分内容后，都要利用生物显微镜进行实验实训，教师首先对实验实训内容讲解示范，利用电视显微成像系统讲解观察内容及要点，然后学生操作，要求学生通过生物显微镜观察，当堂完成实验实训作业。期末对学生进行一对一的技能考核，以验证学生的实践能力和对理论知识的掌握程度。模块二建议 30 学时。

知识目标：

1. 了解植物细胞的概念、原生质的组成及原生质胶体特性，重点掌握细胞的构造及各部分的功能，难点是理解细胞结构和功能的关系，基本了解后含物的种类。

2. 重点掌握有丝分裂的过程，减数分裂的发生时期、特点及意义，难点是理解染色体的变化。

3. 基本了解细胞生长和分化、细胞全能性及细胞死亡等内容。

4. 了解组织的概念、类型，重点掌握各组织在体内的分布及各组织的特征和功能，难点是理解各种组织与机能的关系。

5. 掌握植物营养器官构造特点及其与生理功能的关系。

6. 理解雄蕊和雌蕊的构造和发育过程，了解开花、传粉和受精，重点是双受精过程及意义。

7. 了解种子和果实的形成，基本理解无融合生殖和多胚现象。

技能目标：

1. 熟练掌握生物显微镜的构造、使用方法和保养技术。

2. 学会简易装片和生物绘图技术。

3. 能熟练使用显微镜观察细胞、组织，掌握有丝分裂各期细胞特征。

4. 能利用显微镜准确识别植物各器官切片并指出各部分名称。

Project 1

细胞和组织

一、植物细胞

(一)植物细胞的概念

植物界现存50多万种植物,其形态、大小千差万别,但都是由单个细胞或许多个细胞构成的。单细胞植物是由一个细胞构成一个个体,生长、发育、繁殖等一切生命活动都由一个细胞来完成,如某些细菌和藻类;而绝大多数植物是由多个细胞甚至亿万个形态和功能各异的细胞构成的,这些细胞既相互独立、高度专门化,又相互分工协作、密切联系,共同完成有机体的各种生命活动。因此,细胞是构成生物体形态结构和生理功能的基本单位。

(二)植物细胞的形状和大小

1.植物细胞的形状

植物细胞的形状主要决定于它们的生理机能及所处的位置,因此在形态上表现多种多样,常见的有长纺锤形、长柱形、球形、多面体形、细管形、不规则形、长筒形、长菱形、长方体形、星形、纤维形等(图2-1)。如单细胞的球藻、衣藻,生活在水中,细胞处于游离状态,相互之间不挤压,故多为球形;导管细胞和筛管细胞呈长筒状与其运输作用相适应,纤维细胞呈长菱形与其支持作用相适应等。

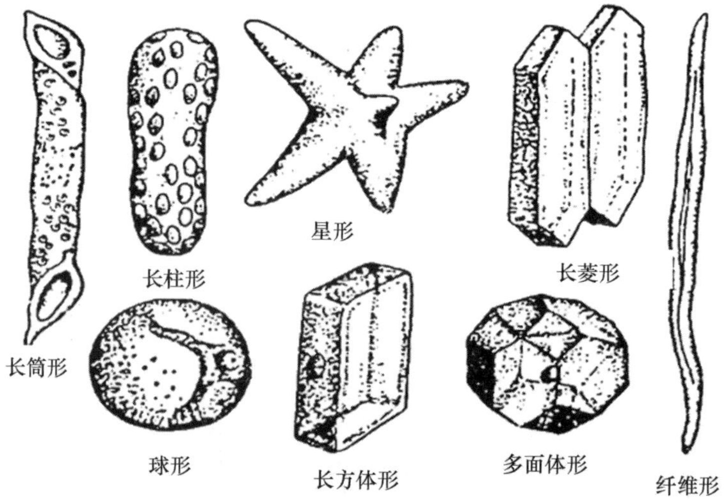

图2-1　植物细胞的形状

2.植物细胞的大小

植物细胞的大小差异很大,现在已知最小的细胞是细菌状的有机体叫支原体,直径为0.1 μm,肉眼根本看不到。有少数大型细胞,肉眼可见,如西瓜、番茄的成熟果肉细胞,直径约1 mm;棉花种子的表皮毛,长可达75 mm;苎麻的纤维细胞长度高达550 mm。

(三)植物细胞的基本结构

高等植物细胞虽然形状多样、大小不一,但一般都具有相同的基本结构,即都是由原生质体和细胞壁2部分构成的,还含有一些贮藏物质或代谢产物,叫后含物。

一般所说的细胞结构,是指在光学显微镜下所能看到的结构。人们把在光学显微镜下呈现的细胞结构，称为显微结构，而把在电子显微镜下看到的更为精细的结构，称为亚显微结构或超微结构（图 2-2）。

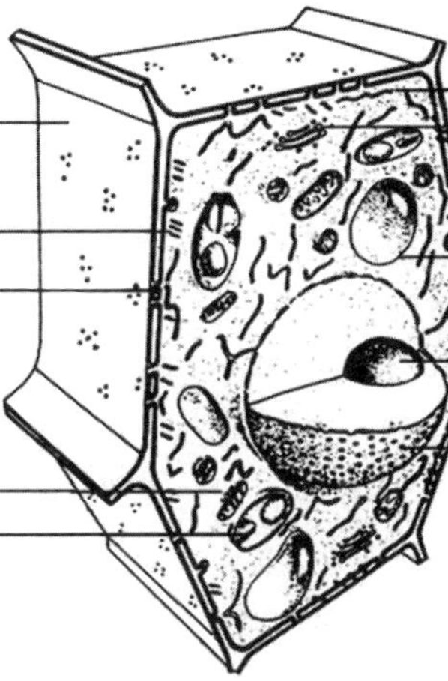

图 2-2　植物细胞亚显微结构立体模式图

1. 原生质体

细胞内具有生命活性的物质称为原生质。原生质体是细胞壁内所有结构的总称，包括质膜、细胞核和细胞质 3 部分。

1）质膜

植物细胞的细胞质外方与细胞壁紧密相连的一层薄膜，称为质膜或细胞膜。质膜和细胞内的所有膜统称为生物膜。

在电子显微镜下可以看到质膜的横断面上呈现“暗—明—暗”3 条平行带，总厚度约 8 nm，这种以“暗—明—暗”3 层结构为单位构成的膜，称为单位膜。关于单位膜中各成分的组合方式，人们提出了许多假说，目前普遍被人们接受的是单位膜的“流动镶嵌模型”。该模型认为脂类是质膜的骨架，由双层磷脂分子构成，两层磷脂分子以非极性的疏水尾部相对，具有极性的头部朝向脂质双层表面，暗带由磷脂分子亲水的头部和蛋白质分子组成，而明带则由磷脂分子疏水的尾部组成（图 2-3）。蛋白质嵌入脂质双层内部。构成质膜的蛋白质分子和磷脂分子大都不是静止的，而是在一定范围内自由移动。

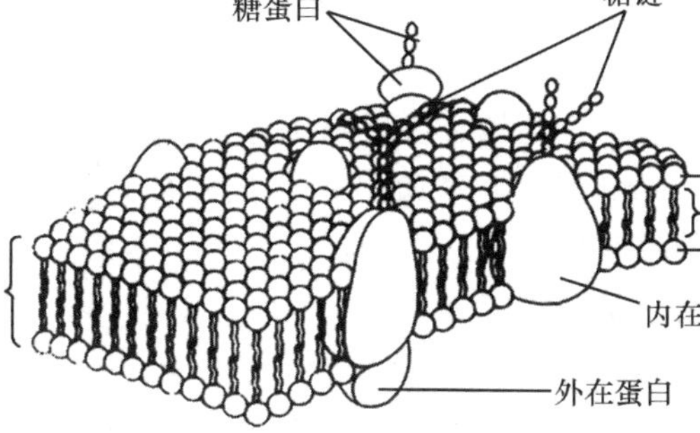

图 2-3　细胞膜结构

质膜的主要功能是控制细胞与外界的物质交换。质膜具有“选择透性”，可以有选择地进行物质运输，能控制细胞与外界环境之间的物质交换，为细胞的生命活动提供相对稳定的内环境，一旦细胞死亡，膜的这种选择能力丧失。除上述功能外，质膜还具有保护作用，同时与细胞识别、信号转换、分泌等生理活动密切相关。

2）细胞核

细胞核是细胞内最重要的结构，它呈球形或椭圆形，埋藏在细胞质内，低等植物细胞核较小，直径一般为 1～4 μm，高等植物细胞核的直径为 5～20 μm。一般植物的细胞通常只有一个细胞核。但某些真菌和藻类，常有 2 个或多个细胞核。此外，还有缺少细胞核的，如细菌和蓝藻。对于具有细胞核结构的生物，称为真核生物，无明显的细胞核结构的生物，称为原核生物。在光学显微镜下可看到细胞核由核膜、核仁和核质 3 部分构成（图 2-4）。

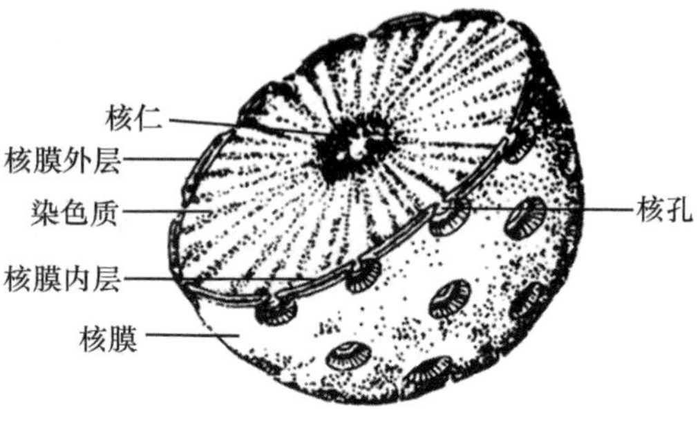

图 2-4　细胞核超微结构模式图

核膜又叫核被膜，为双层膜，包被在细胞核的外面，核膜上有许多小孔，叫核孔，它是细胞质和细胞核之间物质交换的通道，大分子物质，如核糖核酸（RNA），可通过核孔进出细胞质。核膜以内充满的物质称为核质，核质内有一个或数个球状小体，叫核仁，生活细胞中常含一个或几个核仁。核质包括染色质和核液两部分，其中易被碱性染料染成深色的物质叫染色质，不能被染色的部分叫核液。细胞内的遗传物质几乎全部存在于细胞核内，它决定蛋白质的合成，从而控制细胞整个生命过程。因此，细胞核被认为是细胞的控制中心，在细胞的遗传和代谢方面起着主导作用。

3）细胞质

质膜以内、细胞核以外的原生质叫细胞质，细胞质充满在细胞壁和细胞核之间。细胞质包括胞基质和细胞器 2 部分。

（1）胞基质　胞基质存在于细胞器的外围，是一种具有弹性和黏滞性的透明胶体溶液。含有水、无机盐和溶于水中的气体、葡萄糖、氨基酸、核苷酸等小分子，以及脂类、糖类、蛋白质、酶和 RNA 等生物大分子。胞基质构成一个细胞内的液态环境，是活细胞进行各种生化活动的场所，此外，细胞与外界环境间及细胞器间的物质运输、气体交换、信息交换、能量交换都要通过胞基质来完成。

（2）细胞器　细胞器是指细胞质内具有一定形态结构和特定功能的“小器官”，包括质体、线粒体、液泡、核糖体、内质网、高尔基体、溶酶体、圆球体、微体、微管等。

①质体　质体是绿色植物细胞特有的，通常呈颗粒状分布在细胞质里。质体主要由蛋白质和类脂组成，是一类合成积累同化产物的细胞器。根据色素的有无和种类，可将质体分为白色体、叶绿体和有色体 3 种类型（图 2-5）。

叶绿体：叶绿体存在于植物的所有绿色部分的细胞里。光学显微镜下叶绿体一般呈扁平的球形或椭圆形。在电子显微镜下，可以看到叶绿体表面由双层膜（两层单位膜）包被，双层膜内是基质和分布在基质中的类囊体。类囊体是由单层膜围成的扁平小囊，也叫片层结构，常 10～100 个垛叠在一起形成柱状的基粒，组成基粒的类囊体叫基粒类囊体（基粒片

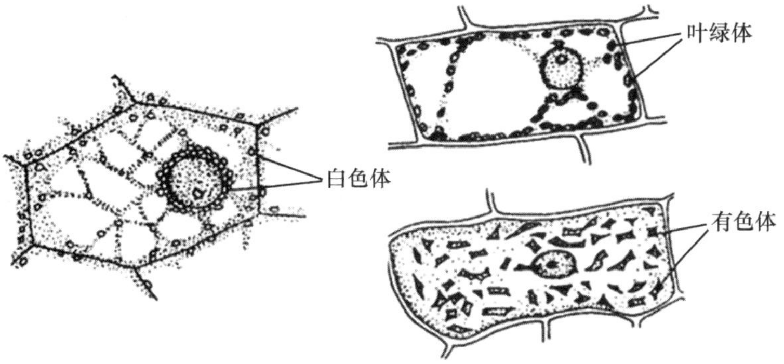

图 2-5　含有不同类型质体的细胞

层)，连接基粒的类囊体叫基质类囊体(基质片层)，它们悬浮在液态的基质中，组成一个复杂的类囊体系统(图 2-6)，叶绿体的色素就分布在类囊体膜上。叶绿体的基质中含有脱氧核糖核酸(DNA)、核糖体及酶等。叶绿体是高等植物进行光合作用的场所。

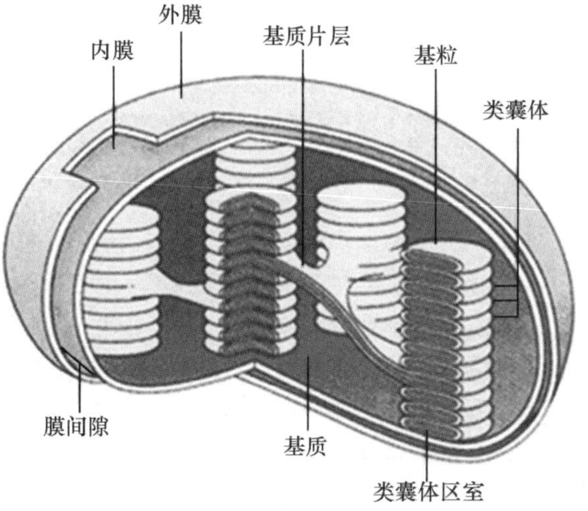

图 2-6　叶绿体立体结构图解

有色体：有色体含有胡萝卜素和叶黄素，它存在于植物的花瓣、成熟的果实、衰老的叶片、胡萝卜的贮藏根等部位，如辣椒的果实。有色体的形状多样，有球形、椭圆形、多边形及其他不规则形状。有色体也能积累淀粉和脂类，还能使花和果实呈现不同的颜色，招引昆虫，利于传播花粉或种子。

白色体：白色体不含色素，呈无色颗粒状，多存在于幼嫩细胞和根、茎、种子等无色的细胞中和一些植物的表皮中。白色体多呈球形或纺锤形，常聚集在细胞核附近。白色体的功能是合成和贮藏营养物质。不同类型组织中的白色体其功能有所不同，可分为合成淀粉的造粉体、合成脂肪的造油体及合成贮藏蛋白质的造蛋白体。

质体是一类合成和积累同化产物的细胞器。在一定条件下，3 种质体可以相互转化。例如萝卜的根，马铃薯的块茎中的前质体(质体的前身)在见光后变绿，发育成叶绿体，是白色体转变为叶绿体的缘故；辣椒果实在发育过程中，颜色由绿变红，是由于前期含有叶绿体，后期叶绿体失去叶绿素而转变成有色体；胡萝卜根在光下变为绿色，是由于有色体转变成叶绿体。

②线粒体　线粒体普遍存在于高等植物的细胞中。在光学显微镜下经特殊染色，可看到它呈粒状、线形或杆形，直径 0.2～1 μm，长 1～2 μm。在电子显微镜下观察，可看到线粒体是由双层膜围成的囊状结构（图 2-7）：外膜平展完整，内膜的某些部位向腔内折叠，形成许多隔板状或管状的突起称为嵴，嵴的周围充满了液态的基质。在线粒体内，有许多与有氧呼吸有关的酶，还含有少量的 DNA。线粒体是细胞有氧呼吸的主要场所。细胞生命活动所需的能量，大约 95% 来自线粒体，因此，有人将其称为细胞内的“动力源”。线粒体的数量及分布与细胞新陈代谢的强弱有密切关系，代谢旺盛的细胞内线粒体的数量较多，代谢较弱的细胞内线粒体的数量较少。

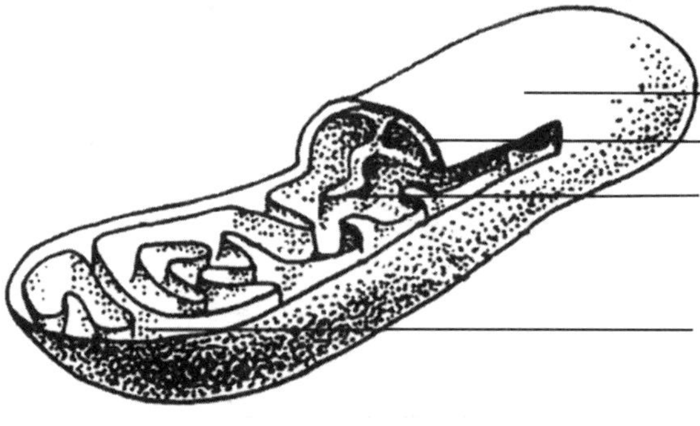

图 2-7　线粒体结构

③内质网　内质网是充满在细胞质中的一个膜系统。它是由单层膜围成的各种形状的管、泡囊或池，并延伸和扩展交织成相互沟通的网状系统。内质网的一些分支与核膜相连，另一些和原生质膜相连，有的还能与相邻细胞的内质网发生联系。内质网有两种形式，一种是在膜的外表面附着有许多核糖核蛋白体颗粒（合成蛋白质的细胞器）的粗糙型内质网，另一种是在膜的外表面没有核糖核蛋白体颗粒的光滑型内质网。内质网功能：由于内质网系统的分布，在细胞质内形成了大量的内表面，利于复杂生命活动的进行。粗糙型内质网能合成和转运蛋白质，光滑型内质网能合成和转运脂类和多糖（图 2-8）。

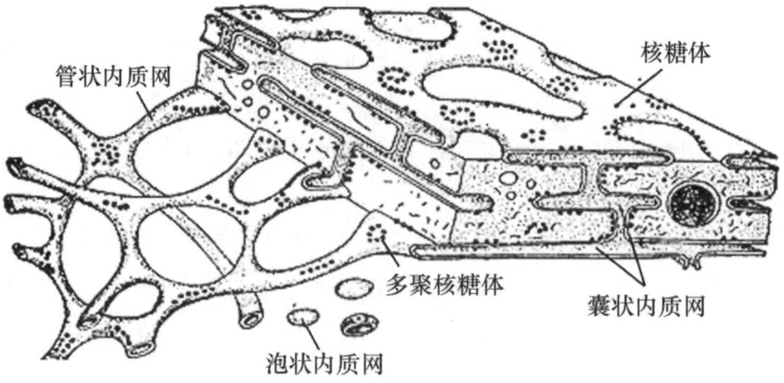

图 2-8　内质网的立体结构

④高尔基体　高尔基体是由单层膜围成的扁平圆盘状的囊，又称泡囊，其直径 0.5～1.0 μm，厚 0.014～0.02 μm，泡囊相互叠加形成高尔基体，囊的中央似盘底，边缘或多或少出现穿孔，当穿孔扩大时，囊的边缘似网状结构。在网状部分的外侧，可以不断地有小泡形成，形成的小泡脱离高尔基体后，游离到细胞质的胞基质中。

高尔基体的主要功能是参与细胞壁的形成，并与蛋白质的加工、转运及细胞分泌物的形成有关(图 2-9)。

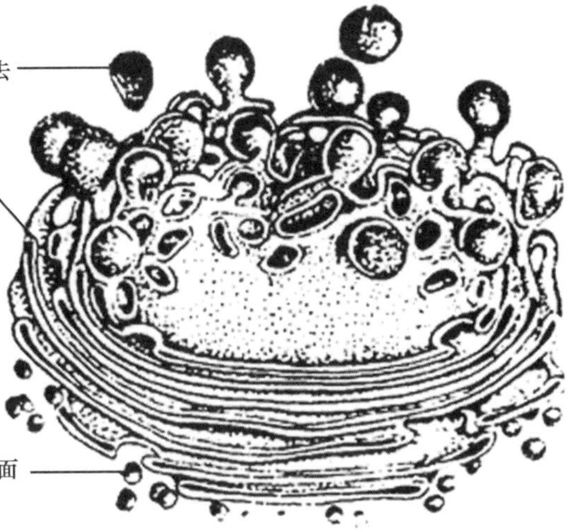

图 2-9　高尔基体的立体模式图

⑤液泡　具有液泡是植物细胞的显著特征之一，在植物幼小的细胞中，液泡很小，数量多而分散。随着细胞的生长，液泡逐渐增大，并且彼此联合，最后成为一个大的中央液泡(图 2-10)。在成熟的植物细胞中，中央液泡可占据细胞体积的 90%左右，这时，细胞质和细胞核便被液泡推移，挤成薄薄的一层紧贴在细胞壁上，扩大了细胞质与环境之间的接触面，有利于物质的交换及各种代谢活动的进行。液泡是由单层膜围成的细胞器。液泡的膜称为液泡膜，液泡内的汁液称为细胞液。细胞液的主要成分是水，其中溶有各种无机盐(如硝酸盐、磷酸盐)、糖类、有机酸、水溶性蛋白、植物碱、单宁、色素(如花青素)等，因此，可使细胞具有酸、甜、苦、涩等味道。如柿子、石榴果皮的细胞液中含有大量单宁而具有涩味，未成熟的水果细胞液中含有较多的有机酸而具有酸味。许多植物的细胞液中含有一种叫花青素的色素，它在酸性、中性和碱性的环境中分别呈现红色、紫色和蓝色，加之有色体的颜色，从而使植物的

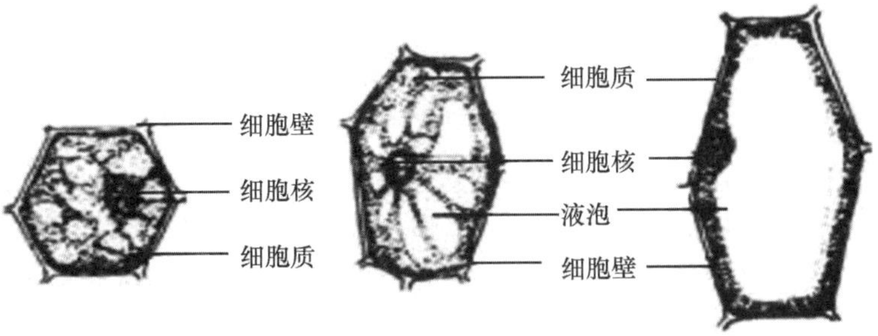

图 2-10　细胞的生长和液泡的形成

叶、花和果实呈现多种颜色、五彩缤纷。液泡中含有的物质大多是可溶性物质，有时也含有结晶体，如草酸钙结晶等。也就是说液泡是贮藏各种养料和生命活动产物的场所，如甜菜根的细胞液中含大量蔗糖，罂粟果实的细胞液中含较多的吗啡等。

除了贮藏作用外，液泡还有重要的生理功能。液泡与细胞的吸水有关。液泡膜的选择透性及液泡内溶物质的积累起调节作用，可通过控制物质的出入而使细胞维持一定的渗透压和膨压，使细胞保持紧张状态，并具有适宜的吸水能力，也有利于各种生理活动的进行。

液泡中含有多种水解酶，能分解液泡中的贮藏物质以重新参加各种代谢活动，也能通过膜的内陷来"吞噬"、"消化"细胞中的衰老部分，进而参与细胞分化、结构更新等生命活动过程。

⑥溶酶体　溶酶体的大小与线粒体相近，已知的有60余种，呈球形或长圆形。溶酶体由单层膜围成，内部无特殊结构，直径0.25～0.3 μm。溶酶体里面含有许多水解酶类。当它的膜破裂时，酶便释放出来，能将生物大分子分解为小分子物质，供细胞内物质的合成或线粒体的氧化需要。溶酶体在细胞分化过程中，对消除不必要的结构，以及在细胞衰老过程中破坏原生质体结构也有特定作用，有时可使细胞内含物破坏，如导管细胞和纤维成熟时，其原生质体的破坏与消失就和溶酶体的作用密切相关。它们可以分解所有的生物大分子，使细胞解体。由此可见，溶酶体的功能是消化作用。

⑦圆球体　圆球体是由膜包被的圆球状小体，电子显微镜下发现它的膜只有一层不透明带（暗带），而不像其他正常的单位膜具有两层暗带，因此可能只是单位膜的一半。圆球体含有脂肪酶，是积累脂肪的场所。当大量脂肪积累后，圆球体就变成透明的油滴，在油料作物的种子中常含有很多圆球体。在一定条件下，脂肪酶能将脂肪水解成甘油和脂肪酸。

⑧微体　微体是直径在0.2～1.5 μm的圆球形小体，由单层膜所围成。由于所含酶系统的不同，可分为过氧化物体和乙醛酸体2种。过氧化物体常存在于绿色细胞中，并紧靠叶绿体与线粒体（图2-11），它与光呼吸的进行有关。乙醛酸体也紧靠叶绿体和线粒体，它与脂肪代谢有关，所以在萌发的油料种子中乙醛酸体较多。

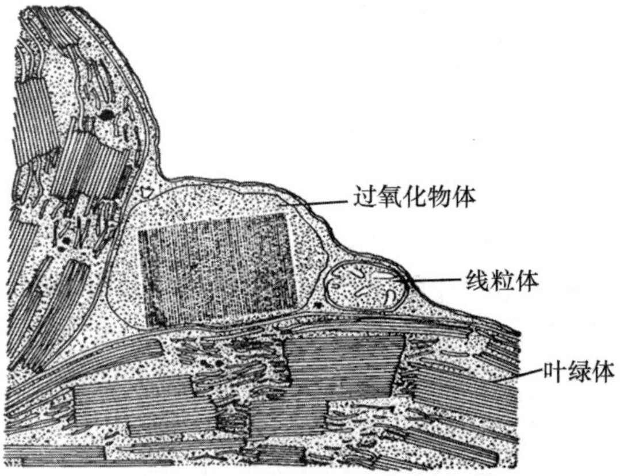

图2-11　叶肉细胞内的过氧化物体

⑨核糖体（也称核糖核蛋白体、核蛋白体）　生活细胞中都含有核糖体。核糖体是直径大约为0.02 μm、椭圆形、颗粒状的非膜结构细胞器。核糖体多分布于细胞质中，也可附着在细胞核、线粒体、叶绿体、粗糙型内质网上以及核仁、核质内。它大约由40%的蛋白质和60%的核糖核酸所组成。核糖体是细胞内合成蛋白质的主要场所，因此有人把它比喻为蛋白质的"装配机器"和生命活动的"基本粒子"。蛋白质合成旺盛的细胞，尤其是在快速增殖的细胞中，往往含有更多的核糖体。

另外在细胞中还分布着一个复杂的、由蛋白质纤维组成的支架，称为细胞骨架。细胞骨架包括微管、微丝和中间纤维，是细胞内呈管状或纤维状的非膜结构的细胞器，其成分主要是蛋白质。微管与微丝共同构成细胞内的骨架结构，维持细胞的形状，并支持和网罗各类细胞器，将其维持在一定的部位上，使各种结构执行各自的功能。

2.细胞壁

细胞壁是植物细胞所特有的结构，由原生质体分泌的物质所构成，包围在原生质体外面，有一定的硬度和弹性，有保护原生质体的作用，对细胞起着保护和巩固的作用，并在很大程度上决定了细胞的形状和功能。细胞壁还与植物吸收、运输、蒸腾、分泌等生理活动有密切的关系。

高等植物细胞壁的主要化学成分是多糖，包括纤维素、果胶质和半纤维素。植物体不同部位细胞的细胞壁成分有所不同，这是由于细胞壁中还渗入了其他各种物质的结果。常见的物质有角质、木栓质、木质素和矿质等。

1)细胞壁的结构

根据细胞壁形成的先后和化学成分的不同，可将细胞壁分为 3 层，由外而内依次为胞间层、初生壁和次生壁。胞间层和初生壁是所有植物细胞都具有的，次生壁则不一定都具有(图 2-12)。

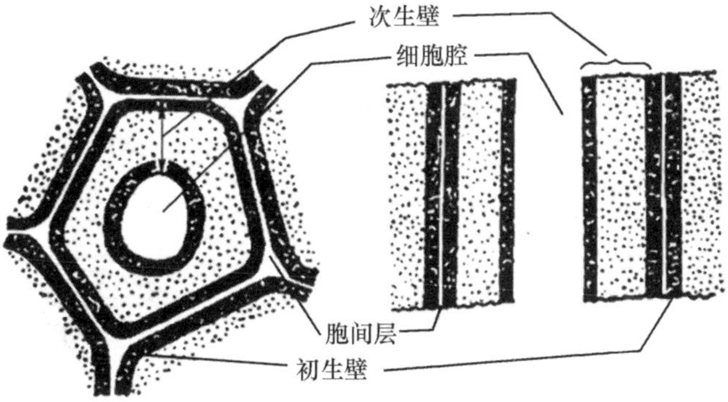

图 2-12　具次生壁的细胞壁结构

(1)胞间层(中层)　胞间层是相邻的两个细胞之间共有的一层，位于细胞壁的最外侧，能将相邻的细胞粘连在一起，具有一定的可塑性，能缓冲细胞间的挤压。主要成分是果胶质。果胶质是一种无定形的胶质，具有很强的亲水性和黏性，易被酸、碱或酶分解，使相邻细胞彼此分离，如番茄、西瓜的果实成熟时，依靠果胶酶将部分胞间层分解，使果肉变软。

(2)初生壁　初生壁是在细胞的生长过程中，原生质体分泌少量的纤维素、半纤维素和果胶质，在细胞内侧加在胞间层上所形成的结构。初生壁一般很薄，质地柔软，有较大的可塑性，可随细胞的生长而延长。另外初生壁上还含有少量的结构蛋白，这些蛋白与壁上的多糖紧密结合，对细胞的生命活动有一定的作用。许多类型的细胞(如分生组织细胞)只有初生壁而不再产生次生壁。

(3)次生壁　次生壁是细胞在停止生长后，于初生壁内侧继续积累原生质体的分泌物而产生的新壁层。在植物体中，只是那些生理上分化成熟后原生质体消失的细胞，才在分化过程中产生次生壁。

植物细胞在生长分化的过程中，细胞壁不但可以扩展和加厚，原生质体还可以分泌一些不同性质的化学物质添加到细胞壁内，使细胞壁加厚，细胞腔变小，因而较坚韧。细胞壁的这些变化主要有角质化、木质化、栓质化、矿质化。

①角质化　叶和幼茎等的细胞壁中渗入一些角质(脂类化合物)的过程叫角质化。角质一般在细胞壁的外侧呈膜状或堆积成层,称为角质层。角质化的细胞壁透水性降低,可减少水分的散失,因此降低水分的蒸腾;但可透光,又不影响植物的光合作用;还能有效防止微生物的侵袭,增强对细胞的保护作用。

②木质化　根、茎等器官内部许多起输导和支持作用的细胞,其细胞壁中渗入木质素(高分子丙酸苯酯类聚合物)的过程,叫木质化。木质素是亲水性物质,并具有很强的弹性和硬度,因此,木质化后的细胞壁硬度加大,机械支持能力增强,但仍能透水透气,如木质部的导管和管胞。

③栓质化　根、茎等器官的表面老化后,其表皮细胞的细胞壁中渗入木栓质(脂类化合物)而发生的变化叫栓质化。栓质化的细胞壁不透水、不透气,常导致原生质解体,仅剩下细胞壁,从而增强了对内部细胞的保护作用。老根、老茎的外表都有木栓细胞覆盖。

④矿质化　禾本科、莎草科植物的茎、叶表皮细胞壁常渗入碳酸钙、二氧化硅等物质而引起的变化,叫矿质化。细胞壁的矿质化,能增强植物的机械强度,提高植物抗倒伏和抗病虫害的能力。

2)胞间连丝和纹孔

胞间连丝是穿过细胞壁的细胞质细丝,是细胞原生质体之间物质和信息直接联系的桥梁(图 2-13)。胞间连丝一般很细,需经特殊处理才能在光学显微镜下看到,在电子显微镜下,胞间连丝的结构很清晰(图 2-14)。

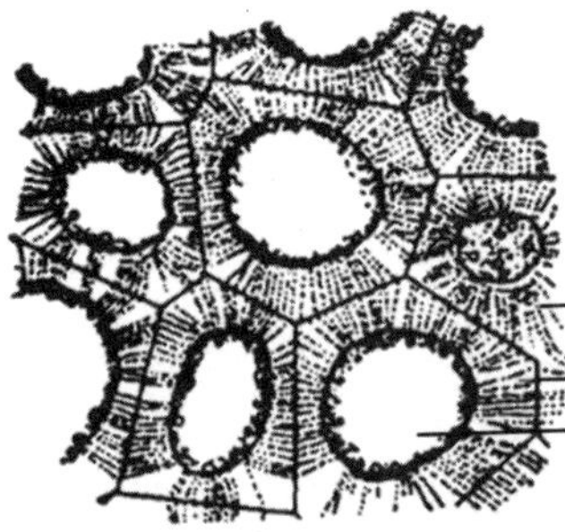

图 2-13　胞间连丝的显微结构

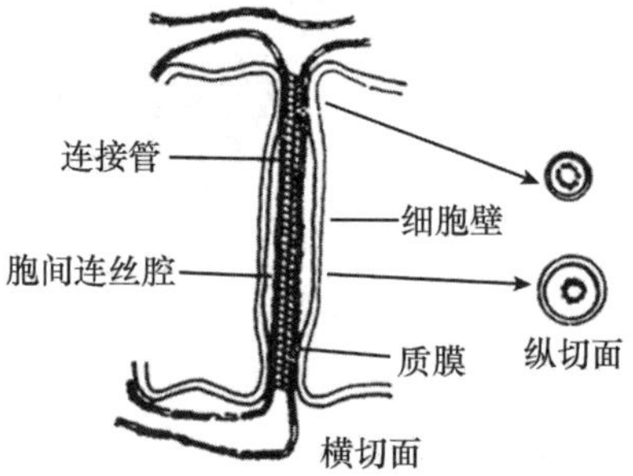

图 2-14　胞间连丝的超微结构

细胞在形成初生壁时,常留下一些较薄的凹陷区域,称为初生纹孔场,以后产生次生壁时,在初生纹孔场处往往不增厚,形成纹孔,纹孔处仅具原有的胞间层和初生壁。相邻两个细胞上的纹孔常相对存在,称纹孔对(图 2-15)。

纹孔对之间的胞间层和初生壁合称纹孔膜。纹孔对周围由次生壁围成的腔称为纹孔腔。纹孔分为单纹孔和具缘纹孔 2 种类型。单纹孔是次生壁在沉积时,于纹孔形成处终止而不延伸。具缘纹孔是次生壁在沉积时,于纹孔形成处向内延伸,形成弓形拱起物(图 2-15)。

细胞壁上的初生纹孔场、纹孔和胞间连丝的存在,有利于细胞与细胞、细胞与环境之间的物质交流和信息传递,尤其是胞间连丝,它把所有生活细胞的原生质体连接起来,从而使多细胞的植物体在结构上形成一个统一的有机整体,即共质体。

以上是细胞各部分的结构和功能,必须指出:细胞的各个部分不是彼此孤立的,而是相互联系的,实际上一个细胞就是一个有机的统一体,细胞只有保持结构的完整性,才能够正

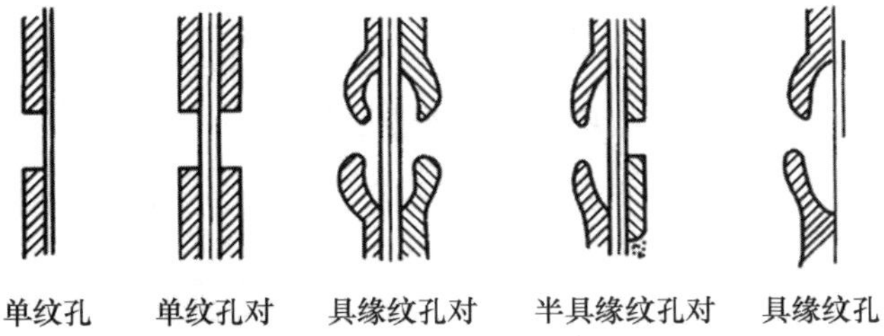

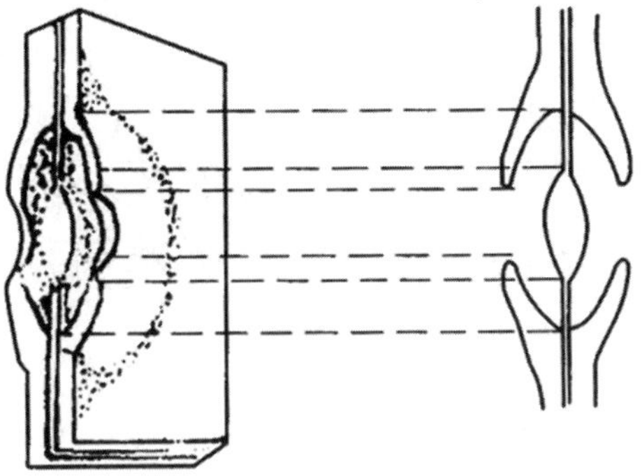

两个管胞相邻壁的部分三维图解

图 2-15　纹孔的类型及纹孔对

常完成各种生命活动。

3)细胞后含物

细胞后含物是指存在于细胞质以及各种细胞器内,有的还填充于细胞壁上的各种代谢产物及废物,它是原生质体进行生命活动的产物。细胞的后含物种类很多,如淀粉、蛋白质、脂肪、激素、维生素、单宁、树脂、橡胶、色素、草酸钙结晶等。

(1)贮藏的营养物质

①淀粉　淀粉是植物细胞中最常见的贮藏物质,常呈颗粒状,称淀粉粒。植物光合作用的产物,以蔗糖等形式运输到贮藏组织后,在造粉体(白色体)中合成淀粉。不同种类的植物,淀粉粒的形态、大小不同(图 2-16),可将其作为植物种类鉴别的依据之一。

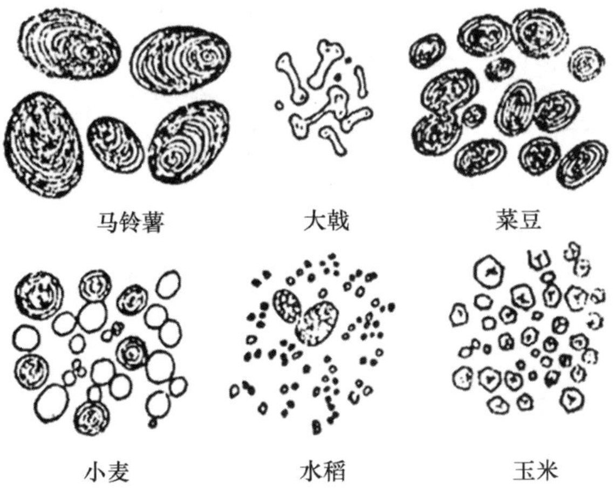

图 2-16　几种植物的淀粉粒

②蛋白质　植物体内的贮藏蛋白是结晶或无定形的固态物质，不表现出明显的生理活性，呈现比较稳定的状态。无定形的贮藏蛋白常被一层膜包裹成圆球形的颗粒，称为糊粉粒，有时集中分布在某些特殊的细胞层，称为糊粉层(图 2-17)。有些糊粉粒结构比较复杂，除含有无定形的蛋白质外，还含有蛋白质的拟晶体和非蛋白质的球形体(图 2-18)。

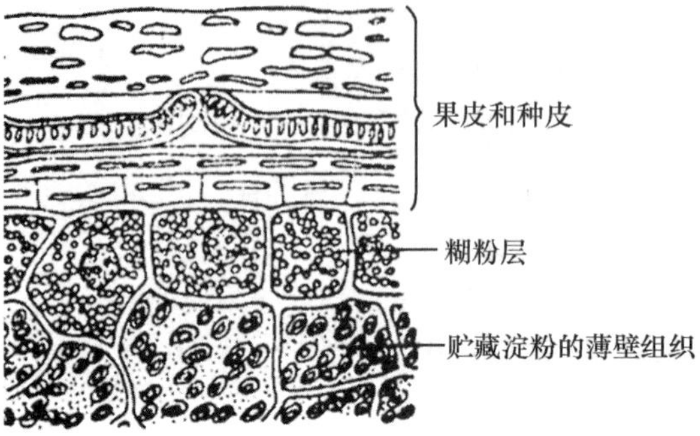

图 2-17　小麦颖果的横切面，示糊粉层

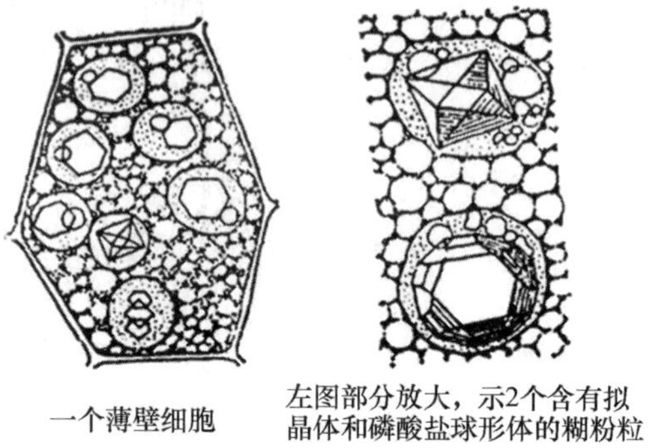

图 2-18　蓖麻种子的糊粉粒

③脂肪和油类　脂肪和油类是后含物中含能量最高而体积最小的贮能物质，常温下呈固体的叫脂肪，呈液体的叫油类，它们常作为种子或分生组织中的贮藏物质，以固体或液滴的形式分散于细胞质中，有时在叶绿体中也可看到。

(2)晶体　在植物细胞的液泡中，无机盐常因过多而形成单晶、簇晶和针晶等形状(图 2-19)。从其成分来看，以草酸钙晶体、碳酸钙晶体和禾本科植物的二氧化硅晶体最为常见。植物体内代谢的废物，在液泡中形成晶体后可减轻或避免对细胞的毒害。如草酸是代谢的废物，对细胞有害，形成草酸钙晶体后降低了草酸的毒害作用。

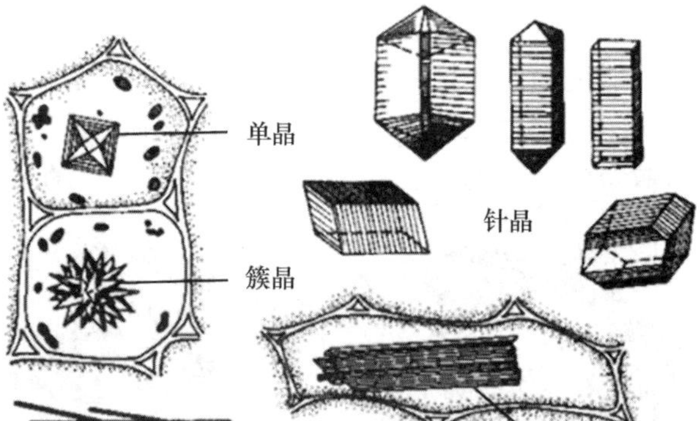

图 2-19　晶体的类型

(四)细胞生命活动的物质基础——原生质

1.原生质及其化学组成

原生质是细胞内具有生命活性的物质。它是细胞结构和生命活动的物质基础。植物的生命活动是与植物细胞原生质具有复杂的化学成分相关的，其成分概括地说有三大类：水、无机物和有机物。各种有机物及无机物也称为干物质。有机物可占干重的 90%～95%，无

机物占5%～10%。水占80%以上，它可使细胞中的各种物质处于水合状态，并为它们的各种生理、生化反应提供一个良好的环境。水是以两种形式存在的，一部分水与原生质体中的大分子物质(如蛋白质等)结合得很紧密，不易自由流动，叫束缚水或结合水；另一部分水处于自由流动状态，称自由水。这两种水含量比例的大小与生命活动的强弱有密切关系。当原生质体内自由水含量相对高时，生命活动旺盛，但这时也比较容易遇旱脱水，遇冷结冰，抗逆性弱；当束缚水含量相对高时，生命活动速率降低，抗逆能力增强。

2.主要有机物及其生理功能

1)蛋白质

蛋白质可占原生质干重的60%以上。组成蛋白质的基本单位是氨基酸，目前发现它有20余种。由于氨基酸的种类、数目和排列次序的不同，所以蛋白质的种类是非常多的。每种蛋白质都有特定的空间结构，蛋白质只有维持这种稳定的空间结构，才能表现出特有的生理功能。一旦遇高温、强酸、强碱等因素的影响，蛋白质的空间结构就会破坏，而使氨基酸链松散开来，这种现象叫蛋白质的变性。变性的蛋白质会失去其生理活性。因此，蛋白质结构和功能的关系是十分密切的。蛋白质的多样性，正是生物界多样性的基础。

蛋白质在植物细胞中，一部分是组成细胞的结构成分，如构成细胞膜、细胞核、线粒体、叶绿体、内质网等；还有一些蛋白质是贮藏蛋白质，它是作为养料而贮存的；另一部分是起生物催化酶作用的，正是由于酶的作用，新陈代谢才能沿着一定的途径有条不紊地进行。

2)核酸

核酸是植物细胞中另一类重要的基本组成物质，它担负着贮存和复制遗传信息的功能，对蛋白质的合成起特别重要的作用，所以说核酸是重要的遗传物质。

核酸是大分子化合物，构成核酸的基本单位是核苷酸。每个核苷酸又由1个磷酸、1个五碳糖和1个含氮碱基组成。碱基分为嘌呤碱和嘧啶碱2类，常见的有5种：腺嘌呤(A)、鸟嘌呤(G)、胞嘧啶(C)、胸腺嘧啶(T)和尿嘧啶(U)。由于所含碱基的不同，就有不同种类的核苷酸。许多核苷酸分子以一定的顺序脱水而结合成的长链，就称为多核苷酸。核酸就是一种多核苷酸。根据核酸所含五碳糖的不同可分两大类，五碳糖为核糖的叫核糖核酸(RNA)，五碳糖为脱氧核糖的，叫脱氧核糖核酸(DNA)。核酸除所含五碳糖不同外，其所含碱基也有个别不同。RNA所含的碱基主要是：腺嘌呤、鸟嘌呤、胞嘧啶、尿嘧啶4种；DNA所含的碱基主要是腺嘌呤、鸟嘌呤、胞嘧啶、胸腺嘧啶4种。从结构上看，RNA分子是由一条多核苷酸链组成的(图2-20)。RNA主要存在于细胞质中，在细胞核的核仁里也含有少量。RNA的主要生理功能是与细胞内蛋白质的合成有着极为密切的联系。DNA由两条多核苷酸链组成，形成双螺旋结构，主要存在于细胞核中，是染色体的主要成分，是生物的主要遗传物质。

3)脂类

植物细胞中所含的脂类包括脂肪和类脂，类脂包括磷脂、糖脂和硫脂等。植物体内的脂肪是作为贮藏物质以小油滴的状态存在于种子和少数果实中。植物体所含的磷脂主要是卵磷脂，它在细胞里和蛋白质结合而构成膜的结构。除磷脂外，植物体内的糖脂和硫脂常与蛋白质结合形成脂蛋白，脂蛋白也是生物膜的成分，也叫膜蛋白。

4)糖类

植物细胞中含有的糖类分为单糖、双糖和多糖3类。植物细胞所含有的单糖主要是五

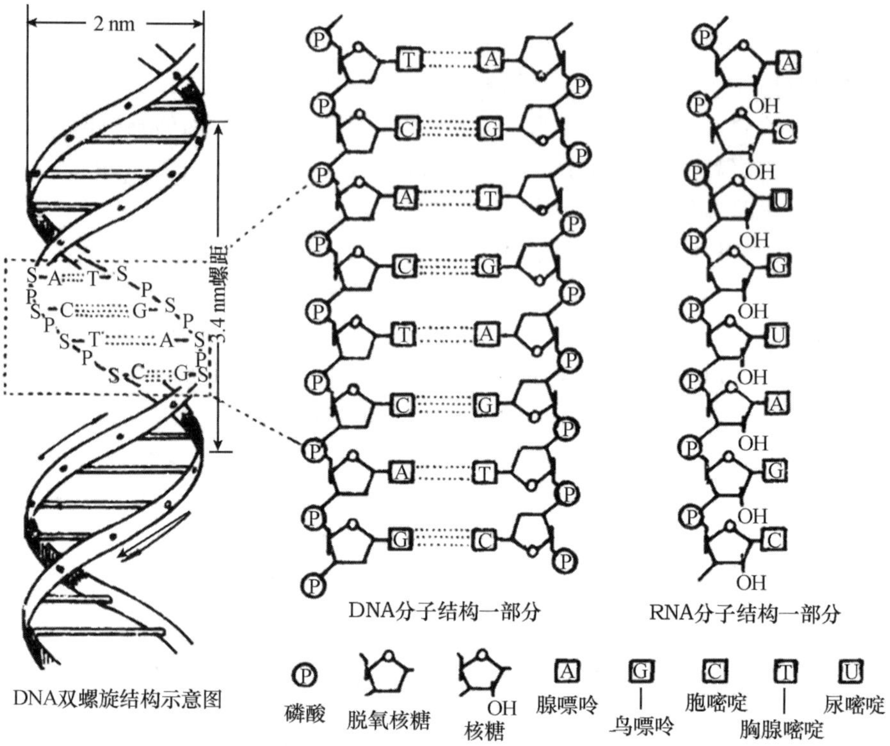

图 2-20　核酸结构示意图

碳糖(戊糖)和六碳糖(己糖)。此外还有三碳糖、四碳糖。戊糖如核糖和脱氧核糖,它们是核酸的成分,己糖(如葡萄糖和果糖),是细胞代谢活动中提供能量的主要基质。植物细胞内重要的双糖是蔗糖,它是植物体内碳水化合物运输的主要形式。植物体内重要的多糖是淀粉和纤维素,淀粉是植物的主要贮藏物质,纤维素则是细胞壁的主要成分。此外,组成细胞壁的果胶质、半纤维素也是多糖。

3.原生质的胶体特性

组成原生质的蛋白质、核酸、磷脂等,都是大分子的颗粒,其颗粒直径恰好与胶体颗粒的直径相当。这些颗粒具有极性基团,如$—NH_2$、—OH、—COOH 等,能吸附水分子,所以按物理性质来说,原生质是一种复杂的亲水胶体。

1)带电性

原生质胶体主要由蛋白质组成,蛋白质的氨基酸链中,仍然存在着游离的羧基和氨基。因此蛋白质和氨基酸一样,是一种两性物质,它既可以以两性离子存在,又可以以阳离子和阴离子状态存在,随着溶液 pH 的变化,它们之间可以相互转变。即原生质在不同的 pH 环境中带有不同的电荷,这就使得它能更好地和环境进行物质交换和新陈代谢活动。

2)吸附性

任何物质的分子间都具有吸引力。吸附现象都发生在物质的表面,物质的表面积越大,吸附力就越大。原生质胶体是一种分散度高的多相体系,它的总面积大,界面也大,因而能吸附多种物质;吸附水分子而表现出亲水性,吸附酶、矿物质和生理上的活跃物质而进行复杂的生命活动。

3)黏性和弹性

由于构成原生质的胶粒能够吸附水分，胶粒外围的水分子分为束缚水和自由水。束缚水相对多，自由水相对少，则黏性大；反之，黏性小。原生质的黏性增加，则代谢降低，与环境的物质交换减少，受环境的影响也减弱（如成熟种子的原生质，黏性高，代谢弱）。若原生质黏性降低，则代谢增强，生长旺盛（如植物在开花和生长旺盛时期）。

细胞原生质弹性越大，则能忍受的机械压力越大，对不良环境的适应性也增强。因此，凡原生质黏性和弹性强的植物，其抗旱性和抗寒性也较强。

4)凝胶化作用

溶胶在一定条件下可转变成一种弹性的半固体状态的凝胶，这个过程称为凝胶化作用，凝胶和溶胶是一种胶体系统的两种存在状态，它们之间是可以互变的。

引起这种变化的主要因素是温度。当温度降低时，胶粒的动能减小，胶粒两端互相连接起来以致形成网状结构，水分子则被包围在网眼之中，这时胶体呈凝胶态。随着温度的升高，胶粒的动能增大，分子运动速度增快，胶粒间的联系消失，网状结构不再存在，胶粒呈流动的溶胶态。如果温度再次降低，又可发生上述变化过程。

植物的生活状态不同，原生质胶体的状态也不同。如种子成熟时，水分减少，种子细胞内的原生质则由溶胶转变为凝胶；种子萌发时又可因吸水，加上酶的活动而使种子细胞的原生质由凝胶转变为溶胶。

5)凝聚作用

原生质胶体的亲水性使胶粒有水层的保护，原生质胶体的带电性使得具有相同电荷的胶粒彼此相斥，带相反电荷的胶粒因有水层的保护彼此不能接触，呈分散态。因此，原生质胶体的带电性和亲水性，是原生质胶体稳定的因素。当这种稳定因素受到破坏时，胶体粒子合并成大的颗粒而析出沉淀，这种现象称为凝聚。

大量的电解质既能使胶粒失去水膜的保护，又可因相反电荷作用而使胶粒的电荷中和。这样，胶粒就会凝聚而沉淀，若时间增长，原生质的胶体结构就会破坏，植物就会死亡。

（五）细胞繁殖

植物的生长是植物体细胞数目增多和细胞体积增大的结果。而细胞数目的增多是通过细胞的繁殖来实现的，细胞繁殖以分裂方式进行。细胞分裂具有周期性。细胞分裂主要分为有丝分裂、无丝分裂和减数分裂 3 种方式。

1.细胞周期

从上一次细胞分裂结束时开始，到下一次细胞分裂完成，其间所经历的全部过程，称为细胞周期。它包括分裂间期和分裂期。

1)分裂间期

分裂间期是从上一次分裂结束到下一次分裂开始的一段时间，它是细胞分裂前的准备时期，主要变化是完成遗传物质(DNA)的复制、RNA 的合成和有关蛋白质的合成以及能量的准备。整个间期包括 DNA 合成前期、DNA 合成期和 DNA 合成后期。

(1)DNA 合成前期(G_1期)　指从上一次分裂结束到下一次分裂 DNA 合成前的时期。该期物质代谢活跃，主要是进行 RNA、蛋白质和磷酸等的合成。

(2)DNA 合成期(S 期)　指从细胞核内 DNA 复制开始到合成结束的时期。该期主要完成 DNA 的复制和组成染色体的蛋白质的合成，并装配成一定结构的染色质。

(3)DNA 合成后期(G_2期)　指从 S 期结束到分裂期开始前的时期。此期 RNA 和蛋白质的合成继续进行,同时合成微管蛋白,并且储备能量。

2)分裂期(M 期)

细胞经过分裂间期后即进入分裂期,这时所进行的分裂方式在种子植物中包括有丝分裂、无丝分裂和减数分裂。因发生部位和发育期不同,分裂期包括核分裂和质分裂两个过程。

2. 有丝分裂

有丝分裂是植物细胞最常见、最普遍的一种分裂方式,也叫间接分裂(图 2-21)。如根、茎尖端分生区的细胞以及根、茎内形成层的细胞,都是以这种方式进行分裂的。

图 2-21　植物细胞有丝分裂模式

1)前期

细胞分裂开始时,染色质丝逐渐缩短变粗,成为具有一定形状的棒状体,称为染色体。这时的染色体由 2 个染色单体组成,2 个染色单体中间由着丝点相连。核膜、核仁逐渐消失,从细胞的两极出现许多细长的纺锤丝。

2)中期

纺锤丝形成纺锤体。纺锤丝有两种,一种是由染色体着丝点起,分别连接到两极的纺锤丝,称染色体牵丝,另一种是从细胞的一极一直延伸到另一极的纺锤丝,称连续纺锤丝。染色体进一步缩短变粗,所有染色体及着丝点都整齐地排列在纺锤体中央的赤道板上。由于此时染色体已缩短到比较固定的形状,所以此期是观察染色体形态、数目和结构的最佳时期。

3)后期

每条染色体的着丝点一分为二,每对染色单体就成为 2 个独立的染色体,并在纺锤丝收缩的牵引下,分别从赤道板向细胞两极移动。这样,在细胞的两极就各有一套与母细胞形态、数目相同的染色体。

4)末期

染色体到达两极,成为密集的一团,以后通过解螺旋作用,又逐渐变得细长,成为染色质。染色体到达两极后,纺锤丝也逐渐消失,核膜与核仁又重新出现,形成两个新细胞核。在这同时,细胞中央赤道板处的纺锤丝逐渐密集,成为成膜体,成膜体再相互融合成细胞板,并不断向四周扩散，最后与原来的细胞壁连接，构成新的细胞壁（胞间层），将母细胞的细胞壁分隔为二，于是形成了 2 个子细胞，到此可再进入下一个细胞周期。有丝分裂产生的子细胞的染色体数目和类型与母细胞完全相同。

3. 无丝分裂

无丝分裂又称直接分裂，其过程比较简单，分裂时核膜和核仁不消失。一般是核仁首先伸长，中间发生缢裂后一分为二，并向两极移动。随后细胞核伸长，核的中部变细，缢缩断裂，分成两个子核。子核之间形成新壁，便形成了 2 个子细胞（图 2-22）。

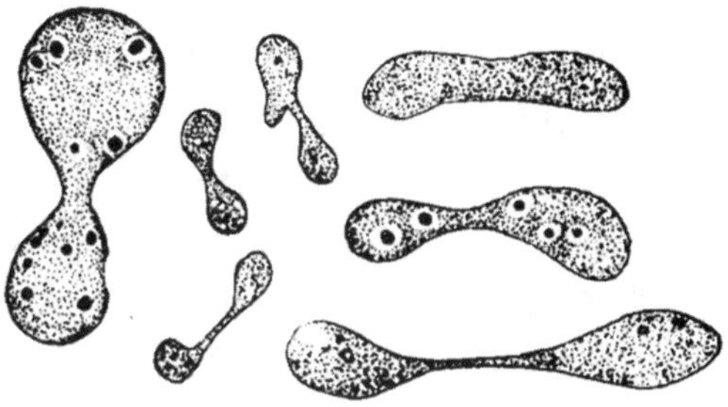

图 2-22　棉花胚乳游离核时期细胞核的无丝分裂

无丝分裂在低等植物中普遍存在，其分裂过程简单，分裂速度快，能量消耗少，分裂过程中细胞仍能执行正常的生理功能。在高等植物中未发育到成熟状态的细胞也较常见。如小麦茎的居间分生组织的分裂，甘薯块根的膨大，不定根的形成，马铃薯块茎的生长，胚乳的发育，愈伤组织的形成和分化等均有无丝分裂发生。无丝分裂不出现纺锤丝，遗传物质不能均等地分配到 2 个子细胞中，因此，其遗传性不太稳定。

4. 减数分裂

减数分裂又称成熟分裂，它是有丝分裂的一种独特的形式，是植物在有性生殖过程中形成性细胞前所进行的一种特殊的细胞分裂，如在被子植物中，花粉母细胞产生花粉粒和胚囊母细胞产生胚囊的时候，都要经过减数分裂。减数分裂包括两次连续的分裂，但遗传物质只复制一次，所以产生的子细胞和母细胞相比，染色体的数目减半，因而被称为减数分裂。

减数分裂也有间期，称为减数分裂前的间期，其主要变化和有丝分裂的间期相同，也是 DNA 分子的复制和相关蛋白质的合成。经过间期的复制及相应的准备后，细胞即开始进行 2 次连续的分裂（图 2-23）。

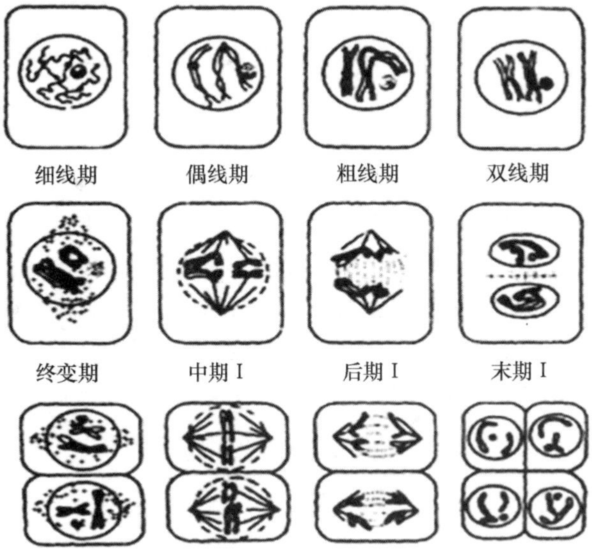

图 2-23　减数分裂各期模式图

1)减数分裂第一次分裂(分裂Ⅰ)

(1)前期Ⅰ　和有丝分裂的前期相比,减数分裂前期Ⅰ的变化比较复杂,且经历的时间较长,根据其变化特点,又可分为以下5个时期:

①细线期　细胞核内出现细长、线状的染色体,细胞核与核仁增大。

②偶线期(又叫合线期)　同源染色体(一条来自父本、一条来自母本,形态、大小相似的两条染色体)逐渐两两成对,称为联会。

③粗线期　染色体进一步缩短、变粗,这时每一条染色体都含有两个相同的组成部分,叫姊妹染色单体,它们仅在着丝点处相连。联会的两条同源染色体间的染色单体互称非姊妹染色单体,非姊妹染色单体间可发生交叉、横断及片段的交换,交换后染色体有了遗传物质的变化,含有同源染色体中另一染色体上的部分遗传基因。这种交换现象对生物的变异具有重要意义。

④双线期　染色体继续缩短变粗,同时联会的同源染色体开始分离,但在染色单体交叉处仍然相连,从而使染色体呈现"X"、"V"、"O"、"S"等形状。

⑤终变期　染色体进一步缩短变粗,此期是观察与计算染色体数目的最佳时期。以后核仁、核膜消失,开始出现纺锤丝。

(2)中期Ⅰ　在纺锤丝的牵引下,配对的同源染色体的着丝点等距分布于赤道板的两侧,同时由纺锤丝形成了很明显的纺锤体。

(3)后期Ⅰ　纺锤丝牵引着染色体的着丝点,使成对的同源染色体各自发生分离,分别向两极移动。此时每一极染色体的数目只有原来的一半。

(4)末期Ⅰ　到达两极的每一组染色体又聚集起来,核膜、核仁重新出现,形成两个子核,在赤道板上形成细胞板,将母细胞一分为二,叫二分体。此时每个子细胞中的染色体数目是母细胞的一半。

2)减数分裂第二次分裂(分裂Ⅱ)

经过减数分裂第一次分裂后,在一个短的间歇后,紧接着进入减数分裂第二次分裂。减数分裂第二次分裂实质是一次普通的有丝分裂,但DNA不重新复制,染色体不加倍。

(1)前期Ⅱ　染色体缩短变粗,核膜、核仁逐渐消失,纺锤丝重新出现。

(2)中期Ⅱ　每一子细胞的染色体着丝点排列在赤道板上,纺锤体形成。

(3)后期Ⅱ　着丝点分裂,染色单体在纺锤丝的牵引下,分别向两极移动。每极各有一套完整的单倍的染色体组。

(4)末期Ⅱ　到达两极的染色单体各形成一个子核,核膜、核仁出现。同时在赤道板上形成细胞板,产生2个子细胞。这样一个母细胞产生了4个子细胞。

减数分裂在植物的进化中具有非常重要的意义。由于减数分裂中染色体减少了一半,经过雌雄性细胞的结合,染色体又恢复了原来的数目,并未导致染色体数目的增减,从而保持了物种的遗传性和稳定性。同时,由于发生了染色体片段的互换,交换了遗传物质,又增加了植物的变异性、促进了物种的进化。

二、植物组织

(一)植物组织的概念

植物细胞分化的结果,会导致植物体中形成多种类型的细胞群。通常把在植物的个体发育中，具有相同来源的（即由同一个或同一群分生细胞生长、分化而来的）同一类型或不同类型的细胞群组成的结构和功能单位，称为组织。由同一类型的细胞群构成的组织叫简单组织，由多种类型但执行同一个生理功能的细胞群构成的组织叫复合组织。

（二）植物组织的类型

种子植物的组织结构是植物界中最为复杂的，依其生理功能和形态结构的专化特点，植物组织分为分生组织和成熟组织两大类型。

1.分生组织

1)分生组织的概念

分生组织是指种子植物中具有持续性或周期性分裂能力的细胞群。它存在于植物体的特定部位，这些部位的细胞在植物体的一生中持续地保持着强烈的分裂能力。一方面不断增加新细胞到植物体中，另一方面自己继续存在下去。

2)分生组织的类型

(1)依据分生组织在植物体内存在的位置划分　可将分生组织分为顶端分生组织、侧生分生组织和居间分生组织 3 种类型(图 2-24)。

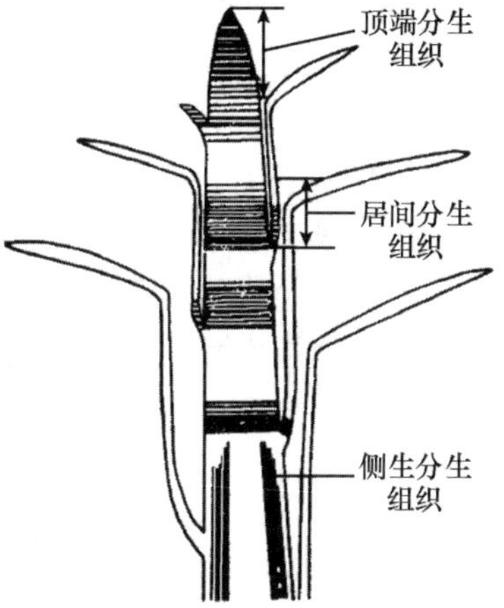

图 2-24　分生组织的类型

①顶端分生组织　顶端分生组织位于根、茎主轴和侧枝的顶端，如根尖、茎尖，其分裂活动使根和侧根、茎和侧枝不断伸长，并在茎上形成叶，茎的顶端分生组织还将产生生殖器官。

②侧生分生组织　侧生分生组织主要存在于裸子植物及木本双子叶植物中，它位于根和茎外周的侧面、靠近器官的边缘部分。侧生分生组织包括根和茎中的形成层和木栓形成层。形成层的活动使根和茎不断加粗，以适应植物营养面积的扩大；木栓形成层的活动可使增粗的根、茎表面，或受伤器官的表面形成新的保护组织。单子叶植物中一般没有侧生分生组织，所以不会进行加粗生长。

③居间分生组织　居间分生组织分布在成熟组织之间，是顶端分生组织在某些器官的局部区域保留下来的、在一定时间内仍保持有分裂能力的分生组织，如小麦、水稻等禾谷类作物，依靠茎节间基部的居间分生组织活动，使节间伸长，进行抽穗和拔节，韭菜叶在割后仍能依靠叶基部的居间分生组织活动长出新叶；花生雌蕊柄基部居间分生组织的活动，能把开花后的子房推入土中。居间分生组织的细胞分裂持续活动时间较短，分裂一段时间后即转变为成熟组织。

(2)按照组织来源和性质划分　可将分生组织分为原分生组织、初生分生组织和次生分生组织 3 种类型。

①原分生组织　原分生组织是直接由胚细胞保留下来的，一般具有持久而强烈的分裂能力，位于根尖、茎尖分生区前端部位，是形成其他组织的来源。

②初生分生组织　初生分生组织由原分生组织衍生的细胞组成，这些细胞在形态上已经出现了最初的分化，但细胞仍具有很强的分裂能力，是一种边分裂、边分化的组织，是发育形成初生成熟组织的主要分生组织。根尖、茎尖中分生区的稍后部位的原表皮、原形成层和

基本分生组织都属于初生分生组织。

③次生分生组织　次生分生组织是由成熟组织的细胞(如薄壁细胞、表皮细胞等),经过生理和形态上的变化,脱离原来的成熟状态(即脱分化),重新恢复分裂能力转变成的分生组织,如根和茎中的形成层和木栓形成层。

2.成熟组织(永久组织)

分生组织分裂所产生的大部分细胞经过生长和分化逐渐丧失了分裂能力,转变为具有特定形态结构和生理功能的成熟组织。多数成熟组织在一般情况下不再进行分裂,有些完全丧失了分裂的潜能,而有些分化程度较浅的组织在一定条件下可恢复分裂。成熟组织依形态、结构和功能的不同,可分为保护组织、基本组织、机械组织、输导组织和分泌组织。

1)保护组织

保护组织是对植物起保护作用的组织,覆盖在植物体表面上,由一层或数层细胞构成。保护组织具有防止植物体水分过度蒸腾、机械损伤和病虫侵害等作用。保护组织包括表皮和周皮。

(1)表皮　又称表皮层,一般只有一层细胞,通常含有多种不同特征和功能的细胞,其中以表皮细胞为主,其他细胞分散于表皮细胞之间。植物的叶、花、果实及幼嫩的根、茎,最外面一层细胞都是表皮。表皮细胞形状扁平,排列紧密,无细胞间隙。表皮细胞是生活细胞,含有较大的液泡,一般不具叶绿体,无色透明。表皮细胞的细胞壁外侧常角质化、蜡质化(图2-25),有些植物的表皮上还具有表皮毛或腺毛,这些结构都增强了表皮的保护作用。

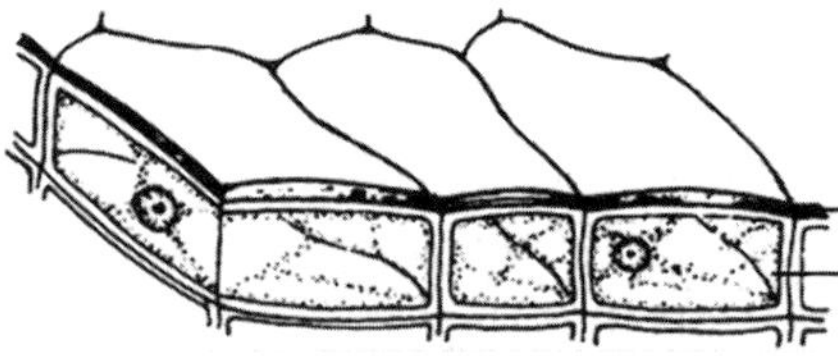

图 2-25　表皮细胞及角质层

根表皮细胞的外壁常向外延伸,形成许多管状的突起,称为根毛。根毛的作用主要是吸收水和无机盐,因此根的表皮属于吸收组织,不属于保护组织。

在植物体的地上部分(主要是叶),其表皮上具有气孔器,气孔器是由 2 个被称为保卫细胞的特殊细胞组成的,禾本科植物的保卫细胞两侧还有 1 对副卫细胞(图 2-26、图 2-27)。

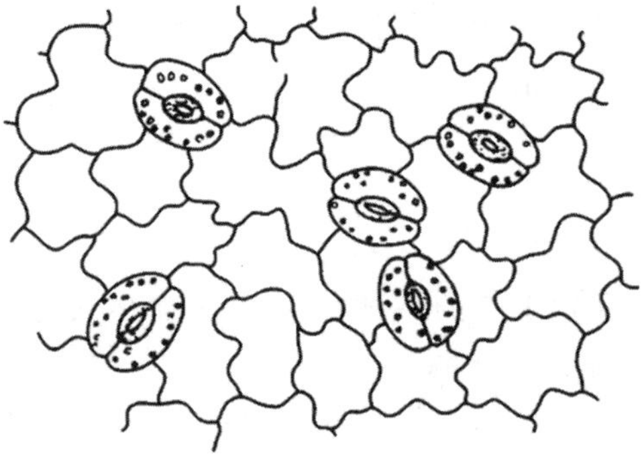

图 2-26　双子叶植物气孔

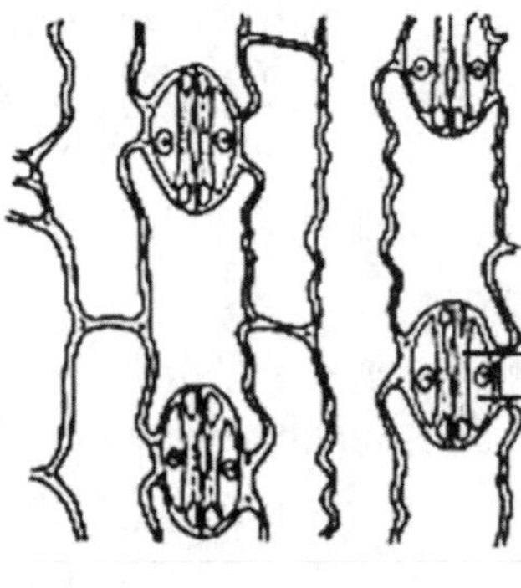

图 2-27　禾本科植物气孔的结构

在表皮细胞中，只有保卫细胞含有叶绿体，能进行光合作用。保卫细胞通常因为吸水或失水，引起气孔的开放或关闭，从而调节水分蒸腾和气体交换。

(2)周皮　周皮是一种由多种简单组织(木栓层、木栓形成层和栓内层)组合而成的具有较强保护功能的复合组织。木栓形成层向外分裂几层细胞，分化形成木栓层，向内分裂形成栓内层。木栓层的几层细胞的细胞壁已木栓化，成为死细胞，是取代表皮的次生保护组织，此层具有高度的不透水性，并有抗压、绝缘、耐腐蚀等特性。例如，具有加粗生长的根、茎外面就是由木栓层包围着，它具有比表皮更强的保护作用。

2)基本组织(薄壁组织)

基本组织在植物体内各种器官中都具有，是构成植物体各种器官的基本成分，分布最广、数量最多，是进行各种代谢活动的主要组织。基本组织的细胞排列疏松，有较大的细胞间隙，细胞壁较薄、液泡较大；细胞分化程度低，有潜在的分裂能力，在一定条件下既可特化为具有一定功能的其他组织，也可恢复分裂能力而成为分生组织，这对扦插、嫁接、离体植物组织培养及愈伤组织形成具有重要作用。薄壁组织担负着吸收、同化、贮藏、通气和传递等功能(图 2-28)。

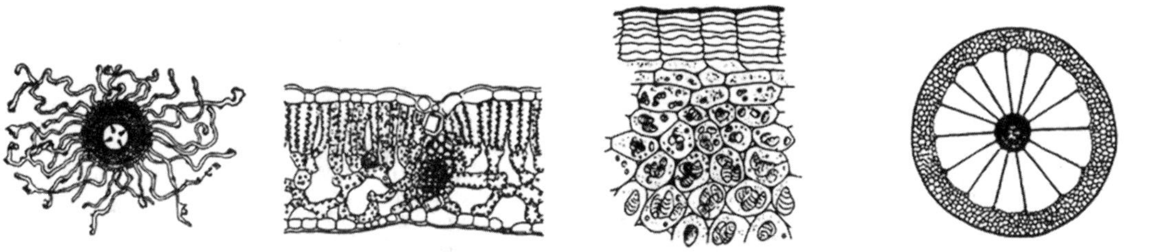

根表皮层的吸收组织　糖槭叶片中的同化组织　马铃薯块茎中的贮藏组织　金鱼藻叶中的通气组织

图 2-28　几种薄壁组织

(1)吸收组织　吸收组织具有吸收水分和营养物质的生理功能。例如，根尖的根毛区，通过根毛和根的表皮细胞行使吸收的功能。

(2)同化组织　同化组织细胞中含有大量叶绿体，进行光合作用，制造有机物。叶肉为典型的同化组织。茎的幼嫩部分和幼果亦有这种组织。

(3)贮藏组织　贮藏组织具有贮藏营养物质的功能。这种组织主要存在于果实、种子、块根、块茎中，以及根茎的皮层和髓。贮藏的物质主要有淀粉、蛋白质及油类等。如甘薯的块根、马铃薯的块茎、种子的胚乳和子叶等处的薄壁组织，贮藏有大量的营养物质，如淀粉、脂类、蛋白质等；旱生肉质植物，如仙人掌的茎、景天和芦荟的叶中，其薄壁组织里含有大量的水分，特称贮水组织。

(4)通气组织　通气组织是具有大量细胞间隙的薄壁组织，其功能为贮存和通导气体。例如，水生或湿生植物的水稻、莲等的根和茎，以及叶中的薄壁组织，细胞间隙特别发达，形成较大的气腔，在体内形成一个相互贯通的通气系统。

(5)传递细胞　传递细胞是一类特化的薄壁细胞，细胞壁一般为初生壁，胞间连丝发达，细胞核形状多样。这种细胞最显著的特征是细胞壁向内突入细胞腔内，形成许多指状或不规则的多褶突起，增大了细胞质膜的表面积，有利于细胞与周围进行物质交换和物质的快速传递。传递细胞在植物体内主要行使物质短途运输的生理功能，它普遍存在于叶脉末梢，茎节及导管或筛管周围等。

3)机械组织

机械组织是对植物起支持、加固作用的组织。它有很强的抗压、抗张和抗曲挠能力。植物能够枝叶挺立,有一定的硬度,可经受狂风暴雨的侵袭,都与机械组织有关。机械组织的特征是细胞壁增厚。根据细胞壁增厚的程度不同,可分为厚角组织和厚壁组织2类。

(1)厚角组织　厚角组织为正在生长的茎、叶的支持组织,其细胞多为长棱柱形,含叶绿体,为生活细胞,细胞壁(属初生壁)不均匀地加厚,通常在细胞相邻的角隅处增厚特别明显,不含木质素(图2-29)。因此厚角组织既有一定的坚韧性,又有一定的可塑性和伸展性。它常分布于正在生长或经常摇动的器官中,如幼茎、叶柄等部位的外围或表皮下。

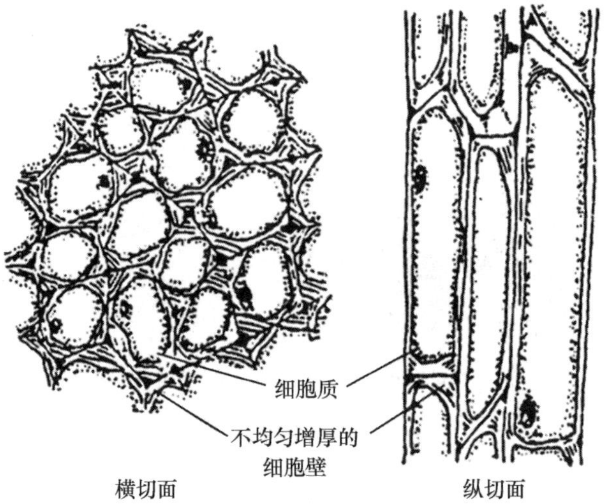

图2-29　薄荷茎的厚角组织

(2)厚壁组织　厚壁组织和厚角组织不同,厚壁组织的细胞具有均匀增厚的次生壁,常常木质化。细胞成熟时,壁内仅剩下一个狭小的空腔,成为没有原生质体的死细胞。它包括石细胞和纤维2种类型。

①石细胞　石细胞形状不规则,细胞壁木质化程度高,腔极小,常单个或成簇包埋在薄壁组织中。它广泛分布于植物的茎、叶、果实和种子中,以增加器官的硬度和支持作用。如梨果肉中坚硬的颗粒就是成团的石细胞。水稻的谷壳等部分主要由石细胞构成。核桃壳、桃果实中坚硬的核,是由多层连续的石细胞组成的内果皮(图2-30)。

②纤维　纤维是细胞呈两端尖细的细长形,细胞壁木质化程度不一致,并且常相互重叠、成束排列的厚壁组织。木质纤维的木质化程度很高,支持力很强;韧皮纤维的木质化程度较低,韧性强,是纺织的原料(图2-31)。纤维广泛分布于成熟植物体的各部分,其成束的排列方式增强了植物体的硬度、弹性及抗压能力,是成熟植物体主要的支持组织。

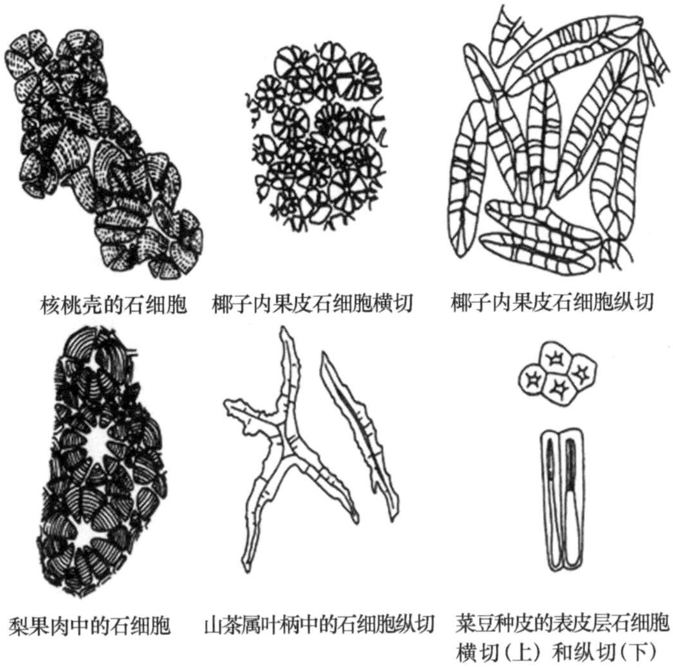

图 2-30 石细胞

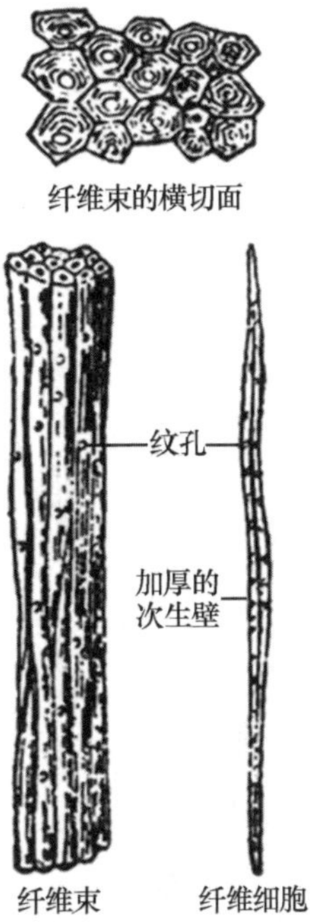

图 2-31 纤维

4)输导组织

输导组织是植物体中担负物质长途运输的主要组织，其细胞呈管状并上下连接，形成一个连续的运输通道。输导组织常和机械组织在一起组成束状，上下贯穿在植物体各个器官内。它包括运输水分和无机盐的导管、管胞，以及运输有机物的筛管、伴胞和筛胞。

(1)导管和管胞　导管和管胞的主要功能是输导水分和无机盐。

①导管　导管是被子植物主要的输水组织，由许多长管状的细胞上下连接而成，每个细胞称为导管分子。导管分子在发育过程中，随着细胞壁的增厚和木质化，端壁溶解形成穿孔，最后原生质解体、细胞死亡，上下导管分子之间以穿孔相连，形成一个中空的管道。植物体内的多个导管以一定的方式连接起来，就可以将水分和无机盐等从根部运输到植物体的顶端。当中空的导管被周围细胞产生的物质填充后，就逐渐失去了运输能力而被新的导管取代。

导管分子的次生壁增厚不均匀，根据导管分子的侧壁增厚的方式不同，导管可分为环纹导管、螺纹导管、梯纹导管、网纹导管和孔纹导管 5 种类型(图 2-32)。

②管胞　管胞是绝大多数蕨类植物和裸子植物的输水组织，同时兼有支持作用。管胞是两端呈楔形、壁厚腔小、端部不具穿孔的长棱柱形死细胞。管胞与管胞间以楔形的端部紧贴在一起而上下相连，水溶液主要通过相临细胞侧壁的纹孔对而传输。和导管相比，管胞的运输能力较差。管胞侧壁的增厚方式及类型同导管分子(图 2-33)。

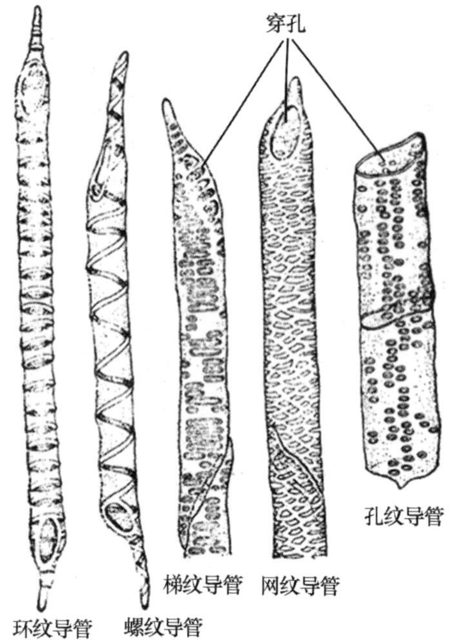

图 2-32　导管分子的类型

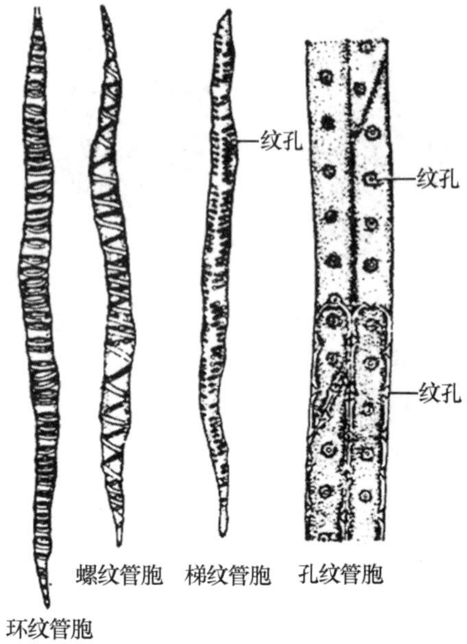

图 2-33　管胞的主要类型

(2)筛管、伴胞和筛胞　筛管、伴胞和筛胞是输送有机物质的输导组织。

①筛管、伴胞　由许多长管形的细胞纵连而成,每个筛管细胞称为1个筛管分子。成熟的筛管分子是生活细胞,但细胞核已经消失,许多细胞器(如线粒体、内质网等)退化,液泡被重新吸收,原生质体中出现特殊的含蛋白质的黏液,成为一种特殊的无核生活细胞。上下相连的两个筛管分子其横壁穿孔状溶解形成许多小孔,叫筛孔。具有筛孔的横壁叫筛板。上下相连的筛管分子的原生质通过筛孔呈索状(也称联络索)连成一体,成为有机物运输的通道(图 2-34)。多数被子植物中,筛管分子旁边有一个或几个狭长细尖的薄壁细胞,叫作伴胞。它与筛管分子是由一个细胞分裂而来的。伴胞细胞结构完整,有明显的细胞核,细胞质浓,有多种细胞器和小液泡,还具有筛板,这有利于筛管分子间有机物的运输。伴胞与筛管相邻的侧壁之间有胞间连丝相贯通,协助筛管分子完成有机物的运输。随着筛管分子的老化,一些黏性物质(碳水化合物)沉积在筛板上,堵塞筛孔,其运输能力也逐渐丧失。

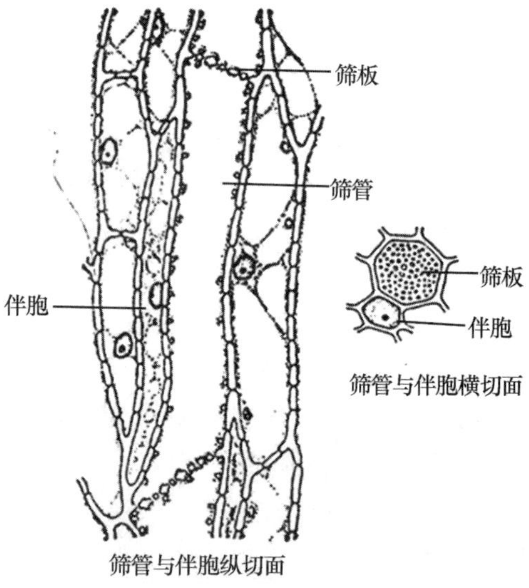

图 2-34　筛管与伴胞

②筛胞　筛胞是一种比较细长、末端尖斜的单个活细胞。和筛管相比,筛胞无筛板的分化,仅在端壁及侧壁形成小孔,孔间有较细的原生质丝通过,其输导能力不如筛管分子。从系统发育的角度来看,导管和筛管是较进化的输导组织,它们只存在于被子植物中,是被子

植物的主要输导组织，蕨类植物和裸子植物中一般没有导管和筛管，只有管胞和筛胞。

5)分泌组织

植物体表或体内能产生、积累、输导分泌物质的单细胞或细胞群，称为分泌组织。有的分泌组织分布于植物体的外表面并将分泌物排出体外，称为外分泌组织。如能将植物体内过剩的水分排出到体表的排水器，具有分泌功能的表皮上的毛状附属物腺毛，能分泌糖液的蜜腺等(图 2-35、图 2-36)。有的分泌组织及其分泌物均存在于植物体内部，称为内分泌组织，如贮藏分泌物的分泌腔、树脂道(图 2-36)，能分泌乳汁的乳汁管等。

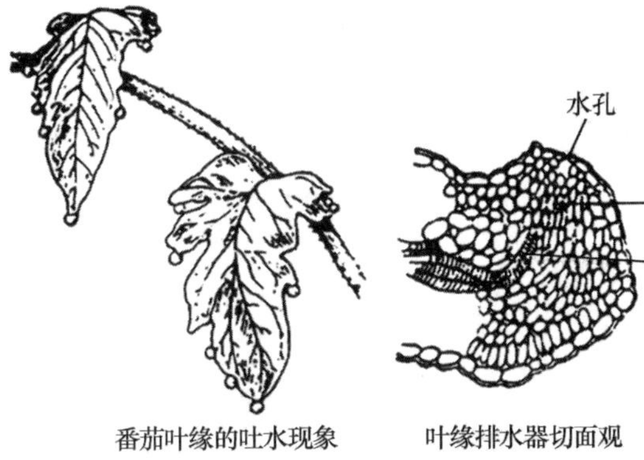

图 2-35　番茄叶上的排水器

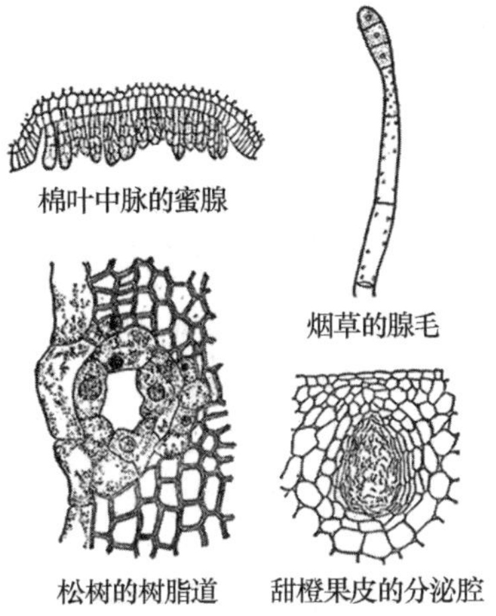

图 2-36　分泌组织类型

植物的分泌组织能分泌多种类型的分泌物，如糖类、挥发油、树脂、有机酸、生物碱、单宁、蛋白质、酶、杀菌素、蜜汁、乳汁、生长素、维生素，以及多种无机盐等，这些分泌物在植物的生活中起着重要作用。油菜、桃等的花中，棉花叶背中脉处，柑橘叶及果皮上均有蜜腺，分泌蜜汁和芳香油，能吸引昆虫利于植物传粉；某些植物分泌杀菌素，能杀死或抑制病菌等。分泌腔和分泌细胞所分泌的挥发性物质，许多是重要的药物或香料，如薄荷、桉树、蔷薇的挥发油；松树树脂道分泌的松脂，可以提取松香和松节油；三叶橡胶树的乳汁管分泌出的乳汁是橡胶工业上的重要植物资源。

(三)维管束的概念及类型

1.维管束的概念

在高等植物的器官中，有一种以输导组织为主体，与机械组织和薄壁组织共同构成的复合组织，叫维管组织。如运输水分和无机盐的木质部，是由导管、管胞、木质纤维和木质薄壁细胞构成的；运输有机物的韧皮部是由筛管、伴胞、韧皮纤维和韧皮薄壁细胞构成的。

在蕨类植物和种子植物中，由木质部、韧皮部及形成层(有或无)共同组成的起输导和支持作用的束状结构，叫维管束。凡植物体分化有维管束的植物称维管植物，如蕨类植物和种子植物。维管束贯穿于维管植物的各部分，如切开白菜、芹菜、向日葵、甘蔗的茎，看到里面丝状的“筋”，就是许多个维管束。

2.维管束的类型

1)根据维管束中形成层的有无划分

分为有限维管束和无限维管束。

(1)有限维管束　维管束中无形成层，不能产生新的木质部和韧皮部，因而植物的器官增粗能力有限，这种维管束叫有限维管束，如大多数单子叶植物的维管束属于这种类型。

(2)无限维管束　维管束中有形成层，能持续产生新的木质部和韧皮部，因而植物的器官能不断增粗，这种维管束叫无限维管束，如裸子植物和大多数双子叶植物茎中的维管束属于无限维管束。

2)根据初生木质部和初生韧皮部的排列方式划分

(1)外韧维管束　韧皮部在外、木质部在内，呈内外并生排列(图 2-37A)。一般种子植物茎中具有这种维管束。

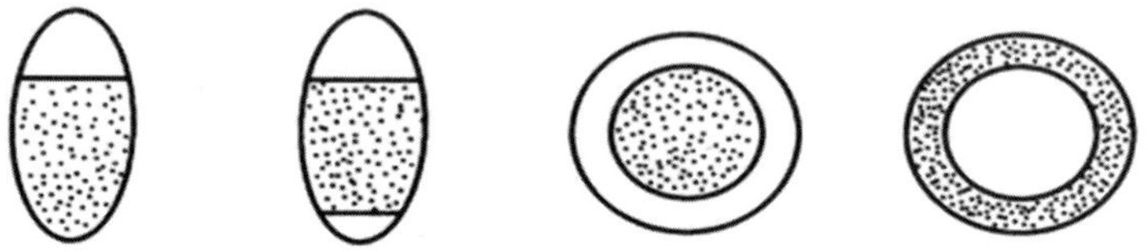

图 2-37　维管束类型

(2)双韧维管束　韧皮部在木质部的两侧，中间夹着木质部(图 2-37B)。如瓜类、茄类、马铃薯、甘薯等茎中的维管束。

(3)同心维管束　韧皮部环绕着木质部，或木质部环绕着韧皮部，呈同心圆排列，它包括周韧维管束和周木维管束。

周韧维管束：中央为木质部，韧皮部环绕在木质部外侧包围着木质部(图 2-37C)。这种类型在蕨类植物中比较常见。

周木维管束：中央为韧皮部，木质部环绕在韧皮部外侧包围着韧皮部(图 2-37D)。如单子叶植物中的莎草、铃兰地下茎的维管束，双子叶植物中的蓼科、胡椒科部分植物的维管束。

在植物根的初生结构中，木质部有明显的若干辐射角，韧皮部位于木质部的辐射角之间，二者交互排列、不相连接，未形成束状的维管束，也有人将这种相间排列的方式，称为辐射维管束。

3.维管系统

一个植物体或一个器官内所有的维管组织，叫维管组织系统，简称维管系统，它包括木质部和韧皮部。维管系统连续贯穿于整个植物体，主要起运输和支持作用。

单元小结

高等植物细胞虽然形状多样、大小不一，但一般都具有相同的基本结构，都是由原生质体和细胞壁两部分构成的；在高等植物细胞内，原生质体包括质膜、细胞核和细胞质 3 部分。

质膜是植物细胞的细胞质外方与细胞壁紧密相连的一层薄膜，也称为细胞膜，质膜和细胞内的所有膜统称为生物膜。细胞膜主要是由脂类中的磷脂分子称为膜脂和蛋白质分子称为膜蛋白组成的，控制细胞内外物质交换，稳定内环境，接受外界信号。

细胞核是细胞内最重要的结构，是细胞的控制中心，在细胞的遗传和代谢方面起着主导作用。在光学显微镜下可看到细胞核由核膜、核仁和核质3部分构成。核膜为双层膜，控制细胞核与细胞质之间的物质交换；核仁与RNA的合成有关；核质包括染色质和核液2部分，染色质是遗传物质，核液保证了DNA的复制和RNA的转录。

细胞质是质膜以内、细胞核以外的原生质，包括胞基质和细胞器2部分。胞基质存在于细胞器的外围，是一种具有弹性和黏滞性的透明胶体溶液，是细胞进行新陈代谢的主要场所；细胞器是指细胞质内具有一定形态结构和特定功能的"小器官"，如线粒体的主要功能是呼吸作用，质体里的有色体具有积累淀粉、脂类的作用，叶绿体的主要功能是光合作用，白色体的功能是合成和贮藏营养物质，内质网包括粗糙型内质网、光滑型内质网，粗糙型内质网能合成和转运蛋白质，光滑型内质网能合成和转运脂类和多糖，高尔基体的主要功能是参与细胞壁的形成，并与蛋白质的加工、转运及细胞分泌物的形成有关，液泡贮藏多种物质，调节渗透压，维持细胞内环境，圆球体是积累脂肪的场所(具半个单位膜)，微体参与光呼吸、脂肪分解，核糖体是蛋白质合成的场所，微管、微丝、中间纤维构成细胞骨架。

细胞壁由外而内依次为胞间层、初生壁和次生壁。胞间层的主要成分为果胶质，初生壁的主要成分是果胶质和半纤维素，少量纤维素，次生壁的主要成分为纤维素、半纤维素和木质素，同时次生壁还常发生角质化、栓质化、木质化和矿质化等。壁上有纹孔和胞间连丝。

原生质是细胞内具有生命活性的物质，其成分主要有水、无机物和有机物。水占很大比例，可占80%以上，有机物可占干重的90%～95%，无机物占5%～10%，有机物包括蛋白质、核酸、脂类和糖类。

细胞分裂主要分为有丝分裂、无丝分裂和减数分裂3种方式。有丝分裂是植物细胞最常见、最普遍的一种分裂方式，也叫间接分裂，通过有丝分裂，子细胞获得了与母细胞相同的遗传物质，从而保证了子代与亲代之间遗传的稳定性；无丝分裂又称直接分裂，无丝分裂不出现纺锤丝，遗传物质不能均等地分配到2个子细胞中，其遗传性不太稳定；减数分裂又称成熟分裂，既保证了物种遗传上的相对稳定性，又丰富了物种的变异性。

植物组织分为分生组织和成熟组织两大类型。分生组织是指种子植物中具有持续性或周期性分裂能力的细胞群，依据分生组织在植物体内存在的位置，可将其分为顶端分生组织、侧生分生组织和居间分生组织3种类型，按照组织来源和性质，可划分为原分生组织、初生分生组织和次生分生组织3种类型；成熟组织是由分生组织分裂、生长和分化逐渐转变而成的，是由不再进行分裂(或完全丧失了分裂潜能)的细胞群组成的，成熟组织依形态、结构和功能的不同，可分为保护组织、基本组织、机械组织、输导组织和分泌组织。

在高等植物的器官中，有一种以输导组织为主体，与机械组织和薄壁组织共同构成的复合组织，叫维管组织，一个植物体或一个器官内所有的维管组织，叫维管组织系统，简称维管系统，它包括木质部和韧皮部。

专项实训

一、名词解释

细胞　原生质　显微结构　超微结构　生物膜　胞间连丝　后含物　细胞周期　有丝分裂　无丝分裂　减数分裂　同源染色体　联会　植物组织　分生组织　成熟组织　维管

组织　维管束　维管系统

二、填空题

1. 细胞是由________和________2部分构成的。

2. 细胞核是由________、________和________3部分构成的。

3. 质体包括________、________和________，其中________进行光合作用，________能积累淀粉和脂类，________合成和贮藏营养物质。

4. 细胞壁分为三层，由外而内依次为________、________和________。

5. 细胞的后含物种类很多，其中________、________、________和________是重要的贮藏营养物质。

6. 构成原生质的有机物主要包括________、________、________和________。

7. 植物细胞中含有的糖类为________、________和________3类。

8. 细胞分裂主要分为________、________和________3种方式。

9. 分生组织依据在植物体内存在的位置，可分为________、________和________3种类型。

10. 成熟组织依形态、结构和功能的不同，可分为__________、__________、__________、________和________。

11. 基本组织按照功能可分为________、________、________、________和________。

三、单项选择题

1.（　　）是细胞有氧呼吸的主要场所。

A. 质体　B. 高尔基体　C. 线粒体　D. 内质网

2. 高尔基体的主要功能是对（　　）运来的蛋白质进行加工。

A. 质体　B. 粗糙型内质网　C. 光滑型内质网　D. 高尔基体

3. 在原生质构成中，（　　）占很大比例，可占80%以上。

A. 水　B. 有机物　C. 无机物　D. 蛋白质

4. 细胞繁殖时，DNA的复制在（　　）。

A. 间期　B. 末期　C. 中期　D. 后期

5. 经过减数分裂后，子细胞的染色体数目是母细胞的（　　）。

A. 1/2　B. 1/3　C. 1/4　D. 相同

6. 有丝分裂过程中，（　　）是观察染色体形态、数目和结构的最佳时期。

A. 前期　B. 中期　C. 后期　D. 末期

7.（　　）在植物体内各种器官中都具有，是构成植物体各种器官的基本成分。

A. 保护组织　B. 疏导组织　C. 基本组织　D. 分泌组织

8. 叶肉为典型的（　　），茎的幼嫩部分和幼果亦有这种组织。

A. 吸收组织　B. 疏导组织　C. 同化组织　D. 分泌组织

四、多项选择题

1. 下列属于植物细胞所特有的结构有（　　）。

A. 叶绿体　B. 有色体　C. 白色体　D. 液泡

2. 植物细胞在生长分化的过程中，原生质体还可以分泌一些不同性质的化学物质添加到细胞壁内，使细胞壁发生（　　）变化。

A. 角质化　　B. 木质化　　C. 栓质化　　D. 矿质化

3.(　　)是后含物中含能量最高而体积最小的贮能物质。

A. 脂肪　　B. 油　　C. 糖　　D. 蛋白质

4. 减数分裂前期Ⅰ包括(　　)。

A. 细线期　　B. 偶线期　　C. 粗线期　　D. 双线期　　E. 终变期

5. 分生组织按照组织来源和性质,可划分为(　　)。

A. 原分生组织　B. 初生分生组织　C. 次生分生组织　D. 顶端分生组织

6.(　　)是输送有机物质的输导组织。

A. 管胞　　B. 筛胞　　C. 伴胞　　D. 筛管

五、判断题　在后面的括号里对打√错打×

1. 细胞膜的选择透性在细胞死亡后依旧存在。(　　)

2. 构成质膜的蛋白质分子和磷脂分子大都是静止的。(　　)

3. 胞基质存在于细胞器的外围,是一种具有弹性和黏滞性的透明胶体溶液。(　　)

4. 质体是绿色植物细胞特有的单层膜结构。(　　)

5. 粗糙型内质网能合成和转运脂类和多糖,光滑型内质网能合成和转运蛋白质。(　　)

6. 在植物体中,只是那些生理上分化成熟后原生质体消失的细胞,才在分化过程中产生次生壁。(　　)

7. DNA 主要存在于细胞核中,是染色体的主要成分,是生物的主要遗传物质。(　　)

8. 一条来自父本、一条来自母本,形态、大小相似的两条染色体称为姊妹染色单体。(　　)

9. 韭菜叶在割后仍能依靠叶基部的居间分生组织活动长出新叶。(　　)

10. 根的表皮在根的外层,属于保护组织。(　　)

11. 周皮由木栓层、木栓形成层和栓内层组成,其中木栓层的细胞壁已木栓化,成为死细胞。(　　)

12. 厚壁组织和厚角组织不同,厚壁组织为活细胞,厚角组织为死细胞。(　　)

13. 裸子植物和大多数双子叶植物茎中的维管束属于有限维管束。(　　)

六、问答题

1. 简要说明细胞核的生理功能。

2. 简要说明有丝分裂的过程及特点。

3. 简要说明减数分裂的过程及特点。

4. 简要说明减数分裂的意义。

5. 简要说明厚角组织和厚壁组织的区别。

6. 根据维管束中形成层的有无,维管束分为哪几种类型?

Project 2

营养器官构造

发育成熟的被子植物种子经过休眠后，在适宜的环境条件下开始萌发形成植物体。在高等植物体（苔藓植物除外）中，由多种组织组成，具有显著形态特征和特定生理功能，易于区分的部分，称为器官。植物器官可分为营养器官和生殖器官。根、茎和叶 3 部分共同担负植物体的营养功能，所以称为营养器官。其功能主要包括水分和无机盐的吸收、有机物的合成、物质的运输与分配等，为植物生殖器官的发育提供物质基础。

一、根

根是植物长期适应陆地生活而发育形成的地下营养器官，有主根、侧根和不定根 3 种类型，这些类型的根构成了植物体庞大的根系。

（一）根尖及分区

根尖是指从根的顶端到着生根毛的部分，总长 1～5 cm。无论主根、侧根和不定根都具有根尖，它是根生命活动中最活跃的部分，是根的伸长生长、分支和吸收等作用的最主要部位，因此，根尖的损伤会直接影响根的发育。为了更好地了解根尖的结构，一般人为地将其从顶端起依次分为根冠、分生区、伸长区和成熟区 4 个部分（图 2-38）。除根冠外，其他各区的细胞特征逐渐过渡，无严格界限。各区因生理功能不同，其细胞形态、结构都相应有所不同。

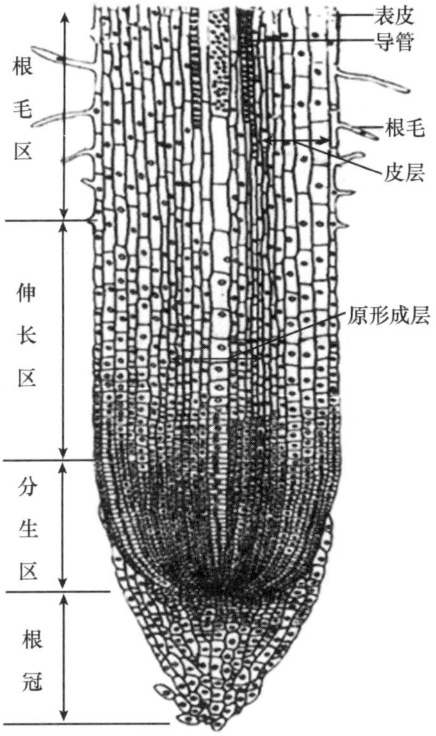

图 2-38　根尖的纵切面

1. 根冠

根冠是位于根尖顶端的帽状结构，由许多薄壁细胞组成，其作用主要是保护根尖的分生区细胞，使其不直接暴露在土壤中。根冠细胞不规则，内部（近分生区）细胞小且排列紧密；外围细胞大且排列疏松，常分泌黏液润滑根冠表面，减少根生长时在土壤颗粒间穿行的摩擦阻力，利于根的伸长生长。当根尖向下生长时，根冠外层细胞常常遭受磨损而不断解体脱落死亡。但由于分生区细胞的不断分裂，补充到根冠，使根冠始终保持一定的形状和厚度，即保持动态平衡的生长状态。根冠还与根的向地性生长有关。根冠感受重力的部位是根冠中央部分的细胞，其细胞内有若干被称为“平衡石”的淀粉体，根的位置被改变时，如将正常向下生长的根水平放置时，“平衡石”受重力影响移向根近地面一侧，刺激根尖远地面一侧生长较快，使根尖发生弯曲，从而保证根的向地性生长。

2. 分生区

分生区位于根冠内侧，全长 1～2 mm，外观呈褐黄色。它由顶端分生组织组成，形状如圆锥，故又名生长锥。因其主要功能是分裂产生新细胞以促进根尖生长，所以也称为生长点。分生区细胞体积小，近于等径，排列紧密，无细胞间隙，细胞壁薄、核大、质浓、液泡很小，分化程度低，具很强的分裂能力。分生区细胞连续分裂，产生的新细胞有 3 个去向：一部分向前形成根冠细胞，以补偿根冠因受损伤而脱落的细胞；大部分细胞生长、分化，向后演化为伸长区的部分，是产生和分化成根各部分结构的基础；同时，有一部分细胞保持持续的分生能力，以维持分生区的体积和功能，进行自我延续。

3.伸长区

伸长区位于分生区的后方。多数细胞已逐渐停止分裂，突出特点是细胞沿着根的纵轴方向显著伸长，体积增大，液泡化程度加强，细胞质呈一薄层位于细胞的边缘部位，因此外观近半透明状。根的伸长区细胞除显著伸长外，其后端的部分细胞已加速分化，开始出现了原生韧皮部的筛管和原生木质部的导管。因此，伸长区是分生区到成熟区的过渡区域。根的伸长主要是由于伸长区细胞的伸长生长，使根尖不断向土壤深处推进，这样根不断到达新的土壤环境，便于吸取更多的营养物质、建立庞大的根系。因此，伸长区是根伸长生长的主要区域。

4.成熟区

成熟区位于伸长区的后方，是由伸长区细胞分化形成的。该区的各部分细胞停止伸长，分化出各种成熟组织，因此称为成熟区。其表面一般密被根毛，因而又称根毛区。根毛是表皮细胞外壁向外突出而成的、顶端封闭的不分支管状结构，长 0.5～10 mm，是根特有的结构。根毛的存在使该区成为根部行使吸收作用的主要部位。根毛与吸收作用相适应的特点是：第一，根毛数量多，大大增加了根部的吸收表面积。第二，根毛的细胞壁柔软，具黏性和可塑性，易与土壤颗粒紧密结合，有利于根毛的吸收。根毛的寿命很短，一般 10～20 d 即死亡。根毛的生长和更新对水、肥的吸收非常重要，根毛区上部的根毛死去后，又由伸长区新形成的表皮细胞分化出新的根毛来补充。所以，越靠近伸长区的根毛越短，而且根毛区的长度也能保持相对不变，且位置不断向土层深处推移，使根毛区接触新土层，有利于根吸收。在移栽植物时，要尽量减少根毛和幼根的损伤，保持植物体的吸收功能。移栽后，要充分灌溉和修剪枝叶，减少水分散失，保持水分平衡，以提高植株的成活率。

（二）双子叶植物根的构造

根尖的分生区细胞经分裂、生长和分化，使根不断伸长的过程，称为根的初生生长。根初生生长过程中形成的各种组织属于初生组织，由初生组织所复合而成的结构，称为根的初生结构。由根毛区做横切，可见根的初生结构自外而内可分为表皮、皮层和维管柱（中柱）3 个明显的部分（图 2-39）。

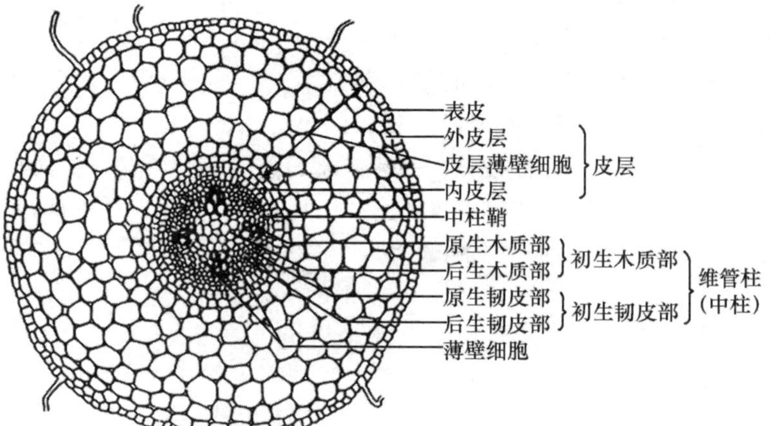

图 2-39　棉根初生结构横切面

1.双子叶植物根的初生结构

1)表皮

表皮是位于成熟区最外一层的生活细胞,由原表皮发育而来。细胞近于长方体形,长径与根的纵轴平行,排列紧密、整齐。对幼根来说,根表皮的吸收作用显然比保护作用更重要,所以根表皮是重要的吸收组织。其细胞特点是细胞壁薄,由纤维素和果胶质构成,水和溶质可以自由通过;许多表皮细胞的外壁向外突出形成根毛,以扩大吸收面积。当根毛细胞受伤、死亡后,表皮细胞会随之萎缩、凋落,表皮层失去保护作用。

2)皮层

皮层位于表皮与维管柱之间,由基本分生组织分化而来的多层薄壁细胞组成,在根中占有很大比例。皮层是水分和溶质从根毛到维管柱的横向输导途径,又是储藏营养物质和通气的部位,一些水生和湿生植物还在皮层中发育出气腔、通气道等。另外,皮层还是根进行合成、分泌等作用的主要场所。

皮层一般可分为外皮层、皮层薄壁细胞和内皮层 3 部分。外皮层是皮层最外一或数层形状较小、排列紧密而整齐的细胞。在表皮细胞死亡脱落前,外皮层细胞细胞壁常增厚并栓质化,形成保护组织代替表皮起保护作用。皮层薄壁细胞位于外皮层和内皮层之间,其细胞层数较多,细胞体积最大,细胞间隙明显,常储藏后含物,以淀粉粒最为常见。内皮层是皮层最内一层形态结构和功能都比较特殊的细胞。内皮层细胞排列整齐而紧密,细胞的上下横向壁和径向壁上具有木质化和栓质化增厚的带状结构,称为凯氏带。凯氏带与根的吸收功能密切相关。首先,凯氏带阻止水分和矿物质通过内皮层的细胞壁及细胞间隙等质外体途径进入维管柱,只能通过内皮层细胞质膜的共质体途径进入,其选择透性使根能再次进行选择性吸收;其次,还可以防止维管柱里的溶质因倒流至皮层而流失(图 2-40)。

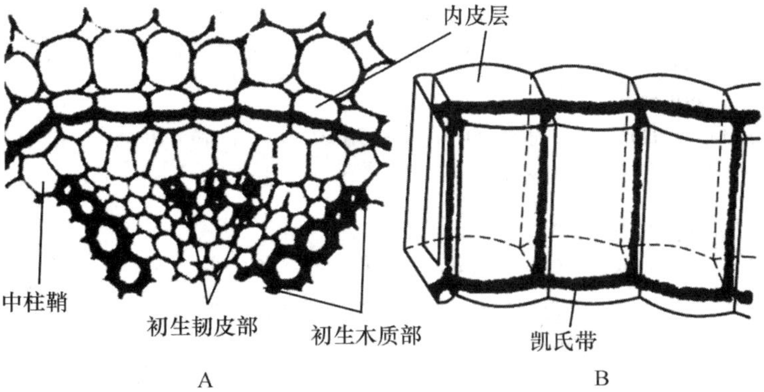

图 2-40 棉花根横切,示内皮层结构

A. 根的部分横切面,示内皮层的位置,内皮层的壁上可见凯氏带

B. 3 个内皮层细胞的立体图解,示凯氏带在细胞壁上的位置

3)维管柱(中柱)

维管柱是由初生分生组织的原形成层分化而来、根内皮层以内的柱状结构,一般包括维管柱鞘(中柱鞘)、初生木质部、初生韧皮部和薄壁细胞 4 部分,是根内物质纵向运输的主要途径。

维管柱鞘是位于维管柱最外部、紧接内皮层的一层或几层薄壁细胞。细胞排列紧密整齐,分化程度低,具有潜在的分裂能力,侧根、不定根、不定芽、木栓形成层和部分维管形成层等均发生于此。

初生木质部与初生韧皮部呈辐射状相间排列,其间为薄壁细胞。初生木质部是输导水分和无机盐的组织,初生韧皮部是输导同化产物的组织。初生木质部和初生韧皮部这种辐射状相间排列,有利于不同物质间的独立快速运输,且初生木质部的辐射角与维管柱鞘紧紧相接,缩短了横向运输距离,利于从皮层输入的溶液迅速进入导管运向地上部分。

初生木质部位于根的中央部位,主要由导管和管胞组成,有的还有木质纤维和木薄壁细胞,呈辐射状分布,辐射角处直接与维管柱鞘相连。辐射角外侧的初生木质部称为原生木质部,是原形成层最初产生和分化成熟的初生木质部,主要由管腔较小、具弹性的环纹和螺纹导管组成,其输导和支持能力较弱;其内方侧为较晚分化成熟的后生木质部,主要由管腔较大的梯纹、网纹和孔纹导管组成,其输导和支持能力较强。根的初生木质部的发育特点是由外向内向心式逐渐分化发育成熟,故称为外始式。

在成熟根的横切面上,初生木质部呈辐射状排列,每一个辐射角称为一束,不同植物的束数不同。双子叶植物一般为2～6束,如油菜、萝卜为2束,称二原型;豌豆、柳树为3束,称三原型;棉花、向日葵为4束,称四原型;单子叶植物至少6束,有多原型之称。初生木质部的束数在某些植物中是恒定的,因此有系统分类的价值,如二原型在十字花科、石竹科占优势,多原型在禾本科作物中多见。初生木质部的束数多少与植株发育形成侧根直接相关,一般束数多侧根就多,束数少则侧根少。

初生韧皮部位于初生木质部辐射角之间,两者相间排列,其束数与初生木质部相同,分化成熟方式也是外始式。主要由筛管、伴胞、韧皮薄壁细胞及韧皮纤维组成,主要功能是输导有机物。

在初生木质部与初生韧皮部之间常有一层到几层薄壁细胞,在双子叶植物和裸子植物中,是原形成层保留的细胞,将来成为次生分生组织(形成层)的大部分;而在单子叶植物中两者之间为成熟的薄壁细胞。

仅少数双子叶植物根的中心部分具有薄壁组织构成的髓,如蚕豆、花生和茶等,多数双子叶植物根的中央为后生木质部而无髓。

2.双子叶植物根的次生结构

大多数双子叶植物和裸子植物,尤其是多年生木本植物的根,在完成初生生长的基础上,产生次生分生组织——维管形成层(简称形成层)和木栓形成层。次生分生组织的细胞分裂、生长和分化过程,称为次生生长。次生生长产生的组织结构称为次生结构。根的次生生长是根的增粗生长过程,根的不断增粗是根的维管形成层和木栓形成层共同作用的结果。一般一年生草本双子叶植物和单子叶植物的根无次生增粗生长。

1)维管形成层的发生、活动与次生维管组织

根的维管形成层由位于初生木质部与初生韧皮部之间未分化的薄壁细胞和维管柱鞘一定部位恢复分裂能力的细胞所组成。

波浪状形成层环的形成:形成层产生于幼根的初生韧皮部的内方,即由2个初生木质部脊之间的薄壁细胞恢复分裂能力进行平周分裂,形成几片弧状的形成层片段,这些片段数目与根的原型数有关,即几原型的根就有几条维管形成层片段。然后,随着细胞的分裂各段维

管形成层逐渐向其两端扩展，并向外推移，直到初生木质部的辐射角处，并与其外侧的中柱鞘细胞相接。此时，这些中柱鞘细胞也恢复分裂能力，并与最初形成的维管形成层相连成为一个完整的、连续的、呈波浪状的形成层环。在具有次生生长的植物根中，维管形成层环终生保持细胞分裂的能力，所以能够使根不断增粗。

维管形成层的活动：维管形成层环产生后主要进行平周分裂。由于形成层发生的时间及分裂速度不同，通常位于初生韧皮部内侧的形成层最早发生，分裂速度快，因此，在初生木质部与初生韧皮部之间形成的次生组织较多；而在初生木质部辐射角外的形成层分裂速度慢，产生的次生组织较少。这样，初生韧皮部内侧的形成层被新形成的次生组织推向外方，之后使波浪形的形成层环变成圆环状的形成层环。最后，形成层基本是等速分裂(图 2-41)。

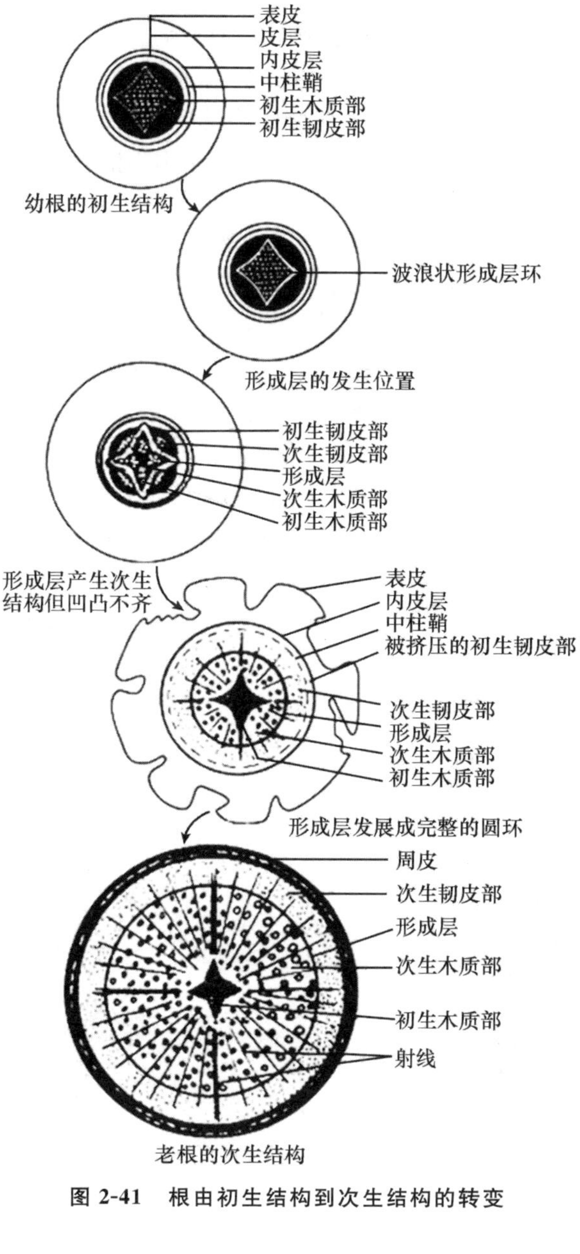

图 2-41　根由初生结构到次生结构的转变

维管形成层主要进行平周分裂，向内分裂形成次生木质部，加在初生木质部的外侧；向外形成次生韧皮部，加在初生韧皮部的内侧。形成层细胞除进行平周分裂外，还有少量垂周分裂以扩大本身的周径，适应根的增粗。另外，在次生木质部内和次生韧皮部内，还有一些径向排列的薄壁细胞群，统称维管射线。其中，贯穿于次生木质部中的射线称为木射线，贯穿于次生韧皮部中的射线称为韧皮射线。维管射线是次生结构中新产生的组织，具有横向运输水分和养料的功能。次生木质部和次生韧皮部合称为次生维管组织。一般情况下，根的次生木质部远远多于次生韧皮部。在根增粗过程中，形成层的位置也不断外移。

2)木栓形成层的发生、活动与周皮

维管形成层的活动使根不断增粗，维管柱外围的皮层及表皮逐渐被撑破，在皮层破坏之前，维管柱鞘细胞恢复分裂能力形成木栓形成层。木栓形成层进行平周分裂，向外产生多层木栓细胞组成的木栓层，向内产生几层薄壁细胞组成的栓内层。这样，木栓层、木栓形成层和栓内层共同构成次生保护组织周皮。在多年生的根中，木栓形成层不像维管形成层那样一直存在，而是每年都由原有的木栓形成层以内的薄壁细胞再形成新的木栓形成层，而且逐年向内推移，最终可由次生韧皮部中的薄壁细胞形成。因此，多年生木本植物老根外面被多层周皮覆盖。

根的维管形成层和木栓形成层活动的结果形成了根的次生结构，自外向内依次为：周皮（木栓层、木栓形成层、栓内层）、初生韧皮部（常被挤毁）、次生韧皮部（含韧皮射线）、形成层、次生木质部（含木射线）和辐射状的初生木质部。除少数草本植物外，多数双子叶植物根中无髓。

(三)单子叶植物根的构造

禾本科植物属于单子叶植物，如小麦、玉米和水稻等根的基本结构与双子叶植物一样，也分为表皮、皮层、维管柱（中柱）3 个基本部分（图 2-42），但各部分又各有其特点。

外皮层在根发育后期往往形成栓化的厚壁组织，具支持作用，同时在表皮和根毛枯萎后，代替表皮执行保护作用。外皮层以内的皮层薄壁细胞间隙大，排列疏松，与通气作用有关，尤其在水稻等水湿生植物老根的皮层中，有明显的气腔（图 2-43）。内皮层细胞发育后期除外切向壁外五面均次生加厚，在横切面上呈马蹄铁形，但与初生木质部辐射角相对位置的

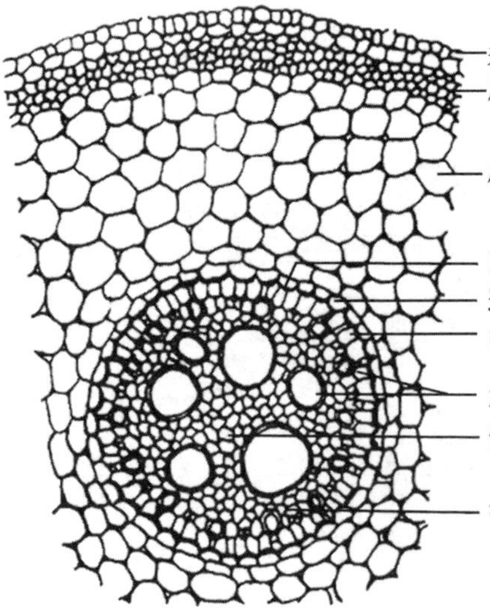

图 2-42　小麦根横切面

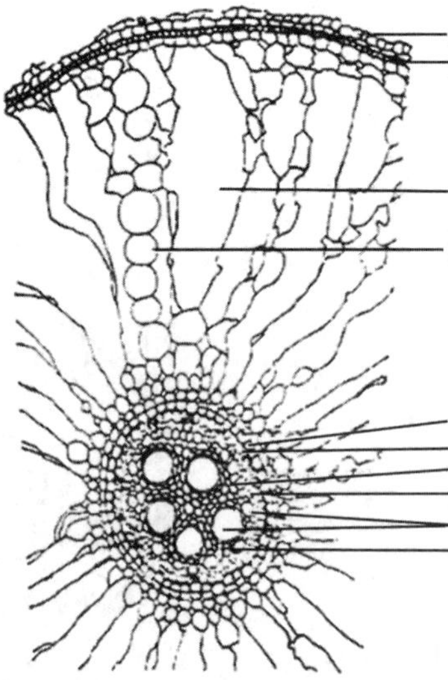

图 2-43　水稻老根横切面，示气腔

内皮层细胞壁不增厚，保持薄壁状态，称为通道细胞，是禾本科植物根内外物质运输的主要途径。维管柱鞘在根发育后期常部分（如玉米）或全部（如水稻）木质化，产生侧根的功能减弱。初生木质部一般多为7原型以上，多至20原型；维管柱中央有发达的髓，由薄壁细胞组成，可以储藏营养物质。禾本科植物根一般无维管形成层和木栓形成层，故无次生增粗生长及次生结构。

（四）侧根的形成

植物的根（无论是主根、侧根还是不定根）可以反复分支产生侧根，构成根系，扩大植物地下部分的分布范围，增大吸收面积，增强吸收和固着能力。

侧根起源于根内中柱鞘一定部位的细胞（图2-44）。侧根发生时，中柱鞘一定部位的细胞脱分化、恢复分裂后，经过几次平周分裂和垂周分裂产生一团新细胞，形成侧根原基。然后，侧根原基细胞继续分裂、生长，逐渐分化出生长点和根冠。随着生长点继续分裂、生长和分化，侧根原基穿透皮层，突破表皮，伸出母根外，伸进土壤形成侧根。

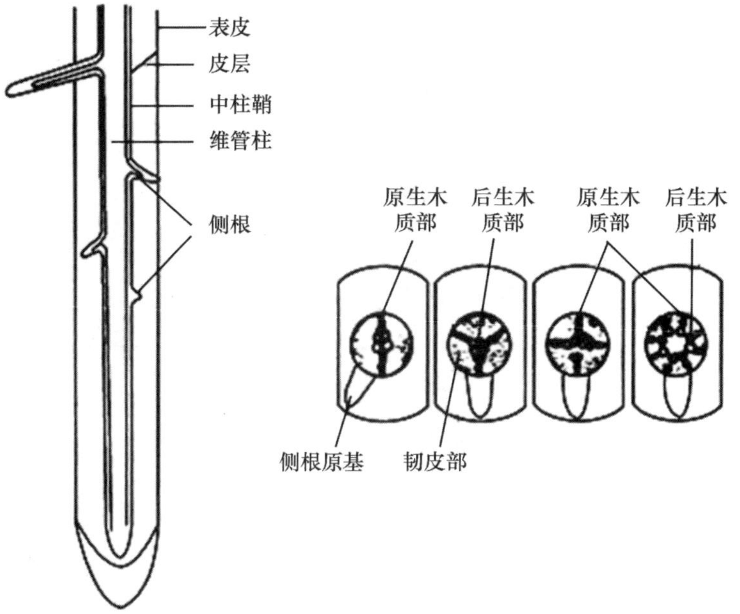

图2-44　根尖纵切面简图（左）和根的初生结构横剖面简图（右），示侧根原基发生部位

（引自徐汉卿）

侧根在中柱鞘上发生的位置通常是稳定的，与初生木质部和初生韧皮部的位置和束数有关。在二原型根中，侧根发生于原生木质部和原生韧皮部之间或正对着原生木质部的维管柱鞘细胞。在前一种情况下，侧根行数为原生木质部辐射角的倍数，如胡萝卜为二原型，侧根有4行；在后一种情况下，则侧根只有2行，如二原型的萝卜。在三原型、四原型根中，侧根多发生于正对原生木质部的维管柱鞘细胞，初生木质部辐射角有几个，常产生几列侧根。如棉花为四原型，则侧根有四列。在多原型根中，侧根常产生于正对着原生韧皮部的中柱鞘细胞。从外部观察，侧根在母根上沿长轴纵向排列，列的数目等于初生木质部的束数。

主根和侧根联系密切，截断主根能促进侧根的发生，从而形成更发达的根系。因此，研究根的特性，构建良好的根系，可提高栽培植物的产量和品质。

（五）根瘤与菌根

植物的根系分布于土壤中，有些土壤微生物侵入某些植物的根部，彼此间建立互利共存关系，称为共生，被侵染的植物称为宿主，被侵染的部位形成特殊结构，根瘤和菌根是高等植物根部所形成的这类共生结构。

1. 根瘤

根瘤是由根瘤细菌侵染宿主根部细胞而形成的瘤状共生结构。自然界许多植物可以形成根瘤，其形状、大小因植物种类而异。土壤中的根瘤细菌能入侵根部形成根瘤，其中与农业生产关系最密切的是豆科植物的根瘤（图 2-45）。

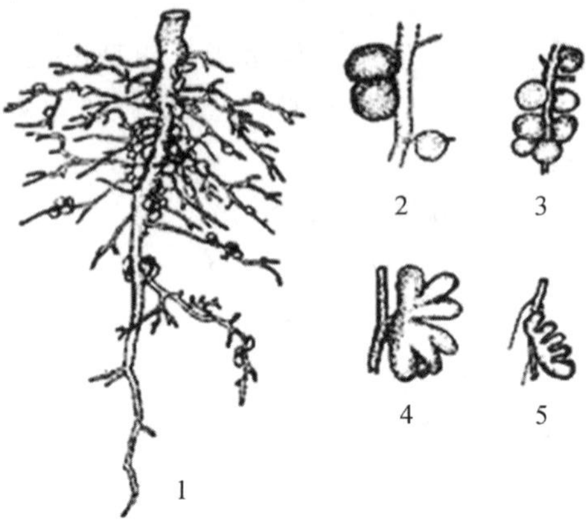

图 2-45　几种豆科植物的根瘤

1、2. 大豆的根瘤　3. 菜豆的根瘤
4. 豌豆的根瘤　5. 紫云英的根瘤

豆科植物的根瘤是根瘤细菌侵入根毛细胞并进入皮层，一方面大量繁殖自身，另一方面刺激皮层细胞迅速分裂增加细胞数目，局部膨大突破表皮形成的瘤状凸起物（图 2-46）。

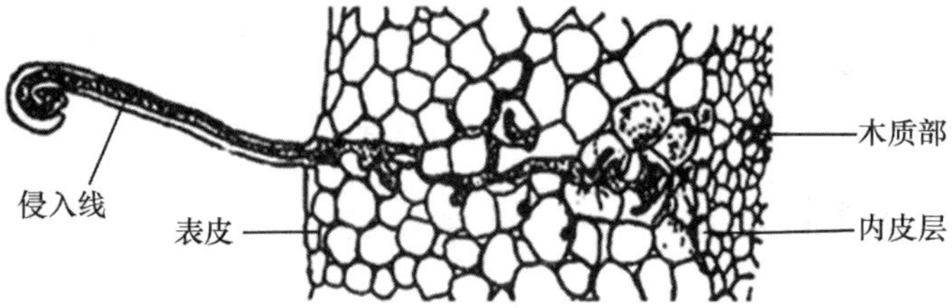

图 2-46　根瘤菌侵入宿主后形成的侵入线

豆科植物与根瘤菌的共生关系是：宿主提供根瘤菌生活所需要的水分和养料，根瘤菌则将宿主不能直接利用的分子氮在其固有的固氮酶的作用下，形成宿主可吸收利用的含氮化合物，为豆科植物所利用而获高产，即固氮作用。同时，由于根瘤的脱落，具有根瘤的根系或残株遗留在土壤中，能增加土壤的肥力。因此，豆科植物作绿肥或与其他作物轮作、间作，增产效果显著。种豆肥田就是利用根瘤菌的固氮作用。

2. 菌根

菌根是高等植物根与土壤中某些真菌结合而形成的共生体，可分为外生菌根、内生菌根和内外生菌根 3 类（图 2-47）。

图 2-47　外生菌根（左、中）与内生菌根（右）

1)外生菌根

与根共生的真菌菌丝大部分包被在植物幼根的表面形成菌丝鞘，只有少数菌丝伸入根的表皮和皮层的细胞间隙。菌丝具有根毛的功能，增加了根的吸收面积。具有外生菌根的根尖通常略变粗，如马尾松、云杉、山毛榉等木本植物。

2)内生菌根

真菌的菌丝通过细胞壁大部分侵入到幼根皮层的活细胞内，呈盘旋状态。大多数菌根属于此类型，如柑橘、核桃、桑、葡萄及兰科等植物的菌根。

3)内外生菌根

内外生菌根是外生和内生菌根的混合型，真菌的菌丝不仅从外面包围根尖，而且还伸入到皮层细胞间隙和细胞腔内，如苹果、草莓等植物的菌根。

真菌和种子植物共生，真菌不仅可从宿主中吸取所需要的养分，同时吸收水分、无机盐等供给绿色植物使用。此外，真菌产生的激素、维生素等物质可刺激根系的发育，促进植物生长。

二、茎

(一)茎尖及分区

茎的尖端称为茎尖，是由叶芽(顶芽)活动形成的。茎尖自上而下可人为地划分为分生区、伸长区和成熟区 3 个部分(图 2-48)。

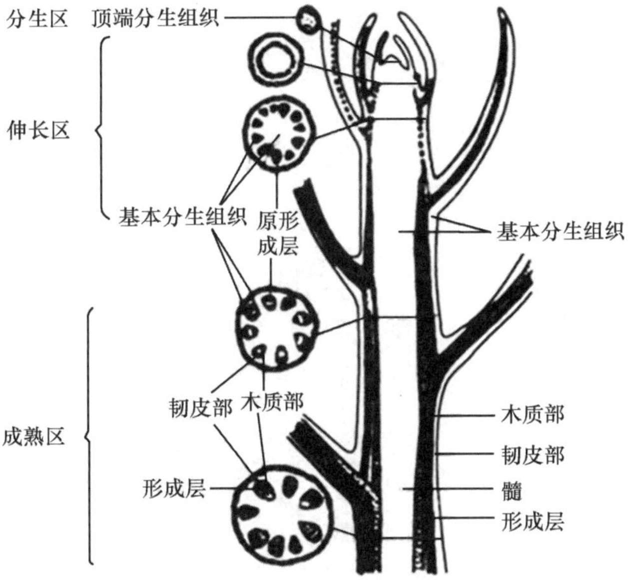

图 2-48 茎尖各区的大致结构

1.分生区

分生区位于茎尖前端，又称生长锥。一般为半球形，由一团分裂能力强烈而持久的细胞群所构成。茎的各种组织均由此分化而来。

2. 伸长区

伸长区位于分生区下面。茎尖伸长区的细胞学特征与根相似，但该区常包含几个节与节间，其长度比根的伸长区长。其长度可随环境改变。二年生和多年生植物在进入休眠期时，伸长区逐渐变为成熟区，短至难以分辨。伸长区是由原表皮、基本分生组织、原形成层 3 种初生分生组织所分化出的初生组织，其细胞的有丝分裂活动逐渐减弱，但细胞迅速伸长。伸长区可视为顶端分生组织发展为成熟组织的过渡区域。

3. 成熟区

成熟区紧接伸长区。该区细胞的分裂和伸长生长都趋于停止，各种成熟组织的分化基本完成，具备了幼茎的初生结构。

(二)双子叶植物茎的构造

1. 双子叶植物茎的初生结构

茎通过初生生长所形成的结构称为初生结构。双子叶植物茎的初生结构与根相同，也分为表皮、皮层和维管柱(中柱)3 部分。但两者因功能和所处环境的差异，在结构上各有特点(图 2-49、图 2-50)。

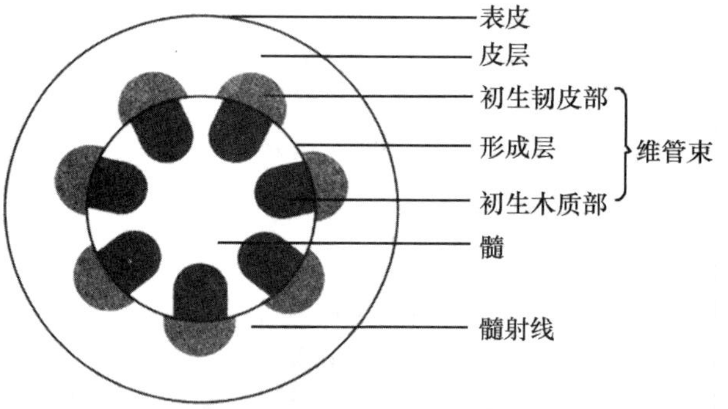

图 2-49　双子叶植物茎初生结构图解

(引自许玉凤，2008)

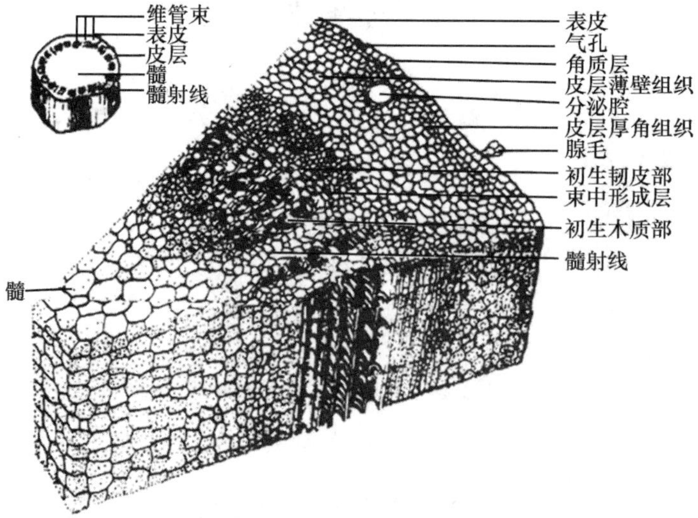

图 2-50　棉茎立体结构

(引自卞勇，2011)

1)表皮

表皮是幼茎最外面的一层细胞，属于初生保护组织，包括表皮细胞、气孔器及各种表皮毛。在横切面上，表皮细胞形状较规则为长方形，排列紧密；细胞一般不含叶绿体，有的含有花色素苷；细胞外壁较厚形成角质层，有的植物还有蜡质（如蓖麻），具有保护和控制蒸腾作用，防止水分过度散失的作用，有利于幼茎中绿色组织的光合作用。

2)皮层

皮层位于表皮与中柱之间，整体远较根的皮层薄，主要由薄壁组织组成，细胞排列疏松，细胞间隙明显。紧贴表皮下方的一至几层细胞常分化为厚角组织，协助表皮保护和支持幼茎。再往内的皮层薄壁细胞体积较大、排列疏松，通常含叶绿体，故幼茎常为绿色。水生植物的茎，一般缺乏机械组织，细胞间隙发达，常有通气组织。通常茎的内皮层分化不明显或无，皮层与维管柱之间无明显界限。

3)维管柱

维管柱是皮层以内的中轴部分，包括维管束、髓和髓射线 3 部分。大多数植物的幼茎内没有维管柱鞘，或不明显。

维管束是由原形成层发育而来的束状结构，各维管束呈环状排列。具有次生生长特性的双子叶植物茎的维管束，包括初生韧皮部、初生木质部和束内（中）形成层 3 部分。位于外方的初生韧皮部（外始式）和位于内方的初生木质部（内始式）两者相对排列。这种具有束中形成层的外韧维管束称为无限维管束或无限外韧维管束。髓是位于幼茎中央的薄壁组织，细胞体积较大，常含淀粉粒，具有储藏作用。有的植物髓中含有石细胞、晶体细胞和单宁细胞等异细胞；有些植物的髓细胞生长停止较早，而周围的细胞仍在伸长，从而形成中空髓腔，如蚕豆、南瓜等；或髓形成片状的髓组织，如胡桃。髓射线是位于维管束之间、连接皮层与髓的薄壁组织，整体呈放射状，具横向运输作用。

2. 双子叶植物茎的次生结构

多数双子叶植物茎在初生生长基础上，出现维管形成层和木栓形成层进行次生生长。

1)维管形成层的发生、组成与活动

(1)维管形成层的发生　当茎进行次生生长时，首先是位于初生木质部与初生韧皮部间的束中形成层细胞开始分裂。然后，与束中形成层相连接的髓射线细胞恢复分裂能力形成束间形成层。这样，束中形成层和束间形成层共同连成一环状维管形成层，简称形成层（图 2-51）。

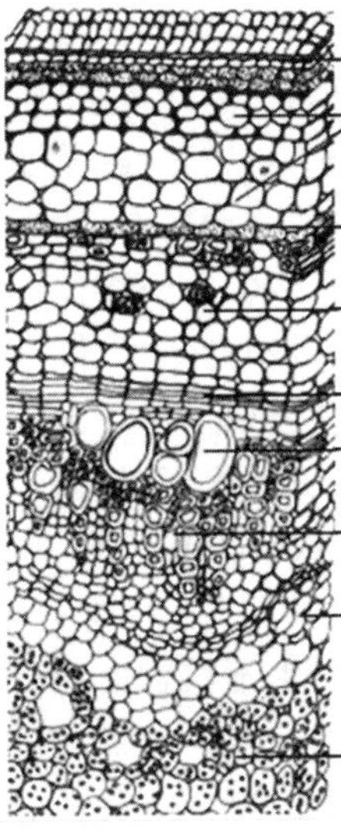

图 2-51　棉茎部分横切，示维管形成层和木栓形成层

(2)维管形成层的组成　双子叶植物茎的维管形成层由纺锤状原始细胞和射线原始细胞两种细胞组成。纺锤状原始细胞是切向面宽、径向面窄的两端尖斜的长梭形细胞，是形成层的主要成员，沿茎的长轴平行排列，发育成茎的纵向（轴向）系统；射线原始细胞近于等径，与茎轴垂直排列，分布于纺锤状原始细胞之间，发育成茎的横向（径向）系统。

(3)维管形成层的活动　维管形成层产生后，细胞进行分裂、生长和分化形成次生维管组织。纺锤状原始细胞进行切向分裂，向外产生次生韧皮部(包括筛管、伴胞、韧皮纤维和韧皮薄壁细胞)，向内产生次生木质部(包括导管、管胞、木纤维、木薄壁细胞)。次生木质部和次生韧皮部共同构成次生维管组织，为茎内纵向输导系统。同时，射线原始细胞进行切向分裂，向外分化形成韧皮射线，向内分化形成木射线，这两种射线统称为维管射线，为茎中横向输导组织。随着次生木质部的增加，维管形成层的位置逐渐外移，周径也随之扩大。维管形成层特性对植物嫁接具有实际意义。维管形成层的分裂活动与枝条伤口的愈合有密切关系，嫁接时，砧木和接穗之间的形成层区吻合才能嫁接成活。

(4)木材　木材是指维管形成层历年产生的次生木质部的总称(图 2-52)。在形成过程中出现年轮、心材和边材等特征。

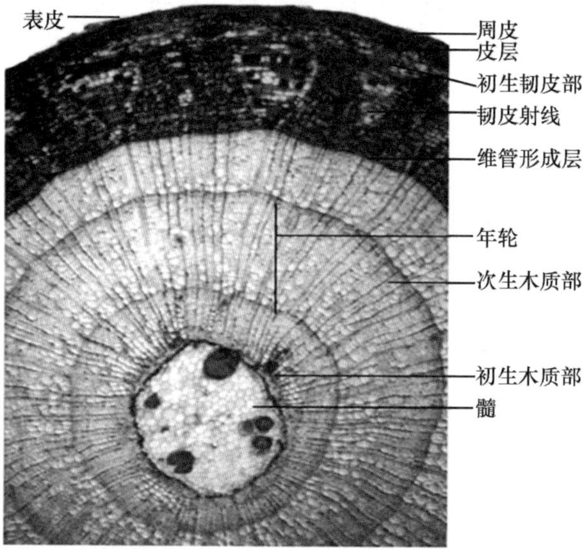

图 2-52　椴树三年生茎横切结构图

多年生木本植物的次生木质部横切面上可见到许多同心圆环，一般每年一轮，叫年轮。春天气候温和、雨水较多，维管形成层的活动迅速，所产生的次生木质部量多，导管和管胞壁薄且口径较大，材质疏松，颜色较淡，叫早材(春材)；夏末秋初气候条件渐渐不适宜树木生长，形成层活动逐渐减弱，所形成的次生木质部量少，导管和管胞壁较厚且口径较小，颜色较深，材质坚实，叫晚材(秋材)。同一年的早材和晚材逐渐过渡，无明显界限。经过冬季的休眠，上一年晚材和当年早材有明显的界线，叫年轮线。同一年内的早材和晚材构成一个生长轮。温带地区可根据树干基部的年轮数来判断树木年龄。林业上可根据年轮了解木材的生长量，估计木材的积蓄(材积)。湿热地区一年四季温度水分差别不大，年轮不明显。若气候不正常，或病虫害干扰，结果形成的环纹是假年轮。有些植物，如柑橘属植物，一年有几次季节性生长，一般可产生 3 个以上的生长轮。

在多年生木本植物树干的横切面上，靠近形成层部分的木材是近几年形成的次生木质部，木薄壁细胞、木射线细胞是生活细胞，木质疏松，颜色浅，具有输导和储藏的功能，这样的木材称为边材。近茎中央部分的木材为形成较久的次生木质部，木薄壁细胞、木射线细胞都变为死细胞，木质致密，颜色较深，其导管和管胞由于侵填体的形成，并因单宁、树脂、色素等有机物的累积而失去输导功能，这样的木材称为心材。随着茎的次生生长，新的边材相继产生，老的边材逐年成为心材，能更强地巩固和支持植株。少数木本植物在生长后期，心材被菌类侵入而腐烂，形成空心树干，虽能生长，但易被外力折断。

2）木栓形成层的发生与活动

随着维管形成层的活动和茎的不断增粗，其外周形成木栓形成层产生周皮，成为次生保护组织代替表皮起保护作用，以适应茎的不断增粗。

（1）木栓形成层的发生　木栓形成层的最初起源处因植物种类不同而异。有的起源于表皮（如梨、苹果等），有的起源于近表皮的皮层薄壁组织（如马铃薯、桃等）或厚角组织（如花生、大豆等），有的起源于皮层较深处的薄壁组织（如棉花等），有的甚至在初生韧皮部中发生（如茶属）。大多数植物茎中，木栓形成层的活动期是有限的，通常生存几个月就失去活力，以后木栓形成层每年重新发生，在第一次周皮的内方产生第二层新的木栓形成层，再形成新的周皮，木栓形成层的位置则渐向内移。在老茎中，木栓形成层可以直至次生韧皮部中发生。当新的木栓层形成以后，由于木栓层细胞不透水、不透气，使新周皮以外的所有组织不能得到水分和养料的供应而死亡。

（2）木栓形成层的活动　木栓形成层主要进行平周分裂，向外产生的新细胞生长、分化为木栓层，向内产生的新细胞生长、分化为栓内层。木栓层、木栓形成层、栓内层三者合称为周皮，保护其内部组织或结构，适应茎的次生增粗生长。木栓形成层产生的周皮包含的木栓组织较多，栓内层较少，有些树木可形成很厚的木栓层，如栓皮栎。

（3）皮孔　皮孔是枝条外表上产生的一些呈圆形、椭圆形或枝状的褐色小突起，是茎与外界进行气体交换的通道，也是病虫入侵的“门户”（图 2-53）。皮孔一般产生于原来气孔的位置，气孔处或其内方的木栓形成层不形成木栓细胞，而形成许多圆球形的薄壁细胞，其排列疏松，细胞间隙发达，称为补充组织。随着补充组织越来越多，向外突出，形成裂口便有了皮孔。因木栓形成层发生的位置随植物种类的不同而不同，其活动的规律也有差异，因而，不同的植物具有不同的皮孔特征或形状。皮孔可作为木本植物种间鉴别的依据之一。

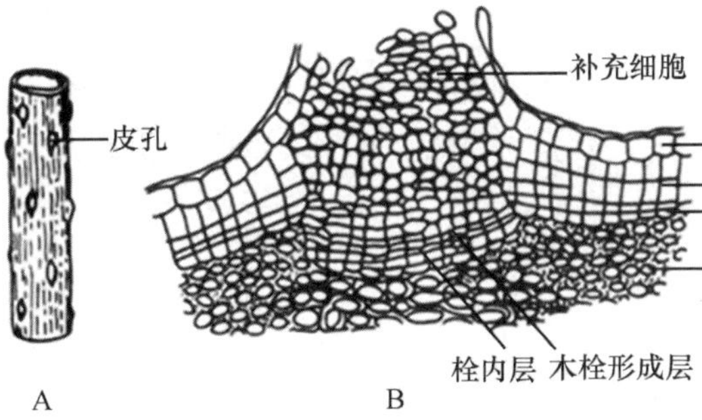

图 2-53　皮孔结构

A. 一段茎，示皮孔的外形与分布　B. 皮孔的剖面，示结构

（4）树皮　狭义概念的树皮是木栓形成层历年产生的周皮的总称，是老茎的重要保护结构。通常意义上的树皮是维管形成层以外所有组织的总称，除了次生韧皮部外，还包括历年产生的周皮和一些已死的皮层、韧皮部等，是茎内同化产物的输导途径，又具有极强的保护功能，由此可见树怕剥“皮”的真正原因。

3)双子叶植物茎的次生结构

双子叶植物茎由于维管形成层和木栓形成层的不断活动，使茎进行次生生长，形成次生结构。现以棉茎为例，其横切面由外至内可分为以下几个部分(图 2-54)。

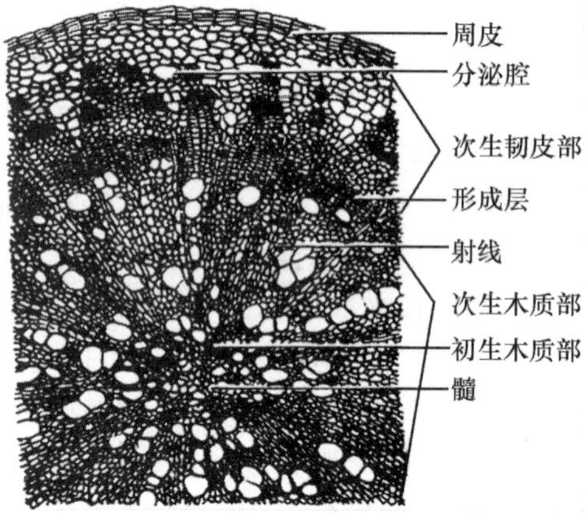

图 2-54 棉花老茎横切结构

周皮位于茎最外侧，由木栓层、木栓形成层和栓内层构成，常有皮孔，为老茎气体交换的通道；皮层位于周皮内侧，为少量薄壁细胞，有分泌腔分布；初生韧皮部位于皮层内侧，呈束状分布，因受到内部挤压，除发达的初生韧皮纤维外，其余几乎全被挤毁；次生韧皮部位于初生韧皮部内侧，具有输送有机养分和机械支持作用，是次生维管组织的重要组成部分；维管形成层位于次生韧皮部内侧，由纺锤状原始细胞和射线原始细胞组成；次生木质部位于形成层内侧，起输送水分、矿物质和机械支持作用，是次生维管组织的重要组成部分；初生木质部位于次生木质部内侧，为内始式发育；维管射线包括木射线和韧皮射线，均由径向排列的薄壁细胞组成，位于次生木质部中的射线称为木射线，位于次生韧皮部中的射线称为韧皮射线，是茎的横向输导组织；髓位于茎中央，由薄壁细胞组成，常含淀粉粒等储藏物质。

(三)单子叶植物茎的解剖结构

禾本科植物的茎与根一样不能进行次生加粗生长，没有次生结构。禾本科植物茎有明显的节和节间，节部略膨大，多数植物的茎节间中空，少数植物如玉米、甘蔗等的茎实心，大体上分表皮、基本组织和散生维管束 3 部分(图 2-55)。维管束为外韧有限维管束，没有皮层和中柱之分。

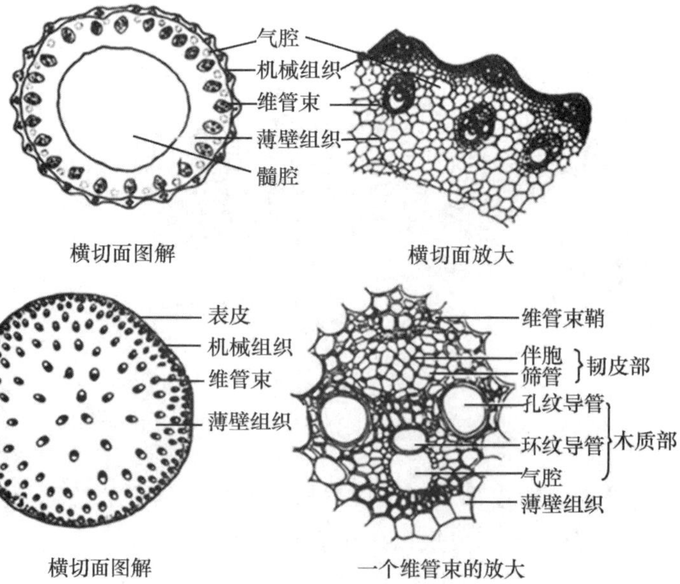

图 2-55 水稻茎(上)和玉米茎(下)横切面

1. 表皮

表皮是位于茎最外面的一层活细胞，由长细胞、短细胞和气孔器有规律地交替排列而成。长细胞壁角化，是构成表皮的主要成分。短细胞包括栓细胞和硅细胞 2 种类型，两个一组排列在长细胞之间。栓细胞壁栓化，硅细胞含有大量二氧化硅，硅酸盐沉积于细胞壁上的多少与茎秆机械强度和对病虫害抵抗力的强弱有关。气孔器由一对哑铃形的保卫细胞及其旁侧的副卫细胞和气孔构成，并与长细胞间隔排列成纵行（图 2-56）。

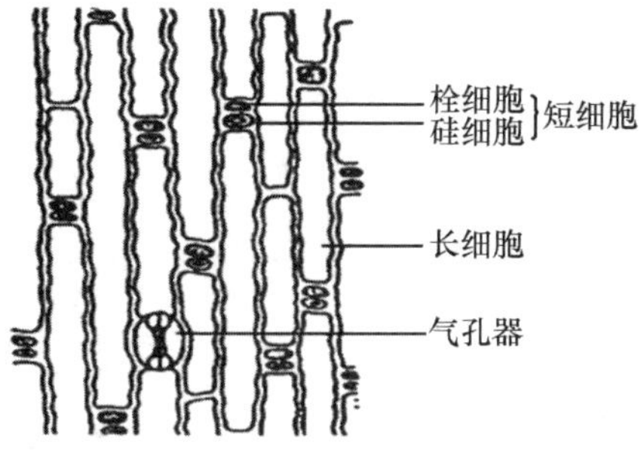

图 2-56 玉米（水稻）茎的表皮（表面观）

（引自陆时万）

2. 基本组织

基本组织是表皮以内、维管束之间的薄壁组织，主要由薄壁细胞组成。近表皮的几层为厚壁组织，厚壁细胞相连成环呈波浪状，形成坚强的机械组织，其发达程度与植物抗倒伏有关，是选育抗倒伏品种的依据之一。在厚壁组织以内为薄壁组织，维管束分布其中，细胞含叶绿体，特别是外围的细胞。

3. 维管束

维管束为有限外韧型，散生于基本组织中。其排列方式有 2 类：①中空的茎中维管束，大体上排列为内、外 2 环。外环维管束较小，大部分埋藏于近表皮内侧的机械组织中；内环维管束较大，为基本组织所包围，如水稻、小麦和竹子等。②为基本组织所充满的实心结构茎中，维管束散生于整个基本组织中。近边缘的维管束较小且相距较近，靠中央的维管束较大且相距较远，如玉米、甘蔗和高粱等。

禾本科植物的维管束由维管束鞘、初生韧皮部和初生木质部 3 部分组成。维管束鞘是包围初生木质部和初生韧皮部的厚壁机械组织。初生木质部横切面呈 V 字形，基部为原生木质部，包括一至几个环纹或螺纹导管及少量木薄壁细胞。在分化成熟过程中，这些导管常被挤破，其四周的薄壁细胞互相分离形成气腔。初生韧皮部位于初生木质部的外侧，其中原生韧皮部已被挤毁，后生韧皮部由筛管和伴胞组成。

三、叶

有些植物叶的上表皮内侧为栅栏组织，下表皮内侧为海绵组织，这种上、下表皮内侧的叶肉组织形态不同的叶称为异面叶（背腹型叶、两面叶），如双子叶植物的叶。海绵组织所含叶绿体较栅栏组织少，所以异面叶的背面一般绿色较淡。如果上、下表皮内侧的叶肉组织形态相同，或叶肉细胞没有栅栏组织和海绵组织分化的叶则称为等面叶，如禾本科植物的叶。

（一）双子叶植物叶片的结构

双子叶植物的叶片一般有背面（远轴面或下面）和腹面（近轴面或上面）之分，其结构由表及里可分为表皮、叶肉和叶脉 3 部分。

1. 表皮

表皮是位于叶片的上、下表层的初生保护组织，由表皮细胞、气孔器和表皮附属物等组成（图 2-57）。上表皮位于腹面（倾向阳光），下表皮位于背面（倾向地面）。

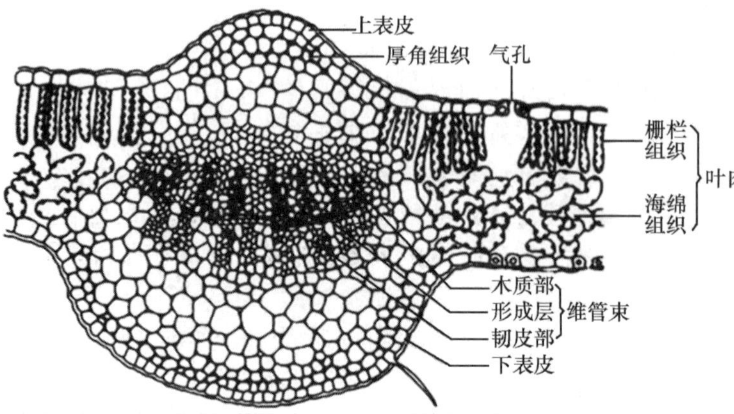

图 2-57　双子叶植物叶片横切面

表皮细胞是表皮的基本组成单位，通常扁平、壁薄，侧壁凹凸不齐使细胞间彼此紧密嵌合。在叶片横切面上，表皮细胞呈长方形，排列整齐，外切向壁较厚，常有角质层，有的具有蜡质。角质层折光性较强，不仅可减轻强光对植物的伤害，还可以减少水分过度蒸腾，防止病菌侵入。表皮细胞为生活细胞，一般不含叶绿体，有的植物可含花青素，使叶片呈现红、紫等色彩。表皮一般为单层细胞，少数植物的表皮为多层细胞的复表皮，如印度橡皮树。

气孔器通常由保卫细胞、气孔和副卫细胞组成，是叶片水分蒸腾和气体交换的通道。双子叶植物的保卫细胞为肾形，细胞壁薄厚不均，与气孔相邻面的壁较厚，其他部分较薄且有弹性(图 2-58)。保卫细胞含叶绿体，与气孔的开闭有关。当保卫细胞含水分较多时，保卫细胞膨大外凸，气孔张开；反之，气孔关闭。通常气孔白天开放，景天科植物的气孔夜晚开放。

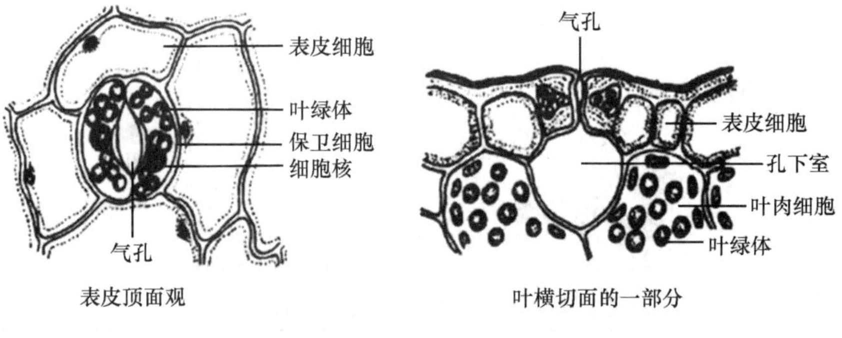

图 2-58　双子叶植物叶表皮的一部分，示气孔

叶片表皮气孔的数目和分布与植物种类有关。通常旱生植物叶表皮的气孔数目远远多于湿生植物和水生植物。多数植物的气孔与表皮细胞位于同一平面上，而旱生植物的气孔深深下陷于叶的表皮中，湿生植物气孔的位置则稍高于表皮。旱生及中生植物的背腹型叶中，通常叶尖与叶缘气孔数目较其他部位为多，下表皮的气孔较多，上表皮中气孔较少甚至没有。水生植物的背腹型叶中，通常仅浮水叶上表皮具气孔，其下表皮及沉水叶一般无气孔。

表皮上常有一些由表皮细胞向外突出分裂形成的、形态各异的附属物。表皮附属物形状多样，一般是单列毛状，有的呈分支状、星形或鳞片状。有的是分泌结构，有的起保护作用。

2. 叶肉

叶肉是上下表皮之间的同化组织，富含叶绿体，是进行光合作用的主要场所。双子叶植物的叶为异面叶，由于叶片背、腹面接受光照情况不同，叶肉分为近腹面的栅栏组织和近背面的海绵组织。

1）栅栏组织

栅栏组织由紧贴上表皮的一至数层长柱状、含大量叶绿体的薄壁细胞组成，细胞长轴垂直于表皮，排列紧密如栅栏状。细胞内叶绿体的分布可随光照条件变化而变化，使得叶绿体既免遭强光破坏又可充分接受光能。光强时，叶绿体移向细胞侧壁，减少受光面积，避免强光的灼伤；光弱时，叶绿体则分散于细胞质内以充分利用微光。

2）海绵组织

海绵组织是位于栅栏组织和下表皮之间的同化组织。细胞含叶绿体较少，光合作用相对于栅栏组织较弱，使得叶片背面色泽浅于腹面。细胞形状不规则，排列疏松，细胞间隙大，气体交换和蒸腾作用较强。

3. 叶脉

叶脉是叶片中贯穿于叶肉组织间的维管束。位于叶片中央最粗大的叶脉称为主脉（中脉）；主脉的分支为侧脉，侧脉的分支称为细脉或小脉。叶脉的分布方式叫作脉序。

较大叶脉的维管束由木质部、韧皮部和束中形成层组成，属无限维管束。束中形成层活动能力弱且活动时间短，只形成极少量的次生维管组织。多数植物木质部近上表皮、韧皮部近下表皮。叶脉越细，结构越简单。细脉一般没有束中形成层和机械组织，维管束鞘细胞也较少，木质部和韧皮部的组成分子逐渐减少。

主脉及侧脉主要起轴向长距离输导作用，细脉则起释放水分、装载光合产物的横向输导作用。此外，叶脉也因其自身的结构而具有支持叶片的功能。

（二）单子叶植物叶片的结构

1. 禾本科植物叶片的结构

禾本科植物的叶片也由表皮、叶肉和叶脉 3 部分组成（图 2-59），各部分结构又与双子叶植物有所不同。

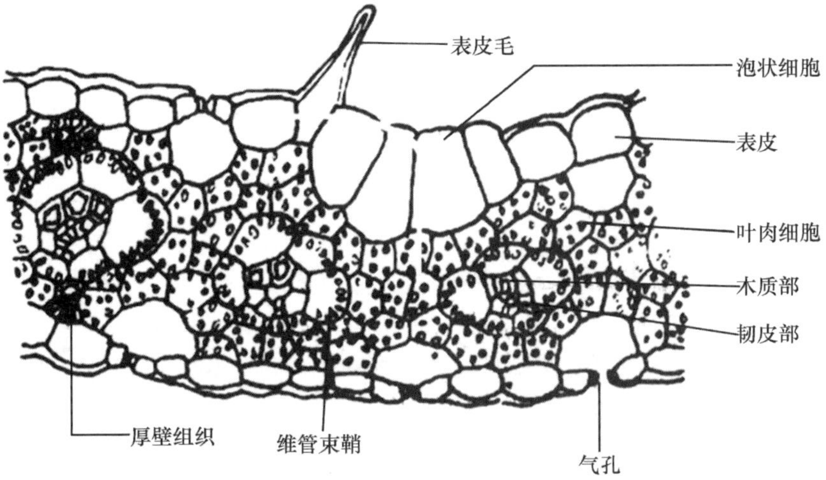

图 2-59 玉米叶横切面的一部分

1)表皮

禾本科植物叶片除含表皮细胞、气孔器和表皮毛之外,在上表皮中还分布有泡状细胞。

表皮细胞有长方形的长细胞和方形的短细胞 2 类。长细胞是表皮的主要成分,其长轴与叶片纵轴平行,呈纵向排列,外壁角化且富含硅质,形成一些硅质和栓质的乳突。短细胞包括硅质细胞和栓质细胞,二者常成对分布在长细胞列之间(图 2-60 左)。硅质细胞内充满硅质,增强了叶片的硬度和抗病虫害的能力。气孔器由 1 对哑铃形的保卫细胞和 1 对菱形或半球形的副卫细胞组成(图 2-60 右),呈整齐的 1～2 纵列分布于上下表皮长细胞之间。禾本科植物叶片近直立,背腹面受光较为均匀,上下表皮的气孔器数目相近。位于上表皮的泡状细胞呈扇形排列,是仅外壁厚的薄壁细胞,内有较大的液泡,干旱时叶片失水,泡状细胞较其他细胞萎蔫明显,因仅上表皮具泡状细胞,上表皮比下表皮收缩程度大,所以叶片向腹面内卷,这样可有效减少蒸腾;当植物吸水后,叶片又恢复原状。由于泡状细胞失水使叶片内卷,吸水又使叶片展开,所以,上表皮的泡状细胞又称运动细胞。

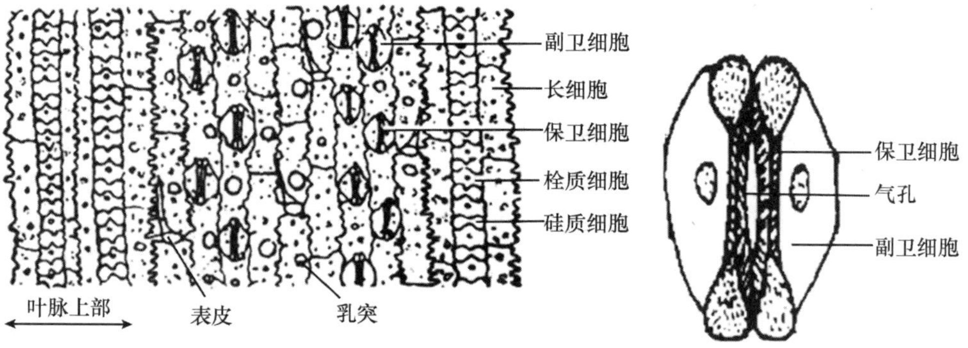

图 2-60　水稻叶下表皮(左)及水稻气孔器(右)

2)叶肉

禾本科植物的叶为等面叶,叶肉没有栅栏组织和海绵组织的分化。叶肉细胞排列紧密,形状不规则,在有些植物中细胞壁向内皱褶,形成了“峰、谷、腰、环”的结构(图 2-61),增大了质膜表面积,有利于更多的叶绿体排列在细胞边缘,易于接受 CO_2 和光照,进行光合作用,如小麦、大麦等植物。当相邻叶肉细胞的“峰、谷”相对时,可使细胞间隙增大,便于气体交换。

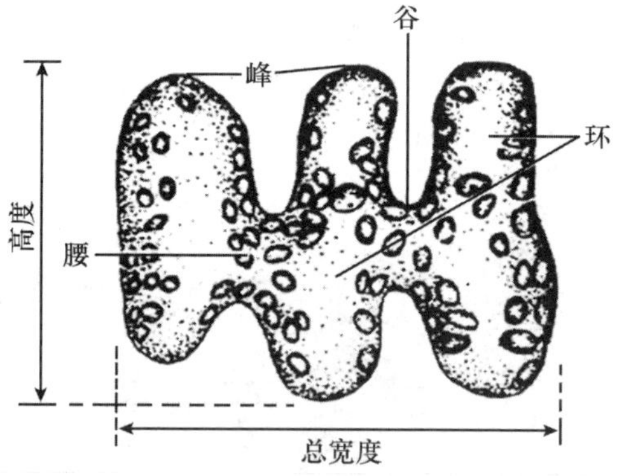

图 2-61　小麦叶肉细胞

3)叶脉

禾本科植物的叶脉为直出平行脉,中脉明显粗大,侧脉大小均匀且彼此平行。叶脉维管束由初生韧皮部、初生木质部和维管束鞘组成,木质部在上,韧皮部在下,无束中形成层,为有限外韧维管束。较大的叶脉,其维管束上、下方常有厚壁组织与表皮相连。

维管束外面有维管束鞘包围,维管束鞘有 2 种类型:一类是 C_4 植物维管束鞘,如玉米、高粱、甘蔗等,由一层薄壁细胞组成,细胞较大,所含叶绿体比周围叶肉细胞内的叶绿体大,且密集于叶肉一侧，常呈明显的花环状结构。这种结构使 C_4 植物利用 CO_2 的能力强于 C_3 植物，光合效率高，在高温、干旱等条件下尤为明显，因此，C_4 植物又被称作高光效植物。另一类是 C_3 植物维管束鞘，如水稻、小麦等植物，由 2 层细胞组成，内层为厚壁细胞，细胞较小，几乎不含叶绿体；外层维管束鞘为薄壁细胞，较大，所含叶绿体明显少于周围叶肉细胞。

2. 非禾本科单子叶植物叶片的结构

非禾本科单子叶植物叶片的解剖结构与禾本科植物基本相似，也由表皮、叶肉和叶脉 3 部分组成。所不同的是：少数非禾本科单子叶植物叶片的表皮细胞外壁角质化，气孔器由 2 个肾形保卫细胞所组成，如洋葱；有的植物的叶肉具有栅栏组织和海绵组织的分化，如葱；有的植物的叶肉则没有栅栏组织和海绵组织的分化，如水仙；有的植物的叶脉为网状脉等，如玉簪。

（三）裸子植物针叶的结构

裸子植物的叶片，除了银杏等少数植物以外，多数呈针形、鳞形等，具单一主脉。松属植物是重要的园林树种，因此，现以松树的针叶为例简要介绍裸子植物叶片的解剖结构。横切松树的针叶，其叶片由表皮、下皮层、叶肉和叶脉几部分组成（图 2-62）。

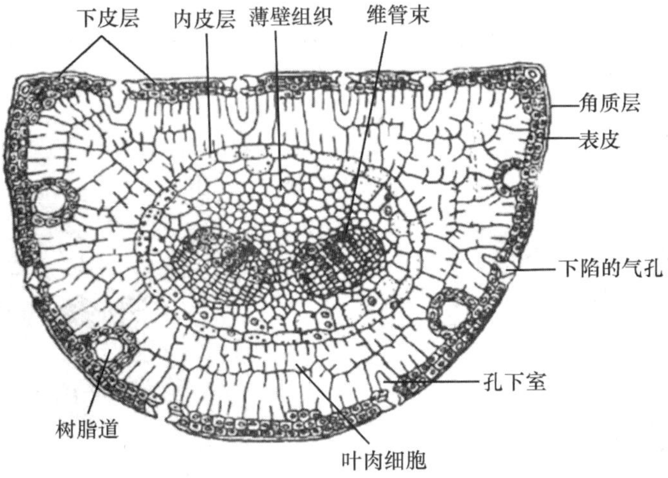

图 2-62　马尾松叶的横切面

其表皮由一层细胞组成，细胞腔小、壁厚，外壁上覆有厚的角质层；表皮下分布几层厚壁细胞，称为下皮层。下皮层细胞的层数因植物种类而异。构成气孔的保卫细胞深陷于表皮下的厚壁组织中，称为内陷气孔，这是一种减少水分蒸腾的旱生结构。

叶肉细胞位于下皮层内侧，由含叶绿体、具内褶的薄壁细胞组成，无栅栏组织与海绵组织的分化。叶肉内多分布树脂道，树脂道的数目、位置和细胞结构，因植物种类而异。

叶肉与内部的维管束之间有一层明显的细胞，细胞壁可增厚并木质化，称为内皮层。维管束分布在内皮层以内，其数目因植物种类而异，如马尾松、油松等两个，红松、华山松等仅一个。

（四）离层和落叶

1. 落叶及其生物学意义

植物的叶是有一定寿命的，不同植物叶的生活期可从数月至数年，如水稻等一年生植物，叶的生活期仅为几个月。当生活期终结时，叶就枯死脱落，称为落叶。树木的落叶有两种：一是当寒冷或干旱季节到来时，全树的叶同时枯死脱落，仅存秃枝，在下一个生长季才再次长出绿叶，这种树木被称为落叶树，如悬铃木、柳和杨树等；另一种是在春、夏之际，新叶展开之后老叶才逐渐脱落，全株终年常绿，这种树木被称作常绿树，如女贞、茶、大叶黄杨、樟和油松等。

植物落叶具有重要的生物学意义。首先，落叶是叶片衰老的结果，是植物正常的生命现象。植物整体或器官的生命功能自然衰退的过程称为衰老，叶逐渐衰老、干枯后，常会从母体脱落。其次，落叶也是植物长期进化过程中形成的对不良环境（如低温、干旱等）的一种适应性。因落叶树的叶全部脱落后，光合作用基本停止，水分的蒸腾大大减少，有利于植株进入休眠状态以顺利度过严寒的冬天。另外，落叶还具有排泄作用，过多金属的存在对植物体有一定毒害性，落叶之前，许多金属元素转移到叶中，并随落叶脱离植物体。有实验表明落叶中铝、锌、铁和铅等金属的含量均高于生活叶。

2.落叶的原因

在叶将落时，叶柄基部或近基部的部分薄壁组织细胞开始分裂，产生数层小细胞，这就是离区。离区包括位于远茎端的离层和近茎端的保护层2个部分。离区细胞层数多，但离层细胞仅有1～3层。离区产生不久，离层细胞开始黏液化，细胞彼此近乎呈游离状态，机械支持力量变得异常薄弱，在其自身重量及外力的作用下，叶从离层处脱落（图2-63）。

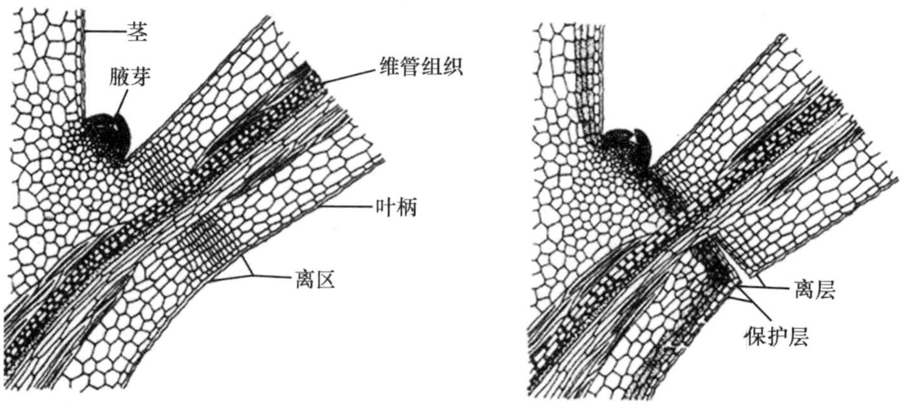

图2-63　叶柄的离层与保护层

离层下方的保护层，由数层栓质化的细胞所组成，与加速叶的脱落、承担叶脱落后的初期保护有关。保护层的存在，使叶柄脱落后在茎上留下非常整齐、光滑的痕迹即叶痕。在木本植物中，保护层最终被保护层以下发育的周皮所代替，并与茎其他部分的周皮相连续。保护层的这些特点，能避免水分的散失和昆虫、真菌、细菌等对植物的伤害。

3.落叶与环境

植物叶经过一定时期的生理活动，渐次衰老、死亡，这是落叶的内在因素。落叶树的落叶总在不良季节中进行，这是外因的影响。温带地区，冬季干冷，根的吸收困难，而蒸腾强度并不减低，这时缺水促进叶的枯落。热带地区，旱季到来时，环境缺水同样促进落叶。叶的枯落可大大地减少蒸腾面，对植物极为有利，深秋或旱季落叶，可以看作是植物避免过度蒸腾的一种适应现象。植物在长期历史发展的过程中，形成了这种习性，自然选择使这类植物能在不良季节通过落叶而生存下来，成为植物的一种适应环境的特性。

研究落叶的生理机制，以便采用相应的措施调控叶片衰老和脱落，在农业生产中具有重大意义。在收获季节，促进棉花叶早落，有利于机械采收；在作物生长期，延缓叶片早衰，可提高其产量。目前发现，使植物缺乏营养，喷施乙烯、脱落酸、硫氰化铵及马来酰肼等物质，均可促进叶的衰老、脱落；喷施细胞分裂素、生长素、赤霉素、多胺和钙调素等多种物质，均可延缓叶片衰老。

四、植物营养器官与农林业生产实践

(一)根与农林业生产实践

植物的根有很高的经济价值：可食用，如甘薯、胡萝卜、萝卜和甜菜等；可药用，如人参、三七、当归和甘草等；可做工业原料，如甘薯可以制成淀粉和酒精，甜菜可以制糖；根可以做工艺品，如乔木和藤本植物的老根可做盆景或根雕。因此，在现代农林业生产实践中，如何根据根的生长特性采取相应的栽培与养护措施促进植物根的生长发育，一直是农林业生产者探索实践的问题。

根的表面密生根毛，内部细胞分裂停止，分化为各种成熟组织。根毛不断老化死亡，根毛区下部又产生新的根毛，从而不断得到伸长区的补充，并使根毛区向土层深处移动。根毛区是根吸收水分和无机盐的重要区域。根毛的正常生长与更新直接影响着植物根系对水肥的吸收。一般情况下，移栽花木时在根部带着一个土坨，既可以减少对根毛和幼根的损伤，同时土坨中的水分也可保证花木在移栽过程中的水分供应，缩短返青期，有利于移栽花木的成活。

农林业生产实践中常常深层施肥，以促进作物根系向土壤深处生长，这是因为根有向肥生长的特性。

种豆肥田是由于根瘤菌的固氮作用。根瘤菌从根瘤细胞中摄取生活所需要的水分和养料，同时固定游离氮、合成含氮化合物，为豆科植物所利用。豆科植物与根瘤菌的共生因得到氮素而获高产。同时，由于根瘤的脱落，具有根瘤的根系或残株遗留在土壤中，能增加土壤的肥力。利用豆科植物作绿肥或与其他作物轮作、间作，增产效果显著。

农林业生产实践中，常把深、浅根系的植物进行间作或套种，是运用两种植物根系在土壤中分布空间的差异性，以充分利用空间和资源为目的而发展起来的一种立体农林业生产模式。一般把几种作物同时期相间播种的叫间作，不同时期播种的叫套种。间作套种也是我国农民的传统经验，是农业上的一项增产措施，如麦田套种棉花，玉米和大豆的间作。

(二)茎与农林业生产实践

茎是植物体的中轴部分，具有输导及支持作用，有的还具有光合作用、贮藏营养物质和繁殖的功能。多年生木本植物茎内，大部分为次生木质部，即为木材。木材不仅是建筑、造纸、交通运输以及日常生活中重要的原材料，还可以提炼各种化工产品，如松节油、松香。有的由树皮可产生经济价值很高的物质，如橡胶、漆、杜仲胶等工业原料或医药药材。一些变态茎，如马铃薯、葱、姜、蒜等可供食用或做调味品。因此，在农林业生产实践中充分利用植物茎的生长特性具有重要的意义。

1. 茎的营养繁殖特性利用

有的植物茎通过形成不定根和不定芽进行营养繁殖。例如，鸢尾的地下根状茎每年都可长出幼苗，草莓的匍匐茎可向四处扩展并生出不定根，分株后就可长成一株草莓，马铃薯的块茎发芽就可产生新植株。

植物茎的营养繁殖特性在扦插和压条繁殖上也得到了广泛应用。扦插繁殖是截取具有节的茎段插入土壤，给予合理的养护后，上端即可分化出不定芽，下端长出不定根，进而形成新植株，如菊花、柳树等。植株的枝条压在土壤中，发根后剪断，脱离母株成一新植株的方法叫压条繁殖，如紫藤、桂花等。首先将枝条适当部分刻伤或环状剥皮以加快生根，然后将其压入土中或压入盛土的容器中固定下来，经过一段时间后便可生根，然后从母株分出植于土壤中即可成为新植株。

对一些名贵植物或开花而不结果的品种，可采用嫁接的方式进行繁殖。嫁接就是挑选、截取植物体发育充实的枝条或芽，接于同科或同属不同种的植株上，使两者愈合后产生新植株的繁殖方法。接上去的枝或芽称为接穗，保留根系被接的植物称为砧木。嫁接在花卉、果树生产上普遍采用，有芽接、切接、割接、腹接和靠接繁殖等多种方式。嫁接时，砧木和接穗要选择亲缘关系近、亲和力强的植物。

2. 分枝形式与整枝技术

营养枝和开花结果枝二者之间可随植物体内营养水平和生长环境的变化而相互转化。为了促使园林植物多开花结实，可通过修剪整枝技术调节植物体内营养的分配，防止徒长，使养分集中供给花芽使其分化形成更多花枝、果枝，以便提高花、果的数量和质量。

单轴分枝的植物顶芽健壮饱满，生长势极强，每年持续向上生长，可形成高大通直的树干，多为用材树种，修剪时要控制侧枝促进主枝，这种分枝方式以裸子植物为最多，如雪松、水杉、桧柏等。合轴分枝易形成开张式的树冠，通风透光性好，花芽、腋芽发育良好，以被子植物为最多，修剪时要控制主枝促进侧枝，如果树中的苹果、梨，花卉中的月季等。

3. 茎的结构特性与倒伏

在农业生产中，像小麦、玉米等作物的茎倒伏是制约高产和优质的主要因素之一。造成倒伏的原因有遗传因素、气候因素，也有栽培管理因素。防止大面积倒伏，首先应选育抗倒伏品种，同时应注意以下水肥管理措施：一是施肥应合理，尤其氮肥不宜过多，以免造成植株徒长。二是施肥时间要合理，如果拔节期未蹲苗，再过量追施肥料，会造成茎秆旺长纤细。三是种植密度不宜过大，否则造成田间郁闭，基部通风不畅，节间生长迅速，机械组织木质化程度低，容易倒伏。另外，还应注意防控大风、大雨等恶劣天气造成的倒伏现象。

(三)叶与农林业生产实践

1. 叶的营养繁殖作用

用叶繁殖的植物大多数是肉质植物。肉质植物的枝叶肥厚，贮藏了很多水分，它是植物在热带地区对干旱的一种适应。落地生根是最典型的例子，它的叶在枝上生长着的时候，就可在叶缘上长出一个个芽，芽掉在地上就很快生根，长成一株小植物。

2. 叶的造景作用

植物是造园的五要素(筑山、理池、植物、建筑、书画)之一，不可或缺。秋色叶树种就是叶的观赏特性在农林业生产实践上的应用。秋色叶树种是指进入秋季或经霜后叶色由绿色转成其他颜色，使整个树冠显得鲜艳而优美的观赏树种。秋色叶树大多属于落叶树，如银杏、黄栌等。大多数落叶树种的叶片入秋经霜后也会变色，但持续时间短，而且色泽不佳缺乏观赏性，不属于秋色叶树种。秋色叶树种在中国古典园林构景中既可以成为景点的主体，即主景，也可以作为景点中的陪衬，即配景。前者如香山公园中漫山的秋色叶树种黄栌，后者如拙政园的留听阁，表现的是“留得残荷听雨声”之美，其中主景为荷花，秋色叶树青枫则为配景。

3.叶的结构与叶面施肥

叶面施肥是植物吸收营养成分的一种补充，以弥补根系吸收养分的不足，叶面施肥不能代替土壤施肥。这种以叶面吸收为目的，将作物所需养分直接施于叶面的肥料，称为叶面肥。叶面肥是营养元素施用于农作物叶片表面，通过叶片的吸收而发挥其功能的一种肥料类型。叶面施肥具有吸收快、肥效高、用量少的特点。植物叶片上的气孔器是叶面肥进入叶片方便的通道。但是，叶面施肥有以下缺点：对于角质层厚的叶片，叶面吸收养分穿透率低，吸收数量少；叶面施肥因易从叶面滴落、干燥或被雨水淋失，而影响吸收；如果配制浓度不当，易造成叶片烧伤。因此，在喷施叶面肥时，应选择适当的喷施浓度、方法、时间和部位，必要时适当添加助剂，提高肥液在植物叶片上的黏附力，促进肥料的吸收。

单元小结

从根的顶端到着生根毛的部位称为根尖，分为根冠、分生区、伸长区、根毛区。

双子叶植物根的初生结构包括表皮、皮层和维管柱3部分。表皮细胞壁薄，外壁可向外延伸形成根毛；皮层由基本分生组织分化而来的多层薄壁细胞组成，分为外皮层、皮层薄壁组织和内皮层，内皮层是皮层最内一层细胞，其左、右径向壁和上、下横向壁上木质化、栓质化增厚称为“凯氏带”；维管柱的最外方是维管鞘，为一层具有潜在的分裂能力的细胞，可产生维管形成层的一部分、木栓形成层和侧根等；初生木质部和初生韧皮部相间排列，为外始式发育。

双子叶植物根一般可进行次生生长形成次生结构，这是次生分生组织维管形成层和木栓形成层活动的结果。维管形成层发生于初生木质部和初生韧皮部之间的薄壁细胞和正对初生木质部辐射角外面的维管鞘细胞，经过弧形、波状，最后形成圆环形的维管形成层。维管形成层向内形成次生木质部，向外形成次生韧皮部，使根增粗。木栓形成层最初由维管柱鞘细胞恢复分裂能力产生。木栓形成层细胞分裂产生木栓层和栓内层，三者构成周皮。根的次生结构自外向内依次为周皮（木栓层、木栓形成层、栓内层）、初生韧皮部（常被挤毁）、次生韧皮部（含径向的韧皮射线）、形成层、次生木质部（含木射线）和辐射状的初生木质部。多数双子叶植物根中无髓，少数草本植物根中有髓。

禾本科植物根的基本结构也分为表皮、皮层、维管柱3个基本部分。但与双子叶植物根的初生结构相比有其独特之处：外皮层薄壁细胞厚壁化；内皮层细胞的细胞壁除外切向壁外为五面增厚结构；初生木质部为多原型；没有维管形成层和木栓形成层，即不能进行次生生长，因此没有次生结构。

侧根是由侧根原基发育形成的。侧根原基由母根皮层以内的维管柱鞘的一部分细胞经脱分化、恢复分裂能力形成，称之为内起源。侧根只发生于维管柱鞘的一定部位，与初生木质部和初生韧皮部的位置和束数有关。侧根的发生能不断扩大植物地下部分的分布范围，吸收土壤中更多的营养，同时还能进一步加强根的固着和支持能力。

根瘤和菌根是某些高等植物根部所形成的共生结构。根瘤是由根瘤细菌侵染宿主根部细胞而形成的瘤状结构；菌根是某些真菌与某些高等植物根部所形成的共生体。

双子叶植物茎的初生结构可分为表皮、皮层和维管柱 3 部分。表皮是由初生分生组织的原表皮发育而来的初生保护组织。皮层由部分基本分生组织分化而来，分为外皮层、中皮层和内皮层。维管柱是由原形成层和另一部分基本分生组织发育而来的结构，包括维管束、髓和髓射线 3 部分。维管束是由原形成层发育而来的束状结构。包括初生韧皮部、束内形成层和初生木质部 3 部分；双子叶植物茎的初生木质部产生、分化和成熟方式为内始式，与根明显不同。髓射线位于 2 个维管束之间，连接皮层与髓，是茎内径向输导的途径。

双子叶植物茎的次生结构是维管形成层和木栓形成层发生和活动的结果。双子叶植物茎的维管形成层由束中形成层和束间形成层两部分连接而成。维管形成层的细胞有 2 种：一种是两端尖斜的长梭形细胞，称为纺锤状原始细胞，另一种是近于等径而较小的细胞，称为射线原始细胞。维管形成层活动主要是纺锤状原始细胞切向分裂，向外产生次生韧皮部，向内产生次生木质部，构成纵列的次生维管组织系统，为茎中纵向的输导系统。射线原始细胞切向分裂产生维管射线，构成横向的次生组织系统，为茎中横向的输导系统。

树皮是维管形成层以外所有组织的总称。木材是指维管形成层历年产生的次生木质部。年轮是一年中只有一个生长期的形成层所产生的次生木质部，早材和晚材没有明显的界限。边材是近几年形成的次生木质部；心材是较老的次生木质部，丧失了输导能力。

茎中木栓形成层，最初可以出现在表皮、表皮或皮层的外层、厚角组织，或皮层薄壁组织中，甚至发生在初生韧皮部，因种而异。木栓形成层细胞分裂活动方式、产生的结构特点与根的木栓形成层行为相似。向外产生的新细胞生长分化为木栓层，向内分裂的细胞发育成栓内层。木栓层、木栓形成层和栓内层构成周皮。在气孔下方，木栓形成层活动后产生皮孔结构，皮孔是老茎与外界进行气体交换的孔道。

禾本科植物茎的结构分为表皮、基本组织和维管束 3 部分。表皮由 1 种长细胞、2 种短细胞和气孔器有规律地排列而成。基本组织外围几层厚壁细胞形成坚固的机械组织。维管束分散在基本组织中，或排列为内、外 2 环。

典型的成熟叶片，由表皮、叶肉和叶脉 3 部分组成。叶表皮由表皮细胞、气孔器、表皮附属物组成。表皮细胞中一般不含叶绿体；叶肉是叶片进行光合作用的主要场所；叶脉是叶片中的维管束，主脉中具有微弱的形成层。双子叶植物与单子叶植物，在叶的组成、叶脉类型、叶片结构上，具有很大的差异。

双子叶植物的叶片，横切面可分为表皮、叶肉和叶脉 3 个基本部分。表皮由原表皮发育而来，是覆盖在叶片表面的初生保护组织。一般包括表皮细胞、气孔器、表皮附属物等。叶肉由基本组织发育而来，是叶片进行光合作用的主要部分，背腹型叶的叶肉可分化出栅栏组织(腹面)和海绵组织(背面)。叶脉主要由原形成层发育而来，叶脉愈细，其结构愈简单。

禾本科植物叶片也由表皮、叶肉和叶脉 3 部分组成。表皮由表皮细胞、泡状细胞和气孔器等有规律地排列而成。表皮细胞由 1 种长细胞和 2 种短细胞组成。泡状细胞分布在 2 条平行的叶脉之间的上表皮内，调节叶片失水。气孔器由 2 个哑铃形的保卫细胞及其外侧的两个近似菱形的副卫细胞组成。叶肉没有栅栏组织和海绵组织的分化。叶脉内的维管束是有限外韧维管束。

落叶的原因与叶柄基部的几层细胞发生程序性死亡、形成离区有关。离区可分化产生保护层和离层结构,叶脱落是离层基本组织细胞程序性死亡和外力作用的结果。

专项实训

一、概念辨析

根的表皮与周皮　根的维管形成层与木栓形成层　木射线与韧皮射线　根的初生结构与次生结构　根瘤与菌根　双子叶植物的凯氏带与单子叶植物的凯氏带　年轮与生长轮　早材与晚材　春材与秋材　心材与边材　气孔器与气孔　禾本科植物根的通道细胞与叶的运动细胞　等面叶和异面叶

二、填空题

1. 双子叶植物茎的维管形成层由________和________两种不同形状的细胞构成。

2. 禾本科植物根的内皮层在发育后期,其细胞常________面加厚,在横切面上增厚的部分呈________形。

3. 禾本科植物茎的维管束属________限维管束,由________、________和______3部分组成。

4. 根初生木质部的发育成熟方式是________式,而茎却是________式。

5. 根的初生结构从外至内可划分为________、________、________3部分,其中皮层由________、________、________3部分组成。

6. 侧根起源于________,称________起源。维管形成层活动,向外分裂产生________,而向内分裂则产生__________;木栓形成层活动向外分裂产生__________,向内分裂则产生________。

7. 周皮是次生保护组织,由________、________和________组成。

8. 双子叶茎的初生韧皮部的组成成分为________、________、________、________。

9. 根瘤是________和________的共生结构。

10. 叶脱落是由于在叶柄基部产生了离区,离区包括________和________。

三、单项选择题

1. 禾本科植物根的内皮层细胞在发育过程中常五面增厚,不增厚的壁为(　　)。

A. 横壁　　B. 径向壁　　C. 外切向壁　　D. 内切向壁

2. 禾本科植物的泡状细胞(运动细胞)存在于叶的(　　)。

A. 维管束鞘　　B. 栅栏组织　　C. 上表皮　　D. 下表皮

3. 茎尖与根尖比较,茎尖没有(　　)。

A. 根冠　　B. 分生区　　C. 伸长区　　D. 成熟区

4. 根内的凯氏带位于(　　)。

A. 内皮层　　B. 中柱鞘　　C. 初生木质部　　D. 初生韧皮部

5. 树皮剥去后,树就会死亡,是因树皮不仅包括周皮还有(　　)。

A. 栓内层　　B. 髓　　C. 韧皮部　　D. 木质部

6. 双子叶植物的气孔器由(　　)保卫细胞组成。

A. 哑铃形　B. 肾形　C. 近菱形　D. 球形

7. 周皮属于下列组织中的(　　)组织。

A. 光合　B. 次生保护　C. 初生保护　D. 通气

8. 植物根的增粗主要是由于什么分裂活动的结果?(　　)

A. 中柱鞘　B. 皮层　C. 凯氏带　D. 维管形成层

9. 单子叶植物茎特有的特征是(　　)。

A. 具树脂道　B. 具有次生结构　C. 维管束散生　D. 老茎具周皮

10. 在植物根的初生结构中,木质部和韧皮部的排列方式是(　　)。

A. 相间排列　B. 相对排列　C. 杂乱无章　D. 散生

11. 一个年轮包括(　　)。

A. 表皮与周皮　B. 早材与晚材　C. 硬材与软材

12. 扦插、压条是利用枝条、叶、地下茎等能产生(　　)的特性。

A. 初生根　B. 不定根　C. 次生根　D. 三生根

四、判断题　在后面的括号里对打"√",错打"×"

1. 禾本科植物的叶多为等面叶。(　　)
2. 单子叶植物的凯氏带是五面增厚,呈马蹄形。(　　)
3. 根的初生木质部成熟方式为外始式。(　　)
4. 干旱时,禾本科植物的叶会向上卷起,这与叶片上表皮内的泡状细胞有关。(　　)
5. 根初生维管组织中,木质部与韧皮部是相间排列。(　　)
6. 茎初生维管组织中,木质部与韧皮部是相对排列。(　　)

五、问答题

1. 根尖共分哪几个区?各区的机能和主要特征是什么?
2. 简述双子叶植物根的初生结构。
3. 试述双子叶植物根次生生长中维管形成层和木栓形成层的产生和活动。
4. 根的次生构造形成以后,从外向内由哪些部分组成?
5. 禾本科植物根的结构有哪些特点?
6. 什么叫根瘤和菌根?它们在生产上有什么意义?
7. 玉米、竹子等禾本科植物的茎增粗为什么是有限的?
8. 比较茎尖与根尖的异同点。
9. 简述双子叶植物茎的初生结构。
10. 简述双子叶植物茎中形成层活动和产生次生结构的过程。
11. 试比较双子叶植物茎与禾本科植物茎的初生结构。

项　目	双子叶植物茎	禾本科植物茎
表皮		
有无皮层		
维管束的排列及结构		
髓		

12. 说明双子叶植物叶片与禾本科植物叶片结构的不同点。

项目		双子叶植物叶片	禾本科植物叶片
表皮	表皮细胞		
	气孔器		
叶肉			
叶脉	分布方式		
	维管束		

13. 什么是离层和保护层？离层与落叶有何关系？落叶对于植物本身有何意义？

六、试验设计

对于一张没有标注的木本植物营养器官初生结构的横切片，如何辨别它是幼根还是幼茎？

七、农林生产实践中常见现象的分析

1. 农林生产实践中，豆科植物如紫云英、三叶草等常作生物绿肥，也常见将豆科植物与农作物间作轮作，试解释其生物学原理。

2. 分析果树嫁接的生物学原理。

3. 分析禾本科植物茎抗倒伏的结构特征。

4. 干旱环境下，玉米叶片为什么会向内卷成筒状？

5. 用所学知识解释树怕剥皮不怕空心的现象。

Project 3

花、果的形成与构造

被子植物从发芽出苗开始，首先进行根、茎、叶等营养器官的生长，经过一段时间的营养生长后，当营养体长到一定大小，内部达到一定生理状态时，感受一些特殊的外界条件形成花芽，以后经过开花、传粉、受精作用，产生果实和种子，繁衍后代。花、果实和种子与植物的生殖有关，称为生殖器官。果实和种子是很多农作物的主要收获对象，因此，了解被子植物生殖器官的形态、结构和发育过程，对提高作物产量具有重要意义。

一、花梗的结构

花梗又称花柄，是枝条的一部分，是茎向花输送养料、水分的通道，其结构与茎相同。表皮内是基本组织，分布着维管束。双子叶植物维管束多为无限外韧型；呈环状排列，单子叶植物为有限外韧型，分散排列。当果实形成时，花柄发育为果柄。花柄的长短常随植物种类而异，有的植物甚至形成无柄花。花序轴、总花柄的构造与花梗相似。

二、花萼和花冠的构造

（一）花萼

花萼位于花的最外轮，由若干萼片组成。萼片的结构与叶片相似，萼片上下表皮均由一层细胞构成，有时可见气孔和各种毛茸，上下表皮之间由多层薄壁细胞组成，栅栏组织和海绵组织的分化不明显。在薄壁组织中有维管束分布，有的有油细胞、黏液腔、石细胞等。苞片的结构与花萼类似。

（二）花冠

花冠位于花萼内侧，由若干花瓣组成，是花的第二轮。花瓣的构造与叶片类似，上下表皮由一层薄壁细胞组成，垂周壁呈波浪状弯曲，气孔很少或发育不全，外壁常向外凸出呈乳头状或绒毛状，上表皮更为显著。花瓣细胞中含有花青素或有色体，通常具有鲜艳的颜色，有的花瓣的表皮细胞含挥发油，能释放出芳香气味，或由花瓣蜜腺分泌蜜汁，因此花瓣具有吸引昆虫传粉和保护花蕊的功能。上下表皮之间是薄壁细胞，无栅栏组织和海绵组织之分，维管束简单。

三、雄蕊(群)的构造

雄蕊群是一朵花内所有雄蕊的总称，位于花冠的内方，是产生雄性生殖细胞的结构。雄蕊由花药和花丝两部分组成。花药生于花丝顶端，是花丝顶端膨大成囊状的部分，一般由4个花粉囊组成，囊内含有大量花粉粒，是雄蕊最主要的部分。花丝具有支持花药和为花药输送营养的作用。

（一）花丝

花丝结构简单，外为一层表皮细胞，内为薄壁组织，中央有一维管束自花托经过花丝通入花药的药隔。花丝在开花前一般不伸长，开花时以居间生长方式迅速伸长，将花药送出花外，以利传粉。

(二)花药的发育与构造

1.花药的发育

花药由雄蕊原基顶端发育而成，是一团具有分裂能力的细胞。花药发育初期，结构简单，外为原表皮，以后发育成花药的表皮；内侧为基本分生组织，将来参与药隔和花粉囊的形成；近中央处逐渐分化出原形成层，它是药隔维管束的前身。以后这团组织的4个对称方位处的细胞分裂较快，使花药的横切面由原来的圆形逐渐变成具有4个棱角的花药雏体。花药雏体中央部分的细胞逐渐分裂、分化形成维管束和大量薄壁细胞构成药隔。花药雏体的4个棱角处的表皮细胞内侧，分化出一个或几个纵列的孢原细胞，其细胞较大，细胞核也较大，细胞质浓厚，有较强的分裂能力(图2-64)。

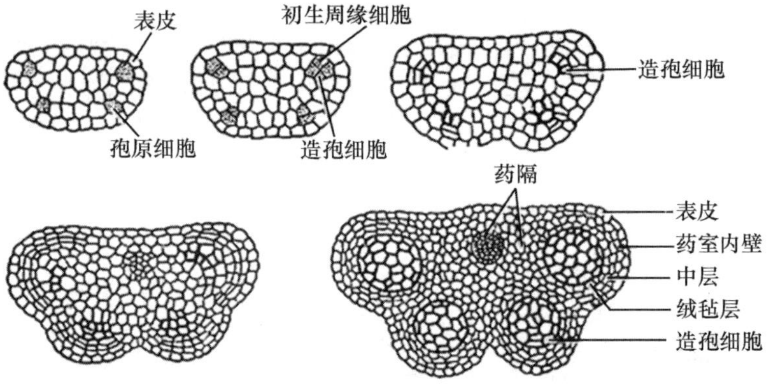

图 2-64　花药的发育

孢原细胞通过一次平周分裂形成内外2层细胞，外层为周缘细胞(壁细胞)，内层为造孢细胞。周缘细胞经过平周分裂和垂周分裂，产生呈同心排列的数层细胞，自外向内依次为药室内壁、中层和绒毡层，这3层和表皮一起共同构成花粉囊壁。在花粉囊壁分化形成的同时，造孢细胞也进行分裂或直接发育为花粉母细胞，再进一步经减数分裂形成许多花粉粒。

药室内壁位于表皮内方，通常1层细胞，初期含大量营养，在花药接近成熟时，细胞径向扩大，贮藏物消失，同时细胞壁除了和表皮接触的一面外，都发生斜纵向条纹状次生加厚，并木质化或栓化，所以药室内壁在发育后期又称为纤维层，与花药的开裂有关。中层位于药室内壁里面，通常由1～3层细胞组成，初期含各种营养，以后在花粉粒发育过程中逐渐消失。绒毡层位于中层内侧，通常只有1层，与花粉囊内的造孢细胞直接毗邻。绒毡层细胞较大，初期为单核，以后核分裂完毕常不伴随壁的形成，所以为双核或多核，其细胞质浓，含较多的RNA、蛋白质和酶，并有油脂、类胡萝卜素等物质，可为花粉粒的发育提供营养物质和结构物质。一般认为，绒毡层细胞对花粉粒的发育和形成起重要的营养和诸多调节作用，所以绒毡层的功能失常，会导致花粉败育。花粉粒发育成熟时，绒毡层细胞解体消失。

2.花药的构造

一个成熟的花药中央为药隔，包括药隔维管束和药隔薄壁细胞，两边各有2个(或1个)花粉囊，横切面呈蝶形。每个花粉囊由花粉囊壁和花药室两部分组成。花粉囊壁包括表皮和纤维层(有些植物在纤维层内有残存的中层或绒毡层)，花粉囊内的空腔叫药室，在药室内有单核、二核或三核花粉粒(图2-65)。

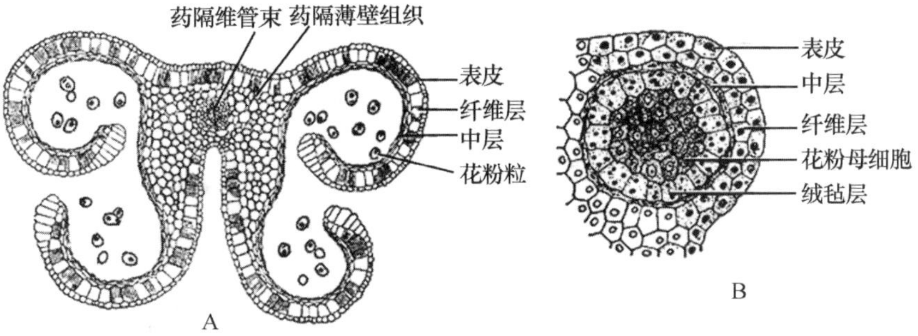

图 2-65 花药的构造

A. 已开裂的花药，示花药的构造 B. 一个花粉囊放大，示花粉母细胞

(三)花粉粒的发育与构造

1. 花粉粒的发育

孢原细胞经过一次平周分裂产生的造孢细胞，经过多次分裂形成许多花粉母细胞(小孢子母细胞)，也有些植物如锦葵科植物的花粉母细胞是由造孢细胞直接发育而成的。花粉母细胞体积较大，细胞核也较大，细胞质浓厚，液泡不明显。花粉母细胞之间以及与绒毡层之间有胞间连丝存在，彼此保持结构和功能上的联系。在中层和绒毡层逐渐解体消失的同时，花粉母细胞发育到一定的时期便进入减数分裂阶段，经过减数分裂产生 4 个子细胞，每个子细胞的染色体数是母细胞的一半，最初这 4 个子细胞是连在一起的，叫四分体(图 2-66)。以后这 4 个子细胞相互分离，发育成单核花粉粒。

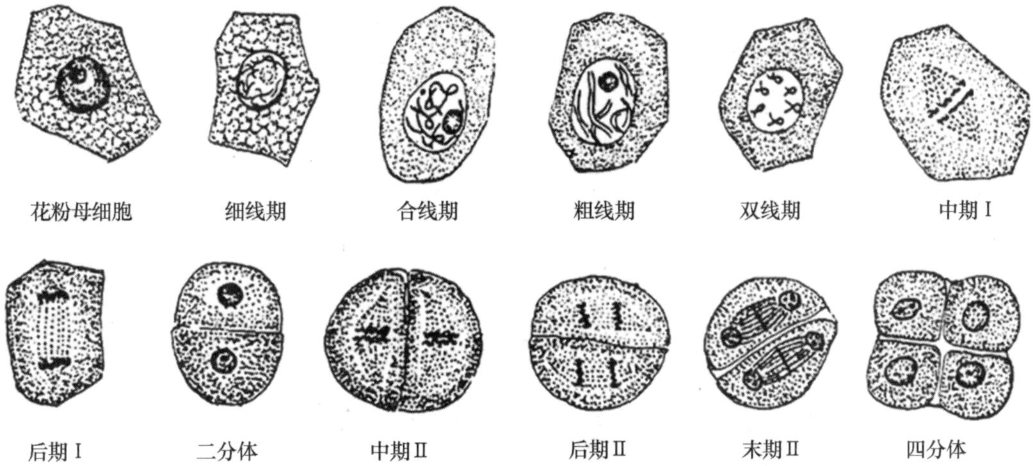

图 2-66 水稻花粉母细胞减数分裂

最初，单核花粉粒体积小、壁薄、细胞质浓厚、核大位于中央(单核居中期)，以后单核花粉粒吸收绒毡层的营养长大，细胞质明显液泡化，逐渐形成大液泡，细胞核移向一侧(单核靠边期)。接着进行一次有丝分裂，先形成 2 个核，以后再进行一次不均等的细胞质分裂，在 2 个核之间形成弧形细胞壁，从而出现 2 个特殊细胞，其中靠近花粉粒壁一侧的细胞较小叫生殖细胞，另一侧特大型叫营养细胞，此期为二核花粉粒时期。被子植物中约有 70% 的植物发育到二核花粉粒时期，花粉囊壁破裂，释放花粉粒，进行散粉，在花粉管萌发过程中，生殖细

胞再进行一次分裂产生 2 个精子。少数植物发育到二核期后，生殖细胞要再进行一次有丝分裂，形成 2 个精子，此时期称为三核花粉粒时期。二核花粉粒和三核花粉粒通常又被称为雄配子体，精子则称为雄配子(图 2-67)。

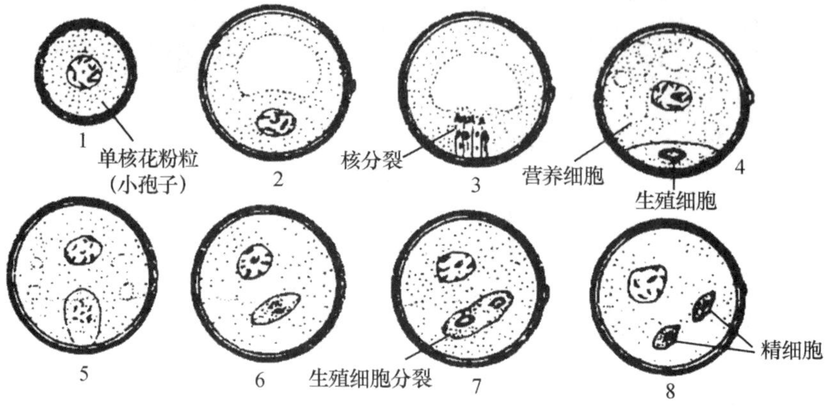

图 2-67　花粉粒的发育

图中数字显示花粉粒发育顺序

花粉粒壁的发育，开始于减数分裂结束后不久。减数分裂中，四分体和每一单核花粉粒的周围，都要形成胼胝质(β-1，3-葡聚糖)壁。四分体形成以后，在每个单核花粉粒胼胝质壁的内侧，有纤维素积累在质膜和胼胝质壁之间，形成初生外壁，它是花粉粒外壁的前身。随着初生外壁的发育，在质膜上形成许多圆柱状突起，穿过初生壁，垂直排列于花粉粒的表面。以后，圆柱状突起的不同部位进行生长，形成各种植物花粉粒外壁所特有的纹型、沟缝或萌发孔。花粉粒外壁的内侧为内壁，它的发育从萌发孔处开始，然后遍及外壁内侧。

2. 花粉粒的形态构造和寿命

1)花粉粒的形态构造

花粉粒的形态多样，有椭圆形、圆球形、三角形、四方形、五边形等各种形状(图 2-68)。

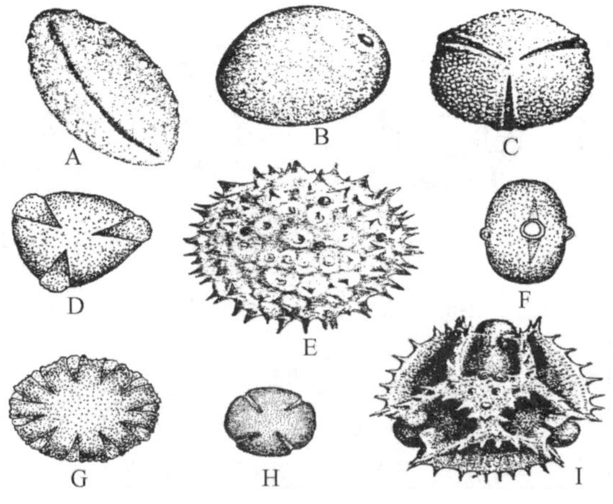

图 2-68　不同植物的花粉粒形态

A. 美国鹅掌楸　B. 牛尾草　C. 美洲山毛榉　D. 苹果　E. 棉花　F. 苕子　G. 芝麻　H. 柑橘　I. 药用蒲公英

(A、B、C、I 引自 Wodehouse，D、E、F、G、H 引自曹慧娟)

花粉粒具有两层壁，即外壁和内壁，内部含有2～3个细胞，即1个营养细胞和1个生殖细胞或2个精细胞。花粉粒的外壁较厚，硬而缺乏弹性，含有大量花粉素，常呈黄色，不同植物花粉粒外壁常呈固定的形状和花纹，花粉粒外壁不增厚的部分形成萌发孔，是花粉管伸出的地方。花粉粒的内壁较薄，软而有弹性。花粉粒形状、大小、颜色、外壁的纹形特征、萌发孔的数目，随植物种类不同而有较大差异，一般同种植物该部位特征是固定的，因此可将花粉粒形状、大小、颜色、外壁的花纹、萌发孔等作为鉴别植物种类的依据。

2)花粉粒的寿命

花粉粒的寿命是指花粉粒的存活时间(也叫花粉粒的生活力)，花粉粒存活时间和植物育种及栽培关系密切。花粉粒的寿命既取决于自身的遗传性，又受环境影响。在自然条件下，植物的花粉从花药中散发后只能存活几小时或几天，长的可达几周。禾本科植物花粉粒的寿命更短，如水稻花粉粒在大田条件下仅3 min已有50%失去生活力，5 min后几乎全部丧失生活力。小麦花粉粒在田间条件下放置5 h后，传粉结实率降低到6.4%。棉花花粉粒的生活力在开花当天下午就显著下降，第二天上午基本都失去活力。一般三核花粉粒如小麦、水稻花粉粒的生活力，低于二核花粉粒，表现出寿命短，不耐贮藏，对不良环境的适应性差等。影响花粉粒生活力的主要环境因素是相对湿度、温度和空气成分。一般花粉粒在低湿(相对湿度25%～50%)，低温(0～10℃)，空气中CO_2较高、O_2含量较低时易贮藏；在高湿、高氧及高温条件下花粉粒易死亡。总的来说，凡是最大限度地降低代谢活动而又不损伤原生质的条件，都有利于花粉粒的保存。相反，花粉离体后，持续处于代谢活跃状态，由于失水、营养消耗等原因会使花粉粒很快丧失生活力。花粉粒的寿命长短，尤其对许多雌雄异花或异株的植物特别重要，生产中要想方设法延长花粉粒的寿命，除采取行之有效的措施，保证授粉的正常进行外，还应采取一些特殊的方法保存花粉粒，如用低温、真空、充氮，甚至将花粉粒贮藏在液体空气(−192℃)或液态氮(−196℃)中，可延长其贮存期，豌豆、番茄、桃、李、杏、柑橘的花粉粒可贮存1～3年，苜蓿的花粉粒在−21℃和真空下可贮存11年以上。所以了解花粉粒的寿命，在生产中采取各种措施，延长花粉粒的寿命，在农林业生产中具有重要意义。花药及花粉粒的发育过程如图2-69所示。

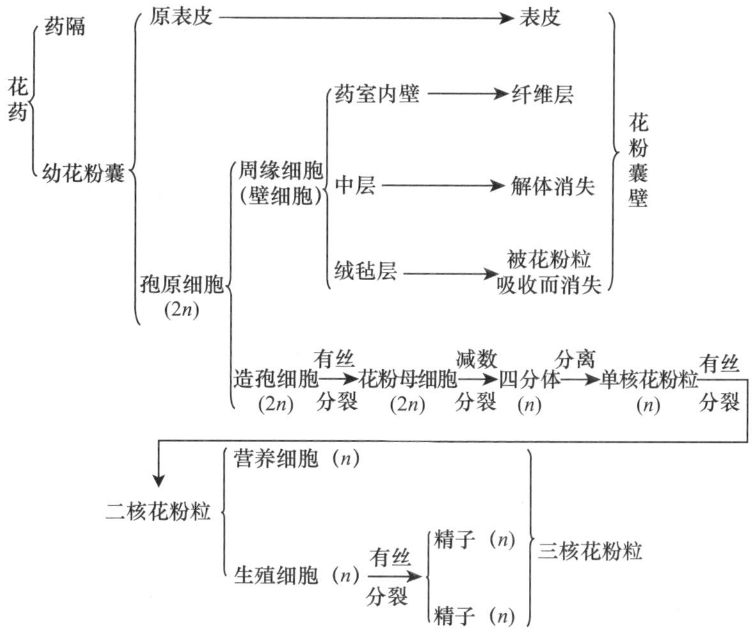

图2-69　花药及花粉粒的发育过程

四、雌蕊群的发育与构造

雌蕊群是一朵花中全部雌蕊的总称，由一至数个心皮构成，位于花的中央部位。

(一)雌蕊的构造

每个雌蕊一般可分为柱头、花柱和子房 3 部分。

1.柱头

柱头为雌蕊的先端，一般膨大扩展成各种形状，能分泌黏液，便于花粉粒附着、萌发。柱头的表皮细胞大多呈乳头状凸起或形成各种形状的毛，是承受花粉粒的部位，也是花粉粒与雌蕊相互识别、决定花粉粒是否萌发的处所。柱头有湿型和干型两种。湿型柱头在传粉时表面有分泌液，含有水分、糖类、酚类、激素和酶等，可黏附花粉，并为花粉提供水分和营养，如烟草、苹果、陆地棉的柱头。干型柱头表面无分泌液，其表面的蛋白质膜能从膜下的角质层中断处吸收水分，如油菜、禾本科植物的柱头。

2.花柱

花柱是子房连接柱头的部分。其构造与子房壁相似。外表面为表皮，有时也有毛茸等附属物，表皮内充满薄壁细胞。单子叶植物花柱中央有一条纵行孔道，花粉粒萌发后，花粉管通过孔道，顺利到达子房。大多数双子叶植物花柱中央无纵形孔道，花粉管分泌酶溶解细胞胞间层后，才能伸入子房。

3.子房

子房为雌蕊基部呈囊状膨大的部分。由子房壁、子房室、胚珠、胎座等几部分组成。子房壁的构造与叶片相似，上下表皮均由一列较小的薄壁细胞组成，下表皮表面平滑，常有气孔，有时被毛茸，两表皮之间为多层薄壁细胞和维管束，一般没有栅栏组织和海绵组织的分化。胚珠是形成雌性生殖细胞的地方，生于心皮的腹缝线上，胚珠着生的部位叫胎座，有时胎座的薄壁细胞充满整个子房室，完成受精作用后胚珠形成种子，子房形成果实。

(二)胚珠的发育与构造

一个成熟的胚珠由珠柄、珠被、珠心、胚囊、合点、珠孔等几部分组成(图 2-70)。

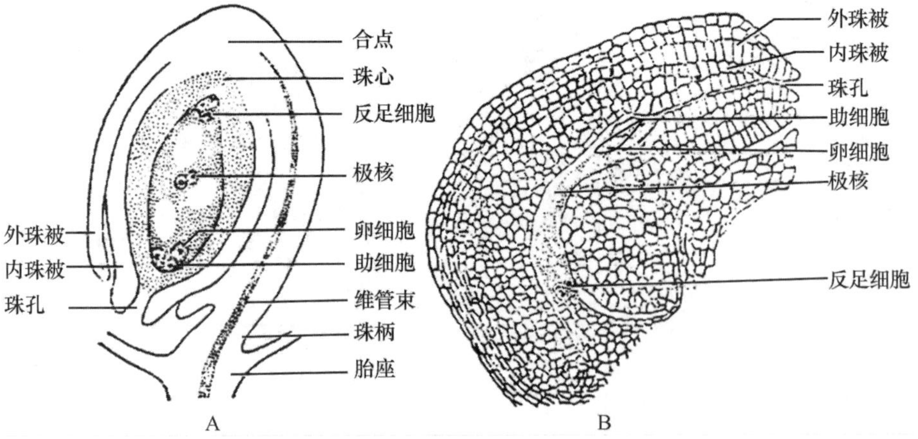

图 2-70 成熟胚珠的结构

A.胚珠结构模式图 B.胜利油菜的成熟胚珠，示胚囊的结构

胚珠发生时，首先胎座表皮下层的局部细胞进行分裂，产生一团突起，即胚珠原基，胚珠原基前端为珠心组织，它是胚珠中最重要的组成部分，有性生殖的胚囊将在珠心中发育，珠心的后端为珠柄。以后，由于珠心基部的细胞分裂加快，产生一圈突起，并向上扩展将珠心包围起来，仅在前端留下一小孔，叫珠孔，包围珠心的部分叫珠被。珠被 1～2 层，向日葵、胡桃、番茄等只有 1 层珠被，而大多数双子叶和单子叶植物如蓖麻、陆地棉、白菜、甜菜、南瓜、梅、苹果、水稻、小麦、百合等具有 2 层珠被。

在各种类型的胚珠中，在珠心基部，珠被起生的地方，或维管束通过珠柄进入珠心的这一点叫合点。子房中的维管束，从胎座通过珠柄经过合点进入胚珠，为胚珠的生长发育输送水分及各种营养。胚珠发育时，各部分生长分化程度不同，因而形成各种不同类型的胚珠，其主要类型有以下几种（图 2-71）。

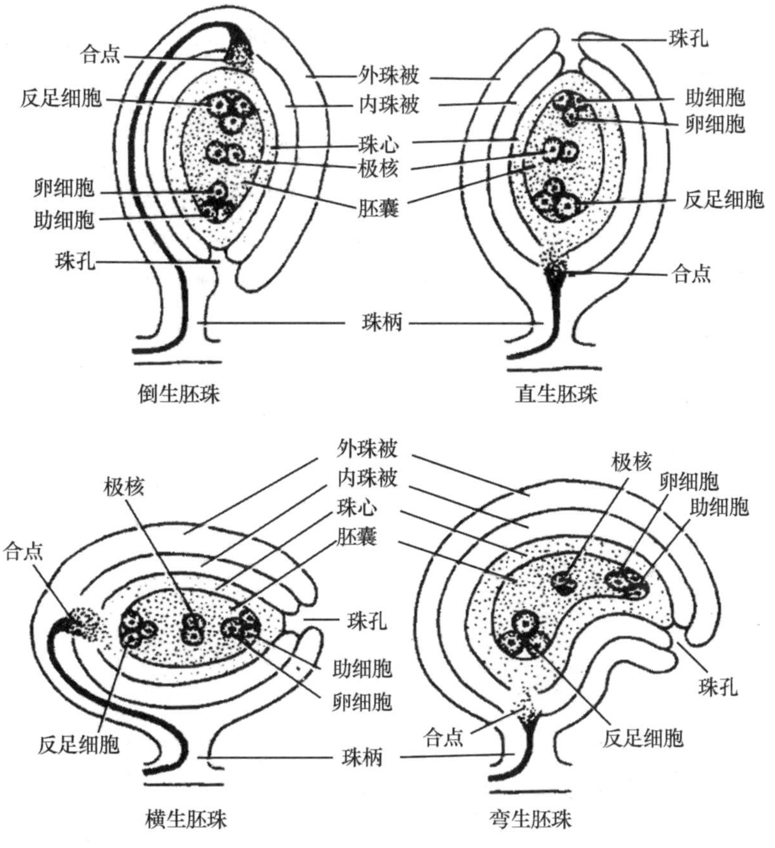

图 2-71　胚珠的结构和类型

1. **直生胚珠**

胚珠直立，珠孔、珠心、合点和珠柄连成一条直线，如荞麦、胡桃的胚珠。

2. **倒生胚珠**

胚珠倒转，珠孔向下，靠近珠柄，合点在上，珠孔、珠心、合点可连成直线且平行于珠柄，如菊、向日葵、瓜类、稻、麦等的胚珠。

3. **横生胚珠**

胚珠的一侧向上生长较快，胚珠横卧，珠孔、珠心、合点连成一直线，且垂直于珠柄，如花生、锦葵、梅等的胚珠。

4. **弯生胚珠**

胚珠下部直立，上部弯曲，珠孔朝下。珠孔、珠心、合点不在一条直线上，其连线呈弧形，如菜豆、蚕豆、柑橘、油菜等的胚珠。

(三)胚囊的发育与构造

胚囊在珠心中，当珠被开始形成时，由薄壁细胞组成的珠心内部发生了变化，在近珠孔端的珠心表皮下方出现 1 个细胞，体积较大，细胞质浓，核大而显著，叫孢原细胞。由孢原细胞进一步发育成胚囊母细胞，发育形式因植物种类不同而有差异。水稻、小麦、向日葵、百合等植物的孢原细胞不经分裂直接长大成胚囊母细胞；而有些植物，如棉花等，孢原细胞经过一次平周分裂形成 2 个细胞：外方的叫覆盖细胞(周缘细胞)，内方的叫造孢细胞。覆盖细胞进行各方向分裂产生多数细胞，参与珠心的形成，以后逐渐退化消失。造孢细胞进一步发育成胚囊母细胞。胚囊母细胞又叫大孢子母细胞，经过减数分裂形成 4 个子细胞(四分体)排成纵行。其中靠近珠孔的 3 个细胞常萎缩、退化、消失。远离珠孔的 1 个发育成单核胚囊，又叫大孢子。单核胚囊细胞从珠心组织或已开始萎缩不育的细胞吸取营养，使其体积不断扩大，核也稍有增大。它经过 3 次核的连续有丝分裂，第一次分裂形成 2 个子核，移向胚囊两极，然后两核再进行一次分裂形成 4 个核，再由 4 个核分裂成 8 个核，其中 4 个核在珠孔的一端，另 4 个核在合点的一端。以后，每端中的 4 个核各有 1 个核移向胚囊中央，互相靠拢称为极核。随着核分裂的进行，胚囊体积迅速增大，尤其是沿纵轴扩展明显，最后各核之间产生细胞壁，形成细胞。珠孔端的 3 个，中间 1 个分化为卵细胞，其余为助细胞。近合点端的 3 个核分化成 3 个反足细胞。有些植物的极核，在受精前先融合，形成 1 个二倍体的中央细胞。至此，就由一个单核胚囊发育成 7 个细胞或 8 个核的成熟胚囊，也叫雌配子体，其中的卵细胞叫雌配子。胚囊的发育过程见图 2-72 和图 2-73。

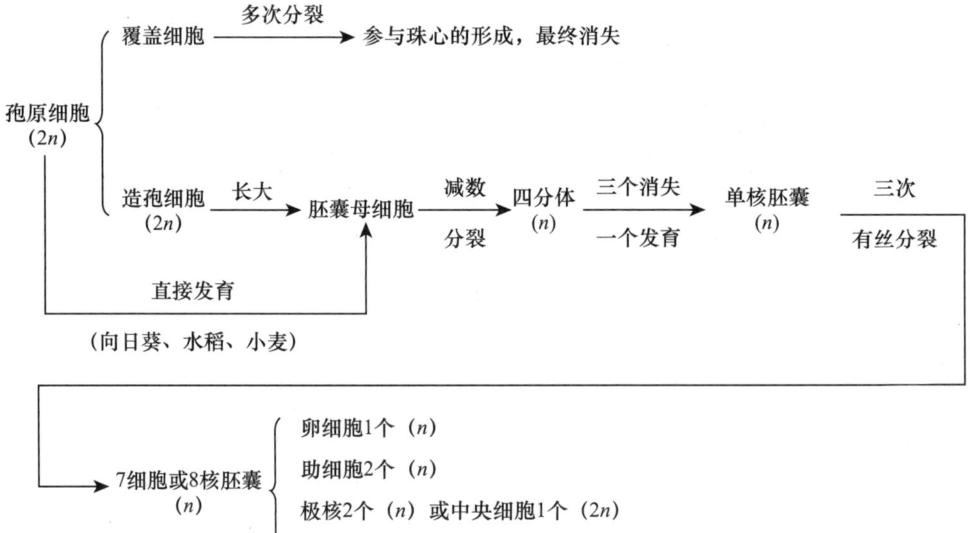

图 2-72　胚囊的发育过程

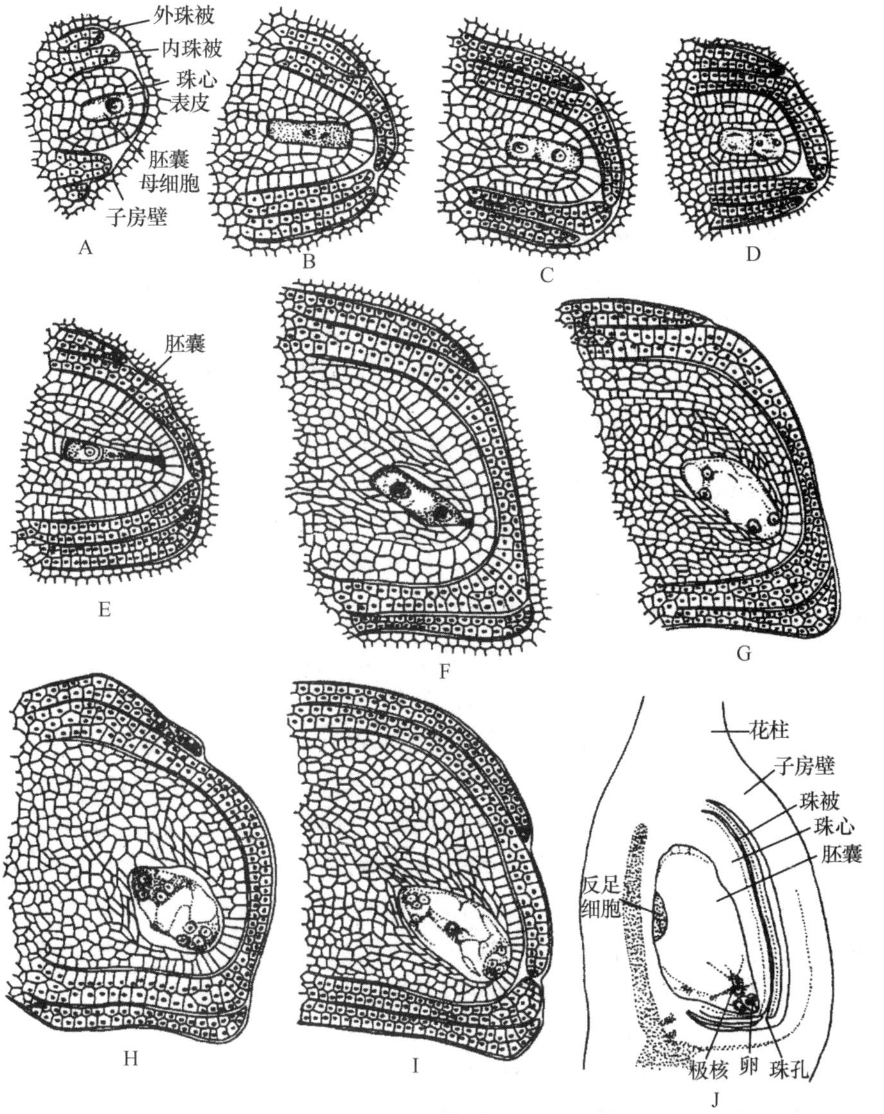

图 2-73　水稻胚珠和胚囊的发育

A. 内、外珠被发育，胚囊母细胞形成　B、C. 胚囊母细胞减数分裂的第一次分裂
D. 减数分裂的第二次分裂　E. 四分体的近珠孔端 3 个细胞退化
F～H. 2 核、4 核、8 核胚囊的形成　I. 8 核胚囊的两端各有一核移向中央
J. 子房纵切，示胚珠内的成熟胚囊
（A～I 引自戴伦焰，J 引自星川清亲）

五、开花、传粉与受精

被子植物的种子萌发后，首先进行根、茎、叶等营养器官的生长即营养生长。经过一定时间的营养生长后，植物体在光照、温度等环境因子和内部发育信号的共同作用下，开始分

化花芽，以后经过开花、传粉、受精，结出果实和种子。

（一）开花

当植物生长发育到一定阶段，雄蕊的花粉粒和雌蕊的胚囊已成熟或其中之一成熟时，萼片和花瓣展开，露出雄蕊和雌蕊，这种现象称为开花。开花是大多数有花植物性成熟的标志。

不同植物在开花年龄和开花季节上常有差别，而植株从第一朵花开放至最后一朵花开毕所延续的开花期，也常随植物的种类而异。一、二年生植物生长数日至数月就能开花，这类植物一生中只开一次花，花后死亡。多年生植物达到开花年龄后，年年开花，一生中开花多次，直到死亡。植物的开花季节也有差别，风媒木本植物多在早春叶片未长出前开花，花期较早，利于风媒传粉的进行，如玉兰、桃花等。但一般植物多在叶片长出后开花，花期较晚。

各种植物每朵花开放所持续的时间以及开花的昼夜周期性变化也很大。小麦单朵花开花的时间只有 5～30 min，每天开花有两次高峰，第一次在上午 9～11 时，第二次在下午 3～5 时。散出来的花粉在适宜的温度、湿度条件下，保持一定时期的萌发力。遇到高温、干旱或过量雨水，会破坏花粉的生活力，同时，对柱头的分泌作用也会产生不利影响，因此，作物在开花时遇到高温、干旱或连绵阴雨天等恶劣天气会导致减产。各种植物的开花习性是植物在长期演化过程中形成的遗传特性，也受气温、光照、湿度等环境条件的影响而发生变化。春季开花的植物，当 3～4 月气温回升较快时，花期普遍提前，若遇到早春霜冻严重，晚霜结束较迟的年份，花期则普遍推迟，晴朗干燥、气温较高的天气可以促进提早开花，反之阴雨低温的天气使开花延迟。掌握植物的开花规律和开花条件，在植物栽培上，有利于采取相应的农艺措施，以提高产量和品质；在育种工作中，可更好地通过控制花期，适时进行人工有性杂交，培育新品种；在种植观赏花卉时，可根据开花条件调控花期，以达到美化环境的目的。

（二）传粉

成熟花粉由花粉囊散出，借助外力传送到雌蕊柱头上的过程，称为传粉。传粉是受精的重要前提。传粉有两种不同方式，一种是自花传粉，另一种为异花传粉，不同植物具有不同的传粉方式和对其传粉方式的适应性。

1. 自花传粉和异花传粉及其生物学意义

自花传粉指同一朵花中雄蕊的花粉传送到雌蕊柱头上的过程，典型的自花传粉是闭花受精，如豌豆的花尚处于蕾期时，雄蕊的花粉粒在花粉囊里即已萌发，花粉管穿出花粉囊壁，趋向柱头生长，完成受精。闭花受精可避免花粉粒为昆虫所吞食，或被雨水淋湿而被破坏，是对不适于开花传粉的环境条件的一种适应。小麦、大麦、陆地棉、豆类、芝麻、番茄等是自花传粉植物。

异花传粉是指一朵花的花粉传到另一朵花的雌蕊柱头上的过程。它可发生在同一株的各花之间，也可发生在同一品种的不同植株或同种内的不同品种植物之间。如玉米、南瓜、向日葵、苹果等均为异花传粉。

在自然界中，异花传粉是被子植物有性生殖最普遍的传粉方式，通常较自花传粉有更强的优越性。因为异花传粉中，卵细胞和精子在差别较大的环境中产生，遗传上有较大的差异，由它们结合产生的后代具有较强的适应性和生活力。自花传粉，卵细胞和精子产生于基本相同的环境中，遗传上差异小，所产生的后代适应性和生活力都较差。如某些栽培植物长期连续地进行自花传粉，将会衰退成栽培价值很低的品种。可见，自花传粉有害，异花传粉有益，这是自然界的一个普遍规律。

虽然自花传粉有害，是一种较原始的传粉方式，但自然界中仍存在不少自花传粉植物。这是因为当异花传粉缺乏必要的传粉条件时，自花传粉则成为保证植物繁衍的特别适应形式而被保留下来，使种族得以延续，因此，自花传粉在某种情况下，仍具有重要意义。正如达尔文所说的，对植物来说，用自体传粉的方法来繁殖种子，总比不繁殖或繁殖少量的种子来得好些。

2.植物对异花传粉的适应

由于异花传粉有利，所以植物在长期进化过程中形成了很多适应异花传粉的特征。植物的花在结构上和生理上适合异花传粉的特征有以下几种：

1)单性花

具有单性花的植物，自然是异花传粉。雌雄同株的如玉米、瓜类、蓖麻、胡桃、杨梅等；雌雄异株的如菠菜、大麻、桑、杨、柳、番木瓜、银杏等。

2)雌雄蕊异熟

两性花中，有的是雄蕊先成熟，雌蕊后熟，不能有效地接受花粉，如向日葵、苹果、桑等；也有的是雌蕊先熟，当雄蕊成熟散粉时，花柱已枯萎，如油菜、柑橘、甜菜、车前等。

3)雌雄蕊异长

两性花中，雌雄蕊的长度不同。如荞麦有两种植株，一种植株上的雌蕊花柱高于雄蕊的花药，另一种是雌蕊的花柱低于雄蕊的花药。传粉时，只有高雄蕊花粉粒传到高柱头上去，低雄蕊花粉粒传到低柱头上去才能受精，不等长的雌雄蕊之间传粉则完不成受精作用(图 2-74)。

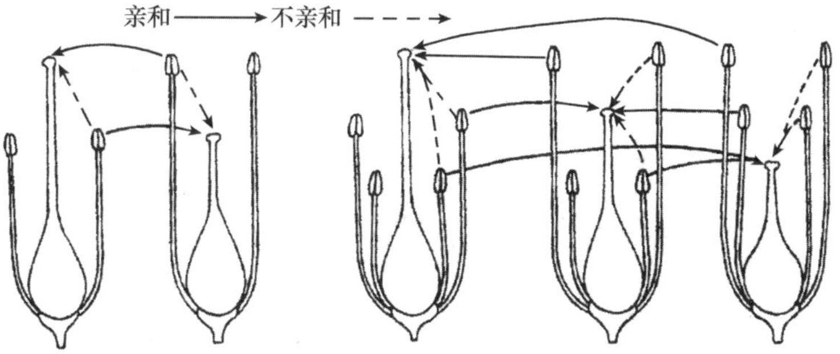

图 2-74　雌雄蕊异长花的种内不亲和图解

4)自花不育

花粉粒落到同一朵花上不能结实的现象叫自花不育。有两种情况：一种情况是花粉粒落到同花柱头上不能萌发，如向日葵；另一种情况是，花粉粒能萌发，但花粉管伸长缓慢不能到达子房进行受精，如玉米、番茄等。

3.异花传粉媒介

异花传粉的花粉粒必须借助一定的外力才能传到其他花的柱头上，这些外力有风、昆虫、鸟、水等，其中风和昆虫是最主要的传粉媒介。

1)风媒花

依靠风力传送花粉的植物，叫风媒植物，其花叫风媒花，如玉米、杨、核桃、栎等。

风媒花一般花被小或退化，不具鲜艳色彩，无蜜腺和香气；花丝细长，易随风飘动散布花粉；每花中花粉数目多、干燥、小而轻，易随风远播；雌蕊柱头较大，常二裂成羽毛状，易接纳花粉粒。

2)虫媒花

靠昆虫传送花粉的植物叫虫媒植物，其花叫虫媒花，如油菜、向日葵、瓜类、薄荷、洋槐、泡桐等。

虫媒花一般花被大而具鲜艳色彩，常具香味和蜜腺；花粉粒较大，花粉粒有丰富营养，可作为昆虫食物，同时有黏性，易粘于虫体而被传播。

(三)受精作用

精细胞和卵细胞的融合过程称为受精。在被子植物中，产生卵细胞的雌配子体(胚囊)深藏于雌蕊子房的胚珠内，必须依赖花粉粒萌发形成的花粉管将精细胞送入胚囊，才能使两性细胞相遇而结合，完成受精过程。

1.花粉管的萌发和花粉管形成

生活的花粉粒落到柱头上，柱头和花粉粒经过识别后，被雌蕊柱头认可的亲和花粉粒，从周围吸收水分和分泌物，代谢加强，体积增大，内壁从萌发孔突出，产生花粉管，这个过程叫花粉管萌发(图 2-75)。

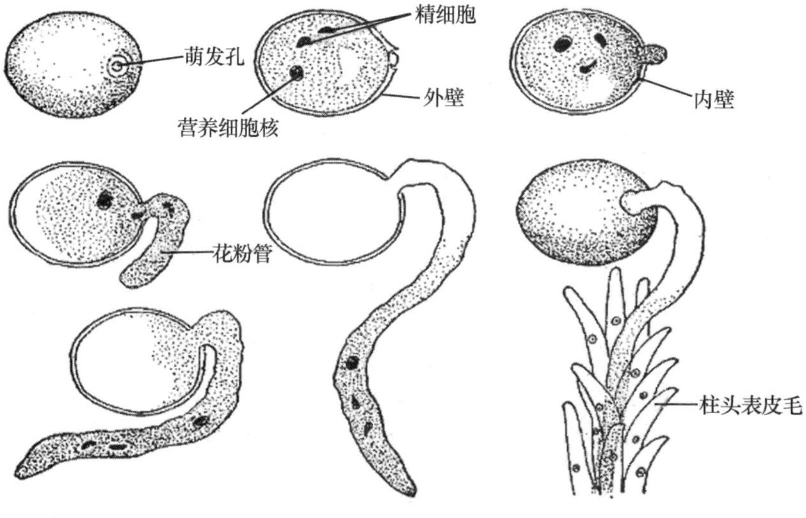

图 2-75　水稻花粉粒的构造和萌发

散落于柱头上的花粉必须具有生活力。自然情况下，多数植物的花粉从花药中散发后只能存活几小时或几天，长的可达几周。生活的花粉粒传到柱头上以后，很快就开始相互识别。通过识别可以防止遗传差异过大或过小的个体之间交配，而选择出生物学上最适合的配偶。这是植物在长期进化过程中形成的一种维持物种稳定和繁荣的适应特性。

花粉粒萌发后，花粉管通过柱头，穿过花柱进入子房。在花粉管伸长时，花粉粒中的全部物质进入花粉管中，如果是二核花粉粒，在花粉管伸长过程中生殖细胞再进行一次分裂产生2个精子，成为三细胞的花粉管。花粉管进入子房后，通常沿着子房壁内表皮生长，最后伸向1个胚珠，通过珠孔或其他部位进入胚囊，此时花粉管顶端破裂，2个精子和其他内含物喷射入胚囊，这时营养细胞已经解体，剩余2个精子准备受精。现在认为，助细胞与花粉管的定向生长有关。

2. 双受精过程

花粉管进入胚囊后，释放2个精子，其中一个精子与卵细胞融合成为合子，将来发育成胚；另一个精子与2个极核（或一个中央细胞）结合形成三倍体初生胚乳核，将来发育成胚乳。花粉管中的两个精子分别和卵细胞及极核结合的过程叫双受精作用（图2-76）。

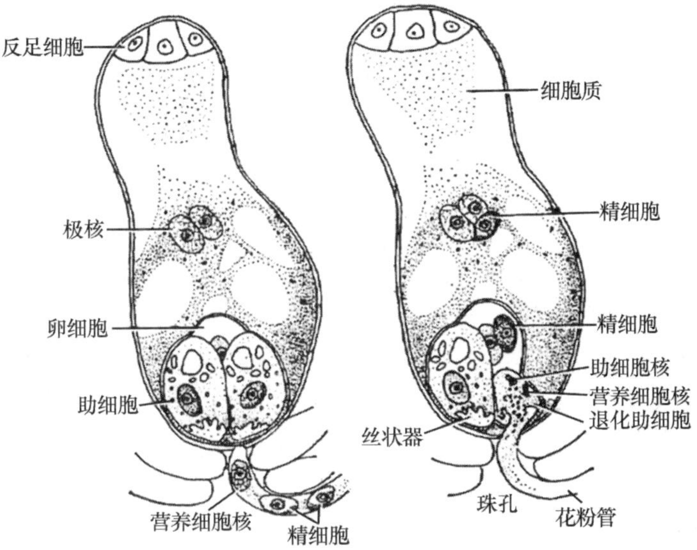

图 2-76　棉花的双受精

双受精过程中，2个精核分别进入卵细胞和中央细胞。精核进入卵细胞后，再发生精核与卵细胞接触处的核膜融合，最后核质相融，两核的核仁也共融为一个大核仁。至此，卵已受精成为合子，它将来发育成胚。精核和极核融合形成初生胚乳核，将来发育形成胚乳。进入花柱中的多条花粉管通常只有生活力强、生长迅速的一条进入胚囊，完成受精。

3. 双受精作用的意义

双受精作用是被子植物所特有的，也是植物界进化的重要标志。首先，卵细胞和精子结合，形成二倍体的合子，恢复了原有体细胞的染色体数，保证了遗传物质的相对稳定性；其次，卵细胞和精子的结合，将父母本的遗传物质重新组合，形成合子，将来发育成胚，由胚长出的新一代植株，往往会出现新性状，这是有性生殖中出现变异的主要原因；另外，精子和两个极核（或1个中央细胞）融合形成三倍体初生胚乳核，同样结合了父母本的遗传性，生理上更为活跃，将来发育成胚乳供胚吸收，这样会使后代的适应性和生活力更强。所以双受精是植物界有性生殖最进化的形式。

4. 受精的选择性

选择性是生物有机体与外界环境之间发生相互作用而形成的一种适应特性。受精作用的全过程，自始至终都贯穿着选择作用。从传粉开始，柱头与花粉粒之间的相互识别；柱头分泌液对来源不同的花粉粒的萌发及花粉管的伸长有选择作用；在受精过程中，卵细胞总是选择生理上和遗传上最合适的精子完成受精过程。受精的选择性是自然选择的进化表现，农作物育种中，应充分利用受精的选择性的有利的一面，克服自交不育以及远缘杂交不亲和等不利的一面，采取各种措施，培育优良品种。

5.环境条件对传粉受精的影响

植物传粉、受精过程中，对外界环境条件十分敏感，只要其中某一环节受到影响，就不能正常受精，子房不能发育，最后导致空粒、落花和落果等现象，产量下降。外界环境条件中以温度对传粉和受精的影响最大，中国南方晚稻结实率低，常与低温下花粉发育不良有关。棉花落铃增加，有时是因高温多雨导致受精不良所致。湿度和水分对传粉、受精也有很大影响。水稻开花时要求大气相对湿度为40%～95%，最适70%～80%，这时若遇到干旱、高温天气，花粉萌发力很快丧失，柱头干枯，不利于花粉管生长，因此水稻抽穗开花时，稻田要保持一定水层，这不仅因此时植株需水量最大，且可提高田间小气候的相对湿度，利于传粉和受精。

六、种子发育

被子植物完成双受精作用后，胚珠将发育形成种子，合子发育形成胚，受精极核将发育为胚乳，珠被发育为种皮，而子房则发育形成果实。种子的基本结构包括种皮、胚和胚乳3部分。种子和果实是植物的主要生殖器官，对植物繁衍后代有重要作用，同时种子和果实对人类也有重要作用。完成受精作用后，在种子和果实发育的同时，花的各部分发生显著变化。由花发育至果实和种子的过程见图2-77。

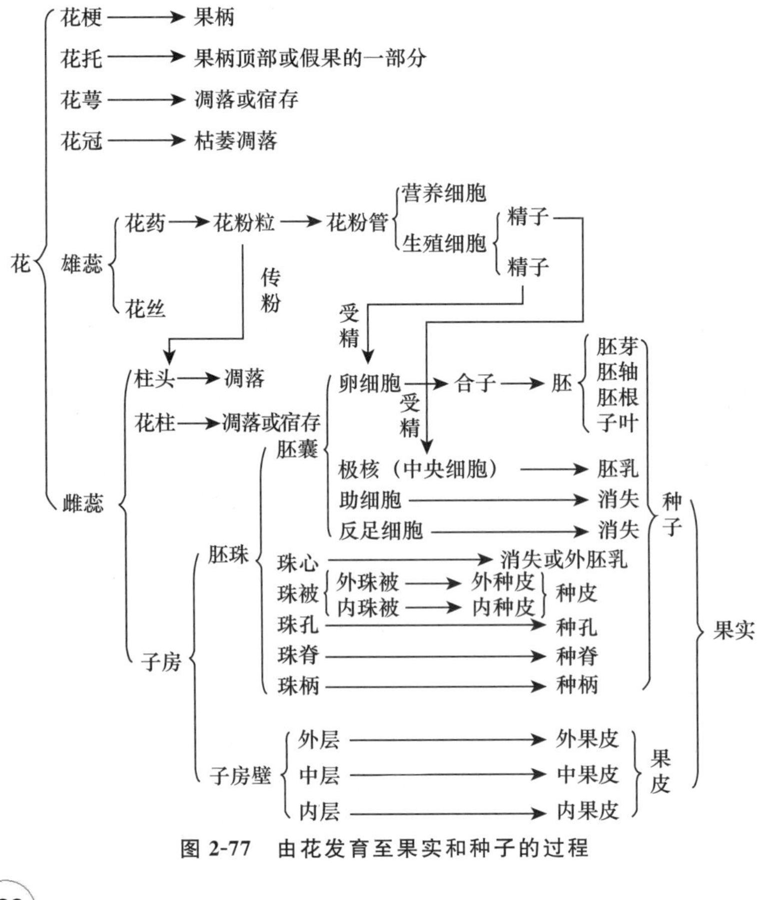

图2-77　由花发育至果实和种子的过程

种子通常由种皮、胚、胚乳（或无）组成，种皮由珠被发育而成，胚由合子（受精卵）发育而成，胚乳由初生胚乳核发育而成，在种子形成过程中，原来胚珠内的珠心和胚囊内的助细胞、反足细胞一般被吸收而消失。

（一）胚的发育

卵细胞受精后，合子随即进入休眠状态。合子休眠后，经过原胚和胚的分化发育阶段，形成成熟胚。在胚的发育过程中，双子叶植物和单子叶植物之间存在差异。

1. 双子叶植物胚的发育

以荠菜胚为例，介绍双子叶植物胚的发育过程。合子经过短暂休眠，不均等地横向分裂为 2 个细胞：远珠孔端的顶细胞和近珠孔端稍大的基细胞，两个细胞间有胞间连丝相通。顶细胞为胚性细胞，具有丰富的细胞质和细胞器及较大的细胞核；基细胞的液泡大，细胞质稀薄。随后基细胞进行连续的横分裂，形成一列由 6～10 个细胞（这些细胞之间有胞间连丝沟通）组成的胚柄，它末端的一个细胞渐渐膨大。与此同时，顶细胞经过 2 次纵分裂（第二次的分裂面与第一次的垂直），产生四分体胚体；四分体再进行 1 次横分裂，形成球体形的八分体。八分体中近胚柄端的 4 个细胞以后形成胚轴；远胚柄端的 4 个细胞则发育成为茎端与子叶。此后，胚体又继续进行各个方向的连续分裂，成为一团组织称球形胚体。此发育阶段则称为原胚阶段。

球形胚体形成之后，胚体顶端中部生长缓慢，两侧细胞分裂较快，形成两个突起，称子叶原基。与此同时，胚柄顶端的一个细胞——胚根原细胞和球形胚体的基部细胞也不断分裂生长，一起分化为胚根原基。这时胚的纵切面多少呈心脏形，称心形胚体。子叶原基迅速发育伸长成为 2 片子叶，紧接着在子叶间的凹陷部分逐渐分化出胚芽。同时，在与胚柄交界处的胚体细胞也形成胚根，连接子叶原基与胚根原基的部分将发育为胚轴，整个幼胚呈鱼雷形，称鱼雷形胚体。随着幼胚生长，胚轴以及子叶进一步延长，由于空间位置的限制，使胚弯曲而呈马蹄形。最后，胚柄退化消失，形成具有胚根、胚芽、胚轴和子叶的成熟胚（图 2-78）。

2. 单子叶植物胚的发育

单子叶植物胚发育的早期，与双子叶植物胚的发育相似，但在分化为成熟胚时，出现较大差异。以小麦为例，说明单子叶植物胚的发育过程。小麦的受精卵经过一定时间的休眠后开始分裂。第一次横分裂，形成一个胚柄细胞和一个胚细胞。接着胚柄细胞又进行一次横分裂，胚细胞经过一次纵分裂形成 4 个细胞的原胚。原胚继续分裂扩大使胚呈梨形。以后，在它的一侧出现一个凹沟，使胚在形态上可区分为顶端区、器官形成区和胚柄细胞区 3 个区。以后凹沟以上的顶端区形成盾片的上半部和胚芽鞘的一部分；凹沟附近的器官形成区将来发育形成胚芽鞘的其余部分和胚芽、胚轴、胚根、胚根鞘、外胚叶等；而原胚基部的胚柄细胞区则主要形成盾片的下部和胚柄（图 2-79）。

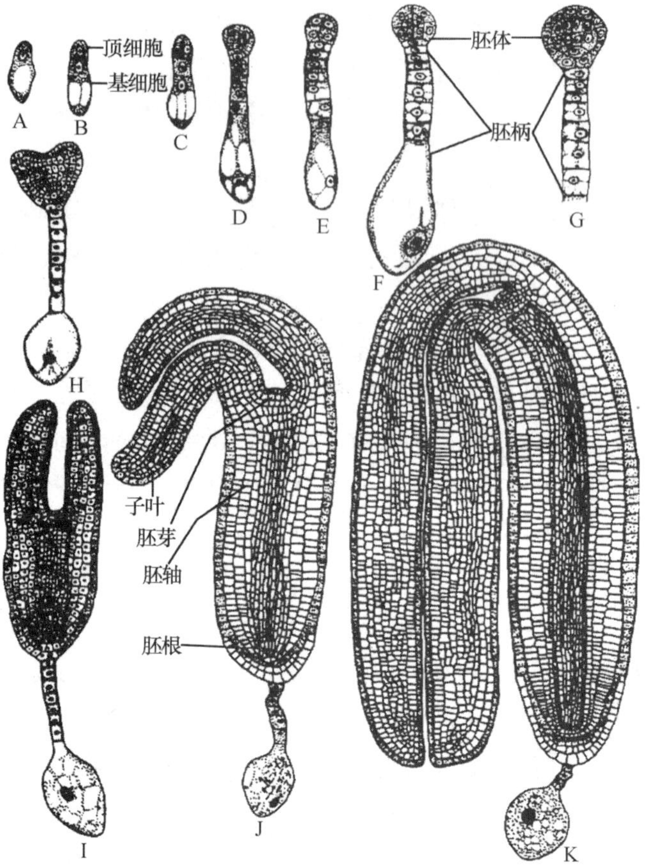

图 2-78　荠菜胚的发育

A. 合子　B. 二细胞原胚　C. 基细胞横裂为二细胞胚柄，顶细胞纵裂为二分体胚体
D. 四分体胚体形成　E. 八分体胚体形成　F、G. 球形胚体形成　H. 心形胚体形成
I. 鱼雷形胚体形成　J、K. 马蹄形胚体形成，出现胚的各部分
（转引自 Maheshwari）

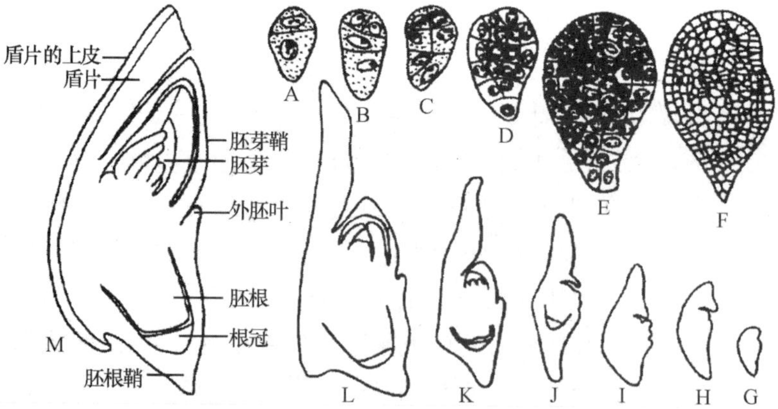

图 2-79　小麦胚的发育

A～D. 2 细胞、4 细胞、多细胞的原胚（授粉后 1、2、3、4 d）　E～G. 梨形多细胞原胚，盾片刚微现（授粉后 5～7 d）
H～K. 胚芽、胚芽鞘、胚根、胚根鞘和外胚叶逐渐分化形成（授粉后 10～15 d）
L. 胚发育比较完全（授粉后 20 d）　M. 胚发育完全（授粉后 25 d）
（引自赵世绪）

(二)胚乳的发育

被子植物的胚乳是种子贮藏养料的组织，由初生胚乳核发育而来，其细胞的染色体一般为三倍体。胚乳的发育形式可分为 3 种类型：核型、细胞型和沼生目型。核型方式最为普遍，沼生目型多限于沼生目植物中，因此比较少见。

1. 核型胚乳

初生胚乳核经过多次分裂，产生许多游离核，分散在胚囊中，随着核的增大和胚囊内液泡的扩大，胚乳核常被挤到周缘。当胚乳发育到一定阶段，胚乳细胞核才被细胞壁分隔而形成胚乳细胞。这种胚乳的形成方式在单子叶植物和双子叶离瓣花植物中普遍存在，如水稻、小麦、玉米、油菜、苹果(图 2-80)。

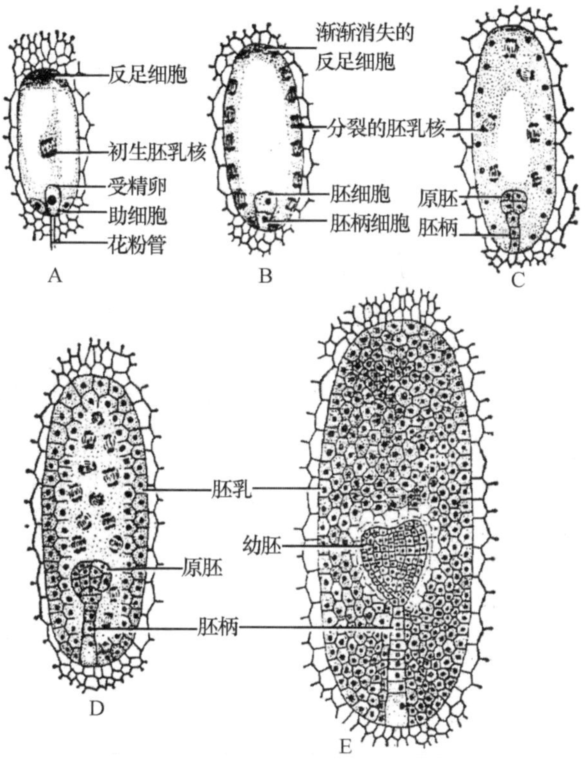

图 2-80　双子叶植物核型胚乳发育过程的模式图

A. 初生胚乳核开始发育　B. 继续分裂，在胚囊周边产生许多游离核，同时受精卵开始发育
C. 游离核更多由边缘逐渐向中央分布　D. 由边缘向中部产生胚乳细胞
E. 胚乳发育完成，胚仍在继续发育中

2. 细胞型胚乳

其特点是在初生胚乳核分裂后随即产生细胞壁，形成胚乳细胞，因此，在发生过程中无游离核时期。多数双子叶合瓣花植物，如番茄、烟草等，其胚乳发育属于这种类型(图 2-81)。

3. 沼生目型胚乳

沼生目型胚乳是核型与细胞型之间的中间类型。初生胚乳核的第一次分裂将胚囊分隔成为两室，分别为珠孔室和合点室。珠孔室较大，其中细胞核进行多次分裂形成游离核，最

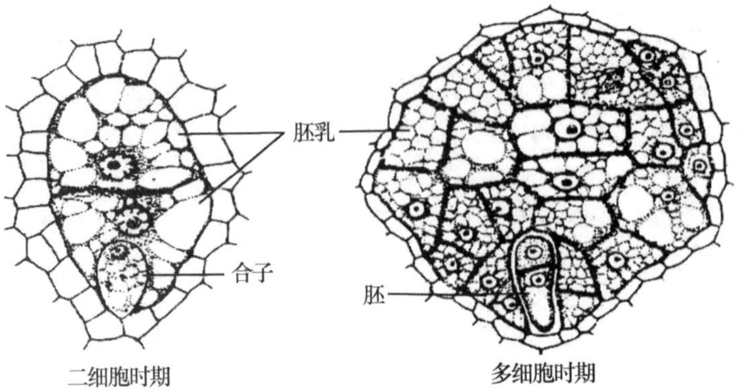

图 2-81　番茄细胞型胚乳形成的早期

后形成胚乳细胞；合点室内的核不分裂或始终为游离核。这一类型的胚乳多限于单子叶植物中的沼生目，如慈姑、泽泻的胚乳。

(三)种皮的发育

种皮是保护胚和胚乳的结构，由珠被发育而来。成熟种子的种皮干燥而坚硬，不易透水透气，与种子的休眠与萌发也有一定的关系。种子的种皮有 1 层或 2 层，仅有 1 层珠被的胚珠，则形成 1 层种皮，如向日葵、番茄、胡桃等；具 2 层珠被的，通常相应形成内、外 2 层种皮，如苹果、油菜、蓖麻等。

成熟种子种皮外表一般可见到种脐、种孔和种脊等结构。种脐是种子从种柄或胎座脱落留下的痕迹；种孔是原来的珠孔；种脊位于种脐的一侧，是倒生胚珠的外珠被与珠柄愈合的纵脊留下的痕迹。

有些植物的种皮外面有由珠柄或胎座发育成的结构称假种皮。如荔枝、龙眼的可食用部分就是由珠柄发育而成的假种皮。

七、无融合生殖和多胚现象

(一)无融合生殖

被子植物的胚，是有性生殖的产物。但有些植物，不经过雌雄性细胞的融合而产生有胚的种子，这种现象叫无融合生殖。无融合生殖通常有以下几种：

1.单倍体无融合生殖

由于胚是单倍体的，所以后代常不育。有以下 2 种情况：

1)单倍体孤雌生殖

胚囊中的卵细胞不经过受精而发育成单倍体胚，如玉米、小麦、烟草中曾发现有这种胚。

2)单倍体无配子生殖

胚囊中的助细胞或反足细胞不经过受精而发育成单倍体胚，这种胚在水稻、玉米、棉、烟草、黑麦、辣椒、亚麻等作物中曾有发现。

2.二倍体无融合生殖

胚囊不经减数分裂和受精作用直接发育而成，因此是二倍体的，后代可育。这种二倍体的胚囊中由卵形成的胚叫二倍体孤雌生殖，如蒲公英；胚囊中的其他成员也可形成胚叫二倍体无配子生殖，如葱。

(二)多胚现象

不定胚通常由珠心或珠被的细胞直接发育而成，与胚囊无关。不定胚通常与受精卵产生的胚同时发育，形成一个或数个同样具有子叶、胚芽、胚轴和胚根的胚。1 个种子中有多于 1 个胚的现象叫多胚现象。不定胚可产生多胚现象；受精卵分裂生成多个胚；胚珠中形成两个以上胚囊而成为多胚；另外胚囊中的助细胞或反足细胞发育成胚也可导致多胚现象。

八、果实的形成与构造

完成受精作用后，花萼、花冠通常脱落，但有些植物花萼是宿存的；雄蕊和雌蕊的柱头、花柱萎谢，也有宿存的，如苹果；子房发育膨大，胚珠形成种子，子房发育为果实，这种由子房直接发育形成的果实叫真果。除子房外还有花的其他部分参与果实的形成，这种果实称为假果，如黄瓜、苹果、梨、山楂、菠萝等的果实，大部分是花托、花序轴发育形成的。

真果外为果皮，内含种子。果皮由子房壁发育而来，通常可分为外、中、内 3 层。外果皮较薄，通常有角质层、蜡被、气孔、表皮毛等；中果皮较厚，维管束较多，占果皮大部分，其结构差异很大，如桃、李、杏中果皮肉质，刺槐中果皮革质；内果皮由一层至多层细胞构成，结构上变化较大，有的坚硬木质化成果核，如桃、李、杏等，有的内果皮呈囊状，其内表皮为多汁毛状体突起，如柑橘、柠檬等，有的内果皮分离成单个的浆汁细胞，如葡萄、番茄等。假果的构造比较复杂，除子房外还有花的其他部分参与果实的形成，如苹果、梨等的可食用部分主要是花托，真正的果皮，即外、中、内 3 层位于果实的中心，包裹着种子，较硬且略带涩味，占很小一部分。

正常情况下，植物经过受精才能结实，但有些植物不经受精也能结实，这种现象称为单性结实，单性结实的果实内不含种子，为无籽果实。单性结实有天然单性结实和诱导单性结实两类。天然单性结实是指子房不经过传粉或其他任何刺激就可形成无籽果实的现象，也称为营养性单性结实，如香蕉、葡萄的某些品种、柿、瓜类等，这些水果和蔬菜由于果实中不含种子，品质优良，是园艺上的优良栽培品种。诱导性单性结实是指子房必须经过一定的刺激或诱导才能形成无籽果实的现象，也称为刺激性单性结实，如近年来生产实践中常用的生长素、赤霉素和脱落酸等对单性结实均有显著影响，用 2,4-D、吲哚乙酸等刺激瓜类和番茄的柱头，用赤霉素喷洒或浸泡玫瑰香葡萄果穗来诱导单性结实，均可取得良好效果。

九、植物生殖器官的特点与农林业生产实践

根据植物开花习性与生长发育规律，人为地改变观赏植物生长环境条件并采取某些特殊技术措施，使之提前或推迟开花，这种技术措施称为花期控制。应用花期控制技术，可以增加节日期间开花的观赏植物种类，延长花期，满足人们对花卉消费的需求，同时可以提高观赏植物生产的商品价值。花期控制技术还可使原来花期不遇的杂交亲本花期相遇，解决杂交授粉上的矛盾，利于育种工作的开展。因此，花期控制技术具有研究和利用的价值。

(一)控制植物生长开始期

植物从生长到开花有一定的速度和时限。可通过人为控制繁殖期、萌芽期、上盆期、翻盆期来控制植物的花期，根据用花季节、时间提前做出安排。

(二)用园艺栽培技术调节植物生长速度

用摘心、修剪、摘蕾、剥芽、摘叶、环割、嫁接等措施，调节植株生长速度，推迟或提早的开花日数依植物种类及摘取量的多少和季节而不同。对在当年生枝条上开花的花木在其生长季节内，早修剪则早长枝、早开花，晚修剪则晚开花；剥去侧芽、侧蕾，有利于主芽开花，摘除顶芽、顶蕾，有利于侧芽、侧蕾开花。环割使养分积聚于上部花枝，有利于开花；秋季结扎枝条，可使叶片提早变色；嫁接带花芽的接穗，如玉兰、碧桃等，可使其提前开花。

(三)调节温度

1.提高温度

冬季低温状态，增加温度可使植株加速生长，提前开花。加温日期以植物生长发育至开花所需天数而推断，应逐步升温，初加温时每天要在植株上喷水，以免出现叶片干枯。一般用15℃的夜温，25～28℃的日温。

2.降低温度

在春季自然气温未回暖前，对处于休眠的植株给1～4℃的人为低温，可延长休眠期，推迟开花。各种耐寒、耐阴的宿根花卉、球根花卉及木本花卉都可采用此法。二年生花卉、宿根花卉，在生长发育中需要一个低温才能抽薹开花。对已经孕蕾待放的花卉，可低温冷藏处理延迟开花，如芍药、八仙花等，可延迟1～2个月。

3.温度处理应注意的问题

(1)同种花卉不同品种的感温性有差异。

(2)处理温度的高低，多依该品种原产地或育成地的气候条件而定。温度处理一般以＞20℃为高温，15℃左右为中温，≤10℃为低温。

(3)处理温度也因栽培地的气候条件、采收时期、距上市时间的长短等而不同。

(4)无论在生长期处理，还是在休眠期处理，温度处理的适期均因花卉种类和品种的特性而异。

(5)温度处理的效果，因花卉的种类和处理日数的多少而异。

(6)多种花卉的花期控制，需要同时进行温度和光照处理，或先后采取几种处理措施，才能收到预期效果。

(7)处理中或处理后栽培管理对花期控制的效果也有极大影响。

(四)调节光照

光照是影响花卉生长发育的重要环境因子，花芽的形成和花期与日照长短有密切的关系。此方法只用于处理光照敏感的花卉。

1.短日照处理

短日照花卉，在长日照季节，只要在它们生长健壮之后，用人为的方法使全植株每天只光照8～10 h，经过一定时间就能开花。此外，在遮光处理时应正常浇水、施肥，并注意控制温度，不宜过高，如超过30℃，有的种类开花会不整齐，甚至形不成花蕾。

2.长日照处理

此项措施多用在冬天日照短的季节，使长日照花卉开花。方法是用电灯补充光照，但冬天温度低，一定要配合提高温度，才能生效。

3.光暗颠倒

对本来夜晚开花的花卉，夜晚给予光照，白天遮阴，也能使其白天开花。

4.光质

此外,光质对花卉的影响也较大。在阳光充足的地方,花卉形态矮小,叶绿素增加,体内花青素、胡萝卜素、维生素C丰富,花色非常艳丽。很多阴性花卉所处自然环境大都阴暗、潮湿,只有散射光,或光谱中短波成分很少,则花卉的叶色青翠嫩绿,花朵的色泽远不如阳性花卉那样姹紫嫣红。可以通过人为调整和改善光质,使花卉正常生长发育。

5.控制肥水

梅花、石斛及球根花卉在生长期间控制水分,可促进花芽分化。而唐菖蒲在花蕾出苞时,大量灌水一次,可提前一周开花。经常产生花蕾、开花期长的花卉,如高山积雪、兔子花等,在开花末期施用氮肥,可延迟植株衰老。菊花在开花之前如氮肥施用过多,生长柔嫩徒长,导致延迟开花甚至不开花。

6.应用生长调节剂

花卉植物的生长和开花还需要各种生长调节剂,因此用激素处理花卉也可以控制花期,常用的激素有:生长素(如吲哚乙酸、吲哚丁酸、萘乙酸等)、赤霉素、细胞分裂素(如激动素、6-苄基腺嘌呤等)、乙烯、生长抑制剂(如B9、矮壮素等)。

1)加速生长、促进开花

用赤霉素促进花卉的营养生长,可导致其开花。赤霉素的生理作用是打破休眠,诱导开花,可以促进细胞伸长,诱导雄花生长,抑制衰老,延长花期,能促进长日照观赏植物花芽分化,抑制短日照观赏植物花芽分化。赤霉素在花期控制上的效果是最为显著的。

2)抑制开花

观赏植物栽培中经常由于植株生长过旺而影响到开花,可利用各种生长抑制剂或延缓剂来抑制伸长生长,矮化株型,促进分枝及花芽分化。如用一定浓度的萘乙酸处理菊花,可以推迟菊花的花期。

3)延长花期

赤霉素、细胞分裂素、生长素对菊花、一品红、香豌豆、金鱼草、飞燕草等有延长花期、防止脱落的作用。

单元小结

雄蕊群是一朵花内所有雄蕊的总称,是产生雄性生殖细胞的结构。雄蕊由花药和花丝两部分组成。花药生于花丝顶端,是花丝顶端膨大成囊状的部分,一般由4个花粉囊组成,囊内含有大量花粉粒,是雄蕊最主要的部分。

雌蕊群是一朵花中全部雌蕊的总称,每个雌蕊一般可分为柱头、花柱和子房3部分。柱头为雌蕊的先端,花柱是子房连接柱头的部分,子房为雌蕊基部呈囊状膨大的部分。

被子植物的种子萌发后,首先进行根、茎、叶等营养器官的生长即营养生长,以后经过开花、传粉、受精,结出果实和种子,开花是大多数有花植物性成熟的标志。

传粉是受精的重要前提,传粉有2种不同方式,一种是自花传粉,另一种为异花传粉,不同植物具有不同的传粉方式和对其传粉方式的适应性。双受精作用是被子植物所特有的,也是植物界进化的重要标志。双受精是植物界有性生殖最进化的形式。

被子植物完成双受精作用后，胚珠将发育形成种子，合子发育形成胚，受精极核将发育为胚乳，珠被发育为种皮，而子房则发育形成果实。种子的基本结构包括种皮、胚乳和胚3部分。种子和果实是植物的主要生殖器官。只有被子植物才有果实这一结构，将种子包被于果实内，使种子受到果皮的保护，利于植物繁衍。植物在长期选择中，成熟的种子和果实都具备适于不同条件的传播方式，以繁衍后代，使种族得以延续。

专项实训

一、名词解释

开花　传粉　自花传粉　异花传粉　受精　风媒花　虫媒花　双受精作用　无融合生殖　单性结实

二、填空题

1. 花萼位于花的________，由萼片组成，________位于花萼内侧，由若干花瓣组成，是花的第二轮。

2. 雌蕊一般可分为________、________和________3部分。

3. 雄蕊由________和________两部分组成。

4. 花药通常具有________个花粉囊，囊内产生大量________，是________最主要的部分。

5. 一个成熟的胚珠由________、________、________、________、________、珠孔等几部分组成。

6. 胚珠主要有________、________、________、________四种类型。

7. 传粉的方式有________和________两种，传粉的媒介有________和________等。

8. 在自然界中，________是被子植物有性生殖的最普遍的传粉方式。

9. 植物的花在结构上和生理上适合异花传粉的特征有________、________、________、________。

10. 完成受精作用后，受精卵发育成________，受精的极核发育成________，珠被发育成________，整个胚珠发育成________，整个子房发育成________。

三、问答题

1. 为什么说雌蕊和雄蕊是一朵花的重要部分？

2. 植物对异花传粉有何适应类型？

3. 试述自花传粉和异花传粉的特征及其生物学意义。

4. 什么叫双受精作用？双受精作用的生物学意义是什么？

5. 什么叫单性结实？如何人工诱导产生？

二维码 2-1　模块二专项实训参考答案

模块三　植物类群和被子植物分类

模块介绍：

本模块包括3个学习单元：

1. 分类基础知识。讲解植物分类的常见方法、分类的单位及植物命名法则，介绍植物检索工具——分类检索表。

2. 植物类群及进化。介绍植物界的主要类群及经济价值，植物进化的基本规律。

3. 被子植物分科。通过生活中常见的植物介绍双子叶植物和单子叶植物中重要的科。

教学建议：

本阶段学习时间建议为大一开学的秋季和第二年的春夏，与形态器官实践教学同时进行。这个阶段校园内外新鲜植物种类多，便于开展任务驱动型实践教学。模块三建议学时为40学时。

知识目标：

了解植物分类的基础知识，掌握鉴定植物的基本方法，了解植物界各大类群的主要特征、代表植物及其价值，了解植物界的进化规律及演化趋势，掌握当地常见植物主要科的识别要点，并了解各科的常见植物。

技能目标：

通过实验实训，掌握植物标本的采集、制作方法；学会利用工具书鉴定当地常见植物。

植物分类的内容包括鉴定、命名和分类三方面。正确地运用植物分类学的基础知识和基本理论，通过查找参考文献资料和已知植物进行对照、比较和分析，确定植物名称和分类地位的过程，叫作鉴定。按照国际命名法规给植物一个唯一正确的学名，叫作命名。把各种植物利用比较、对照和分析的方法，分门别类给予有规则的排列，称为分类。

Project 1

分类基础知识

一、植物分类的方法

地球上现存植物约有 50 万种，面对形态万千的植物物种，要进行研究、开发和利用，首先就要对其进行分类，否则无从入手。根据人类对植物的利用和科技发展水平，植物分类经历了两个时期：人为分类时期和自然分类时期。

（一）人为分类法

为了便于利用植物，最初按照人类易观察到的植物一个或几个特征或是植物对人类的经济意义对植物进行分类。如希腊学者亚里士多德（公元前 384 年—公元前 322 年）和他的学生将植物分为乔木、灌木、半灌木、草本四类，每类中又分常绿的、落叶的、有花的、无花的。我国明朝李时珍（1518—1593）所著《本草纲目》，依据外形和用途将植物分为草、木、谷、果、菜等五部分，以及山草、芳草等 30 类。又如瑞典林奈（Carl Linnaeus）（1707—1778）编写的《植物种志》依据雄蕊的有无、数目及着生情况，将植物分为 24 个纲，其中 1～23 纲为显花植物（即被子植物），第 24 纲为隐花植物。以这种方法建立的分类系统称为人为分类系统。这种分类系统紧密联系生产生活实际，具有通俗易懂、实用方便等特点，为自然分类系统积累了丰富的资料和经验。出于生产或学科需要，各种人为的分类方法及其系统至今仍在应用，如农业植物常分为作物、蔬菜、花卉及果树等，经济植物常以用途分为药用、油料、纤维、芳香等植物。但这种分类方法不够科学，不能反映植物间的亲缘关系和进化顺序。

（二）自然分类法

随着学科细化，形态学、解剖学、细胞学、遗传学、生态学、古生物学、植物化学、植物地理学、植物胚胎学、分子生物学等学科的出现和发展，按照植物进化过程中亲缘关系的远近进行分类成为可能。林奈以后很多分类学家根据各自理论提出了许多不同的被子植物分类系统，其中最具有代表性的有：德国的恩格勒（Engler）系统、英国的哈钦松（Hutchinson）系统、前苏联的塔赫他间（Takhtajan）系统、美国的克朗奎斯特（Croquist）系统等。我国著名分类学家胡先啸也曾于 1950 年提出了一个被子植物的多元系统。在这些分类系统中，判断亲缘关系远近依据的是植物形态、结构、习性的相似程度。相似性状多，则亲缘关系近；反之，则远。例如小麦和水稻有许多相同点，因此认为二者亲缘关系较近，小麦和油菜相同点较少，亲缘关系则较远。这些按照植物自然性状相似程度分类的方法属于自然分类系统。这种分类方法能客观地反映出植物界的亲缘关系和进化发展过程，对生产实践也很有帮助。如进行人工杂交培育新品种时，可根据亲缘关系选择亲本。自然分类系统仍在不断地改变和修正，但相对于人为分类系统，无疑是质的飞跃。

二、植物分类的单位

为了便于分门别类，我们按照植物类群范围的大小和等级，给它一定的名称，这就是植物分类上的各级单位。常用的植物分类等级单位主要有：界、门、纲、目、科、属、种。其中种是基本的分类单位。在每个等级单位内，如果种类繁多，还可划分更细的单位，如亚门、亚纲、亚目、亚科、族、组、亚种、变种、变型等。每一种植物通过系统分类，既可以显示出其在植物界的地位，也可表示出它与其他植物种的关系。

现以小麦为例，说明植物分类上的各级单位：

界 植物界(Regnum vegetabile)

门 被子植物门(Angiospermae)

纲 单子叶植物纲(Monocotyledoneae)

亚纲 颖花亚纲(Glumiflorae)

目 禾本目(Graminales)

科 禾本科(Gramineae)

属 小麦属(*Triticum*)

种 小麦(*Triticum aestivum* L.)

“种”是分类学上的基本单位，是指起源于共同祖先，具有相似的形态特征，且能进行自然交配，产生正常后代并具有一定分布区域的生物类群，种间存在生殖隔离。种以下还可有亚种、变种、变型。

亚种，是指同一种内由于地域、生态或季节上的隔离而形成的个体群。如凹叶厚朴[*Magnolia officinalis*(Rehd. et Wils.)subsp. *biloba*(Rehd. et Wils.) Law.]是著名中草药厚朴的亚种。变种，是指具有相同分布区的同一种植物，由于微生境不同而导致植物间具有可稳定遗传的一些细微差异。如瓠子[*Lagenaria siceraria* var. *hispida* (Thunb.) Hara]为葫芦[*L. siceraria*(Molina)Standl.]的变种。

变型，是指分布没有规律，仅有微小的形态学差异的相同物种的不同个体。如毛的有无，花的颜色等。

相对而言，具有原来特征，没有发生明显变异的类型，就称为这个亚种(变种、变型)的原亚种(原变种、原变型)。

品种不是植物分类系统中的分类单位，而是属于栽培学上的变异类型。通常把人类培育或发现的有经济价值的变异(如大小、颜色、口感等)称为品种，实际上是栽培植物的“变种”或“变型”。品种不存在于野生植物中。

三、植物的命名法则

自然界植物种类繁多，分布广泛。每种植物在不同国家、不同地区、不同民族中常有不同的名称。在我国，玉米、棒子、苞谷、玉蜀黍指的是同一种植物，而全国以贯众为名的药用植物有11科、18属、58种之多。这些同物异名和同名异物现象造成识别植物、利用植物和交流经验等的障碍。为了便于各国学者交流，促进全世界植物名称的统一和稳定，瑞典植物学家林奈创立了双名法命名，后又于1867年国际植物学会上正式通过了德堪多(A. de Candolle)提出的《国际植物命名法规》，并以林奈(Linnaeus)1753年发表的《植物种志》(*Species Plantarum*)一书所载的植物全部用双名法命名为起点，凡此书已经命名的植物均为有效名。国际植物命名法规(ICBN)规定：

种的学名由拉丁文或拉丁化的属名 + 种加词 + 命名人缩写构成，这种命名方式称为双名法命名，如玉米的拉丁名为 *Zea mays* L.。

属名的第一个字母大写，是名词；种加词一律小写，为形容词；命名人缩写的第一个字母须大写，缩写时一定要在右下角加省略号“.”，如 Linnaeus(林奈)缩写为 Linn. 或 L. (L. 一字母，只限用于 Linnaeus 一人，因他为特别著名的分类学家，无人不晓之故，其他命名者的名字，均不作一字母的缩写)，如 Maximowicz 缩写为 Maxim。两命名人如为同姓，则可在姓前加上名字缩写，以免造成混乱，如 Robert Brown 缩写为 R. Br. 和 Nicholas Edward Brown 缩写为 N. E. Br. 。双名法的生物学名部分均为斜体拉丁文，命名者姓名部分在书写时为正体。

如果是亚种、变种或变型，命名时要在其种名后加上亚种(subspecies)、变种(variety)或变型(form)的缩写(subsp.)、(var.)或(f.)，然后再加上亚种、变种或变型加词，最后仍要有命名人的缩写。如糯稻是稻的一个变种，其学名是：*Oryza sativa* L. var. *glutinosa* Matsum. 。

每一种植物只能有一个合法学名(scientific name)，学名是世界通用的唯一正式名称。

四、植物分类检索表的编制和使用

植物检索表是识别鉴定植物不可缺少的工具。检索表的编制是根据法国人拉马克(Lamarck，1744—1829)提出的二歧分类原则，以对比的形式编制出的区分植物的表格。即将所有植物群突出的形态特征进行比较，分成相对应的两个分支，编为相同的序号，再把每个分支中的性状同样再分成相对应的两个分支，给以另一个相同的序号，依次下去，直到所需要的分类单位(如科、属、种等)出现为止。植物检索表常用的表达方式有等距(定距)检索表和平行(阶梯)检索表两种。

(一)等距检索表

等距检索表是最常采用的一种，在这种检索表中，将每一对相对的特征，编为同样号码，并列在书页左边同样距离处，每一对相同的号码在检索表中只能使用一次，如此继续下去，逐级向右错开，描写行愈来愈短，直至追寻到科、属或种为止。这种检索表的优点是每对相对性状的特征都被排列在相同距离，一目了然，便于查找。不足之处是当种类很多时，左边空白太大，浪费篇幅。

现用小麦(*Triticum aestivum* L.)、玉米(*Zea mays* L.)、稻(*Oryza sativa* L.)、高粱[*Sorghum bicolor* (L.) Moench]、大豆[*Glycine max* (L.) Merr.]、陆地棉(*Gossypium hirsutum* L.)、花生(*Arachis hypogaea* L.)、黄瓜(*Cucumis sativus* L.)、油菜(*Brassica campestris* L.)、萝卜(*Raphanus sativus* L.)等 10 种作物编制成一个分种定距检索表，以说明其编制方法及格式：

1. 叶由叶片、叶柄或托叶组成；网状叶脉；直根系
  2. 单叶
    3. 花两性；上位子房；角果或蒴果
      4. 四强雄蕊；角果
        5. 花黄色；果熟后开裂 ………………………………………… 油菜
        5. 花淡红色或紫色；果熟后不开裂；具肉质直根 ……………… 萝卜
      4. 单体雄蕊；蒴果 ………………………………………………… 陆地棉
    3. 花单性；下位子房；瓠果 ……………………………………………… 黄瓜

2.复叶
6.羽状三出复叶;荚果熟后开裂 ………………………………………………………… 大豆
6.偶数羽状复叶;荚果熟后不开裂 ……………………………………………………… 花生
1.叶由叶片和叶鞘组成;平行叶脉;须根系
7.一年生高大草本,茎秆高 2 m 以上;节间实心
8.花两性;圆锥花序顶生 ……………………………………………………………… 高粱
8.花单性,雌雄同株;雄花序圆锥状顶生,雌花序肉穗状腋生 ……………… 玉米
7.一或二年生草本,茎秆高一般在 1 m 以下;节间中空
9.圆锥花序,小穗有柄;雄蕊 6 个 ………………………………………………… 稻
9.穗状花序直立,顶生,小穗无柄;雄蕊 3 个 …………………………………… 小麦

(二)平行检索表

平行检索表是把每一对相对特征的描述并列在相邻的两行里,便于比较。在每一行末端为序号或植物名称。此序号将在下一项相对性状特征描述之间出现,如此直至终止。这种检索表的优点是排列整齐、节省篇幅,缺点是不如定距检索表那么一目了然。还以上述10种植物说明。

1.叶由叶片、叶柄或托叶组成;网状叶脉;直根系 ……………………………… 2
1.叶由叶片和叶鞘组成;平行叶脉;须根系 ……………………………………… 7
2.单叶 ……………………………………………………………………………… 3
2.复叶 ……………………………………………………………………………… 6
3.花两性;上位子房;角果或蒴果 ………………………………………………… 4
3.花单性;下位子房;瓠果 ……………………………………………………… 黄瓜
4.四强雄蕊;角果 ………………………………………………………………… 5
4.单体雄蕊;蒴果 …………………………………………………………… 陆地棉
5.花黄色;果熟后开裂 …………………………………………………………… 油菜
5.花淡红色或紫色;果熟后不开裂;具肉质直根 ………………………………… 萝卜
6.羽状三出复叶;荚果熟后开裂 ………………………………………………… 大豆
6.偶数羽状复叶;荚果熟后不开裂 ……………………………………………… 花生
7.一年生高大草本,茎秆高 2 m 以上;节间实心 ……………………………… 8
7.一或二年生草本,茎秆高一般在 1 m 以下;节间中空 ……………………… 9
8.花两性;圆锥花序顶生 ………………………………………………………… 高粱
8.花单性,雌雄同株;雄花序圆锥状顶生,雌花序肉穗状腋生 ………………… 玉米
9.圆锥花序,小穗有柄;雄蕊 6 个 ………………………………………………… 稻
9.穗状花序直立,顶生,小穗无柄;雄蕊 3 个 …………………………………… 小麦

常用的检索表有分科、分属和分种检索表,可分别检索出植物的科、属、种。

单元小结

植物自然分类法和植物命名法则是植物分类的基础，自然分类法能反映植物类群之间的亲缘关系和进化方向。植物学名由拉丁文或拉丁化的属名 + 种加词 + 命名人缩写构成。植物检索表是识别植物不可或缺的工具。各地都有相应的植物志，利用当地植物志来检索植物有事半功倍的效果。近年来网络在线植物检索功能日益强大，通过常用名或学名来搜索，较传统检索法检索效率更高。

专项实训

一、名词解释

自然分类法　植物的学名　种

二、问答题

1. 植物的分类单位有哪些？哪个是基本单位？

2. 植物学名的书写要注意什么？

Project 2

植物类群及进化

一、植物界主要类群

根据植物的亲缘关系、形态结构和生活习性，将植物界分为两大类 16 个门(图 3-1)。

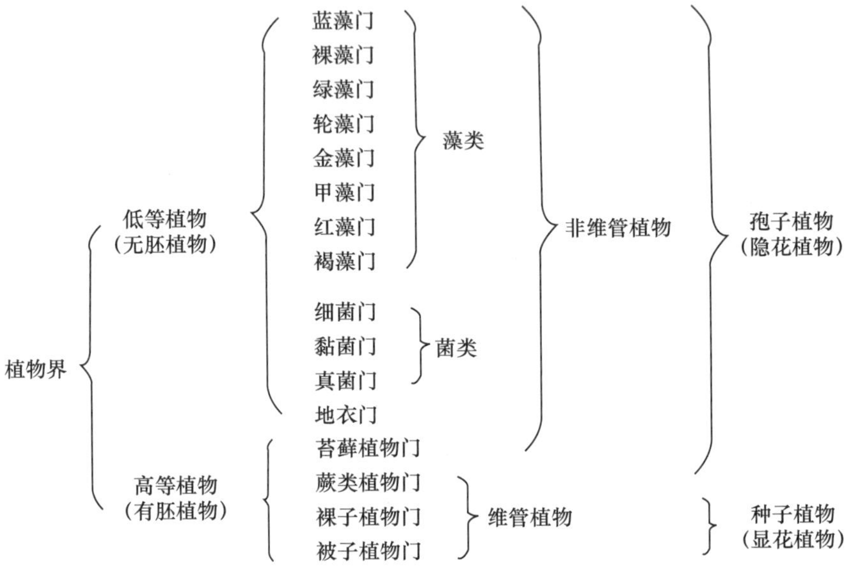

图 3-1　植物界的主要门

(一)低等植物

低等植物是地球上出现最早最原始的类群。它们的主要特征是：植物体由单细胞或多细胞丝状体或叶状体构成，没有根、茎、叶的分化；生殖器官多由单细胞构成；受精后合子直接发育成新个体，不形成胚；多数生活于水中或潮湿环境中。

低等植物的繁殖方式有营养繁殖、无性生殖、有性生殖等三种。营养繁殖是指植物体一部分从母体分离出来直接发育成新个体的繁殖方式；无性生殖的生殖细胞叫孢子，产生孢子的生殖细胞叫孢子囊，孢子不经结合形成新个体；有性生殖的生殖细胞叫配子，产生配子的结构叫配子囊，配子经结合形成合子，合子不发育成胚直接形成新个体。有性生殖方式又分为同配生殖、异配生殖和卵式生殖三种。同配生殖是指相结合的两个配子大小、形状、运动力相同。异配生殖是指相结合的两个配子形态结构相似，大小和运动力不同，大的是雌配子，小的是雄配子。卵式生殖是指相结合的两个配子一大一小，较大的不能移动叫卵，较小的带鞭毛能游动叫精子。

根据植物体结构和营养方式不同，低等植物分为藻类植物、菌类植物和地衣植物。

1. 藻类植物

藻类植物分布于世界各地，多数水生，少数陆生，生长于各种水湿条件下。藻类植物主要区别见表 3-1。

表 3-1 主要的藻类植物

（陈忠辉，植物与植物生理，2007）

名称	贮藏物	含有色素	藻体颜色	生境	植物体结构	生殖方式	代表植物
蓝藻门	蓝藻淀粉	叶绿素 a、藻蓝素、藻红素	蓝绿色	海水、淡水	单细胞、多细胞群体，无核结构	营养繁殖、无性生殖	念珠藻、颤藻
绿藻门	淀粉、油	叶绿素 a、b，叶黄素，胡萝卜素	绿色	以淡水为主，兼有海水	单细胞群体，丝状、叶状，有核	无性生殖、异配生殖、卵式生殖	衣藻、水绵
红藻门	红藻淀粉	叶绿素 a、b，叶黄素	红色或紫色	绝大多数在海水中，淡水中约有 50 种	丝状、片状、树状，多细胞，有核	无性生殖、卵式生殖	紫菜、海萝、石花菜
褐藻门	褐藻淀粉、甘露醇	叶绿素 a、b，胡萝卜素，6 种叶黄素	褐色	多淡水，1/4 海水	多细胞分支，丝状体，假薄壁组织体，薄壁组织体	营养繁殖、异配生殖、卵式生殖	海带、鹿角菜
金藻门	金藻淀粉、油	叶绿素 a、b，叶黄素，胡萝卜素	黄绿色、黄色、金黄色		单细胞，定形群体或不定形群体，丝状体	无性繁殖、异配生殖、卵式生殖	硅藻、无隔藻

藻类植物是一群具有光合色素，能独立生活的自养植物，目前发现约有 3 万种。绝大多数生活在淡水或海洋中，少部分生活在陆地，如土壤、树皮、岩石上。部分种类可以生活在零下几十摄氏度的低温下，也有种类如硅藻可生长在 50～80℃的温泉中。多数藻类植物含叶绿素和其他色素，如胡萝卜素、藻蓝素、藻红素等。由于所含色素成分和比例不同，藻类植物呈现不同的颜色。藻类植物形态结构差异很大，小球藻、衣藻必须借用显微镜才能看到，而海洋中巨藻长度可达 400 m 以上。

藻类植物有多种类型，有单细胞、群体和多细胞个体。多细胞的种类中又有丝状、片状和较复杂的构造等，但没有根、茎、叶的分化，称为叶状体植物（图 3-2）。

许多藻类植物可供食用，如发菜（已被列为国家重点保护野生植物）、地木耳、紫菜、石花菜、海带、裙带菜、鹿角菜等。褐藻类（如海带）含有大量的碘，可治疗和预防甲状腺肿大，具有药用价值。有些藻类可以腐蚀岩石，其胶质可黏合沙土，改进土壤。有些水生藻类能吸收某些有毒物质净化污水。蓝藻有固氮作用。钝顶螺旋藻还是一种优良的保健食品。

但也有些藻类有害，如水绵可危害水稻，绿球藻可使鱼和贝死亡，裸藻在有机质丰富之地可大量繁殖污染水体。

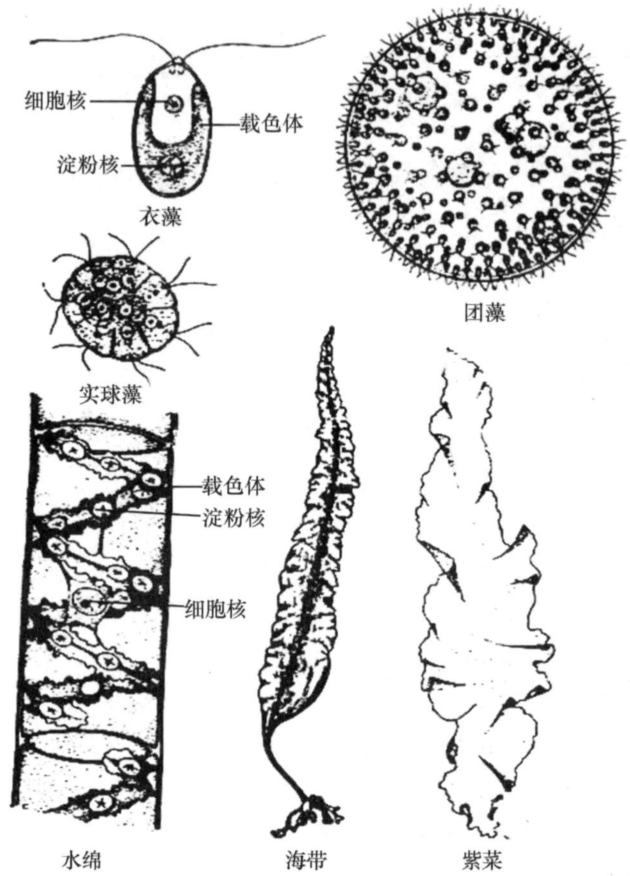

图 3-2　各种藻类植物

2. 菌类植物

菌类植物是单细胞或丝状体，绝大多数没有光合色素，不能进行光合作用，为异养。菌类植物可分为细菌门、黏菌门和真菌门。

1)细菌门

细菌是一类个体微小的单细胞原核生物(一般在 1 μm 左右)。因为细胞微小，所以它的分布十分广泛，无论是水中，还是空气、土壤以及动植物体内，都有细菌的存在。已发现的种类 2 000 种以上，除少数自养外，大多为异养。从形态上看，细菌分为球菌、杆菌、螺旋菌 3 种基本类型(图 3-3)。

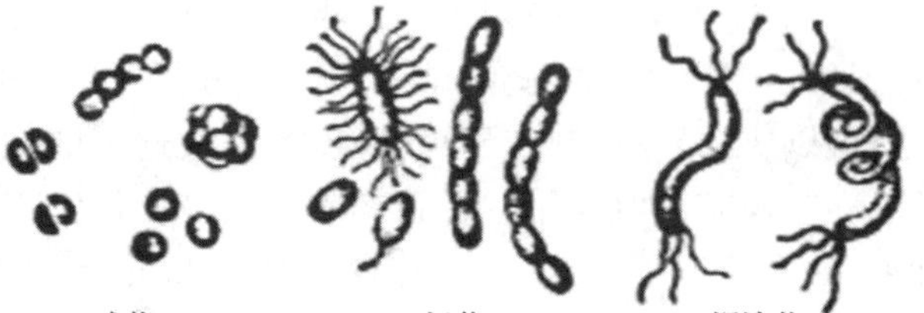

图 3-3　细菌的 3 种基本类型

细菌的结构简单，具有细胞壁、细胞膜、细胞质、核物质等（图 3-4）。细菌没有真正的细胞核，只有由核酸构成的核质粒，分散在细胞质中，故细菌和蓝藻一样，均属原核生物。

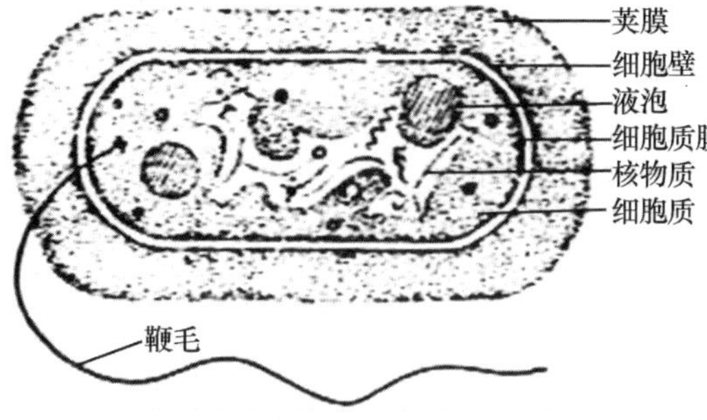

图 3-4　细菌的细胞结构模式图

大多数细菌对人类有益。在自然界中大量的腐生细菌和腐生真菌一起，把动植物残体分解成简单的无机物，在自然界的物质循环中起着重要的作用。细菌在工业上用途也很广，如枯草杆菌产生的蛋白酶和淀粉酶用于皮革脱毛、丝绸脱胶、酿造啤酒等，根瘤菌有固氮作用。但痢疾、伤寒、破伤风等病原菌侵入人体可引起疾病，危害生命。蔬菜、果实等农作物病原菌可危害农作物，使作物发生病害。

2）黏菌门

黏菌是介于动物和植物之间的真核生物，它们的生活史中一段是动物性的，另一段是植物性的。营养体无叶绿素，为裸露的无细胞壁多核的原生质团，称变形体，其构造、行动和摄食方式与原生动物中的变形虫相似。在繁殖时期产生具有纤维素壁的孢子，这是植物的性状。黏菌大多数为腐生，生于潮湿的环境中，如树的孔洞或旧的木梁上，也有寄生的，使植物发生病害，例如寄生在白菜、芥菜、甘蓝根部组织内的黏菌，使寄生根膨大，植物生长不良，甚至死亡。

3）真菌门

真菌是不含色素、异养生活的真核生物。在陆地、水中、土壤、大气及动植物体上均有分布，土壤中最多。真菌除少数原始种类是单细胞的（如酵母菌）外，大多数发展为分枝或不分枝的丝状体，组成植物的丝状体称为菌丝体。菌丝体在生殖时形成各种各样的形状，如伞形、球形等，称为子实体（图 3-5）。真菌不含叶绿体，不能进行光合作用，营寄生或腐生生活。真菌的繁殖方式多种多样，水生真菌产生流动孢子，陆生真菌产生空气传播的孢子，有性生殖有同配、异配、卵式生殖等。根据真菌的形态和生殖方法不同，可分为四纲，它们的主要特征见表 3-2。

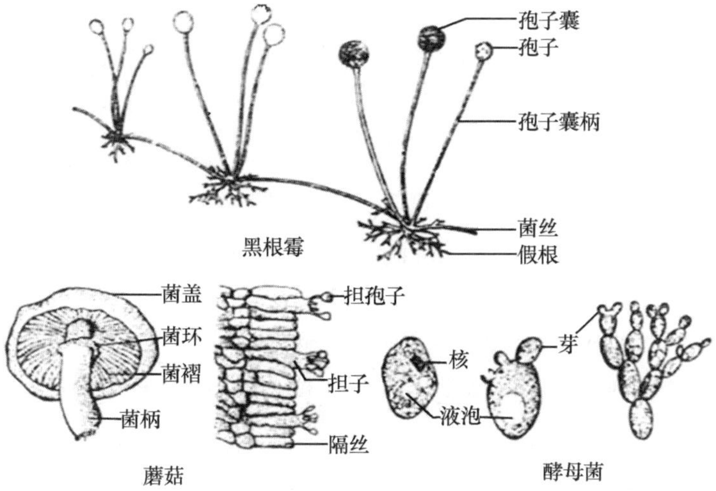

图 3-5　各类真菌植物的结构

表 3-2　4 种真菌主要特征

（陈忠辉，植物与植物生理，2007）

种类	植物体	无性生殖	有性生殖	代表植物
藻状菌	大多数为分枝的菌丝体，菌丝常无横隔，多核	产生不动孢子和游动孢子	同配、异配、卵配或接合生殖	黑根霉、白锈菌
子囊菌	绝大多数为多细胞菌丝体，菌丝有隔，每一个细胞有一核	产生分生孢子或出芽繁殖	形成子囊和子囊孢子	酵母菌、黄曲霉
担子菌	在生活史的大部时期具有双核菌丝体，菌丝上具有锁状联合	一般不发达，有的具芽孢子、分生孢子、粉孢子、厚壁孢子	形成担子和担孢子	银耳、猴头
半知菌	有隔菌丝体	分生孢子	尚未发现	稻瘟病菌

真菌与人类关系密切。可食用的真菌常称为食用菌，如蘑菇、木耳、银耳、猴头菌等。真菌在医药方面应用也很广，如冬虫夏草、茯苓及多孔菌均为药用菌，茯苓中含有锗、硒，具有抗肿瘤作用，由毛木耳水浸液分离出的破坏血小板凝聚物质，可抑制血栓形成。在酿造业中还利用酵母、曲霉、毛霉等菌种酿酒；食品工业利用酵母制作面包、馒头等；造纸、制革、石油工业等用真菌发酵获得许多原料和工艺品。但有些真菌对生物有害，如玉米黑粉病、棉花黄枯萎病是由真菌引起的病害。皮肤上的癣也是由真菌引起的。

3. 地衣植物

地衣植物是藻类和真菌共生复合体，两者关系密切，并有专一性关系。构成地衣的藻类植物主要有蓝藻和绿藻，真菌主要是子囊菌和担子菌。藻类位于共生体的内部，为整个复合体制造养分；而菌类的菌丝从外面包围藻类，并吸收水分和无机盐供应藻类植物。

地衣植物根据外部形态可分为壳状地衣、叶状地衣和枝状地衣三种类型（图 3-6）。地衣繁殖时产生断片、粉芽或珊瑚芽。条件适宜时萌发生长形成新个体。

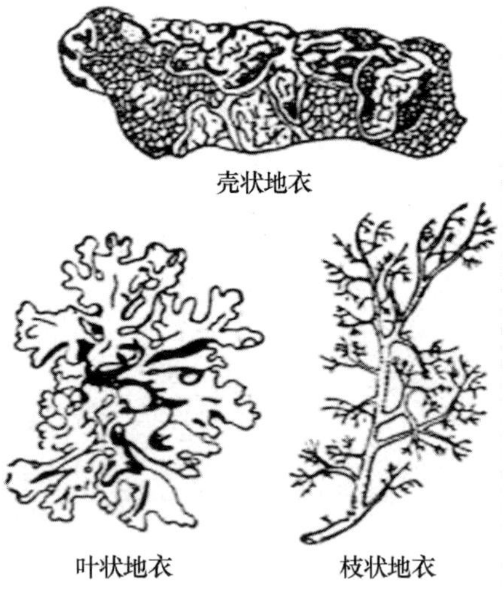

图 3-6　地衣的形态

地衣植物有些种类可以食用，如石耳等。有些种类可以药用，如松萝、石蕊等。有些种类可以提取色素，用于工业原料，如染料衣、红粉衣等。地衣植物对 SO_2 气体比较敏感，可作为大气污染的监测指示植物。地衣可以分泌酸腐蚀岩石造土，为其他植物的进入创造条件，是植被形成的先锋植物。

（二）高等植物

高等植物绝大多数陆生。除苔藓植物外，植物体一般都有根、茎、叶和维管组织的分化；

生殖器官由多细胞构成；受精卵形成胚，再长成植物体；生活史（图 3-7）中有明显的世代交替，即有性世代和无性世代更迭的过程，其中受精和减数分裂是两个世代的转折点。

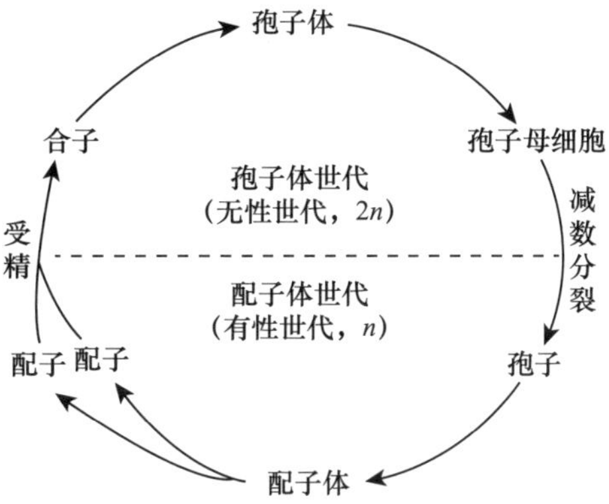

图 3-7　高等植物生活史（世代交替）

1. 苔藓植物门

苔藓植物是一群小型多细胞绿色植物，具有初步适应陆生环境的能力和特点，但是还很不完善，多数生活在比较潮湿的地方，如湿润的石面、土壤表面、树皮和朽木上。它们是高等植物脱离水生向陆生过渡的代表类型。全球约有 23 000 种，我国有 2 000多种。根据营养体的形态结构，苔藓植物分为苔纲和藓纲，主要区别见表 3-3。

表 3-3　苔纲和藓纲的主要区别

（胡宝忠，植物学，2002）

项目	苔纲	藓纲
植物体	多为背腹式	无背腹之分，有茎、叶的分化，无真根
孢蒴	多无蒴轴，具弹丝	有蒴轴，无弹丝
孢子萌发	原丝体阶段不发达	原丝体阶段发达
代表植物	地钱、浮苔、角苔	葫芦藓、泥炭藓、黑藓

苔藓植物结构简单，植株矮小，简单的类型为扁平叶状体，高等种类有茎和叶的区别，但不产生真正的根。苔藓植物没有输导组织（维管束）和机械组织分化，输导机能较差。苔藓植物的生活史中具有明显的世代交替。常见的绿色植物体是其有性世代的配子体，配子体发达，能独立生活，在世代交替中占优势。而无性世代的孢子体不发达，不能独立生活，终生寄居在配子体上，依靠配子体提供营养。

许多苔藓植物能生长在几乎裸露的岩石上，分泌出酸类物质，腐蚀岩石表层，有利于土壤的形成。因此，它们也是自然界的先锋植物。苔藓植物往往成片、成丛覆盖地面，有利于水土的保持。如泥炭藓吸水量为自身重量的 10～20 倍，而蒸发量只有静水面的 20%，能防止地表水的径流。所以苔藓植物在水土保持、湖泊演替为陆地、陆地沼泽化等方面均有重要作用。苔藓植物对大气中的二氧化硫和氟化氢等有害有毒气体十分敏感，因此，也可作为大气污染的监测指示植物。泥炭藓可用作肥料和燃料；大金发藓药用，具有消炎、镇痛、止血等功效；地钱（图 3-8）和葫芦藓（图 3-9）是常见的野生植物，喜生于阴湿的土壤表面，能吸收、固着和保持水分；此外，部分苔藓植物还可作为盆景造型的点缀材料。

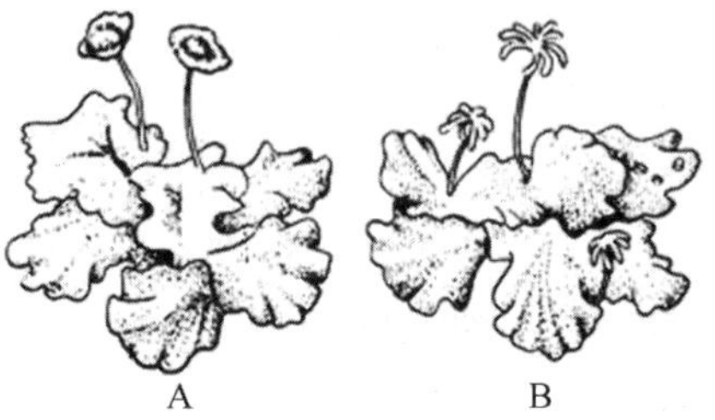

图 3-8　地钱的雌雄株

A. 雄株　B. 雌株

（引自贺学礼）

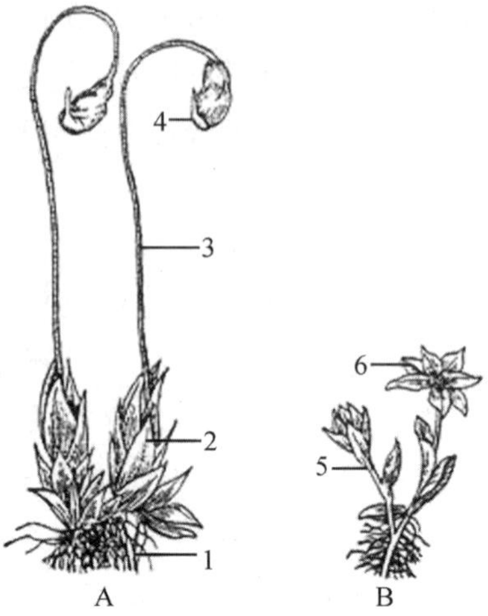

图 3-9　葫芦藓

A. 具孢子体植株　B. 具颈卵器植株

1. 假根　2. 叶　3. 孢子体　4. 孢蒴　5. 雌枝　6. 雄枝

（引自贺学礼）

2. **蕨类植物门**

蕨类植物又称羊齿植物，分为 5 个纲，即木贼纲（楔叶纲）(Equisetinae)、松叶蕨纲（裸蕨纲）(Psilophytinae)、石松纲（Lycopodiinae）、水韭纲（Isoetinae）和蕨纲（真蕨纲）(Filicopsida)。前 4 个纲为小型叶蕨类，蕨纲为大型叶蕨类。蕨类植物广布全球，以亚热带、热带分布较多，多生于潮湿环境。蕨类植物有维管组织分化，是现存最早的维管植物，比苔藓植物对陆地有更强的适应性。

蕨类植物一般为陆生，大多为个体较矮的多年生草本，具有根、茎、叶的分化和维管束系统，维管束由木质部和韧皮部组成，其木质部有管胞，韧皮部有筛胞。蕨类植物有明显的世代交替（图 3-10），其孢子体和配子体都有叶绿体，都能独立生活，但孢子体远比配子体发达，常见的植物体是孢子体，多为多年生。常有根状茎，二叉分枝或单轴分枝，根常有不定根着生在根状茎上。孢子叶产生孢子囊，囊内孢子成熟后散出。

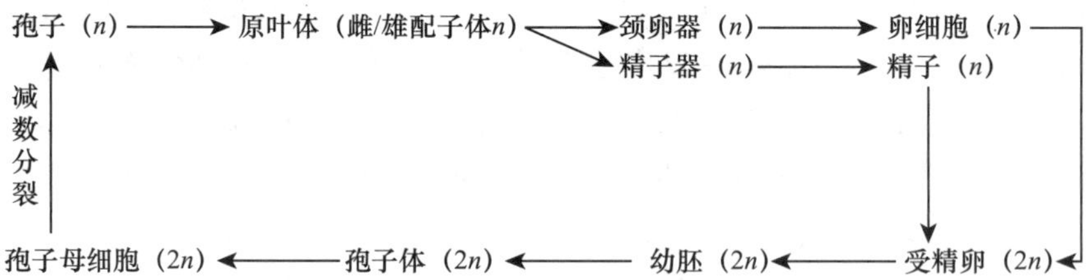

图 3-10　蕨类植物的生活史

蕨类与人类生活息息相关。埋藏在地下的煤是远古时代蕨类植物的遗体，石松的孢子是冶金工业的优良脱模剂，还用于火箭、信号弹、照明弹制造工业中。满江红、槐叶萍可作饲料和绿肥；铁线蕨、凤尾蕨、贯众为钙质土壤的指示植物，石松、芒萁等则为酸性土壤的指示植物；问荆的植物体内可积累金，每吨含金高达 140 g，对探矿有很大参考价值；蕨、紫萁、荚果蕨、毛轴蕨、菜蕨等蕨类的幼叶拳菜是宴席上的名菜；石松、金毛狗、贯众、骨碎补、槲蕨、肾蕨、乌蕨是著名药材；肾蕨、铁线蕨、卷柏、鸟巢蕨、荚果蕨、鹿角蕨、桫椤等已在温室和庭院中广泛栽培用于观赏。

3.裸子植物门

裸子植物现存 700 余种，分为苏铁纲（Cycadopsida）、银杏纲（Ginkgopsida）、松柏纲（Coniferopsida）、红豆杉纲（Taxopsida）和买麻藤纲（Gnetopsida）5 个纲。我国是裸子植物种类最多、资源最丰富的国家。裸子植物是介于蕨类植物和被子植物之间的一群高等植物。因其无子房结构，胚珠裸露，成熟后种子外面没有果皮包被，不形成果实，故称为裸子植物。裸子植物广泛分布于全世界。

裸子植物的孢子体很发达，均是木本植物，且多为常绿乔木，主根发达，叶多为针形、条形、线形或鳞形。配子体简化，雄配子体由 4 个细胞构成（1 个生殖细胞，1 个管细胞，2 个退化的原叶体细胞），雌配子体由多个颈卵器和胚乳构成。有大小孢子叶球，分别叫雌雄球花。胚珠和种子裸露，不被心皮和果皮包被，无双受精现象。由大孢子叶发育成单倍体胚乳。具多胚现象。种子的出现，使胚受到保护以及保证营养物质的供给，有利于植物度过不利的环境，为其后代的繁衍创造良好的生存条件。因此，裸子植物比蕨类植物更适应于陆地生活。但其输导组织的木质部中只有管胞，而无导管，韧皮部中只有筛胞，而无筛管和伴胞，因此，裸子植物的输导能力较弱，生长速度较慢。

裸子植物常大面积组成针叶林，如松科、杉科植物是构成北半球森林的主要树种；很多裸子植物树势美观，是有名的观赏树种，如银杏（图 3-11）、雪松、水松、水杉、杉木、红松、黑松、马尾松等。松、柏、杉科的许多树种是木材生产的主要树种。大多数裸子植物是高大乔木，干直枝少，木材坚硬，是重要的用材树种。裸子植物还有药用价值，如从银杏叶提取的银杏黄酮苷元为治疗冠心病的良药，麻黄属的植物均含有生物碱麻黄素，红豆杉可以提取紫杉醇等。松、柏的种子含丰富的油脂，可榨油供食用或工业用。

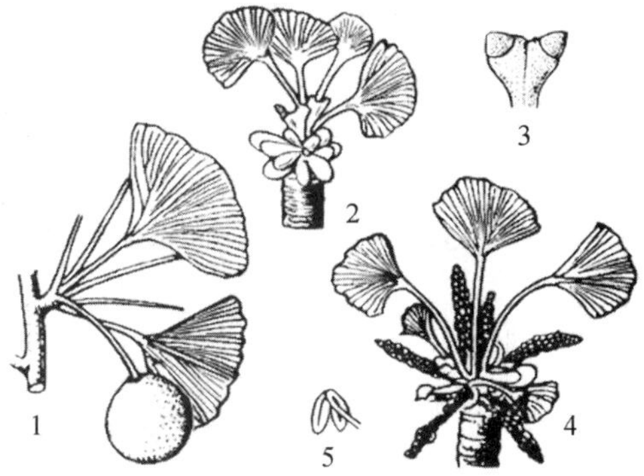

图 3-11 银杏

1.长、短枝及种子 2.着生大孢子叶球的短枝 3.大孢子叶球 4.着生小孢子叶球的短枝 5.小孢子叶

4.被子植物门

被子植物是现代植物界中种类最多、数量最大、进化地位最高的一大类植物。最显著的特征有：

1）具有真正的花

典型的被子植物花由花萼、花冠、雄蕊和雌蕊等四个部分组成。被子植物花的各部分在数量和形态上变化多样，这些变化是在进化过程中，适应于虫媒、鸟媒、风媒或水媒的传粉条件，被自然界选择，得以保留，并不断加强形成的。

2）种子被果皮包被

胚珠包藏在子房内，得到子房保护，避免昆虫咬噬和水分丧失。子房在受精后发育成果实，果实具有不同的色、香、味，多种开裂方式，果皮上常有各种钩、刺、翅、毛；果实所有这些特点，对于保护种子成熟，帮助种子散布有着十分重要的作用。

3)具有双受精现象

双受精现象是指两个精细胞进入胚囊后，一个与卵细胞结合形成合子，另一个与两个极核结合，形成三倍体的初生胚乳核，再发育成胚乳；幼胚以三倍体的胚乳为营养，使新植物体具有更强的生活力和适应性。

4)孢子体高度发达，配子体寄生在孢子体上

被子植物的孢子体，在形态、结构、生活型方面，比其他各类植物更完善、更具多样性。被子植物的输导组织更完善，木质部有导管，韧皮部有筛管和伴胞，使得体内物质运输更畅通，提高了对陆地生活的适应能力。

5)配子体极其简化

被子植物配子体进一步退化，雌雄配子体无独立生活的能力，终生寄生在孢子体上。大部分植物的雄配子体(成熟花粉粒)仅具 2 个细胞(二核花粉粒)，其中一个为营养细胞，一个为生殖细胞；少数植物在传粉前生殖细胞就分裂一次，产生 2 个精子，形成三核花粉粒，如石竹亚纲的植物和油菜、玉米、大麦、小麦等。雌配子体通常为 7 细胞-8 核胚囊，包含 3 个反足细胞，1 个中央大细胞(2 个极核)，2 个助细胞和 1 个卵细胞。这种简化在生物学上具有重要意义。被子植物生活史见图 3-12。

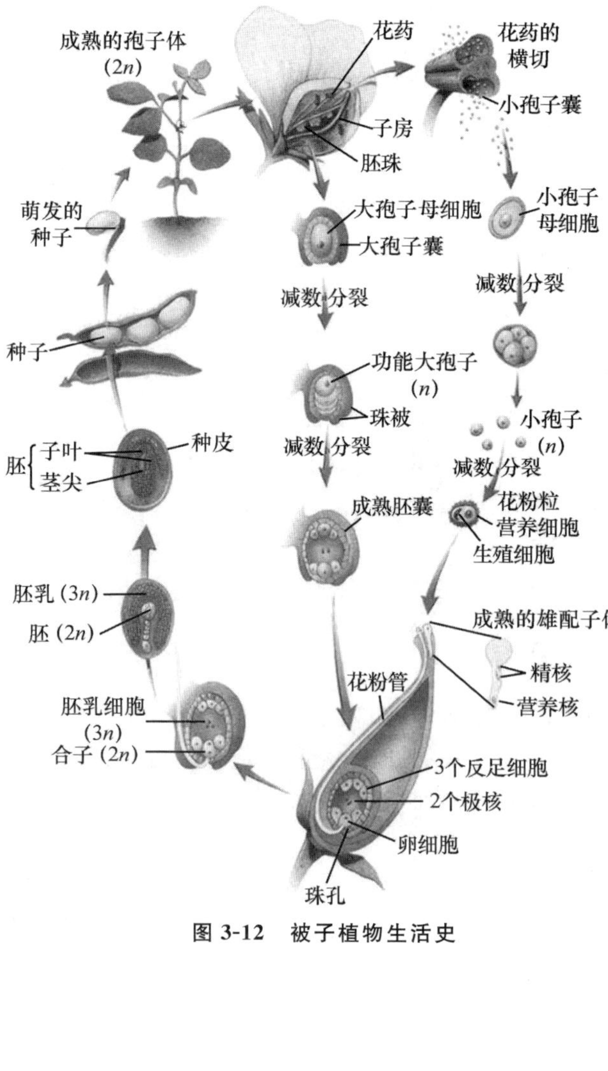

图 3-12　被子植物生活史

被子植物现已知有 25 万多种，占植物界的半数以上，我国有 3 万多种。可分为两个纲，300 多个科，8 000 多属。

被子植物与人类生产和生活的关系十分密切，是人类衣、食、住、行不可缺少的物质基础。我们吃的粮食如小麦、水稻、玉米、大豆及蔬菜和水果，都是被子植物。被子植物中还有一些重要的经济植物，如烟草、麻类、棉花等。被子植物中有 1 000 多种是药用植物，还有一些是十分重要的工业原料。有 1 000 多种被子植物可用于绿化和美化。

二、植物界进化概述

地球上生物的生命史约有 30 亿年，生活在地球生物圈中的植物在形态结构、营养方式和生活史类型方面虽各不相同，但从系统演化角度看，它们都是由早期简单原始的生物经过几十亿年的发展演化而逐步产生的。

（一）植物界的发生阶段

地球自形成到现在已有约 46 亿年的历史，要探寻植物的演化过程，最有力的证据就是埋藏在不同地质年代的植物化石。表 3-4 是不同地质年代的主要植物类群，从中可看出各主要类群在各地质年代中发展的大致情况。

表 3-4 地质年代和不同时期占优势的植物和进化的情况

时期（代、纪）		距今时间/百万年	植物进化状况	优势植物
新生代	第四纪	0～2.5	被子植物占绝对优势，草本植物进一步发展	被子植物
	第三纪	2.5～65	被子植物占优势，大面积森林出现后又衰退，地方植物隔离，草本植物发生	
中生代	白垩纪	晚期 65～90	被子植物得到发展	
		早期 90～136	裸子植物衰退，被子植物渐渐代替裸子植物	裸子植物
	侏罗纪	136～190	裸子植物松柏类占优势，被子植物出现	
	三叠纪	190～225	真蕨类繁茂，裸子植物继续繁茂	
古生代	二叠纪	晚期 225～260	裸子植物苏铁类、银杏类、针叶类繁茂	
		早期 260～280	乔木类蕨类开始衰退	蕨类植物
	石炭纪	280～345	乔木类蕨类形成森林，出现矮小真蕨。种子蕨进一步发展	
	泥盆纪	345～390	裸蕨类植物繁盛并消失，种子蕨出现，苔藓植物出现	
	志留纪	390～435	由水生向陆生演化，出现裸蕨类植物	
	奥陶纪	435～500	海产藻类占优势	藻菌植物
	寒武纪	500～570	出现了真核细胞藻类，后期出现与现代藻类相似的类群	
元古代		570～1 500		
太古代		1 500～5 000	原始生命起源，后期出现蓝藻和细菌	

植物界总是遵循一条主线演化（图 3-13）。地球形成后首先从简单的无生命的物质演化出原始生命体。这些原始生命体与周围环境不断地相互影响，到 35 亿年前，演化出了原核生物——细菌、蓝藻，又经历了约 20 亿年，由原核生物演化出了真核生物，进一步演化为蕨类植物、裸子植物以及被子植物。

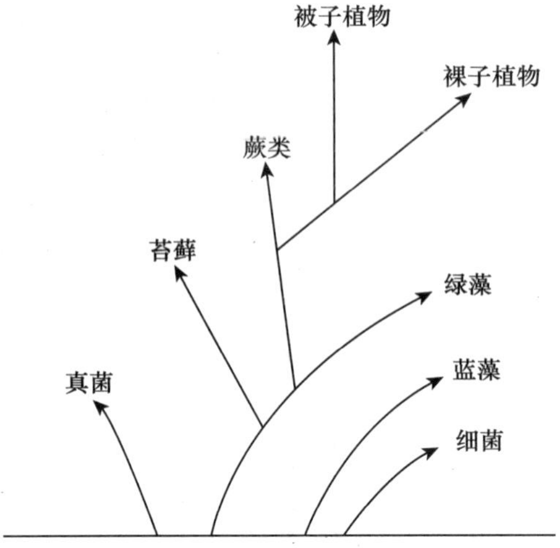

图 3-13　植物系统进化树

（二）植物界的演化规律

植物各大类群的进化与环境变化、植物性状变异和自然选择有着密切关系。

1. 在形态结构方面

植物从简单进化到复杂，由单细胞经群体到多细胞个体，并逐渐出现细胞的分工和组织的分化，随着环境条件的复杂化，植物的形态结构也发展得更加复杂，更加完善。

2. 在生态习性方面

植物由水生进化到陆生。适应陆地生活的结果是保护组织、机械组织和输导组织逐渐有了更高的发展，各器官之间有了明确的分工。

3. 在繁殖方式方面

植物由无性繁殖进化到有性繁殖。在有性繁殖中又由同配生殖到异配生殖，再到卵式生殖，由简单的卵囊到复杂的颈卵器，由无胚到有胚。

4. 在生活史方面

由无世代交替进化到有世代交替，由配子体占优势的世代交替进化到孢子体占优势的世代交替。维管植物的孢子体逐渐发达，适应性逐渐增强，而配子体逐渐退化，最后完全寄生在孢子体上。

单元小结

植物界分为低等植物和高等植物。低等植物包括藻类植物、菌类植物和地衣植物，地衣植物是藻菌共生体。高等植物包括苔藓类、蕨类、裸子植物和被子植物。裸子植物和被子植物都是以种子进行繁殖，合称为种子植物。被子植物数量众多，与人类生活息息相关，也是本单元学习的重点。

二维码 3-1　地衣、苔藓、蕨类及裸子植物

专项实训

一、填空题

1. 植物界各大类群中，称为孢子植物的有________植物、________植物、________植物、________植物、________植物；称为种子植物的有________植物、________植物。

2. 地衣体的菌类的营养靠________提供，藻类的水分、无机盐和 CO_2，依靠________供给，二者是________关系。

3. 地衣根据外部形态基本上可分为________、________和________三种类型。

4. 一般所说的低等植物，常包括________、________和________三大类。

5. 苔藓植物门的世代交替特点是________发达，________不发达，________寄生在________上。

6. 蕨类植物门的世代交替特点是________发达，________不发达，但两者都能独立生活。

7. 种子植物的世代交替特点是________发达，并占绝对优势，________则十分简化，不能脱离________而独立生活。

8. 裸子植物通常可分为________、________、________、________和________等五纲。

二、判断题　在后面的括号里对的打"√"错打"×"

1. 苔藓植物、蕨类植物和裸子植物都能形成颈卵器。(　　)

2. 在高等植物中，苔藓植物的配子体是寄生的，蕨类植物的配子体是独立生活的，裸子植物、被子植物的配子体也是寄生的。(　　)

3. 孢子植物就是低等植物，也称为无胚植物。(　　)

4. 地衣是细菌和藻类组成的共生复合体植物。(　　)

5. 菌类植物由于都不具叶绿素而属于典型的异养植物。(　　)

6. 藻类植物与菌类植物都是低等植物，它们之间的主要不同点在于：藻类是水生的，菌类则是陆生的。(　　)

7. 藻类植物都含叶绿素，能进行光合作用而自养。(　　)

8. 苔藓植物是一群小型的多细胞的高等植物。(　　)

9. 蕨类植物既是高等的孢子植物，又是原始的维管植物。(　　)

10. 裸子植物世代交替的特点是孢子体发达，并占绝对优势。其配子体十分简化，不能脱离孢子体而独立生活。(　　)

11. 裸子植物比蕨类植物进化，而裸子植物的颈卵器却更为退化。(　　)

12. 配子体进一步退化是被子植物的一个进化特征。(　　)

三、问答题

1. 低等植物包括哪几类？它们的共同特点是什么？

2. 高等植物包括哪几类？它们的共同特征是什么？

3. 为什么被子植物是植物界最高级的一类生物？

4. 裸子植物和被子植物有哪些相同点和不同点？

5. 比较苔藓植物、蕨类植物、裸子植物和被子植物特征，说明植物演化规律。

Project 3

被子植物分科

被子植物又称为显花植物，是植物界最高级的类型，其分布和适应性最广，物种最丰富。现有 300 多个科，8 000 多属，25 万多种。我国有被子植物 3 000 多属，约 3 万种，是被子植物种类最丰富的地区之一。被子植物分成双子叶植物纲和单子叶植物纲，两纲的主要区别见表 3-5。

表 3-5　双子叶植物纲和单子叶植物纲的比较

双子叶植物纲（木兰纲）	单子叶植物纲（百合纲）
1. 胚具 2 片子叶（极少 1、3 或 4）	1. 胚具 1 片子叶（或有时胚不分化）
2. 主根发达，多为直根系	2. 主根不发达，由多数不定根形成须根系
3. 茎内维管束环状排列，具形成层	3. 茎内维管束散生，不具形成层
4. 叶具网状脉	4. 叶具平行脉或弧状脉
5. 花基数常为 5 或 4，极少为 3	5. 花基数常为 3，极少为 4
6. 花粉具 3 个萌发孔	6. 花粉具单个萌发孔

一、双子叶植物纲的主要科

1. 杨柳科(Salicaceae)

本科许多种类是常见绿化观赏与行道树种，北方尤多，有些作防护林和材用树。常见植物有银白杨、山杨、加拿大杨、绦柳、垂柳等。

花程式：♂：$K_0\ C_0\ A_{2-\infty}$　　♀：$K_0\ C_0\ \underline{G}_{(2:1)}$

识别要点：木本。单叶互生，托叶早落。花单性，雌雄异株，葇荑花序，无花被；侧膜胎座。蒴果，种子基部具丝状长毛。

代表植物：

(1)毛白杨(*P. tomentosa* Carr.)，乔木，树皮灰白色，树冠卵形，叶三角状卵形，边缘具深齿牙或波状齿，背面密生灰色棉毛(图 3-14)。

(2)旱柳(*S. matsudana* Koidz.)，乔木，小枝直立，叶披针形，叶柄长 3～5 mm，苞片卵形，雄雌花皆有 2 腺体，为早春蜜源植物，绿化、护堤树种。

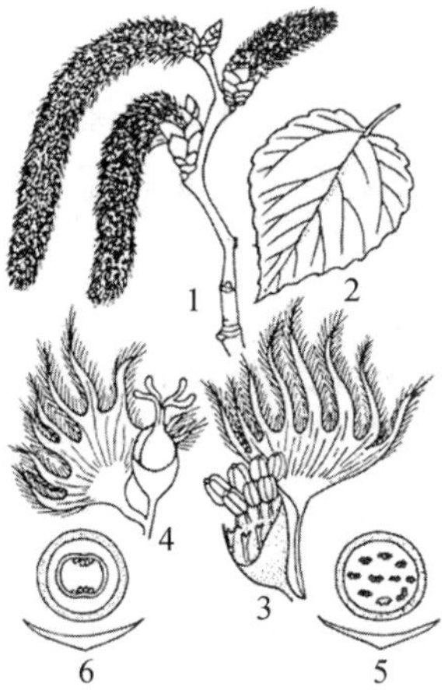

图 3-14　毛白杨

1. 花枝　2. 叶　3. 雄花　4. 雌花　5、6. 花图式(5. 雄花　6. 雌花)

二维码 3-2　杨柳科植物

2. 胡桃科(Juglandaceae)

本科树种木质坚硬,种子普遍含油,南北均产。

花程式:♂:$* P_{3-6}\ A_{8-10}$　　♀:$P_{3-5}\overline{G}_{(2:1)}$

识别要点:落叶乔木。羽状复叶互生。花单性同株,单花被,雄花序葇荑状;子房下位。核果或具翅坚果。种子1粒,无胚乳。

代表植物:

胡桃(核桃 *J. regia* L.),小叶5～9,全缘或呈波状,无毛,果核具2纵脊(图3-15);为著名干果和重要的木本油料植物,种子榨油、入药,果核可制活性炭,木材坚实,可制枪托。

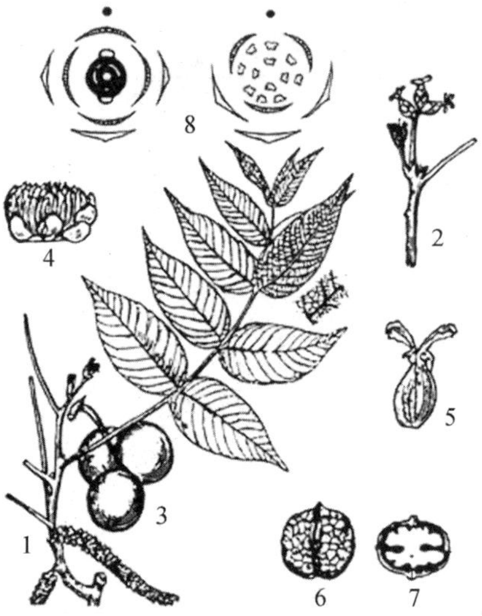

图3-15　胡桃

1. 雄花枝　2. 雌花枝　3. 果枝　4. 雄花
5. 雌花　6. 果核　7. 果横切面　8. 花图式

二维码3-3　胡桃科植物

3. 榆科(Ulmaceae)

本科包含多种常见乔木,木材大都坚硬、细致,耐磨损,韧性强,材质优良,可供家具、器具、建筑、车辆、桥梁、造船、农具等用;枝皮、树皮纤维强韧,可代麻制绳、织袋,或作造纸及人造棉原料,自东北大兴安岭至海南省均有分布。

花程式:$* K_{4-8}C_0A_{4-8}\underline{G}_{(2:1)}$

识别要点:木本。单叶互生。花小,单被。翅果、核果或有翅坚果。

代表植物:

(1)榆树(*U. pumila* Linn.),树皮纵裂而粗糙。叶常具单锯齿。花先叶开放。翅果近圆形,长1～2 cm。

(2)朴树(*C. sinensis* Pers.)(图3-16),叶宽卵形至狭卵形。核果径4～5 mm,果柄与叶柄近等长。产黄河流域以南。材质硬,茎皮纤维可作造纸及人造棉原料,种仁可榨油。

图 3-16 朴树

1.花枝 2.果枝 3.雄蕊 4.两性花 5.果核

二维码 3-4 榆科植物

4.壳斗(山毛榉)科(Fagaceae)

本科是森林的主要树种,全球广布。

花程式:♂:$K_{(4\text{-}8)}C_0\ A_{4\text{-}20}$　　♀:$K_{(4\text{-}8)}C_0\overline{G}_{(3\text{-}6:3\text{-}6:2)}$

识别要点:木本,单叶互生,羽状脉直达叶缘。雌雄同株,无花瓣,雄花呈葇荑花序,雌花1~3朵生于总苞中,子房下位,3~6室。坚果半包或全包于壳斗(由总苞发育而成)。

代表植物:

板栗(*C. mollissima* Bl.),叶下面具星状柔毛,总苞内常含3枚坚果,果较大,直径2~3 cm;原产中国,久经栽培,主产华北至华南,为著名木本粮食作物;果富含淀粉,食用;木质坚硬耐水湿,作工农业用材;壳斗及树皮含鞣质,可提取栲胶(图3-17)。

图 3-17 板栗

1.果枝 2.花枝 3.雄花 4.雌花 5.坚果 6.花图式

二维码 3-5 壳斗科植物

5. 桑科(Moraceae)

本科出产多种水果,如桑葚、无花果、菠萝蜜、面包果等。

花程式:♂:$* K_{4\text{-}6}\ C_0\ A_{4\text{-}6}$　　♀:$* K_{4\text{-}6}\ C_0\ \underline{G}_{(2:1)}$

识别要点:木本,常具乳汁;单叶互生;花小,单性,单被;聚伞花序常集成头状、穗状、圆锥状花序或隐于密闭的总花托中而成隐头花序;上位子房,2 心皮 1 室。坚果或核果常形成聚花果。

代表植物:

(1)白桑(*M. alba* L.),乔木,叶卵形或阔卵形,叶下面脉腋有细毛或无毛,雌花被外部被毛,复果白色或暗红和紫黑色,称"桑葚"(图 3-18);原产我国,南北有栽,历史悠久;桑叶饲蚕;桑葚食用、制果汁等;根内皮、桑叶、桑枝与桑葚均作药用。

(2)无花果(*F. carica* L.),落叶乔木或灌木,叶常掌状 3～5 裂;原产地中海,各地栽培,果生食或制蜜饯。

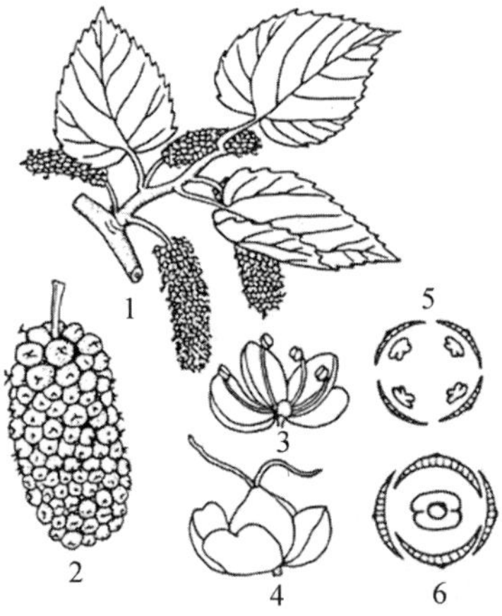

图 3-18　白桑

1. 果枝　2. 果实　3. 雄花　4. 雌花　5. 雄花花图式　6. 雌花花图式

二维码 3-6　桑科植物

6. 蓼科(Polygonaceae)

本科有重要的粮食作物荞麦,还有著名的药用植物何首乌、虎杖、大黄等,红蓼又是常见观赏植物。

花程式:$* K_{3\text{-}6}\ C_0\ A_{6\text{-}9}\ \underline{G}_{(2\text{-}4:1)}$

识别要点:多草本,茎节膨大;单叶,全缘,膜质托叶鞘抱茎。花两性,单被,萼片花瓣状,宿存。瘦果三棱形或凸镜形,常包藏于宿存的花被中。

代表植物:

(1)荞麦(*F. esculentum* Moench.),一年生草本,茎红色,叶广三角形,基部心形,花白色或淡红色,瘦果卵状三棱形;原产中亚,各地有栽培或为逸生;种子含淀粉达 67%,供食用,也是一种良好的蜜源植物,还可入药(图 3-19)。

(2)萹蓄(*P. aviculare* L.),一年生草本,花数朵,腋生,瘦果卵形,有三棱;广布性杂草,全草入药,清热解毒,杀虫。

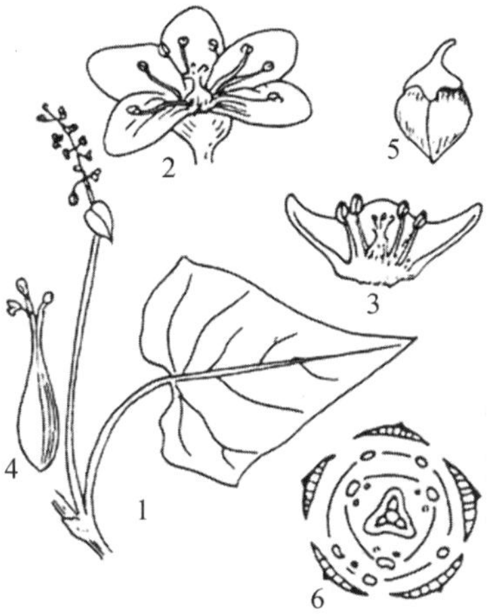

图 3-19　荞麦

1. 花枝　2. 花　3. 花的纵切　4. 雌蕊　5. 瘦果　6. 花图式

二维码 3-7　蓼科植物

7. 藜科(Chenopodiaceae)

本科植物常分布在荒漠、半荒漠及海滨地区。各地常见。梭梭、碱蓬可做盐碱干旱环境的指示植物。

花程式：$* K_{5-3} C_0 A_{5-3} \underline{G}_{(2-3:1)}$

识别要点：多为草本。单叶互生，草质或肉质，无托叶。花小，单被；雄蕊与花被片常同数对生。胞果；胚环形。

代表植物：

(1)菾菜(甜菜 *B. vulgaris* L.)，二年生草本，根肉质多汁，花绿色，柱头 3 裂，种子双凸镜形，红褐色；原产欧洲，现广为栽培。常见的有根用甜菜(糖萝卜)，根肥大，为北方重要制糖原料，叶饲用。

(2)藜(*C. album* L.)，广布性杂草，幼苗、嫩叶可食用，叶片菱状卵形至宽披针形，下面有白粉，边缘具不整齐锯齿，花果期 3—6 月(图 3-20)。

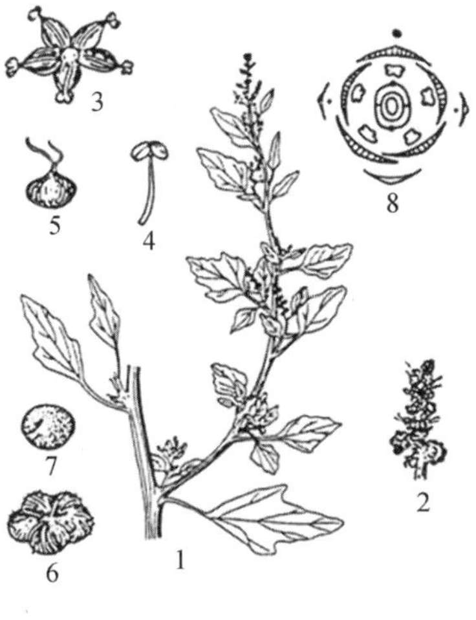

图 3-20　藜

1. 植株　2. 花序　3. 花　4. 雄蕊　5. 雌蕊　6. 胞果　7. 种子　8. 花图式

二维码 3-8　藜科植物

8. **苋科**(Amaranthaceae)

本科有药用植物、常见杂草及观赏植物，如鸡冠花、青葙、牛膝、苋、锦绣苋、血苋、千日红等，分布广泛。

花程式：$* K_{5-3} C_0 A_{5-3} \underline{G}_{(2-3:1:1)}$

识别要点：常草本。单叶，无托叶。花小，单被花，干膜质，雄蕊与花被同数对生。胞果，常盖裂。

代表植物：

(1)苋(*A. triolor* L.)，又称雁来红。叶卵状椭圆形至披针形，绿或红色，穗状花序，花被片与雄蕊各 3 个，胞果盖裂；各地栽培作蔬菜，也可观赏，全草入药(图 3-21)。

(2)牛膝(*A. bidentata* Blume，Bijdr.)，为常见杂草，根及全草入药，根酒制后，能补肝肾，强筋骨。

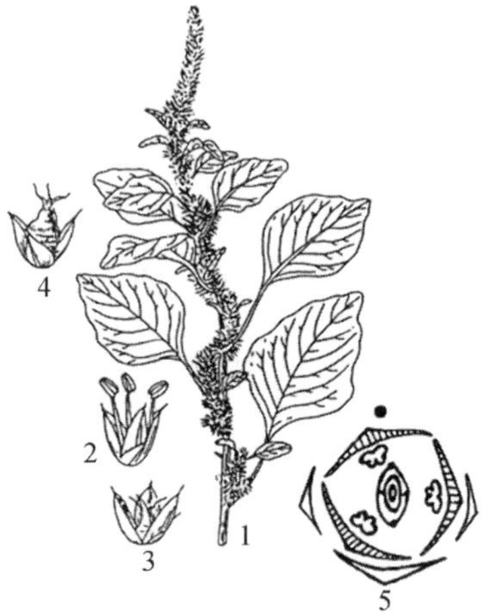

图 3-21　苋

1. 植株　2. 雄花　3. 雌花　4. 果实　5. 花图式

二维码 3-9　苋科植物

9. **石竹科**(Caryophyllaceae)

本科石竹、瞿麦、肥皂草、剪秋萝是良好的庭院观赏植物，香石竹(康乃馨)、满天星则是著名的切花，米瓦罐、牛繁缕、蚤缀、蝇子草是常见的杂草，王不留行、麦瓶草可入药。

花程式：$* K_{4-5,(4-5)}\ C_{4-5} A_{5-10} \underline{G}_{(5-2:1:\infty)}$

识别要点：草本，节膨大，单叶对生。花部 5 基数，雄蕊为花瓣 2 倍，特立中央胎座。蒴果。

代表植物：

(1)石竹(*D. chinensis* L.)，多年生草本，花瓣外缘齿状浅裂，花白色或红色(图 3-22)；现多栽培观赏，亦可药用。

(2)繁缕[*S. media*(L.)Cyr.]，草本。茎细弱。叶卵形。花小，白色；花瓣 5，每片 2 深裂；雄蕊 10；广布性杂草，全草入药，嫩苗可食。

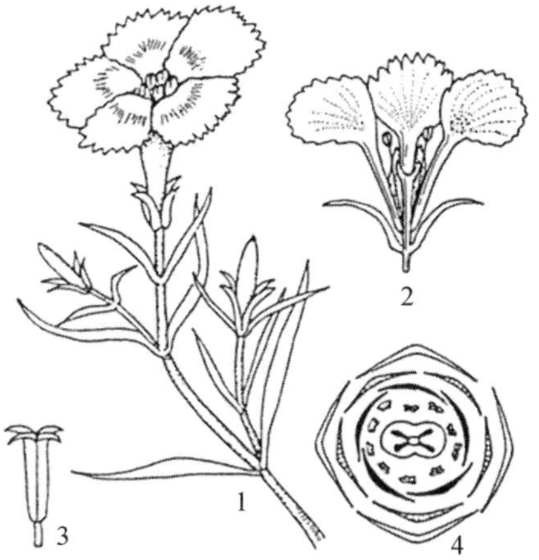

图 3-22　石竹

1. 花枝　2. 花纵剖　3. 果实　4. 花图式

二维码 3-10　石竹科植物

10. 毛茛科(Ranunculaceae)

本科是被子植物的原始科之一，分布于全国各地。药用植物有毛茛、茴茴蒜、黄连、白头翁、唐松草等；观赏植物有牡丹、芍药、飞燕草、翠雀、耧斗菜、金莲花、银莲花等。也有学者将牡丹、芍药从本科中分出，独立为芍药科。

花程式：$* \uparrow K_{3-\infty}\ C_{3-\infty}\ A_{\infty}\ \underline{G}_{\infty-1}$

识别要点：草本。单叶分裂或复叶。花两性，4～5 基数；雄蕊、雌蕊多数且离生，螺旋状排列于膨大的花托上。聚合瘦果或蓇葖果。

代表植物：

毛茛(*R. japonicus* Thunb.)，掌状裂叶；广布我国各地，生于山谷、田边；全草含原白头翁素，有毒，药用能利湿、消肿、止痛及治疮癣，也作土农药(图 3-23)。

图 3-23　毛茛

1. 植株　2. 萼片　3. 花瓣　4. 花图式

二维码 3-11　毛茛科植物

11. 木兰科(Magnoliaceae)

本科是双子叶植物最原始的科，有很多具有观赏价值的乔木，如木兰、辛夷(紫玉兰)、鹅掌楸(马褂木)等，药用植物有厚朴、五味子等，八角为常见调料。

花程式：$* P_{6-15}\ A_{\infty}\ \underline{G}_{\infty:1}$

识别要点：木本。单叶互生，有托叶环。花单生，两性；花被 3 基数，整齐；雄蕊与雌蕊多数、分离，螺旋状排列于伸长的花托上。聚合蓇葖果。

代表植物：

玉兰(*M. denudata* Desr.)，花大，白色，花被 3 轮 9 片，先花后叶；各地栽培观赏，花蕾供药用(图 3-24)。

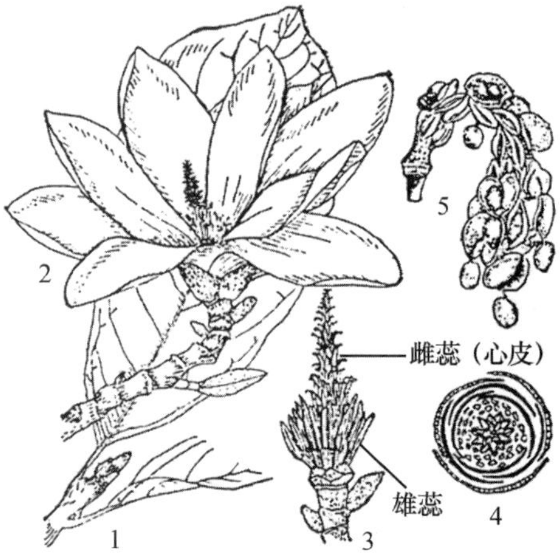

图 3-24　玉兰

1. 叶枝　2. 花枝　3. 雄蕊和心皮的排列　4. 花图式　5. 果实

二维码 3-12　木兰科植物

12. 十字花科(Cruciferae)

本科有大量的日常食用蔬菜如甘蓝、大白菜、小青菜、白萝卜、菜花、花椰菜、芥蓝、豆瓣菜、辣根菜等，还有药用植物菘蓝(根称“板蓝根”，叶称“大青叶”)，观赏植物紫罗兰、桂竹香、香雪球等，常见杂草有芝麻菜、独行菜、葶菜等。

花程式：$* K_{2+2}\ C_{2+2}\ A_{2+4}\ \underline{G}_{(2:2)}$

识别要点：草本。叶异型。总状花序，十字形花冠，四强雄蕊。角果，侧膜胎座，具假隔膜。

代表植物：

油菜(*B. campestris* L.)，一年生草本，茎常被白粉。基生叶大头羽裂，茎生叶基部扩展抱茎，上部茎生叶提琴形或披针形，基部心形，抱茎。花黄色，长角果。为重要的油料作物(图 3-25)。

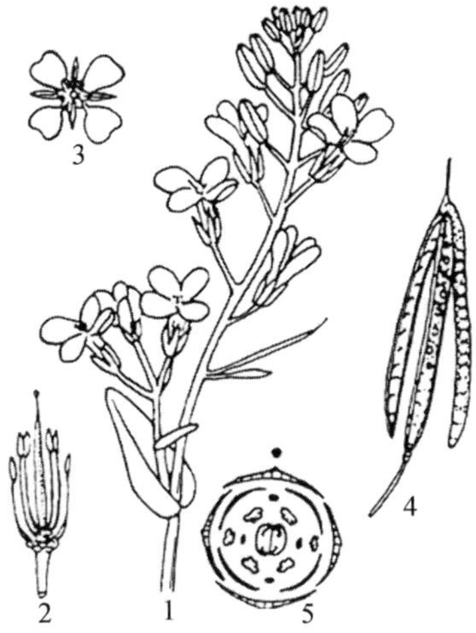

图 3-25 油菜

1. 花枝 2. 去花被的花 3. 花冠正面 4. 长角果 5. 花图式

二维码 3-13 十字花科植物

13. 蔷薇科(Rosaceae)

本科为重要的经济大科，盛产各种水果和观赏植物。常见果树有苹果、白梨、桃、杏、李、樱桃、木瓜等，观赏花木有月季、黄刺玫、榆叶梅、贴梗海棠、日本樱花、绣线菊、珍珠梅、玫瑰、蔷薇、碧桃等，药用植物有地榆、龙牙草、委陵菜、金樱子等。

花程式：$* K_{(5)}\ C_{5,0}\ A_{5-\infty}\ \underline{G}_{\infty-1}\ \overline{G}_{(5-2)}$

识别要点：茎常有皮刺。叶互生，常有托叶。花两性，整齐，5 基数，轮状排列。果为核果、梨果、瘦果和蓇葖果。

本科又分为四个亚科，见表 3-6。

表 3-6 蔷薇科各亚科主要形态特征比较

部位	绣线菊亚科	蔷薇亚科	苹果亚科	李亚科
叶	单叶、稀复叶，常无托叶	复叶、稀单叶；托叶发达	单、复叶，有托叶	单叶，有托叶
花	稀合生，花托平碟状，心皮 2～5 枚、分离，子房上位	花托隆起呈头状或凹下呈囊带状，心皮多数、分离，子房上位	花托深凹，参与果实形成，心皮 2～5 枚、联合，子房下位	花托凹陷呈杯状，心皮 1 枚，子房上位
果	聚合蓇葖果，稀蒴果	聚合瘦果、小核果	梨果	核果

代表植物：

(1)月季(*R. chinensis* Jacq.)，小叶 3～5，稀 7，常光滑，花重瓣，红色、白色或黄色；原产我国，著名花卉，品种甚多。常见观赏植物还有黄刺玫、法国蔷薇、百叶蔷薇等。

(2)苹果(*M. pumila* Mill.)，原产欧洲，全世界广为栽培，品种很多，我国主产于北方(图 3-26)。

图 3-26　苹果

1. 花枝　2、3. 花　4. 梨果

二维码 3-14　蔷薇科植物

14. 豆科(Leguminosae,Fabaceae)

本科盛产杂粮植物和蔬菜作物,如大豆、落花生、蚕豆、豌豆、豆薯、绿豆、赤豆、扁豆、菜豆、豇豆,还有药用植物黄芪、决明子等,观赏植物含羞草、紫荆、紫藤等。

本科有三个亚科(表 3-7,图 3-27)。

花程式:

含羞草亚科(Mimosoideae):$* K_{(3-6)} C_{3-6,(3-6)} A_{\infty(3-6)} \underline{G}_{1:1}$

云实(苏木)亚科(Caesalpinioideae):$\uparrow K_{(5)}\ C_5\ A_{10} \underline{G}_{1:1}$

蝶形花亚科(Papilionoideae):$\uparrow K_{(5)} C_5 A_{(9)+1} \underline{G}_{1:1}$

表 3-7　豆科各亚科主要形态特征比较

部位	含羞草亚科	云实亚科	蝶形花亚科
花冠	辐射对称	假蝶形花冠	蝶形花冠
		旗瓣位于内方	旗瓣位于外方
花瓣	镊合状排列	上升覆瓦状排列	下降覆瓦状排列
雄蕊	多数或 5,合生或离生	10,分离	10,常为(9)+1 的二体雄蕊

识别要点:叶常为羽状或三出复叶,多有托叶与叶枕。多总状花序,花冠多为蝶形或假蝶形;雄蕊为二体、单体或分离;单雌蕊,边缘胎座。荚果;种子无胚乳。

代表植物:

(1)合欢(*A. julibrissin* Durazz.),乔木,头状花序,花丝细长淡红色;各地栽培,观赏及作行道树,树皮和花药用。

(2)甘草(*G. uralensis* Fisch.),根及根状茎粗壮,味甜,茎叶被腺点和绒毛,小叶 5～17,卵形或近圆形,荚果弯曲成镰形或环形,密集成球形,表面密被刺状腺毛;产于北方各地,根与根状茎药用。

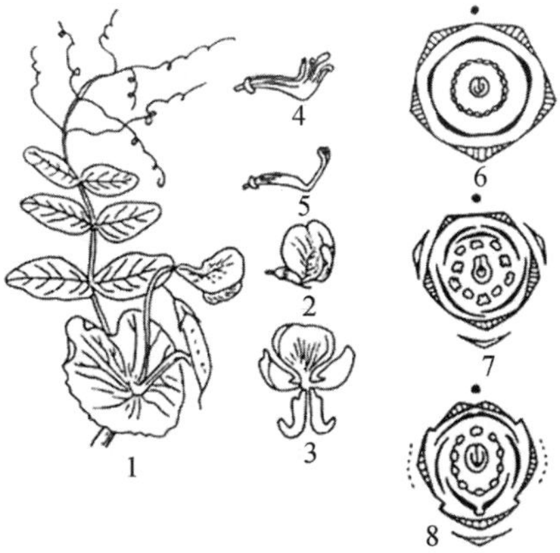

图 3-27　豌豆及豆科各亚科花图式

1. 花果枝　2. 花　3. 花的解剖　4. 雄蕊　5. 雌蕊

6. 含羞草亚科花图式　7. 云实亚科花图式　8. 蝶形花亚科花图式

二维码 3-15　豆科植物

15. 芸香科(Rutaceae)

本科柑橘属许多种为南方重要果树，如橙(甜橙)、柚、柠檬等。本科另有不少药用植物，如酸橙(图 3-28)、枸橘、吴茱萸、黄檗等。

本科约 150 属，1 700 余种，分布于热带及温带。我国有 29 属，约 150 种，南北均产，以南方为多。

花程式：$* \uparrow K_{5-4} C_{5-4}\ A_{10-8} \underline{G}_{(5-4)}$

识别要点：木本，常具芳香油腺点。羽状、掌状或单身复叶，无托叶。花被 4～5 基数，雄蕊为其 2 倍，花盘明显，中轴胎座。柑果、核果或蒴果。

代表植物：

柑橘(*C. reticulata* Blanco.)，箭叶狭，叶柄翼翅宽 1～3 mm，果皮易剥离；我国长江以南地区均有栽培，品种很多；本种分柑和橘两大类，柑类果较大，皮常粗糙，网状维管束贴生于瓢瓤外壁上；橘类果较小，皮常平滑稍薄，极易剥离，瓢瓤外壁上的网状维管束也易脱离。除鲜食外，干果皮为中药"陈皮"，橘络、叶、种仁等也药用。

图 3-28　酸橙

1. 花枝　2. 花的纵切　3. 果实纵切　4. 种子　5. 花图式

二维码 3-16　芸香科植物

16. 大戟科(Euphorbiaceae)

本科以盛产橡胶、油料、药材、鞣料、淀粉、木材等重要经济植物著称。多数植物有毒。药用植物有大戟、甘遂、狼毒等；观赏植物有一品红、霸王鞭等；常见杂草有泽漆、地锦、叶底珠等；经济植物有木薯、巴豆等。

花程式：$* ♂:K_{0-5}\ C_{0-5}\ A_{1-\infty}\quad ♀:K_{0-5}\ C_{0-5}\ \underline{G}_{(3:3:1-2)}$

识别要点：常具乳汁；多单叶。花单性，多聚伞花序；中轴胎座。蒴果3室。

代表植物：

蓖麻(*R. communis* L.)，灌木或小乔木。单叶互生，盾形，掌状深裂。花单性同株，雌上雄下同序，无花瓣及花盘，组成聚伞花序再排列成顶生圆锥状花序。蒴果具软刺，分裂成3个二瓣裂的分果片。种皮光滑，种阜明显(图3-29)，种子可榨油。

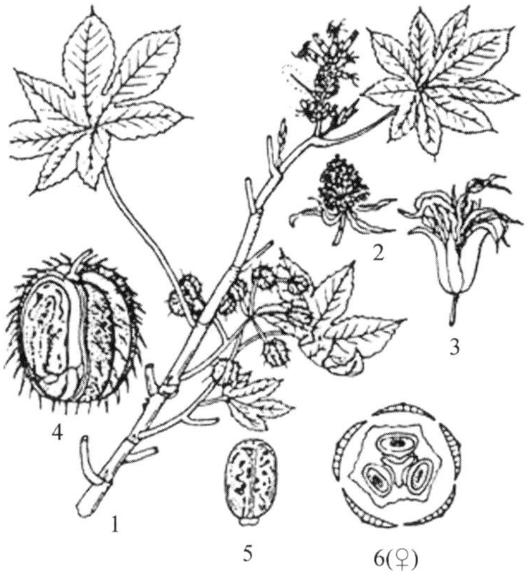

图3-29　蓖麻

1. 花果枝　2. 雄花　3. 雌花　4. 果实　5. 种子　6. 花图式

二维码3-17　大戟科植物

17. 无患子科(Sapindaceae)

本科是热带雨林中乔木层和灌木层的重要组成成分，文冠果属和栾树属在北方分布较广。常见植物有栾树、荔枝、龙眼、文冠果。

花程式：$* \uparrow K_{5-4}\ C_{5-4}\ A_{10-8}\ \underline{G}_{(3)}$

识别要点：羽状复叶。花小，常杂性异株；花瓣内侧基部常有毛或鳞片；花盘发达，位于雄蕊的外方，具典型3心皮子房。种子常具假种皮，无胚乳。

代表植物：

栾树(*K. paniculata* Laxm.)，乔木。羽状复叶。圆锥花序；花淡黄色，中间略紫，花瓣4。蒴果圆锥形，膨大成灯笼状(图3-30)。常栽培作庭园观赏树。木材黄白色，易加工，可制家具；叶可作蓝色染料；花供药用，亦可作黄色染料。

图 3-30　栾树

1.花枝　2.雄花　3.雄蕊　4.雌花，除去花被示子房和花盘　5.果序一部分

二维码 3-18　无患子科植物

18.葡萄科(Vitaceae)

本科多种植物的果实可食或供酿造用，如葡萄、山葡萄等。爬山虎、五叶地锦等种类的叶在秋季变红，常供墙壁绿化之用。白蔹、蛇葡萄、爬山虎及乌蔹莓等种类在民间供药用。

花程式：$* K_{5-4} C_{4-5}\ A_{4-5} \underline{G}_{(2)}$

识别要点：藤本。常具与叶对生之卷须或花序。花小，4～5 基数，两性，雄蕊与花瓣同数对生，有花盘，子房上位。浆果。

代表植物：

葡萄(*V. vinifera* L.)，果椭圆形至球形，紫黑色、红色或黄绿色，被白粉(图 3-31)；各地广栽，品种繁多，为著名果品，生食、制干、酿酒等，根、藤药用。

图 3-31　葡萄

1.果枝　2.去花被的花　3.花　4.花图式

二维码 3-19　葡萄科植物

19. 锦葵科(Malvaceae)

本科有经济作物棉花，还有观赏植物木槿、锦葵、蜀葵、朱槿(扶桑)、木芙蓉等，苘麻为常见杂草。

花程式：$* K_5 C_5 A_{(\infty)} \underline{G}_{(3-\infty:3-\infty)}$

识别要点：茎皮纤维发达；单叶掌状脉。花整齐，5 基数；具副萼；花瓣旋转状排列；单体雄蕊，花药 1 室。蒴果或分果。

代表植物：

(1) 陆地棉(*G. hirsutum* L.)，一年生草本至亚灌木，叶常 3 浅裂或中裂，副萼片 3，边缘 7～9 齿；我国产棉区普遍栽培，品种甚多(图 3-32)。

(2)木槿(*H. syriacus* L.)，灌木，叶常 3 裂，花多紫红色，原产中国，各地有栽，栽培变种、变型甚多，花色青紫至白色，观赏或作绿篱，亦可药用。

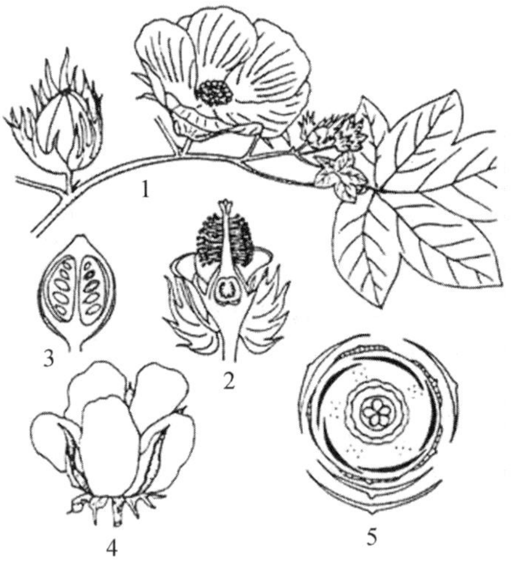

图 3-32 陆地棉

1. 花果枝 2. 花纵切 3. 子房纵切 4. 果实 5. 花图式

二维码 3-20 锦葵科植物

20. 山茶科(Theaceae)

本科分布于长江流域及南部各地的常绿林中，有经济作物茶，供观赏的山茶，供榨油的油茶等。

花程式：$* K_{4-\infty} C_{5,(5)} A_{\infty} \underline{G}_{(2-8:2-8)}$

识别要点：常绿木本。单叶互生，叶革质。花两性，整齐，5 基数；雄蕊多数，多轮排列，着生于花瓣上；子房上位，中轴胎座。常为蒴果。

代表植物：

茶[*C. sinensis* (L.) O. Ktze]，常绿灌木。叶卵圆形，表面叶脉凹入，背面叶脉凸出，在近边缘处结合成网。花白色，有柄；萼片宿存。长江流域及以南各地盛栽(图 3-33)。

图 3-33　茶

1. 花枝　2. 雄蕊　3. 雌蕊　4. 蒴果　5. 种子

二维码 3-21　山茶科植物

21. 伞形科(Umbelliferae, Apiaceae)

本科有多种常用蔬菜、调料和药用植物，如孜然、香芹、香菜、胡萝卜、莳萝、葛缕子、小茴香、当归、白芷、独活、毒芹、柴胡、防风、川芎、独活、珊瑚菜(北沙参)、前胡等。常见杂草有水芹、野胡萝卜等。

花程式：$* K_{(5)-0} C_5 A_5 \overline{G}_{(2:2)}$

识别要点：草本，常有异味。裂叶或复叶，叶柄基部膨大或呈鞘状抱茎。伞形或复伞形花序；花部 5 基数，子房下位。双悬果。

代表植物：

(1)胡萝卜(*D. carota* var. *sativa* Hoffm.)，具肥大肉质直根；原产欧亚大陆，全球广泛栽培；根作蔬菜，富含胡萝卜素，营养丰富(图 3-34)。

(2)北柴胡(*B. chinense* DC.)，叶倒披针形或剑形，中上部较宽，先端急尖；分布于华东、华中及北方各地；根入药，解表退热，疏肝解郁。

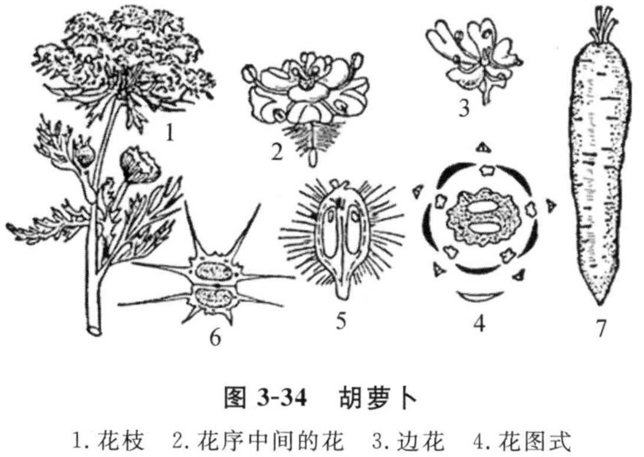

图 3-34　胡萝卜

1. 花枝　2. 花序中间的花　3. 边花　4. 花图式
5. 果实纵切　6. 果实横切　7. 肥大直根

二维码 3-22　伞形科植物

22. **木犀科**(Oleaceae)

本科多为优良用材、绿化、观赏树种，有些可提芳香油或作药用。常见植物有白蜡、连翘、丁香、迎春、茉莉、雪柳、女贞、木犀(桂花)等。

花程式：* $K_{(4)}$稀$_{(3\text{-}10)}$ $C_{(4)}$稀$_{(5\text{-}9)0}$ A_2稀$_{3\text{-}5}$$\underline{G}_{(2:2)}$

识别要点：木本，叶对生。花萼、花冠常 4 裂，整齐，多有香味；雄蕊 2，子房上位，2 室，每室 2 胚珠。翅果、蒴果、核果或浆果。

代表植物：

(1)白蜡树(梣 *F. chinensis* Roxb.)，小叶 5～7 枚，无毛，花序顶生或出自当年生枝的叶腋，萼 4 裂，无花冠；产南北各地，多为栽培；木材优良，为放养白蜡虫生产白蜡的重要经济树种，树皮入药。

(2)紫丁香(*S. oblata* Lindl.)，小枝、幼叶、花梗无毛或被腺毛，叶卵形至肾形，常宽大于长，花紫色(图 3-35)。

图 3-35　紫丁香

1. 花枝　2. 花　3. 花图式

二维码 3-23　木犀科植物

23. **旋花科**(Convolvulaceae)

本科有重要粮食作物甘薯，常见植物还有蕹菜、菟丝子、月光花、茑萝、箭叶牵牛、打碗花等。

花程式：* $K_5C_{(5)}A_5\underline{G}_{(2\text{-}3:2\text{-}3)}$

识别要点：草本，多为缠绕茎，常有乳汁。花 5 基数，有苞片，花冠漏斗状。常蒴果。

代表植物

(1)甘薯[*I. batatas* (L.) Lam.]，又称番薯、红薯。具块根，茎斜升或匍匐，叶全缘或3～5 裂，萼片顶端芒尖状；原产热带美洲，各地广栽；块根作杂粮，嫩茎叶作蔬菜食用，可酿酒、提制淀粉，茎叶为优质饲料。

(2)田旋花 (*C. arvensis* L.)，多年生草本，具根状茎，叶戟形，花冠粉红或白色；为农区习见杂草，也为饲草，全草入药，滋阴补虚(图 3-36)。

图 3-36　田旋花

1.花枝　2.花剖面　3、4.叶　5.花图式

二维码 3-24　旋花科植物

24.**唇形科**(Labiatae,Lamiaceae)

本科植物以富含多种芳香油著称,如薄荷、留兰香、百里香、薰衣草、罗勒、迷迭香、香青兰等。药用植物有黄芩、荆芥、藿香、丹参、薄荷、紫苏、香薷、夏枯草、牛至、广藿香等。甘露子和地笋的地下肥大根茎可供食用。一串红、五彩苏、美国薄荷等为常见观赏植物。常见杂草有夏至草(图 3-37)、宝盖草等。全国各地均有分布,尤以西部干旱地区为多。

花程式:↑ $K_{(5)}$ $C_{(4-5)}$ $A_{2+2,2}$ $\underline{G}_{(2:4:1)}$

识别要点:草本,具香气。茎四棱。单叶对生。轮伞花序,唇形花冠,二强雄蕊,子房上位,具有 4 个小坚果。

代表植物:

(1)薄荷(*M. haplocalyx* Briq.),多年生草本,具根状茎,叶两面有毛,轮伞花序腋生;我国各地均有野生或栽培,产量占世界第一位;全草含薄荷油,药用或为高级香料。

(2)丹参 (*S. miltiorrhiza* Bunge),多年生草本,羽状复叶,小叶常 3～5,两面被柔毛;根肥厚,外红内白,名丹参;分布于华北、华东、华中及陕西等地;根入药,活血祛瘀、凉血、安神。

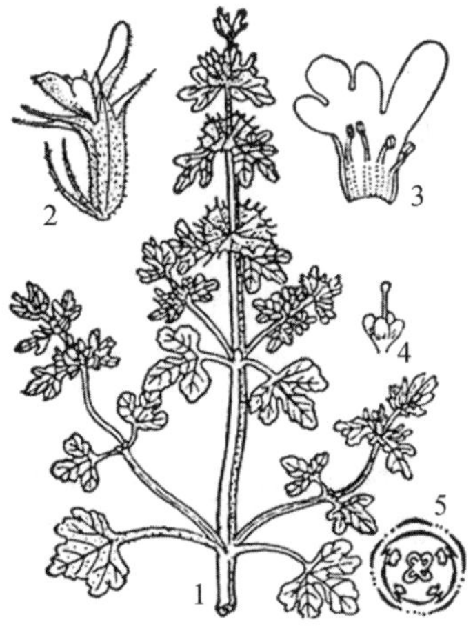

图 3-37　夏至草

1.花果枝　2.花　3.花冠展开　4.雌蕊　5.花图式

二维码 3-25　唇形科植物

25. **茄科**(Solanaceae)

本科有常见蔬菜茄子、马铃薯、番茄、辣椒等，药用植物曼陀罗、天仙子(莨菪)、颠茄、酸浆等，观赏植物碧冬茄(矮牵牛)、吉庆果、鸳鸯茉莉等，经济作物烟草。

花程式：$* K_{(5)} C_{(5)} A_5 \underline{G}_{(2:2:\infty)}$

识别要点：多草本，单叶互生。花两性，整齐，5 基数，花萼宿存，冠生雄蕊与冠裂片互生，花药常孔裂，心皮 2，中轴胎座。浆果或蒴果。

代表植物：

(1)茄(*S. melongena* L.)，全株被星状毛，花单生(图 3-38)；原产亚洲热带，各地广栽，果作蔬菜，果形、果色多样，栽培变种、品种较多；根入药。

(2)宁夏枸杞(*L. barbarum* L.)，花萼常 2 裂，花冠裂片边缘无缘毛；分布于西北和华北；果甜，为滋补药。

图 3-38 茄

1. 茎叶 2. 花冠及雄蕊 3. 花萼及雌蕊 4. 果实 5. 花图式

二维码 3-26 茄科植物

26. **葫芦科**(Cucurbitaceae)

本科经济价值高，包括多种瓜果蔬菜和药用植物。常见蔬菜有南瓜、葫芦、西瓜、西葫芦、黄瓜、丝瓜、冬瓜、苦瓜、佛手瓜、甜瓜等。药用植物有栝楼、绞股蓝等。主产南部和西南部，北方多为栽培种。

花程式：♂：$K_{(5)} C_{(5)} A_{1(2)(2)}$ ♀：$K_{(5)} C_{(5)} \overline{G}_{(3:1)}$

识别要点：蔓生草本，有卷须，掌状裂叶。花单性，5 基数，聚药雄蕊，3 心皮，侧膜胎座，下位子房。瓠果。

代表植物：

(1)南瓜[*C. moschata* (Duch.) Poir.]，果扁球形、椭圆形或狭颈状等，果形多样，果肉黄色；作菜用或饲用，种子食用或榨油(图 3-39)。

(2)葫芦[*L. siceraria* (Molina) Standl.]，果形多样，果嫩时食用，熟后药用，老熟的果壳坚硬民间用作盛器。

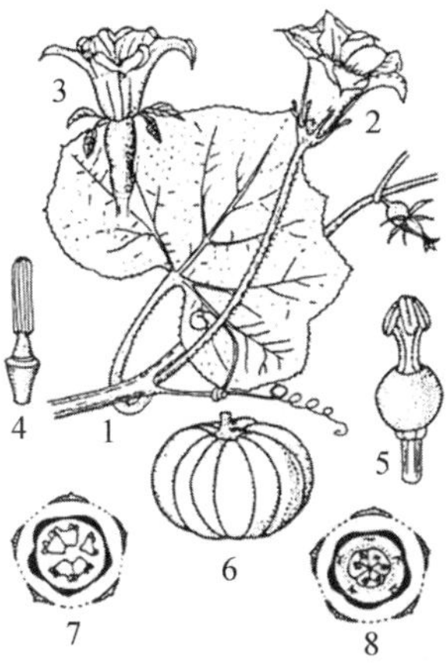

图 3-39　南瓜

1. 花果枝　2. 雄花　3. 雌花　4. 雄蕊　5. 雌蕊　6. 果实　7. 雄花花图式　8. 雌花花图式

二维码 3-27　葫芦科植物

27. 菊科(Compositae, Asteraceae)

本科是被子植物第一大科，广布全世界。观赏植物有菊花、雏菊、翠菊、百日菊、金光菊、黑心金光菊(黑眼菊)、大丽花、两色金鸡菊、万寿菊、孔雀菊、金盏花、矢车菊等。药用植物有蒲公英、紫菀、旋复花、红花、白术、千里光、一枝黄花、牛蒡、苍耳等。常见杂草有小蓬草、鬼针草、牛蒡、苍耳等。常见蔬菜有莴笋、茼蒿、菊芋(洋姜)等。

花程式：$* \uparrow K_{0-\infty}\ C_{(5)}\ A_{(5)}\ \overline{G}_{(2:1)}$

识别要点：多为草本。头状花序，有总苞；花冠筒状或舌状，聚药雄蕊，子房下位，瘦果顶端常有宿存冠毛或鳞片。

菊科植物为合瓣花，花冠类型有 5 种。根据花冠类型及植物体是否含乳汁，可分为管状花亚科和舌状花亚科。

代表植物：

(1)向日葵(*H. annuus* L.)，一年生草本，头状花序直径 20～35 cm，种子含油量 22%～37%，有的高达 55%，为重要油料作物(图 3-40)。

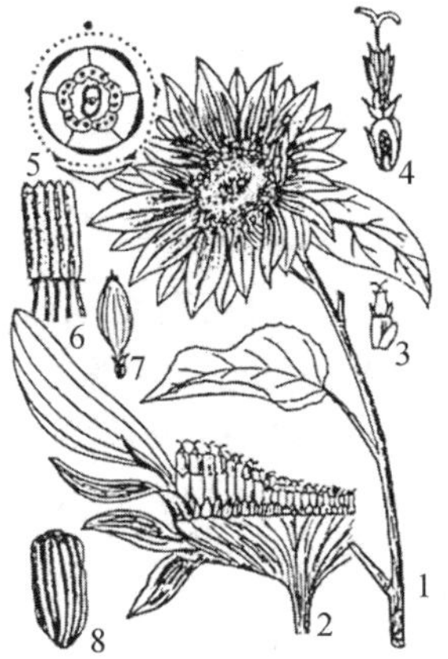

图 3-40　向日葵

1. 花枝　2. 花序纵切　3. 筒状花　4. 筒状花纵切　5. 花图式　6. 聚药雄蕊　7. 舌状花　8. 瘦果

二维码 3-28　菊科植物

(2)蒲公英(*T. mongolicum* Hand.-Mazz.),广布全国各地,全草药用,清热解毒,嫩叶可食。

二、单子叶植物纲的主要科

1.泽泻科(Alismataceae)

本科南北均有分布。其中一些植物的球茎可食用或药用。

花程式:$* P_{3+3}\ A_{6-\infty}\ \underline{G}_{6-\infty}$

识别要点:水生或沼生草本。叶常基生。花在花序轴上轮生;外花被萼片状,宿存。聚合瘦果。

代表植物:

(1)泽泻(*A. plantago-aquatica* L.),花大,主产北方,栽培观赏(图 3-41)。

(2)慈姑(*S. sagittifolia* L.),多年生草本;腋生匍匐茎顶端膨大成球茎;挺水叶上下裂片近相等;花药紫色。广布欧洲、北美至亚洲,我国南北均有分布,生浅水或沼泽地,南方多栽培,也为水生杂草。球茎可食,也可制淀粉,叶可供饲用。

图 3-41 泽泻

1.植株 2.花 3.花图式 4.果

二维码 3-29 泽泻科植物

2.禾本科(Gramineae,Poaceae)

本科是种子植物中的一个大科,广布世界各地。禾本科与人类的生活关系密切,具有重要的经济价值。是人类粮食(约占 95%)的主要来源,也是畜牧饲料的重要来源。常见粮食作物有小麦、水稻、高粱、小米、大麦、黑麦、黍、莜麦、燕麦、玉米等。重要的牧草有雀麦、披碱草、羊茅、早熟禾、看麦娘等。重要的草坪植物有结缕草、野牛草、狗牙根、蒴股颖等。常见农田杂草有狗尾草、马唐、拂子茅等。观赏植物有佛肚竹、斑竹、凤尾竹等。药用植物有薏苡、淡竹叶等。

花程式:$\uparrow P_{2\text{-}3}\ A_{3\text{-}3+3}\ \underline{G}_{(2:3:1)}$

识别要点:茎秆圆柱形,节明显,节间常中空。叶 2 列互生,叶鞘常开裂,常有叶舌或叶耳。每个小穗轴由颖片和小花组成,小穗组成各式花序。颖果。

代表植物：

(1)小麦(*T. aestivum* L.)，颖近革质，5～9，顶端有尖头，外稃具芒，颖果椭圆形，腹面有深纵沟(图 3-42)。同属少量栽培植物还有硬粒小麦、圆锥小麦、东方小麦等。

(2)薏苡(*C. lacryma-jobi* L.)，各地有栽，颖果含淀粉和油，可制面食或酿酒，也可作饲料或药用。

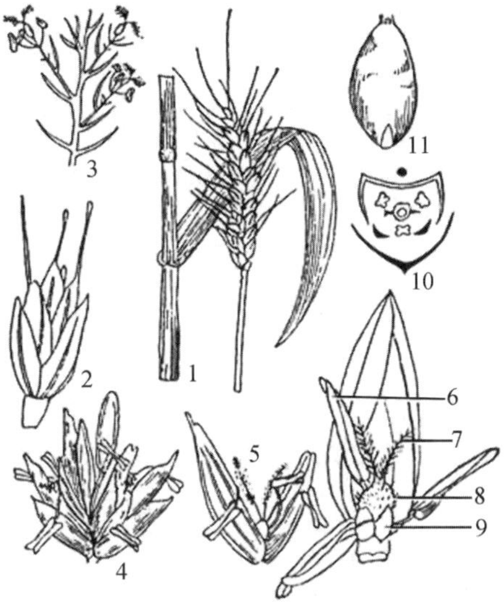

图 3-42　小麦

1.茎叶及花序　2.小穗　3.小穗模式图　4.开花的小穗　5.小花　6.雄蕊　7.柱头　8.子房　9.浆片　10.花图式　11.颖果

二维码 3-30　禾本科植物

3.莎草科(Cyperaceae)

本科植物易与禾本科植物混淆，常生于沼泽、湿润草地及高山草甸，广布于南北各地。常见植物有莎草、飘拂草、藨草、嵩草、扁莎草、水莎草等。荸荠的块茎可以食用。高秆扁莎草、咸水草、藨草、荆三棱、蒲(席)草等可作造纸和编织原料。乌拉草是"东北三宝"之一。

花程式：$P_0A_{1-3}\underline{G}_{(2-3)}$　♂：P_0A_{1-3}　♀：$P_0\underline{G}_{(2-3)}$

识别要点：茎常三棱形，实心，无节。叶常 3 列，叶鞘闭合。小穗组成各式花序。坚果三棱形。

代表植物：

(1)莎草(香附子 *C. rotundus* L.)，多年生草本，根状茎匍匐、细长，茎端生长圆形块茎，叶鞘常裂成纤维状，复穗状花序在秆顶排成辐射状，小穗线形，花 10～36 朵；块茎名"香附子"，内含香附油、香附油精，可作香料，入药能理气解郁，调经止痛，也是常见田间杂草。

(2)荸荠[*H. dulcis* (Burm. f.)Trin.]，根状茎匍匐、细长，茎端膨大成球茎，秆丛生，圆柱状，有多数横隔膜；各地栽培，球茎供食用，也供药用，清热生津，开胃消积，明目化痰(图 3-43)。

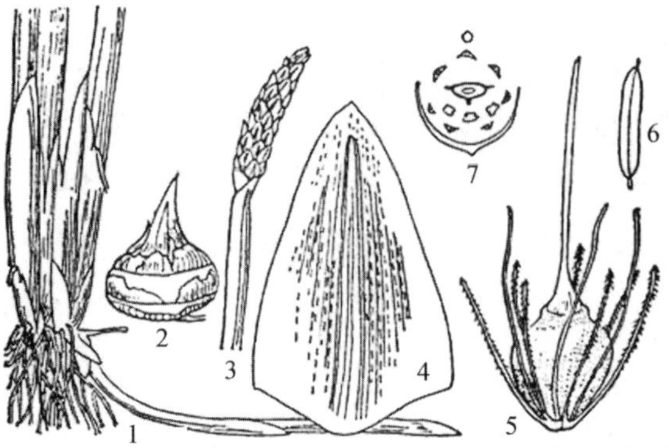

图 3-43　荸荠

1.植株的一部分　2.球茎　3.花序
4.颖片　5.小坚果　6.花药　7.花图式

二维码 3-31　莎草科植物

4.天南星科(Araceae)

本科有大量的药用植物和观赏植物，且易水培，主要分布于南方，北方多为栽培。药用植物有菖蒲、天南星、半夏等，观赏植物有马蹄莲、龟背竹、红掌、花叶芋等。芋属、魔芋属的块茎还常供食用。

花程式：* $P_{0,4-6}$ A_{1-6} $\underline{G}_{(2,3(-15))}$

识别要点：草本，肉穗花序，花序外或花序下具有 1 片佛焰苞。浆果。

代表植物：

(1)半夏[*P. ternata*(Thunb.)Breit.]，块茎小球形。叶从块茎顶端生出，一年生的叶为单叶，卵状心形，生长 2～3 年植株的叶为 3 小叶的复叶。佛焰苞绿色，上部呈紫红色；花序轴顶端有细长附属物。浆果小，熟时红色。分布于我国南北各地。块茎有毒，炮制后入药，能燥湿化痰，降逆止呕，治慢性气管炎、咳嗽、痰多。因仲夏可采其块茎，故名“半夏”。

(2)一把伞南星[*A. erubescens*(Wall.)Schott]，叶片放射状分裂，裂片 5～20。佛焰苞为绿色或淡紫色，有白色条纹，肉穗花序的附属体棒状。广布于黄河流域以南各地。块茎亦作天南星入药(图 3-44)。

图 3-44　一把伞南星

1.植株上部，示花序　2.块茎

二维码 3-32　天南星科植物

5. 百合科(Liliaceae)

本科大而庞杂，有大量的观赏植物、蔬菜，还有药用植物。常见观赏植物有百合、卷丹、山丹、郁金香、风信子、万年青、玉簪、文竹、芦荟、吊兰、虎尾兰等。常见蔬菜有大葱、洋葱(图3-45)、大蒜、韭菜、石刁柏等。药用植物有黄精、麦冬、知母、菝葜、贝母等。

本科约 240 属，4 000 余种，广布世界各地。我国约 60 属，600 余种，各地均有分布，以西南部最盛。

花程式：$* P_{3+3}\ A_{3+3}\ \underline{G}_{(3:3)}$

识别要点：草本。具根茎、鳞茎或球茎。单叶。花被片 6 枚，花萼花瓣状，排成 2 轮，雄蕊 6 枚与花被片对生；子房上位，3 室，中轴胎座。蒴果或浆果。

代表植物：

(1)野百合(*L. brownii* F. E. Brown ex Miellez)，鳞茎直径达 5 cm，叶倒披针形至倒卵形，3～5 脉，叶腋无珠芽，花被片乳白色，微黄，外面常带淡紫色；分布于南方及黄河流域各地；各地常栽培，供观赏；鳞茎供食用、药用，润肺止咳，清热安神。

(2)川贝母(*F. cirrhosa* D. Don.)，花被长 3～4.5 cm；分布于西南地区，鳞茎入药，清热润肺，止咳化痰。

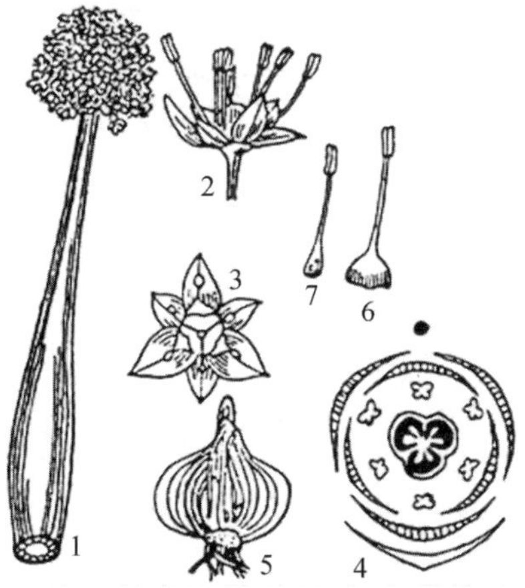

图 3-45 洋葱

1. 花序 2. 花 3. 花的正面 4. 花图式 5. 鳞茎 6. 内轮雄蕊 7. 外轮雄蕊

二维码 3-33 百合科植物

6. 兰科(Orchidaceae)

本科为种子植物第二大科，在我国目前多种兰科植物已属珍稀植物。兰科植物观赏价值很高，常见观赏植物有卡特兰、杓兰、兜兰、万带兰、虾脊兰、蝴蝶兰、建兰、墨兰等。药用植物有石斛、手掌参、斑叶兰等。绶草是城市最常见的野生兰科植物，常生于草坪中。

花程式：$\uparrow P_{3+3} A_{1\text{-}2} \overline{G}_{(3:1)}$

识别要点：陆生、附生或腐生草本。花两侧对称，花被片 6，外轮 3 枚花萼状，内轮 3 枚花瓣状，具 1 唇瓣。雄蕊与花柱、柱头结合成合蕊柱，花粉结合成花粉块；子房下位，1 室，侧膜胎座。蒴果；种子微小。

代表植物：

(1)建兰[*C. ensifolium* (L.) Sw.],有假鳞茎,叶2～6枚丛生,外弯,较柔软,宽1～1.7 cm,花葶直立,高20～40 cm,总状花序有花3～7朵,苞片远比子房短,花浅黄绿色,清香,萼片狭披针形,花瓣较短,唇瓣不明显3裂,花粉块2个;夏秋开花,著名观赏花卉,各地常栽,品种很多;根、叶入药(图3-46)。

(2)天麻(*G. elata* Bl.),块状根茎长椭圆形,茎黄褐色,花黄褐色,花被筒斜歪,口偏斜,6—7月开花;分布于东北、华北、华东、华中及西南地区,现已人工栽培;块茎入药,称"天麻",熄风镇惊,通络止痛,常用于治疗多种原因引起的头晕目眩和肢体麻木、神经衰弱、小儿惊风及高血压等症。

图3-46 建兰

1.植株 2.花 3.唇瓣 4.叶尖

二维码3-34 兰科植物

单元小结

被子植物是植物界最高级的类型,分为双子叶植物纲和单子叶植物纲。本单元涉及的双子叶植物纲的科包括:杨柳科、胡桃科、榆科、壳斗科、桑科、蓼科、藜科、苋科、石竹科、毛茛科、木兰科、罂粟科、十字花科、蔷薇科、豆科、芸香科、大戟科、无患子科、葡萄科、锦葵科、山茶科、伞形科、木犀科、旋花科、唇形科、茄科、葫芦科、菊科。本单元涉及的单子叶植物纲中重要的科包括:泽泻科、禾本科、莎草科、天南星科、百合科、兰科。各科的特征及代表植物的识别是本单元的学习重点。

专项实训

一、填空题

1. 毛茛科植物花中雄蕊和雌蕊________数,________生,________状排列于________上。
2. 蓼科植物最突出的特征之一是叶具________。
3. 根据植物的特征,判断其所属的科。

A. 木本，单叶互生；雄蕊、雌蕊多数，螺旋状排列于伸长的花托上，聚合蓇葖果：______。

B. 头状花序，聚药雄蕊，果具冠毛：________。

C. 具唇瓣，合蕊柱：________。

D. 雄花呈葇荑花序，雌花生于总苞中：________。

E. 有副萼，单体雄蕊，蒴果：________。

F. 茎常有皮刺。叶互生，常有托叶。花两性，整齐，5 基数，轮状排列。果为核果、梨果、瘦果和蓇葖果：________。

G. 蝶形花冠，荚果：________。

H. 具乳汁，花单性，子房 3 室，中轴胎座：________。

I. 花三基数，花萼花瓣状，子房上位，中轴胎座：________。

J. 蔓生草本，有卷须，瓠果：________。

K. 复伞形花序，双悬果：________。

L. 轮伞花序，茎方形，叶对生：________。

M. 草本，花 5 基数，花药孔裂，浆果：________。

N. 叶常具叶舌，颖果：________。

4. 下列常见蔬菜各属哪个科？

A. 大白菜、小青菜：________。B. 胡萝卜、香芹、茴香：________。C. 番茄、茄子、土豆、辣椒：________。D. 冬瓜、南瓜、黄瓜、丝瓜：________。E. 菜豆、豌豆、扁豆：________。F. 蕹菜：________。G. 菠菜：________。H. 莴苣、菊芋、茼蒿：________。I. 蒜、葱、洋葱、韭菜、石刁柏、黄花菜：________。

5. 茄科植物常为________本，________叶________生。花________性，________对称，________基数；________宿存；花药常________裂；________果或________果。

6. 旋花科植物花冠多________状或________状，________宿存。

7. 葫芦科植物的果实特称________果；伞形科植物具________果；十字花科植物具________果；豆科植物具________果；山茶科植物具________果；壳斗科植物具________果；木兰科植物多具________果；藜科植物具________果。

8. 百合科花________基数，________轮排列，子房________位，________胎座。

9. 禾本科与莎草科有不少相似之处，但禾本科茎________形，中空，有节，叶鞘________，叶________列，常有叶舌和________，果为________，以此和莎草科区别。

二、单项选择题

1. 蓼科植物营养器官最突出的特征是(　　)。

A. 草本　　B. 单叶互生

C. 具膜质托叶鞘　　D. 节膨大

2. 苋科植物和藜科植物均具(　　)。

A. 胞果　　B. 泡状粉

C. 鲜艳的花被　　D. 基底胎座

3. (　　)植物具聚药雄蕊，卷须。

A. 葡萄科　　B. 葫芦科　　C. 菊科　　D. 蝶形花科

4. 茄科的花程式是(　　)。

A. $\uparrow K_5 C_5 A_5 G_{(2:2)}$　　B. $\uparrow K_{(5)} C_{(5)} A_{(5)} G_{(2:2)}$

C. $* K_5 C_5 A_5 G_{(2:2)}$　　D. $* K_{(5)} C_{(5)} A_5 \underline{G}_{(2:2:\infty)}$

5. 旋花科植物茎多为(　　)茎。

A. 直立　B. 缠绕　C. 攀援　D. 匍匐

6. 锦葵科植物具有(　　)。

A. 单体雄蕊　B. 二体雄蕊　C. 多体雄蕊　D. 聚药雄蕊

7. 聚药雄蕊见于(　　)。

A. 十字花科　B. 芸香科　C. 禾本科　D. 菊科

8. 十字花科植物具有(　　)。

A. 荚果　B. 角果　C. 颖果　D. 蓇葖果

9. 豆科植物具(　　)。

A. 连萼瘦果　B. 坚果　C. 荚果　D. 蓇葖果

10. 瓠果为(　　)所特有。

A. 茄科　B. 蔷薇科　C. 葫芦科　D. 芸香科

11. 唇形科植物具有(　　)。

A. 伞形花序　B. 轮伞花序

C. 复伞形花序　D. 杯状聚伞花序

12. 菊科植物具有(　　)。

A. 隐头花序　B. 头状花序　C. 葇荑花序　D. 佛焰花序

13. (　　)具膜质托叶鞘。

A. 伞形科　B. 蔷薇科　C. 禾本科　D. 蓼科

14. 葱属植物花序初为膜质的(　　)所包。

A. 苞片　B. 总苞　C. 托叶　D. 芽鳞

15. 蒜的蒜薹是(　　)。

A. 变态的叶　B. 变态的茎

C. 花葶　D. 进行正常营养生长的茎

16. 一粒稻谷由(　　)发育而来。

A. 一朵小花　B. 一个小穗

C. 一个雌蕊　D. 一个复穗状花序

17. 禾本科植物的花序(如稻的圆锥花序)是以(　　)为基本单位的。

A. 小穗　B. 小花　C. 单性花　D. 两性花

18. 小麦的花序属(　　)。

A. 总状花序　B. 圆锥花序　C. 穗状花序　D. 复穗状花序

19. 禾本科植物小穗中小花的花被(　　)。

A. 缺如　B. 为浆片　C. 为稃片　D. 为颖片

20. 禾本科植物小穗中,芒常着生于(　　)上。

A. 外颖　B. 内颖　C. 外稃　D. 内稃

三、多项选择题

1. 具对生叶的科是(　　)。

A. 唇形科　　B. 十字花科　　C. 石竹科　　D. 茄科　　E. 豆科

2. 毛茛科与木兰科具明显的亲缘关系,主要原因是二者均具有(　　)。

A. 两性花　　B. 整齐花　　C. 雄蕊多数　　D. 多数离生心皮

3. 下列植物属于唇形科的有(　　)。

A. 玫瑰　　B. 夏至草　　C. 独行菜　　D. 草莓　　E. 连钱草

4. 具有胞果特征的科是(　　)。

A. 藜科　　B. 蓼科　　C. 伞形科　　D. 苋科　　E. 毛茛科

5. 属于被子植物门,单子叶植物纲的科有(　　)。

A. 茄科　　B. 石竹科　　C. 百合科　　D. 禾本科　　E. 旋花科

6. 茄科植物的特征是(　　)。

A. 蝶形花冠　　B. 轮状花冠　　C. 冠生雄蕊　　D. 二强雄蕊　　E. 两性花

7. 唇形科植物花的特征是(　　)。

A. 唇形花冠　　B. 二强雄蕊　　C. 二体雄蕊　　D. 漏斗状花冠　　E. 子房下位

四、判断题　在后面的括号里对的打"√",错的打"×"

1. 菊科筒状花亚科的主要特征是其头状花序中,小花全为筒状花。(　　)
2. 唇形科一朵花发育成四个小坚果,它们组成聚合小坚果。(　　)
3. 野芝麻属唇形科,而芝麻却不属唇形科。(　　)
4. 向日葵头状花序的边缘花不育。(　　)
5. 菊科植物的头状花序,在虫媒传粉适应的意义上,相当于一朵花。(　　)
6. 玉米肉穗花序中,花柱丝状细长,伸出苞片外。(　　)
7. 小麦花序的组成单位是小穗,小穗实际上也是一个花序。(　　)
8. 稻的谷粒是由小穗而不是一朵小花发育而来的,谷壳是苞片,而不是果皮。(　　)
9. 颖果的皮主要由颖片发育而来。(　　)
10. 蒜薹是蒜的花葶。(　　)
11. 菊科植物花中花药合生成筒状,称单体雄蕊。(　　)
12. 大豆花冠为蝶形花冠。(　　)
13. 葫芦科植物与葡萄科植物均以卷须攀援,但二者的花、果显著不同。(　　)
14. 伞形科植物较易辨认,因为均具伞形花序。(　　)
15. 伞形科植物花小,花被色彩并不鲜艳,所以伞形科植物属风媒传粉植物。(　　)
16. 乌拉草属禾本科,为"东北三宝"之一。(　　)
17. 小麦的小穗是一个穗状花序。(　　)
18. 玉米雌花序为佛焰苞所包藏。(　　)

五、问答题

1. 被子植物包括哪两个纲?它们有哪些区别?
2. 豆科分几个亚科?简述亚科的主要特征。
3. 简述下列科的主要特征,分别举例说明各科主要经济价值。

(1)十字花科;(2)蔷薇科;(3)豆科;(4)茄科;(5)百合科;(6)禾本科

4. 被子植物最大的科是哪一科？说出科的识别要点，并举出该科 5 种常见植物。
5. 蔷薇科分几个亚科？简述亚科的主要特征。
6. 比较禾本科植物和莎草科植物在形态特征上的主要区别。

二维码 3-35　模块三专项实训参考答案

模块四　植物生理

学习单元一　代谢生理

学习单元二　生长发育生理

学习单元三　逆境生理

模块介绍：

本模块包括3个单元：

1. 代谢生理。

2. 生长发育生理。

3. 逆境生理。

教学建议：

可在课内进行验证性实验项目，如观察质壁分离现象，测定植物水势，提取及分离叶绿体色素等；很多生理指标的测定可与各类课题及专业核心课相结合进行。模块四建议总学时数24学时。

知识目标：

了解植物生理学的概念、产生及发展。

重点掌握植物生理的基础知识、基本理论。

能理解植物生理与农业生产的关系。

技能目标：

会做验证性实验。

理解植物结构和生理机能的关系。

能用传统方法和现代仪器测定植物生理指标。

能用所学的植物生理知识解决一些生产生活中的实际问题，指导生产实践。

Project 1

代谢生理

一、水分代谢

水是生命之源，没有水就没有生命。植物离不开水，对于大多数植物来说，缺少水分就会生长不良，长期的干旱甚至是致命的。植物通过根系不断从环境中吸收水分，来满足正常生理活动所需，又不断通过蒸腾作用将水分散失到周围环境中。植物对水分吸收、运输、利用和散失的整个过程称为水分代谢。了解植物水分代谢的基本规律有助于生产中对植物进行合理灌溉，为植物提供良好的生长环境，从而达到人类的经济栽培目的。

(一)水在植物生活中的重要性

1.植物的含水量

新鲜植物体的含水量大都很高，一般可达70%～90%。但植物的含水量不是均一的，不同植物种类、同一植物的不同器官和组织以及不同的生长环境都会使含水量出现很大差异。

水生植物含水量可达鲜重的90%以上，而耐干旱的低等植物如地衣和苔藓类则可低至6%左右；草本植物一般为70%～85%，木本植物则较低些，一般为50%以上；生长在阴湿环境中的植物比生长在向阳干燥环境中的含水量要高一些；植物的根尖、嫩梢、幼苗和绿叶等代谢旺盛的器官含水量较高，而休眠的器官含水量则较低。

2.植物体内水分的存在状态

水分在植物生命活动中的作用，不但与数量有关，也与其存在状态有关。植物体内的水分有两种存在状态，即束缚水和自由水。束缚水是指被原生质组分吸附，不能自由移动的水分。它们不起溶剂作用，不参与代谢活动，但其含量的多少能反映植物的抗逆性。自由水是不被原生质组分吸附，可自由移动的水分，能直接参加各种生理代谢活动，其含量的多少决定了植物的代谢强度。

随着代谢的变化，植物细胞内的自由水、束缚水的比值(自由水/束缚水)也处在动态变化中。自由水/束缚水是衡量植物代谢强弱和抗性的生理指标之一，当比值较高时，自由水相对含量高，则原生质呈溶胶状态，代谢旺盛，生长速度快，但抗逆性差，如春季叶片中的细胞；当比值较低时，原生质呈凝胶状态，代谢弱，生长缓慢或停滞，但抗逆性强，如冬季枝条中的细胞。

3.水在植物生活中的作用

1)水是原生质的主要组分

代谢旺盛时，细胞原生质的含水量一般为70%～90%；当细胞含水量降低时，原生质逐渐呈凝胶状态，生命活动就大大减弱；如果原生质失水过多，可能导致原生质结构受损甚至破坏，细胞就趋于死亡。

2)水直接参与植物体内重要的代谢过程

光合作用和呼吸作用是植物体内最重要的代谢活动。水是光合作用的原料，参与碳水化合物的合成；而呼吸作用的许多环节也都需要水分子的参与。

3)水是物质吸收和运输的良好介质

一般来说，植物不能直接吸收固态的无机物质和有机物质，这些物质只有溶解在水中才能被植物吸收。各种物质在植物体内的运输、分解、合成均需要水作为介质。

4)水能保持植物的固有姿态

植物细胞中大量的水分能维持细胞膨压，使植物枝叶挺立，便于充分接受光照和交换气体，进行正常的生理活动；细胞的膨压可使开花时花瓣展开，有利于传粉和受精。若细胞中水分减少，膨压降低，枝叶将逐渐萎蔫。

5)水可调节植物体的体温

水的比热大，即使环境温度骤变，富含水分的植物温度变化也不致太大。水分汽化时还能带走大量热量，植物进行的蒸腾作用能帮助散热，保持适当的体温，避免在烈日下灼伤。同时水良好的导热性可使植物各部位温度均衡。

在生产上，可以利用水的物理化学性质改善栽培植物的局部生态环境。如北方越冬前对多年生植物进行灌水，以防止冻害；室内养护喜湿植物如蕨类、热带兰类等需经常向植株周围喷雾，来提高空气湿度；高温季节温室中通过喷水来降温。

(二)植物对水的吸收

对植物来说，茎、叶水分吸收量极有限，主要靠根系吸收水分来供给整株植物的生命活动。生命活动的基本单位是细胞，所以根系吸水的方式取决于根系细胞吸水的方式，而水分在植物体内的运输也最终决定于细胞之间的水分关系。

1.植物细胞对水分的吸收

细胞吸水的方式主要有两种：吸胀吸水和渗透性吸水。渗透性吸水是细胞吸水的主要方式。

1)吸胀吸水

一般来说，细胞在未形成液泡之前的吸水主要靠亲水胶体吸水来进行。亲水胶体吸水膨胀的现象称为吸胀作用。例如干燥种子的萌发，根尖、茎尖分生细胞吸水，果实和种子形成过程中的吸水，都是通过吸胀作用来进行的。原生质凝胶吸胀作用的大小与凝胶物质亲水性有关，不同物质分子吸胀力大小依次为：蛋白质＞淀粉＞纤维素，所以蛋白质含量较多的豆类种子吸水能力较强，吸胀作用明显。

2)渗透性吸水

成熟的植物细胞都会形成中央大液泡，其吸水过程较为复杂，要讨论细胞的渗透性吸水，需要理解植物细胞的水势和渗透作用等概念。

(1)水势　根据热力学定律，一个体系的全部能量包括束缚能和自由能两部分。束缚能是不能用于做功的能量。自由能(G)是恒温、恒压条件下物质能用于做功的能量。在恒温、恒压条件下每 mol 单位体积某物质(不论是纯的或存在于任何一个复杂体系中)所具有的自由能称为该物质的化学势(μ)。水势(Ψ_w)即水的化学势的简称，采用能量单位，但在实际应用时，测定能量变化比测定压力变化难度大，因此在植物生理学中通常将水的化学势除以水的偏摩尔体积，使其具有压力单位：帕(Pa)或兆帕(MPa)，过去用压力单位巴(bar)或大气压(atm)，它们之间的换算关系是：

$$1\ \text{MPa}=10^6\ \text{Pa}=10\ \text{bar}=9.87\ \text{atm}$$

所以，水势的定义为：水溶液的化学势与纯水的化学势之差，除以水的偏摩尔体积所得商。

水的偏摩尔体积是指在温度、压力和其他组分不变的条件下，向无限大体系中加入 1 mol

水时，对体系体积的增加量，在稀的水溶液中，水的偏摩尔体积与水的摩尔体积相差很小，因此实际应用中常用摩尔体积代替偏摩尔体积。

水势的绝对值无法测定，人为规定，101.325 kPa(1 atm)下纯水的水势为0。其他任何体系的水势都和纯水比较得来，所以水势是相对值。水势可以埋解为水分移动的能力。溶质的存在降低了水分移动的能力，因此，溶液的水势比纯水低，为负值。溶液浓度越高，溶质含量就越多，水势则越低。而水分从水势高处向水势低处移动。

(2)植物细胞的水势　植物吸水情况决定于细胞的水势。细胞的水势高低受压力、温度、溶质、衬质等影响，当提高温度或增加压力时，水势会加大；当降低温度或减压，加入溶质或衬质时，水势会减小。细胞的水势等于各种影响值的代数和，典型的细胞水势(Ψ_w)由三部分组成：溶质势(Ψ_s)、压力势(Ψ_p)和衬质势(Ψ_m)，它们的关系是：

$$\Psi_w = \Psi_s + \Psi_p + \Psi_m$$

溶质势(Ψ_s)是溶液中因溶质存在而使水势降低的值，呈负值。溶质越多，溶质势越低。植物细胞中含有大量的溶质，主要是存在于液泡中的有机离子、糖类、有机酸、色素、酶类等。溶质势表示了溶液中水分潜在的渗透能力的大小，因此又称渗透势。

压力势(Ψ_p)是原生质吸水膨胀时细胞壁对原生质膨压的反作用力。它使细胞水势增加，一般为正值，只有特殊情况下，如蒸腾强烈时，压力势才可能为负值。

衬质势(Ψ_m)是指细胞中亲水物质对自由水的束缚而引起水势降低的值，呈负值。

具有中央大液泡的细胞，其衬质势很小，可以忽略不计，细胞水势等于溶质势和压力势之和：

$$\Psi_w = \Psi_s + \Psi_p$$

未形成液泡的细胞，如干燥的种子或分生组织的细胞等，其溶质势和压力势可以忽略不计，则：

$$\Psi_w = \Psi_m$$

(3)渗透作用　渗透作用是水分进出细胞的基本过程。物质分子从一个系统中的高浓度区域向低浓度区域转移直至均匀分布的现象称为扩散，浓度差越大，扩散越快。而渗透作用是一种特殊的扩散，对水溶液而言，是指水分从水势高的系统通过半透膜向水势低的系统移动的现象。半透膜是一种允许小分子如水分子通过，而不允许大分子如蔗糖分子通过的特殊膜，如透析袋、动物膀胱、蚕豆种皮等都有半透膜的特性。渗透作用的存在可用下列实验来证实。在一个长颈漏斗中加入一定浓度的蔗糖溶液并加入一两滴红色墨水使其成为红色，在漏斗口紧缚一半透膜，做成一个渗透计(图4-1)，将其倒置在盛有纯水的烧杯中，使烧杯中的纯水与漏斗内的蔗糖面保持同一水平面。在渗透系统中，水的移动方向决定于半透膜两侧水势的高低，烧杯里的水分会通过半透膜进入长颈漏斗而使漏斗的液面升高(用 H 表示)，产生

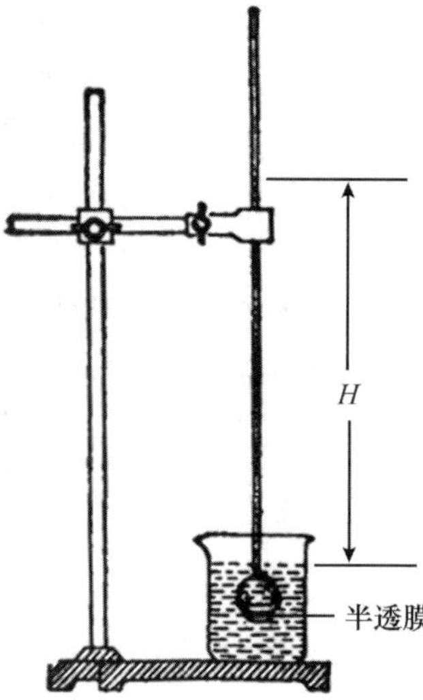

图 4-1　渗透作用装置

静水压力，静水压力的不断升高会使糖液中的水分通过半透膜向烧杯中转运。当静水压力达到一定数值时，会使半透膜内的糖液的压力势和溶质势的代数和与烧杯中纯水的水势相等，水分子通过半透膜的进出即达到平衡，液面不再升高。

成熟的植物细胞就是一个渗透系统。原生质层可以看作半透膜，它允许水分子和其他一些小分子物质自由通过，其他物质则不能通过；液泡内的细胞液为半透膜一侧的溶液，细胞外界溶液则为另一侧。水分是否能够通过原生质层进入液泡内，取决于外界溶液和细胞液的水势差值。外界溶液水势高，则水分子能进入，细胞吸水；相等时不吸水不失水；外界溶液水势低时，细胞失水。

质壁分离及质壁分离复原现象被用来证明成熟植物细胞确实是一个渗透系统(图 4-2)。

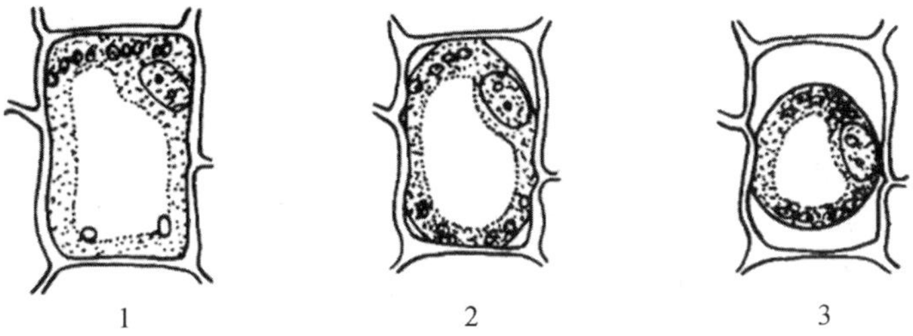

图 4-2　植物细胞的质壁分离现象

1. 正常细胞　2、3. 进行质壁分离中的细胞

植物细胞由于液泡失水而使原生质体和细胞壁分离的现象称为质壁分离。当把质壁分离的细胞置于水势较高的溶液或清水中时，外面的水分进入细胞，液泡变大，原生质逐渐恢复原来的状态，这种现象称为质壁分离复原。

质壁分离及复原现象除能证明原生质是半透膜外，还可判断细胞的死活，活细胞可以发生此现象，反之则为死细胞。该现象还可用来测定植物组织或细胞的水势，观察物质透过原生质层的难易程度等。

3)水分移动方向

水总是从水势高的地方向水势低的地方移动。水分是否进入细胞取决于细胞与外液之间的水势差。当细胞水势低于外液水势时，水分就进入细胞，细胞吸水；当细胞水势高于外液水势时，水分就从细胞渗出，细胞失水；当细胞水势与外液水势相等时，水分保持动态平衡。一般来讲，植物细胞水势总是低于土壤水势，所以根能从土壤中吸收水分。但当施肥过多，土壤溶液浓度过大，其水势低于根细胞的水势时，根细胞的水分便会反渗透到土壤中，导致细胞脱水发生质壁分离现象，由于细胞失去了应有的紧张度，地上叶片表现为萎蔫状态，严重时植物死亡。这就是生产中所说的"烧苗"。所以施肥时一定要少施勤施，离根要有一定距离，并且施肥后要及时浇水。

植物相邻细胞间水分移动的方向同样取决于相邻细胞之间的水势差。当多个细胞在一起时，水分按着水势高低依次从水势高的一段移向水势低的一段，这样就形成一个水势梯度，且水势梯度越大，水分移动越快。植物叶片由于蒸腾作用不断散失水分，水势较低；根部细胞则由于吸水水势较高。地下部分水势高于地上部分，植物内部高于外部，所以，植物体内的水分总是沿着水势梯度经由根部向上输送，通过表皮散失到大气中。

2. **植物根系对水分的吸收**

根系是植物吸水的主要器官。在土壤状况良好的情况下，绝大多数植物的根系在地下能形成一个庞大的网状结构，其总面积是地上部分的几十倍，以保证地上部分水分的供应。

1)根系吸水的区域

根系虽庞大，但并不是根的各部分都能吸水。根系吸水的主要部位，是从根尖开始向上约 10 cm 的一段幼嫩部分，包括根毛区、伸长区、分生区和根冠。以根毛区吸水能力最强。因为根毛大大增加了根系的吸收面积(5～10 倍)；且根毛细胞壁的外层覆盖着果胶质，黏性强，亲水性好，有利于与土壤胶体颗粒黏着并吸水；根毛区的输导组织发达，对水移动的阻力小。因此，苗木宜带土移栽，尽量避免损伤根尖，以提高成活率。

2)根系吸水的方式和动力

根据动力的不同，植物根系吸水分为主动吸水和被动吸水两种方式。

(1)主动吸水　由于根系本身的生理活动而引起的吸水过程称为主动吸水。主动吸水的动力是根压，根压是指根系生理活动促使液流从根部上升的压力。各种植物的根压大小不同，大多数植物的根压不超过 0.2 MPa。

根压的存在可用伤流和吐水现象来证明。早春修剪葡萄后，会从切口处不断溢出液体，这种从伤口流出汁液的现象称为伤流，流出的汁液叫伤流液。很多植物都有伤流现象，根系的伤流量和成分，是反映植物根系生理活动的生理指标之一。在空气湿度较大而无风的清晨，水稻、小麦、油菜、番茄等幼苗的叶尖或叶缘会溢出水珠，这种现象叫吐水。植物生长健壮，根系活性强，吐水量也较多，所以吐水现象可以作为壮苗的一种生理指标。

(2)被动吸水　因植物叶片蒸腾作用而引起的吸水过程称为被动吸水。被动吸水的动力是蒸腾拉力。蒸腾拉力是由于叶片的蒸腾失水而使导管中水分上升的力量。当叶片蒸腾失水后，叶细胞水势降低，于是从叶脉导管中吸水，同时叶脉导管因失水而水势也下降，就向茎导管吸水。由于植物体内导管互相连通，这种吸水力量最后传递到根，根便从土壤中吸水。这种吸水完全是由蒸腾失水而产生的蒸腾拉力所引起的。只要蒸腾作用一停止，根系的这种吸水就会减慢或停止，所以它是一个被动的过程。扦插繁殖、切花水养都是在没有根系的情况下依靠被动吸水来维持生命的。

主动吸水和被动吸水在植物吸水过程中所占比重，因植物生长状况、植物高度、蒸腾速率而异。在一般情况下，被动吸水是植物吸水的主要方式，蒸腾拉力是水分上升的主要动力。只有幼苗期的植株、早春叶片未展开的落叶树木以及蒸腾速率很低的植物，根压对水分上升才起较大作用。

3)影响根系吸水的环境因素

影响植物根系吸水的环境因素包括土壤和大气两方面，大气方面主要是通过影响蒸腾作用间接影响根系吸水，具体留在蒸腾作用中讨论，这里先讨论土壤对根系吸水的影响。

(1)土壤水分状况　植物主要通过根系从土壤中吸收水分，土壤水分状况是影响根系吸水的首要因素。根系能否从土壤中吸水决定于根系水势与土壤水势的差值，只要土壤溶液的水势高于根系水势，根系就能顺利吸水。

土壤中水分的存在形式有三种：毛管水，是指由于毛管作用存留在土壤孔隙之间的水分；束缚水，是指土壤颗粒或土壤胶体的亲水表面紧紧吸附的水；重力水，是指水分饱和的土壤中，在重力作用下通过土壤颗粒间的空隙渗漏的水分。这三种形式的水分对植物来说并不是都能利用的。植物一般主要利用土壤中的毛管水,土壤中的重力水和束缚水根系都不能利用。如果土壤下层有透水层,则重力水不会在土壤中长时间停留。对大多数植物来说,重力水有害无益,因为它占据了土壤中的大空隙,使土壤中空气含量变少,会造成植物呼吸和生长受抑。植物栽培中要求土壤排水良好,就是为了使雨后或灌溉后土壤中重力水能迅速向下渗漏流失。盆栽花卉所用的花盆底部都有一个小洞,也是这个道理。少数植物如水生植物生长不受重力水影响。自然环境中的土壤,当重力水渗漏以后土壤的饱和含水量称为最大田间持水量。

当土壤含水量下降时,土壤溶液水势也下降,土壤溶液与根部之间的水势差减小,根部吸水减慢,若蒸腾失水量不变,植物体内含水量下降,植物就会发生萎蔫。萎蔫是指植物体因水分亏缺,细胞膨压变小,失去紧张状态,表现为叶片和幼嫩茎下垂。若及时补充水分,植物能恢复正常状态,称为暂时萎蔫。若土壤严重干旱且维持较长时间,即使补充了水分,植物蒸腾作用也很弱,已发生萎蔫的植株仍不能恢复正常状态,则称为永久萎蔫。此时植物逐渐停止正常生命活动,根毛死亡,最后引起植物死亡。发生永久萎蔫时,土壤中的含水量占土壤干重的百分数称为永久萎蔫系数。

土壤水分对根系吸水的影响,主要表现在土壤含水量的两个极端:含水量在永久萎蔫系数以下,土壤溶液受土壤胶体颗粒束缚,水势极低,根系不能吸水;土壤含水量过高,超过最大田间持水量时,土壤中的空隙大多数被重力水所填满,虽然水势很高,但因为通气条件差,根系缺氧,也影响根系的正常吸水。

只有当田间持水量最适宜时,即土壤中既有较大的水势,又有良好的通气条件,对根系吸水才最有利。一般来说,最适宜的土壤含水量为最大田间持水量的70%左右。因此,可根据土壤可用水分状况来制定灌溉措施,适时适量灌水。

(2)土壤温度　土壤温度会影响根系的生理活动、根系生长以及土壤中水分的移动速度,所以对根系吸水影响很大。在一定范围内,随土壤温度升高,根系吸水加快;温度过高或过低,对根系吸水均不利。夏季炎热的中午,若用冷水骤然灌溉,土壤温度突然下降,会使根系吸水困难,地上部分蒸腾失水强烈会使植物体内水分失衡,引起植物萎蔫或落花落果;冬季生产上常用温室大棚等提高土壤温度,保证植物吸水。

(3)土壤通气状况　在通气良好的土壤中,根系能正常呼吸,正常吸水。通气状况差的土壤中,根系呼吸受抑影响根系吸水。若土壤长期缺氧,土壤中积累酒精使根系中毒,吸水更少。发生涝害、植物周围排水不良或浇水过勤,植物反而会表现出缺水症状,最终可能死亡,其原因就在于此。

(4)土壤溶液浓度　一般情况下,土壤溶液浓度总是较低,水势高于根系水势,植物能顺利吸水。但盐碱地或施肥过多过于集中时,可使根系周围土壤溶液浓度急速升高,阻碍根系吸水,甚至引起水分外流,从而产生“烧苗”现象。

(三)蒸腾作用

植物通过根系吸收的水分,大约有1%供植物自身使用,其余部分大都以气体的形式散失到大气中,也有少量通过吐水等液体状态散失到体外。

1.蒸腾作用的概念及生理意义

蒸腾作用就是水分通过植物体表以气体状态散失到大气中去的过程。蒸腾作用尽管是散失水分的过程,但它对植物正常的生命活动具有积极的意义。

第一，蒸腾作用是植物吸水和水分向上运输的主要动力。如果没有蒸腾作用产生的蒸腾拉力，植物较高部位得不到水分的供应，矿质盐类也不可能随蒸腾流而分布到植物体的各个部位。

第二，蒸腾作用能降低植物体及叶面的温度。据测定，夏天在直射光下，叶面温度可达50～60℃，由于水的汽化热比较高，在蒸腾过程中把大量的热散失掉，从而降低了叶面的温度，避免过热而灼伤。

第三，蒸腾作用进行时，气孔张开，有利于气体交换，便于光合原料 CO_2 的进入和呼吸作用对 O_2 的吸收等活动。

2.蒸腾作用的部位及方式

蒸腾作用由于受植物生理活动的调节，所以与水分的蒸发过程有着本质的区别。植物幼小时，凡暴露在地上部分的表面都蒸腾；木本植物长成后，茎枝形成木栓层，这时茎枝上的皮孔可以蒸腾，但蒸腾量很少，约占全部蒸腾量的0.1%，植物的蒸腾作用绝大部分是通过叶片进行的。

叶片蒸腾作用有两种方式：一是通过角质层的蒸腾，叫作角质蒸腾；另一种是通过气孔的蒸腾，叫作气孔蒸腾。这两种蒸腾方式在蒸腾中所占的比重，与植物种类、生长环境、叶片年龄有关。

生长在潮湿环境中的植物，其角质蒸腾往往超过气孔蒸腾，水生植物的角质蒸腾也很强烈；幼嫩叶子的角质蒸腾可占总蒸腾量的1/3～1/2。但一般植物的成熟叶片，角质蒸腾量很小，只占总蒸腾量的5%～10%。所以气孔蒸腾是植物蒸腾作用的主要形式。

气孔蒸腾分两步进行：第一步是水分在叶肉细胞壁表面进行蒸发，水汽扩散到细胞间隙、气室中；第二步是这些水汽从细胞间隙、气室通过气孔扩散到周围大气中去(图4-3)。

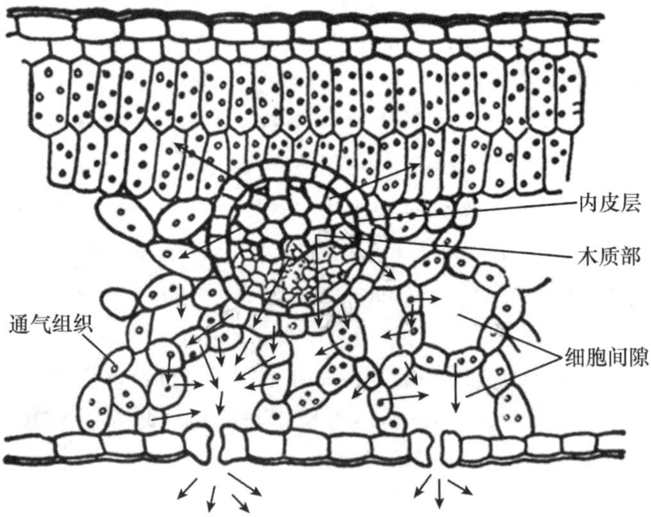

图4-3 通过气孔扩散水分的途径

气孔是蒸腾过程中水蒸气从体内排到体外的主要出口，也是植物体与外界气体交换的大门。气孔的大小、数目与分布，因植物种类、生态环境而异(表4-1)。一般气孔分布在叶的下表面较多，每平方厘米叶面上少则几千，多则可达10万个以上。禾本科植物叶较直立，叶的两面都可受光，气孔在上下表面上分布数较接近；浮水植物，如菱角，叶片上气孔只分布在上表面。有研究证明，气孔数目对环境中 CO_2 浓度很敏感，CO_2 浓度高时，气孔密度低。

表 4-1　不同植物气孔的数目、大小和分布

植物种类	1 mm^2 叶面气孔数		下表皮气孔大小（长×宽）/（μm×μm）
	上表皮	下表皮	
小麦	33	14	38×7
野燕麦	25	23	38×8
玉米	52	68	19×5
向日葵	58	156	22×8
番茄	12	130	13×6
苹果	0	400	14×12

叶片上气孔的数目虽然很多，然而所占面积比例很小，一般只有叶面积的 1%～2%。但蒸腾量比同面积的自由水面高几十倍甚至上百倍。因为气体通过小孔扩散的速度不与小孔的面积成正比，而与孔的周长成正比，这称为小孔扩散律。孔越小，其相对周长越长，小孔周缘处扩散出去的水分子相互碰撞的机会越少，所以扩散速度就比小孔中央分子扩散的速度快，这种现象叫边缘效应。气孔就具有边缘效应，所以蒸腾速度就比同面积自由水蒸发快得多。

3.蒸腾作用指标

蒸腾作用强弱可以在一定程度上反映植物的水分代谢状况。常用的蒸腾作用指标有：

1)蒸腾速率

又称蒸腾强度，指植物在单位时间内，单位叶面积蒸腾的水量，常用 $g \cdot m^{-2} \cdot h^{-1}$ 表示，是最常用的指标。大多数植物的蒸腾强度白天为 15～250 $g \cdot m^{-2} \cdot h^{-1}$，夜晚是 1～20 $g \cdot m^{-2} \cdot h^{-1}$。

2)蒸腾效率

又称蒸腾比率，指植物每蒸腾 1 kg 水所形成的干物质量(g)，一般野生植物的蒸腾效率为 1～8 g，大部分作物的蒸腾效率是 2～10 g，蒸腾效率越大的植物，表明合成干物质越多，植物利用水分越经济。

3)蒸腾系数

又称需水量，指植物制造 1 g 干物质所消耗水量(g)。大多植物蒸腾系数在 125～1 000 g 之间，通常草本植物高于木本植物。蒸腾系数越小，说明植物对水分的利用效率越高。

4.蒸腾作用的气孔调节

植物通过气孔的开闭调节体内水分的散失，保证植物体的水分平衡，适应不断变化的外界环境。早晨随着光照的增强和温度的升高，气孔开度逐渐增大，通过蒸腾失水调节叶温；当中午温度较高达到 30℃以上时，气孔常完全或部分关闭，避免体内水分过度散失；当外界温度过低，或干旱等异常环境下，若根系吸水停止，气孔也会关闭；在低 CO_2 浓度下，气孔张开，而在高浓度的 CO_2 环境下，气孔则关闭，避免过多的 CO_2 对光合作用的抑制。实际上气孔是根据环境的变化改变保卫细胞的吸水和失水，从而使气孔张开或关闭。关于气孔开闭的机理主要有以下三种学说：

1)淀粉与糖转化学说

在光照下，光合作用消耗了CO_2，于是保卫细胞细胞质pH增高到7，淀粉磷酸化酶催化正向反应，使淀粉水解为糖，引起保卫细胞渗透势下降，从周围细胞吸取水分，保卫细胞膨大，因而气孔张开。

在黑暗中，保卫细胞光合作用停止，而呼吸作用仍进行，产生的CO_2积累使保卫细胞pH下降，淀粉磷酸化酶催化逆向反应，使糖转化成淀粉，溶质颗粒数目减少，细胞渗透势亦升高，细胞失去膨压，导致气孔关闭。

$$\text{淀粉}+H_3PO_4 \underset{pH=5}{\overset{pH=7}{\rightleftharpoons}} \text{葡萄糖-1-磷酸}$$

该学说可以解释光和CO_2的影响，也符合观察到的淀粉白天消失、晚上出现的现象。然而近几年来的研究发现，在一部分植物保卫细胞中并未检测到糖的积累。有些植物的气孔运动不依赖光合作用，与CO_2可能无关，这些研究表明，用该学说解释气孔运动具有一定的局限性。

2)K^+积累学说

在20世纪70年代观察到，气孔保卫细胞内含有大量的K^+时气孔张开，气孔关闭后K^+消失。K^+积累学说认为，在光照下保卫细胞的叶绿体通过光合磷酸化作用合成ATP，活化了质膜H^+-ATP酶，把K^+吸收到保卫细胞中，K^+浓度增高，水势降低，促进保卫细胞吸水，气孔张开。相反，在黑暗条件下，K^+从保卫细胞扩散出去，细胞水势提高，水分流出细胞，气孔关闭。

3)苹果酸代谢学说

20世纪70年代初，人们发现苹果酸在气孔开闭中起着某种作用，于是提出了苹果酸代谢学说。在光照下，保卫细胞内的部分CO_2被利用时，pH上升到8.0～8.5，从而活化PEP羧化酶(磷酸烯醇式丙酮酸羧化酶，PEPC)，它可催化由淀粉降解产生的PEP(磷酸烯醇式丙酮酸)与HCO_3^-结合形成草酰乙酸，并进一步被NADPH(还原态辅酶Ⅱ)在苹果酸还原酶作用下还原为苹果酸。

$$PEP+HCO_3^- \xrightarrow{\text{PEP羧化酶}} \text{草酰乙酸}+\text{磷酸}$$

$$\text{草酰乙酸}+NADPH(\text{或 }NADH) \xrightarrow{\text{苹果酸还原酶}} \text{苹果酸}+NADP^+(\text{或 }NAD^+)$$

苹果酸解离为2个H^+与K^+交换，保卫细胞内K^+浓度增加，水势降低；苹果酸根进入液泡和Cl^-共同与K^+保持保卫细胞的电中性。同时，苹果酸也可作为渗透物质降低水势，促使保卫细胞吸水，气孔张开(图4-4)。当叶片由光下转入暗处时该过程逆转。近期研究证明，保卫细胞内淀粉和苹果酸之间存在一定的数量关系，即淀粉、苹果酸与气孔开闭有关。

5.影响蒸腾作用的环境因素

1)温度

在一定范围内温度升高蒸腾加快，因为在较温暖的环境中，水分子汽化及扩散加快，叶内外的蒸汽压差加大，蒸腾加强。但当气温过高，如炎热的夏季中午，气孔则会暂时关闭，蒸腾反而减弱，这是植物对外界环境的一种适应。

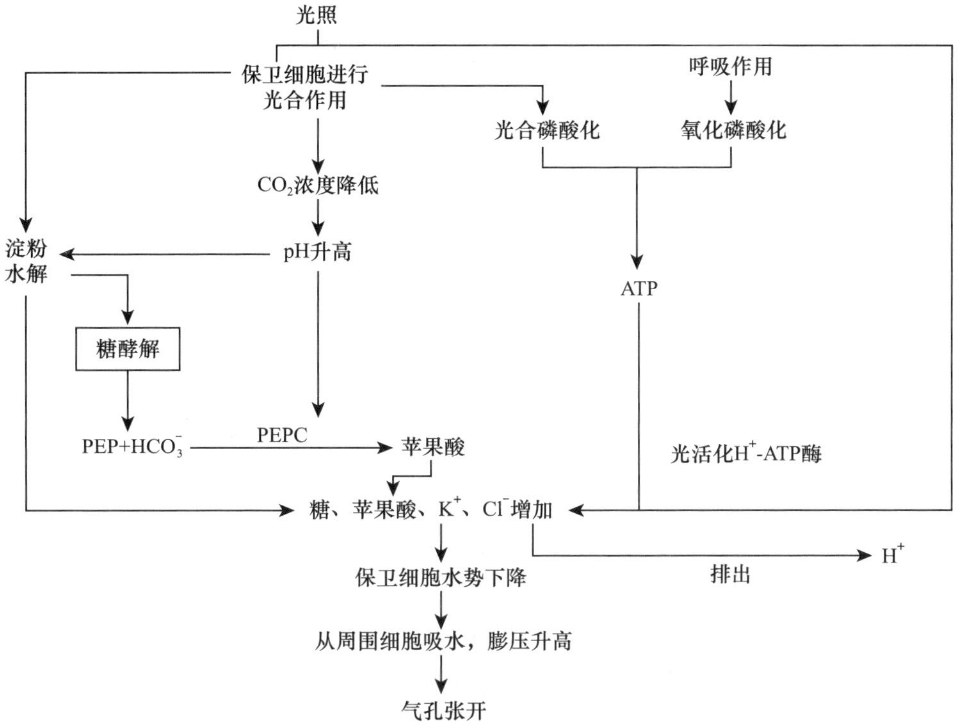

图 4-4　苹果酸代谢学说模式图

2)大气湿度

大气湿度对蒸腾的强弱影响极大。通常大气湿度约为 50%，而叶肉细胞间隙的相对湿度接近 100%。大气湿度越小，叶内外蒸汽压差越大，叶内水分子越容易扩散到大气中去，蒸腾越快。反之，当阴雨天大气湿度变大，叶内外蒸汽压差小，蒸腾受抑制，蒸腾速率较晴天低得多。

3)光照

光照能促进蒸腾作用。光照加强，蒸腾加快，因为光可促进气孔的开放，并提高大气与叶面的温度，加速水分的扩散。

4)风

风对蒸腾的影响比较复杂。微风能把叶面附近的水汽吹散，并摇动枝叶，加快叶内水分子向外扩散，从而促进蒸腾，但强风会使气孔关闭和降低叶温，则减弱蒸腾；湿风可降低蒸腾，而干风可促进蒸腾。

5)土壤条件

因植物地上部的蒸腾与根系吸水有密切关系，因此，各种影响根系吸水的土壤条件，如土壤温度、土壤通气状况、土壤溶液浓度等，均可间接影响蒸腾作用。

总之，影响蒸腾作用的环境因素是多方面的，且各因素之间还相互联系和相互影响，共同作用于植物体。如光照影响着温度，温度影响着湿度等。

(四)水分代谢与植物生产

植物根系不断吸收水分，通过长距离运输，供给茎、叶及其他器官进行生命活动，叶片通过气孔蒸腾失水，植物体内的吸水、用水、失水的整个过程就是植物的水分代谢。在农业生产中，了解植物的水分代谢规律，对栽培植物进行合理灌溉，是顺利达到栽培植物经济目的的重要保障。

1.水分运输的途径

植物体内水分运输主要靠木质部的导管、管胞等输导组织，其运输途径是(图 4-5)：土壤水分→根毛→根的皮层→根的中柱鞘→根、茎、叶的导管和管胞→叶肉细胞→叶肉细胞间隙→气孔下腔→气孔→空气中。

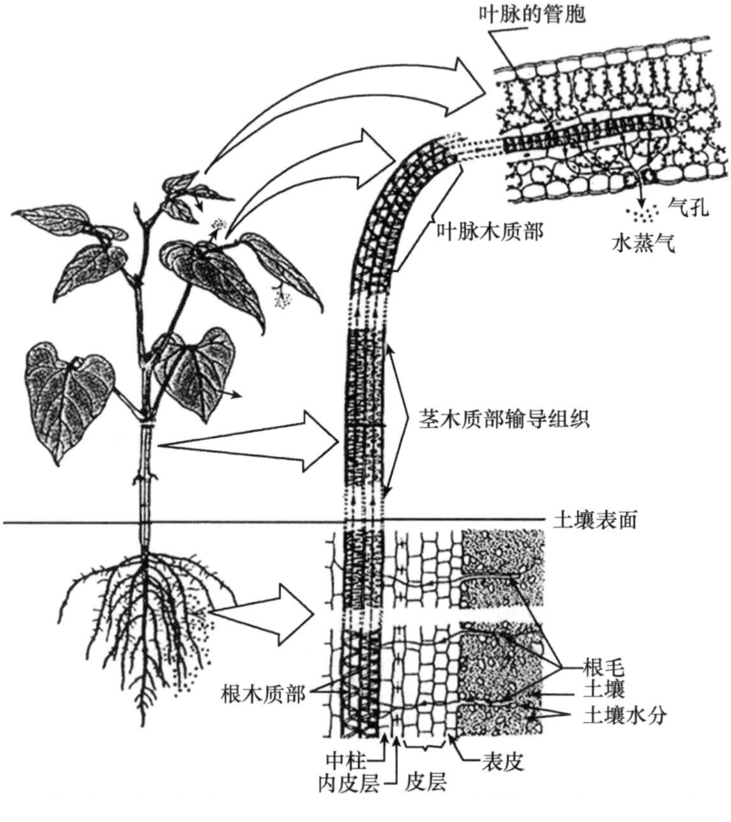

图 4-5 植物体内水分向上的运输途径

上述途径可以分为以下两个部分：

1)质外体途径

通过细胞壁、细胞间隙、胞间层、导管或管胞来运输，称为质外体途径。质外体途径不用经过任何膜，移动阻力小，移动速度快。如从根的导管至叶的导管的距离虽然有时可达几十米上百米，但导管横壁几乎消失殆尽，对水分运输的阻力很小，运输速度较快，很适宜于长距离运输。但根中的质外体途径是不连续的，它被内皮层的凯氏带分隔成为两个区域：内皮层以外称外部质外体，包括根毛、皮层的胞间层、细胞壁和细胞间隙；内皮层以内称内部质外体，包括成熟的导管和管胞及中柱各部分的细胞壁。

2)共质体途径

通过细胞质及胞间连丝来运输，称为共质体途径。共质体途径中，水分不仅要经过原生质，还要越过细胞膜，运输阻力约为质外体途径的2 000倍，速度慢。目前认为，共质体途径不是水分运输的主要途径。但在根中，水分要越过内皮层，由于凯氏带的存在，水分必须经过共质体途径，才能到达内部质外体途径。

由上述内容可知，木质部的导管是水分运行的主要途径，那么，有些空心的柳树何以能存活呢？这是因为木质部的心材是早年分化的，其导管往往已被堵塞，薄壁细胞已死亡，真正能运输水的仅限位于边材的近几年分化的导管，甚至有些树种仅限于一年内分化的导管，失去没有输导能力的心材并不影响树木的水分代谢。

水分除向上运输外，还有沿维管射线进行的侧向运输，或顺导管或管胞的壁孔的切向运输，但这些运输速度都很慢，不是主要途径。

2.植物的水分平衡

植物吸水、用水、失水之间的动态平衡关系称为水分平衡，保持作物水分的动态平衡是作物正常生长及获得高产的基础。

植物对水分的吸收和散失是相互联系的矛盾统一过程。根系所吸收的水分不能满足蒸腾作用的消耗时，就会引起植物体内水分的亏缺，导致叶片萎缩下垂，呈现萎蔫状态，同时正常的代谢活动将受到抑制，从而影响植物的正常生长发育。反之，如果根系吸收的水分超过蒸腾失水量时，如阴雨连绵的情况下，植物体内水分达到饱和状态，容易造成植物组织嫩弱、枝叶徒长易倒伏、抗性较差等状况。

只有植物吸水与失水维持动态平衡时，植物才能进行旺盛的生命活动。但通常情况下，植物体内的水分平衡是有条件的、暂时的和相对的，而不平衡是经常的和绝对的。由于蒸腾产生的吸水动力，由叶片传到根尖需要一个相当长的时间，因此在正常情况下，植物吸水往往落后于蒸腾。

要想维持植物的水分平衡，需从两方面着手：增加吸水和减少蒸腾。增加吸水的措施有灌溉、保水保墒、除草以及经济用水等。灌溉为最重要的手段，尽量用最少量的水取得最大的效果。如果灌水太少或不及时灌水，则满足不了植物的需要；灌水太多，不仅浪费水分，甚至可能导致许多不良后果。减少蒸腾的途径大致有两类方法：一类是栽培管理方面的措施，如在干旱地区尽量选择抗旱能力较强的品种，栽植密度要适当，果树要适当修剪，夏季遮阴、覆盖及喷水降温，带土移栽并适当去掉一部分枝叶等。另一类是喷洒化学物质，减少蒸腾，但不可避免地会降低植物的光合作用。近几年发现的一类抗蒸腾剂能减少蒸腾，但对光合作用影响不大，如乳胶、石蜡、黄腐酸、甲草胺、二硝基酚（DNP）、高岭土、石灰粉等。通常来说，增加吸水仍是维持水分平衡的最重要手段。

3.植物的需水规律

1）不同植物对水分的需求量不同

植物一生中，干重的增加量与水分的消耗量常有一定的关系。各种植物一生中都有一定的需水量。需水量一般可根据蒸腾系数来估计，即以作物的生物产量乘以蒸腾系数为理论最低需水量。但实际需要的灌溉量要比理论值大得多，因为，土壤保水能力、降雨量及生态需水也应考虑进去。旱生植物灌溉中要掌握“宁干勿湿”的原则，湿生植物则要“多湿少水”，水生植物必须栽植在水中或沼泽中。

2）同一植物不同生育期对水分的需求量不同

植物种子萌发时需要足够的水分；萌发后苗期需控水防徒长，生产上称之为“蹲苗”；随着植物个体不断长大，蒸腾面积也不断增加，所需水分也会相应增多，营养旺盛生长阶段需水量最多；生殖生长期控制水分供给有利于控制花芽分化；孕蕾期和开花期控水可以延长花期；坐果期和种子成熟期控水有利于延长挂果期和种子成熟。

3)植物的水分临界期

植物一生中对水分缺乏最敏感、最易受害的时期，称为水分临界期。一般而言，植物水分临界期处于花粉母细胞四分体形成期。这个时期如缺水，就会使性器官发育不正常。禾谷类作物一生有两个临界期：一是在拔节到抽穗期，如缺水可使性器官的形成受阻，降低产量；二是在灌浆到乳熟末期，如缺水就会使籽粒瘦小。其他植物也有各自的水分临界期。如油菜在开花期，马铃薯在开花至块茎形成期，棉花在开花结铃期等等。由于水分临界期缺水对产量影响很大，因此，灌溉上需特别注意。

4.合理灌溉

合理灌溉对植物的正常发育和生理生化过程有着非常重要的影响。干旱时及时灌水可以使植物保持旺盛的代谢和生长速度，同时可消除光合午睡现象，促使茎叶输导组织发达，提高水分和同化产物的运输速率，改善光合产物的分配利用，提高产量。灌溉不仅能防止土壤干旱，满足植物正常的生理需水，还能改善植物周围小环境，如降低株间气温，提高相对湿度等。这种"生态需水"对植物正常生长也同样重要。

1)合理灌溉的指标

在农业生产中，植物是否需要灌溉、灌溉量的多少可依据植物形态及生理状况、土壤墒情等指标加以判断。

(1)形态指标　我国劳动人民在长期的农业生产中，总结了很多人工灌溉的宝贵经验，看苗灌水就是其中之一，即根据植物外部形态变化来确定是否灌溉。如幼嫩的茎、叶在中午前后发生萎蔫，生长速度变慢，茎、叶呈暗绿色或变红，则应灌溉。这是因为茎、叶生长缓慢，叶绿素含量相对增多，或细胞中积累的可溶性糖较多，形成的花青素较多，而花青素在弱酸性条件下呈红色的缘故。棉花在中午，上部叶片萎蔫至下午 4 时仍不能恢复正常，或在中午用手折叶柄不易折断，或当上部 3～4 节茎变红时，就应灌水。形态指标易于观察，但由于从缺水到引起作物形态变化有一个滞后期，当形态上出现上述缺水症状时，生理上已受到水分亏缺的危害。

(2)生理指标　植物缺水时，生理指标可以比形态指标更及时、更准确地反映植物体的水分状况。植物叶片的细胞汁液浓度、渗透势、水势和气孔开度等均可作为灌溉的生理指标。其中叶片是反映植物体内生理变化最敏感的部位，当缺水时，叶片水势下降，细胞汁液浓度升高，溶质势下降，气孔开度减少甚至关闭。当有关生理指标达到极限值前，就应及时进行灌溉。植物灌溉的生理指标因不同的地区、时间、植物种类、作物生育期、不同部位而异，因此在应用时，应结合当地实际情况，先做小型试验，测出临界值，然后才能指导灌溉的实施。

(3)土壤指标　一般来说，根系正常生长发育的土层为 0～90 cm，土壤含水量应在田间持水量的 60％～80％之间，低于此含水量时，就应及时灌溉。土壤含水量对灌溉有一定的参考价值，但土壤含水量不一定能很好地反映出作物的水分状况，因为灌溉的对象是植物不是土壤，在许多时候，即使土壤含水量远远超出萎蔫系数，植物也会缺水。所以最好综合考虑植物本身的形态特征、生理指标和土壤含水量来更好地指导灌溉实践。

2)节水灌溉技术

发达国家灌溉水的利用率为70%～80%，而我国灌溉水利用率目前只有43%左右。我国是干旱缺水国家，水资源相对紧缺，目前随着经济的发展，工业和生活用水量逐年增加，解决农业灌溉用水效率低下问题势在必行。节水灌溉与传统灌溉不同，主要采用喷灌、微灌等技术，比传统漫灌可节水30%～70%，并且节约了渠道占用的耕地。

喷灌可同时解决大气干旱和土壤干旱，保持土壤团粒结构，防止土壤盐碱化；但高温喷灌蒸发损失大，大风天气不易喷洒均匀，且投资较地面灌水高。

微灌比喷灌更节水。常见的微灌技术有滴灌、微喷灌、涌泉灌和地下渗灌等。均需铺设管道和安装灌水器。微灌技术不仅可以灌水还可以供给营养液，流量均匀、供水点准确，水的利用效率高；但工程投资大，一般只适用于收益高的经济植物，如水果、蔬菜和花卉等。

二、矿质营养

在植物生长发育过程中，不仅需要从外界环境中吸收水、光、氧、CO_2，还必须从土壤中吸收所需的矿质元素，才能维持其正常的生长发育。“庄稼一枝花，全靠肥当家”的农谚充分说明了肥料对植物的重要性。植物吸收的矿质元素，一些作为植物体的组成成分，有些参与调节植物生理功能的作用，也有的兼备这两种功能。我们把植物对矿质元素的吸收、运转和同化，称为矿质营养。了解矿质元素的生理作用，植物对矿质元素的吸收、运输以及利用的规律，对于指导合理施肥、提高产量、改进品质等具有非常重要的意义。

(一)植物体内必需营养元素

1.植物体的组成

一般植物体由水分和干物质两部分构成。干物质又可分为有机物和无机物两部分。

一般新鲜的植物体含水量为75%～95%。幼嫩植株的含水量较高，衰老植株的含水量较低。叶片含水量较高，茎秆含水量较少，种子含水量更少。

将植物材料放在105℃的环境中烘干，失去水分后的干物质占植物体鲜重的5%～90%，这些干物质中包括无机物和有机物。再将这些干物质置于600℃下处理，有机物中的碳、氢、氧、氮分别以CO_2、水、分子态氮和氮的氧化物形式挥发，硫也有一部分以二氧化硫或硫化氢的形式散失，剩下的白色灰烬中的元素，统称为灰分元素或矿质元素。一般灰分中不含氮，但氮的来源和吸收方式与矿质元素相似，主要以硝酸盐和铵盐等无机盐的形式从土壤中被植物根系吸收，因此也将氮素列入矿质元素中讨论。

通过灰分分析，在不同的植物中至少存在70多种矿质元素，其中在植物体内存在较为普遍的元素有：磷(P)、钾(K)、钙(Ca)、镁(Mg)、硫(S)、铁(Fe)、锰(Mn)、锌(Zn)、铜(Cu)、钼(Mo)、硼(B)、氯(Cl)、硅(Si)、钠(Na)、钴(Co)、硒(Se)、铝(Al)、溴(Br)、碘(I)、钒(V)、镍(Ni)等。

几乎自然界里存在的元素在植物体内部都能找到。然而，植物种类和品种，以及气候条件、土壤肥力、栽培技术，都会影响到植物体内元素的组成，如禾谷类作物中含有很多硅(Si)，十字花科和伞形科植物富含硫(S)，豆科植物中含有较多的钙(Ca)和硫(S)，马铃薯块茎中含钾(K)较多，盐生植物中富含钠(Na)，海藻中含有大量的碘(I)、溴(Br)等。

2. 植物必需营养元素

植物体内的矿质元素种类很多，据分析，地壳中存在的元素几乎都能在不同植物中找到。虽然现在已发现植物中含有70多种元素，但并不是每一种元素都是植物必需的。

所谓必需营养元素是指植物生长发育必不可少的元素。国际植物营养学会规定的植物必需营养元素的3条标准是：

第一，不可缺少性。植物如果缺乏这种元素就不能进行正常的生长发育，甚至不能完成其生活史。

第二，不可替代性。植物缺乏该元素就会呈现出特有的缺乏症，只有加入该元素后才能预防或恢复，加入其他任何元素均不能替代该元素的作用。

第三，直接功能性。这种元素对植物生长发育的影响必须是该元素直接作用的效果，而不是由于该元素通过改变土壤或培养基等条件所产生的间接效果。

根据以上3条标准，现已确定植物必需的矿质（含氮）元素有14种，它们是氮（N）、磷（P）、钾（K）、钙（Ca）、镁（Mg）、硫（S）、铁（Fe）、锰（Mn）、硼（B）、锌（Zn）、铜（Cu）、钼（Mo）、氯（Cl）、镍（Ni），加上从空气和H_2O中得到的碳（C）、氢（H）、氧（O），一共17种（图4-6）。根据植物对这些元素的需求量不同，把17种必需营养元素分为两大类。

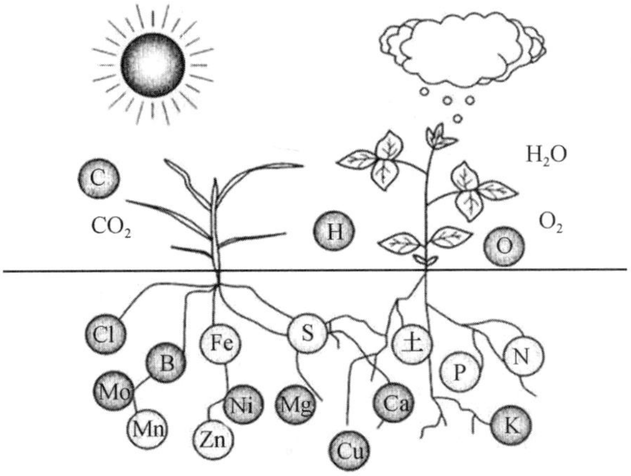

图4-6　植物生长必需营养元素

1）大量元素

植物对这类元素需要量较多，它们占植物干重的0.01%以上。这些元素是：碳（C）、氢（H）、氧（O）、氮（N）、磷（P）、钾（K）、钙（Ca）、镁（Mg）、硫（S）。

2）微量元素

植物对这类元素需要量极微，它们占植物干重的0.01%以下。它们是：铁（Fe）、锰（Mn）、硼（B）、锌（Zn）、铜（Cu）、钼（Mo）、氯（Cl）、镍（Ni）。尽管它们需要量很小，但缺乏时植物不能正常生长，若稍有过量，反而对植物有害，甚至导致植物死亡。

3. 植物必需营养元素的确定方法

确定某种矿质元素植物是否必需单靠对灰分元素的化学分析是不够的，因为有些元素在植物生活上不太必需但是体内大量积累，而有些元素在植物体内含量较少但却是必不可少的。由于土壤条件较为复杂，其中的元素成分无法控制，因此，用土培法无法正确地确定必需元素。目前常用溶液培养法、砂培法和气栽法等来确定植物必需的矿质元素(图 4-7)。

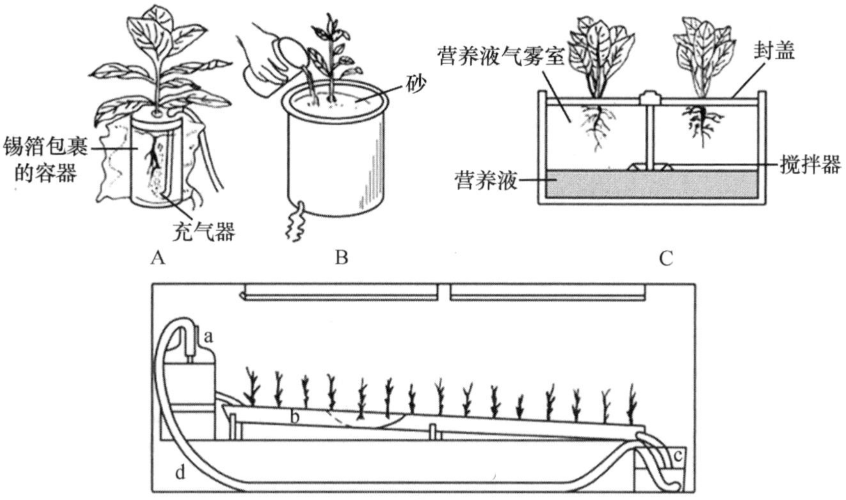

图 4-7 植物营养元素确定方法的几种类型

A. 溶液培养法 B. 砂培法 C. 气栽法 D. 营养液膜法(营养液从容器 a 流进长着植株的浅槽 b,未被吸收的营养液流进回收容器 c 并经回流管 d 泵回 a。营养液成分及 pH 可调控)

1)溶液培养法

也称水培法,是用含有全部或部分营养元素的溶液栽培植物的方法。适宜于植物正常生长发育的培养液叫完全溶液。这种溶液中含有植物所必需的所有矿质元素且各元素可利用的浓度和元素间的比例以及溶液 pH 都适当。

2)砂培法

也称砂基培养法,是利用洁净的石英砂或玻璃球、蛭石等基质固定植物的根系,加入含有全部或部分营养元素的溶液来培养植物的方法,与溶液培养法并无实质性的不同。

3)气栽法

是将植物根系悬于培养箱中,定时用营养液向根部喷淋。该方法实际上也是一种改良的溶液培养法。目前,已可以进行电脑控制,广泛用于蔬菜与花卉的工厂化生产。

4. 植物必需营养元素的生理作用

1)必需营养元素的一般生理作用

必需营养元素在植物体内的独特作用主要有如下几个方面:

(1)细胞结构物质的组成成分,参与原生质、生物膜和细胞壁等的物质组成,如 N、P、S、Ca 等是组成糖类、脂类、蛋白质和核酸等有机物的组分。

(2)植物生命活动的调节物质,参与酶的活动,如 Fe^{2+}、Cu^{2+}、Zn^{2+}、Mg^{2+}、Mo 等作为酶的组分参与酶促反应,或是酶的激活剂,调节酶的活性。

(3)起电化学作用,即平衡离子浓度、稳定原生质胶体、中和电荷、调节膜透性等,如 K^{+}、Ca^{2+}、Mg^{2+}、Cl^{-} 能调节细胞的渗透势,影响膜的透性,保持细胞内的电荷平衡。

(4)参与能量转换和促进有机物质的运输,如 P、B、K 等。

有些大量元素同时具备上述2～3 种作用,大多数微量元素只具有酶促功能。

2)大量元素的生理作用及缺素症

在大量元素中，碳(C)、氢(H)、氧(O)3种元素主要来自CO_2和H_2O。碳(C)、氢(H)、氧(O)都是有机物的重要组分。其中碳素是植物体含量最多的元素之一，它构成一切有机物质的骨架，是植物生命活动的物质基础。植物在生长发育过程中，对氮、磷、钾的需求量最大，在农业生产中经常通过施肥向土壤中补充。通常把氮、磷、钾称为肥料三要素。

(1)氮(N)　植物所吸收的氮素以无机氮化合物为主，即硝态氮(NO_3^-)和铵态氮(NH_4^+)，也可以吸收少量的有机态氮，如尿素等。

氮是构成蛋白质的主要成分，占蛋白质含量的16%～18%，而细胞质、细胞核和酶都含有蛋白质，所以氮也是细胞质、细胞核和酶的组成成分；氮是组成叶绿素的重要元素，植物叶片含氮量的高低与光合速率有密切关系；氮还是维生素、植物激素、生物碱及生物能量代谢物质的组成成分。由此可见，氮在生命活动中占有重要的地位，所以我们把氮称为“生命元素”。当氮肥供应充足时，植株高大，分蘖(分枝)能力强，枝繁叶茂，叶大而鲜绿，籽粒中蛋白质含量高。

(2)磷(P)　磷在土壤中以$H_2PO_4^-$和HPO_4^{2-}的形式被植物的根所吸收，在植物幼嫩组织和种子、果实中含量较多。

当磷进入植物体后，大部分成为有机物，有一部分仍保持无机物形式。磷存在于磷脂、核酸和核蛋白中，磷脂是细胞质和生物膜的主要成分，核酸和核蛋白是细胞质和细胞核的组成成分，所以磷是细胞质和细胞核的组成成分。磷是核苷酸的组成成分。核苷酸的衍生物在新陈代谢中占有极其重要的地位。磷在糖类代谢、蛋白质代谢和脂肪代谢中起着重要作用。植物细胞中含有一定的磷酸盐，可以构成缓冲体系，在细胞渗透势的维持中起一定作用。磷能促进各种代谢正常进行，使植株生长发育良好，提早成熟，同时可提高作物的抗寒性及抗旱性。由于磷与糖类、蛋白质和脂肪的代谢关系密切，所以不论种植什么作物都需要磷肥。

(3)钾(K)　钾在土壤中以KCl、K_2SO_4等盐的形式存在。被植物吸收后，以离子状态(K^+)存在于细胞内，不参与有机物的组成。钾主要集中在植物生命活动最活跃的部位，如生长点、幼叶与形成层等。

钾作为酶的活化剂参与植物体内重要的代谢活动，可作为多种酶的活化剂；钾能促进蛋白质、糖类的合成以及糖类的运输；钾能增加原生质的水合度，降低其黏性，使细胞的保水力增强，抗旱性提高；钾在植物体内的含量较高，能有效地影响细胞的渗透势和膨压，参与控制细胞吸水、气孔运动等生理过程。

钾供应充足，糖类合成加强，纤维素和木质素含量提高，茎秆坚韧，抗倒伏。由于钾能促进糖分转化和运输，使光合产物迅速运输到块茎、块根或种子，故栽培马铃薯、甘薯、甜菜时施用钾肥增产显著。

(4)钙(Ca)　钙以Ca^{2+}的形式被植物吸收。植物体内的钙有的呈离子状态，有的以盐形式存在，也有与有机物结合的。钙主要存在于叶子或老的器官和组织中。它是一个比较不易移动的元素。钙在生物膜中可作为磷脂的磷酸根和蛋白质的羧基间联系的桥梁，因而可以维持膜结构的稳定性；钙是构成细胞壁的一种元素，细胞壁的胞间层是由果胶酸钙组成的；钙是一些酶的活化剂；钙还可以提高植物的抗病性。

(5)镁(Mg)　镁主要存在于幼嫩的器官和组织中，成熟时则集中在种子里。镁是叶绿素的成分，又是光合作用和呼吸作用许多酶如 RUBP 羧化酶、乙酰 CoA 合成酶的活化剂，还可以活化各种磷酸变位酶和磷酸激酶；镁也是染色体的组成成分；镁还是核糖核酸聚合酶的活化剂，DNA 和 RNA 的合成以及蛋白质合成中氨基酸的活化都需要镁的参加。

(6)硫(S)　硫以 SO_4^{2-} 的形式被植物吸收。硫是含硫氨基酸如胱氨酸、半胱氨酸、蛋氨酸等的组成成分，参与蛋白质的组成；硫是细胞质的组成成分；硫还是硫氧还蛋白、铁硫蛋白与固氮酶的组分，因而在光合、固氮等反应中起重要作用。

植物大量元素的缺素症状如表 4-2 所示。

表 4-2　植物大量元素的缺素症状

缺素名称	缺素症状			
	植株形态	叶	根、茎	生殖器官
氮	生长受到抑制，植株矮小瘦弱。对地上部分影响较严重	叶片薄而小，整个叶片呈黄绿色，严重时下部老叶呈黄色，干枯死亡	茎细小，多木质。根瘦，受抑制，较细小。分蘖少或分枝少	花果穗发育迟缓，不正常地早熟。种子少而小，千粒重低
磷	植株矮小，生长缓慢。地下部严重受影响	叶色暗绿、无光泽，或呈紫红色。从下部叶开始表现症状严重至逐渐死亡脱落	茎细小，多木质。根发育不良，主根瘦长，次生根极少或无	花少、果少，果实迟熟。易出现秃尖、脱荚或落花落蕾。种子小而不饱满
钾	植株较小且较柔弱，易感染病虫害	开始从老叶尖端沿叶缘逐渐变黄，严重时干枯死亡。叶缘似烧焦状，有时出现斑点状褐斑，或叶卷曲显皱纹	茎细小，柔弱，节间短，易倒伏	分蘖多但结穗少。果实瘦小，果肉不饱满。有时果实出现畸形，有棱角。籽粒干瘪，皱缩
钙	植株矮小，组织坚硬。病态先发生于根部和地上幼嫩部分，未老先衰	幼叶卷曲，脆弱，叶缘发黄，逐渐枯死	茎、根尖的分生组织受损。茎软下垂，根尖生长不好，根尖细胞易腐烂、死亡，有时根部出现枯斑或裂伤	结实不好或很少结实
镁	病态发生在生长后期。黄化，植株大小没有明显变化	首先从下部老叶开始缺绿，但只有叶肉变黄，而叶脉仍保持绿色，以后叶肉组织逐渐变褐而死亡	变化不大	结实受抑制，花的颜色变苍白
硫	植株普遍失绿，后期生长受抑制	幼叶开始发黄，叶脉先缺绿，严重时老叶变为黄白色，但叶肉仍为绿色	茎细小，很稀疏。支根少。豆科作物根瘤少	开花结实期延迟，果实减少

3)微量元素的生理作用及缺素症

(1)铁(Fe)　铁是以 Fe^{2+} 的形式被植物吸收的。铁进入植物体内处于被固定状态,不易转移。铁是许多重要氧化还原酶的组成成分,铁在呼吸、光合和氮代谢方面的氧化还原中都起着重要作用;铁也是固氮酶中铁蛋白和钼铁蛋白的金属成分,在生物固氮中起作用;缺铁时影响叶绿素的形成。

(2)锰(Mn)　锰主要以 Mn^{2+} 的形式被植物吸收。锰是糖酵解和三羧酸循环中某些酶的活化剂,所以锰能提高呼吸速率;锰是硝酸还原酶的活化剂,缺锰影响植物对硝酸盐的利用;在光合作用方面,水的裂解需要锰参与,缺锰时,叶绿体结构会受到破坏甚至解体。

(3)硼(B)　硼是以 H_3BO_3 的形式被植物吸收的。硼能与游离态的糖结合,使糖带有极性,从而使糖容易通过质膜,促进运输;硼对植物生殖过程有影响,植株各器官中硼的含量在花中最高;硼与核酸及蛋白质的合成、激素反应、膜的功能、细胞分裂、根系发育等生理过程有一定关系;硼还能抑制植物体内咖啡酸、绿原酸的形成。缺硼时,植物受精不良,植株"花而不实"、"蕾而不花"都是缺硼的表现。

(4)锌(Zn)　锌以 Zn^{2+} 的形式被植物吸收。锌是碳酸酐酶的成分,此酶存在于原生质和叶绿体中,因此,锌与光合、呼吸有关;锌也是谷氨酸脱氢酶及羧肽的组分,在氮代谢中也起一定作用;锌与生长素的合成有关。植株的"小叶病"、"白叶病"就是缺锌的表现。

(5)铜(Cu)　在通气良好的土壤中,铜多以 Cu^{2+} 的形式被吸收,而在潮湿缺氧的土壤中,多以 Cu^{+} 的形式被植物吸收。铜是某些氧化还原酶的组分;铜存在于叶绿体的质蓝素中,参与光合电子传递。

(6)钼(Mo)　钼以 MoO_4^{2-} 的形式被植物吸收。钼是硝酸还原酶的成分,也是固氮酶中钼铁蛋白的组分,在植物氮代谢中起重要作用;钼是硝酸还原酶的金属成分,起着电子传递作用;钼对花生、大豆等豆科作物的增产作用显著;钼还是黄嘌呤脱氢酶及脱落酸合成中的必需成分。

(7)氯(Cl)　氯以 Cl^{-} 的形式被植物吸收,在体内大部分以 Cl^{-} 的形式存在,只有极少量的氯结合进有机物中,其中 4-氯吲哚乙酸是一种天然的生长素;氯参与光合作用中水的光解,根和叶细胞的分裂也需要 Cl^{-} 的参与;氯与钾等一起参与渗透势的调节,同时与钾和苹果酸一起调节气孔的开闭。

(8)镍(Ni)　镍以 Ni^{2+} 的形式被植物吸收,其含量在植物体内很低。镍是脲酶、氢酶的金属辅基,镍也是固氮菌脱氢酶的成分,镍还能提高过氧化物酶、多酚氧化酶和抗坏血酸氧化酶的活性;镍对植物氮代谢及生长发育的正常进行都是必需的。

当植物缺乏上述必需元素时,植物体内的代谢会受到影响,进而在植物体外观上产生可见的症状,这就是所谓的营养缺乏症或缺素症。植物缺乏各种必需营养元素的主要症状如表 4-3 所示。

(二)植物对矿质元素的吸收和运输

植物吸收养分的器官主要是根、茎、叶等。一般把植物营养分为根部营养和根外营养两种方式。根部营养是植物根系从营养环境中吸收养分的过程;根外营养是指植物通过叶、茎等根外器官吸收养分的过程。

表 4-3 植物营养元素缺乏症检索表

1.症状在老组织上先出现

2.整个植物生长受限制,一般不出现缺素斑点

3.新叶淡绿,老叶黄化枯焦 …………………………………………………… 缺氮

3.茎叶暗绿或呈紫红色,生育期延迟 …………………………………………… 缺磷

2.出现失绿斑点或条纹,以至坏死

3.叶缘失绿,或整个叶子上有失绿或坏死的斑点

4.叶尖及叶边缘先枯焦,并出现斑点,症状随生育期延长而加重,早衰 ………… 缺钾

4.叶小,簇生,叶面斑点可能在主脉两侧先出现,生育期延迟 ………………… 缺锌

3.叶脉间明显失绿,出现清晰网状脉纹,有多种色泽斑点或斑块………………… 缺镁

1.症状在新组织上先出现

2.生长点坏死

3.叶尖弯钩状,互相粘连,不易伸展……………………………………………… 缺钙

3.茎和叶柄变粗,变脆,易开裂,花器官发育不正常,生育期延长……………… 缺硼

2.生长点不坏死

3.叶片缺绿

4.脉间失绿,出现细小棕色斑点,组织易坏死…………………………………… 缺锰

4.叶组织不坏死

5.新叶黄绿,失绿均匀,生育期延迟……………………………………………… 缺硫

5.脉间失绿,发展至整片叶淡黄或发白 ………………………………………… 缺铁

3.叶片上出现斑点

4.幼叶凋萎出现白色叶斑,果实发育不正常 …………………………………… 缺铜

4.叶片生长畸形,斑点散布于整个叶片 ………………………………………… 缺钼

1.根部对矿质元素的吸收

1)根部吸收矿质元素的区域

根系是植物吸收养分和水分的重要器官。在植物生长发育过程中,根系不断地从土壤中吸收养分和水分。对于活的植物来说,根尖大致可分为四个区,即根冠、分生区、伸长区和根毛区。一般来说,根毛区和分生区是根尖吸收养分最活跃的区域。但由于分生区尚无输导组织分化,吸收的矿质元素不能及时上运,所以分生区对于吸收矿质元素的作用不大。根毛区有大量的根毛,扩大了根系和土壤的接触面积,因此,根毛区是根系吸收矿质元素的主要区域。

2)植物根系吸收矿质元素的特点

(1)根系吸收矿质与吸收水分不成比例　矿质元素必须溶解在水中,才能被植物吸收。植物对水分和矿质的吸收既相互关联,又相互独立。前者表现为无机盐一定要溶于水中,才能被根系吸收,并随水流进入根部的质外体,而矿质的吸收降低了细胞的渗透势,促进了植物的吸水。后者表现在两者的吸收比例不同,有人用大麦做试验,通过光照控制蒸腾,然后测定溶液中矿质元素的变化。结果发现,光下蒸腾失水比黑暗蒸腾失水多 2.5 倍左右,但矿质吸收并不与水分吸收成比例,如 SO_4^{2-}、Ca^{2+}、Mg^{2+}、NO_3^- 在光下比黑暗吸收的多,而 PO_4^{3-}

和 K^+ 在光下反而比黑暗吸收的少。这是因为两者吸收机理不同，水分吸收主要是以蒸腾作用引起的被动吸水为主，而矿质吸收则是以消耗代谢能的主动吸收为主。另外两者的分配方向不同，水分主要分配到叶片，而矿质元素主要分配到当时的生长中心。

(2)根系对离子吸收具有选择性　植物不但吸收水分与吸收无机盐表现为相对独立性，一种盐带有不同电荷的离子也不是等量进入植物体内的。植物对同一溶液中不同离子或同一盐的阳离子和阴离子吸收的比例不同的现象称为离子的选择吸收。例如供给 $NaNO_3$，植物对其阴离子(NO_3^-)的吸收大于阳离子(Na^+)。由于植物细胞内总的正负电荷数必须保持平衡，因此就必须有 OH^- 或 HCO_3^- 排出细胞。植物在选择性吸收 NO_3^- 时，环境中会积累 Na^+，同时也积累了 OH^- 或 HCO_3^-，从而使介质 pH 升高，故称这种盐类为生理碱性盐，如多种硝酸盐。同理，如供给$(NH_4)_2SO_4$，植物对其阳离子(NH_4^+)的吸收大于阴离子(SO_4^{2-})，根细胞会向外释放 H^+，因此在环境中积累 SO_4^{2-} 的同时，也大量地积累 H^+，使介质 pH 下降，故称这种盐类为生理酸性盐，如多种铵盐。如供给 NH_4NO_3，则会因为根系吸收其阴、阳离子的量很相近，而不改变周围介质的 pH，所以称其为生理中性盐。生理酸性盐和生理碱性盐的概念是根据因植物的选择吸收引起外界溶液是变酸还是变碱而定义的。如果在土壤中长期施用某一种化学肥料，就可能引起土壤酸碱度的改变，从而破坏土壤结构，所以施化肥应注意肥料类型。

(3)根系吸收单盐会受毒害　任何植物，假若培养在某一单盐溶液中，不久即呈现不正常状态，最后死亡。这种现象称单盐毒害。单盐毒害无论是营养元素或非营养元素都可发生，而且在溶液浓度很稀时植物就会受害。例如把海水中生活的植物，放在与海水浓度相同的 NaCl 溶液中，植物会很快死亡。许多陆生植物的根系浸入 Ca、Mg、Na、K 等任何一种单盐溶液中，根系都会停止生长，且分生区的细胞壁黏液化，细胞破坏，最后变为一团无结构的细胞团。图 4-8 中所示的 C 和 D 显示了小麦根受单盐毒害的生长状况。

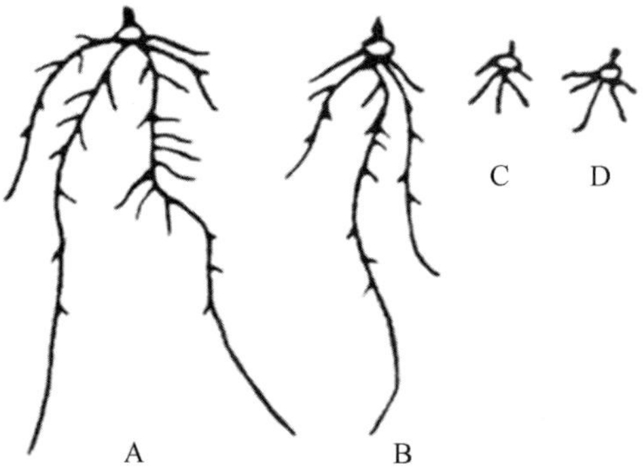

图 4-8　小麦根在单盐溶液和盐类混合液中的生长状况

A. $NaCl+KCl+CaCl_2$　B. $NaCl+CaCl_2$　C. $CaCl_2$　D. NaCl

若在单盐溶液中加入少量其他盐类，这种毒害现象就会消除。这种离子间能够互相消除毒害的现象，称离子拮抗，也称离子对抗。所以，植物只有在含有适当比例的多盐溶液中才能良好生长，这种溶液称平衡溶液。对于海藻来说，海水就是平衡溶液。对于陆生植物而言，土壤溶液一般也是平衡溶液，但并非理想的平衡溶液，而施肥的目的就是使土壤中各种矿质元素达到平衡，以利于植物的正常生长发育。金属离子间的拮抗作用因离子而异，钠不能拮抗钾，钡不能拮抗钙，而钠和钾是可以拮抗钙和钡的。

3)植物根系吸收矿质元素的过程

(1)根系对无机养分的吸收　土壤养分到达植物根系的表面,只是为根系吸收养分准备了条件。大部分养分进入植物体,要经过一系列复杂的过程。养分种类不同,进入细胞的部位不同,其机制也不同。目前比较一致的看法是植物对离子态养分的吸收方式主要有被动吸收和主动吸收两种。

①被动吸收　被动吸收是指养分离子以扩散等不需要消耗能量的方式通过细胞膜进入细胞质的过程,又称非代谢吸收。通过截获、扩散、质流等方式迁移到植物根系表面的无机养分,首先进入根细胞的自由空间。离子的进入没有选择性,进入的溶液与外界溶液很快达到平衡。在"自由空间"里进行离子交换,进入细胞内。被动吸收分两种情况:一种是根系表面和土壤溶液之间的离子交换(图 4-9);另一种是根系与土壤固体颗粒之间的离子交换,也称接触交换(图 4-10)。被动吸收是植物吸收养分的初级阶段。

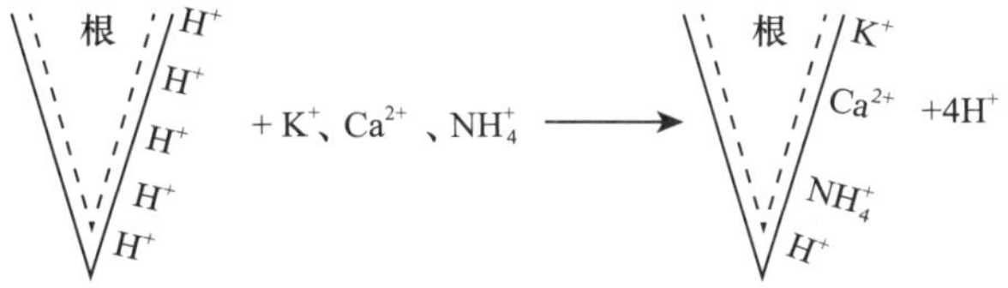

图 4-9　植物根上离子与土壤溶液中离子的交换

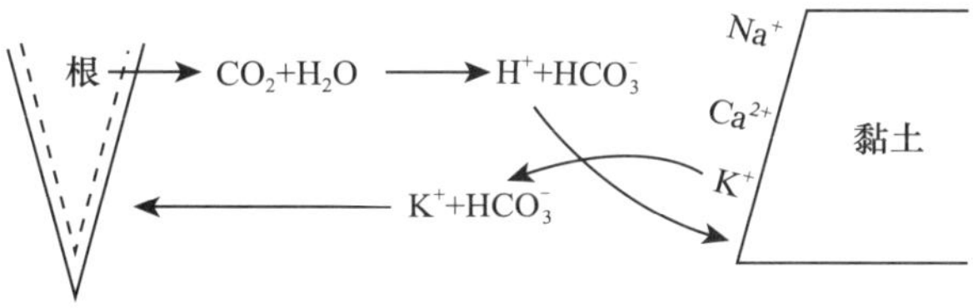

图 4-10　碳酸和黏土颗粒所吸附的离子交换

②主动吸收　主动吸收又称主动运输,是指细胞利用呼吸释放的能量做功而逆着电化学势梯度吸收矿物质的过程,故又称代谢吸收。主动吸收是植物吸收矿质元素的一种主要形式。

被质膜吸附的离子以膜上的镶嵌式蛋白质作为载体(又称运输酶或透过酶),利用 ATP 释放的能量,使载体通过构象变化或磷酸化而成为活化的载体,与膜外物质结合,形成复合体,从膜的一侧移动到另一侧,活化载体还原为不活化的载体,释放被运输的物质,原生质表层的离子或分子被转移到原生质和液泡内;当载体再次获得能量时,恢复原来的构象,再去结合运载新的物质。如此反复循环,把膜外物质不断运入膜内,积累于细胞中(图 4-11)。载体与物质结合的专一性很强,一种运输酶通常只能与一定的离子相结合,所以,主动吸收是有选择性的。

关于主动运输的机制,还有一种泵作用的概念,如质子泵,它是一种载体蛋白,就是横跨膜的 H^+-ATP 酶。它使 ATP 水解放出能量,将质子逆着其梯度泵出,质子泵使膜内外产生明显的电化学势梯度和 pH 梯度,提供了溶质跨膜运输的驱动力。

(2)根系对有机养分的吸收　植物根系不仅能吸收无机态养分,也能吸收有机态养分。吸收附在质膜上含大分子物质的液体微滴或微粒,通过质膜内陷形成小囊泡,逐渐向细胞内移动的主动转运过程称为胞饮作用(图 4-12)。胞饮现象是一种需要能量的过程,也属于主动吸收。一般情况下,脂溶性小分子的有机分子比较容易被吸收,大分子的有机分子即使具有脂溶性，也难以被吸收。

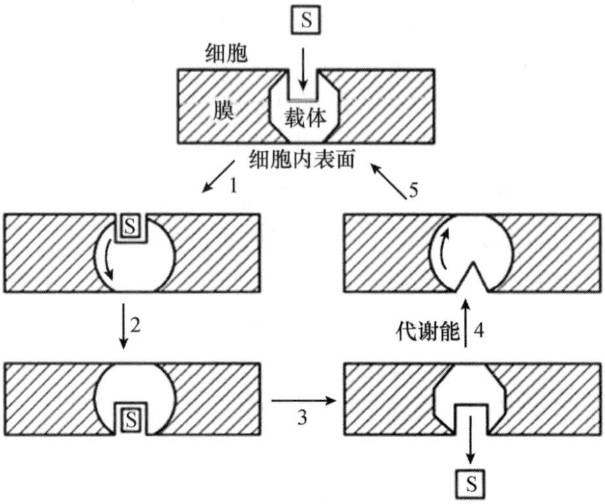

图 4-11　离子或分子(S)主动吸收机制的一种假说示意图

1.载体分子抓住S后，形状发生变化　2.由于变构作用产生旋转　3.S被释放入细胞，载体分子回到不能运动的形状　4.载体获得能量，成为可转动的形状　5.载体分子恢复原状

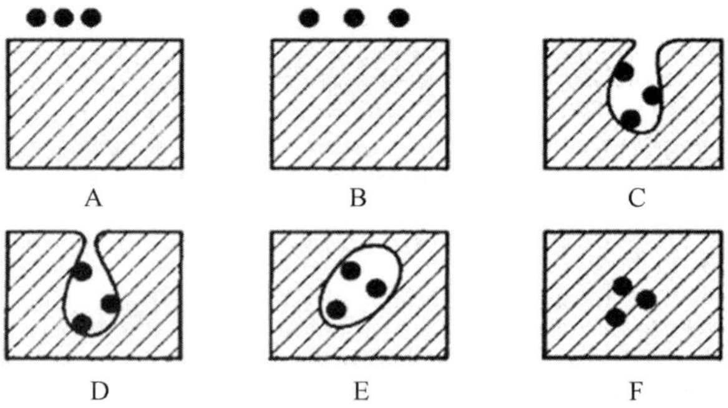

图 4-12　胞饮作用示意图

4)影响植物根系吸收养分的因素

植物吸收养分与外界环境有密切的关系。影响养分吸收的因素主要有：

(1)土壤温度　在0～30℃范围内，随着温度的升高，根系吸收养分加快，吸收的数量也增加；当温度低于2℃时，植物只有被动吸收；当土温超过30℃时，养分吸收也显著减少。只有在适当的温度范围内，植物才能正常地、较多地吸收养分。

(2)光照　光照充足，光合作用强度大，吸收能量多，养分吸收也较多；反之，光照不足，养分吸收的数量就少。

(3)土壤通气性　土壤通气良好，能促进植物对养分的吸收；反之，土壤排水不良，呈嫌气状态，植物吸收养分能力下降。在农业生产中，施肥结合中耕，目的之一就是改善土壤通气性，促进植物吸收养分，提高肥料利用率。

(4)土壤酸碱性　酸性条件下，植物吸收阴离子多于阳离子；而碱性条件下，植物吸收阳离子多于阴离子。大多数养分在pH 6.5～7.0时其有效性最高或接近最高。

(5)养分浓度　一般说来，土壤中养分含量高，质流中的离子浓度高，土壤与根系离子浓度梯度也大，扩散速率增加，根系与离子接触的机会也多，因而有利于植物对养分的吸收。

2.植物地上部分对矿质元素的吸收

除了根系外，植物地上部分茎、叶片、幼果等器官也可以吸收少量的矿质元素，这个过程称为根外营养。根外营养是植物营养的一种补充方式，特别是在根部营养受阻的情况下，可及时通过叶部、茎等吸收营养进行补救。根外营养用量少、见效快，还可避免肥料被土壤固定或淋失等，对于植物生长的特殊阶段或在一定特殊环境下，根外营养具有不可替代的作用。

1)直接供给养分，防止养分在土壤中的固定

根外营养直接供给植物吸收养分，可防止养分在土壤中被固定。尤其是易被土壤固定的元素，如铜、铁、锌等，叶部喷施效果较好。在寒冷或干旱地区，土壤施肥不能取得良好效果时，采取根外追肥则能及时供给植物养分。

2)吸收速率快，能及时满足植物对养分的需要

叶部对养分的吸收和转化都比根部快，能及时满足植物的需要。

3)直接促进植物体内的代谢作用

根外追肥可增加光合作用和呼吸作用的强度，明显提高酶的活性，直接影响到植物体内一系列重要的生理机能，同时也改善了植物向根部供应有机养分的状况，从而能增强植物根系吸收水分和养分的能力。

4)节省肥料，经济效益高

根外施肥用肥量小，喷施钾、磷等大量元素，其用量仅为土壤施肥用量的10%左右。喷施微量元素，不仅节省肥料，还可以避免因土壤施肥不匀和施用量过多所造成的危害。

根外营养也具有一定的局限性，如肥效短暂，每次施用养分总量有限，易从疏水表面流失或被雨水淋洗。因此，植物的根外营养不能完全代替根部营养，仅是一种辅助的施肥方式，是一些特殊情况(根系吸收能力下降、土壤干旱、土壤施肥困难等)下的有效补肥方式。

(三)矿质元素与植物生产管理

在农业生产中，土壤中的养分不断被作物吸收，而作物产品大部分被人们利用，农田中的养分会逐渐减少。因此，要想使农作物持续高产，必须补充农田中缺少的养分，这不仅需要足够的肥料，而且还要合理施肥。只有根据作物的需肥规律，满足作物在不同生育期对肥料的需求，才能使作物高产。

1.植物需肥规律

1)不同植物的需肥特性不同

不同植物对各种元素所要求的数量和比例不同。例如，豆科植物需较多的N，但因根瘤菌共生固氮，可满足大部分需要的N，对P、K肥需求相对增多，氮太多反而降低固氮能力。但是在根瘤尚未发育完全的幼苗阶段，或开花结实期(此时根瘤菌得到的同化物少、固氮能力弱)可适当施些氮肥。小麦、水稻、玉米及棉花等作物需要氮肥较多，同时又要供给足够的P、K以使后期籽粒饱满。此外，豆科、茄科需钙较多，水稻需硅较多，油料作物需镁较多，油菜、苜蓿、亚麻需硼较多等。

2)不同作物需肥形态不同

烟草和马铃薯用草木灰做K肥比KCl好，因为氯可降低烟草的可燃烧性和马铃薯的淀

粉含量(氯有阻碍糖运输的作用);水稻宜施铵态氮而不宜施用硝态氮,因水稻体内缺乏硝酸还原酶,难以利用硝态氮;烟草既需要铵态氮,也需要硝态氮,因为烟草需要硝态氮来加强叶的燃烧性,铵态氮则有利于芳香油的形成,因此,烟草施用硝酸铵效果最好。

3)植物不同时期需肥特点不同

植物生长与矿质元素的吸收并不是均匀一致的,但大致上有一个基本规律:幼苗期需肥量较少,随着幼苗的逐渐长大,吸肥量逐渐增加。一般在开花结实期,吸收肥料达到一生中的高峰期,开花结果以后,随着长势的减弱,吸收量缓慢下降,到成熟期停止吸收。我们把植物对缺乏矿质元素最敏感的时期称为需肥临界期,把施肥营养效果最好的时期称为最高生产效率期或营养最大效率期。用于收获果实和种子的农作物,营养最大效率期是生殖生长期,需肥临界期是苗期。不同作物生长习性不同,对矿质元素的吸收情况也不同。不同作物的需肥规律如表 4-4 所示。

表 4-4　不同作物的需肥规律 %

作物	生育期	氮(N)	磷(P_2O_5)	钾(K_2O)
早稻	移栽—分蘖期	35.5	18.7	21.9
	稻穗分化—出穗期	48.6	57.0	61.9
	结实成熟期	15.9	24.3	16.2
晚稻	移栽—分蘖期	22.3	13.9	20.5
	稻穗分化—出穗期	58.5	47.4	51.8
	结实成熟期	19.0	38.7	27.7
冬小麦	出苗—返青	15.0	7.0	11.0
	返青—拔节	27.0	23.0	32.0
	拔节—开花	42.0	49.0	51.0
	开花—成熟	16.0	21.0	6.0
棉花	出苗—现蕾	8.8	8.1	10.1
	现蕾—棉铃形成	59.6	58.3	63.5
	棉铃形成—成熟	31.6	33.6	26.4
花生	苗期	4.8	5.2	6.7
	开花期	23.5	22.7	22.2
	结荚期	41.9	49.5	66.4
	成熟期	29.7	22.6	4.7

2.合理施肥的指标与营养诊断

要想使作物获得高产,合理施肥是十分重要的。要做到合理施肥必须考虑到作物种类、作物需肥的特点、作物的长相与长势、土壤酸碱度、天气状况等多种因素。应在施足基肥的基础上分期追肥,从而满足作物不同生育期对肥料的需要。具体施肥时要分析土壤养分情况、作物的营养元素含量、作物生长发育状况和生理生化变化等因素,并以此作为合理施肥的依据。

1)土壤营养丰缺指标

通过土壤养分测试结果和田间肥效试验结果,建立不同作物、不同区域的土壤养分丰缺指标,提供肥料配方的方法,叫作土壤养分丰缺指标法。这种方法是利用土壤养分测定值和作物吸收养分之间存在的相关性,通过田间试验及土壤养分测定值,制成养分丰缺及施肥数量检索表。对以土壤施肥为目的的土壤营养丰缺指标的确立应该因作物种类和产量目标而异,由此确立的施肥方案具有很强的地域性,只有通过本地的大量试验和调查,才能确定土壤丰缺指标标准。

2)作物营养丰缺指标与诊断

土壤营养丰缺指标只是对土壤养分供应潜力的体现,并不能完全反映作物对肥料的需求,而植物自身的表征,能够更可靠、更直接地指示作物的营养需求状况。

(1)形态指标与诊断　所谓形态指标主要是指植株的外貌特征:如生长的快慢、植株的大小、株型结构、叶片的形态和叶色等外部性状,常将相貌和叶色作为诊断施肥的形态指标。

①相貌　作物的长势和长相是追肥的形态指标。当氮肥充足时,植株生长快,叶大而柔软,株型松散;氮素不足时,植株生长慢,叶短而直,株型紧凑。有经验的农民根据植株的相貌就知道肥料过多或不足,什么时期要有什么样的相貌才是正常的、高产的。因此,可以把作物的相貌作为追肥的一种指标。

②叶色　叶色也是追肥的形态指标之一,因为叶色是反映作物体内营养状况(尤其是氮素水平)最灵敏的指标。功能叶的叶绿素含量与含氮量相关,叶色深,表示氮和叶绿素含量高。如丰产小麦的叶色在返青、拔节、孕穗时呈现出“青、黄、青”的交替变化,如果这些叶色变化发生改变,说明氮素过多或缺乏,必须采取相应的管理措施。

(2)生理指标与诊断　植株营养的丰缺情况,也可以通过测定植株的生理状况进行判断。施肥的生理指标一般都以功能叶为测定对象。

①营养元素含量　当叶片养分缺乏时,产量甚低;养分适当时,产量最高;养分过剩,产量不但不增加,还会导致贪青晚熟。在营养元素缺乏和适当之间有一个临界浓度,临界浓度是获得最高产量的最低养分浓度。不同作物不同生育期各元素的临界浓度,可作为合理施肥的依据(表 4-5)。

表 4-5　几种矿质元素的临界浓度(占干重)　　%

作物	测定期	分析部位	氮	五氧化二磷	氧化钾
春小麦	开花末期	叶片	2.6～3.0	0.52～0.60	2.8～3.0
燕麦	孕穗期	植株	4.25	1.05	4.25
玉米	抽雄	果穗前一叶	3.10	0.72	1.67
花生	开花	叶片	4.0～4.2	0.57	1.20

②叶绿素含量　叶绿素含量与植株的矿质营养水平和氮素营养水平有关。例如南京地区的吉利小麦,返青期功能叶的叶绿素含量低于干重的 1.6%表示缺肥,拔节期低于 1.1%为缺肥,高于 1.7%表示氮肥过量。

③淀粉含量　水稻叶鞘含氮量与淀粉含量成负相关,氮不足时,淀粉在叶鞘中积累,所

以叶鞘淀粉越多,表示缺氮越严重。测定时,将叶鞘劈开,浸入碘液中,如被染成蓝黑色,颜色深,且占叶鞘面积比例大,表明缺氮。

④酶活性　作物体内的营养离子常与某些酶结合在一起,当这些离子不足时,酶活性下降。当植物体内氮化物不足时,酶的活性也下降;随着氮化物的增多,酶的活性增强,可是当施肥量超过一定限度时,酶的活性就不再增强,而保持一定的水平。因此,可根据作物体内酶的活性变化,来确定肥料的合理用量。

3.发挥肥效的措施

施肥可增强作物光合作用,促进作物生长,提高肥力并最大化地发挥肥效的措施有以下几个方面。

1)肥水配合,以水控肥,以肥济水

水分不但是作物吸收矿质营养的重要溶剂,而且也是矿质营养在植物体内运输的主要媒介,同时还能强烈影响生长,从而间接影响作物对矿质元素的吸收与利用。缺水会直接影响植株对矿质元素的吸收和利用,所以土壤干旱时,施肥效果很小,如果肥水配合,肥效便会大大提高。反过来,肥也可以济水的不足,肥料充足合理时,作物对水分的利用较经济,而且也较抗旱保墒。

2)适当深耕,增施有机质,改善土壤条件

适当深耕,增施有机质和生物菌肥,控制化学肥料用量,既可以促进团粒结构形成,还能增加土壤保水保肥能力,大大提高肥料利用率,这也是施肥的有机无机相结合的大原则。

3)改善光照条件,充分发挥肥水的增产作用

"万物生长靠太阳",合理密植,通风透光,改善作物光合性能,增加光合产物,再结合良好的肥水供应,促生强大的根系有利于矿质元素的吸收,增产效果必然更加显著。反之,密度过大,株间光照不足,影响光合作用,此时虽有充足的肥水,不但起不到增产作用,还会造成徒长、倒伏,最后导致减产。

4)控制微生物的有害转化

土壤中相当大一部分氮素,通过硝化作用和反硝化作用而白白地损失了。所谓硝化作用是指土壤中所存在的氨或其他氮化物,由硝化细菌通过 $NH_4^+ \rightarrow NO_2^- \rightarrow NO_3^-$ 的途径氧化成亚硝酸或硝酸的过程。所谓反硝化作用是指土壤中的硝酸盐、亚硝酸盐或铵盐通过微生物的作用转化为 N_2 的过程。硝化作用和反硝化作用是氮肥流失或损失的主要原因。研究和实践证明,硝化抑制剂使肥料中的氮素主要以铵态氮的形式存在于土壤中,利用土壤胶体的负电荷吸附铵离子的原理,减少硝态氮淋失、减少反硝化损失,提高肥料利用率,延长肥效,同时铵态氮和硝态氮的协同营养可进一步改善植物生长,起到增产的作用。

5)重视平衡施肥

平衡施肥技术改变以往盲目施肥为定量施肥,强调以有机肥为基础,氮、磷、钾等多种元素配合施用,对化肥结构调整起着重要的作用,可以缓急相济、扬长避短、相互补充,既可以及时满足作物生育期对养分的需要,提高化肥利用率,降低生产成本,增产增收,又能促进微生物活动,改善作物营养条件。平衡施肥在农业生产上实现了增产、改善农产品品质、节肥、增收和平衡土壤养分等显著效果。

三、光合作用

绿色植物是地球上分布最广的自养生物，主要特征就是能够利用光能进行光合作用，制造有机物质，是地球上最大的有机物生产者，是人类和其他生物赖以生存的物质基础。

(一)光合作用及其生理意义

1.光合作用的概念

绿色植物吸收太阳光的能量，把 CO_2 和 H_2O 转化为有机物质并释放 O_2 的过程，称为光合作用。光合作用可用下列反应式来表示：

$$CO_2+H_2O\xrightarrow[\text{绿色植物}]{\text{光能}}(CH_2O)+O_2$$

通过光合作用，CO_2 被还原，水被氧化，所以光合作用的实质就是由光引起的一种氧化还原反应。绿色植物通过这个反应将无机物转化为有机物，将光能转变为化学能并贮存于有机物中。

2.光合作用的生理意义

光合作用的意义主要有以下 3 个方面：

1)把无机物转变成有机物，完成了自然界规模巨大的物质转变

绿色植物通过光合作用合成有机物的规模是非常巨大的。据估计，植物每年约同化 7×10^{11} t CO_2，合成 5×10^{11} t 有机物质。这是任何其他物质生产所无法比拟的。绿色植物合成的有机物，既满足植物本身生长发育的需要，也为整个生物界提供了食物来源。人类生活所必需的粮、棉、油、菜、果、茶、药和木材等都是光合作用的产物。

2)蓄积了太阳能，完成了自然界规模巨大的能量转变

绿色植物通过光合作用将无机物转化为有机物的同时，将光能转变为贮藏在有机物中的化学能。据估算，植物每年通过光合作用所同化的太阳能为 7.1×10^{18} kJ。这个数量约为全人类所需能量的 100 倍，占照射到地球上的 0.1%。光合作用固定的太阳能是当今人类生活和生产上所需能量的基本来源。工农业生产和日常生活所需要的动力约有 90%是依靠煤、石油、天然气、泥炭以及薪柴等取得的。这些能源是古代或现代的植物光合作用所贮存的能量。

3)净化空气，保护环境

由于生物呼吸和燃烧，每年约消耗 3.15×10^{11} t O_2，以这样的速度计算，大气层中所含的 O_2 将在 3 000 年左右耗尽。然而，绿色植物不断进行光合作用，每年释放出 5.35×10^{11} t O_2，大气中含的 O_2 和 CO_2 的含量比较稳定。绿色植物被认为是自动的空气净化器。

(二)叶绿体及色素

1.叶绿体的形态结构

叶绿体大多呈扁平椭圆形。大小和数目依植物种类、组织类型和发育阶段而异。通常一个细胞中含有 10～100 个的叶绿体，其长 3～7 μm，厚 2～3 μm。叶肉细胞中叶绿体一般沿细胞壁排列，较多分布在与空气接触的细胞壁一边，且扁平面朝向细胞壁。这样的分布有利于叶绿体与外界进行气体交换，也有利于细胞间的物质运输和光合产物向维管束的输送。叶绿体在细胞中可随光照的方向和强度而运动，在弱光下，叶绿体以扁平的一面向光；在强

光下，叶绿体的扁平面与光照方向平行。

在电子显微镜下，可看到叶绿体由叶绿体膜、基质和类囊体三部分组成(图 4-13)。

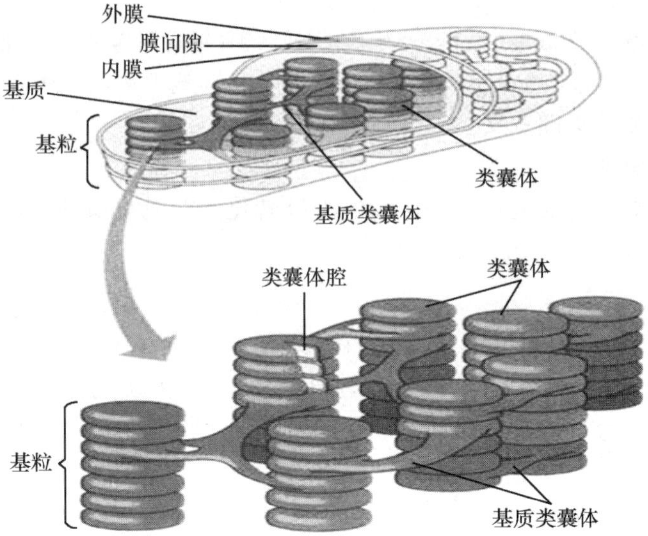

图 4-13　叶绿体的结构

1)叶绿体膜

叶绿体膜由两层单位膜组成，分别称外膜和内膜，两膜间距 5～10 nm，被膜上无叶绿素。外膜为非选择透性膜，如蔗糖、核酸、无机盐等都能自由透过。内膜为选择透性膜，具有控制代谢物质进出叶绿体的功能。

2)基质

叶绿体膜以内的基础物质，成分主要是水、可溶性蛋白质(酶)和其他代谢活跃物质，呈高度流动状态，含有 CO_2 还原和淀粉合成的全部酶系，1，5-二磷酸核酮糖羧化酶/加氧酶占基质总蛋白质 50%以上，所以光合产物淀粉是在基质里形成和贮藏起来的。

3)类囊体

单层膜围起的扁平小囊，叫类囊体(也称片层)，囊腔空间约 10 nm，类囊体内是水溶液。2 个以上的类囊体垛叠在一起(像一叠镍币一样，从上看下去则呈小颗粒状)称为基粒。基粒中的类囊体称为基粒类囊体，又称基粒片层，分布着许多光合作用的色素。有一些类囊体较大，贯穿在两个基粒之间，这些类囊体称为基质类囊体，又称基质片层。光合作用中光的吸收和转化主要是在类囊体膜上进行的，所以，类囊体的膜也称为光合膜，是光反应的场所。一般而言，基粒类囊体越多，光合速率越高。

2.叶绿体的成分

叶绿体的成分主要是水和干物质。干物质以蛋白质、脂类、色素和无机盐为主。叶绿体含水量为 75%～80%，是一切代谢活动的介质。蛋白质占叶绿体干重的 30%～50%，主要功能有：①作为代谢过程中的酶；②起电子传递作用；③与色素结合成为复合体。脂类占叶绿体干重的 20%～30%，是组成膜的主要成分之一。色素约占叶绿体干重的 8%左右，参与光能的吸收、传递和转化。叶绿体中还含有 10%～20%的糖类和 10%左右的无机盐元素等。此外，叶绿体中还含有核苷酸(如 NAD^+ 和 $NADP^+$)和醌(如质体醌)，它们在光合过程中起着传递质子(或电子)的作用。

3.叶绿体色素

1)叶绿体色素的种类

绿色植物叶绿体中的光合色素有三类:叶绿素、类胡萝卜素和藻胆素。

(1)叶绿素　常见的有四种:叶绿素 a、b、c、d。其中主要是蓝绿色的叶绿素 a 和黄绿色的叶绿素 b。高等植物的叶绿体中,一般叶绿素含量占全部色素的 2/3,其叶绿素 a 与叶绿素 b 之比约为 3∶1。

(2)类胡萝卜素　包括胡萝卜素和叶黄素。在高等植物中它们的含量约占全部色素的 1/3,叶黄素与胡萝卜素之比约为 2∶1。

(3)藻胆素　包括藻红素和藻蓝素,它们是藻红蛋白和藻蓝蛋白的发色团,这类色素存在于红藻和蓝绿藻中。

2)叶绿体色素的理化性质

高等植物的光合色素主要有叶绿素(叶绿素 a、b)和类胡萝卜素(胡萝卜素、叶黄素)。它们不溶于水,能溶于酒精、丙酮和石油醚等有机溶剂,但在不同溶剂中溶解度不同,可将 4 种色素从植物中提取出来并且彼此分开。叶绿体的 4 种色素的分子式及颜色如下:

叶绿素 a	$C_{55}H_{72}O_5N_4Mg$	蓝绿色
叶绿素 b	$C_{55}H_{70}O_6N_4Mg$	黄绿色
胡萝卜素	$C_{40}H_{56}$	橙黄色
叶黄素	$C_{40}H_{56}O_2$	黄色

叶绿素是叶绿酸的酯(图 4-14)。叶绿酸是双羧酸,其中的两个羧基分别与甲醇(CH_3OH)和叶绿醇($C_{20}H_{39}OH$)发生酯化反应,形成叶绿素。叶绿素分子结构像个蝌蚪,有一个头部和尾部。头部含有 4 个吡咯环,它们和 4 个甲烯基(═CH—)连接成一个大环,叫作卟啉环。镁原子居于卟啉环的中央。此外,还有一个含羰基和羧基的副环(同素环Ⅴ),羧基以酯键和甲醇结合。尾部是一条长的叶绿醇链,以酯键与在第Ⅳ吡咯环侧链上的丙酸相结合。叶绿素分子的头部和尾部分别具有亲水性和亲脂性的特点。

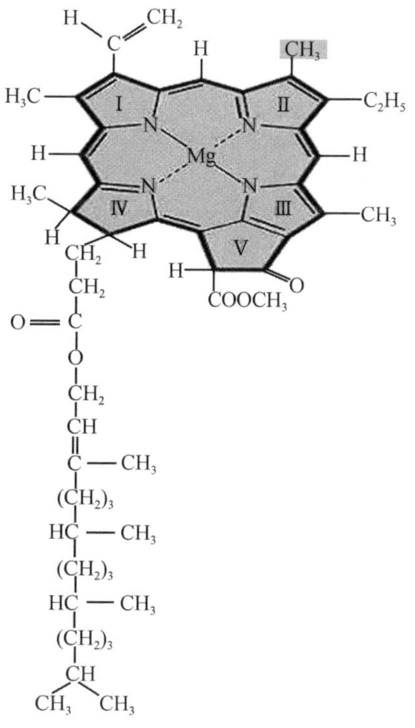

图 4-14　叶绿素 a 的结构式

叶绿素是叶绿酸的酯,因此可以与碱发生皂化反应。叶绿素溶液用盐酸处理,则使卟啉环中的镁原子被 H^+ 取代,成为去镁叶绿素,呈褐色。但当叶绿素分子中的 Mg^{2+} 被 Cu^{2+} 取代时,形成鲜亮的绿色且更稳定。依据这个性质,用醋酸铜溶液处理绿色组织保存植物标本或用于食品加工。

叶绿体中的类胡萝卜素有两种,即胡萝卜素和叶黄素。类胡萝卜素是由 8 个异戊二烯单位组成的,含有 40 个碳原子的化合物(图 4-15)。其中,胡萝卜素的分子式是 $C_{40}H_{56}$,叶黄素是由胡萝卜素衍生的醇类,分子

式是 $C_{40}H_{56}O_2$。叶黄素与胡萝卜素的比例约为 2∶1，正常叶片中叶绿素与类胡萝卜素的比例约为 3∶1。

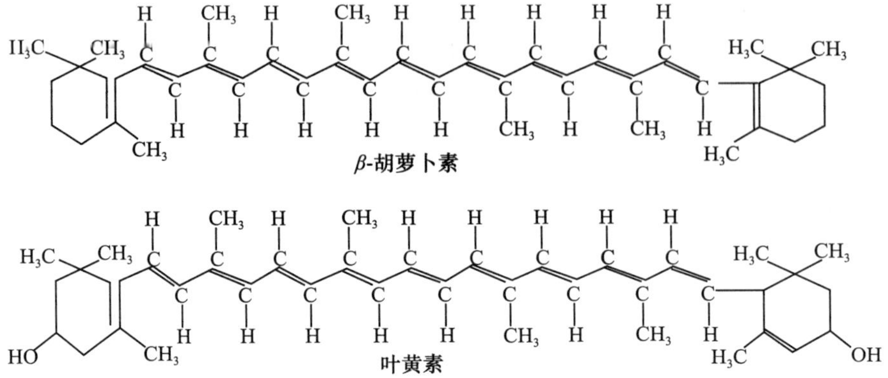

图 4-15　β-胡萝卜素和叶黄素的结构式

3）叶绿体色素的光学性质

叶绿体色素的光学性质表现在能选择吸收光量子，呈现各种特殊的吸收光谱。叶绿素还有一个重要的光学特性是吸收光量子后能发射荧光和磷光。

（1）叶绿体色素的吸收光谱　我们知道太阳光不是单色光，到达地表的光从波长 300 nm 的紫外光到 2 600 nm 的红外光，其中只有波长在 390～770 nm 之间的光是可见光。当光束通过分光镜后，白光分成红、橙、黄、绿、青、蓝、紫七种单色光。太阳光的连续光谱如图 4-16 所示。

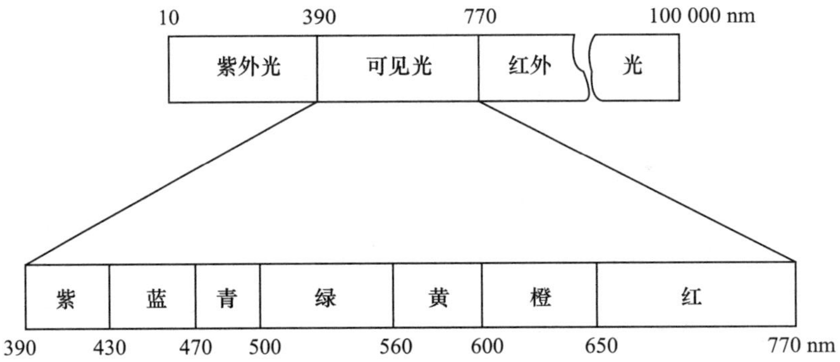

图 4-16　太阳光的光谱

如果把叶绿体色素溶液放在太阳光和分光镜之间，可见到连续光谱中的部分单色光被吸收，在光谱上出现黑线或暗带，这就是色素的吸收光谱。

叶绿素吸收光谱呈现出两个吸收最强的吸收区域，即红光区（640～660 nm）及蓝紫光区（430～450 nm）。但叶绿素 a 比叶绿素 b 在红光部分的吸收高峰较偏向长波，而在蓝紫光部分的吸收高峰则较偏向短波方面。叶绿素对绿光吸收很少，所以叶绿素的溶液呈绿色。

类胡萝卜素只有一个吸收区域，即蓝紫光区（400～500 nm），而且在蓝紫光部分的吸收范围比叶绿素宽一些。类胡萝卜素基本不吸收红、橙和黄光，所以呈现橙黄色和黄色（图 4-17）。

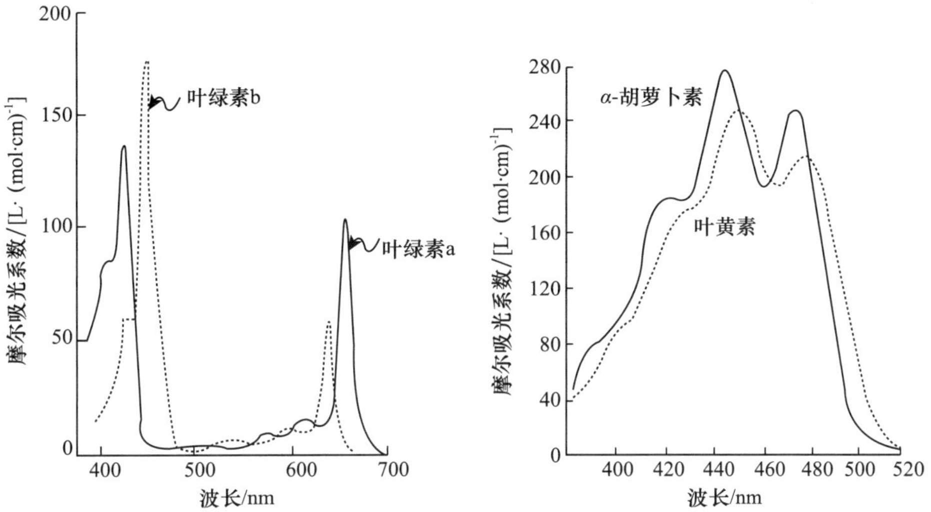

图 4-17　叶绿素及类胡萝卜素的吸收光谱

太阳的直射光含红光较多，散射光含蓝紫光较多。因此在阴天或背阴处，植物可以利用散射光进行光合作用。类胡萝卜素能吸收较多的蓝紫光，把能量转给叶绿素，使植物在较弱的光下仍能进行一定的光合作用。这是植物在长期进化过程中所形成的适应性。

(2)荧光和磷光现象　叶绿素溶液在透射光下呈绿色，在反射光下呈暗红色，这种现象称荧光现象。类胡萝卜素没有荧光现象。荧光的寿命很短，只有$(1\times10^{-10})\sim(1\times10^{-8})$s。当去掉光源后，用精密仪器测到叶绿素溶液还能继续辐射出极微弱的红光，这种光称为磷光，它是由三线态回到基态时所产生的光。这种现象称为磷光现象。磷光寿命较长，一般为1×10^{-2}s(图 4-18)。

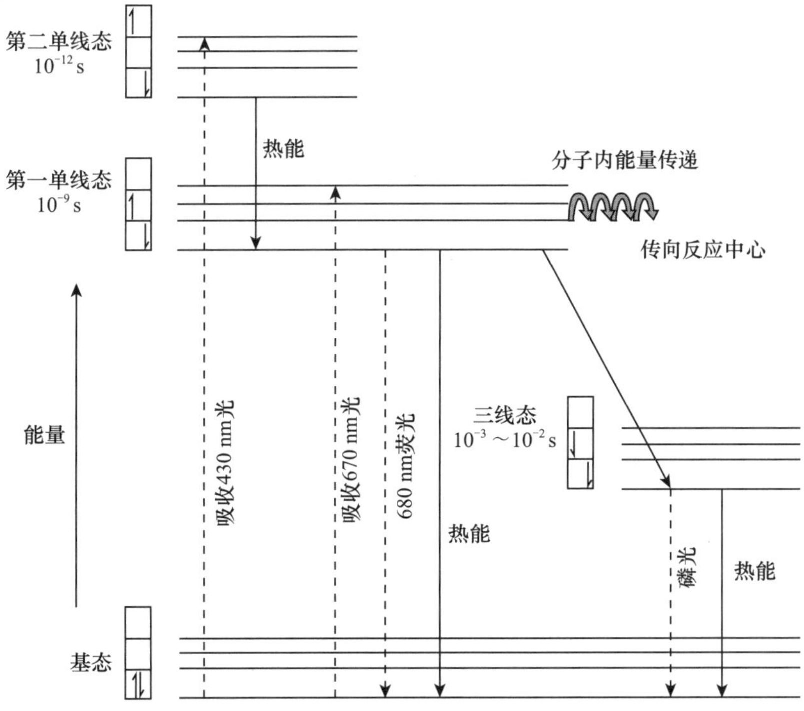

图 4-18　叶绿素分子对光的吸收及能量的释放示意图

叶绿素分子吸收光能后，由最稳定的、最低能量的基态提高到不稳定的、高能量的激发态。

激发态是不稳定的状态，经过一定时间后，就会发生能量的转变：有的以热能形式消耗，有的以光的形式消耗，以光的形式消耗，就是我们看到的荧光。

荧光和磷光都是叶绿素分子吸收光能后又以光的形式释放出来，说明叶绿素能被光激发，而叶绿素分子的激发是将光能转变为化学能的第一步。

4)叶绿素的形成及其条件

叶绿素和植物体内的其他有机物质一样，也要不断更新。据测定，燕麦幼苗 72 h 后叶绿素几乎全部被更新，且受环境影响较大。

(1)叶绿素的生物合成　叶绿素的生物合成比较复杂，大致可分 2 个阶段。第一阶段是合成叶绿素的前身物质原叶绿素酸酯，此过程与光无关，为酶促反应。第二阶段是原叶绿素酸酯在叶绿体中与蛋白质结合，通过吸收光能被还原成叶绿素酸酯 a，再与叶绿醇结合生成叶绿素 a。叶绿素 b 是由叶绿素 a 转化而成的。第二阶段是光还原阶段，需要光的催化。

(2)叶绿素形成的条件

光：光是影响叶绿素形成的主要因素。缺光只停留在原叶绿素酸酯阶段，不能形成叶绿素，但类胡萝卜素的形成不受影响，植物就表现橙黄色，这种缺乏某些条件而影响叶绿素形成，使叶子发黄的现象，称为黄化现象。光线过弱，不利于叶绿素的生物合成。所以，栽培密度过大或由于肥水过多而贪青徒长的植株，上部遮光过甚，植株下部叶片叶绿素分解大于合成速度，叶色变黄。

温度：叶绿素的生物合成是一系列酶促反应，温度影响酶的活动，也就影响叶绿素的生物合成。一般来说，叶绿素形成的最低温度是 2～4℃，最适 30℃左右，最高温度 40℃。秋天叶变黄和早春寒潮过后水稻秧苗变白等现象，都与低温抑制叶绿素形成有关。

矿质元素：矿质元素对叶绿素的形成也有很大影响。植株缺氮、镁、铁、锰、铜、锌等元素时，不能形成叶绿素，呈缺绿病。

氧：缺氧影响卟啉环的形成，导致不能合成叶绿素。

水：缺水不仅影响叶绿素的生物合成，而且还加速其分解。干旱时叶片呈黄色。

此外，叶绿素的形成还受遗传因素的控制，如水稻、玉米的白化病苗以及花卉中的斑叶，都是由于遗传分离引起的白化现象，都不能合成叶绿素。

(三)光合作用过程

光合作用是自然界中十分特殊又非常重要的生命现象，是一个极其复杂的生理过程。根据能量转变的性质，将光合作用整个过程分为三大步骤：①原初反应，包括光能的吸收、传递和转换过程；②电子传递与光合磷酸化，即电能转化为活跃的化学能的过程；③碳同化，即活跃的化学能转变为稳定的化学能的过程。第一、二两个步骤在有光的条件下才能进行，称光反应，是在叶绿体的光合膜上进行的；第三个步骤与光无关，在光下或暗中均可进行，为了和光反应相区别，称暗反应，是在叶绿体的基质中进行的。

1.原初反应

原初反应是光合作用中由光引起的第一个光化学反应，所以叫原初反应。原初反应是光合作用的起点，包括光物理和光化学两个反应。光物理反应是指色素分子对光能的吸收与传递；光化学反应指由受光激发的叶绿素分子失去电子所引起的氧化还原反应。原初反应的速度非常快，可在皮秒（ps，10^{-12} s）与纳秒（ns，10^{-9} s）内完成，且与温度无关。

1）光能的吸收与传递

（1）光合单位　人们把光合单位定义为吸收、传递和转化1个光量子所需要的叶绿素分子数目，它是存在于类囊体膜上能进行完整光反应的最小结构单位。

光合单位＝聚光色素系统＋反应中心色素

反应中心色素：又称作用中心色素，是少数特殊状态的叶绿素a，不仅能捕获光能，还具有光化学活性，能利用捕获的光能进行电荷分离，将光能转换为电能。

聚光色素系统：无光化学活性，只收集光能，像漏斗一样把光能聚集起来，传到反应中心色素，绝大多数色素（大部分叶绿素a和全部叶绿素b、胡萝卜素、叶黄素）都属于聚光色素（或辅助色素）。因它像收音机的天线一样，将吸收到的光能有效地集中到反应中心色素，又称天线色素。

（2）光能的吸收、传递　物质吸收光能是以量子为单位吸收的。当光照射到绿色植物时，聚光色素系统的色素分子吸收光量子，变成激发态。激发态的色素分子把激发能传递给处于基态的同种或异种分子而返回基态的过程称为色素分子间能量的传递。这样聚光色素像漏斗一样将光能聚集输送到反应中心色素，并激发反应中心色素分子，启动光化学反应（图4-19）。

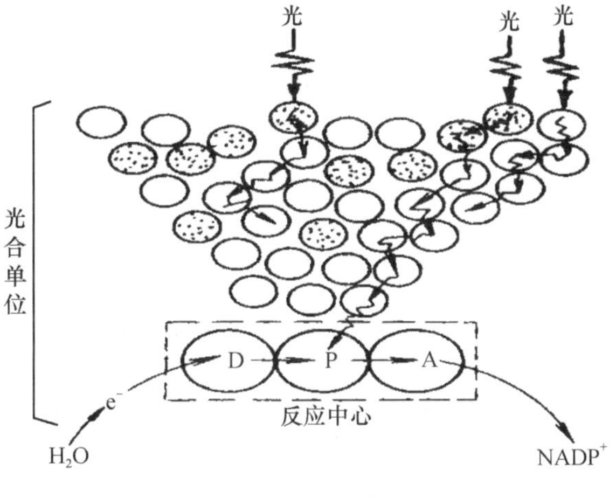

图4-19　光合作用原初反应的能量吸收、传递与转换图解

粗的波浪箭头代表光能的吸收；细的波浪箭头代表能量的传递；直线箭头代表电子传递。

空心圆圈代表聚光叶绿素分子；黑点圆圈代表类胡萝卜素等聚光色素分子。

P：反应中心色素分子；D：原初电子供体；A：原初电子受体；e^-：电子

2）光化学反应（光的转换）

光化学反应是指反应中心色素分子吸收光能所引起的氧化还原反应。反应中心由反应中心色素分子（P）、原初电子受体（A）与原初电子供体（D）所组成。聚光色素分子吸收光能，传递到反应中心，其中心色素分子被光量子所激发，失去电子呈氧化态，原初电子受体接受电子而被还原。反应中心色素分子失去电子即带正电荷，又可以从它的原初电子供体获得电子而恢复原状，这样就产生了电子的流动。可用下式表示：

$$D\cdot P\cdot A \xrightarrow{h\nu} D\cdot P^{*}\cdot A \rightarrow D\cdot P^{+}\cdot A^{-} \rightarrow D^{+}\cdot P\cdot A^{-}$$

2.电子传递与光合磷酸化

激发了的反应中心色素分子把电子传递给原初电子受体，将光能转变为电能，电子再经过一系列电子传递体的传递，引起水的光解放氧、$NADP^+$ 的还原以及 ATP 的形成，把电能转化为活跃的化学能。

1)光系统

20 世纪 40 年代以来，人们通过用不同波长的光对光合作用进行研究，发现光合作用存在两个原初反应，也就是有两套光能吸收、传递和转换的系统，分别称光系统Ⅰ(PSⅠ)和光系统Ⅱ(PSⅡ)。每个光系统中包括各自的聚光色素、反应中心色素、原初电子供体和原初电子受体。现已成功从叶绿体中分离出两个光系统。

PSⅠ:反应中心色素分子的最大吸收高峰在 700 nm，用 P_{700} 表示。主要特征是 $NADP^+$ 的还原。当 P_{700} 被光激发后，把电子供给铁氧还蛋白(Fd)，然后传给 $NADP^+$ 而将其还原为 $NADPH+H^+$。PSⅠ的颗粒较小，直径 11 nm，分布在类囊体膜的外侧。PSⅠ的光反应是长波光反应。

PSⅡ:反应中心色素分子的最大吸收高峰在 680 nm，用 P_{680} 表示。其主要特征是水的光解和 O_2 的释放，并将电子传递给 PSⅠ。PSⅡ的颗粒较大，直径 17.5 nm，分布在类囊体膜的内侧。PSⅡ的光反应是短波光反应。

2)电子传递

当受光时，两个光系统的反应中心色素(P_{700} 和 P_{680})均被激发，引起各自的原初反应，产生高能电子，又通过电子传递，将两个光系统串联起来，形成电子传递链。目前，我们知道的电子传递途径有三种类型：

(1)环式电子传递　PSⅠ的 P_{700} 激发出来的高能电子，供给电子受体后，通过一系列电子传递体传递后，电子又回到 P_{700}，形成一个循环式电子传递途径，称环式电子传递途径。

$$\text{PSⅠ} \rightarrow \text{Fd} \rightarrow (\text{NADPH} \rightarrow \text{PQ}) \rightarrow \text{Cyt } b_6/f \rightarrow \text{PC} \rightarrow \text{PSⅠ} \quad \text{闭合回路}$$

式中:PQ 为质体醌;PC 为质体蓝素。

(2)非环式电子传递　指 PSⅠ的 P_{700} 激发出来的高能电子，供给电子受体后，通过一系列电子传递体传递后，电子不回到 P_{700}，而是传给最后一个电子受体——$NADP^+$，这时 P_{700} 由于失去电子造成了电子空缺，而这个空缺正是由 PSⅡ中心色素分子 P_{680} 激发产生的电子，经一系列传递来补充的。通过这种电子传递，两个光系统串联起来。光系统Ⅱ中的 P_{680} 的电子空缺，是水中电子经过传递来补充的。这样，电子由水传递给光系统Ⅱ，再传递到光系统Ⅰ，最终传递给 $NADP^+$。这一传递途径是开放式的，称非环式电子传递途径。

$$H_2O \rightarrow \text{PSⅡ} \rightarrow \text{PQ} \rightarrow \text{Cyt } b_6/f \rightarrow \text{PC} \rightarrow \text{PSⅠ} \rightarrow \text{Fd} \rightarrow \text{FNR} \rightarrow NADP^+ \quad \text{开放的通路}$$

式中:FNR 为铁氧还蛋白-$NADP^+$ 还原酶类。

上述由水至 $NADP^+$ 的电子传递是由两个光系统和若干电子传递体共同完成的，这条定位在光合膜上、由多个电子传递体组成的电子传递轨道称光合电子传递链，即光合链，它的形状像一个横写的英文字母“Z”，因此也称 Z 链(图 4-20)。图中 Z(成分不清)为 PSⅡ原初电子供体；Q 为 PSⅡ的电子受体；Cyt b559LP 为细胞色素 b 低电势态；X 为 PSⅠ的电子受体；FRS、R 为铁氧还蛋白-$NADP^+$ 还原酶类；chl 为叶绿素分子。

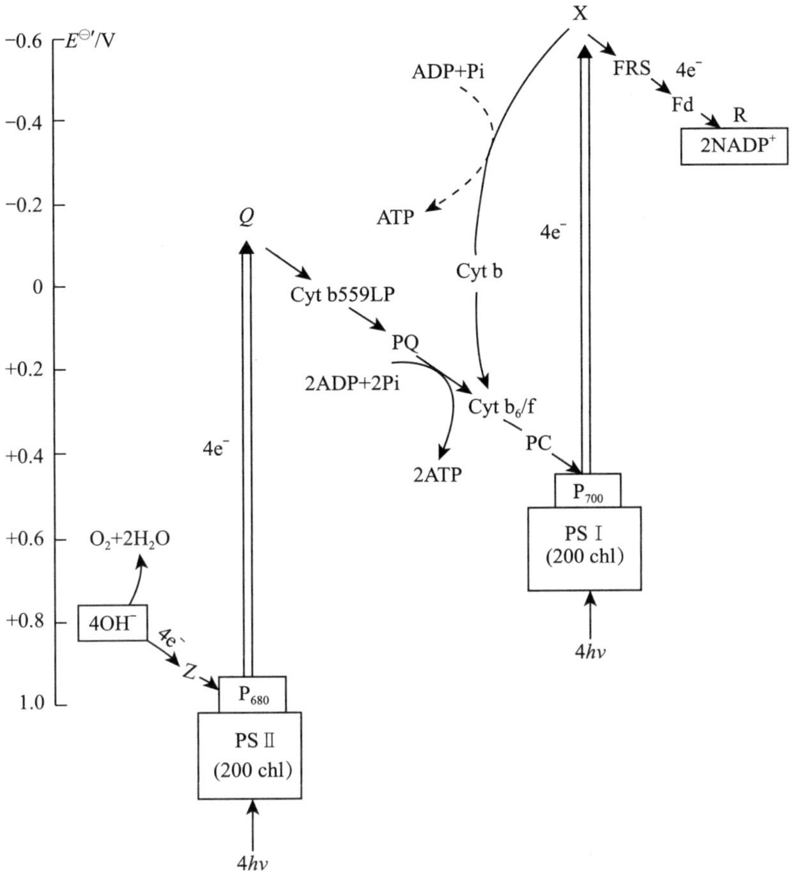

图 4-20　叶绿体的光合作用电子传递途径(Z 链)

(3)假环式电子传递　指水中的电子经 PSⅡ和 PSⅠ传给 Fd 后不交给 $NADP^+$ 而传给 O_2 的电子传递。

H_2O→PSⅡ→PQ→Cyt b_6/f→PC→PSⅠ→Fd→O_2　开放通路

假环式电子传递的结果造成 O_2 的消耗和 H_2O_2 的产生，它实际上属于非环式电子传递，只是电子的最终受体是 O_2，而不是 $NADP^+$。

3)水的光解和氧的释放

水的光解是希尔于 1937 年发现的。他将离体的叶绿体加入有适宜的氢受体(A)的水溶液中，光照后即有 O_2 放出，这就是水的光解，也称希尔反应。

$$2H_2O+2A \xrightarrow[\text{叶绿体}]{\text{光}} 2AH_2+O_2$$

水裂解放氧是水在光照下经过 PSⅡ的作用，释放 O_2，产生电子，释放质子到类囊体腔内，整个反应如下：

$$2H_2O \xrightarrow{\text{光子}} O_2+4H^+ +4e^-$$

这里放出的 O_2 作为光合作用的副产物,释放到了空气中。

4)光合磷酸化

由光激发产生的高能电子在类囊体膜上传递的同时,偶联 ADP 和无机磷酸合成 ATP 的过程,称光合磷酸化。因其与电子传递相偶联,所以光合磷酸化也有三种类型,即非环式光合磷酸化、环式光合磷酸化和假环式光合磷酸化。

(1)非环式光合磷酸化　是与非环式电子传递途径相偶联的磷酸化。此过程伴随水的光解和 O_2 的释放。常用以下反应式表示:

$$2ADP+2P_i+2NADP^+ +2H_2O \xrightarrow{光} 2ATP+2NADPH+2H^+ +O_2$$

(2)环式光合磷酸化　是与环式电子传递途径相偶联的磷酸化。只产生 ATP,而无水的光解和 O_2 的释放,也不产生 $NADPH+H^+$。反应式如下:

$$ADP+Pi \xrightarrow{光} ATP$$

(3)假环式光合磷酸化　与假环式电子传递途径偶联产生 ATP 的反应。此种光合磷酸化既放氧又吸氧,还原的电子受体最后又被氧所氧化。

$$H_2O+ADP+Pi \xrightarrow{光叶绿体} ATP+O_2^- +4H^+$$

在高等植物体内,非环式光合磷酸化是主要形式。

综上所述,光合作用的光反应就是叶绿体色素分子吸收光能,受激发产生高能电子,经过一系列的电子传递并偶联磷酸化作用,把光能转换为活跃的化学能,贮存在 ATP 和 $NADPH+H^+$ 中的过程。二者均是高能化合物,用于暗反应中 CO_2 的固定和还原,所以二者合称"同化力"。

3.碳同化

CO_2 的同化简称碳同化,是利用光反应产生的同化力($ATP + NADPH+H^+$)将 CO_2 合成碳水化合物,使活跃的化学能转变为稳定的化学能的过程。碳同化是在叶绿体基质中进行的。高等植物同化 CO_2 的途径有 3 条:C_3 途径(卡尔文循环)、C_4 途径和景天酸代谢途径(CAM 途径)。其中 C_3 是 CO_2 同化的最基本途径,包括 CO_2 固定、还原,最后生成碳水化合物的完整过程。C_4 途径和 CAM 途径只是在某些高等植物体内起固定、转运 CO_2 的作用,不能将 CO_2 还原为碳水化合物。所以,卡尔文循环是绿色植物碳同化的共同途径。

1)C_3 途径(卡尔文循环)

卡尔文(M. Calvin)等利用放射性同位素示踪和纸层析等方法,经过 10 年的系统研究,在 20 世纪 50 年代提出 CO_2 同化的循环途径,称为卡尔文循环。这个途径中 CO_2 固定的最初产物是一种三碳化合物,又称 C_3 途径。通过 C_3 途径同化 CO_2 的植物,如水稻、小麦、棉花、大豆等大多数植物,称为 C_3 植物。木本植物几乎都是 C_3 植物。C_3 途径是所有植物光合作用碳同化的基本途径,大致可分为三个阶段,即羧化阶段、还原阶段和再生阶段(图 4-21)。

(1)羧化阶段　CO_2 必须经过羧化阶段,固定成羧酸,才能被还原。1,5-二磷酸核酮糖(RuBP)是 CO_2 的接受体,在 1,5-二磷酸核酮糖羧化酶/加氧酶(Rubisco)作用下,和 CO_2 反应生成 2 分子 3-磷酸甘油酸(PGA)。这是卡尔文循环中第一个稳定的中间产物。

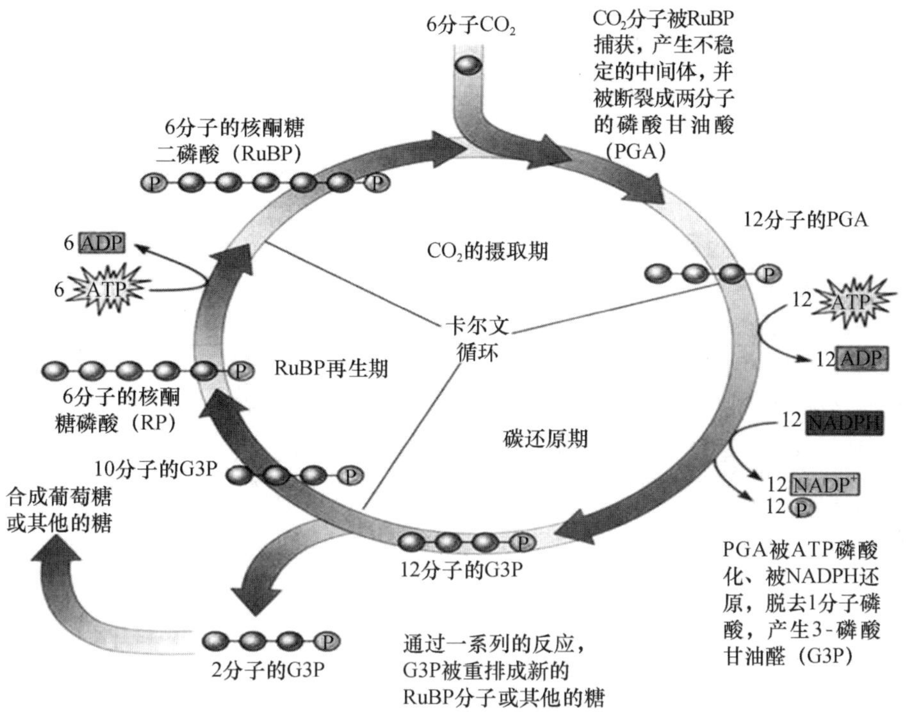

图 4-21　C_3 途径(卡尔文循环)

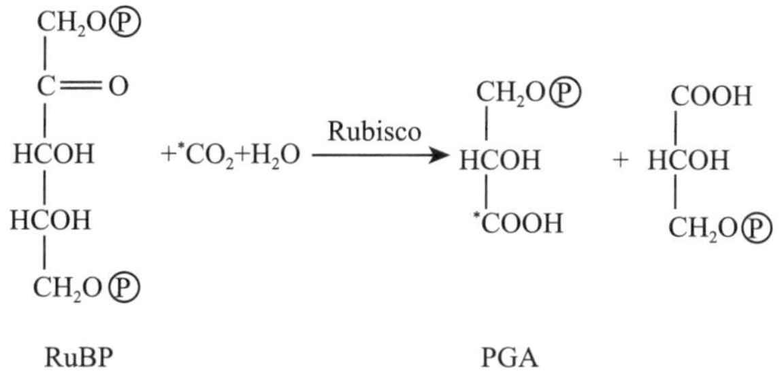

(2)还原阶段　2 分子 3-磷酸甘油酸(PGA)，被 ATP 磷酸化，在 3-磷酸甘油酸激酶催化下，形成 1，3-二磷酸甘油酸(DPGA)，1，3-二磷酸甘油酸又在 3-磷酸甘油醛脱氢酶催化下，被 $NADPH+H^+$ 还原为 3-磷酸甘油醛（GAP，G3P）。这是 CO_2 固定后，在同化力($ATP+NADPH+H^+$)的推动下，形成的第一个糖类(三碳糖)，它把活跃的化学能转变为稳定的化学能贮藏在糖类中。GAP 被运到细胞质中合成蔗糖，也可以在叶绿体基质中合成淀粉，暂时积累。

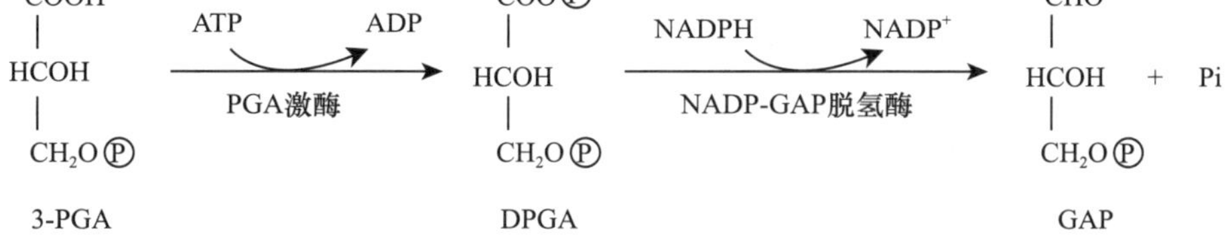

(3)再生阶段　在CO_2固定和还原过程中，CO_2受体RuBP要减少，不可能继续进行CO_2的固定。因此，RuBP的再合成是卡尔文循环正常运转的组成部分。

这个阶段主要是利用3-磷酸甘油醛，经过一系列反应，形成很多中间产物，再转变合成RuBP的过程。

C_3途径的总反应式如下：

$$3CO_2+5H_2O+9ATP+6NADPH+H^+ \longrightarrow GAP+9ADP+8Pi+6NADP^+ +3H^+$$

由此可见，要产生一个GAP分子，需要3个CO_2分子，6个$NADPH+H^+$分子和9个ATP分子作为能量来源。

2)C_4 途径(C_4-二羧酸途径)

在某些植物中，CO_2固定后形成的最初产物为含有4个碳原子的草酰乙酸(OAA)，因此将这种固定CO_2的途径称为C_4途径。具有这种固定CO_2途径的植物，称为C_4植物。这类植物大多数起源于热带或亚热带，适合在高温、强光与干旱条件下生长，如玉米、高粱、甘蔗、马齿苋等。

C_4途径包括4个步骤(图4-22)：

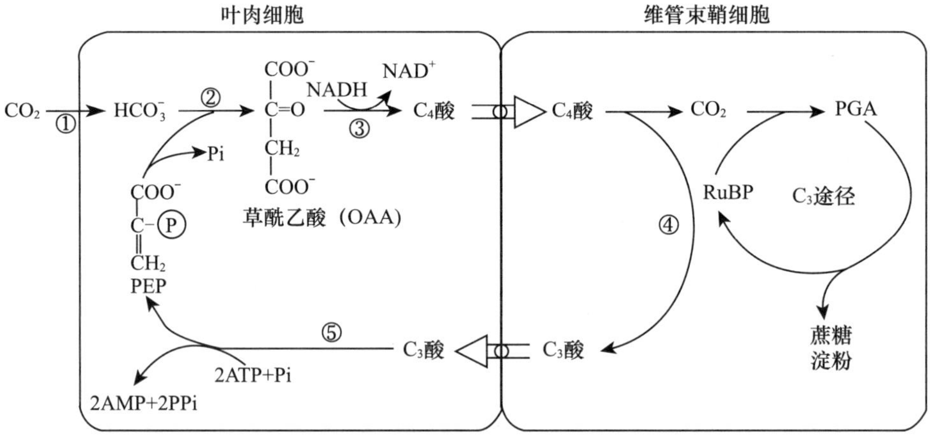

图4-22　C_4 途径的基本反应在各部位进行的示意图

①碳酸酐酶　②PEP羧化酶　③苹果酸脱氢酶　④苹果酸酶　⑤丙酮酸磷酸双激酶

(引自Hopkins，1999)

(1)羧化　叶肉细胞的细胞质中的磷酸烯醇式丙酮酸(PEP)羧化，把CO_2固定为草酰乙酸(OAA)，后转变为C_4酸(苹果酸或天冬氨酸)。

(2)转移　C_4酸转移到维管束鞘细胞。

(3)脱羧与还原　维管束鞘细胞中的C_4酸脱羧产生CO_2，CO_2通过C_3途径被还原为碳水化合物。

(4)再生　C_4酸脱羧形成的C_3酸(丙酮酸或丙氨酸)运回叶肉细胞再生成PEP构成一个循环。

3)景天酸代谢途径(CAM途径)

许多起源于热带的植物，为适应高温干旱的环境，叶片退化或形成很厚的角质层，有些形成肉质茎，气孔在白天关闭以减少蒸腾，晚上开放，吸收CO_2。这类植物在光合碳同化上也演化出一条独特途径：夜间气孔开放，吸进 CO_2，在 PEP 羧化酶作用下，与 PEP 结合，形成草酰乙酸(OAA)，进一步还原为苹果酸，积累于液泡中。白天气孔关闭，液泡中的苹果酸便运到细胞质中，在 NADP 苹果酸酶作用下，氧化脱羧，放出 CO_2，进入 C_3 途径，形成淀粉等。这种代谢途径最早是在景天科植物中观察到的，所以把这条碳固定途径称为景天酸代谢途径，简称 CAM 途径(图 4-23)。具有 CAM 途径的植物称为 CAM 植物，主要有景天科、仙人掌科、凤梨科、兰科等。

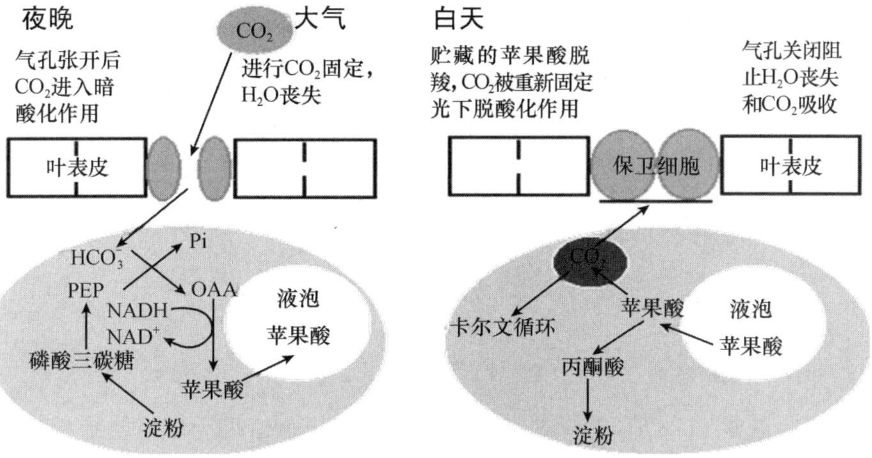

图 4-23　景天酸代谢途径(CAM 途径)

综上所述，植物的光合碳同化途径是多样的，这也反映了植物对生态环境的适应，但 C_3 途径是植物同化 CO_2 最基本、最普遍的途径。C_4 途径和 CAM 途径只起固定和转运 CO_2 的作用。CAM 植物与 C_4 植物同化 CO_2 的方式基本相同。两者差别在于：C_4 植物是在同一时间不同空间完成 CO_2 的固定和还原，即在白天，叶肉细胞内固定 CO_2(C_4 途径)，维管束鞘细胞内还原 CO_2，合成碳水化合物；而 CAM 植物是在不同时间(黑夜和白天)和同一空间(叶肉细胞)完成上述两个过程。

(四)光呼吸

植物的绿色细胞在光下吸收 O_2，放出 CO_2 的过程，被称为光呼吸。光呼吸仅在光下发生，且与光合作用密切相关。一般生活细胞的呼吸在光照和黑暗中均可进行，称为暗呼吸。

1.光呼吸的过程——乙醇酸氧化途径

光呼吸的底物是光合碳循环中产生的乙醇酸，光呼吸过程就是乙醇酸的生物氧化反应，因此又称乙醇酸氧化途径。由于乙醇酸是 C_2 化合物，因此光呼吸途径又叫作 C_2 光呼吸碳氧化途径，简称 C_2 循环。

光呼吸的整个代谢过程(包括乙醇酸的合成和氧化反应)需要通过叶绿体、过氧化物体及线粒体三种细胞器来完成。

1)乙醇酸的产生——在叶绿体中完成

乙醇酸的产生以 RuBP 为底物，催化这一反应的酶是 Rubisco。这种酶是一种兼性酶，具有催化羧化反应和加氧反应两种功能。既可催化 RuBP 与 CO_2 生成 2 分子的 PGA；也可催化 RuBP 与 O_2 反应生成 1 分子 PGA 和 1 分子磷酸乙醇酸(C_2 化合物)，后者在磷酸乙醇酸酯酶的作用下变成乙醇酸(叶绿体内)。

2)乙醇酸的氧化及丝氨酸形成——在过氧化物体和线粒体中完成

乙醇酸形成后转移到过氧化物体，在乙醇酸氧化酶的作用下，被氧化成乙醛酸，乙醛酸经转氨酶催化作用，从谷氨酸得到氨基变成甘氨酸，反应如下：

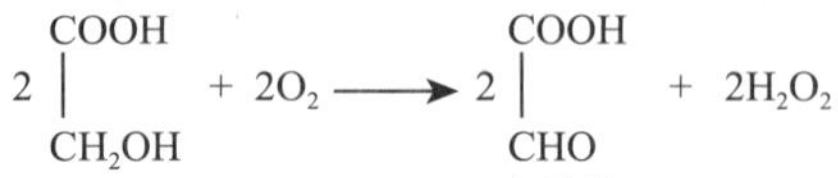

乙醛酸

$$2H_2O_2 \longrightarrow 2H_2O+O_2$$

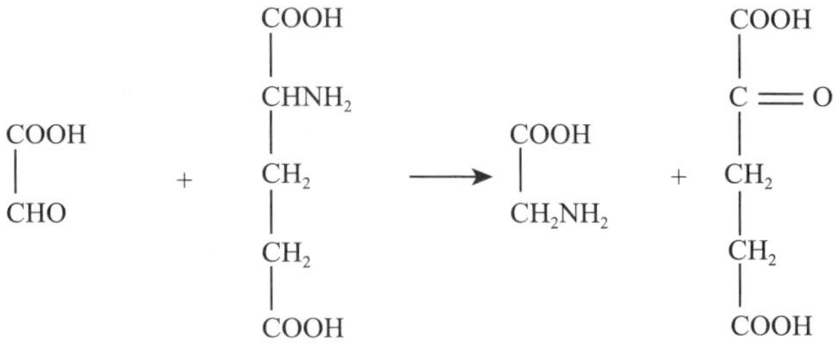

乙醛酸　　谷氨酸　　甘氨酸　　α-酮戊二酸

形成的甘氨酸由过氧化物体进入线粒体。2 分子甘氨酸转变成 1 分子丝氨酸，并产生 NADH、NH_3，放出 CO_2。这就是光呼吸中放出 CO_2 的过程。

3)丝氨酸脱氨、还原及甘油酸的生成——在过氧化物体中完成

丝氨酸转回过氧化物体，并与乙醛酸进行转氨作用，后者变成甘氨酸，丝氨酸变成羟基丙酮酸，在 NADH 的还原下形成甘油酸。

4)甘油酸磷酸化进入 C_3 途径——在叶绿体中完成

形成的甘油酸再回到叶绿体，在甘油酸激酶的作用下转变为 PGA，进入 C_3 途径，再生 RuBP，重复下一次 C_2 循环。

在整个乙醇酸氧化途径中，O_2 的吸收发生在叶绿体和过氧化物体，CO_2 的放出发生在线粒体中，因此，乙醇酸氧化途径是在叶绿体、过氧化物体和线粒体 3 种细胞器的协同参与下完成的(图 4-24)。

2.光呼吸的生理意义

从光呼吸过程可见，光呼吸是一个消耗光合中间产物的过程，将光合作用固定的 CO_2 部分(据估计，消耗碳素占光合固定碳素的 30%)释放，使有机物质的积累减少；从能量利用上看，也是消耗能量(NADH 和 ATP)的过程。因此，表面看光呼吸显然是一种浪费，光呼吸强的植物，其光合效率往往较低。但是，在光下，光呼吸是不可避免的。因此，推测光呼吸在回收碳素、消除乙醇酸毒害、维持低 CO_2 浓度下 C_3 光合碳循环的运转和防止强光对光合机构的破坏有一定的积极意义。

3.C_3 植物和 C_4 植物的光合特征

不同植物的光呼吸强度不同，据此将植物分为高光呼吸植物和低光呼吸植物两大类。C_3 植物都是高光呼吸植物，而 C_4 植物都是低光呼吸植物，它们的光呼吸很低，仅为 C_3 植物的 2%~5%，甚至测不出来。因此，一般来说，C_4 植物比 C_3 植物具有较强的光合作用。这与其结构是有密切关系的。

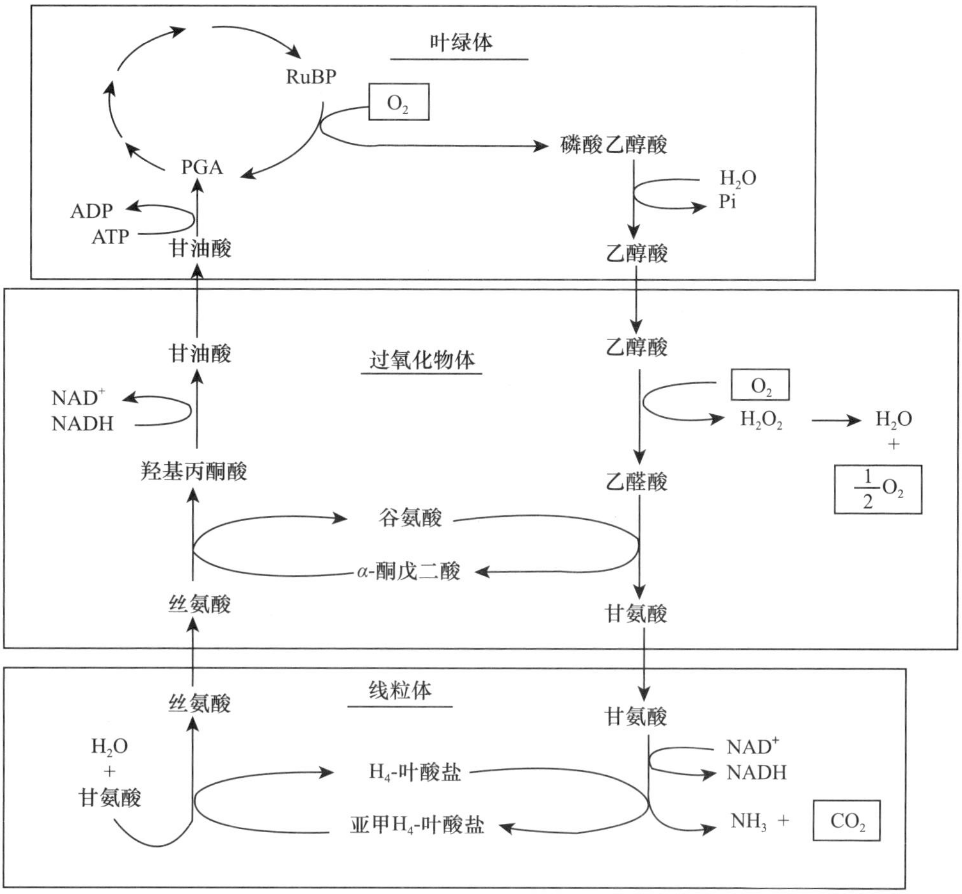

图 4-24 光呼吸代谢途径

1)叶片的解剖结构

C_4植物叶片的维管束鞘薄壁细胞较大,叶绿体较大,叶绿体没有基粒或基粒发育不良,但含有C_3途径的酶系统;维管束鞘的外侧密接一层环状或近于环状排列的叶肉细胞,组成花环状结构。叶肉细胞内的叶绿体数目少,个体小,有基粒,含有对CO_2亲和力强的酶系统。在这两圈细胞之间有发达的胞间连丝相通。C_3植物的维管束鞘薄壁细胞较小,不含叶绿体或叶绿体很少,没有花环状结构,维管束鞘周围的叶肉细胞排列松散(图 4-25)。

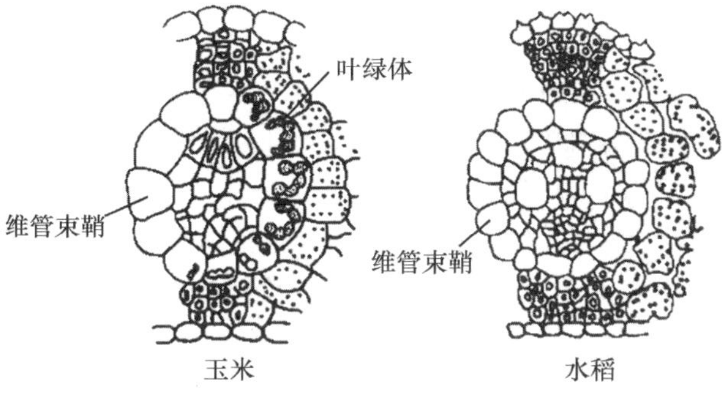

图 4-25 C_4植物(玉米)与C_3植物(水稻)叶片解剖结构的差异

2)光合特征

C_4植物通过叶肉细胞的细胞质内固定CO_2能力强的PEP羧化酶固定大量CO_2，生成的C_4酸转移到维管束鞘细胞中，又放出CO_2，起到了“CO_2泵”的作用，使维管束鞘细胞中CO_2的浓度增加，利于C_3途径的进行，形成光合产物。此外，在维管束鞘细胞中因光呼吸而释放的CO_2，进入叶肉细胞会被重新固定，所以，C_4植物表现光呼吸低而光合效率高。而C_3植物仅有C_3途径，且伴随C_3途径而进行的光呼吸所放出的CO_2，由于叶肉细胞排列疏松，容易排出体外。因此C_3植物表现光呼吸高而光合效率低。

(五)影响光合作用的因素

光合作用是一个十分复杂的生理过程，是在植物内部和外界条件的综合作用下进行的。因此，内外条件的变化都会影响光合作用的强弱。而要了解这些因素对光合作用影响的大小，首先要了解光合作用的指标。

1.光合速率

光合速率是指单位时间、单位叶面积吸收CO_2的量或释放O_2的量。采用国际制(SI)单位以$\mu mol \cdot m^{-2} \cdot s^{-1}$表示，$1\ \mu mol \cdot m^{-2} \cdot s^{-1} = 1.584\ mg \cdot dm^{-2} \cdot h^{-1}$。

通常测定光合速率时没有把呼吸作用考虑在内，因而所测结果实际上是光合作用减去呼吸作用的差数，即表观光合速率或净光合速率。表观光合速率加上呼吸速率，便得到真光合速率。

真光合速率＝表观光合速率＋呼吸速率

2.影响光合作用的因素

1)影响光合作用的内部因素

(1)植物的种类　植物种间的光合速率有很大差异。如C_4植物的光合速率比C_3植物高(参见前面提到的C_3植物和C_4植物叶解剖结构)。树木种间的光合速率差异较为明显，主要取决于树种的遗传特性。

(2)生育期　植物一生中光合速率的变化与生育期有关。对一年生植物来说，一般都认为营养生长中期为最强，到生长末期就下降。如水稻，分蘖盛期的光合速率最快，以后随生育期的进展而下降，特别在抽穗期以后下降较快。也可以说随季节的变化而变化。多年生木本植物，光合速率不但有一生中不同生育期的变化，而且也随着一年中各个季节而变化。裸子植物光合作用的季节变化，春天随温度的升高，光合能力逐渐增加，秋天则逐渐下降。落叶被子植物，春天的光合能力随新叶的生长而迅速加大，夏季光合速率不变，夏末叶子衰老光合速率迅速下降，落叶前趋于零。

(3)叶龄与叶位　新长出的嫩叶，光合速率很低。但随着幼叶的成长，叶绿体的发育，叶绿素含量与Rubisco活性的增加，光合速率不断上升；当叶片长至面积和厚度最大时，通常光合速率也达到最大值。以后，随着叶片衰老，光合速率下降。

(4)光合产物的输出　光合产物从叶片中输出的速率会影响叶片的光合速率。例如，摘去花、果、顶芽等都会使光合产物输出受阻，降低叶片特别是邻近叶的光合速率；反之，摘除其他叶片，只留一张叶片与所有花果，留下叶的光合速率会急剧增加，但易早衰。

2)影响光合作用的外部因素

(1)光照　光是光合作用的能源，是光合作用的必要条件，直接制约着光合速率的高低。

光照因素中有光强、光质。自然界中太阳光的光质完全可以满足光合作用的需要。而光照强度则常常是限制光合速率的因素之一。

光补偿点：暗中叶片不进行光合作用，只有呼吸作用释放 CO_2（图 4-26 中 *D* 为黑暗中的呼吸速率）。随着光强的增高，光合速率相应提高，当到达某一光强时，叶片的光合速率等于呼吸速率，即 CO_2 吸收量等于 CO_2 的释放量，表观光合速率为零，这时的光强称为光补偿点（LCP）。在光补偿点时，光合积累与呼吸消耗相等，不能积累干物质，如考虑到夜间的呼吸消耗，则光合产物还有亏空，因此从全天来看，植物所需的最低光照强度必须高于光补偿点，植物才能正常生长。

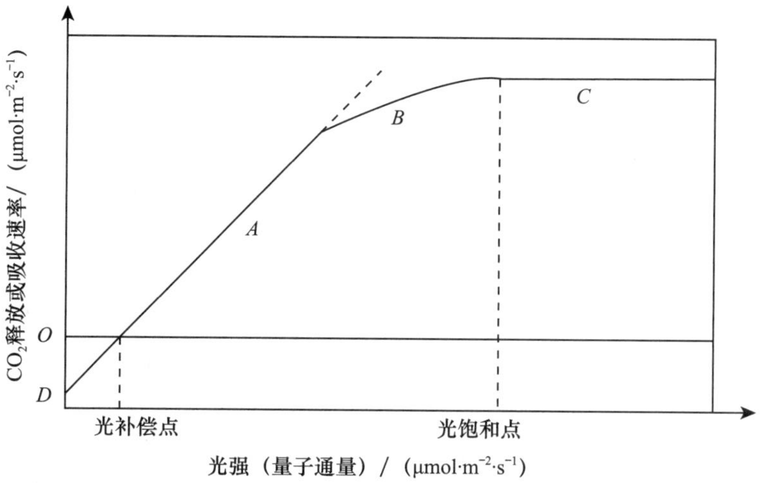

图 4-26 光照强度与光合速率的关系

光饱和点：当光照强度在光补偿点以上继续增加时，光合速率呈比例地增加（图 4-26 中 *A* 比例阶段），但超过一定范围后，光合速率的增强转慢（图 4-26 中 *B* 过渡阶段），当达到某一光强时，光合速率就不再增加，这种现象称为光饱和现象。开始达到光饱和现象时的光照强度称为光饱和点（LSP），此后的光照称饱和阶段（图 4-26 中直线 *C*）。

光补偿点和光饱和点也有很大的差异。光补偿点高的植物一般光饱和点也高，草本植物的光补偿点与光饱和点通常要高于木本植物；阳生植物的光补偿点与光饱和点要高于阴生植物；C_4 植物的光饱和点要高于 C_3 植物，甚至没有明显的光饱和现象。

光补偿点和光饱和点可以作为植物需光特性的主要指标，用来衡量需光量，在生产实践中具有指导作用。例如，在间作套种时作物种类的搭配，林带树种的选择，合理密植的程度，树木修剪、采伐、定植等，都要根据植物光合作用对光强的要求。如大豆的光补偿点仅 0.5 klx，所以可与玉米间作，在玉米行中仍能正常生长。对群体来说，往往上层叶片接受到的光强会超过光饱和点，而中下层叶片的光照强度仍处在光饱和点以下，生产上除了强调合理密植和调节水肥管理外，整枝、去老叶等措施都能改善下层叶片的通风透光条件，去掉部分处于光补偿点以下的枝叶，有利于增加光合产物的积累。

（2）CO_2　CO_2 是光合作用的原料，对光合速率的影响很大。

CO_2 补偿点：光下 CO_2 浓度为零时，叶片只进行呼吸作用释放 CO_2。光合速率随 CO_2 浓度增高而增加，当光合作用吸收的 CO_2 等于呼吸作用放出的 CO_2 时，即光合速率与呼吸速率相等时，环境中的 CO_2 浓度即为 CO_2 补偿点（图 4-27 中 *C*）。

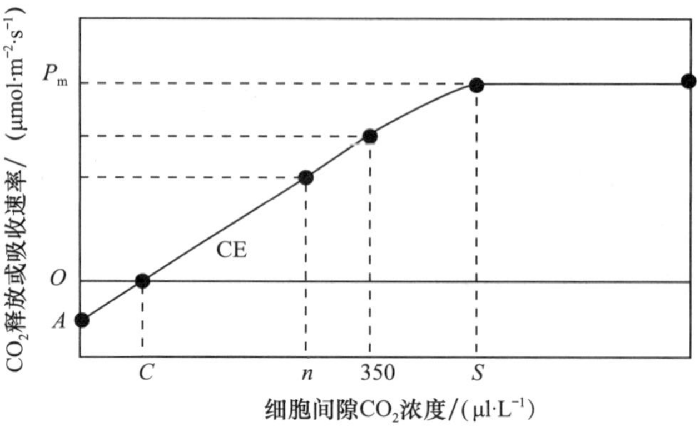

图 4-27 叶片光合速率对细胞间隙 CO_2 浓度响应示意图

A：光下 CO_2 浓度为 0 时呼吸（包括光呼吸、暗呼吸）释放 CO_2 量；O：光下 CO_2 浓度为 0 时的光合速率；C：CO_2 的补偿点；n：空气浓度下细胞间隙的 CO_2 浓度；350：与空气浓度相同时的细胞间隙 CO_2 浓度（350 $\mu L \cdot L^{-1}$）；S：CO_2 的饱和点；P_m：最大光合速率；CE：比例阶段曲线斜率，代表羧化效率

不同植物 CO_2 的补偿点不同，据测定，玉米、高粱、甘蔗等 C_4 植物 CO_2 的补偿点较低，为 0～10 $\mu L \cdot L^{-1}$；小麦、大豆等 C_3 植物 CO_2 的补偿点较高，约为 50 $\mu L \cdot L^{-1}$。植物必须在高于 CO_2 补偿点的条件下，才有同化物的积累，才能正常生长。

CO_2 饱和点：当 CO_2 浓度在补偿点以上时，随着 CO_2 浓度的增加，光合速率几乎呈直线上升，但到一定浓度后，光合速率增长变慢。CO_2 浓度达到某一范围时，则光合速率不再增加，达到最大值，这时的 CO_2 浓度称为 CO_2 饱和点（图 4-27 中 S 点）。不同植物 CO_2 的饱和点差别很大，C_3 植物 CO_2 的饱和点较 C_4 植物高。CO_2 浓度超过饱和点时，光合作用受到抑制，甚至使植物遭受毒害。

CO_2 浓度对植物光合速率的影响随光强度而变化（图 4-28）。当 CO_2 浓度低时（0.01%），提高光强度对增加光合速率效果不大，当 CO_2 浓度较高时（0.11%），光合速率随光强度增加而增加。由此可见，光合作用光饱和点较低的原因之一是 CO_2 浓度不足。如果增加 CO_2 浓度，即可提高光饱和点，从而提高光合速率。

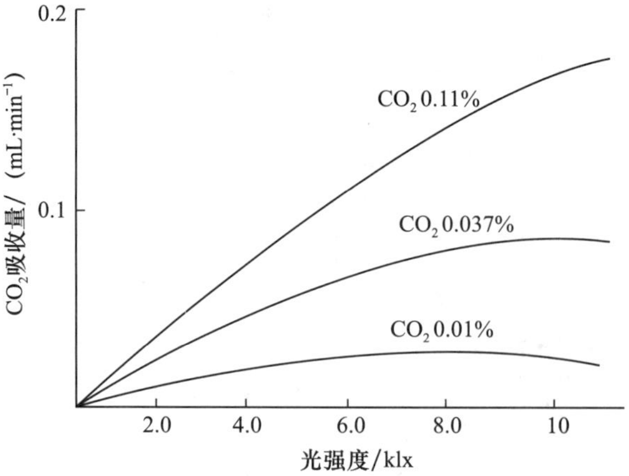

图 4-28 不同 CO_2 浓度下光强度对光合速率的影响

大气中CO_2约为350 μL·L^{-1}(即1 L空气中含0.69 mg CO_2),一般不能满足植物对CO_2的需求。在生产实践中,增加空气中的CO_2浓度,可显著提高光合速率,增加光合产物积累,有利于作物生长。如作物的栽培管理中,保证田间通风良好;增施有机肥,经土壤微生物分解释放CO_2;在温室栽培中,加强通风;增施CO_2,防止出现CO_2"饥饿";都是提高光合速率的有效措施。

(3)温度　光合作用的暗反应是由酶所催化的化学反应,而温度直接影响酶的活性,进而影响光合作用。一般植物可在10~35℃范围内正常地进行光合作用,其中以25~30℃最适宜,在35℃以上时光合作用就开始下降,40~50℃时即完全停止。光合作用的温度三基点因植物种类不同而有很大的差异(表4-6)。

表4-6　不同植物光合作用的温度三基点　℃

植物类群	最低温度	最适温度	最高温度
草本植物			
C_4热带植物	5~7	35~45	50~60
C_3农作物	−2~0	20~30	40~50
阳生植物(温带)	−2~0	20~30	40~50
阴生植物	−2~0	10~20	约为40
CAM植物(夜间固定)	−2~0	5~15	25~30
春天开花植物和高山植物	−7~−2	10~20	30~40
木本植物			
热带和亚热带常绿阔叶乔木	0~5	25~30	45~50
干旱地区硬叶乔木和灌木	−5~−1	15~35	42~55
温带冬季落叶乔木	−3~−1	15~25	40~45
常绿针叶乔木	−5~−3	10~25	35~42

光照强度不同,温度对光合作用的影响有两种情况:在强光下,光合作用受酶促反应影响,温度成为主要影响因素。但是,在弱光条件下,光合作用受光强限制,提高温度无明显效果,甚至促进呼吸而减少有机物的积累。如在温室栽培管理上应在夜间或阴雨天气时适当降温,以提高净光合速率。

(4)水分　水分对光合作用的影响有直接原因和间接原因。直接原因是水为光合作用的原料,缺乏时可使光合速率下降。但是用于光合作用的水只占蒸腾失水的1%,因此,缺水影响光合作用主要是间接原因。主要包括:缺水引起气孔关闭,进入叶片的CO_2减少;缺水时,叶片中淀粉水解加强,糖类积累,使光合产物输出变慢,引起光合速率下降;缺水时,光合机构受损,叶绿体的电子传递速率降低且与光合磷酸化解偶联,影响同化力的形成,严重缺水还会使叶绿体变形,片层结构破坏,这些不仅使光合速率下降,而且使光合能力不能恢复;缺水时,光合面积扩展受抑。

(5)矿质元素　植物生长所需的各种矿质元素,对光合作用都有直接或间接影响。如N、P、S、Mg、Fe、Mn是叶绿体中构成叶绿素、蛋白质、核酸以及片层膜的成分;Cu、Fe、S、Cl参与光合电子传递体和水裂解过程;K和P促进光合产物的转化与运输,P也参与光合作用中间产物的转变和能量传递。总之，矿质元素对光合作用的影响是多种多样的，保证植物矿质营养是促进光合作用的重要基础。

(6)光合速率的日变化　影响光合作用的外界条件每天都在时时刻刻变化着，这些变化会使光合速率发生日变化，其中光强日变化对光合速率日变化的影响最大。在温暖、水分供应充足的条件下，光合速率随光照强度变化而变化，呈单峰曲线，即日出后光合速率逐渐提高，中午前达到高峰，以后逐渐降低，日落后光合速率趋于负值。如果白天云量变化不定，则光合速率会随光强的变化而变化，呈不规则曲线。当光照强烈、气温过高时，光合速率日变化呈双峰曲线，大高峰在上午，小高峰在下午，中午前后，光合速率下降，呈现“午睡”现象。引起光合“午睡”的因素是：水分在中午供应不上，气孔关闭；CO_2供应不足，光呼吸增强；光合产物淀粉等来不及分解运走，累积在叶肉细胞内，影响CO_2的运输；生物钟控制。这些都会使光合速率在中午降低。

光合“午睡”是植物遇干旱时普遍发生的现象，也是植物对环境缺水的一种适应方式。但是“午睡”造成的损失可达光合生产的30%，甚至更多，所以在生产上应适时灌溉或选用抗旱品种，增强植株光合能力，以缓和“午睡”程度。

(六)光合作用与植物产量

1.植物产量的构成因素

人们栽种不同植物有其不同的经济目的。把直接作为收获物的产量称为经济产量。如禾谷类的籽粒、棉花的皮棉、甘薯的块根、叶菜的叶片、果树的果实等。而植物一生中合成并积累下来的全部有机物质的干重，称为生物产量，经济产量与生物产量的比值称为经济系数或收获指数。它们的关系如下：

$$经济系数 = \frac{经济产量}{生物产量} \quad 或 \quad 经济产量 = 生物产量 \times 经济系数$$

不同植物经济系数相差很大，农作物经过人类千百年的选育，其经济系数达到了相当高的水平，如禾谷类作物为0.3～0.5，棉花可达0.35～0.5，薯类在0.7～0.85，叶菜类有的接近于1。同一植物的经济系数，也随栽培条件而变化，如肥水不足、生长衰弱或过度密植等都会使经济系数变小；肥水过多，发生徒长时，经济系数也会变小。要提高经济系数，首先应使植物生长健壮，在制造较多的有机物质的基础上，采取合理的田间管理措施，促进有机物质分配到经济器官中去。农作物中越来越多地采用了矮秆、半矮秆品种，可提高经济系数，减少倒伏，增加密度；果树也采用了不少矮化砧、矮化中间砧，便于果园管理。

生物产量是作物一生中的全部光合产量扣去消耗的同化物(主要是呼吸消耗)，而光合产量是由光合面积、光合速率、光合时间这三个因素组成的，也就是说：

$$生物产量 = 光合产量 - 光合产物消耗$$
$$光合产量 = 光合面积 \times 光合速率 \times 光合时间$$
$$经济产量 = (光合面积 \times 光合速率 \times 光合时间 - 光合产物消耗) \times 经济系数$$

可见，构成植物经济产量的因素有5个：光合面积、光合速率、光合时间、光合产物消耗和经济系数。通常把这5个因素合称为光合性能。这五个因素不是彼此孤立的，也不是固定不变的，一切农业措施都要兼顾到它们的相互关系，因此，提高光合速率、适当增加光合面积、尽量延长光合时间和减少呼吸消耗、器官脱落及病虫害等，并提高经济系数是提高作物产量的根本途径。

2.植物对光能的利用率

高等植物一切有机物质的形成最初都源于光合作用。光合作用制造的有机物质占植物总干重的90%～95%。因此,如何提高植物的光能利用率,制造更多的光合产物,是农业生产的一个根本性问题。

1)光能利用率的概念

通常把单位土地面积上植物光合作用积累的有机物中所含的化学能占入射光能量的百分率称为光能利用率。可用下列公式计算:

$$光能利用率=\frac{单位面积作物总干物质重折算含热能}{同面积入射太阳总辐射能}\times 100\%$$

到达地面的总辐射能中,只有波长为390～770 nm的可见光部分为光合有效辐射(PAR),约占40%。然而,作物对PAR也不能完全利用,只有被叶绿体色素吸收的光能,才能被转化为化学能。太阳能的散失及利用情况:不能吸收的波长,丧失能量60%;反射和透光,丧失能量8%;热散失占8%;代谢能耗损19%;最终只有5%的光能被光合作用转化贮存在糖类中。生产中光能利用率远低于此值,一般为1%～2%。世界上单产较高的国家如日本(水稻)、丹麦(小麦),光能利用率也只有2%～2.5%。这说明农作物的生产水平仍然比较低,农业生产还有较大的增产潜力。

2)光能利用率低的主要原因

(1)对光吸收的选择性　在太阳辐射能中,植物光合作用只能利用部分波长的光,而在被吸收的光中,又以400～500 nm和600～700 nm的光波对光合最有效,由于光合作用对光吸收有选择性,因而降低了叶片的光能利用率。

(2)漏光损失　植物生长初期植株较小,或由于单位面积上苗数不足,或肥水等条件较差,造成叶面积指数过小,太阳光大部分直接照到地面而损失。据调查,在一般稀植缺肥的稻麦田中,平均漏光率高达50%以上。

(3)反射和透射的损失　与群体密度、作物株型、叶片厚薄和叶片着生角度等有关。

(4)光饱和现象的限制　群体上层叶片虽处于良好的光照条件下,但这些叶片不能利用超过光饱和点的光能来提高光合速率,稻、麦等C_3作物的光饱和点约为全日照的1/3～1/2,由于光饱和现象而影响群体光能利用率是明显的。

(5)其他因素　如温度过高或过低,水分不足,某些矿质元素缺乏,CO_2供应不足及病虫为害等外因,都会限制光合速率。

3.提高植物光能利用率的途径

提高植物光能利用率的根本途径是改善植物的光合性能,即最大限度地提高光合速率,适当增加光合面积,延长光合时间,提高经济系数,减少有机物质消耗。

1)提高光合速率

选用叶片挺厚,株型紧凑,光合效率高的作物品种。在此基础上创造合理的群体结构,改善作物冠层的光、温、水、气条件。如在大田无法采用人工光源的情况下,在地面上铺设反光薄膜可增加作物行间或树冠内的光强。早春采用塑料薄膜育苗或大棚栽培,可使温度提高,促进作物生长和光合作用进行。浇水施肥可促进光合面积的发展,提高光合机构的活性。通过CO_2施肥,可显著提高光合速率,抑制光呼吸。

2)增加光合面积

光合面积是指以叶片为主的植物绿色面积。通过合理密植、改变株型等措施,可增大光合面积。

(1)合理密植　合理密植是指作物群体得到合理发展、群体具有最适的光合面积和最高的光能利用率,并获得高产的种植密度。因此,合理密植是提高植物光能利用率的主要措施之一。表示密植程度的指标有多种,如播种量、基本苗、总茎蘖数、叶面积系数等。其中较为科学的是叶面积系数(作物叶面积与土地面积的比值,简称 LAI)。在一定范围内,LAI 越大,光合产物积累越多,产量越高。但 LAI 也不是越大越好,不少研究认为,在目前生产水平下,水稻的最大 LAI 达 7 左右,小麦 6 左右,玉米 6～7,通常能获得较高产量。

(2)改变株型　近年来国内外培育的小麦、水稻、玉米等高产新品种,多为矮秆或半矮秆,叶片挺厚,株型紧凑,耐肥抗倒的类型。种植此类品种可适当增加密度,提高叶面积系数,因而能提高光能利用率。

3)延长光合时间

延长光合时间的措施有:

(1)提高复种指数　复种指数就是全年内农作物的收获面积对耕地面积之比。如通过间、作、套种,就能在一年内巧妙地搭配作物,从时间上和空间上更好地利用光能。

(2)延长生育期　在不影响耕作制度的前提下,适当延长作物的生育期也能提高产量。如育苗移栽、覆膜栽培等,均可有效地延长光合时间。

(3)补充人工光照　在小面积的栽培试验中,或在加速繁殖重要植物材料时,可采用生物效应灯或日光灯作为人工光源,以延长光照时间。

4)减少有机物质消耗

C_3植物的光呼吸消耗光合作用同化碳素的 1/4 左右,是一种浪费型呼吸,应加以限制。目前降低光呼吸主要从两方面入手:

第一是利用光呼吸抑制剂抑制光呼吸。例如乙醇酸氧化酶抑制剂(α-羟基磺酸类化合物),可抑制乙醇酸氧化为乙醛酸。也有用亚硫酸氢钠于水稻、小麦、棉花、大豆等,可抑制光呼吸,减少有机物质消耗,提高光合产量。

第二是改变环境成分,特别是增加 CO_2 浓度,使 Rubisco 的羧化反应占优势,光呼吸得到抑制。

此外,及时防除病虫草害,也是减少有机物消耗的重要方法。

5)提高经济系数

经济系数又叫收获指数。国内外许多研究证明,作物产量的增加有赖于收获指数的提高。如现代六倍体小麦与原始二倍体小麦相比,其高产的主要原因是收获指数较高。提高收获指数应从选育优良品种,调控器官建成和有机物运输分配,协调"源、流、库"关系入手,使尽可能多的同化产物运往产品器官。

(七)同化物运输和分配及生产应用

高等植物的各个器官有较为明确的分工。叶是进行光合作用合成同化产物的器官,植物各器官、组织所需要的有机物,主要是由叶片供应的。显然,从同化产物的生产器官(源)到消耗器官或贮藏器官(库)之间,必然有一个运输过程。在农业生产上,同化产物的运输和分配是决定产量高低的一个重要因素。

1.同化产物的运输途径

高等植物体内同化产物的运输途径十分复杂,有短距离运输和长距离运输之分。

1)短距离运输

短距离运输是指细胞内与细胞间的运输,距离仅几微米,主要靠物质本身的扩散,原生质主动的吸收与分泌来完成。

(1)胞内运输　是指细胞内、细胞器间进行的物质交换。主要方式有:扩散作用、原生质环流、细胞器膜内外的物质交换、囊泡的形成以及内含物的释放等。如光呼吸途径中,磷酸乙醇酸、甘氨酸、丝氨酸、甘油酸分别进出叶绿体、过氧化物体、线粒体,在内质网和高尔基体内合成的成壁物质由高尔基体分泌小泡运输至质膜,然后小泡内含物再释放至细胞壁中等;这些过程均属胞内物质运输。

(2)胞间运输　是指细胞之间的质外体运输、共质体运输及共质体与质外体之间的交替运输。

①质外体运输　质外体运输主要通过细胞壁、细胞间隙、导管等部位。质外体是一个连续自由空间的开放系统,没有屏障,有机物可在质外体快速被动转运。主要是靠自由扩散的被动过程。

②共质体运输　共质体运输是通过胞间连丝实现的。胞间连丝是细胞间物质与信息交流的通道。无机离子、氨基酸、蛋白质、内源激素等可通过胞间连丝转移。

③共质体与质外体之间的交替运输　是物质进出质膜的运输。共质体内的物质可有选择地进入质外体运输,质外体的物质在适当场所也可通过质膜重新进入共质体运输,这种运输形式叫共质体与质外体之间的交替运输,这种运输需要一种特化的细胞——传递细胞(转移细胞)(图 4-29)。传递细胞的细胞壁与质膜向内深入细胞质中形成许多皱褶,呈片层或类似囊泡,扩大了质膜的表面,增加了溶质向外转运的面积,另外它还有发达的胞间连丝,有利于两种运输方式的转换。

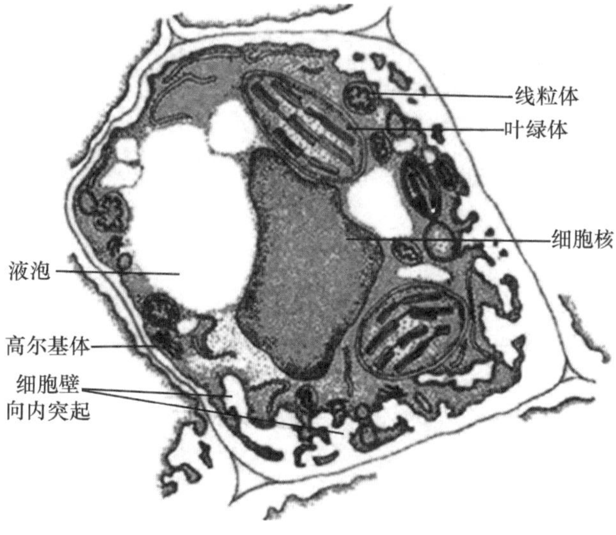

图 4-29　菜豆茎初生木质部中的一个传递细胞

2)长距离运输

长距离运输也叫纵向运输,是指养分通过韧皮部(或木质部)向上部,或由地上部向根系的运输途径,是器官之间、源与库之间的运输,距离从几厘米到上百米不等。植物体内承担物质长距离运输的系统是贯穿植物全身的维管束系统。主要由木质部和韧皮部组成。实验证明,同化物的长距离运输途径是韧皮部。

(1)环割试验　在木本植物的枝条或树干上,用刀环形剥去一层树皮,深达形成层,几周后发现,在割环的上方树皮组织生长加强而形成愈伤组织或瘤状物(图 4-30),这说明割环阻断了上下方有机物的交换,叶子的同化物下运受阻,聚集在环割切口上端,引起树皮膨大。证明叶子的同化物质是经韧皮部运输的。环割未破坏木质部的连续性,根系吸收的水和矿质元素可通过木质部上运至环割枝条的上端而使其正常生长。如果环割切口不宽,一段时间后,能重新愈合,恢复同化物向下运输的能力。如果环割切口较宽,下方又没有枝条,时间一长,根系就会因得不到有机物质而死亡。"树怕剥皮"就是这个道理。

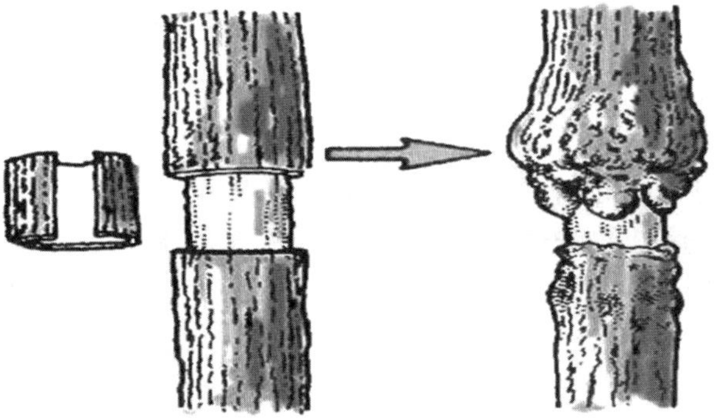

图 4-30　树木枝条的环割

环割处理在实践中有很多应用。例如,对苹果、枣树等果树的旺长枝条进行适度的环割,使环割上方的枝条积累较多的糖分,提高 C/N,促进花芽分化,能提高坐果率。又如在花卉苗木的高空压条繁殖时,可在欲生根的枝条上环割,在环割处敷上湿土,并用塑料膜包裹,因该处理使养分和生长素集中在切口处,利于发根。

(2)同位素示踪法　是证明同化物运输途径更准确的方法。$^{14}CO_2$ 饲喂叶片进行光合作用后,发现含 ^{14}C 的光合产物主要分布在叶柄和茎的韧皮部中。由此可确定同化物运输的途径是韧皮部。

2.同化物的分配与调节

1)源和库的关系

(1)代谢源　是指能够制造并输出有机物的组织、器官或部位。如功能叶、萌发种子的子叶或胚乳。

(2)代谢库　是指消耗或贮藏有机物的组织、器官或部位。如幼叶、根、茎、花、果实、种子等。

在同一植物上,源和库是相对的。如一叶片,当幼叶不到全展叶的 30%时,只有同化物的输入,为代谢库;当长到全展叶的 30%~50%时,同化物既有输出又有输入;随叶片继续长大,只有输出,转变为代谢源。

(3)源-库单位　同化物从源器官向库器官的输出存在一定的区域化，即源器官合成的同化物优先向其临近的库器官输送。通常把在同化物供求上有对应关系的源与库及其输导系统称为源-库单位。

2)同化物的分配规律

(1)优先供应生长中心　生长中心是指正在生长的主要器官或部位。特点是代谢最旺盛、生长速度最快。植物的不同生育期各有明显的生长中心，分配中心也随之变化。一般来说，生长发育前期幼嫩器官是生长中心，亦即分配中心；进入生殖期同化物的分配中心就转到了生殖器官。

(2)就近供应，纵向同侧运输　叶片制造的光合产物首先分配给距离近的生长中心，且向同侧分配较多。

大豆开花结荚时，叶片的光合产物主要供给本节的花荚，很少运到相邻的节。只有该节花荚去掉或养料有余时，才运向其他的花荚。

(3)功能叶之间无同化物供应关系　幼叶需要输入光合产物。已成为“源”的叶片之间没有分配关系，直到最后衰老死亡。

(4)同化物和营养元素的再分配与再利用　植物体除了已构成细胞壁的物质外，其他成分无论是有机物还是无机物都可以被再分配、再利用，即转移到其他组织或器官去。从老叶向幼嫩器官的再分配比较普遍。即将脱落的老叶中的糖、氨基酸以及 S、P 等矿质都可发生逆浓度梯度的再运输。再分配可使老叶在脱落前将 90%以上的可再利用物转运出去。

3.影响同化物运输的环境因素

1)温度

温度影响同化物的运输速度，最适温度在 20～30℃之间。高于、低于这个温度，运输速率都会下降，这可能是由于：温度减低，呼吸作用相应减弱，减少了能量供应，另一方面，温度低使筛管内含物的黏度提高，导致运输变慢；温度太高，呼吸增强，也会消耗一定量的有机物质，同时原生质的酶也可能开始钝化或被破坏，所以运输速率也降低。

温度还影响同化物的运输方向，当土温大于气温时，甘蔗光合产物运向根部的比例较大；当气温高于土温时，则有利于光合产物向顶端运输。因此，对于块根、块茎类植物，适当提高地温有利于同化物向地下部运输，提高产量。

昼夜温差大小对同化物的运输也有影响。昼夜温差大，夜间呼吸消耗少，穗粒重。我国北方小麦产量高于南方，原因之一就是北方昼夜温差大，植株衰老慢，灌浆期长所致。

2)光照

光通过光合作用影响被运输的同化物数量以及运输过程中所需要的能量。光对同化物由叶子外运也有影响。然而，光作为形成同化物的因素，只是在叶片中光合产物含量很低的情况下才对外运产生影响。而在通常的光合作用昼夜节律时，在光照充足的条件下同化物的水平比较高，以致光直接通过光合作用不能控制外运速度。在某些植物(大豆、紫苏、罂粟等)上甚至发现有相反的关系，短暂缺光时外运加强。

3)水分

水分胁迫使光合速率降低，影响光合产物向外输出，导致下部叶片与根系早衰。

4)矿质元素

影响有机物运输的矿质元素，主要是氮、硼、磷、钾等元素。

氮过多，营养生长旺盛，同化物输出少；氮过少，引起功能叶早衰。

硼可以促进植物体内碳水化合物的运输。试验证明，蚕豆的离体叶片或番茄植株浸在 ^{14}C-蔗糖溶液里时，当加入硼后，便大大加强了对蔗糖的吸收和运输。所以，棉花开花结铃期喷施0.01%～0.05%的硼酸溶液，能使有机物大量流入幼铃，减少脱落。

磷能促进光合速率，形成较多的有机物；磷是蔗糖转变中不可缺少的元素；有机物运输所需的能量是由ATP供给的，也与磷有关。因此，作物籽粒成熟期间追施磷肥，可以提高产量，棉花在开花期喷施3%过磷酸钙溶液，能减少幼铃的脱落等，都与磷促进运输有关。

钾能促进糖类的转变，形成淀粉。糖分运到块根、块茎后，由于钾的作用，促进糖分聚合为淀粉，维持维管束两端压力势的差异，有利于叶片有机物源源不断运来。

四、呼吸作用

在自然界中，“哪里有生命，哪里就有呼吸”。植物通过呼吸作用释放能量以满足各种生理活动的需求，植物有机体以新陈代谢的特殊方式进行物质与能量的转变，呼吸作用是植物体内代谢的中心和有机物转化的枢纽，对维持植物正常的生命活动起着重要作用。因此，研究植物呼吸作用的机理和规律，在生产实践中对调节植物的生长发育、提高作物的产量和品质、抗病免疫、农产品安全贮藏等具有十分重要的意义。

（一）呼吸作用的概念及生理意义

1.呼吸作用的概念及类型

呼吸作用是植物的重要生理功能之一。呼吸作用的停止，就意味生物体的死亡。呼吸作用是指生活细胞内的有机物，在酶的催化下，逐步氧化分解并释放能量的过程。呼吸作用的产物因呼吸类型的不同而有差异。依据呼吸过程中是否有氧的参与，可将呼吸作用分为有氧呼吸和无氧呼吸两大类型。

1）有氧呼吸

有氧呼吸是指生活细胞利用分子氧（O_2），将某些有机物彻底氧化分解，形成 CO_2 和 H_2O，同时释放能量的过程。呼吸作用中被氧化的有机物称为呼吸底物或呼吸基质，碳水化合物、有机酸、蛋白质、脂肪都可以作为呼吸底物。一般来说，淀粉、葡萄糖、果糖、蔗糖等碳水化合物是最常利用的呼吸底物。如以葡萄糖作为呼吸底物，则有氧呼吸的总反应可用下式表示：

$$C_6H_{12}O_6+6O_2\rightarrow 6CO_2+6H_2O \qquad \Delta G^{\ominus\prime}=-2\,870\ \mathrm{kJ\cdot mol^{-1}}$$

$\Delta G^{\ominus\prime}$是指pH为7时标准自由能的变化。呼吸作用释放的能量，其中一部分以ATP、NADH和NADPH形式储藏起来，作为随时可以利用的储备能，另一部分以热能的形式散出。

有氧呼吸是植物进行呼吸的主要形式。在农林生产实践中常常提到的呼吸作用就是指的有氧呼吸。

2）无氧呼吸

一般指在无氧条件下如密闭或淹水等，在一些酶的作用下，细胞利用有机物分子内部的氧，无游离氧参加而使某些有机物氧化分解为不彻底的氧化产物，同时释放能量的过程。微生物的无氧呼吸通常称为发酵。

(1)酒精发酵　酵母菌在无氧条件下分解葡萄糖产生酒精和CO_2并放出能量的过程，称为酒精发酵，利用酵母菌制酒就是根据酒精发酵的原理。高等植物也可发生酒精发酵，例如甘薯、苹果、香蕉贮藏时间过长，稻种催芽时堆积过厚，常常会产生酒味，便是酒精发酵的结果。

(2)乳酸发酵　乳酸菌将葡萄糖转化为乳酸的过程称为乳酸发酵。在高等植物中，胡萝卜、甜菜块根和青贮饲料在进行无氧呼吸时也产生乳酸。

高等植物的呼吸类型主要是有氧呼吸，但非正常情况下仍保持有无氧呼吸的能力。在无氧呼吸中没有分子氧的参加，底物降解氧化不彻底。如种子吸水萌动，胚根、胚芽等在未突破种皮之前，主要进行无氧呼吸；成苗之后遇到淹水时，可进行短时期的无氧呼吸，以适应缺氧条件。

2.呼吸作用的生理意义

呼吸作用对植物生命活动具有十分重要的意义，主要表现在以下几个方面。

1)为植物生命活动提供能量

除绿色细胞可直接利用光能进行光合作用外，其他生命活动所需的能量都依赖于呼吸作用。呼吸作用将有机物质生物氧化，使其中的化学能以 ATP 形式贮存起来。当 ATP 在 ATP 酶作用下分解时，再把贮存的能量释放出来，以不断满足植物体内各种生理过程对能量的需要(图 4-31)，未被利用的能量就转变为热能而散失掉。呼吸放热，可提高植物体温，有利于种子萌发、幼苗生长、开花传粉、受精等。另外，呼吸作用还为植物体内有机物质的生物合成提供还原力(如 NADPH、NADH)。

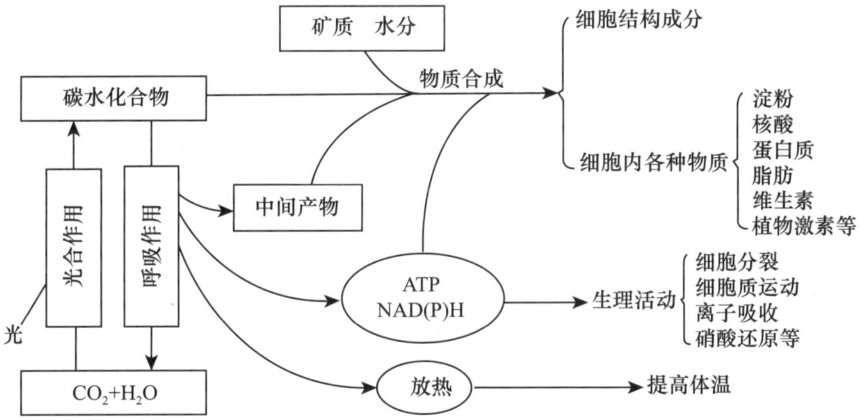

图 4-31　呼吸作用的重要功能示意图

(引自陈忠辉，植物与植物生理，2012)

2)中间产物是合成植物体内重要有机物质的原料

呼吸作用在分解有机物质过程中产生许多中间产物，其中有一些中间产物化学性质十分活跃，如丙酮酸、α-酮戊二酸、苹果酸等，它们是进一步合成植物体内新的有机物(核酸、氨基酸、蛋白质、脂肪、有机酸等)的物质基础。当呼吸作用发生改变时，中间产物的数量和种类也随之改变，从而间接影响其他物质代谢过程。因此，呼吸作用在植物体内物质代谢中起枢纽作用，活跃的呼吸是生命旺盛的标志。

3)在植物抗病免疫方面有重要作用

在植物和病原微生物的相互作用中，植物依靠呼吸作用氧化分解病原微生物所分泌的毒素，以消除其毒害。植物受伤时，可以通过旺盛的呼吸，促进伤口愈合，加速木质化或栓质化，以减少病菌的侵染。此外，呼吸作用的加强还可促进具有杀菌作用的绿原酸、咖啡酸等的合成，以增强植物的免疫能力。

4)增强对环境的适应能力

植物呼吸代谢的多样性可以增强植物对不良环境的适应能力。首先是对 O_2 的适应。在植物缺乏 O_2 的情况下，丙酮酸的分解就受到抑制而积累，导致植物进行无氧呼吸，其产物是多种多样的，同时可供给少量能量。水稻根系在淹水的情况下进行乙醇酸氧化途径，可以抑制土壤中还原性物质对水稻根系的危害。其次是对温度的适应。呼吸链末端氧化酶中的黄酶对温度的变化不敏感，当温度降低时，黄酶活性降低不明显，所以在低温下生长的植物也是以这种酶为主以适应低温环境。而细胞色素氧化酶对温度的变化反应很敏感，在果实成熟过程中，温度正常时以细胞色素氧化酶为主，当温度升高时，以抗氰氧化酶为主。酶系统的交替正好反映了酶系统对温度的适应。

植物呼吸代谢的多样性，是植物在长期进化过程中对不断变化的环境适应的结果。我国植物生理学的先驱汤佩松先生在 1965 年就提出了呼吸代谢(对生理功能)的控制和被控制(酶活性)的观点，他认为：植物代谢的多条途径和类型不是一成不变的，它是被基因和酶活性来控制的，代谢的改变又调节着生理功能；反过来生理功能的改变也在一定程度上调节着代谢。

(二)呼吸代谢场所及途径

1.呼吸作用的代谢场所

植物呼吸作用的场所是在植物细胞质和线粒体，但与能量转换更为密切的步骤是在线粒体中进行的，因此，常常把线粒体看成是细胞能量供应中心和呼吸作用的主要场所。线粒体普遍存在于植物的生活细胞里，在电子显微镜下观察线粒体是由双层膜围成的囊状结构，它由外膜、内膜和基质三部分组成(图 4-32，参见图 2-7)。

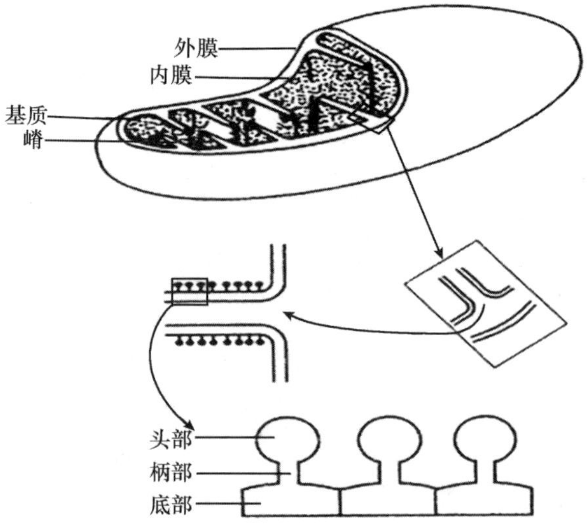

图 4-32　线粒体的结构

(引自陈忠辉，植物与植物生理，2012)

1)外膜

外膜表面光滑,上有小孔,通透性强,有利于线粒体内外物质的交换。

2)内膜和嵴

线粒体的内膜向内延伸折叠形成片状或管状的嵴。

内外两层膜之间的空腔 6～8 nm,称为膜间隙;嵴内的空腔称为嵴内腔。膜间隙和嵴内腔中充满着无定形的液体,其内含有可溶性的酶、底物和辅助因子。其中的标志酶是腺苷酸激酶。内膜的透性差,对物质的透过具有选择性,可使酶存留于膜内。嵴的出现增加了内膜的表面积,有效地增大了酶分子附着的表面。内膜的内表面上附着许多排列规则的基粒,它可分为头部、柄部和底部三部分,是偶联磷酸化的关键装置。

3)基质(衬质)

线粒体嵴间也就是线粒体的内部空间称为嵴间腔,其内充满了基质。基质内含有脂类、蛋白质、核糖体及三羧酸循环所需的酶系统。此外,还含有 DNA、RNA 纤丝及线粒体基因表达的各种酶。

2.呼吸作用的代谢途径

植物的呼吸作用也是一个复杂的生理过程。在高等植物中存在着多条呼吸代谢的生化途径,当一条途径受阻时,可以通过另一条途径进行呼吸,暂时维持正常的生命活动,这是植物在长期进化过程中对多变的环境条件所形成的适应现象。在缺氧条件下进行酒精发酵和乳酸发酵,在有氧条件下进行三羧酸循环和戊糖磷酸循环途径,还有脂肪酸氧化分解的乙醛酸循环以及乙醇酸氧化途径等。这几种代谢途径的关系如图 4-33 所示。

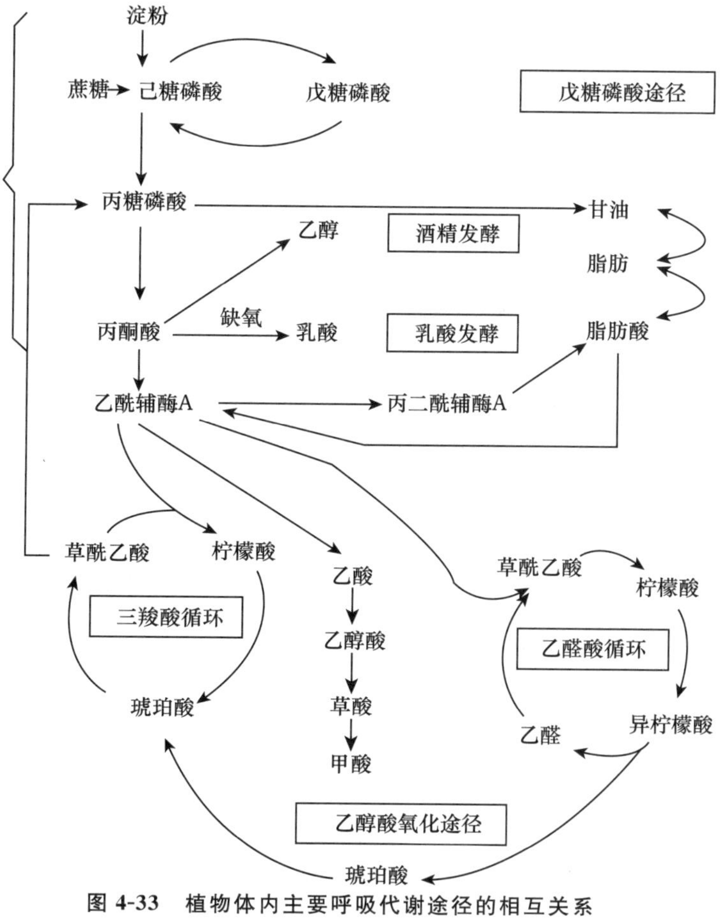

图 4-33 植物体内主要呼吸代谢途径的相互关系

(引自王忠,植物生理学,2000)

在各种植物细胞中，呼吸作用的代谢过程是基本相同的。若以淀粉或葡萄糖为呼吸底物，最终形成 CO_2 和 H_2O，其呼吸作用代谢过程大体要经过两个阶段：第一阶段为呼吸底物的氧化降解，包括糖酵解，三羧酸循环、戊糖磷酸途径，无氧呼吸，主要涉及糖的分解；第二阶段为电子传递和氧化磷酸化，主要涉及能量的转化。

1)糖酵解

(1)糖酵解的概念　己糖在细胞质中分解成丙酮酸的过程，称为糖酵解，即呼吸基质葡萄糖，在一系列酶的作用下，生成丙酮酸，同时放出能量的过程。糖酵解的化学过程是三位生物化学家 G. Embden，O. Meyerhof 和 J. K. Parnas 在 1940 发现的，为了纪念这些生物化学家，又把糖酵解途径称为 Embden Meyerhof Parnas 途径，简称 EMP 途径。糖酵解普遍存在于动物、植物、微生物体内。

(2)糖酵解的生化过程　参与糖酵解反应的酶都分布在细胞质中，所以糖酵解是在植物的细胞质中进行的。糖酵解包括氧化还原和能量转化过程。糖酵解的化学历程包括己糖的活化，是糖酵解的起始阶段；己糖裂解，果糖-1，6-二磷酸裂解成两分子的三碳糖；丙糖氧化，甘油醛-3-磷酸(3-PGald)氧化脱氢形成磷酸甘油酸(BPGA)，并伴随有 ATP 和 NADH 的生成，然后再经过一系列转化形成丙酮酸。1 mol 呼吸基质葡萄糖在一系列酶的作用下，经过 NAD^+ 脱氢辅酶而脱氢氧化逐步形成 2 mol 丙酮酸，并释放 2 mol ATP 和 2 mol NADH。这个过程不需要游离氧参与，其氧化作用所需的氧来自于水分子和被氧化的糖分子，因此，糖酵解途径又称为分子内呼吸(图 4-34)。

(3)糖酵解的生理意义

①糖酵解存在普遍，产物活跃　糖酵解普遍存在于生物体中，是有氧呼吸和无氧呼吸的共同途径；糖酵解的产物丙酮酸的化学性质十分活跃，可以通过各种代谢途径，生成不同的物质(图 4-35)。

②糖酵解是生物体获得能量必须经过的主要途径　通过糖酵解，生物体可获得生命活动所需的部分能量。对于厌氧生物来说，糖酵解是糖分解和生物体获得能量的主要方式。

③糖酵解多数反应可逆转　糖酵解途径中，除了由己糖激酶、果糖激酶、丙酮酸激酶等所催化的反应以外，多数反应均可逆转，这就为糖异生作用提供了基本途径。

2)有氧呼吸

(1)三羧酸循环　糖酵解产生的丙酮酸在有氧条件下通过一个循环被彻底分解成 CO_2 和 H_2O 并释放能量的过程，由于进入这个循环的第一个产物是含有三个羧基的有机酸(柠檬酸)，最终形成一个循环，所以叫三羧酸循环(TCA)。该循环是英国的生物化学家 Krebs 在 1937 年正式提出来的，所以又称为 Krebs 循环。这个循环是在线粒体内进行的。

三羧酸循环也是一个由复杂物质转变成简单物质的过程，同时还伴随着氧化还原和能量转化过程(图 4-36)。

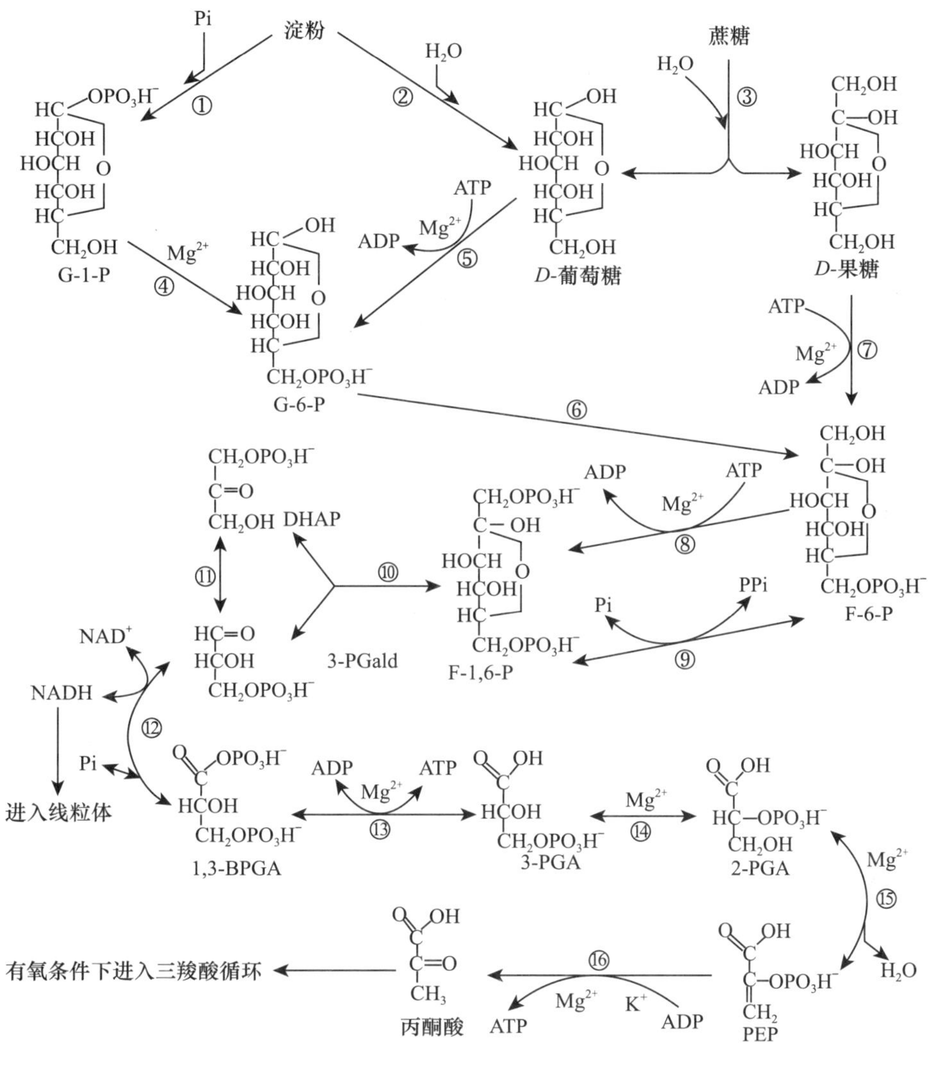

图 4-34　糖酵解途径

①淀粉磷酸化酶　②淀粉酶　③蔗糖酶　④磷酸葡萄糖变位酶　⑤己糖激酶　⑥磷酸己糖异构酶
⑦果糖激酶　⑧ATP-磷酸果糖激酶　⑨焦磷酸-磷酸果糖激酶　⑩醛缩酶　⑪磷酸丙糖异构酶
⑫3-磷酸甘油醛脱氢酶　⑬磷酸甘油酸激酶　⑭磷酸甘油酸变位酶
⑮烯醇化酶　⑯丙酮酸激酶
（金属离子是各有关酶的促进剂。～表示高能磷酸键）
（引自王忠，植物生理学，2000）

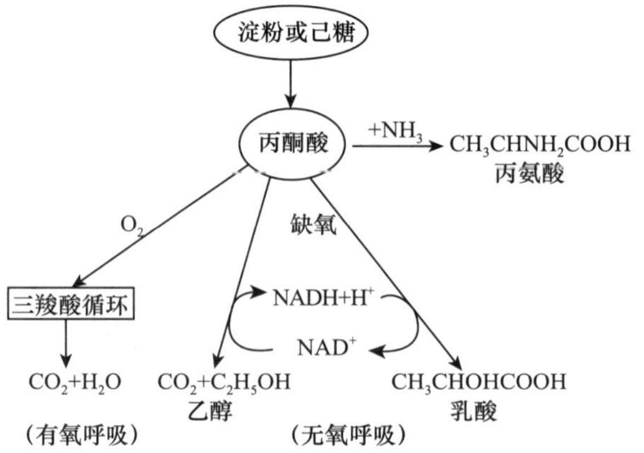

图 4-35　丙酮酸在呼吸代谢和物质转化中的作用

（引自王忠，植物生理学，2000）

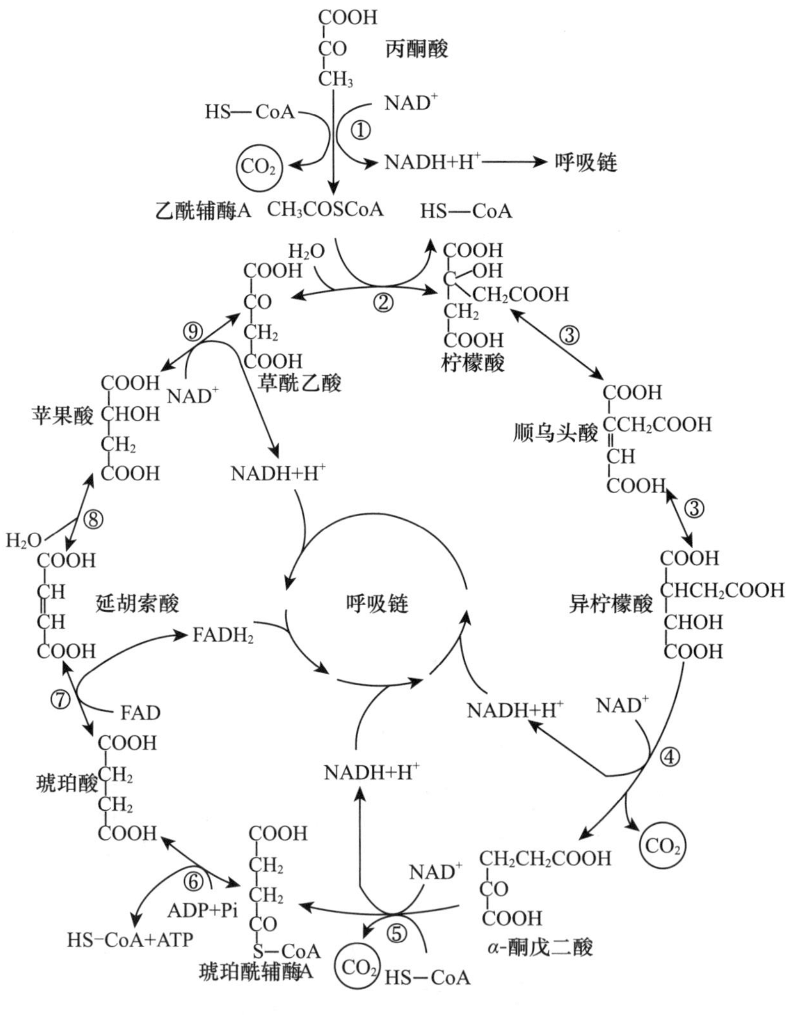

图 4-36　三羧酸循环的反应过程

①丙酮酸脱氢酶复合体　②柠檬酸合成酶或称缩合酶　③顺乌头酸酶　④异柠檬酸脱氢酶

⑤α-酮戊二酸脱氢酶复合体　⑥琥珀酸硫激酶　⑦琥珀酸脱氢酶　⑧延胡索酸酶　⑨苹果酸脱氢酶

①④⑤催化的反应为不可逆反应，其余为可逆反应

（引自王忠，植物生理学，2000）

三羧酸循环途径的主要生化历程如下：

反应①　1 mol 丙酮酸在丙酮酸脱氢酶(是一种多酶的复合体)和几种辅助因子的参与下，进行一次氧化脱羧和脱氢，放出 1 mol CO_2 和一对氢(2H)，并和辅酶 A(CoASH)结合，生成乙酰 CoA，这是连接 EMP 与 TCA 的纽带。放出的 2H 经 FAD 传递后，被 NAD^+ 接受而成 $NADH+H^+$。

反应②　乙酰 CoA($CH_3CO\sim SCoA$)实际上是一个“活化乙酸”，含有一个高能键，在它的推动下和在柠檬酸合成酶催化下，乙酰 CoA 与草酰乙酸缩合生成柠檬酸，并放出 CoASH，这步要消耗 1 mol 水。此反应为放能反应 $\Delta G^{\ominus\prime}=-32.22\ kJ\cdot mol^{-1}$。

反应③　柠檬酸经顺乌头酸酶催化脱水变成顺乌头酸，再加水变成异柠檬酸。

反应④　异柠檬酸在异柠檬酸脱氢酶催化下，经脱羧和脱氢，放出 1 mol CO_2 和 2H，转变成 α-酮戊二酸，放出的 2H 也被 NAD^+ 所接受而成 $NADH+H^+$。

反应⑤　α-酮戊二酸在 α-酮戊二酸脱氢酶复合体催化下，又经脱羧和脱氢，并和 CoASH 结合生成琥珀酰 CoA 和 $NADH+H^+$，并释放 CO_2。

反应⑥　含有高能硫酯键的琥珀酰 CoA 在琥珀酸硫激酶催化下，经脱去 CoASH 转变成琥珀酸，同时利用高能硫酯键水解释放出的能量，推动 ADP＋Pi 的磷酸化，ADP＋Pi 磷酸化缩合出的水，用于硫酯键水解，从而产生 1 mol ATP。该反应是 TCA 循环途径中唯一的一次底物水平磷酸化。

反应⑦　琥珀酸在琥珀酸脱氢酶催化下，经脱氢生成延胡索酸，这里脱下的 2H 被 FAD 所接受，生成 $FADH_2$。

反应⑧　延胡索酸经延胡索酸酶催化，加水转变成苹果酸。

反应⑨　苹果酸在苹果酸脱氢酶催化下，脱去 2H 又转变成草酰乙酸，脱下的 2H 被 NAD^+ 所接受，生成 $NADH+H^+$。草酰乙酸又可和乙酰 CoA 结合，从而开始新一轮 TCA 循环。

TCA 循环的总反应式为：

$$2CH_3COCOOH+8NAD^{+}+2FAD+2ADP+2Pi+6H_2O\rightarrow 6CO_2+8NADH+4H^{+}+2FADH_2+2ATP$$

三羧酸循环有以下几个方面值得注意：

第一，三羧酸循环中一系列的脱羧反应是释放 CO_2 的来源。糖酵解不产生 CO_2，一个丙酮酸分子可产生 3 个 CO_2。三羧酸循环中释放的 CO_2，不是靠大气中的氧直接把碳氧化，而是靠氧化底物中的氧和水分子中的氧来实现的。

第二，在三羧酸循环中总共有五次脱氢过程，脱掉 5 对 H 原子，但丙酮酸只含有 4 个 H，另外 6 个 H 是从每次循环中净消耗的 3 mol 水中来的，即步骤②、⑥(高能化合物水解需 1 mol 水)、⑧各消耗 1 mol 水。氢经过呼吸链的传递，最后与氧结合生成水，同时偶联磷酸化形成 ATP，此外，琥珀酰 CoA 在琥珀酸硫激酶催化下，经脱去 CoASH 转变成琥珀酸时底物水平磷酸化形成 ATP，因此，氢的氧化过程是一个放能的过程。

第三，三羧酸循环是糖、脂肪、蛋白质和核酸及其他物质的共同代谢过程。这些有机物可以通过三羧酸循环发生代谢上的联系，糖代谢是代谢中心，将其他各类有机物代谢密切相连，因此，呼吸代谢成为植物体内物质代谢的中心环节。

三羧酸循环中某些中间产物是合成其他有机物的前体。例如草酰乙酸和 α-酮戊二酸分别是天冬氨酸和谷氨酸合成的碳架，延胡索酸是苯丙氨酸和酪氨酸合成的前体，琥珀酰 CoA 是卟啉环合成的碳架。如果三羧酸循环的中间产物大量消耗于有机物的合成，就会影响三羧酸循环的正常运行，因此，必须有其他途径不断地补充，称之为三羧酸循环的回补机制。大量的研究表明，三羧酸循环主要有以下三条回补途径。

a. 丙酮酸的羧化作用　丙酮酸(Pyr)在丙酮酸羧化酶催化下形成草酰乙酸(OAA)。

$$Pyr + CO_2 + H_2O + ATP \rightarrow OAA + ADP + Pi$$

丙酮酸羧化酶的活性平时较低，当草酰乙酸不足时，由于乙酰 CoA 的累积可提高该酶活性。这是动物中最重要的回补反应。

b. PEP 的羧化作用　在糖酵解中形成的 PEP 不转变为丙酮酸，而是在 PEP 羧化激酶作用下形成草酰乙酸：

$$PEP + CO_2 + H_2O \rightarrow OAA + Pi$$

草酰乙酸再被还原为苹果酸。苹果酸经线粒体内膜上的二羧酸传递体与 Pi 进行电中性的交换，进入线粒体基质，可直接进入 TCA 循环；苹果酸也可在苹果酸酶的作用下脱羧形成丙酮酸，再进入 TCA 循环。二者都可起到补充草酰乙酸的作用。这一回补反应存在于高等植物、酵母和细菌中，动物中不存在。

c. 天冬氨酸的转氨作用　天冬氨酸(ASP)和 α-酮戊二酸在转氨酶作用下可形成草酰乙酸和谷氨酸(Glu)：

$$ASP + \alpha\text{-酮戊二酸} \rightarrow OAA + Glu$$

通过以上这些回补反应，保证有适量的草酰乙酸供 TCA 循环的正常运转。

(2)戊糖磷酸途径　20 世纪 50 年代初的研究发现 EMP-TCA 途径并不是高等植物中有氧呼吸的唯一途径。实验证据是，当向植物组织匀浆中添加糖酵解抑制剂(氟化物和碘代乙酸等)时，不可能完全抑制呼吸。瓦伯格(Warburg)也发现，葡萄糖氧化为磷酸丙糖可不经过醛缩酶的反应。此后不久，便发现了戊糖磷酸途径(PPP)，又称己糖磷酸途径(HMP)或葡萄糖直接氧化途径。戊糖磷酸途径是高等植物有氧呼吸的另一途径，葡萄糖在细胞质内直接氧化脱羧，并以戊糖磷酸为重要的中间产物(图 4-37)。戊糖磷酸途径所有的酶都存在于细胞质中，因此，戊糖磷酸途径和糖酵解一样，也是在细胞质中进行的。

①戊糖磷酸途径的生化历程　当以葡萄糖为底物时，其生化历程(图 4-37)如下：

a. 葡萄糖氧化脱羧阶段　葡萄糖首先活化生成 6-磷酸葡萄糖(G6P)，然后在 6-磷酸葡萄糖脱氢酶的催化下，以 $NADP^+$ 为氢受体生成 6-磷酸葡萄糖酸。同时，$NADP^+$ 被还原成 $NADPH + H^+$。随后，6-磷酸葡萄糖酸在 6-磷酸葡萄糖酸内酯酶的催化下，以 $NADP^+$ 为氢受体继续脱氢，同时脱羧，生成 5-磷酸核酮糖(Ru5P)。同时，释放出 CO_2，并使 $NADP^+$ 被还原为 $NADPH + H^+$。

本阶段的总反应是：

$$G6P + 2NADP^+ + H_2O \rightarrow Ru5P + CO_2 + 2NADPH + 2H^+$$

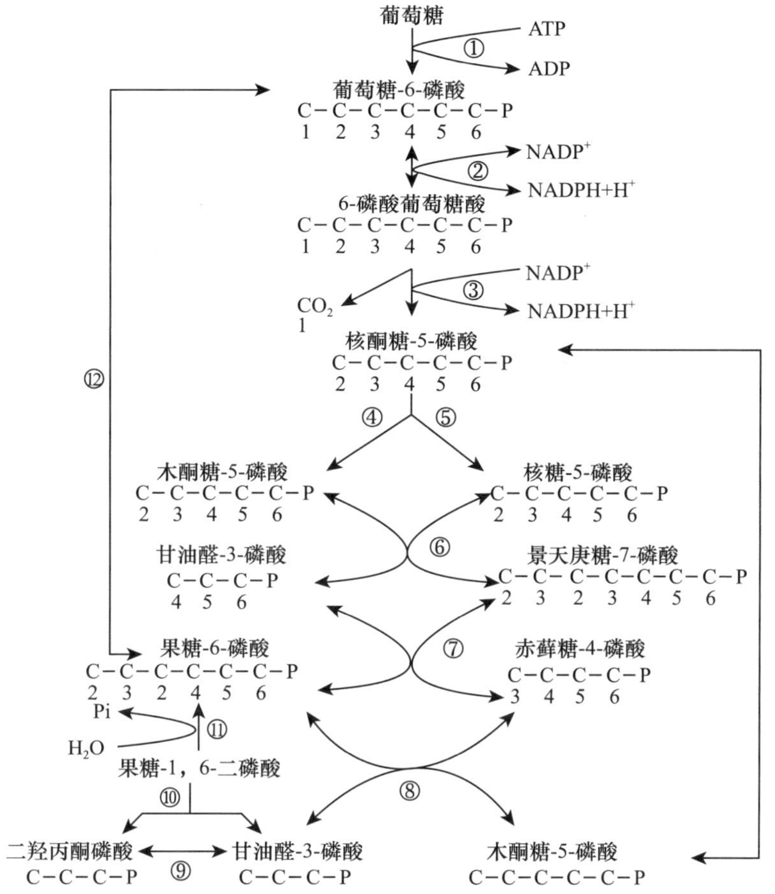

图 4-37　戊糖磷酸途径简图

①己糖激酶　②6-磷酸葡萄糖脱氢酶　③6-磷酸葡萄糖酸内酯酶　④6-磷酸葡萄糖酸脱氢酶　⑤磷酸核酮糖异构酶　⑥磷酸核糖异构酶　⑦转酮醇酶　⑧转醛醇酶　⑨磷酸丙糖异构酶　⑩醛缩酶　⑪磷酸果糖激酶　⑫磷酸己糖异构酶

（引自萧浪涛，植物生理学，2004）

b. 分子重组阶段　分子重组阶段经过一系列糖之间的转化，最终可将 6 个 Ru5P 转变为 5 个 G6P。

从整个戊糖磷酸途径来看，6 分子的 G6P 经过两个阶段的运转，可以释放 6 分子 CO_2，12 分子 NADPH，并再生 5 分子 G6P。戊糖磷酸途径的总反应式可写成：

$$6G6P+12NADP^{+}+7H_2O \rightarrow 6CO_2+12NADPH+12H^{+}+5G6P+Pi$$

戊糖磷酸途径是植物有氧呼吸的一条支路，在正常情况下走糖酵解-三羧酸循环途径，在植物干旱、受伤或染病时，戊糖磷酸途径的比例加大，当糖酵解-三羧酸循环途径受阻时，戊糖磷酸途径可代替 TCA 途径。

②戊糖磷酸途径的生理意义

a. 戊糖磷酸途径与 C_3 循环密切关联　HMP 循环中的糖分子重组阶段的中间产物和酶类均与卡尔文循环中的相同。

b. 戊糖磷酸途径的中间产物为生物合成提供原料　HMP 循环途径形成的中间产物在

生理活动中十分活跃，与其他代谢建立联系，并沟通各种代谢反应。此外，这一系列中间产物与细胞壁结构物质如木质素的合成有关。

c.戊糖磷酸途径为生物合成提供 NADPH 来源　在许多生物合成中以 NADPH 作为还原剂，如非光合细胞的硝酸盐、亚硝酸盐的还原以及氨的同化和脂肪酸、固醇的生物合成等等。因此，油料作物在种子成熟期，其代谢途径从以 EMP-TCA 循环途径为主转为以 HMP 循环途径为主。

d.戊糖磷酸途径可提高植物的抗病力　植物在干旱、受伤和染病等逆境条件下，HMP 循环途径十分活跃。研究表明，凡是抗病力强的植物或作物品种，HMP 循环途径较为发达。因此，HMP 循环途径有助于提高植物的抗病力。

3)无氧呼吸(发酵)

丙酮酸在无氧条件下生成乙醇和乳酸的过程叫发酵。无氧呼吸的最初阶段都要经历糖酵解的过程，即呼吸基质葡萄糖经糖酵解转变成丙酮酸，由丙酮酸开始，再沿不同途径进行。

①酒精发酵　这是一条无氧呼吸(发酵)的主要途径。水稻浸种催芽时，谷堆内部的谷芽和一般果实所出现的无氧呼吸都属酒精发酵，反应式如下：

$$C_6H_{12}O_6 \rightarrow 2C_2H_5OH + 2CO_2 \qquad \Delta G^{\ominus\prime} = -226\ kJ \cdot mol^{-1}$$

具体过程是：葡萄糖经糖酵解转变成丙酮酸，丙酮酸脱羧转变成乙醛，乙醛被糖酵解产生的 NADH 还原成为乙醇(酒精)。

②乳酸发酵　马铃薯块茎、甜菜肉质根内部出现无氧呼吸的产物是乳酸，称为乳酸发酵。反应式如下：

$$C_6H_{12}O_6 \rightarrow 2CH_3CHOHCOOH \qquad \Delta G^{\ominus\prime} = -197\ kJ \cdot mol^{-1}$$

具体过程是：葡萄糖经糖酵解转变成丙酮酸后，直接被糖酵解产生的 NADH 还原为乳酸。

无氧呼吸是植物对短暂缺氧的一种适应，但植物不能忍受长期缺氧。因为无氧呼吸释放的能量很少，转换成 ATP 的数量更少，这样，要维持正常生活所需要的能量，就要消耗大量有机物。同时，酒精和乳酸积累过多，会使细胞中毒甚至死亡。例如，作物淹水后不能正常生活以至死亡，种子播种后久雨不晴发生烂种，以及种子收获后长期堆放发热，产生酒味，使种子变质等，都是由于长时间无氧呼吸所致。

植物处在短暂无氧环境进行无氧呼吸之后，恢复有氧条件时，将可恢复正常生长。这是由于各种无氧呼吸的产物，在有氧条件时，都可作为有氧呼吸的基质，继续氧化分解，最后生成 CO_2 和 H_2O。例如，淹水后的作物若能及时排水可恢复正常生长；种子收获后，必须晒干扬净并适时翻仓；水稻浸种催芽的种堆，内部出现酒味时，及时把中间的翻到边缘，使其进行有氧呼吸，使酒精分解而消除酒味。

3.电子传递和氧化磷酸化

在生物体内进行的氧化作用称为生物氧化，也就是在需氧生物中，各种呼吸代谢过程中脱下的氢，最终都传递到氧而被氧化。生物氧化与非生物氧化的化学本质是相同的，都是脱氢、失去电子或与氧直接化合，并释放被氧化物质内部的能量。然而，生物氧化是在生活细胞内，在常温、常压、接近中性的条件下，在一系列酶的催化下逐步完成的，而且能量按着生物体代谢的需求逐步释放。生物氧化的表现形式之一是电子传递和氧化磷酸化。

1)电子传递系统——呼吸链的概念和组成

HMP途径产生的$NADPH+H^+$，在一定的条件下，经转氢酶催化生成$NADH+H^+$，这就是HMP途径形成的$NADH+H^+$。HMP途径和EMP-TCA循环途径中形成的$NADH+H^+$或$FADH_2$，还要经过一系列传递，最后才能和游离氧结合生成水，这就是呼吸作用形成的水。由于氢原子包括质子和电子，氢的传递主要是其电子的传递，因此这个过程称为电子传递。参加传递的物质，有多种氢传递体和电子传递体，它们按照氧化还原电位高低的一定顺序排列在线粒体内膜上，组成电子传递链，一般称这种电子传递链为呼吸链(图4-38)。

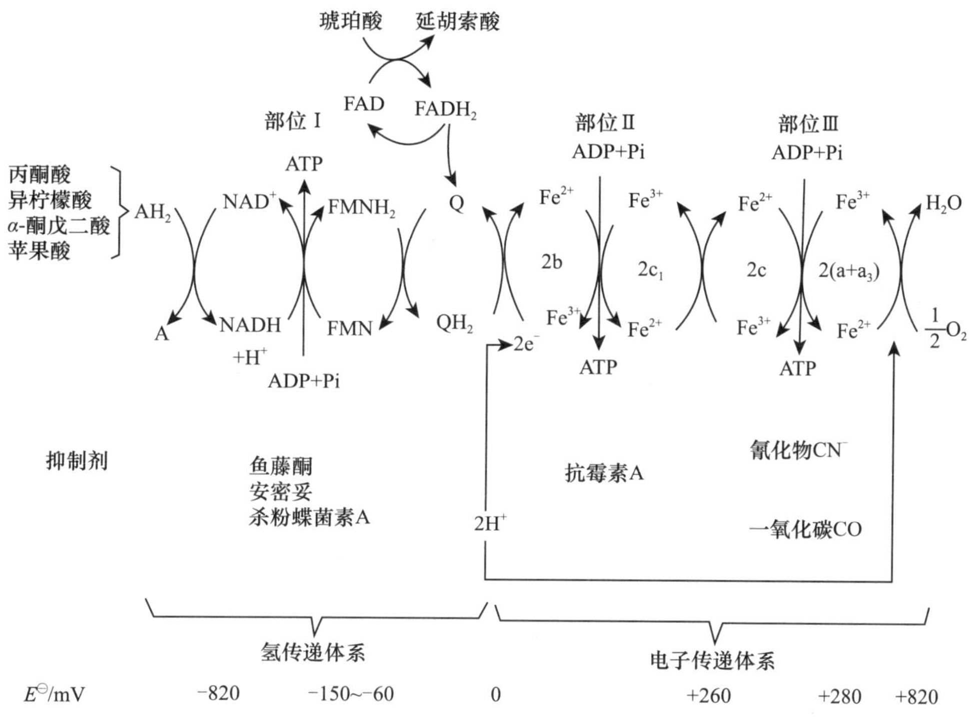

图4-38 电子传递和氧化磷酸化

AH_2代表呼吸代谢中间产物 Q代表辅酶Q

最后的电子传递体是Cyt $a+a_3$，也叫细胞色素氧化酶，因为它能把接受的电子直接传给游离O_2，使O激活，1个O原子接受2个e^-后，它就与介质中的$2H^+$结合生成1分子H_2O。

2)氧化磷酸化的概念及类型

(1)氧化磷酸化的概念　在电子传递过程中，有的步骤放出的能量推动ADP磷酸化为ATP，从而把有机物中的化学能部分转移到ATP中，供生命活动所用。这种由呼吸基质脱下的氢，通过电子传递到达氧的过程所发生的ADP磷酸化为ATP的作用，称为氧化磷酸化作用，即呼吸链上电子传递放能与ADP磷酸化成ATP贮能相偶联。据测定，从$NADH+H^+$每传递1对H到O_2，能产生3 mol氧化水平ATP；$FADH_2$能产生2 mol氧化水平ATP，这就是呼吸作用所放出的可利用能。

(2)氧化磷酸化的类型　氧化磷酸化作用是生活细胞中形成 ATP 的主要途径之一。根据生物氧化方式不同，可将氧化磷酸化分为底物水平磷酸化和氧化水平（电子传递系）磷酸化。

①底物水平磷酸化　底物水平磷酸化即底物（X）被氧化的过程中，形成了含高能磷酸键的磷酸化合物，如 X～P。这个高能化合物所含的能量，可使 ADP 磷酸化形成 ATP。此化合物的能量在酶的催化下，经磷酸化转移到 ADP 上，生成 ATP。（X～P＋ADP→ATP＋X）。

②氧化水平（电子传递系）磷酸化　氧化水平磷酸化指的是底物脱下的氢，经过呼吸链氧化放能，并伴随着 ADP 磷酸化生成 ATP 的过程。

氧化水平磷酸化中氧化放能与磷酸化贮能之间的偶联关系，常用磷氧比 P/O 这一指标来反映。所谓 P/O，是指电子传递链每消耗 1 mol 氧原子（$\frac{1}{2}$ mol 氧分子）所用去的无机磷 Pi 或产生的 ATP 的物质的量。P/O 是反映线粒体氧化磷酸化活力功能的一个重要指标。在标准图式的呼吸链中，从 NADH 开始氧化到形成水，要经过三次 ATP 的形成，所以 P/O 是 3；而 $FADH_2$ 走完呼吸链，只有两次 ATP 的形成，所以 P/O 是 2。

在正常情况下，植物的呼吸作用总是偶联着磷酸化作用。但当植物处于不良的环境如高温、干旱、缺钾等条件下，磷酸化的偶联将受到破坏，这时呼吸虽然增高，但不能形成 ATP，放出的能量均以热能释放掉，这种呼吸称为无效呼吸。植物进行无效呼吸时，体内的有机物质将大量消耗，对积累不利。因此，在农业植物栽培过程中，必须加强田间管理，防止出现这种情况。

3)呼吸作用中的能量利用效率

能量利用效率是呼吸基质释放的用于各种生理活动的可利用能占其释放的总能量的比值。ATP 这个可利用能的形成有两种方式：一种是氧化磷酸化，另一种是底物磷酸化。底物磷酸化形成的 ATP 仅占一小部分，大部分 ATP 是通过氧化磷酸化形成的。若按物质的量计算，1 mol 六碳糖通过 EMP-TCA 循环途径和电子传递链被氧化为 CO_2 和 H_2O，在糖酵解过程中可形成 4 mol ATP 和 2 mol NADH＋H^+，每摩尔 NADH 进入线粒体后经氧化磷酸化可形成 2 mol ATP（因为 NADH＋H^+ 必须借助其他反应系统，消耗 1 mol ATP 后，才能往返线粒体，所以生成 2 mol ATP）；在 TCA 循环中，可形成2 mol ATP、8 mol NADH＋H^+ 和 2 mol $FADH_2$。经氧化磷酸化，1 mol NADH＋H^+ 可形成 3 mol ATP，1 mol $FADH_2$ 可形成 2 mol ATP，减去糖酵解反应中用去的 2 mol ATP，1 mol 六碳糖通过 EMP-TCA 循环途径和电子传递链被彻底氧化后最终形成 36 mol ATP。

1 mol 六碳糖在 pH 等于 7 的条件下，被彻底氧化可释放能量 2 870 kJ，1 mol ATP 水解为 ADP 释放能量 31.8 kJ，36 mol ATP 则为 1 145 kJ。能量转换率为 40%（1 145 kJ/2 870 kJ），其余的 60%以热的形式散失。

(三)呼吸作用的生理指标及影响因素

1.呼吸作用的生理指标

呼吸作用的主要生理指标有呼吸速率和呼吸商。

1)呼吸速率

呼吸速率是表示呼吸强弱的定量指标。呼吸速率是指单位植物材料在单位时间内所放出的 CO_2 量或吸收的 O_2 量。时间单位多用小时，气体量用毫克，也可用微升、微摩尔表示；植物材料可用干重、鲜重或面积。常用的单位是：CO_2（或 O_2）$\mu mol \cdot g^{-1} \cdot h^{-1}$（以干重计）或 $\mu mol \cdot (100\ g)^{-1} \cdot h^{-1}$（以鲜重计）。

不同种植物、同种植物的不同器官或不同发育时期，呼吸速率不同。通常，花的呼吸速率最高，依次是萌发的种子、分生组织、形成层、嫩叶、幼枝、根尖和幼果等。

2)呼吸商(RQ)

呼吸商又称呼吸系数，指植物组织在一定时间内放出 CO_2 的量与吸收 O_2 的量之比。

$$RQ=\frac{\text{放出的 }CO_2\text{（体积或物质的量）}}{\text{吸收的 }O_2\text{（体积或物质的量）}}$$

它可以反映呼吸底物的性质和 O_2 供应状况。

呼吸商数值的大小与许多因素有关，包括底物种类，是否存在无氧呼吸与氧化作用是否彻底，是否发生物质的转化、合成与羧化等因素，其中底物种类是影响呼吸商最关键的因素。

当呼吸底物为碳水化合物且又被彻底氧化时，其 RQ 为 1。如葡萄糖彻底氧化时：

$$C_6H_{12}O_6+6O_2 \rightarrow 6CO_2+6H_2O \qquad RQ=6/6=1$$

当呼吸底物为脂肪(脂肪酸)、蛋白质等富含氢即还原程度较高的物质时，RQ<1。如棕榈酸被彻底氧化时：

$$C_{16}H_{32}O_2+23O_2 \rightarrow 16CO_2+16H_2O \qquad RQ=16/23=0.7$$

若呼吸底物为有机酸等富含氧即氧化程度较高的物质时，RQ>1。如柠檬酸被彻底氧化时：

$$2C_6H_8O_7+9O_2 \rightarrow 12CO_2+8H_2O \qquad RQ=12/9=1.3$$

从上面的计算可以看出，呼吸底物性质与呼吸商有密切关系。在发生完全氧化时，呼吸商的大小取决于底物分子中相对含氧量的多少。因此，可以根据呼吸商判断底物的种类。植物体内的呼吸底物是多种多样的，碳水化合物、蛋白质、脂肪或有机酸等都可以作为呼吸底物。呼吸底物一般以碳水化合物为主。

当 O_2 供应不充足时，无氧呼吸较强，呼吸商增大。

2.影响植物呼吸作用的因素

影响植物呼吸作用的因素分为内部因素和外部因素两大类。

1)内部因素对呼吸作用的影响

(1)植物种类　不同种类的植物呼吸速率有很大的差异(表 4-7)。例如：喜光的玉米高于耐阴的蚕豆；柑橘高于苹果；玉米种子比小麦种子高近十倍。低等植物的呼吸速率远高于高等植物。总之，生长快的植物高于生长慢的植物；草本植物高于木本植物。

表 4-7 不同植物(组织、器官)的呼吸速率

植物(组织、器官)	呼吸速率(以干重计)/($\mu mol\ O_2 \cdot g^{-1} \cdot h^{-1}$)	植物(组织、器官)	呼吸速率(以鲜重计)/($mm^3\ O_2 \cdot g^{-1} \cdot h^{-1}$)
豌豆种子	0.005	仙人掌	6.8
大麦幼苗	70	景天	16.6
甜菜切片	50	云杉	44.1
向日葵植株	60	蚕豆	96.6
番茄根尖	300	茉莉	120.0
细菌	10 000	小麦	251.0

(2)不同器官与组织　同一植物的不同器官呼吸速率也有很大的差异。在同一植物体上,通常生长旺盛的幼嫩器官(根尖、茎尖、嫩叶等)的呼吸速率高于生长缓慢的年老器官(老根、老茎、老叶);生殖器官高于营养器官;在花中,雌雄蕊的呼吸速率比花被强,雄蕊中又以花粉最强;受伤组织高于正常组织。例如,花的呼吸速率高于叶 3～4 倍;雌蕊高于花瓣 18～20 倍。

(3)不同生育期　呼吸速率还随生育期的变化而改变。同一植株或植株的同一器官在不同的生长过程中,呼吸速率会有较大的变化。一年生植物初期生长迅速,呼吸速率升高;到一定时期,随着植物生长变慢,呼吸逐渐平稳,有时会有所下降;生长后期开花时又有所升高。植物的叶片幼嫩时呼吸较快,成长后下降;初进衰老时,呼吸又上升,而后渐降;到衰老后期,呼吸速率又大幅度下降。叶片在功能前期处于生长阶段,呼吸速率在最高峰;进入功能期后降至较高的平稳阶段;而后初进衰老时又略有升高,但远不及功能前期,接下来便随着衰老时间的延续逐渐下降,直至呼吸停止,叶片脱落。

2)外界条件对呼吸速率的影响

影响植物呼吸速率的外部因素很多,但归纳起来主要有以下几个方面:

(1)温度　温度对呼吸速率的影响,主要是影响呼吸酶的活性。在一定范围内,呼吸速率随温度的增高而加快,超过一定温度,呼吸速率则会随着温度的升高而下降。温度对呼吸作用的影响体现在最低点、最适点和最高点这温度三基点上。

一般说来,植物的呼吸作用在接近 0℃时进行得很慢。大多数温带植物呼吸的最低温度约为－10℃。呼吸作用的最低温度因植物种类不同有很大差异,一般植物在 0～－7℃下仍可进行呼吸,耐寒植物的越冬器官(如芽及针叶),在－20～－25℃时,仍未停止呼吸。但是,如果夏季的温度降低到－4～－5℃,针叶的呼吸便完全停止。呼吸作用的最适温度为25～35℃。所谓最适温度是保持植物正常生长过程中,能持续较稳定状态的最高呼吸速率的温度。呼吸作用的最高温度,一般在 35～45℃之间。最高温度在短时间内可使呼吸速率较最适温度为高,但时间一长,呼吸速率就会急剧下降。这是因为高温加速酶的钝化或失活,从而导致呼吸作用急剧下降。例如,预先在 25℃下培养 4 d 的豌豆幼苗的相对呼吸速率为 10%,放在不同温度下 3 h 后,测定相对呼吸速率的变化(图 4-39)。

温度每升高 10℃所引起的呼吸速率增加的倍数,通常称为温度系数(Q_{10}):

$$Q_{10}=\frac{(t+10)℃\text{时的呼吸速率}}{t℃\text{时的呼吸速率}}$$

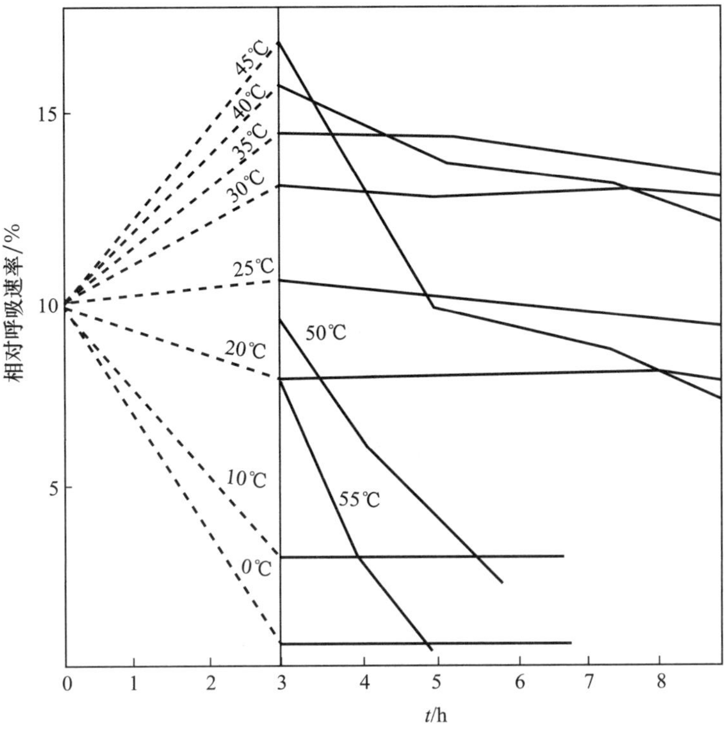

图 4-39　温度结合时间因素对豌豆幼苗呼吸速率的影响

一般在 0～35℃生理温度范围内 Q_{10} 为 2～2.5。

植物生长发育所需要的温度三基点和植物的原产地有密切关系，如海南省多数植物生长的最低温度在 10℃左右，而生长在我国东北地区长白山的植物可以忍耐－40℃的低温。

(2)水分　植物细胞含水量对呼吸速率有很大影响，因为原生质只有在水分饱和的情况下，才有利于植物各种生命活动的进行。在一定范围内，呼吸速率随着组织含水量的增加而升高。

风干的种子呼吸作用很弱。当种子充分吸水膨胀时，呼吸速率比干燥的种子增加几千倍。因此，种子含水量是制约种子呼吸强弱的重要因素。

植物的根、茎、叶和果实等含水量大的器官，会看到相反的情况。当含水量发生微小变动时，对呼吸作用影响不大；当水分严重缺乏时，它们的呼吸作用反而增强。这是由于细胞缺水时，酶的水解活性加强，淀粉水解为可溶性糖，使细胞水势降低，增强保水能力以适应干旱的环境。但是，可溶性糖是呼吸作用的直接基质，于是便引起呼吸作用增强。

(3)O_2　O_2是植物进行正常呼吸的必要因子，也是影响植物生长发育的主要生态因子，它直接参与生物氧化过程，不仅影响呼吸速率，而且还决定呼吸代谢的途径(有氧呼吸或无氧呼吸)。

大气中氧含量比较稳定，约为 21%，对于植物的地上器官来说，基本能保证氧的正常供应。当氧含量降低到 20%以下时，呼吸开始下降。氧含量降低到 5%～8%时，呼吸作用将显著减弱。但是，不同植物对环境缺氧的反应并不相同。比如，水稻种子萌发时的需氧量仅为小麦种子萌发时需氧量的 1/5。

植物根系虽然能适应较低的氧浓度，但氧含量低于5%～8%时，其呼吸速率也将下降。一般通气不良的土壤中氧含量仅为2%，而且很难透入土壤深层，从而影响根系的正常呼吸和生长。

在农业生产中，作物处于淹水等土壤通气不良条件时，根系处于缺氧甚至无氧环境，作物长时间地进行无氧呼吸必然导致伤害或死亡。

(4)CO_2　CO_2是呼吸作用的产物，环境中超过大气正常含量的高浓度CO_2将引起呼吸速率显著降低(图4-40)。CO_2浓度增大时，三羧酸循环运转会受到抑制，因而会使呼吸速率下降。

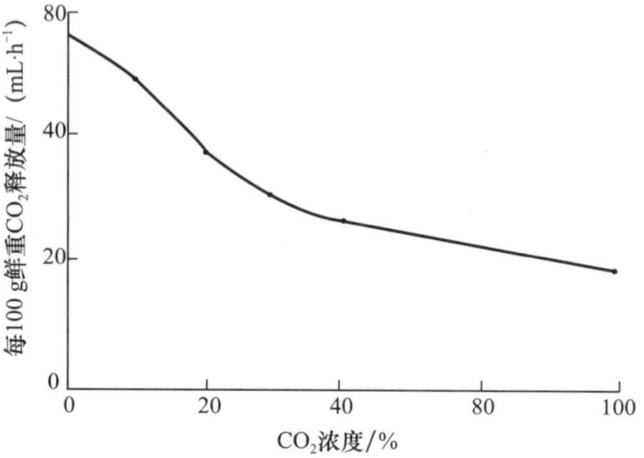

图4-40　CO_2浓度对白芥发芽种子呼吸速率的影响

当CO_2浓度升高到1%以上时，呼吸作用受到明显抑制。土壤中由于根系，特别是土壤微生物的呼吸，会产生大量的CO_2。尤其是高温季节有机体呼吸旺盛，如果土壤通气不良，则积累CO_2可达4%～10%，甚至更高。因此，在农业生产上，精细整地，使土壤上虚下实，土壤的孔隙度在55%以上，保证种子萌发时对O_2的需求，才能使作物出苗整齐，达到一播全苗的目的。

(5)机械损伤　机械损伤会显著加快植物组织的呼吸速率。分析其原因一是生活着的细胞有一定的结构，其某些氧化酶与底物是隔开的，机械损伤破坏了原来的间隔，使底物迅速氧化，加快了生物氧化的进程；其次，机械损伤使某些细胞转化为分生组织状态，形成愈伤组织修补伤处，这些分生细胞的呼吸速率比原来休眠或成熟组织的呼吸速率快得多。

机械刺激也会引起叶片的呼吸速率发生短时间的波动，因此在测定植物样品的呼吸速率时，要轻拿轻放，避免因机械刺激带来的误差。

影响呼吸作用的外界因素除了上述的之外，呼吸底物(如可溶性糖)的含量、一些矿质元素(如磷、铁、铜等)对呼吸也有影响。此外，病原菌感染可使寄主的戊糖磷酸途径增强，呼吸速率提高。

实际上，各种因素是相互作用的，诸因素的综合作用会影响植物的呼吸速率。例如，植物组织含水量的变化对于温度所发生的效应有显著的影响，小麦种子的含水量从14%增至22%时，在同一温度下，呼吸速率相差甚大。一般地说，任何一个因子对于生理活动的影响都通过全部因子的综合效应而反映出来。

(四)呼吸作用在农业生产实践中的应用

1.呼吸作用与作物生产

在作物栽培上，常采用很多措施来保证植物呼吸作用正常进行。例如，浸种催芽过程中，每隔一定时间要浇水和翻堆，以供应足够的水分和透气散热，防止因呼吸放热而温度过高，同时避免无氧呼吸的发生。水稻育秧通常采用湿润育秧，早稻育秧在寒潮过后适时排水，是为了使根系得到充足的O_2；水稻的搁田、晒田，旱田作物的中耕松土，黏土的掺沙等，是为了改善土壤的通气条件。

温室栽培和利用薄膜育苗时，应注意解决高温和光照不足的矛盾，适时揭开薄膜通风降温以降低呼吸消耗，才能培育出健壮的幼苗。果树夏剪中去萌蘖，有利于果树的通风透光。通风可以降低果树树冠内温度，控制呼吸，降低耗能。

作物栽培中有许多生理障碍是与呼吸有直接关系的。涝害淹死作物，是因为无氧呼吸进行过久，累积酒精而引起中毒。干旱和缺钾能使作物的氧化磷酸化解偶联，导致生长不良甚至死亡。低温导致烂秧，原因是低温破坏线粒体的结构，呼吸“空转”，缺乏能量，引起代谢紊乱所致。

2.呼吸作用与农产品贮藏

1)呼吸作用与粮油种子的贮藏

粮油种子贮藏的目的，一是使商品粮不发霉变质，不降低商品价值；二是使作为种质资源的种子保持生命活力，尽量延长寿命。

(1)粮油种子贮藏期间的生理变化　种子的贮藏与呼吸作用密切相关，种子是有生命的，不断地进行呼吸。当种子的含水量低于一定限度时其呼吸极低，若含水量超过一定限度，则呼吸急剧增强。这是由于含水量少时，种子内的水分都呈束缚水状态存在，与原生质胶体牢牢地结合在一起，因此，各种代谢活动包括呼吸作用都不活跃；当种子含水量增高超过一定限度时，细胞内就出现了自由水，各种酶的活性大大增高，呼吸作用便急剧增强。呼吸速率快，引起有机物质大量消耗；呼吸放出的水分，又会使湿度增大，种子“出汗”，呼吸加强；呼吸放出的热量，使种子温度升高，反过来又促使呼吸增强，最后导致种子发热霉变，使贮藏种子的质量发生变化，或品质下降，严重时失去利用价值。因此，在贮藏过程中必须降低种子的呼吸速率，确保安全贮藏。

(2)粮油种子贮藏的适宜条件　温度、水分、O_2以及微生物和仓虫等外界条件影响种子贮藏。一般说来，种子宜贮藏在低温、干燥、少氧、通风条件下。水稻种子在14～15℃库温条件下贮藏2～3年，仍有80%以上的发芽率。

试验证明，种子含水量在4%～14%范围内(在自然条件下风干或在低于40℃条件下风干)，每降低1%可使种子寿命延长一倍。温度在0～50℃范围内，每降低5℃种子(风干后的)寿命延长一倍。例如，葱属的大多数种子，在室温条件下不到三年便失去生活力；若将种子含水量降至6%，贮于5℃以下的环境，20年后仍能萌发。要使种子安全贮藏，种子必须呈风干状态，含水量一般在8%～16%(因种子而异)，可称为安全含水量，又称临界含水量。当种子含水量超过安全含水量时，呼吸速率急剧上升。可见，在种子的贮藏中，控制水分含量和尽可能地降低贮藏温度极为重要，在进仓前一定要晒晾干。国家规定了入库种子的安全含水量(表4-8)，高于这个标准就不耐贮藏。

表4-8　种子贮藏期的安全水分标准　%

作物种子	贮藏安全水分	作物种子	贮藏安全水分
籼稻	13.5	大豆	12
粳稻	14.0	蚕豆	12～13
小麦	12.0	花生(仁)	8～9
大麦	13.5	棉籽	9～10
高粱	13.0	芝麻	7～8
玉米	13.0	蓖麻	8～9

由表4-8可以看出，油料种子的安全贮藏含水量在12%以下，北方禾谷类作物要求在14.5%以下。我国南北方还有一定的差别。因为南方高温多湿，在种子贮藏时要求会更高一些，在南方小麦和玉米等禾谷类作物种子要求含水量在12.5%以下，如果超过14.5%，呼吸速率会增高，但增高得比较缓慢，当种子含水量大于16%时，呼吸速率几乎呈直线上升(图4-41)。其原因是，种子含水量增高后，原生质胶体由凝胶转变成溶胶，呼吸酶的活性迅速提高，因此，粮油种子贮藏中首要的问题是种子的含水量不得超过安全含水量。

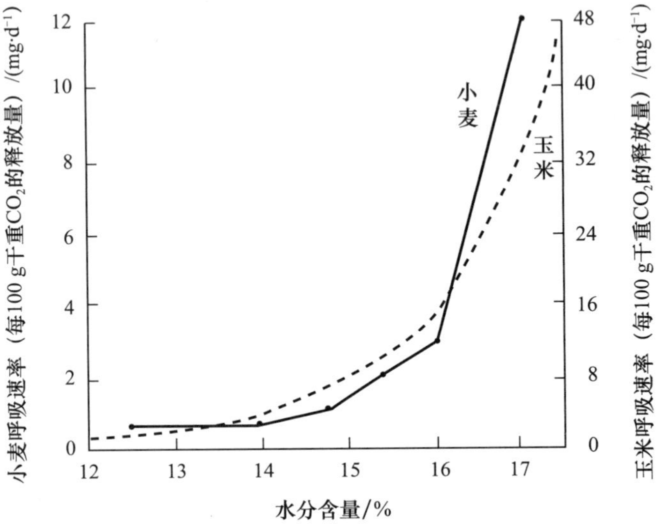

图4-41　含水量不同的小麦和玉米种子的呼吸速率

贮藏温度与种子的安全含水量有关。安全含水量越高，贮藏温度要求越低，但种子含水量高而处在低温条件下易受冻害。

贮藏期间，必须防治害虫，此外，还要注意应用通风和密闭的方法以减少呼吸作用。通风的目的是散热、散湿。冬季或晚间开仓，西北冷风透入种子堆，降低温度。密闭方式必须以种子干燥、无虫为基础。在春末夏初的梅雨季节，进行全面密闭，防止外界潮湿空气侵入。

除了水分含量及温度严重影响种子的贮藏外，O_2和CO_2浓度也影响种子贮藏。种子呼吸吸收氧，放出CO_2。若能适当增高CO_2含量、降低氧含量，便可减弱呼吸作用，延长贮藏时间。近年来，有些部门使用化学保管法，即以磷化氢(H_3P)气体抑制种子长霉和发热。也有的采用脱氧保管法，即向种子堆内充入低氧含量的空气，降低种子的呼吸速率。

2)呼吸作用与果蔬贮藏

肉质果实和蔬菜含水分较多，与粮油种子贮藏的方法有很大的不同。其贮藏原则主要是在尽量避免机械损伤的基础上，控制温度、湿度和空气成分，降低呼吸消耗，使肉质果实、蔬菜保持色、香、味等新鲜状态。

(1)肉质果实贮藏期间的生理变化　果实生长时期，呼吸作用逐渐降低。但有些果实在生长结束、成熟开始时会出现呼吸突然升高的现象，称为呼吸高峰或呼吸跃变。有呼吸高峰的果实，如：苹果、梨、香蕉、李、番茄、西瓜、草莓等；有些果实没有明显的呼吸高峰，如：柑橘、凤梨、葡萄、樱桃、无花果、瓜类等。

呼吸高峰一般在贮藏期间发生，但长久留在树上的果实也有呼吸高峰出现。目前一致认为，呼吸高峰的出现与乙烯的产生有关。在果实呼吸高峰出现前，均有较多的乙烯生成。一般说来，当果实、蔬菜中乙烯浓度达到 0.1 $\mu L \cdot L^{-1}$时，便会诱导呼吸高峰的出现。出现呼吸高峰时，呼吸强度可比以前高出 5 倍以上，果实食用的品质最好；过此高峰，品质下降，且逐渐不耐贮藏。因此，贮藏时应尽量推迟呼吸高峰的出现，发现腐烂果应及时拣出。

(2)肉质果实和蔬菜贮藏的适宜条件　果蔬贮藏不能干燥，因为干燥会造成皱缩，失去新鲜状态，但柑橘、白菜、菠菜等贮藏前可轻度晾晒风干，以降低呼吸和微生物活动。呼吸高峰的出现和温度关系很大。例如苹果，在 22.5℃贮藏时，其呼吸高峰出现早而显著，在 10℃左右就不那么显著，而在 2.5℃以下呼吸高峰几乎不出现。所以贮藏果实时，一个重要问题就是推迟呼吸高峰的出现，办法之一就是降低温度。但低温不能低到使组织受冻的程度。

每种果实、蔬菜都有其适宜的贮藏温度。大多数果实贮藏温度在 0～1℃，苹果为0～5℃，不可高于 6℃，橙柑则以 7～9℃为宜，梨为 10～12℃，香蕉要在 12～14.5℃，荔枝不耐贮藏，在 0～1℃只能贮存 10～20 d，若改用低温速冻法，使荔枝几分钟之内结冻，即可经久贮藏。

贮藏期间还要保持一定的湿度，以防止果实、蔬菜萎蔫和皱缩。一般贮藏的相对湿度在 80%～90%。近年来国外试验成功了高湿贮藏法，即利用 98%～100%的高湿，降低在低湿(90%～95%)中贮藏的甘蓝、胡萝卜、花椰菜、韭菜、马铃薯以及苹果的腐烂率。在高湿中贮藏的产品，水分丧失减少，保持了鲜嫩度。特别是对于许多叶菜类蔬菜，能保持鲜嫩的颜色，并且延长了蔬菜的贮藏寿命。

“自体保藏法”是一种简便的果蔬贮藏法。由于果实蔬菜本身不断呼吸，放出 CO_2，在密闭环境里，CO_2浓度逐渐增高，抑制呼吸作用(但容器中 CO_2浓度不能超过 10%，否则，果实中毒变坏)，可以延长贮藏期。如能密封加低温(1～5℃)，贮藏时间更长。自体保藏法现已广泛被利用。例如，四川南充果农将广柑贮藏于密闭的土窖中，贮藏时间可以达到四五个月之久。

3)呼吸作用与块根、块茎的贮藏

与果实、蔬菜不同的是，块根块茎贮藏期间是处于休眠状态而非成熟过程中，它们没有呼吸高峰。但块根块茎一般皮薄、水分含量多，贮藏时与果实、蔬菜有许多相似之处。如避免机械损伤，需要较低的温度、一定的湿度和气体成分。入窖前要晾 1～2 d，稳定呼吸，减少水分含量。甘薯贮藏温度为 9～14℃，最适温度为 11～13℃。马铃薯在 1℃以下易受冻变质，4℃以上时间长了会发芽产生有毒的龙葵素，2～3℃为最适温度。贮藏块根块茎的相对湿度以 85%～90%为宜，低于 80%则失水导致呼吸增强。空气的控制方面，不要过早封闭窖口。入窖之初，由于气温较高，呼吸旺盛，如果封窖过早，会使窖内缺氧，进行无氧呼吸，大量产生酒精，引起中毒、腐烂。因此，应该适当通风透气，随着气温的下降，逐步封闭窖口。

3.呼吸作用与植物抗病

一般情况下，寄主植物受到病原微生物侵染后呼吸速率会增强。这是因为：第一，病原菌本身具有强烈的呼吸作用，致使寄主植物表观呼吸作用上升。第二，病原菌侵染后，寄主植物细胞被破坏，导致底物与酶相互接触，呼吸的生化过程加强。第三，寄主植物被感染后，呼吸途径发生变化，糖酵解-三羧酸循环途径减弱，而戊糖磷酸途径加强。此外，含铜氧化酶类活性升高，例如棉花感染黄萎病后多酚氧化酶与过氧化物酶的活性增强，小麦感染锈病后多酚氧化酶和抗坏血酸氧化酶的活性提高，这些酶可促进植物呼吸作用，加速物质转化，促进伤口愈合。有时氧化与磷酸化解偶联，引起感染部位的温度升高。

植物感病后呼吸加强使植物具有一定的抗病力。植物的抗病力与呼吸上升的幅度大小和持续时间的长短密切相关。凡是抗病力强的植株感病后，呼吸速率上升幅度大，持续时间长，抗病力弱的植株则恰好相反。

呼吸速率上升幅度大，持续时间长有以下几方面好处：一是消除毒素。有些病原菌能分泌毒素致使寄主细胞死亡，如番茄枯萎病产生镰刀菌酸，棉花黄萎病产生多酚类物质。寄主植物通过加强呼吸作用，或将毒素氧化分解为 CO_2 和 H_2O，或转化为无毒物质。二是促进保护圈的形成。抗病力强的植株感病后呼吸剧增，细胞衰亡加快，致使病原菌不能发展，而这些死细胞反而成为活细胞和活组织的保护圈。三是促进伤口愈合。寄主植物通过提高呼吸速率加快伤口附近木栓层的形成，促使伤口愈合。

单元小结

本单元包括水分代谢、矿质营养、光合作用、呼吸作用四方面内容。水分代谢是植物重要的生理代谢过程之一。若根系水势低于周围土壤水势，植物就能通过根系主要是根毛区从土壤中吸收水分，经过质外体及共质体途径运输到植物体各部位，供代谢所用，并将大量水分以气体的形式散失到大气中。在生产中为了保证吸水、用水及失水的动态平衡，可以加强灌溉，适度降低蒸腾速率，以保证最大的经济产量。

借助溶液培养法或砂基培养法，人们了解到植物的正常生长发育必需碳、氢、氧、氮、磷、钾、硫、钙、镁、铁、锰、硼、锌、铜、钼、镍和氯 17 种元素，故称这 17 种元素为植物的必需元素。其中碳、氢、氧由 CO_2 和 H_2O 提供，其余 14 种主要由土壤提供，称为矿质元素。根据植物需要的多寡，将植物的必需元素分为大量元素和微量元素。植物必需矿质元素在活细胞内除了可作为细胞结构物质的组成成分外，还参与代谢活动，生长发育的调节，细胞的渗透调节，以及细胞质的电化学平衡等多种生理、生化过程。不同矿质元素的作用不同，植物缺乏某种矿质元素时呈现特征性病征。植物生长环境中的矿质元素种类、比例适当时，植物生长发育良好。矿质元素只有溶解在水中才能被植物吸收。根部吸收离子的数量不与溶液中的离子数量成正比，有的吸收多，有的吸收少或不能吸收。此外，对同一盐类的阴、阳离子的吸收量也有差别。这表明根系对矿质元素的吸收具有选择性。进入根系导管的矿质元素和水随蒸腾流一起上运至植物的茎、叶。根部吸收的矿质向上运输主要通过木质部，叶片吸收的离子在茎内向上或向下运输的途径主要通过韧皮部，但木质部与韧皮部之间存在横向运输。易被重复利用的元素如氮、磷、钾等，多分布于代谢旺盛的幼嫩部分；不易被重复利用的元素如钙、铁等，多分布于老组织中。

光合作用是绿色植物吸收光能，将 CO_2 和 H_2O 转化为有机物，并释放 O_2 的过程。绿色植物是有机物生产者，是地球上广泛分布的自养型生物，是人类赖以生存的基础。

光合作用的反应场所是绿色植物的叶绿体，反应的动力是太阳光能，光合作用的原料是 CO_2 和 H_2O，反应的产物是碳水化合物和 O_2。通过光合作用，CO_2 被还原，水被氧化，所以光合作用是一种氧化还原反应。绿色植物通过这个反应将无机物转化为有机物，将光能转变为化学能并贮存于有机物中。

根据能量转变的性质将光合作用分为三个过程：①光能的吸收、传递和转换，由原初反应完成；②电能转变为活跃的化学能，由电子传递和光合磷酸化完成；③活跃的化学能转变为稳定的化学能，由碳同化完成。

20 世纪 50 年代提出 CO_2 同化的循环途径，称为卡尔文循环。这个途径的 CO_2 固定最初产物是一种三碳化合物，又称 C_3 途径。通过 C_3 途径同化 CO_2 的植物，如水稻、小麦、棉花、大豆等大多数植物，称为 C_3 植物。木本植物几乎都是 C_3 植物。C_3 途径是所有植物光合作用碳同化的基本途径，大致可分为三个阶段，即羧化阶段、还原阶段和再生阶段。

在某些植物中，CO_2 固定后形成的最初产物为含有 4 个碳原子的草酰乙酸（OAA），因此将这种固定 CO_2 的途径称为 C_4 途径。通过 C_4 途径固定 CO_2 的植物称为 C_4 植物，如玉米、甘蔗、高粱和马齿苋都属这一类，C_4 途径需经过两种光合细胞，即在叶肉细胞的细胞质中，由 PEPC 催化羧化反应，形成 C_4-二羧酸，C_4-二羧酸运至维管束鞘细胞脱羧，释放的 CO_2 再由 C_3 途径同化。C_4 途径起 CO_2 泵的作用。

光合作用的进行受内外因素的影响，主要因素有叶结构、叶龄、光照、CO_2 浓度、温度和 N 素。在适度范围内提高光强、CO_2 浓度、温度和叶片含 N 量能促进光合作用。内外因素对光合作用的影响不是独立的，而是相互联系、相互制约的。

光能利用率是指植物光合产物中贮存的能量占光能投入量的百分比。按理论计算可达 5%，而目前高产田为 1%～2%。作物栽培的本质是将日光能转变为人类可利用的化学能，采用合理的栽培措施，增加光合面积，延长照光时间，就能提高作物的净同化率、光能利用率和作物的光合产量。

呼吸作用是高等植物重要的生理功能，呼吸作用的停止，就意味着死亡的到来。呼吸作用是指生活细胞内的有机物，在酶的催化下，逐步氧化分解并释放能量的过程。植物的呼吸作用是植物生命活动的能量来源，可以提供合成其他有机物质的原料。利用植物呼吸作用释放的能量，植物可以进行吸水、吸肥和合成、运输有机物质等正常的生命活动。呼吸作用对植物抗病免疫有重要作用，还可提高植物对环境的适应能力。

呼吸作用按其需氧状况可以分为有氧呼吸和无氧呼吸两大类型。在正常情况下，有氧呼吸是高等植物呼吸的主要形式，无氧呼吸是在特殊情况下的呼吸形式，在无氧条件下产生乳酸或乙醇。呼吸代谢途径有糖酵解、三羧酸循环和戊糖磷酸途径。糖酵解-三羧酸循环途径是植物有氧呼吸的主要途径。糖酵解在细胞质中进行，最终产物是丙酮酸，它在有氧条件下通过三羧酸循环彻底分解成 CO_2 和 H_2O。三羧酸循环和氧化磷酸化过程在线粒体中进行，释放的 CO_2 来自于有机酸脱羧。三羧酸循环产生的电子和质子沿着呼吸链传递，最终电子用于氧的激活，质子和氧结合形成水，同时也进行氧化磷酸化，形成 ATP，即电子传递给氧的过程中，消耗氧和无机磷酸，把能量积存于 ATP 中。呼吸电子传递链和氧化磷酸化在植物生命活动中至关重要。

呼吸作用是一个放能的过程，它逐步放出的能量除了供应植物生命活动的需要以外，有一部分以热能的形式散失掉，其余则贮存在某些含有高能键（如特殊的磷酸键和硫酯键）的化合物（ATP、乙酰 CoA 等）中。无论是糖酵解、三羧酸循环，还是戊糖磷酸途径，在植物细胞中都能自动调节和控制。

植物呼吸作用的数量指标有呼吸速率和呼吸商。影响呼吸速率的内部因素有植物种类、不同器官和组织、不同生育期等。影响植物呼吸作用的外部因素有温度、水分、O_2、CO_2等。这些因子相互作用，互相影响。由于呼吸是代谢的中心，对于粮油种子，果实和块根、块茎等果蔬产品来说，要根据植物呼吸作用的基本原理及影响呼吸作用的环境因素，酌情调节温度、水分和 O_2 等，采取切实可行的技术措施降低其呼吸速率，保证农产品的安全贮藏。

专项实训

一、名词解释

自由水　束缚水　水势　渗透作用　吸胀作用　质壁分离　根压　蒸腾拉力　蒸腾效率　蒸腾速率　水分临界期　必需营养元素　单盐毒害　离子拮抗作用　平衡溶液　光合作用　荧光现象　磷光现象　光合单位　反应中心色素　聚光色素　同化力　光呼吸　光补偿点　光饱和点　CO_2补偿点　CO_2饱和点　光能利用率　代谢源　代谢库　生长中心　呼吸作用　呼吸速率　氧化磷酸化

二、填空题

1. 按照养分元素在植物体内的含量多少，一般可将其分为________元素和________元素。

2. 作物缺铁和缺镁均出现脉间失绿，但缺铁先出现于_______上，缺镁先出现于_______上。

3. 油菜"花而不实"是缺________，柑橘的"斑驳叶"是缺________。

4. 微量元素肥料施入土壤后很容易被________，故通常采用________的方法来补充植物的微量元素营养。

5. 光合作用是一种氧化还原反应，在反应中________被还原，________被氧化。

6. 高等植物的叶绿体色素有四种，其中叶绿素 a 为________色，叶绿素 b 为________色，胡萝卜素是________色，叶黄素是________色。

7. 光合作用的三大阶段指的是________、________与________。

8. 光合作用分为________反应和________反应两大步骤，从能量角度看，第一步完成了________的转变，第二步完成了________的转变。

9. 原初反应包括________、________和________三步反应，此过程发生在________上。

10. 光反应是需光的过程，其实只有________过程需要光。

11. 光合磷酸化有下列三种类型：________、________和________，通常情况下以________占主要地位。

12. 光合作用中心包括________、________和________。

13. 电子传递通过两个光系统进行，PSⅠ的吸收峰是_______，PSⅡ的吸收峰是_______。

14. 光反应形成的同化力是________和________。

15. 光合作用电子传递途径中，最终电子供体是________，最终电子受体是________。

16. C_3植物的CO_2补偿点是________，C_4植物的CO_2补偿点是________，CO_2补偿点低说明________。

17. C_4植物是在________细胞中固定CO_2，形成四碳化合物，在________细胞中将CO_2

还原为碳水化合物。

18. 光呼吸的底物是在________细胞器中合成的，耗 O_2 发生在________和________两种细胞器中，而 CO_2 的释放发生在________和________两种细胞器中。

19. 高等植物同化 CO_2 的途径有________、________和________，其中________途径最基本最普遍，因为只有此途径能产生________。

20. RuBP 羧化酶/加氧酶在________条件下起羧化酶作用，在________条件下起加氧酶作用。

21. 影响光合作用的外界因素主要有________、________、________、________和________等。

22. 除了绿色细胞可直接利用太阳能进行光合作用外，其他各类植物细胞生命活动所需能量(ATP)都依靠________提供。

23. 有氧呼吸的特点是有________参与，底物氧化降解________，释放的能量________。

24. 无氧呼吸的特点是无________参与，底物氧化降解________，释放的能量________。

25. 高等植物通常以________呼吸为主，在特定条件下也可进行________。

26. EMP 途径是在______中进行的，PPP 是在______中进行的，酒精发酵是在______中进行的，TCA 循环是在________中进行的。

27. 组成呼吸链的成员可分为______传递体和________传递体。

28. 呼吸作用是维持植物生命活动所必需的，是植物体内________和________代谢的中心。

29. 苹果削皮后会出现褐色，这是______酶作用的结果，该酶中含有金属______。

30. 对同一种植物而言，其呼吸作用的最适温度总是________光合作用的最适温度。

31. 植物组织受伤时，呼吸速率________。

32. 禾谷类作物的安全含水量是__________，而油料作物种子的安全含水量是________。

三、单项选择题

1. 目前已确定的植物必需营养元素有(　　)种。

A. 15　　B. 18　　C. 21　　D. 17

2. 果树“小叶病”是由缺(　　)元素引起的。

A. 锰　　B. 铁　　C. 锌　　D. 铜

3. 在植物必需元素中，“肥料三要素”是指(　　)。

A. 氮、氢、氧　　B. 碳、氢、氧　　C. 氮、磷、钾　　D. 氮、氢、钾

4. 根系吸收养分的形态主要是(　　)。

A. 分子态　　B. 离子态　　C. 单质态　　D. 分子态和单质态

5. 植物营养缺素症首先出现在老组织上的是(　　)元素。

A. 硼　　B. 铜　　C. 镁　　D. 硫

6. 根系吸收矿质元素最活跃的区域是(　　)。

A. 根冠　　B. 生长点　　C. 伸长区　　D. 成熟区

7. 光合作用中释放的氧来源于(　　)。

A. CO_2　　B. H_2O　　C. CO_2 和 H_2O　　D. $C_6H_{12}O_6$

8. 光合作用吸收的 CO_2 与呼吸作用释放的 CO_2 达到动态平衡时，此时外界的 CO_2 浓度称为(　　)。

A. 光补偿点　　B. 光饱和点　　C. CO_2 补偿点　　D. CO_2 饱和点

9. 维持植物生长所需的最低光照强度(　　)。

A. 等于光补偿点　　B. 高于光补偿点　　C. 低于光补偿点　　D. 与光照强度无关

10. C_4 植物固定 CO_2 的最初受体是(　　)。

A. PEP　　B. RuBP　　C. PGA　　D. OAA

11. 提取光合色素常用的溶剂是(　　)。

A. 无水乙醇　　B. 95% 乙醇　　C. 蒸馏水　　D. 乙酸乙酯

12. 在正常生长条件下，植物细胞中葡萄糖降解主要是通过(　　)。

A. PPP　　B. EMP-TCA　　C. EMP　　D. TCA

13. 植物受旱或受伤时，PPP 所占比例(　　)。

A. 下降　　B. 上升　　C. 不变　　D. 不一定

14. 高等植物的无氧呼吸可以产生(　　)。

A. 乙醛酸　　B. 苹果酸　　C. 甘油酸　　D. 乙醇

15. 戊糖磷酸途径的主要调节物是(　　)。

A. ATP　　B. ADP　　C. NADPH　　D. NADH

16. 从种子萌发到形成幼苗，全部呼吸几乎都属于(　　)。

A. 生长呼吸　　B. 维持呼吸　　C. 有氧呼吸　　D. 无氧呼吸

17. 与果实呼吸跃变现象出现关系密切的植物激素是(　　)。

A. 生长素　　B. 赤霉素　　C. 细胞分裂素　　D. 乙烯

四、多项选择题

1. 根系吸收的矿质元素，存在形式和吸收形式一般是(　　)。

A. 化合物、离子　　B. 单质、离子　　C. 离子、离子　　D. 化合物、分子

2. 植物必需的矿质元素中，大量元素有(　　)。

A. 氮　　B. 钼　　C. 硼　　D. 钾

3. 植物体内某种养分的再利用程度与其缺素部位有密切关系，下列元素缺乏时，植物缺素部位首先出现在幼嫩器官的是(　　)。

A. 铁　　B. 氮　　C. 硼　　D. 钾

4. 土壤养分迁移至植物根系表面的主要方式是(　　)。

A. 截获　　B. 扩散　　C. 质流　　D. 都不是

5. 植物根系主要吸收(　　)养分。

A. 分子态　　B. 离子态　　C. 有机态　　D. 不确定

6. 下列元素中，属于必需微量元素的是(　　)。

A. 铁　　B. 氮　　C. 硫　　D. 锌

7. 被称为肥料三要素的植物必需营养元素是(　　)。

A. 氮　　B. 磷　　C. 钾　　D. 锌

8. 有氧呼吸中葡萄糖彻底分解生成的产物是(　　)。

A. CO_2　　B. H_2O　　C. 乳酸　　D. 形成 ATP

9. 植物呼吸作用的底物是(　　)。

A. 葡萄糖　　B. H_2O　　C. 其他有机物质　　D. 形成 ATP

10. 植物的有氧呼吸包括(　　)几个阶段。

A. 糖酵解　　B. 氧化磷酸化　　C. TCA 循环　　D. 线粒体合成

11. 无氧呼吸的产物有(　　)。

A. 乙醇　　B. 苹果酸　　C. 乳酸　　D. 柠檬酸

12. 植物呼吸作用的生理意义包括(　　)几个方面。

A. 提供能量　　B. 抗病免疫　　C. 形成中间产物　　D. 合成淀粉

13. 氧化磷酸化的种类有(　　)。

A. 氧化磷酸化　　B. 环式磷酸化　　C. 底物水平磷酸化　　D. 非环式磷酸化

14. 呼吸作用的生理指标有(　　)。

A. 吸收 O_2 的量　　B. 呼吸系数　　C. 释放 CO_2 的量　　D. 耗水

15. 影响呼吸作用的外部因素有(　　)。

A. 底物的浓度　　B. 水分　　C. 酶的活性　　D. 温度

16. 影响呼吸作用的内部因素有(　　)。

A. 植物种类　　B. 生育期　　C. 器官和组织　　D. 光照

17. 粮油种子的安全贮藏主要是(　　)。

A. 控制水分　　B. 充 CO_2　　C. 控制温度　　D. 注意通风

五、判断题　在后面的括号里对打√错打×

1. 植物的必需营养元素是指在植物体内含量很大的一类元素。(　　)

2. 铁、氯这两种元素植物需要很多,故为大量元素。(　　)

3. 植物缺氮时,植株矮小,叶小、色淡或发红。(　　)

4. 磷在植物体内可以被再利用,缺磷的症状首先表现在嫩叶上。缺磷时,矮小,果实和种子减少。(　　)

5. 植物叶部吸收养分是从气孔进入的。(　　)

6. 在作物体内容易移动的元素缺乏时,首先从老组织出现症状。(　　)

7. 植物被动吸收养分时,要消耗代谢能量。(　　)

8. 在根外施加营养,单子叶植物比双子叶植物效果好。(　　)

9. 既不消耗 O_2,也不释放 CO_2 的呼吸作用是不存在的。(　　)

10. 无氧呼吸是指不吸收 O_2,但能释放 CO_2 的呼吸。(　　)

11. 有氧呼吸中 O_2 并不直接参加到 TCA 循环中去氧化底物,但 TCA 循环只有在有氧条件下才能进行。(　　)

12. 在绿色细胞中,光合作用释放的 O_2 可供呼吸作用利用,而呼吸作用释放的 CO_2 不能被光合作用所利用。(　　)

13. 低温通过降低细胞中蛋白质含量而影响到呼吸速率。(　　)

14. 呼吸跃变是由于果实内 ABA 积累所致。(　　)

15. 呼吸作用中,底物分解所释放的能量只有经过呼吸链上的氧化磷酸化作用,才能形成 ATP。(　　)

16. 在 EMP、TCA 循环中,均存在受 ADP(或 ATP)促进或抑制的酶。(　　)

17. 总的来说，呼吸作用是一个释放能量的氧化还原过程。（　　）

18. 干旱能加强植物体内的氧化磷酸化作用，提高植物细胞能荷水平，使植物生长受到影响，甚至死亡。（　　）

19. 在呼吸底物被彻底氧化时，呼吸商大小取决于底物分子中相对含氧量的高低，含氧量高，呼吸商也高。（　　）

20. 小麦感染锈病后，体内酚氧化酶活性降低。（　　）

21. 涝害造成的植株死亡，一个重要的原因是根系长时间进行无氧呼吸、积累酒精，引起根细胞中毒。（　　）

22. 对于同一植物而言，其呼吸作用的最适温度一般低于光合作用的最适温度。（　　）

23. 绿色细胞中不存在细胞色素氧化酶。（　　）

六、问答题

1. 水在植物生活中有哪些作用？

2. 植物根系吸水的主要区域、吸水方式及动力是什么？

3. 了解质壁分离及复原有何农业指导意义？

4. 将植物细胞分别放在纯水和 1 mol · L^{-1} 蔗糖溶液中，细胞的渗透势、压力势、水势及细胞体积各会发生什么变化？

5. 影响根系吸水的环境因素都有哪些？

6. 解释下列现象：

1）多数植物在盐碱地生长不好

2）苗期施肥过多会产生"烧苗"现象

3）早春修剪葡萄后，伤口流出汁液

4）百年老树茎中空却依然抽枝长叶

7. 水分在植物体内运输的途径是怎样的？水分上升的动力主要靠什么？

8. 合理灌溉的生理指标都有哪些？

9. 从植物生理学角度，分析农谚"有收无收在于水"的道理。

10. 确定植物必需营养元素的标准是什么？

11. 描述植物吸收养分的基本过程。

12. 矿质元素在植物体内是怎样运输的？

13. 根外营养与根部营养相比较有哪些特点？影响根外营养吸收的因素有哪些？

14. 怎么做到合理施肥才能提高作物的产量？

15. 植物叶片为什么是绿色的？秋天树叶为什么会呈现黄色或红色？

16. 简述光合作用的三大步骤。

17. 冬季在温室内栽培蔬菜，采取哪些措施可提高植物的光合速率？

18. 解释下列现象或说明下列措施的生理依据：

1）阴天温室应适当降温

2）对棉花、果树、番茄等进行摘心、整枝、修剪

3）生产上要注意保护果位叶

4）生产上要保证通风透光

19. 什么是作物的光能利用率？举例说明如何提高光能利用率。

20. 作物为什么会出现光合“午睡”现象？
21. 如何证明高等植物同化物长距离运输的通道是韧皮部？
22. 试述同化物运输与分配的特点和规律。
23. 呼吸作用的生理意义是什么？
24. 粮食储藏过程中为什么要降低呼吸速率？
25. 呼吸跃变与果实成熟的关系如何？可采取怎样的措施来延长果实的储藏时间？
26. 简述呼吸作用与农业生产的关系。

七、试验设计

通过幻灯片、彩色图谱、网络等资源，对照检索表，搜集植物必需营养元素的缺素症，并将搜集到的各种植物必需营养元素缺素症的形态特征和表现列于下表。

元素	植株形态	叶	根、茎	生殖器官	指示作物
氮					
磷					
钾					
⋮					

Project 2

生长发育生理

一、生长物质

植物生长发育过程中，诸如种子的萌发、幼苗的生长、开花结实、落叶休眠直至衰老死亡等各项生命活动之所以能够有条不紊地进行，离不开植物生长物质的精确调控。植物生长物质是指一些在低浓度下能够调节植物生长发育的微量有机物，包括内源的植物激素和外源的植物生长调节剂两大类。目前，植物生长物质已经在促进种子萌发、促进开花坐果、防止落花落果、促进插条生根、产生无籽果实、控制性别分化、果实催熟以及果蔬贮藏保鲜等方面发挥了巨大的作用。

(一) 植物激素

植物激素是指植物自身合成的，并能从产生部位运送到作用部位，对植物生长发育产生显著作用的微量有机物质。目前得到普遍公认的植物激素包括生长素类、赤霉素类、细胞分裂素类、脱落酸和乙烯五大类。它们具有以下共同特点：第一，内源性。它们天然存在于植物体内，是植物自身代谢产生的生理活性物质。第二，可移动性。它们能从合成器官向其他器官转移，自产生部位运输到作用部位时才有较大的活性，如根切段漂浮在生长素溶液中并不能促进生根，但混在琼脂块中，放在切口处，生长素进入运输系统，就能促进生根。但是乙烯可以在其合成位点发挥效应。第三，非营养物质。它们虽然对代谢过程起极大的调节作用，但不是提供能量的营养物质，也不是植物体的结构物质。第四，微量调节性。植物激素在极低的浓度下就有显著的生理效应。第五，双重效应。一些植物激素在不同浓度下对植物生长具有促进和抑制两方面的作用。

近年来，人们在植物体内又陆续发现了油菜素甾醇类、三十烷醇、茉莉酸、水杨酸和多胺类物质对植物的生长发育具有类似植物激素的调节作用。

1. 生长素类

1)生长素在植物体内的合成与运输

生长素(IAA)合成的主要部位是茎端分生组织、禾本科植物的胚芽鞘顶端、种子的胚和正在扩展的幼叶等。离体根的组织培养实验证明根尖也能合成 IAA。生长素在植物体内分布很广，几乎各器官都有分布，但大多集中在代谢旺盛的部位。如正在生长的茎尖和根尖，正在展开的叶片，幼嫩的果实和种子，受精后的子房，禾谷类的居间分生组织，双子叶植物茎或根的形成层等快速生长的器官。衰老的器官中生长素含量较少。

在高等植物体内，生长素的运输存在两种形式：一种是在成熟组织中的非极性运输，就是沿着植物茎干通过韧皮部进行双向运输，运输方向取决于两端有机物浓度；另一种是单方向的极性运输，仅限于胚芽鞘、幼根、幼芽等幼嫩组织。生长素是唯一具有极性运输特性的植物激素，所谓极性运输是指生长素只能从植物的形态学上端向形态学下端运输，而不能反向运输。扦插枝条形成不定根时具有极性以及顶端优势的形成，都与生长素的极性运输有关。

生长素的极性运输可以通过实验证明(图 4-42)。从植物体上切下一段胚芽鞘或下胚轴，形态学上端标为“A”，下端标为“B”。如果在“A”端放一块含有一定量生长素的琼脂块作为生长素供体，“B”端放一块不含生长素的空白琼脂块作为生长素受体，不管切段空间位置如何，经过一段时间后可从受体块中检测出生长素。相反，如果将供体放于切段“B”端，受体放于切段“A”端，则不管切段如何放置，均不能在受体块中检测出生长素。

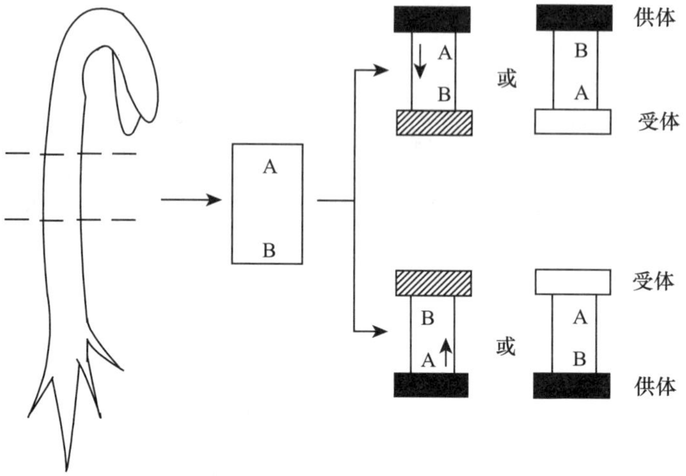

图 4-42　生长素的极性运输

A. 形态学上端　B. 形态学下端

2)生长素的存在形式与降解途径

生长素在植物体内有游离型和束缚型两种存在形式。游离型生长素不与任何物质结合，具有很高的生物活性。束缚型生长素也叫结合型生长素，与其他小分子物质结合变成活性极低或暂时无活性的钝化状态，运输无极性，是生长素贮藏或运输的形式。种子萌发时所需的生长素就来源于贮藏在种子中的结合型生长素。

生长素的降解有光氧化降解和酶氧化降解两条途径。酶氧化降解是主要降解形式。催化降解的酶是吲哚乙酸氧化酶。吲哚乙酸氧化酶在植物体内的分布与生长速度有关，一般生长旺盛的部位比衰老组织中少，而茎中又常比根中少。吲哚乙酸氧化酶具有较强的专一性，只能催化 IAA 的氧化分解，而人工合成的其他生长素类物质，如 α-萘乙酸(α-NAA)、2,4-D 和吲哚丁酸(IBA)等则不受吲哚乙酸氧化酶的降解作用，能在植物体内保留较长时间，有更大的稳定性和更强的生理活性。所以，农业生产上一般用人工合成的其他生长素类物质来代替 IAA。因为生长素存在光氧化过程，所以在配制 IAA 溶液或从植物体内提取 IAA 时要注意避光。

3)生长素的生理效应

(1)促进营养器官的伸长生长　植物的营养器官如茎、根、下胚轴等能够不断地伸长都是生长素作用的结果。禾谷类作物在一定时期能够拔节长高，与节间基部居间分生组织生长素的活动有关。

生长素促进器官伸长的效应有三个特点：一是双重效应。即生长素在较低浓度下促进生长，高浓度时则抑制生长。这是由于高浓度的生长素诱导乙烯产生的缘故。二是不同器官对生长素的敏感程度不同。根对生长素最为敏感，浓度稍高就起抑制作用；茎最不敏感；芽的敏感性则处于根和茎之间。不同年龄的细胞对生长素的反应也不同，幼嫩细胞反应较敏感，成熟及衰老的细胞则敏感性下降，如高度木质化或分化程度高的细胞对生长素都不敏感。所以，在田间使用生长素时必须注意使用的浓度、时期和植物的部位。三是对离体器官和整株植物效应不同。生长素对离体器官的促进效果较好，而对整株植物效果不太明显。

(2)促进器官和组织分化　生长素可诱导愈伤组织产生不定根，用生长素类物质促进插条生根已在苗木的无性繁殖上广泛应用。

(3)对养分的调运作用　生长素有很强的吸引与调运养分的作用。根据这一特性，可用生长素促进子房及其周围组织膨大而获得无籽果实。

此外，生长素还具有引起单性结实、保持顶端优势、影响性别分化等作用。

4)人工合成的生长素类物质在生产上的应用

人工合成的生长素类植物生长调节剂已广泛应用于农林生产，常见于以下几方面：

(1)促进插条生根　生产上常用 IBA、α-NAA 和 2,4-D 等生长素类物质促进不易生根的植物插条生根。

(2)促进坐果和诱导单性结实　用 10 $mL \cdot L^{-1}$的 2,4-D 溶液喷施番茄、茄子、草莓和西瓜等植物的花，不仅产生无籽果实，还可提高坐果率、提早结实并增加产量。

(3)延迟器官脱落　生长素不足会导致幼果大量脱落。用 α-NAA 或 2,4-D 喷施棉花，可延迟或阻止离层的形成，防止棉花蕾铃脱落。果蔬贮藏中，也可利用生长素类物质来防止落柄、落叶、落果，延长保鲜时间。如施用 2,4-D 可防止花椰菜、大白菜、甘蓝贮藏期间的叶片脱落。

(4)促进菠萝开花　试验证明，用 5～10 $mg \cdot L^{-1}$的 α-NAA 或 2,4-D 处理已达到 14 个月营养生长期的菠萝植株，两个月后几乎能 100%开花，实现菠萝在一年的任何月份开花。

(5)诱导黄瓜多开雌花　生长素类物质可促进黄瓜雌花的分化，使黄瓜结实的节位降低，提早上市，增加产量。

(6)防除杂草　超高浓度的 2,4-D(1 000 $mg \cdot L^{-1}$左右)可做除草剂，具有选择性，专杀双子叶植物杂草，故在禾本科作物田间施用效果好。

2.赤霉素类

赤霉素最早是从水稻恶苗病菌分泌物中提取出的能促进生长的非结晶物质，并称之为赤霉素(GA)。赤霉素的种类很多，广泛分布于植物界，到目前为止，已发现 125 种赤霉素，按发现的先后顺序分别命名为 GA_1，GA_2，GA_3…GA_{125}，因此，赤霉素是植物激素中种类最多的一种激素，生产上常用的是 GA_3。

1)赤霉素的合成部位、运输与存在形式

植物体内合成赤霉素(GA)的主要部位是正在发育的种子、茎端、幼叶、根尖、萌发的胚等幼嫩组织。一般来说，生殖器官 GA 的含量比营养器官高。正在发育的种子(果实)是 GA 的丰富来源。

GA 在植物体内的运输没有极性，合成以后可以作双向运输，嫩叶合成的 GA 可以通过韧皮部的筛管向下运输，而根尖合成的 GA 可以沿木质部导管向上运输。

GA 在植物体内有自由型和束缚型两种存在形式。自由型 GA 具有生物活性，束缚型 GA 是赤霉素的贮藏和运输形式，无生物活性。植物体内两种类型的 GA 除了可以相互转化外，还可通过降解来消除过量的 GA。但 GA 合成以后在植物体内的降解很慢，植物主要通过结合的方式来调控 GA 的量。如在种子成熟时，游离型 GA 不断转变为结合型 GA 而贮藏起来；而在种子萌发时，结合型 GA 又通过酶促水解转变成自由型 GA 发挥其生理调节作用。

2)赤霉素的生理效应

(1)促进茎的伸长生长　GA 最显著的生理效应是促进整株植物的生长,尤其对矮生突变品种的效果特别明显。GA 促进生长具有以下特点:一是对整株植物效果好。与生长素不同,GA 可促进整株植物生长而对离体茎切段的伸长没有明显促进作用。GA 能促进一些植物的矮生品种加速生长,达到正常植株的高度(图 4-43)。二是促进节间的伸长。GA 只促进已有节间的伸长,而不能促进节数的增加。生产上,对一些以茎叶为收获物的蔬菜和作物如芹菜、莴苣、韭菜、牧草、茶、麻类等使用 GA 可以增加节间长度,获得高产。三是不存在双重效应。GA 不存在超最适浓度的抑制作用,即使浓度很高,仍可表现出最大的促进效应,这一点与生长素显著不同。

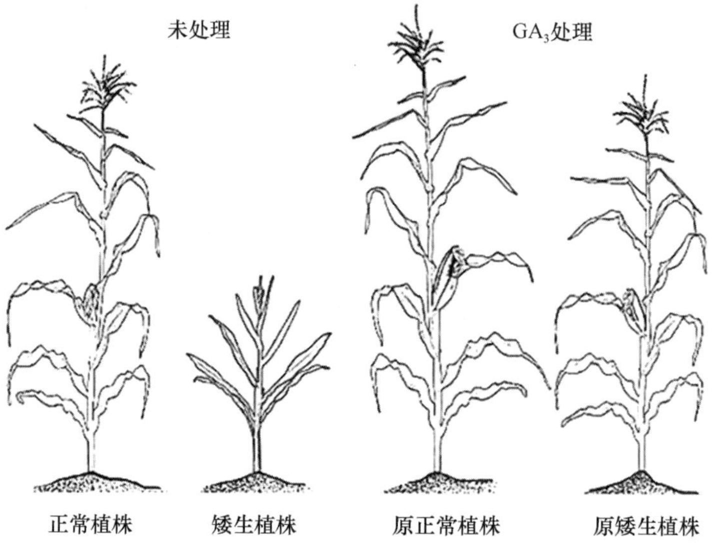

图 4-43　GA_3 对矮生玉米的影响

(2)打破休眠　GA 可促进营养繁殖器官(块茎、块根、鳞茎等)和种子的发芽。对于刚收获的处于休眠状态的马铃薯块茎,用 GA 处理可解除休眠并开始发芽,满足一年多次种植的需要。对于需光和需低温才能萌发的种子,如莴苣、烟草和苹果等的种子,使用 GA 可代替光照和低温,有效打破休眠,使其在暗中发芽。同时 GA 也能促进树木休眠芽的萌发。

(3)诱导开花　对未经春化的冬性作物施用 GA,可诱导开花。GA 也能代替长日照使长日植物在不适的光周期下开花,但对短日植物的花芽分化无促进作用。如芹菜要求满足低温和长日照才能抽薹开花,通过 GA 处理,便能代替低温和长日照条件而正常开花结实。

(4)促进雄花分化　与生长素、乙烯相反,GA 可诱导雌雄同株异花植物如黄瓜多开雄花。对雌雄异株植物的雌株,如用 GA 处理,能诱导开雄花,这种情况多用于遗传育种方面。

(5)诱导单性结实　因为 GA 可加强 IAA 对养分的动员效应,所以 GA 可以使未受精的子房及其周围组织膨大而获得无籽果实。如葡萄花穗于开花 1 周后喷 GA,可使果实的无籽率达 60%～90%,采摘前 1～2 周处理,还可提高果实甜度。

此外,苹果、梨等植物在开花期使用 GA 可以减少脱落,提高坐果率。

3.细胞分裂素类

1)细胞分裂素的合成部位、运输与存在形式

细胞分裂素(CTK)广泛存在于高等植物中,主要分布在茎尖、幼嫩的种子、萌发的种子以及正在发育的果实等部位。CTK 合成的主要部位是根尖,然后通过木质部的导管运往地上部分产生效应。因而在烟草、向日葵等植物伤流液中含有较多的 CTK。但随着研究的深入,发现茎端也能合成 CTK。CTK 在植物体内的运输是非极性的。

CTK 有自由态和结合态两种形式,结合态形式较为稳定,适于贮藏或运输。自由态和结合态 CTK 之间可以互变,来调节植物体内 CTK 的水平。细胞分裂素氧化酶能对 CTK 起钝化作用,防止 CTK 积累过多而产生毒害。

2)细胞分裂素的生理效应

(1)促进细胞分裂和横向扩大　CTK 的主要生理功能是促进细胞分裂。细胞分裂包括细胞核分裂和细胞质分裂两个过程,CTK 主要是对细胞质的分裂起作用,而生长素只促进细胞核分裂,因此,只有在生长素存在的前提下,CTK 促进细胞分裂的效应才能表现出来。只有生长素存在时则会形成多核细胞。

CTK 还能促进细胞的横向增粗与扩大,这与生长素促进细胞纵向伸长明显不同。因为 CTK 具有促进一些双子叶植物如菜豆、萝卜的子叶或离体叶圆片扩大的效应,而其他激素无此效应,所以可利用这种效应对 CTK 进行生物测定。

(2)诱导芽的分化　CTK 能显著诱导芽的分化。组织培养中激动素(细胞分裂素)和生长素浓度比值(激动素/生长素)的变化可调控愈伤组织生根或长芽。当培养基中激动素/生长素高时,有利于诱导芽的形成;两者比值低时有利于根的分化;如果比值处于中间水平,愈伤组织只生长而不分化。所以,通过调整二者的比值,可诱导愈伤组织形成完整的植株。

(3)延缓衰老　离体叶片因蛋白质降解会变黄衰老,但如果在离体叶片上局部涂抹 CTK,其保持鲜绿的时间远远超过未涂抹的部位,表明 CTK 可延缓叶片衰老,同时也说明了 CTK 在组织中一般不易移动。类似结果在玉米、烟草等植物离体试验中也得到证实。CTK 延迟叶片衰老主要有两个原因:一是 CTK 可以从其他部位调运养分,以维持其新鲜度;二是 CTK 可抑制一些与衰老有关的水解酶的活性,延缓了核酸、蛋白质和叶绿素等的降解,使叶片衰老速度延缓(图 4-44)。

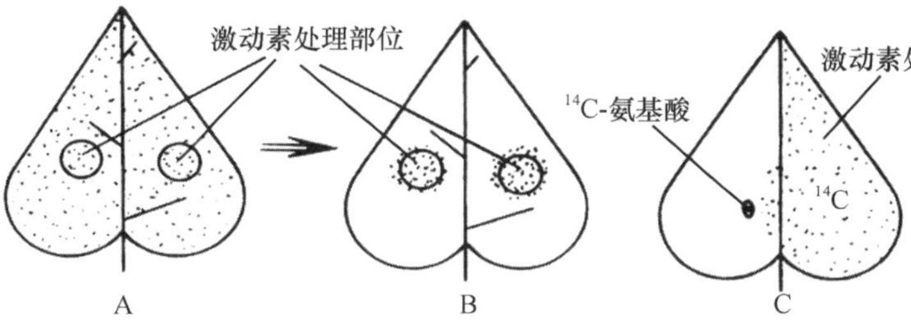

图 4-44　激动素的保绿作用及对物质调运的影响

A. 离体绿色叶片　B. 几天后叶片衰老变黄,但激动素处理区仍保持绿色,黑点表示绿色

C. 放射性氨基酸被移动到激动素处理的一半叶片,黑点表示^{14}C-氨基酸的部位

可利用 CTK 能够保绿及延缓衰老的效应来对水果、蔬菜及鲜切花等进行保鲜、保绿并防止落果。如用 400 mg · L^{-1} 的 6-BA(一种人工合成的 CTK)水溶液处理柑橘幼果,可显著

防止第一次生理脱落，且处理的果实果梗加粗，颜色浓绿，体积显著加大。

(4)消除顶端优势　CTK能解除由生长素所引起的顶端优势，促进侧芽均等生长。如豌豆幼苗第一片真叶叶腋内的腋芽，多处于潜伏状态，若将激动素溶液滴在第一片真叶的叶腋部位，腋芽就能萌发。因此生产上可采用涂抹CTK的方法来代替人工打顶，以消除顶端优势。

此外，CTK也能促进不定芽的发育，在茎上原来没有芽的地方可诱导出芽来，这主要应用在果树栽培上。果树越老，离心秃裸现象越严重，侧芽越少，可用适当浓度的CTK涂抹在老的树干上，诱导老干萌发新芽。

(5)打破种子休眠　对一些在黑暗中不能萌发的需光种子，如莴苣、烟草等，可用CTK代替光照打破休眠，促进萌发。

4.脱落酸

1)脱落酸的合成部位、运输与存在形式

人们在研究植物体内与休眠、脱落等生理过程有关的物质时发现了一种生长抑制物质脱落酸(ABA)。脱落酸的合成部位主要是根冠和萎蔫的叶片，茎、种子、花和果实等器官也能合成脱落酸。高等植物各器官和组织中都有ABA的存在，其中以即将衰老、脱落或进入休眠的器官和组织中较多。在干旱、水涝、高温等逆境条件下，ABA的含量也会迅速升高。

ABA主要以游离态的形式运输，也有部分以脱落酸糖苷的形式运输。ABA运输的主要通道是韧皮部，但也有一部分通过木质部运输，ABA的运输没有极性。ABA可与细胞内的单糖或氨基酸以共价键结合而形成无活性的结合态ABA，成为ABA的贮藏形式。结合态的ABA可水解重新释放出具有生理活性的游离态ABA。但干旱所造成的ABA迅速增加并非来自于结合态ABA的水解，而是从头重新合成的。

2)脱落酸的生理效应

(1)促进脱落　ABA会引起器官或组织的脱落。将ABA涂抹于去除叶片的棉花外植体叶柄切口上，几天后叶柄就开始明显脱落，此实验已被用于ABA的生物鉴定。生产上，第5～10天的棉花幼铃是生理脱落的高峰期，就是因为此时子房内ABA含量达到最高，以后ABA含量又下降，40～50 d棉桃成熟开裂时ABA含量再次增加，以促进成熟棉铃的开裂。

(2)促进气孔关闭　ABA可引起气孔关闭，减少蒸腾失水。植物干旱缺水时，体内ABA含量迅速增加，引起保卫细胞中的K^+外渗，导致保卫细胞水势升高，保卫细胞失水，从而引起气孔关闭，蒸腾强度降低。生产上ABA可作为抗蒸腾剂使用，在作物幼苗移栽的运输过程中可利用ABA防止萎蔫。

(3)促进休眠　蔷薇科植物(苹果、梨等)种子的休眠与其外种皮中存在ABA有关，所以只有通过层积处理，使ABA水平降低后，种子才能正常发芽。因此，生产上种子储藏时可利用ABA来抑制种子发芽。ABA还能促进多年生木本植物枝条的休眠。将ABA施用于木本植物旺盛生长的小枝上，植株就会形成休眠芽，并出现节间缩短、营养叶变小、下部叶片脱落等休眠的一般表现。秋天短日照条件下休眠芽的形成也与叶中ABA的合成增加有关。

(4)提高抗逆性　植物在面临各种逆境时，体内ABA的含量会剧增，增强其对逆境的抗性。ABA可显著降低高温对叶绿体超微结构的破坏，增强叶绿体的稳定性；ABA还可诱导某些酶的合成而增强植物的抗冷性、抗涝性和抗盐性。因此，ABA被称为应激激素或胁迫激素。生产上外用ABA能够增强植物抗寒抗冻的能力。

5. 乙烯

乙烯是分子结构最简单的一种植物激素，其化学结构为 $CH_2{=}CH_2$，常温下是一种挥发性气体。种子植物、蕨类、苔藓、真菌和细菌都可产生乙烯。

1）乙烯合成部位及调节合成的因素

在植物的所有活细胞中都能合成乙烯。乙烯生物合成主要受植物发育因素和环境因素两方面的调节。在植物正常生长发育的某些时期，如种子萌发、果实后熟、叶片脱落和花瓣凋谢等阶段都会诱导乙烯的产生。乙烯合成具有自身催化的特点（即乙烯的积累可以刺激更多的乙烯产生）。如具有呼吸跃变的果实，由于跃变前所产生的少量乙烯自身催化而诱导乙烯大量产生进而导致呼吸跃变发生。各种逆境如低温、干旱、水涝、病虫害、除草剂、大气污染等环境因素均可诱导乙烯的大量产生。植物体内多余的乙烯通过代谢或钝化方式消除，使其达到适合植物生长需要的水平。

2）乙烯在植物体内的分布和运输

植物的各种组织中均有乙烯的分布，但不同组织、不同器官或同一器官、组织的不同发育时期，乙烯的释放量不同。在衰老或即将脱落的器官、逐渐成熟的果实中含量较多。果实成熟时乙烯产生最多，并伴随呼吸峰的出现。另外，逆境条件或受到机械损害时，幼嫩组织也可在 20～30 min 内使乙烯含量成倍增加，以后逐渐恢复正常水平。

乙烯在植物体内含量非常少，一般情况下就在合成部位起作用。乙烯短距离运输是通过细胞间隙进行扩散，扩散的距离非常有限。此外，乙烯还可穿过被电击死的茎段，这证明乙烯的短距离运输是被动的扩散过程，但其生物合成过程一定要在具有完整膜结构的活细胞中才能进行。乙烯的直接合成前体 1-氨基环丙烷-1-羧酸（ACC）可溶于水，因而推测乙烯在植物体内远距离运输可能是以 ACC 的形式通过木质部溶液运输。

3）乙烯的生理效应

（1）引起“三重反应”和偏上生长　乙烯可以改变植物的生长习性，引起“三重反应”和偏上生长现象。乙烯抑制茎的伸长，促进茎的加粗和横向生长，称为乙烯的“三重反应”。将黄化豌豆幼苗放在微量乙烯气体中，豌豆幼苗上胚轴会表现出顶端出现弯钩、茎增粗和横向生长。所谓偏上生长，是指器官的上部生长速度快于下部的现象。植物茎叶部分如果置于乙烯气体环境中，叶柄出现偏上生长，向下弯曲成水平方向，严重时呈下垂状（图 4-45）。

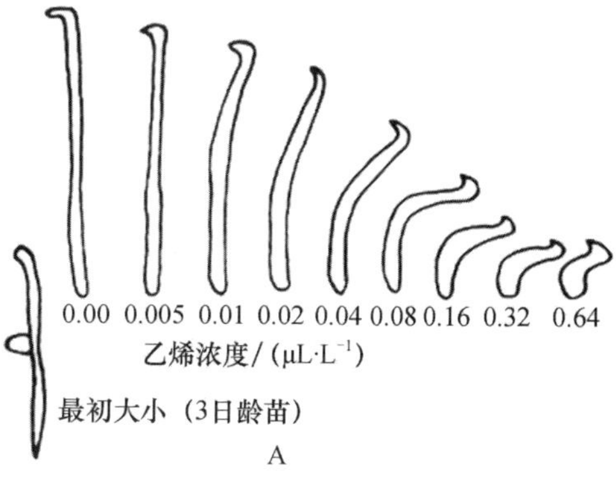

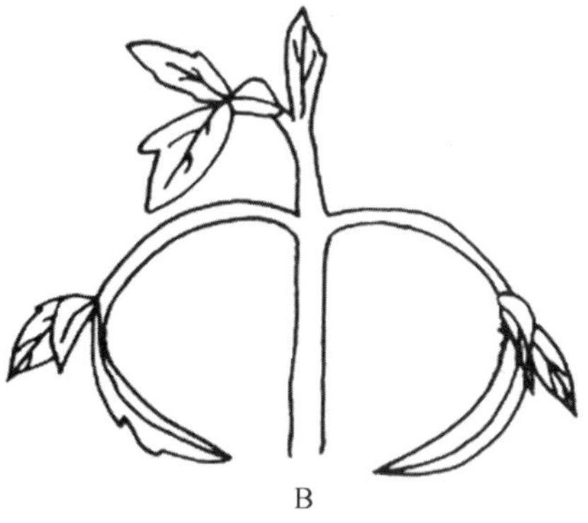

图 4-45　乙烯的“三重反应”和偏上生长

A. 不同乙烯浓度下黄化豌豆幼苗的生长状态　B. 10 $\mu L \cdot L^{-1}$ 乙烯处理 4 h 后番茄苗的形态

(2)加快果实成熟　乙烯最显著的生理效应是加快果实成熟，因此被称为催熟激素。许多果实自然成熟过程中会出现乙烯释放高峰，使果实后熟过程加快，达到可食用状态。外施乙烯也可显著加速果实成熟。如南方的香蕉、芒果，为便于长途运输，采摘时一般都是七八成熟，用密闭的塑料袋包装运往各地，在销售前的一定时间再用乙烯催熟即可。

(3)促进衰老和脱落　乙烯可促进多种植物叶片和果实的脱落。因此，农业生产上可用乙烯代替人工进行疏花疏果，防止果树出现大小年，还可用于棉花采收前脱叶。

(4)促进开花和影响性别分化　乙烯可促进菠萝和其他一些植物开花，使花期一致。乙烯也可以改变花的性别，诱导黄瓜雌花分化，并使雌雄异花同株的雌花着生节位下降。乙烯在这方面的效应与 IAA 相似，而与 GA 相反，IAA 增加雌花分化就是由于诱导产生乙烯的结果。

此外乙烯还有诱导插枝不定根的形成，促进次生物质(如橡胶树的乳胶、漆树的生漆)的分泌，促进种子和芽的萌发，打破顶端优势等生理作用。

4)乙烯在生产上的应用

气体乙烯难以在田间应用，直到开发出乙烯利(一种乙烯释放剂)，才为农业提供了实用的乙烯类植物生长调节剂。在作物和果蔬上使用乙烯利，对人畜、蜜蜂毒性低，农产品残留少，因此农业生产上应用广泛。

(1)果实催熟和果实品质改善　为了满足市场供应和便于长途运输，当金柑、脐橙、蜜橘、芒果、香蕉等果实在树上还没有转黄就要采摘应市，这就需要做到促进果实转黄成熟，且能改善品质，最好的办法就是使用乙烯利来催熟。生产上，乙烯利还能促进提早结果，促进果实早熟、齐熟。例如在南方连作稻地区，往往由于早稻收获延迟而影响了后季稻的及时移栽，造成了严重减产。使用乙烯利能够加速早稻稻株生长，促进籽粒灌浆，提早成熟。乙烯利用于棉花，能加速棉铃成熟吐絮，有利于早收棉花、减少收棉花次数，提高经济效益。

(2)增加瓜类雌花及促进菠萝开花　施用乙烯利溶液，可促使菠萝开花，其作用超过 NAA 或 2,4-D。用乙烯利处理黄瓜、葫芦和南瓜等瓜类的幼苗，可明显增加雌花的数目，降低雌花的着生部位，提早结果和上市。

(3)刺激伤流，诱导次生物质分泌　用乙烯利溶液涂在橡胶树、漆树和松树等木本经济植物割口部位，可延长次生物质分泌时间，增加产量。

(4)促进落叶、落花、落果　利用乙烯利可使棉花落叶便于机械采收。

在日常生活中，我们也可以将已经成熟的水果与未成熟的水果放在一起，利用成熟水果中释放的乙烯来催熟未成熟的水果。

6.其他植物生长物质

1)油菜素甾醇类化合物

油菜素甾醇类化合物(brassinosteroids, BRs)是指与油菜素内酯有类似的结构与功能的甾醇类植物激素，被证明是一类植物生长不可缺少的植物激素，广泛分布于高等植物中，存在于植物的花粉、种子、根、叶片、茎和花冠中。花粉、未成熟的种子及根可能是 BRs 的生物合成位点。BRs 是新型植物激素，但因其性质不完全符合植物激素的严格定义，一般称之为植物激素类似物。

与传统的五大类植物激素相比，BRs 作用机理独特、生理效应广泛、生理活性极高，其用量仅是五大激素的千分之一。BRs 与其他植物激素一起参与调控植物发育的很多方面，包括茎叶的生长、根的生长、维管组织的分化、种子的萌发、顶端优势的维持、植物光形态建成等。另外，BRs能增加植物对冷害、冻害、病害、除草剂及盐害等的抗性，协调植物体内多种内源激素的相对水平，促进细胞分裂和伸长，加快植物生长发育速度，提高作物产量及种子活力，减少果实的败育和脱落等。生产上主要应用于增加农作物产量(在低温下增产效果更为显著)；提高植物耐冷性、耐盐性和减轻某些农药的药害；提高结实率，增加粒重；提高坐果率，促进果实肥大；有些BRs也可用于插枝生根和花卉保鲜。在蔬菜上应用除提高叶菜类产量外，还可保花、保果、增大果实和改善品质等。

2)茉莉酸类物质

以茉莉酸(JA)和茉莉酸甲酯(MeJA)为代表的茉莉酸类物质(JAs)是广泛存在于高等植物体内的一种植物生长调节物质，通常分布在植物的茎端、嫩叶、未成熟果实等生长部位，生殖器官中的含量更为丰富。如蚕豆种子中每克鲜重含3 100 ng，大豆种子中每克鲜重含1 260 ng，而营养器官中每克鲜重只含10～100 ng。

茉莉酸类物质具有多效性特点，可引起多种形态或生理反应，引起的很多效应与ABA的效应相似，它们之间存在着协同作用，但也有实验表明JAs和ABA对植物的生理调节也存在一定差异甚至拮抗作用。JAs的主要生理效应：一是抑制生长和萌发。MeJA可抑制珍珠稗幼苗生长、离体黄瓜子叶鲜重增加，抑制叶绿素的形成以及CTK诱导的大豆愈伤组织的生长。二是调节根的生长。MeJA能显著促进绿豆下胚轴生根。JA对侧根的形成也有促进作用。三是促进衰老。由于茉莉酸类物质具有抑制生长和促进衰老的作用，有人称其为“死亡激素”。四是调节开花。植物开花也受JA的影响。如0.475～47.5 $mmol \cdot L^{-1}$的JA能促进紫萍开花，237.5 $mmol \cdot L^{-1}$的JA对紫萍开花产生部分抑制作用，475 $mmol \cdot L^{-1}$的JA完全抑制紫萍开花。JAs能强烈诱导禾本科植物的颖花开放。此外，JAs还能增强植物的抗旱性、抗盐性，是植物对病原微生物和虫害防御反应的关键植物激素。

3)水杨酸

水杨酸(SA)的化学名称为邻羟基苯甲酸，是广泛存在于植物体内的一类小分子酚类化合物，它对一些重要的代谢过程起调控作用，被视为一种新的植物激素。SA主要分布在产热植物的花序中，如天南星科一种植物的花序，SA含量达3 $\mu g \cdot g^{-1}$(以鲜重计)，西番莲花为1.24 $\mu g \cdot g^{-1}$(以鲜重计)。另外，不产热植物的叶片等部位也有分布，如在水稻、大麦、大豆中均能检测到。

SA具有多种生理调节作用，如诱导植物开花；诱导生热效应，外源施用SA可使成熟花上部佛焰花序的温度增高12℃；诱导烟草和黄瓜对病毒、真菌和细菌等病害的抗性。SA诱导的生热效应是植物对低温环境的一种适应。在寒冷条件下花序产热，保持局部较高温度有利于开花结实，此外，高温可促进花序产生具有臭气味的胺类和吲哚类等物质并挥发，以吸引昆虫传粉。另有试验发现，SA可显著影响黄瓜性别表达，抑制雌花分化，促进较低节位上分化雄花，并且显著抑制根系发育。SA还可提高水果的贮藏性，可提高作物对逆境的抗性和耐性，对鲜切花、果蔬有保鲜作用。

4)多胺　多胺(PA)指包括腐胺、尸胺、亚精胺、精胺等在内的一类具有生理活性的小分子脂肪族化合物。PA主要分布在植物的分生组织，植物细胞分裂最旺盛的地方多胺生物合成也最为活跃。多胺在植物生长发育过程中具有广泛的生理作用，如参与植物衰老进程的调控、体细胞胚发生、花芽分化、花和果实的发育及各种生理胁迫反应等。农业生产上多胺可用于促进苹果花芽分化、受精和增加坐果率等。由于多胺的生理效应浓度高于传统所接受的激素作用浓度，所以不应归属于植物激素，而可将其归为植物生长调节剂。

(二)植物生长调节剂及其在生产中的应用

由于内源植物激素在植物体内含量甚微，如果从植物体内提取再应用于农业生产非常困难，成本也高。于是，人们就用化学的方法，仿照植物激素的生理作用或化学结构，人工合成具有类似植物激素功能的有机化合物，这便是植物生长调节剂。目前植物生长调节剂已经广泛应用于大田作物、果树、蔬菜、林木和花卉生产中。许多植物生长调节剂有与天然植物激素类似的分子结构和生理效应，也有许多植物生长调节剂与天然植物激素的分子结构完全不同，但调节作用非常明显，只需很少量就会产生很显著的效应，浓度略高可能会对植物产生抑制或伤害。另外，有些植物生长调节剂并非直接调节植物的生长发育，而是通过影响植物内源激素的分布和浓度间接地起作用。

1.植物生长调节剂的常见种类及应用

1)植物生长促进剂类

植物生长促进剂是指人工合成的能够促进细胞分裂、分化和伸长的化合物。根据其化学结构或活性的不同，又可分为生长素类、赤霉素类、细胞分裂素类和油菜素甾醇类等。

(1)生长素类　生长素类植物生长调节剂可概括为三类：一是芳香环为吲哚环的吲哚衍生物，如吲哚丙酸(IPA)、吲哚丁酸(IBA)；二是芳香环为萘环的萘的衍生物，如 α-萘乙酸(α-NAA)、萘乙酸钠、萘乙酰胺；三是芳香环为苯环的卤代苯的衍生物，该类也称为苯氧羧酸类植物生长调节剂，典型代表为 2,4-D，常见的还有 2,4,5-三氯苯氧乙酸(2,4,5-T)、对氯苯氧乙酸(防落素)、4-碘苯氧乙酸(增产灵)等。生产中应用较为普遍的品种有吲哚丁酸、萘乙酸、2,4-D、防落素等。

吲哚丁酸主要用于番茄、辣椒、黄瓜、茄子、草莓等，促进坐果和单性结实，还可促进多种植物插枝生根及某些移栽作物早生根、多生根。吲哚丁酸比萘乙酸安全，不易伤害枝条。吲哚丁酸比 2,4-D 传导性差，多停留在处理部位，因此使用较广泛。

萘乙酸性质稳定，价格便宜，而且对人畜低毒，属于广谱型植物生长调节剂，能诱导不定根形成，提高坐果率，防止落果，改变雌、雄花比例，延长休眠，维持顶端优势等。常见剂型为70%钠盐原粉。可用于小麦、大豆、萝卜、烟草等作物浸渍处理，可促使发芽长根；用于棉花可减少自然落铃；用于果树可防止采前落果，盆栽金橘在幼果期用萘乙酸喷叶和果，可延长挂果期，防止在运输途中落果；可以作为柞树、水杉、茶、橡胶、水稻、番茄等苗木、作物的生根剂。吲哚丁酸促进插条生根的表现是不定根多而细长，而萘乙酸促进生根少而粗，所以可以将二者混合使用，取长补短。

2,4-D 主要用于番茄、冬瓜、西葫芦和黄瓜防止落花落果，但由于 2,4-D 在高浓度下可作为除草剂应用，因此，使用时必须掌握使用方法和剂量。在较低浓度(0.5～1.0 $mg \cdot L^{-1}$)下是植物组织培养的培养基成分之一，是诱导形成愈伤组织最有效的物质。在中等浓度(1～25 $mg \cdot L^{-1}$)可防止落花落果、诱导产生无籽果实和果实保鲜等；更高浓度(1 000 $mg \cdot L^{-1}$)可杀死多种双子叶植物杂草即阔叶杂草。

(2)赤霉素类　赤霉素是已公认的 5 种内源植物激素中种类最多、生理功能最广的一种。生产上应用和研究最多的是 GA_3，最常见的应用是种植无籽葡萄、促进成熟及果实肥大，在开花后 10 d，用 100 $mg \cdot L^{-1}$溶液浸渍处理两次，即可使葡萄无核，成熟期提前 2～3

周，它在新疆葡萄生产上已成为常规措施。百合的鳞茎用GA_3处理，储存6 d后就能发芽；菊花（喷洒植株2～3次）、水仙和郁金香（浸鳞茎）、山毛榉和龙胆（浸种）等花卉用GA_3处理可打破休眠、促进萌发。在芹菜、莴笋等蔬菜生产中施用GA_3，可促进茎叶生长、品质娇嫩，并可在长途运输中保绿。GA_3在低温和酸性条件下较稳定，遇碱失效，故不能与碱性农药混用。宜在低温、干燥处保存，要随配随用，喷施宜在早晨或傍晚湿度较大时进行。

(3)细胞分裂素类　常用的人工合成的细胞分裂素类物质有两种：6-苄基腺嘌呤(6-BA)、激动素(KT)，主要用于植物组织培养，提高坐果率和促进果实生长，花卉及果蔬保鲜等。例如，6-BA可防止盆栽月季落花；激动素20 $mg \cdot L^{-1}$喷洒促进多种作物幼苗生长；40 $mg \cdot L^{-1}$喷洒白菜、结球甘蓝叶片，可保绿，延长存放期。

2)植物生长抑制剂类

植物生长抑制剂是指抑制植物顶端生长的生长调节剂。主要作用于植物顶端，可使茎端分生组织细胞分裂减慢，顶端停止生长，导致顶端优势丧失，植株矮小。外施生长素可逆转这种抑制作用，但外施赤霉素无此效果。天然抑制剂有脱落酸等，人工合成的抑制剂有三碘苯甲酸、青鲜素和整形素等。

(1)三碘苯甲酸(TIBA)　三碘苯甲酸可阻止生长素运输，抑制顶端分生组织细胞分裂，消除顶端优势，因此它可促使植株矮化，增加分枝。生产上多用于大豆，开花期喷施125 $\mu L \cdot L^{-1}$ TIBA，能使植株矮化，分枝和花芽分化增加，结荚率提高，增产显著。

(2)马来酰肼(MH)　又称青鲜素，是人工合成的第一个植物生长调节剂，其作用正好和IAA相反。MH常用于马铃薯、大蒜、萝卜和洋葱的贮藏，抑制其发芽，也用于棉花、玉米杀雄，对核桃、女贞等可起到打尖、修剪作用。据报道，较大剂量的MH可能致癌和使动物染色体畸变，应该慎用。

(3)整形素　整形素也是一种生长素传导抑制剂，阻碍生长素从顶芽向下传导，减弱顶端优势，促进侧芽生长，使植株发育成矮小灌木形状，这一特性可用于园林植物的造型，常用来塑造木本盆景；整形素还抑制甘蓝、莴苣的抽薹，促进结球等。

3)植物生长延缓剂类

植物生长延缓剂指抑制植物亚顶端分生组织生长的生长调节剂，能使植物节间缩短、叶色浓绿、植株变矮，而植株形态正常，叶片数目、节数及顶端优势保持不变。外施赤霉素可逆转植物生长延缓剂的效应。常见种类有多效唑、烯效唑、矮壮素、缩节胺、B_9等。

(1)多效唑(PP_{333})　主要作用是阻止赤霉素的生物合成，同时加速生长素的分解，从而延缓、抑制植物的营养生长。多效唑的农业应用价值在于它对作物生长的控制效应，具有延缓植物生长，抑制茎秆伸长，缩短节间，促进植物分蘖，促进花芽分化，增强植物抗逆性能，提高产量等效果。本品适用于水稻、麦类、花生、果树、烟草、油菜、大豆、花卉、草坪等作（植）物，使用效果显著。另外还用于海桐、黄杨等绿篱植物的化学修剪。

(2)烯效唑(S-3307)　是赤霉素合成抑制剂，具有控制营养生长，抑制细胞伸长、缩短节间、矮化植株，促进侧芽生长和花芽形成，增进抗逆性的作用。适用于水稻、小麦，增加分蘖，控制株高，提高抗倒伏能力。用于调整果树营养生长期的树形。也用于控制观赏植物株形，促进花芽分化和多开花等。

(3)矮壮素(CCC)　矮壮素不易被土壤吸附或微生物分解，土壤施用CCC可使被处理的植物茎部缩短，节间距减小，从而使植株变矮，茎秆变粗，叶色变绿，叶片加宽、加厚，增强抗倒伏能力。广泛用于小麦、水稻、棉花、烟草、玉米等作物。还可防止棉花落铃，增加马铃薯及甘薯的产量。

(4)丁酰肼(B_9，比久) 其作用是抑制GA的生物合成，使植株矮化，叶绿且厚，增强植物的抗逆性，促进果实着色和延长贮藏期等。B_9用于幼树新梢生长的抑制，使苹果树节间缩短，枝条增粗，促进花芽分化，早结果。还可防止花生、马铃薯徒长，使菊花植株矮化、株型紧凑，也可用于蔬菜。

(5)缩节胺 缩节胺又称助壮素，它与CCC相似，主要用于防止棉花徒长，防止蕾铃脱落，也可用于小麦防倒伏，用于葡萄、柑橘、桃、枣、苹果等果树防止新梢过长。

4)乙烯类生长调节剂

生产上常用的乙烯释放剂为乙烯利，它是一种水溶性的强酸性液体，在常温和 $pH<4$ 的条件下较稳定，当 $pH>4$ 时，可分解释放出乙烯，且易被植物吸收。常见剂型为40%水剂。在农业生产上主要用于使植株矮壮，促进果实早熟齐熟，促进雌花分化，提高植物抗旱性，消除顶端优势，增加有效分蘖等方面。使用乙烯利时以下几点值得注意：一是避免与皮肤直接接触，因为乙烯利酸性强，对皮肤、眼睛、黏膜等有刺激作用；二是不能与碱性农药混用，乙烯利遇碱、金属、盐类即发生分解；三是乙烯利溶液要随配随用，不宜长期保存；四是喷洒时要对准喷施部位，以免对其他器官造成伤害；五是喷施器械要及时清洗，防止发生腐蚀。

2.植物生长调节剂的常用施用方法

1)喷洒法

此法是应用植物生长调节剂最普遍的方法，通常把药剂按需要配制成相应浓度溶液，然后用喷雾器(机)将药液雾化，均匀地喷洒在植物体表面、叶面或作用部位，以喷洒部位湿润为度。为了使药剂易于黏附在植株表面，可在药剂中加入少许乳化剂，如洗衣粉或表面活性剂及其他辅助剂，以增加药剂的附着力。喷洒枝叶部位时，要尽量喷在植株中上部枝叶上。喷洒时还应考虑当时的风速、风向和气温等条件，一般风速在3级以下，气温在15～30℃，效果较好，同时还应避开雨天喷洒。

2)浸泡法

常用于促进插条生根、果实催熟、种子处理、贮藏保鲜等。将种子(块根、块茎)浸泡在稀释好的一定浓度药液中，经过一定的时间后，取出晾干供播种用，这种方法也称浸种法。一般浸种时间不要超过24 h，浸种时以药液浸没种子为限，并要注意水质的变化。也可浸泡果实，如用乙烯利催熟金柑果实，是将树上还未转黄的果实采回后，用浓度为 $500\ mg \cdot L^{-1}$ 的乙烯利溶液浸湿即可。还有带叶的木本插穗，可用适当浓度的吲哚丁酸浸泡插条基部，待其略晾干后直接插入苗床中。木本插穗也可用快蘸法，将萘乙酸与滑石粉按1∶1 000混合均匀后，将插条基部用清水浸湿，然后蘸上少许粉剂扦插于苗床中培育。此法常用于嫩枝扦插，方法简便，切口不易腐烂，发根成活率较高。

3)土壤浇灌法

将植物生长调节剂按一定的浓度比例配成水溶液，直接浇灌在作物根区周围土壤中或与肥料等混合施用，通过作物根部吸收并传导至整株植物，以达到调控的目的。如桃、梨、葡萄等果树采用多效唑根区施药，可较长时间控制枝条徒长。根区施药的方法应根据不同的植物根系分布，采用围沟、单侧沟等形式施用，以便于植物根系吸收。如果是盆栽花卉，所需要的溶液量依植株和盆的大小而定，一般9～12 cm口径的盆需要200～300 mL。采用根区施药法用药量必须严格控制，应事前做必要的试验，再大面积推广应用。

4）涂抹法

用毛笔或其他涂抹工具将配制好的药液涂抹在处理部位，药液配制时可加入少量红或蓝色染料作标记。如茄果类蔬菜常采用浓度为 10～20 $mg \cdot kg^{-1}$ 的 2,4-D 点花来保花保果；用浓度为 150 $mg \cdot kg^{-1}$ 的乙烯利点涂瓜苗心叶促进瓜类雌花的形成。用羊毛脂处理时，将含有药剂的羊毛脂直接涂抹在处理部位，多涂在伤口处，有利于促进生根，也可涂芽。

5）拌种法

拌种法是将药剂与种子混合拌匀，使种子外表粘上药剂，也可以用喷雾器将药剂喷洒在种子上，搅拌均匀后播种。

6）溶液灌注法

此法主要用于木本植物，在树干基部注入药液，如在 7 月中旬，在漆树树干基部打洞灌注 8%～10%乙烯利溶液，以提高产漆量；在凤梨叶筒上灌注乙烯利溶液，以诱导花的形成。

3.应用植物生长调节剂的注意事项

植物生长调节剂生理效应的正常发挥受多种因素的影响。植物的种类、品种以及遗传性状不同，作用的器官及发育时期不同，使用目的及气候条件的不同，都会使植物对生长调节剂的反应表现出较大差异。为了使植物生长调节剂在施用后获得最大的效益，使用时应注意以下几个问题：

1）不能以药代肥

植物生长调节剂只是调控作物的生长发育，而不能给作物供应能量物质，更不能代替肥水及其他农艺措施。即便是促进型的调节剂，也必须有充足的肥水条件才能发挥其作用，因此不能以药代肥，把促进作物生长的希望寄托在植物生长调节剂身上，而不在施肥、灌水、中耕、松土等常规技术上下功夫。

2）正确选择施用时期、处理部位和施用方式

一般情况下，植物生长调节剂只在植物生长发育的某一特定时期使用才有效果，过早或过晚，不但达不到效果，还常有副作用，甚至造成药害。如多效唑在小麦抽穗前后使用会影响抽穗或延缓穗下节伸长，影响产量。另外，生长调节剂只在特定的组织和器官中起作用，因此，要注意对准作物所需用药的部位用药，否则容易发生药害。而且处理部位不同，施用方式也应不同。

3）根据生产问题的实质选用恰当的生长调节剂种类

生长调节剂种类很多，每种生长调节剂又有多种效应，且不同生长调节剂的作用有重叠部分，但每一种生长调节剂都有一定的使用范围和限制条件，因此在生产实践中，应根据不同对象和不同目的选择合适的药剂种类，选择对路的剂型。如要提高叶菜类作物产量，应该选择赤霉素等促进生长的调节剂；要提高农作物分蘖力和防倒伏，应该选用矮壮素等生长延缓剂。

4）根据处理对象、药剂种类和生产目的选用合适的浓度和剂量

生长调节剂的使用浓度范围极大，从 0.1 $mg \cdot L^{-1}$ 到 5 000 $mg \cdot L^{-1}$ 都有，选用时要视药剂种类和使用目的而异。在使用时，要严格控制药液浓度和药量，在能达到调控目的的前提下，尽可能减少剂量，既降低成本又减少残留。实践中常发生只注意浓度而忽略了剂量的偏向。正确的方法应该是先确定剂量，再定浓度，这样才能在保证剂量的前提下确定合适的

浓度。不要随意改变浓度或随意加大用量，否则，不但不能起促进作用，反而会抑制生长，严重的甚至导致叶片畸形、干枯脱落，甚至整株死亡。

5)注意温度、湿度、光照、风雨等环境因素对生长调节剂效果的影响

施用生长调节剂还要注意环境的温度、湿度、光照等因素的影响，比如乙烯利必须在植物体内转化为乙烯才能起到催熟作用，而温度是一项关键的影响因子，只有日平均气温在10℃以上，并维持3～5 d，乙烯利才会起到它应有的作用。如果天气阴冷，气温低于10℃，则喷施效果差甚至无效。一般来说，夏季使用时要避免在烈日下喷淋，以免光照太强、药液干燥过快而不利于叶片吸收，最好是晴天下午4～5时以后喷施，喷施后8 h内如遇雨应补喷1次。

6)留种田勿用

乙烯利、赤霉素等调节剂用于棉花、小麦等留种作物，虽能起到早熟增产的作用，但会引起不孕穗增多、种子发芽率严重降低，故不能留种用。用乙烯利催熟处理的辣椒、番茄、西瓜的果实，其种子不能做种。因为用乙烯利催熟缩短了农作物本身的自然成熟期，使果实过早停止生长发育，造成种胚发育不健全，影响发芽率，影响来年产量。因此，凡是留种的作物，不能使用生长调节剂。

二、生长生理

植物的生长与发育是植物各种代谢活动的综合表现，它包括种子萌发、幼苗生长、营养体形成、生殖体形成等各个阶段。研究植物的生长生理对调节植物的生长与发育、提高作物生产力有重要意义。

(一)植物的生长、分化和发育

首先来明确生长、分化和发育三个概念。

生长是指由于细胞的分裂和伸长引起植株体积和重量的不可逆增加，使植物的组织、器官由小变大，由少变多的量变过程。分化是指来自同一合子或遗传上同质的细胞转变为形态、机能和化学构成上异质细胞的过程，即细胞的特化过程，是一个质变的过程，如：受精卵细胞分裂转变成胚；生长点转变为叶原基、花原基。发育是植物生长和分化的总和，是细胞分化引起不同部位的细胞群发生质变，形成执行各种不同功能的组织与器官的过程。如分化出叶原基到长成成熟叶片的过程即叶的发育；根原基的发生到形成完整的根系即根的发育；茎端的分生组织形成花原基，转变成花蕾，到形成花序，最后花蕾长大即花的发育；而受精的子房膨大，果实形成和成熟则是果实的发育。

总体来说，生长是量变，是基础。分化是局部的质变，往往是通过生长而表现出来的。发育是植物生长分化的动态过程，包含生长和分化，是生长和分化的必然结果，是整体的质变。如花的发育，包括花原基的分化和花器官各部分的生长。发育必须在生长和分化的基础上才能进行，没有生长和分化就没有发育。但生长和分化又受发育的制约，如植物某些部位的生长和分化往往要在通过一定的发育阶段后才能开始。例如，水稻必须生长到一定叶数以后，才能接受光周期诱导；水稻幼穗的分化和生长必须在通过光周期的发育阶段之后才能进行。所以说，生长、分化和发育三者相辅相成，密不可分。

1.**种子的萌发**

严格来说，植物的个体发育应该始于合子（受精卵）的第一次分裂，但由于农业生产多数是从播种开始，所以习惯上常以种子萌发作为植物个体发育的始点，因此我们认识植物的生长发育先从种子萌发开始。

1）种子萌发的必要条件

种子萌发必须具备两方面的条件：一是种子本身具有生活力并完成了休眠；二是有适当的外界条件。种子的生活力是指种子发芽的潜在能力或种胚具有的生命力，即发芽力。没有生活力的种子是死亡的种子，不能萌发。种子生活力的大小一般通过测定种子的发芽率来反映。有生活力并已解除休眠的种子要正常萌发，还需要有适宜的环境条件，这些条件主要包括充足的水分、适宜的温度和足够的 O_2，三者缺一不可。有些种子萌发还受光的影响。

吸水是种子萌发的第一步，种子只有吸收一定量的水分才能萌发。吸水可以使原生质从凝胶状态转变为溶胶状态，种子内部的激素及酶系统也从钝化状态变为活化状态，促进了储藏物质的转化与运输。吸水还能膨胀软化种皮，使 O_2 易于透过，呼吸加强，细胞代谢水平提高，也有利于胚根突破种皮。另外，种子萌发过程中胚细胞的分裂与伸长也必须在充足的水分供应下才能进行。因种子内储藏物质不同，所以不同植物种子萌发时的吸水量不同。蛋白质、淀粉和纤维素的亲水性依次递减，所以蛋白质含量高的豆类种子比含淀粉较多的禾谷类种子萌发时需要吸收更多的水。种子的吸水量还受土壤含水量、土壤溶液浓度及土壤温度的影响。土壤含水量小而土温较高时，会使种子已经吸收的水分外渗；土壤水分过多又会造成通气不良，限制种子萌发，甚至引起烂种，故播种后如遇连阴雨则应注意及时排除土壤中过多的水分。

种子萌发是一个非常活跃的生长过程，需要有氧呼吸提供大量的能量，因此环境中 O_2 的浓度直接影响种子的萌发。如果环境缺氧（如土壤板结、水分过多、播种太深等），则种子进行无氧呼吸，长时间的无氧呼吸消耗过多的储藏物质，同时产生大量酒精使种子中毒，不利于种子萌发。含脂肪较多的种子（如花生、棉花）萌发时，较淀粉种子（如麦类、玉米）需氧量大。另外，土壤含氧量随土层深度和土质黏重程度的增加而逐渐降低。所以，播种时既要考虑种子自身的特点，又要注意土壤环境。含脂肪多的种子宜浅播，淀粉种子可适当深播。土壤水分较多，通气性较差的黏土可适当浅播，而沙性大的土壤可适当深播。生产上常采用深耕松土、精细整地、改良土壤、及时排水等措施来增加土壤中的氧含量。

种子萌发需要一系列酶的参与，而酶的活性受温度影响，所以温度也是影响种子萌发的重要因素。温度过高、过低种子均不能萌发。能使种子萌发的最高温度、最低温度以及最适温度称为种子萌发的温度三基点。最适温度是指短时间内能使种子发芽率达到最高的温度。种子萌发的温度三基点因植物原产地不同而有很大差异。原产于南方低纬度地区的植物（如水稻、玉米等），温度要求较高；原产于北方高纬度地区的植物（如麦类等）温度要求较低。了解植物种子萌发的最适温度，对于确定播种期具有重要参考价值。春季播种过早常会遇到突然降温天气，造成幼胚不能萌发甚至烂种、烂秧。或因出土时间相应延长，储藏物消耗较多致使幼苗弱小，易受病虫害侵袭。一般来说，播种期以稍高于最低温度为宜。生产上常采用温室育苗移栽、地膜覆盖等措施来控制温度实现提前播种。

自然界中的种子多数是在变温情况下萌发的。实验表明，变温处理（通常低温 16 h，高温 8 h，变温幅度大于 10℃）有利于种子萌发，而且还可提高幼苗的抗寒力。

多数栽培植物的种子只要满足水分、温度、O_2三个条件就能够萌发，对光照要求不敏感，这类种子称为中光种子。但有些种子的萌发受光照促进，如莴苣、紫苏、烟草以及多数杂草种子，这类种子称为需光种子。也有一些植物的种子在黑暗中发芽很好，光照会抑制其萌发过程，这类种子称为嫌光种子，如葱、韭菜、苋菜、番茄、茄子、南瓜等。自然界的植物中，对光照敏感的种子偏多。有人曾调查过 946 种植物种子的发芽情况，其中 672 种为需光种子，258 种为嫌光种子，18 种为中光种子。种子萌发对光的需要有重要的生物学意义，是植物在进化过程中发展起来的一种保护作用。需光种子一般很小，贮藏物较少，只有在地表或靠近地表有光的条件下萌发，才能保证幼苗很快出土进行光合作用，不致因养料耗尽而死亡。杂草种子多是需光种子，只有在耕地时被翻耕到地表才萌发。

2）种子萌发的过程

度过休眠的种子在适宜的环境条件下吸水膨胀，代谢活性加强，胚开始生长，胚根突破种皮的过程，称为种子萌发。种子萌发一般可分为吸胀、萌动、发芽 3 个阶段。吸水膨胀是种子萌发过程的开始。吸胀的结果导致种皮软化，原生质从凝胶状态转变为溶胶状态，各种酶开始活化，呼吸和代谢作用急剧增强。水解酶将胚乳或子叶中贮存的淀粉、蛋白质等化合物水解成可溶性物质（麦芽糖、葡萄糖、氨基酸等），并陆续转运到胚的生长中心，启动胚细胞的分裂、伸长与扩大。随着胚的长大，胚突破种皮而外露。大多数种子先出胚根，接着长出胚芽。胚根突破种皮的过程即为萌动（露白或破胸）。当胚根的长度等于种子的长度或者胚芽突破种皮并达到种子长度一半时即为发芽。出芽之后逐渐长成绿色的幼苗，然后进行光合作用，开始自养生活。如果种子储存的营养物质多则出苗快，苗整齐而健壮，所以在生产上选择粒大饱满的种子进行播种是获得壮苗的基础。

2. 植物生长的基本规律

1）植物生长的 S 形曲线

无论是植物器官还是一年生植物的整株植物，其生长速率都表现出“慢—快—慢”的基本规律，即开始时生长缓慢，以后逐渐加快，达到最高点以后，生长速率又减慢以至停止。植物体或器官所经历的“慢—快—慢”的整个生长过程，称为生长大周期。如果以植物（或器官）体积对时间作图，可得到植物的生长曲线，典型的有限生长曲线呈 S 形。如果用干重、高度、表面积、细胞数或蛋白质含量等参数对时间作图，亦可得到同样类型的生长曲线，但若以生长速率对生长时间作图，则为抛物线（图 4-46）。

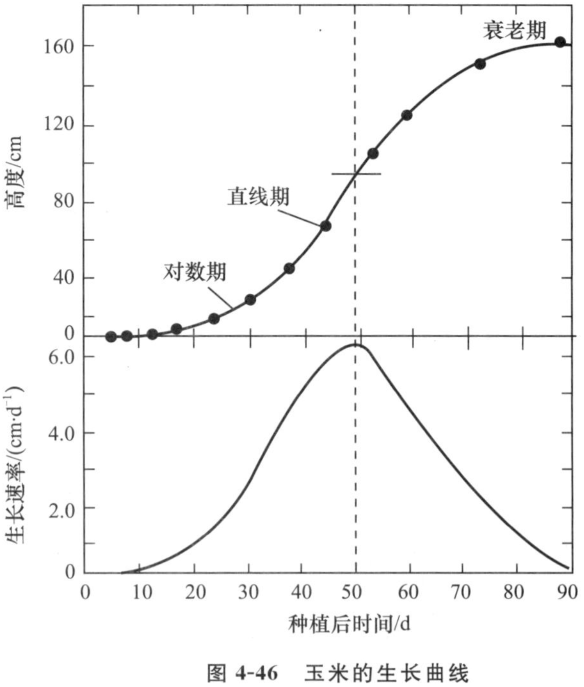

图 4-46 玉米的生长曲线

（引自李合生，现代植物生理学，2006）

植物生长表现出 S 形曲线的原因，可以从细胞的生长和整株植物的生长两方面来分析。细胞生长包括分生期、伸长期和分化期三个时期。器官生长初期，细胞主要处于分生期，这时虽然细胞数量迅速增多，但物质积累和体积增大较少，因而表现出生长较慢；到了中期，则转向以细胞伸长和扩大为主，细胞内的物质合成旺盛，再加上液泡渗透吸水，使细胞体积迅速增大，因而这时是器官体积和重量增加最显著的阶段，也是绝对生长速率最快的时期；到了后期，细胞内 RNA、蛋白质合成停止，细胞以分化成熟为主，体积增加很少，故器官的体积和重量增加逐渐减慢，以至最后停止。另一方面，从整株植物看，生长初期植株幼小，根系不发达，吸收水和无机盐的能力差，叶片小而少，光合强度弱，合成的有机物少，因而生长速度慢；生长中期，根系逐渐发达，吸收能力增强，叶面积增加，光合效率增强，有机物合成增加，各器官生长速度加快；生长后期，植株逐渐衰老，根系吸收能力下降甚至停止，叶片开始脱落，叶面积减少，有机物合成量减少，生长减慢或停止。

认识生长的 S 形曲线对农业生产有重要的指导意义。首先，由于植物生长的不可逆性，促进或抑制生长的措施必须在生长高峰到来之前实施才有效，否则如果在生长速率已开始下降时才采取措施，往往收效甚微甚至不起作用。例如，要控制水稻和小麦的徒长，可在拔节前使用矮壮素或节制水肥供应，如果在拔节后采取相应措施，则毫无意义。这就是农业生产上"不误农时"的道理。第二，同一植株不同器官，生长大周期的步调并非完全一致，有先有后有重叠，在控制某一器官生长时，要考虑对其他器官的影响。如控制小麦拔节徒长时，拔节水不可浇灌过晚，否则会影响幼穗分化。第三，营养生长是生殖生长的准备阶段，只有前一阶段发展到一定程度，在一定的内外条件作用下才能转化到后一阶段，农业生产中要保证营养器官生长良好，才能保证生殖器官的正常生长。第四，植物在生长发育过程中，器官的同时生长现象相当普遍，如月季开花时仍存在着茎、叶的抽生。因此在生产上，既要促进开花，又要防止早衰，保持茎叶生长。

2）植物生长的周期性

植株或器官的生长速率随昼夜或季节变化而发生有规律变化的现象即生长的周期性。

（1）生长的昼夜周期性　由于影响植物生长的温度、光强、湿度及植物体内水分状况在一天中发生有规律的变化，导致植物器官的生长速率也随之呈现明显的昼夜周期性变化，即生长的昼夜周期性。一般来说，越冬植物白天的生长量通常大于夜间，因为此时限制生长的主要因素是温度。夏季，植物的日生长峰会出现在夜间，因为白天蒸腾失水强烈造成植株体内水分亏缺，植物生长受到抑制。

（2）生长的季节周期性　与一年中温度、光照、水分等因素的季节性变化相适应，植物的生长也会随季节的变化而呈现一定的规律性变化，即生长的季节周期性。如在温带地区的多年生木本植物，春天温度回升，日照延长，植物的休眠芽开始萌发生长；到了夏天，温度与日照进一步升高和延长，水分较为充足，植株进行旺盛生长，并开始孕育生殖器官；秋天时，气温逐渐下降，日照开始缩短，植株的生长速率下降以至停止，叶片接受到短日照的信号后，将有机物运向生殖器官，或贮藏在根和芽等器官中，然后开始落叶休眠；冬天植株处于休眠状态。第二年春季又发芽，继续同样的循环。多年生木本植物老茎横切面上的年轮也是由于形成层生长的季节周期性变化而形成的。一年生植物完成生殖生长后，种子成熟进入休眠，营养体死亡。农作物生长的季节周期性主要表现为春播、夏长、秋收、冬藏；也有些作物是春播、夏收或夏播、秋收；越冬作物是秋播、幼苗（或营养体）越冬、春长和夏收。

3.植物生长的相关性

植物体的各个器官在生理上既相互独立，又相互联系。植物各器官之间在生长过程中所表现出来的相互制约和相互促进的关系即生长的相关性。这种相关性是通过营养物质和信息物质在各部分之间的相互传递或竞争来实现的。生产上常利用肥水管理、摘心或打杈、合理密植以及施用生长物质等措施来调整各部分生长的关系，以达到高产优质的目的。

1)地上部分与地下部分的相关性

在各器官的相互关系中，根部与地上部分的相关性最为明显。植物地上部分和地下部分因为有维管组织的联络，所以存在着营养物质与信息的大量交换。通常所说的“根深叶茂”、“本固枝荣”就是指地上部分与地下部分的协调关系。根系为地上部分的生长提供水分、无机盐、氨基酸以及一些植物激素，而根部的生长和活动也有赖于地上部分所提供的光合产物、维生素、生长素等。所以，根系发达，地上的枝叶也较茂盛，地上部分生长良好，也会促进根系的生长；反之地上部分或根部任何一方过于瘦弱，都会削弱另一方，从而影响整体。

因为地上部分与地下根系的生长都需要水分和养分，所以它们还存在相互竞争与制约的关系。这种竞争关系可以从根冠比的变化上反映出来。根冠比是指植物地下部分与地上部分干重或鲜重的比值(R/T)，它能反映植物的生长状况，以及环境条件对地上部与地下部生长的不同影响。土壤水分、温度、光照、矿质养分及栽培措施等因素都会影响根冠比的变化，了解根冠比和外界因素的关系具有重要的实践意义。

土壤缺水时地上部分更难得到水分，生长受到抑制，使根冠比增大。反之，若土壤水分过多，土壤通气不良，则不利于根系的活动与生长，而地上部分由于水分供应充足而保持旺盛生长，使根冠比减小，这就是生产中常说的“旱长根、水长苗”现象。大田作物苗期和果蔬育苗中，常采用控水蹲苗的方法使根系向深处发展，提高根冠比，以获得壮苗。

通常根部生长所需要的温度比地上部分稍低，故在气温低的秋末至早春，越冬作物地上部分的生长处于停滞期时，根系仍有生长，因而根冠比加大；但当气温升高，地上部分生长加快时，根冠比就下降。在一定范围内，光强提高则光合产物增多，这对根与冠的生长都有利。但在强光下，空气中相对湿度下降，植株地上部蒸腾加剧，组织中水势下降，茎叶的生长易受到抑制，因而使根冠比增大；光照不足时，对地上部分生长的影响相对较小，而向下输送的光合产物减少，影响根部生长，所以根冠比降低。

不同营养元素或不同的营养水平，对根冠比的影响有所不同。营养元素少时，首先满足根的生长，使根冠比增大；磷、钾肥可促进光合产物向根和贮藏器官的转移，通常能增加根冠比；氮素充足时，大部分氮素与光合产物主要用于枝叶生长，所以根冠比降低。在农业生产上，根据生产目的不同，常通过肥水措施来调控根冠比。如对甘薯、胡萝卜、甜菜、马铃薯这类以收获地下部分为主的作物，在生长前期应注意氮肥和水分的供应，以增加光合面积，多制造光合产物，中后期则要适当控制氮素和水分的供应，多施磷、钾肥，以促进光合产物向地下部分的运输和积累。

根冠比也受人类生产活动的影响。如中耕引起部分断根，降低了根冠比，并暂时抑制了地上部分的生长。但由于断根后地上部分对根系的供应相对增加，土壤又疏松通气，为根系生长创造了良好条件，促进了侧根与新根的生长，因此，其后效应是增加根冠比。再如，苗木、蔬菜移栽时也有暂时伤根，以后又促进发根。此外，三碘苯甲酸、矮壮素、缩节胺等生长调节剂的使用可增大植物的根冠比；GA、油菜素内酯等生长促进剂能促进叶菜类茎叶的生长，降低根冠比而提高产量。

2)主茎与侧枝的相关性

主茎与侧枝的相关性表现为顶端优势,即植物的顶芽生长占优势而侧芽生长受抑制的现象。除顶芽与侧芽外,主根与侧根、冠果与边果、花序与侧芽等都存在顶端优势现象。

不同植物顶端优势的强弱不同。有些植物的顶端优势非常明显,几乎没有分枝,如向日葵、玉米、高粱、黄麻等;有些木本植物也表现出很强的顶端优势,如雪松、桧柏、水杉等,越靠近顶端的侧枝生长受抑越强,从而形成宝塔形树冠。有些植物的顶端优势很弱或没有顶端优势,如灌木型植物等。同一植物在不同生育期,顶端优势也有变化。如玉米顶芽分化成雄穗后,顶端优势减弱,下部几个节间的腋芽开始分化成雌穗;许多树木在幼龄阶段顶端优势明显,树冠呈圆锥形,成年后顶端优势变弱,树冠变为圆形或平顶。生产上有时需要利用和保持顶端优势,如麻类、向日葵、烟草、玉米、甘蔗等作物以及用材树木,需控制其侧枝生长,而使主茎强壮、挺直。有时则需消除顶端优势,以促进多分枝,多开花结果。如瓜类摘蔓、棉花的打顶摘心、果树修剪等均可抑制顶端优势,控制营养生长,提高产量。还有苗木、蔬菜移栽时切断主根,以促进侧根生长等都是消除顶端优势的例子。

3)营养生长与生殖生长的相关性

高等植物的生命周期可分为营养生长和生殖生长两大阶段,通常以花芽分化作为生殖生长开始的标志。两个阶段存在着既相互依存又相互制约的关系。

生殖器官生长所需的养料,大多数由营养器官供应,根茎叶生长瘦弱的植株必然难以结出好的果实和种子。但营养器官生长过旺,枝叶徒长,养分消耗较多,必然会影响到生殖器官的形成和发育,使生殖器官分化延迟,生育期延长,产量降低。例如,稻、麦若前期肥水过多,则引起茎叶徒长,延缓幼穗分化,增加空瘪率,若后期肥水过多,则造成贪青迟熟,影响粒重;大豆、果树、棉花等如果枝叶徒长,往往不能正常开花结实,或者导致花果严重脱落。反过来,生殖生长也会抑制营养生长。如果生殖器官生长过旺,开花结实过量,营养消耗过多,也会削弱营养器官的生长,使植株早衰甚至死亡。如一次开花植物,一生只开一次花,开花后,营养器官逐渐停止生长,随后衰老死亡。水稻、小麦、玉米、向日葵、竹子等均属此类。多次开花植物如多年生果树等,虽然营养生长和生殖生长交叉进行,但在生殖生长期间,营养生长明显减弱甚至停止。如茶树开花结子会引起茶叶产量下降。果树的"大小年"现象就是由于当年开花结果过多,树体养分积累不足而影响来年营养生长进而影响花芽分化的结果,这种现象在肥水不足的情况下更为突出。可采取适当供应水、肥,合理修剪以及大年适当疏花疏果的措施来消除果树的大小年现象,保证其年年稳产、高产。对于以营养器官为收获对象的植物,如茶树、桑树及叶菜类,则可通过加强水分供应,增施氮肥,摘除花芽等措施来促进营养器官的生长,而抑制生殖器官的生长。

4.植物的极性

极性是指植物体或植物体的一部分(器官、组织或细胞)形态学的两端在形态结构及生理功能上的不对称性。植物体的极性在受精卵中已形成,并一直保留下来,当胚发育成新个体时,仍然明显地表现出极性。植株个体水平的极性表现:植株地上部分和地下部分具有明显不同的形态特征;器官水平的极性表现:离体器官形态学上端长芽,下端长根。例如,将柳树枝条悬挂在潮湿的空气中,无论正挂还是倒挂,总是形态学上端长芽,下端长根。根的切段在再生时也有极性,通常是在近根尖的一端形成根,而在近茎端形成芽。一般来说,茎的极性最强,其次是根,叶的极性最弱。

植物的极性现象在生产实践上具有重要意义。在扦插和组织培养时,都需将形态学的下端向下，上端朝上，而不能颠倒，否则会影响成活。嫁接时，一般砧木和接穗要在同一方向相接才能成功。

5. 环境条件对植物生长的影响

植物的生长发育是内部因素（包括遗传基因、激素、营养等）和外界环境条件综合作用的结果。外界环境条件如温度、光照、水分、矿质营养等深刻地影响着植物的生长发育。

1）温度

由于温度能影响光合、呼吸、矿质与水分的吸收、物质合成与运输等代谢功能，所以也影响细胞的分裂、伸长、分化以及植物的生长。植物只有在一定的温度范围下才能正常生长。植物种类不同，生长所要求的温度范围也不同，存在生长温度的三基点，即最低、最适和最高温度。植物生长温度的三基点因植物原产地不同而有很大差异。对农作物而言，夏季作物的生长温度三基点较高，冬季作物则较低。同一植物的不同器官，生长温度的三基点也不一样。例如根系能活跃生长的温度范围一般低于地上部分。

生长的最适温度是指植物生长最快的温度。要培育健壮的植株，最适温度并不是最适宜的，应该比最适温度略低才行，即在所谓的"协调最适温度"下进行。因为最适温度下细胞伸长过快，物质消耗也快，细胞内含物的积累等就不能与细胞伸长相协调地进行，因而植株比较瘦弱，抗逆性也差。实验表明，日温较高、夜温较低的周期性温度变化对植物生长有利。因为较低的夜温可降低有机物的呼吸消耗，有利于光合产物的积累，而且低夜温有利于根的发育，使根冠比提高。这种昼夜温度周期性变化对植物生长发育的效应，叫作温周期现象。在温室或大棚栽培作物时，应注意调节昼夜变温，使植株健壮生长。

2）光照

光对植物生长既有间接作用，也有直接作用。植物吸收太阳光能制造有机物，为植物生长发育提供必要的物质和能量基础即为间接作用。直接作用表现为光对植物形态建成的作用。如光促进需光种子的萌发、幼叶的展开、黄化植株的转绿、叶绿素的形成等。光对植物生长的间接影响在光合作用部分已做介绍，下面主要分析光对植物生长发育的直接影响，即光作为调节因子的影响。

光照强度直接影响植物组织的分化。强光中的紫外线能抑制淀粉酶的活性，同时强光使 IAA 氧化酶活性提高，对 IAA 有破坏作用，因此强光抑制细胞伸长，使植株矮壮，叶片小而厚，株型紧凑，根系发达。弱光有利于细胞伸长，使株高增加，节间伸长，致使植株分化推迟，机械组织不发达，茎秆脆弱，易倒伏，叶色浅，叶片大而薄，根系发育不良，植株柔弱，易受病虫害侵袭。倘若植株完全处于黑暗中，只要有足够的养料，也能够生长，而且比在光下长得快，但与正常光照下生长的植株形态有较大的差异。在黑暗中生长的幼苗，茎细长脆弱，机械组织不发达，节间长，茎尖端呈钩状弯曲，侧枝不发育，叶片小且不展开，缺乏叶绿素而呈黄白色，这种幼苗称为黄化苗（图 4-47）。

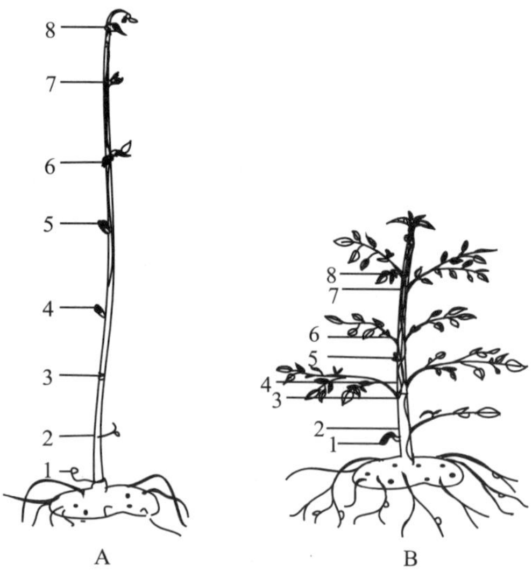

图 4-47　光对马铃薯幼苗生长的影响

A. 黑暗中生长的幼苗

B. 光下生长的幼苗（1～8 指茎节的顺序）

在黑暗中植物器官长得比较快对植物适应环境具有重要意义，如土壤中的种子萌发后胚轴迅速伸长可使其尽快出土见光进行自养，这对贮藏养分少的小粒种子尤为重要。

由于黄化苗的机械组织不发达，植株柔嫩多汁，所以黄化现象被广泛应用于蔬菜栽培中。如用遮光、培土等方法来培育韭黄、蒜黄、豆芽、葱白等。芹菜、莴苣在适当时期给予一定的隐蔽，能增加含水量和柔嫩程度。在日本的水稻机械化育秧中，为了快速培育秧龄短而又有一定株高的小苗，通常要在播种后的 2～4 d 中，对幼芽（苗）进行遮光处理，使秧苗伸长，以利机械栽插。

不同波长的光对植物生长速度和形态建成有不同的作用。用波长不同的光照射黑暗中生长的黄化幼苗，结果红光促进叶片伸展，抑制茎的过度伸长，促使黄化苗恢复正常，对消除黄化现象起着最有效的作用；蓝紫光也表现为抑制生长，使幼苗矮小；紫外光的抑制作用更强，不仅能提高生长素氧化酶的活性，还能抑制淀粉酶的活性，阻碍淀粉的利用。高山上大气稀薄，紫外光强，因此高山上的植物长得比平原地区矮小。生产上用浅蓝色塑料薄膜覆盖育出的秧苗，比用无色薄膜育出的苗茁壮且分蘖多，主要原因就在于浅蓝色薄膜可吸收大量蓝紫光，既可提高棚内温度，又可抑制秧苗生长，使其矮壮。

3）水分

植物的一切正常生命活动都离不开水。缺水时，细胞分裂和伸长都受影响，尤其细胞伸长对缺水更为敏感。小麦、玉米等禾谷类作物若在第一个水分临界期即分蘖末期到抽穗期缺水，将严重影响穗下节间的伸长，而且影响花粉母细胞的正常分裂和花粉形成。由于细胞伸长较细胞分裂更易受细胞含水量的影响，且在相对含水量稍低于饱和时就不能进行，因此若供水不足，植株的体积增长就会提早停止。在生产上，为提高稻麦的抗倒伏能力，就可采取控制第一、二节间伸长期水分供应的方法，以防止基部节间的过度伸长。水分亏缺还会影响呼吸作用、光合作用等。土壤水分过多时，通气不良，根短且侧根数增多。若土壤淹水形成缺氧条件，根尖细胞的分裂明显被抑制。

4）矿质元素

绿色植物在其自养生活中，还需要从周围环境中吸收各种矿质元素。植物生长必需的矿质元素主要来源于土壤。这些元素中有些属细胞结构物质的成分，有些是酶的组分或活化剂，有些能调节原生质膜透性，并参与缓冲体系以及维持细胞的渗透势。植物缺乏这些元素便会引起生理失调，影响生长发育，并出现特定的缺素症状。如植株缺氮表现出老叶发黄，生长缓慢，植株矮小；缺铁幼叶黄白色等。

5）机械刺激

植物在其整个生命过程中都不同程度地遭受着各种机械刺激。风吹、雨打、摩擦、触摸等机械刺激通常能引起植物特定的反应，主要表现为茎短而粗，并分配较多的物质到根部。田间的植株比温室或大棚中的植株矮壮，原因之一就是常受到风、雨的机械刺激。生产上还有很多类似现象，如用布条、木棍等刺激番茄幼苗，能使番茄株高降低，节间变短，根冠比增大；用震动刺激黄瓜幼苗，不但株高降低，而且结出的瓜数和瓜重增加；作物育苗时，如对苗床幼苗用棍棒定时刺激，培苗密度可以加大而不至徒长，用手捏破植物嫩茎可使茎秆矮化，节间缩短。机械刺激影响植株生长发育的现象，称为植物的接触形态建成。关于接触形态建成的机理，一般认为是机械刺激能使植株产生动作电波，动作电波因能影响质膜透性、物质运输、激素平衡（通常是乙烯增加，生长素、赤霉素活性下降），从而对植物的生长发育产生影响。

总之，植物的生长是一个非常复杂的过程，影响生长的光照、温度和水分等环境条件对植物的生长除有单独效应外，也有相互影响的交叉作用。植物只有在良好的综合条件下，才能生长健壮。

(二)植物的休眠

1.植物休眠的概念及类型

植物的休眠是指植物的整体或某一部分在发育的某个时期，生长和代谢极为缓慢或暂时停顿的现象，是对外界不良环境条件的一种主动适应，通常特指由内部生理原因决定，即使外界条件适宜也不能萌动和生长的现象。

在终年湿热的地区，植物一般持续生长不会休眠，在冬季寒冷的高纬度地区和旱季缺水的低纬度地区，植物休眠非常普遍。生长在温带的落叶阔叶木本植物，冬季叶片会脱落，有的嫩枝也会脱落，生长停止，进入休眠状态，如杨、柳、槐、泡桐等冬季都会进入休眠。根据休眠的深度和原因，可将休眠分为强迫休眠和生理休眠(深休眠)。强迫休眠是由于不利的环境条件引起的休眠，如植物会在遇到干旱、水涝时发生强迫休眠，这是植物应付险恶生存状态时的应急措施，通常是叶片大量脱落，而保住最有生命潜力的芽(顶芽、侧芽，根茎、鳞茎、块茎上的不定芽)，以求生命的保存与延续。生理休眠是由于植物内部原因引起的休眠。一般所说的休眠主要是指生理休眠。

一、二年生植物大多以种子为休眠器官；多年生落叶树木以休眠芽过冬；而很多二年生或多年生草本植物则以根系或地下贮藏器官休眠，度过不良环境。

2.种子休眠

种子休眠是指种子成熟后即使在适宜的条件下也不能萌发，必须经过一段相对静止的时期才能萌发的现象。种子休眠主要见于草本植物，比如庄稼、蔬菜、草本花卉等，这些植物的种子可以在寒冬不被冻死而保存生活力。

1)种子休眠的原因

种子休眠的原因主要见于以下三种：种皮(果皮)的限制、存在抑制萌发的物质或者胚未发育成熟。

有些植物的种子为硬实种子、石种子，如莲、椰子、苜蓿、紫云英等，它们的种皮(果皮)坚厚，或其上附有致密的蜡质和角质，不透水、不透气，种(果)皮的机械阻力和不透性阻碍了胚的生长而呈现休眠。自然条件下这类种子可通过氧化种皮的组成物，细菌、真菌、虫类的分解和破坏作用以及水浸和冰冻的软化等途径来解除休眠。胚未发育成熟有两种情况：一是胚尚未发育完全，需要从胚乳中摄取养料继续生长发育，直至完全成熟，如银杏种子从树上掉下时还未受精，等到外种皮腐烂，水分、O_2进入后，种子里的生殖细胞分裂，释放出精子后才完成受精。兰花、冬青、当归、白蜡树等植物的种子种胚体积很小，结构不完善，必须经过一段时间的继续发育，才能达到可萌发状态。另一种情况是胚在形态上虽已发育完全，但生理上还未成熟，必须通过后熟作用才能萌发。所谓后熟作用是指成熟种子离开母体后，需要经过一系列的生理生化变化后才能使胚发育完全，完成生理成熟而具备发芽能力的现象。有些蔷薇科和松柏科植物的种子存在后熟作用。有些植物种胚外的覆盖物中存在抑制萌发的物质，这类物质主要是挥发油、植物碱、有机酸、酚等，它们存在于果皮(酸橙)、果肉(番茄、西瓜等)、种皮(苍耳、甘蓝等)、子叶(菜豆)、胚乳(鸢尾、莴苣)等部位。对生长在沙漠中的某些植物，因为抑制物质的存在可以使种子只有在外界雨量能满足植物生长时才萌发，巧妙地适应极度干旱的沙漠环境。

2）种子休眠的调控

生产上有时需要解除种子的休眠促进萌发，有时则需要延长种子的休眠防止发芽。

（1）解除种子休眠　要想打破种子休眠，必须先弄清造成种子休眠的原因，然后对症下药。对于因种皮限制造成休眠的硬实种子，可采取机械方法破损种皮，或者用化学药品腐蚀种皮。如刺槐、皂荚、合欢、国槐等种子均可用浓硫酸处理来增加种皮透性。但一定注意不要伤到胚，避免影响以后幼苗的生长。对种子外覆被物中含有抑制萌发物质的种子，播种前将种子用清水反复漂洗（流水更佳），洗掉抑制物，能够提高发芽率。许多木本植物的种子存在后熟作用，如苹果、梨、白桦、赤杨等，它们需要低温、湿润的条件来解除休眠。通常用层积处理的方法，即将种子埋在湿沙中置于1～10℃温度中，经1～3个月的低温处理就能有效解除休眠。某些种子（如棉花、小麦等）经日晒和用35～40℃温水处理，可促进萌发。

有多种植物生长物质能打破种子休眠，促进种子萌发，其中GA效果最为显著。对需光种子进行光照处理可打破休眠，促进萌发。如莴苣、芹菜和烟草的某些品种，种子吸胀后照光即可解除休眠。

（2）延长种子休眠　胎萌（种子在植株上就能萌发的现象）会造成严重减产，并影响种子耐贮性，对有胎萌现象的种子需要延长休眠，防止胎萌发生。如春花生成熟后，如遇阴雨天土壤湿度大时，花生种子会在土壤中发芽，造成损失。可在种子成熟时喷施B_9或PP_{333}等植物生长延缓剂，延缓种子萌发。对于需光种子可用遮光来延长休眠。对于种（果）皮有抑制物的种子，如要延长休眠，收获时可不清洗种子。

3.芽休眠

多数温带木本植物存在芽休眠现象。深秋落叶树叶片开始自然脱落，标志着芽已开始休眠，树木进入休眠期。只有秋季芽适时进入休眠才能保证植物安全越冬。芽休眠不仅发生于植株的顶芽、侧芽，也发生于根茎、球茎、鳞茎、块茎的不定芽。

1）芽休眠的诱导因素

诱导芽休眠的因素主要是环境条件与内源激素。环境因素中日照长度是启动芽休眠的关键因子。对多年生植物而言，一般长日照促进生长，短日照引起生长的停止以及休眠芽的形成。如刺槐、桦树、落叶松幼苗在短日照下经10～14 d即停止生长，进入休眠。如果保持日照长度不变，初秋时期的自然温度降低不能诱导植株停止生长进入休眠。然而，一些研究表明在北方寒冷地区的某些木本植物可被低温单独诱导进入休眠。

大量证据表明，内源激素中的ABA能够诱导芽的休眠，如果用ABA合成抑制剂处理发育的玉米种子，可促进未成熟种子提早萌发，也可使成熟种子失去休眠；去掉种子中内源ABA库，也能诱导大豆未成熟种子萌发。短日照能够诱导芽休眠也是因为短日照促进ABA含量增加的缘故。另外，水分和矿质营养的不足，尤其是氮的不足也会加速芽休眠。

2）芽休眠的调控

（1）芽休眠的解除　低温诱导落叶树木芽的休眠，而芽休眠的解除也有低温要求。当树木进入自然休眠期后，为了解除芽的自然休眠，必须经过一定时期的低温条件才能使芽发生质变即萌芽，这种一定时期的低温需求量称为需冷量。如果需冷量不能满足，树木则不能解除自然休眠，将表现出不萌芽、不开花或萌芽不整齐、叶片小等生长异常现象。有些休眠植株未经低温处理而给予长日照或连续光照也可解除芽休眠。高温对打破休眠也有效，如对休眠期的葡萄枝条进行高温处理，即将葡萄枝在45℃的温水中浸泡4 h可打破芽的休眠。芽的休眠可被一些植物生长调节剂所解除，生产上常用GA来破除马铃薯芽的休眠，满足一年多次种植的需要。

(2)芽休眠的延长　洋葱、大蒜鳞茎及马铃薯块茎等延存器官在长期贮藏过程中，芽度过休眠期就会萌发，使其品质下降。因此，要设法延长芽的休眠。如马铃薯块茎在贮藏过程中易出芽，并产生有毒物质龙葵素，影响食用，可在收获前2～3周，在田间喷施2 000～3 000 $\mu L \cdot L^{-1}$青鲜素，或将萘乙酸甲酯的黏土粉剂均匀撒布在块茎上，可以防止在贮藏期间发芽。

(三)植物的运动

虽然植物不能像绝大多数动物一样主动地进行整体移动，但是，为了更好地利用外界资源和适应环境变化，植物体能够通过器官在空间位置上的变化来实现各种运动，只是这种运动极为缓慢，不易为人察觉。植物器官在空间位置上有限的变化即植物的运动。植物的运动按其与外界刺激的关系可分为向性运动和感性运动；按其运动的机理可分为生长运动和膨压运动。此外，还有近似昼夜节奏的生物钟运动。

1.向性运动

向性运动是指植物器官受到外界环境中单方向的刺激而产生的定向生长运动。根据刺激因素不同，向性运动可分为：向光性、向重力性、向化性、向水性等。

1)向光性

植物感受单方向光信号刺激而发生弯曲的现象，叫作向光性。植物各个器官向光性的具体表现各不相同。茎向着光源方向弯曲，称为正向光性，如向日葵的花盘及棉花等植物的叶片，以及栽培在室内窗台上的花卉等都表现出明显的正向光性；许多植物的根具有背光生长的现象，称为负向光性；叶片通过叶柄扭转使其保持与光照方向基本垂直，称为横向光性。向光性有利于植物吸收更多的光能，是植物器官对外界环境的有利适应。

2)向重力性

植物受重力的影响保持一定方向生长的特性，叫作向重力性(或向地性)。根顺着重力的方向向下生长，称为正向重力性；茎背离重力方向向上生长，称为负向重力性；地下匍匐茎垂直于重力方向水平生长，称为横向重力性。种子播种到土壤中，不管胚的方向如何，发芽后总是根向下生长，茎向上生长；禾谷类作物倒伏后，近地表的部分茎节总会恢复直立向上生长；水平放置的幼苗，一定时间后根向下弯曲、茎向上弯曲等现象，都是植物向重力性的表现。在无重力作用的太空，根和茎都不会发生弯曲。

3)向化性和向水性

向化性是由于某些化学物质在植物周围分布不均而引起的向性生长。根的生长有向化性现象，总是向肥料较多的区域生长。生产上采用深耕施肥，就是为了使根向深处生长，对吸收水肥有利。在种植香蕉时常采用以肥引芽的方法，把肥料施在人们希望它长苗的空旷地，以达到调整香蕉植株分布均匀的目的。此外，花粉管的伸长生长总是朝着胚珠的方向进行，也是胚珠细胞分泌的化学物质所引起的向化性生长。向水性是指当土壤中水分分布不均匀时，根总是趋向较湿润的地方生长的特性。生产上常用根的向水性适当控制水分供应，使作物的根向下深扎。

2.感性运动

感性运动是指没有一定方向的外界刺激(如光暗转变、温度变化等)引起的运动,运动与刺激和重力的方向无关。感性运动只有在具有背腹面结构的器官上才能发生。根据外界刺激的种类可分为感夜性、感震性、感热性等。

1)感夜性

感夜性是指植物接受光暗信号的变化,引起植物叶片或花瓣的开合运动。如大豆、花生、合欢等植物的叶片在白天展开充分接受阳光,到夜幕降临时则合拢或下垂以减少热量散失和水分蒸发;蒲公英的花序、睡莲的花瓣昼开夜合,而烟草、紫茉莉、月见草、晚香玉等植物的花则夜开昼合。感夜性主要是由昼夜光暗变化导致叶柄基部细胞发生周期性膨压变化引起的。当细胞质膜和液泡膜因感受光的刺激而改变其透性时,两侧细胞的膨压变化不同,使叶柄或小叶朝一定方向弯曲。感夜运动可以作为判断一些植物生长是否健壮的指标。如花生叶片的感夜运动很灵敏,健壮的植株一到傍晚小叶就合拢,而当植株有病或条件不适宜时,叶片的感夜性就表现得很迟钝。

2)感震性

感震性是由于机械刺激导致细胞膨压变化而引起的与生长无关的运动。含羞草叶片在受到外界刺激后发生的反应就是典型的感震性运动。当部分小叶受到震动或其他刺激(如灼烧、骤冷、电流等)时,小叶立刻成对合拢。若刺激较强,则会迅速传至其他部位,使全株小叶合拢,复叶下垂。过一段时间后,整个植株又恢复原状。含羞草叶片下垂机理类似合欢叶片的感夜运动。受到刺激时,叶枕下部细胞的细胞膜透性很快增加,细胞内水分排入细胞间隙,细胞膨压降低,组织疲软,引起叶柄下垂。小叶的运动机理与此相同,只是小叶叶枕的上半部和下半部组织中细胞的构造正好与复叶叶柄基部叶枕细胞的构造相反。所以当受震膨压改变时,上部组织疲软,小叶即成对合拢起来。另外,食虫植物的触毛对机械触动产生的捕食运动是一种反应速度更快的感震性运动。

3)感热性

也叫感温性,指由于温度变化使器官背腹两侧生长不均匀而引起的运动。例如,当把番红花和郁金香从较冷处移入温室内,几分钟后花朵就开放,而温度降低时则花瓣闭合。花瓣的感热运动是由于花瓣上下组织生长速度不同所致,因此是不可逆的过程。水稻开花也受温度影响,进行人工授粉时,可采用温汤浸花的措施,促使其内稃张开便于授粉。花的感热运动可使植物在适宜的温度下进行授粉,并且保护花的内部免受不良环境的伤害。

3.近似昼夜节律(奏)——生物钟

植物的某些生理反应受昼夜变化的影响而呈现有规律的变化,这种周期性、有节奏的变化形成之后,即使在恒定条件下(恒光照或恒黑暗),也呈现原有的规律性的变化,其变化周期接近 24 h(22～28 h),这种周期性变化节律称为近似昼夜节律(奏),也称为生物钟。菜豆叶片在白天呈水平方向伸展,而晚间呈下垂状态的运动,就是一种典型的近似昼夜节律。这种周期性运动即使在连续光照或连续黑暗以及恒温的条件下仍能持续进行,是一种内源性节奏现象。此外,高等植物花朵的开放、叶片的运动、花蜜的分泌、气孔的开闭、蒸腾速率的变化等也都具有生物钟现象。有些生物钟表现出明显的生态意义,如有些花在清晨开放,为白天活动的昆虫提供了花粉和花蜜;菜豆、酢浆草、三叶草等植物的叶片在白天呈水平位置,有利于充分吸收光能。

三、生殖生理

无论是一年生、二年生还是多年生植物，在开花之前都必须达到一定的生理状态（花熟状态），才能感受外界条件的诱导而开花。处于幼年期的植物，即使满足其成花所需的外界条件，也不能成花。花熟状态是指植物具有能感受环境条件而诱导开花（开花之前达到）的生理状态。幼年期是指植物达到花熟状态之前的营养生长时期。幼年期的长短，不同植物间差异很大。如日本牵牛只有一天，而果树一般 3～15 年不等，如"桃三、杏四、李五年"。

植物成花过程一般分 3 个阶段：首先是成花诱导，指经某种环境因素（主要是低温和光周期）刺激诱导后，使植物改变发育进程。其次是成花启动，指分生组织在形成花原基前后发生的一系列反应以及分化形成可辨认的花原基的过程，也称花的发端。最后是花的发育，指花器官的形成和生长。

（一）春化作用

1. 春化作用及其解除

1）春化作用的概念与植物的反应类型

一些植物必须经历一定的低温才能形成花原基，进行花芽分化。如冬小麦、萝卜、白菜、甘蓝、洋葱、一些多年生牧草等必须经过一定天数的低温处理后才能抽穗、开花、结实。这种植物需要经过低温阶段才能成花的现象称为春化现象。低温诱导促进植物成花的作用称为春化作用。

我国劳动人民很早就有用低温处理种子的经验。如"闷麦法"，把萌发的冬小麦种子装在罐中，放在 0～5℃下 40～50 d，然后在春天播种可以开花结实，从而避免了因秋季干旱等原因无法播种所带来的损失。1918 年德国植物学家 G·加斯纳发现黑麦有冬性和春性之分。春黑麦不需要经过低温时期就可以抽穗，因此可以春播。而冬黑麦则需在发芽前后经过一段 1～2℃的低温时期才能抽穗，所以必须秋播。1928 年苏联植物生理学家李森科（Lysenko），将浸泡萌动的冬小麦种子经低温处理后春播，可使其在当年夏初抽穗开花。李森科将这种技术称为春化，意为冬小麦春麦化了。

各种植物通过春化所要求的温度范围和持续时间，与原产地有关。一般原产北方的种类，冬性较强，要求的温度低，需要的时间长；原产南方的种类，春性较强，要求的温度范围不太严格，需要的时间较短。对小麦来说，根据原产地的不同，可将其分为冬性小麦、半冬性小麦和春性小麦 3 种类型（表 4-9）。

表 4-9　各种类型的小麦完成春化作用所需要的温度和时间

小麦类型	春化温度范围/℃	春化时间/d
冬性	0～3	40～45
半冬性	3～6	10～15
春性	8～15	5～8

植物开花对低温的要求有两种类型：

（1）相对低温型　低温处理或延长春化作用时间，可促进植物开花，未经低温处理，则延迟开花。如冬性一年生植物(冬小麦)。

(2)绝对低温型　若不经低温处理,植物绝对不能开花,如甜菜。一些二年生植物多属此类。

需春化的植物,多数是越冬的一年生、二年生植物。

越冬一年生植物:低温诱导成花,但不经春化作用最后也能成花,生长时间延长,花量较少(冬小麦)。

越冬二年生植物:芹菜,春天种子发芽,节间不伸长,植株莲座状,冬天春化,第二年春季抽薹开花。

一些多年生植物:要求春化作用,促进开花。菊只春化一次,可连续开花。

许多木本植物:在春季或初夏开花,花芽则是在上一年的夏秋季形成,不需要春化作用。

2)春化作用的条件

低温是进行春化作用的主要条件,除了需要一定天数的低温条件外,还需要有适量的水分、充足的 O_2 以及作为呼吸底物的糖类和适宜长度的光照诱导。

(1)温度和时间　低温持续的时间和有效温度范围,随植物种类和品种而不同。

对绝大多数要求低温的植物而言,春化的有效温度为－1～10℃,最适温度为1～7℃。如冬小麦、萝卜、油菜等春化的最适温度为0～5℃,春小麦为5～15℃。有些原产于温带的植物,最适温度范围为10～13℃。棉花、瓜类的春化温度要求更高些。一般春化温度的上限为9～17℃,下限以植物组织不结冰为限度。

春化作用进行的时间,长的可达1～3个月,短的由2周至几天不等。

(2)水分　有些植物以萌动的种子感受低温通过春化,需要吸收适量的水分。如将已萌动的小麦种子失水使其含水量低于40%时,用合适的低温处理也不能通过春化。干种子对低温没有春化反应,因此,植物不能以干种子形式通过春化。

(3) O_2 　充足的 O_2 是萌动的种子通过春化的必要条件。缺氧条件下,即使给予合适的低温,种子也不能完成春化。充足的 O_2 利于呼吸作用,为细胞提供物质与能量。

(4)养分　缺少作为呼吸底物的营养物质,植物也不能完成春化。例如:小麦萌发至体内糖分耗尽时进行低温诱导不表现春化效果。如将冬小麦种子的胚取出,培养在含蔗糖的培养基上,可通过春化作用,如果培养基中不含蔗糖,则不能通过春化。

(5)光照　春化之前的充足光照,对通过春化起促进作用,可能与充足的光照下储备了足够的营养物质有关。绝大多数植物在春化完成后,还需要长日照诱导才能开花。如冬小麦、油菜、天仙子等,完成春化后若在短日照条件下,则只进行营养生长不开花。但菊花是需春化的短日植物,蚕豆、甜豌豆等则为需要春化的日中性植物。

3)春化作用的解除

在春化过程结束之前,如果将植物放到较高温条件下生长,低温的效果会被减弱或解除。这种由高温解除春化的作用叫脱春化作用或去春化作用。一般去春化的有效温度为25～40℃。如冬小麦在30℃以上3～5 d,即可解除春化。通常植物经过低温的时间越长,则解除春化作用越困难,春化过程已经完成,春化效应则非常稳定,高温不能将其解除。解除了春化作用的植物再返回到低温条件时,植物可重新恢复春化作用,原来的春化效果可以累积。植物的这种可重新进行低温春化作用的现象称为再春化现象。完成春化后,植物能稳定保持春化刺激的效果,直至开花。

2.春化作用的时期及感受部位

一般植物在种子萌发期到苗期都可感受低温而通过春化。如萝卜、白菜、冬小麦、冬黑麦等在种子吸胀后萌发期间就可感受低温诱导进行春化,这类植物称种子春化型。试验证明,萌动的种子感受春化的部位是胚,例如将冬黑麦的胚培养在含蔗糖的培养基上,用低温处理,就可通过春化。有些植物感受低温的时期比较严格,多数二年生或多年生植物只有当营养体长到一定大小,形成一定的绿色营养体后,才能感受低温通过春化,这类植物称绿体春化型。如甘蓝、洋葱、胡萝卜、月见草等。一般甘蓝要长到茎粗 0.6 cm,叶宽 5 cm 以上才能感受低温通过春化。绿体春化型感受低温的部位是茎尖生长点,如栽培于温室中的芹菜不能开花结实,用橡胶管套在茎顶端,管内不断通过冷水流(水温 3℃左右),使生长点获得局部低温处理,就能通过春化而在长日下开花结实;反过来将整株芹菜置于低温条件下(3℃左右),套在茎顶端的橡胶管内通过温水流(水温 25℃左右),则植株不能通过春化作用。总的来看,感受春化的部位因植物种类而异。一般认为,感受春化作用的部位是分生组织和某些能进行细胞分裂的部位。

3.春化作用在生产中的应用

1)指导调种引种

我国南北不同地区温度差异较大,北方纬度高温度低,南方则相反。因此在南北地区引种时,首先要考虑温度条件;其次要考虑所引品种的春化特性。如北方的作物品种引种到南方,由于不能满足其对低温的要求,导致植物只进行营养生长而不开花结实的严重后果;而南方品种引种到北方,会使南方早春开花或晚秋开花的植物受低温伤害而败育,造成损失。

2)调节播期和成熟期

在农业生产上,在播种前对种子进行人工低温春化处理,可调节开花期和播种期。如将春小麦在播前春化处理,可提前开花和成熟 5～10 d,从而避免干热风的危害。我国农民采用"闷麦"或"七九麦"(将小麦在冬至这天浸入井水中,第二天取出阴干,每 9 天 1 次,共 7 次),通过处理可促使种子完成春化作用而用于春播,或春天补苗。

3)控制花期

在制种和花卉栽培中,若用低温处理,可使秋播的一、二年生草本花卉改为春播,当年开花。对以营养器官为收获对象的植物,如洋葱、当归等,可用高温解除春化效应(去春化作用)以控制作物的开花,延长营养生长,增加产量和提高品质。

(二)光周期现象

自然界一昼夜的光暗交替称为光周期。植物在长期适应和进化过程中表现出生长发育的周期性变化。植物对昼夜长度发生反应的现象称为光周期现象。

1.植物对光周期反应的类型

不同植物开花对光周期要求不同,根据植物开花对光周期的反应,将植物分为三种类型:

1)长日植物(LDP)

这类植物要求每天的日照长度大于某一临界值(即黑暗长度短于一定临界值)才能开花。若延长日照长度,可提前开花。如小麦、大麦、油菜、萝卜、白菜、甘蓝、芹菜、菠菜、天仙子、杜鹃等。

2)短日植物(SDP)

在昼夜周期中,日照长度短于某一临界值(即黑暗长度长于一定临界值)时才能开花的植物。若缩短日照长度或延长黑暗,可提前开花。常见的短日植物有美洲烟草、大豆、高粱、菊花、苍耳、晚稻、腊梅、大麻、紫苏、日本牵牛等。

3)日中性植物(DNP)

对于日照长短要求不严格,在任何日照条件下均可开花,可四季种植。如月季、四季豆、番茄、辣椒、君子兰、向日葵、蒲公英等。

从以上看出,长日植物开花,对日照长度要求有个最低值,短日植物开花对日照长度要求有个最高值,我们把在昼夜周期中,长日植物开花所需的最短日照长度或短日植物开花所需的最长日照长度,称临界日长。

我国地处北半球,北半球不同纬度地区昼夜长度的季节变化见图 4-48。生长在不同地区的植物,在长期适应的进化过程中,表现出生长发育的周期性变化。纬度不同,不同类型光周期的植物分布亦不同。如起源于北方的植物为长日植物,起源于南方的植物为短日植物,中纬度地带则长日植物在春末夏初开花,短日植物在秋季开花。

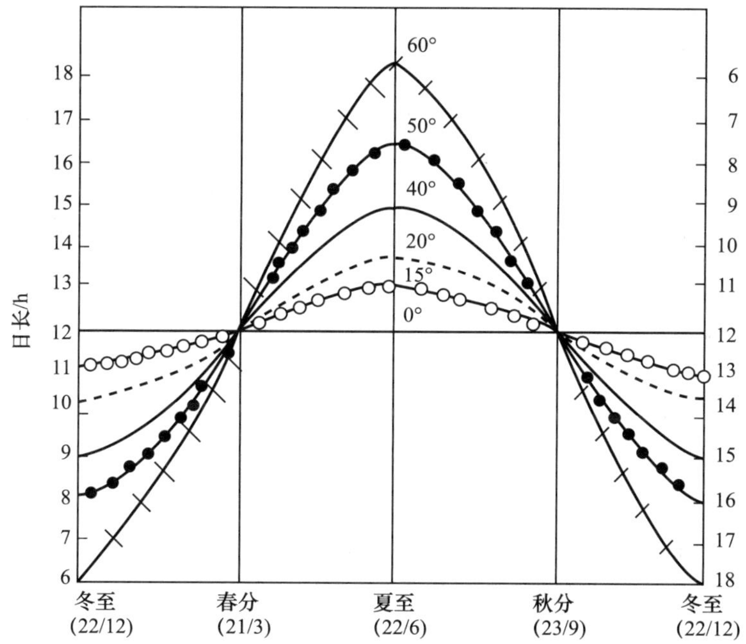

图 4-48　北半球不同纬度地区昼夜长度的季节变化

长日植物开花所需的临界日长不一定总是长于短日植物的临界日长。如短日植物大豆的临界日长为 14 h,不大于这个临界值就能开花;冬小麦是长日植物,它的临界日长为 12 h,大于这个临界值时才能开花。所以在 13 h 的日照长度下,它们都能开花。可见,长日植物与短日植物的区别,不在于引起开花的具体日照长度是多少,而在于这种植物开花要求的日照长度是长于还是短于其临界日长。一些长日植物和短日植物的临界日长见表 4-10。

表 4-10　一些长日植物和短日植物的临界日长

植物名称（长日植物）	24 h 周期中的临界日长/h	植物名称（短日植物）	24 h 周期中的临界日长/h
天仙子	11.5	菊花	15
菠菜	13	苍耳	15.5
小麦	＞12	美洲烟草	14
大麦	10～14	一品红	12.5
木槿	12	晚稻	12
甜菜	13～14	红叶紫苏	约 14
拟南芥	13	裂叶牵牛	14～15
红三叶草	12	甘蔗	12.5
毒麦	11	落地生根	＜12
燕麦	9	草莓	10～11

以上说的是长日植物若短于临界日长不能开花，短日植物若长于临界日长也不能开花，这样的植物称为绝对长日植物、绝对短日植物；但有些植物对日长要求不严格，它们在不适宜的日照长度下，即长日植物在短日条件下，短日植物在长日条件下，最终也能开花，但在适宜日照下可以促进开花，这样的植物称为相对长日植物、相对短日植物。临界日长随植物的年龄、环境条件而变化，不同光周期反应类型在一定条件下可相互转化。例如：豌豆、黑麦、苜蓿在较低的夜温下失去对日照长度的敏感性，成为日中性植物；甜菜在较低温度（10～18℃）下，也失去对日照长度的要求，可在短日照（8 h）下开花。

2. 光周期诱导的机理

1）光周期诱导的感受部位

植物在达到一定生理年龄时，经过足够日数的适宜的光周期处理，以后即使处于不适宜的光周期条件下，仍然能保持这种刺激的效果而开花，这种诱导效应叫光周期诱导。

植物感受光周期诱导的部位是叶片。菊是短日植物，在长日照（LD）条件下不开花（图 4-49①），在短日照（SD）条件下开花（图 4-49②）。1936 年，苏联学者柴拉轩将菊的顶端用长日照（LD）处理，叶片做短日照（SD）处理，菊开花（图 4-49③）。反过来，将顶端用短日照（SD）处理，叶片用长日照（LD）处理，菊不开花（图 4-49④）。由此证明，菊感受短日照诱导的部位是叶片。后来有人用短日植物苍耳做试验，也表明叶片是感受短日照的部位，将生长在长日照下的苍耳的一片叶用短日处理，就可诱导产生花原基，将苍耳的其他叶去掉，只留一片叶片，也可进行光周期诱导，如将全部叶片打去，就不能感受短日照。

对光周期的敏感性与叶片的发育程度有关。幼小的和衰老的叶片敏感性差，叶片生长达到最大时敏感性最高，叶片的很小一部分处在适宜的光周期下就可诱导开花。

2）光周期诱导的时间

不同种类的植物通过光周期诱导的天数不同（表 4-11），多数植物需要几天、十几天到二十几天的光周期诱导，但有的植物所需时间较短，如短日植物苍耳、裂叶牵牛、水稻等只需 1 d 短日照，大豆 2～3 d 短日照；长日植物毒麦、油菜、菠菜、白芥菜等要求 1 d 长日照，天仙子 2～3 d 长日照。植物完成光周期诱导后，在不适合光周期下也能开花。

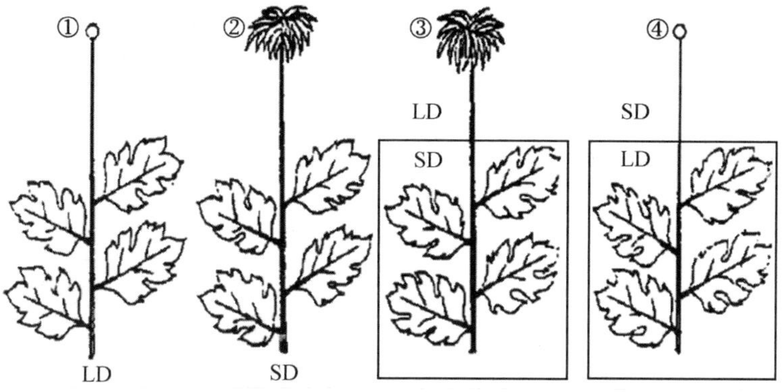

图 4-49　叶片和营养芽的光周期处理对菊花开花的影响

①～④ 4 种处理　LD. 长日照　SD. 短日照

(引自 Chsilskhyan，1937)

表 4-11　某些植物花芽开始分化所需的临界日长和诱导天数

植物名称	24 h 周期中的临界日长/h	最少诱导天数
短日植物		
菊花(*Chrysathemum morifolium*)	15	12
大豆(*Glycine max* cv. *biloxi*)	13.5～14	2～3
厚叶高凉菜(*Kalanchoe blossfeldiana*)	12	2
浮萍(*Lemna purpusilla*，*strain6764*)	约 14	1
红叶紫苏(*Perilla crispa*)	约 14	12
裂叶牵牛(*Pharbitis nil* cv. *violet*)	14～15	1
苍耳(*Xanthium strumarium*)	15.5	1
长日植物		
琉璃繁缕(*Anagallis arvensis*)	12～12.5	1
天仙子(*Hyoscyamus niger*)	11.5	2～3
毒麦(*Lolium italicum*)	11	1
白芥菜(*Sinapis alba*)	约 14	1
菠菜(*Spinacia oleracea*)	13	1
拟南芥(*Arabidopsis thaliana*)	13	4

3)光周期诱导的传递

感受光周期刺激的部位是叶片，而发生反应的部位是茎尖端生长点。可见二者之间必有某种刺激信息的传导。柴拉轩将 5 株 SDP 苍耳串联嫁接，只把其中一株的一片叶暴露在短日照(SD)下，其他叶片都处于长日照下，结果所有的植株都开花(图 4-50)。将短日植物高凉菜和长日植物八宝嫁接在一起，不管在长日照下，还是短日照下，两种植物都能开花。这表明叶片在感受光周期刺激后，产生开花刺激物，而且，长日植物和短日植物所产生的开花刺激物质相同。人们把这种物质称为成花素。

图 4-50　SDP 苍耳嫁接试验

4)暗期在光周期诱导中的作用

光周期诱导中,中断光期和中断暗期的试验表明,暗期比光期更重要。用闪光打断暗期时,以接近暗期中间的午夜最好(图 4-51)。暗期中断所需的光照时间,因植物种类不同而不同。长日植物需要相对较长的光照中断暗期,对促进开花的效果明显。短日植物,如大豆、苍耳等,要求连续长黑暗,对暗期中的光非常敏感,在 50～100 lx 的光强下,光照几分钟,也将使暗期的诱导失效,阻止开花;而菊花需要大于 1 h 的光照才能生效。暗期中断最有效的光是红光。

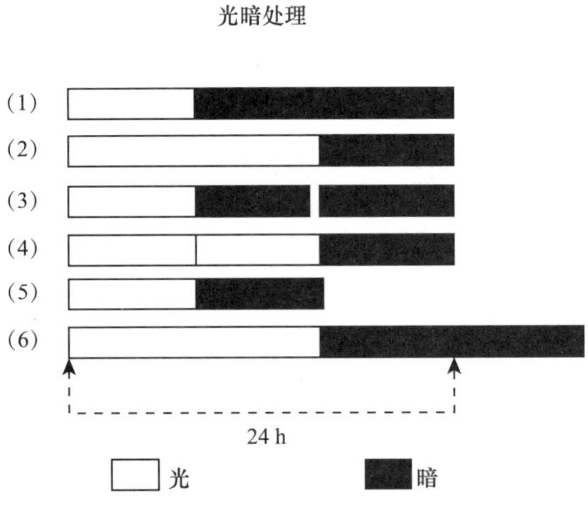

开花反应	
短日植物	长日植物
开花	营养状态
营养状态	开花
营养状态	开花
营养状态	开花
营养状态	开花
开花	营养状态

图 4-51　暗期间断对开花的影响

试验证明,植物开花决定于暗期的长度而不是光期的长度,暗期比光期更重要。所以长日植物,实际上是短夜植物,而短日植物确切讲是长夜植物。暗期决定花原基的发生,而光期决定花原基的数量。光期的光合作用为花发育提供营养物质。

3.光敏素在成花诱导中的作用

将吸足水分的莴苣种子放在白光下,促进其萌发,用波长 660 nm 的红光照射时,也可促进萌发;若用波长 730 nm 的远红光照射种子,则抑制种子萌发;红光照射后,如再用远红光处理,萌发也受到抑制,即红光的作用被远红光消除;如果红光和远红光交替多次处理,种子是否发芽取决于最后一次处理的光的波长。

用短日植物苍耳进行闪光试验，在苍耳生长的暗期中间用 660 nm 的红光进行闪光处理，则不开花；而用 730 nm 的远红光照射，则可使其开花；反复用这两种光交替照射时，相互可抵消彼此的效应，且最后的效应取决于最后一次处理所用光的波长(图 4-52)。

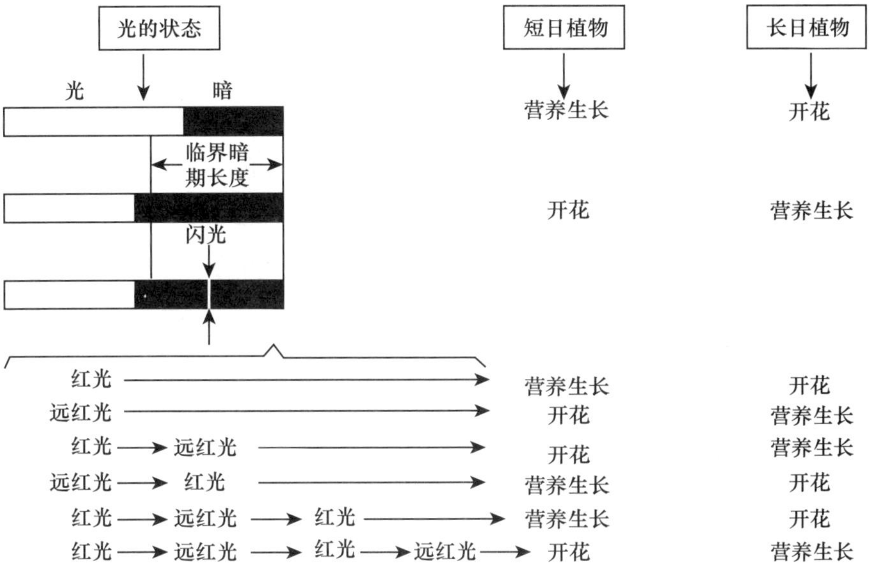

图 4-52　红光和远红光对短日植物及长日植物开花的可逆控制

上述试验说明，莴苣种子体内和苍耳体内存在有吸收红光和远红光并进行可逆转换的光受体——光敏素。光敏素是植物体内存在的重要光受体，能吸收红光和远红光并进行可逆的转换反应。它有两种类型：一种是红光吸收型，最大吸收波长在 660 nm，以 Pr 表示；一种是远红光吸收型，最大吸收波长在 730 nm，以 Pfr 表示。Pfr 具有生理活性。两种状态随光照条件变化而相互转变(图 4-53)。

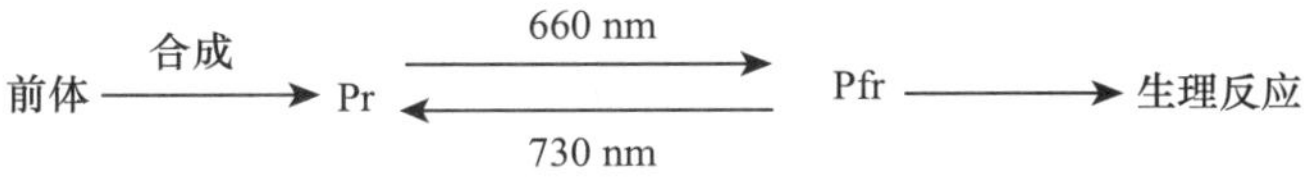

图 4-53　两种类型光敏素的转换关系

光敏素在成花诱导中的作用，通常认为不取决于 Pr 和 Pfr 的绝对量，而是取决于 Pfr/Pr，短日植物要求低的 Pfr/Pr；长日植物要求高的 Pfr/Pr。光敏素在体内合成时，Pr 形式先形成，在光下大部分转变为 Pfr，短时间内 Pfr/Pr 增大，生成的 Pfr 与日照长短关系很小。在夜晚，Pfr 转变为 Pr 或分解，Pfr/Pr 变小，但速度非常慢，这样 Pfr/Pr 取决于黑夜的长短，黑夜长，Pfr 数量低，Pfr/Pr 小，黑夜短，Pfr 数量高，Pfr/Pr 大。在光期中断和暗期中断试验中，中断光期对 Pfr/Pr 没有多大影响，因此不影响开花；而中断暗期，就会使 Pfr/Pr 迅速升高，抑制短日植物开花，促进长日植物开花。

但近年来的研究表明，植物的成花反应并不完全受暗期结束时 Pfr/Pr 所控制。如对许多短日植物来说，在光期结束时立即照射远红光，其开花并未受到促进，反而受到强烈抑制，其临界夜长也只是略微缩短，而不是大大缩短。在短日植物暗诱导的前期(3～6 h 内)，体内保持较高的 Pfr 水平，有利于成花，而在暗诱导的后期，较低的 Pfr 水平促进成花。

因此,短日植物开花所要求的是暗期前期的“高 Pfr 反应”和后期的“低 Pfr 反应”;而长日植物开花要求的是暗期前期的“低 Pfr 反应”和后期的“高 Pfr 反应”,但长日植物对 Pfr/Pr 的要求没有短日植物严格。

4.光周期理论在生产实际中的应用

植物成花生理的春化作用和光周期理论在农业生产上有重要的指导意义,并已被广泛地应用于异地引种、育种、控制花期、调节营养生长和生殖生长等实践中。

1)指导调种引种

对任何一种作物品种,必须在引种前了解它的光周期特性:①是长日、短日还是日中性的植物;②对光周期的敏感性是强还是弱;③要了解该品种的原产地和引种地在生长季节内的日照条件如何;④要明确引种目的,是为了收获生殖器官,还是为了收获营养器官。由于我国位于北半球,在生长的夏季越往南,日照越短,越向北则日照越长。因此南方品种一般需要较短的日照时数,而北方的品种需要较长的日照时数。不同纬度地区相互引种时必须考虑品种的光周期特性。(表 4-12)

表 4-12　不同地区植物引种的生长反应与应引品种

引种方向	长日植物			短日植物		
	生育期	开花反应	应引品种	生育期	开花反应	应引品种
南种北引	缩短	提前	晚熟	延长	延迟	早熟
北种南引	延长	延迟	早熟	缩短	提前	晚熟

2)育种

人工控制光周期,可加代繁殖,缩短育种年限。在杂交育种时,人工控制光周期,解决雌、雄花期不遇问题,便于进行杂交授粉。根据我国气候特点创造出南繁北育的方法,如短日植物玉米、水稻,冬季由北方到海南岛繁殖;长日植物冬小麦,夏季在黑龙江、冬季到云南繁育。

3)控制花期

在园艺花卉生产中利用延长或缩短光照时间的办法来加速或延迟植物的开花。如菊花是短日植物,一般在秋季开花,如果人工短日照处理,10 d 内就可引起花芽分化;若在短日来临之前,人工补光延长光照时间或进行暗期间断,则可推迟开花。对于长日性的花卉,如杜鹃、山茶花等,人工延长光照或暗期间断,可提早开花。

4)调节营养生长和生殖生长

对以收获营养体为主的作物,通过控制光周期来抑制其开花,延长营养生长。如短日植物烟草原产于热带或亚热带,引种至温带可提前至春季播种,利用夏季的长日照及高温多雨的气候条件促进营养生长,提高产量;短日植物麻类南种北引可推迟开花,提高纤维产量和品质,但种子不能成熟,可在留种地采用苗期短日处理促进开花;利用暗期光间断处理可抑制甘蔗开花,提高产量。

(三)种子和果实成熟

1.种子和果实成熟时的生理变化

1)种子成熟时的生理变化

(1)主要有机物的变化　种子成熟过程中,植物营养器官中的养分以蔗糖、氨基酸等可溶性物质的形式向种子运输，在种子中逐渐转化为不溶性的高分子化合物如淀粉、蛋白质和脂肪等贮藏起来。同时，种子逐渐脱水，原生质由溶胶状态转变为凝胶状态，趋向成熟。

淀粉(糖类物质)类种子：种子贮存物质主要是淀粉，是由营养器官运输来的可溶性糖转化的。因此，在种子形成过程中，初期可溶性糖含量升高，然后逐渐降低，而淀粉的含量迅速上升，到种子成熟时，干物质重达到最高水平(图 4-54)。淀粉的积累以乳熟期和糊熟期最快。

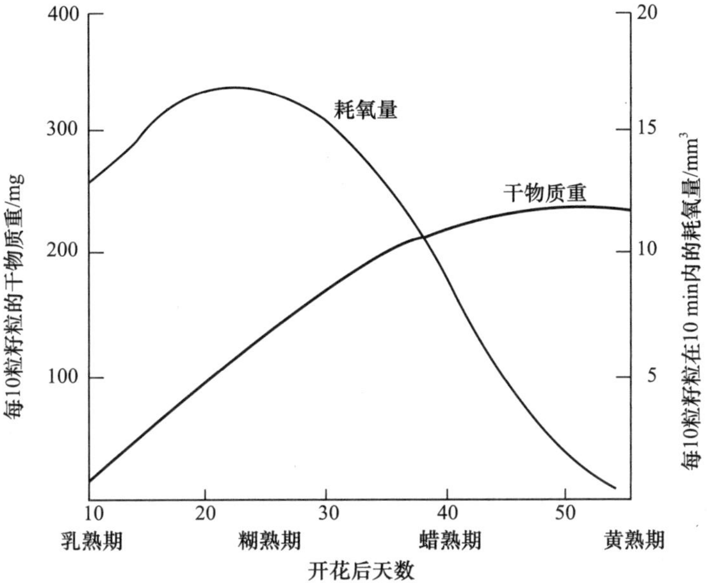

图 4-54　水稻籽粒成熟过程中干物质及呼吸作用的变化

脂肪类种子：种子贮存物质主要是脂肪，如油菜、蓖麻、向日葵、花生等油料植物的种子。油菜种子的试验表明，油料种子在成熟过程中，物质含量变化有以下特点：第一，脂肪含量不断增加，而总含糖(葡萄糖、果糖和淀粉等)量则不断下降，说明形成的脂肪是由糖类转化而来的(图 4-55)。第二，种子成熟初期所形成的脂肪中含有较多的游离脂肪酸，随着种子的成熟，游离脂肪酸逐渐合成复杂的油脂。第三，种子成熟过程中，先合成的主要是饱和脂肪酸，然后逐渐转变为不饱和脂肪酸。

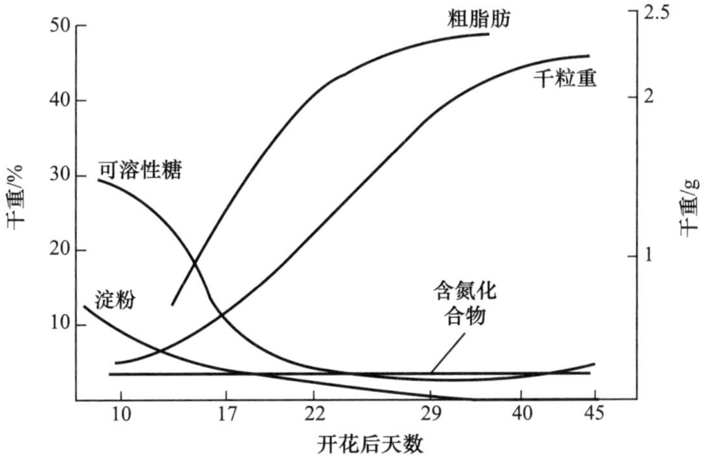

图 4-55　油料种子成熟过程中干物质的积累情况

蛋白质类种子：豆科植物的种子中蛋白质的含量较多，称蛋白质类种子。蛋白质是叶片和其他营养器官中的氮素，以氨基酸或酰胺的形式运输到种子中后再合成贮藏蛋白质。豆科植物的种子在成熟过程中，先在荚中合成蛋白质，成为暂时的贮藏蛋白，然后氮以酰胺态被运输到种子中转变为氨基酸，再由氨基酸合成蛋白质。种子贮藏蛋白的生物合成开始于种子发育的中后期，至种子干燥成熟阶段终止。

(2)其他生理变化

①水分　种子成熟过程中水分含量逐渐降低，有机物质合成增加，而有机物质合成过程是个脱水过程。随种子成熟脱水，种皮角质化、木栓化程度增高，种子变硬，代谢活动变弱。

②呼吸作用　在有机物合成过程中，需要供给能量，呼吸速率与有机物质的积累速率具有平行关系，在干物质积累快时，呼吸速率高，干物质积累速率变慢时，呼吸速率逐渐降低。

③内源激素　在种子形成过程中，各种激素含量发生剧烈变化。以小麦为例，细胞分裂素、赤霉素、生长素含量早期增加，然后下降；脱落酸含量逐渐升高，在种子接近最大鲜重时迅速升高，种子成熟时达到最大值。

2)果实的生长发育和成熟时的生理变化

植物完成授粉、受精后，子房发育成果实，经不断吸收和贮藏营养，体积逐渐长大，当果实长到一定大小后，就不再生长，而是经过一系列的质变，达到最佳的食用阶段。

(1)果实的生长发育　果实的生长与营养生长一样，也有生长大周期现象，有两种模式。

单S形生长曲线：肉质果实，如苹果、梨、香蕉、茄子等，在开始生长时速度较慢，以后逐渐加快，直至急速生长，达到高峰后又逐渐变慢，最后停止生长(图 4-56)。这种慢—快—慢的生长节奏与果实中细胞分裂、生长、分化及成熟的节奏相一致。

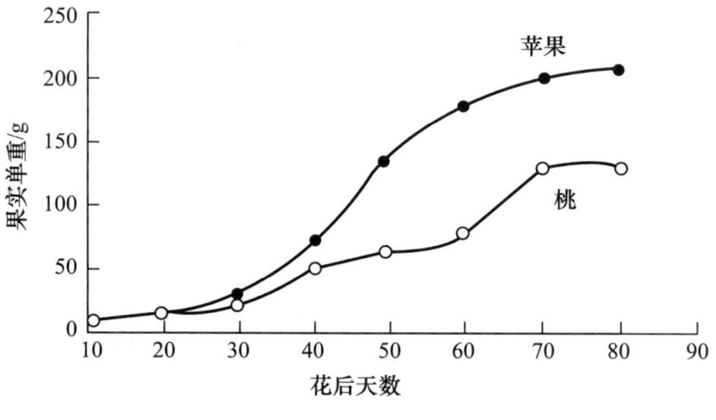

图 4-56　果实的生长曲线模式

双S形生长曲线：一些较大的核果，如桃、李、杏、樱桃；和某些非核果，如葡萄等果实的生长曲线呈双S形。这一类型的果实在生长中期出现一个缓慢生长期，表现出慢—快—慢—快—慢的生长节奏。中间的缓慢生长期是果肉暂时停止生长，而内果皮木质化、果核变硬和胚迅速发育的时期。果实第二次迅速增长期，主要是中果皮细胞的膨大和营养物质的大量积累(图 4-56)。

(2)果实成熟时的生理变化　果实在成熟过程中，由外观到内部均发生了一系列的变化，如乙烯的产生和呼吸速率、贮藏物质、色泽、风味的变化等，表现出特有的色、香、味，使果实达到最适于食用的状态。

①果实由硬变软，由酸变甜，涩味消失　果实软化是成熟的一个重要特征。果实未成熟时较硬是因为细胞之间有果胶，细胞排列紧密；成熟后，果胶在果胶酶的作用下分解，细胞游离，因此由硬变软。引起果实软化的主要原因是细胞壁物质的降解。乙烯在细胞质内诱导胞壁水解酶的合成并输向细胞壁，从而促进果肉细胞壁中果胶质水解软化。

在果实形成阶段，从叶片运来的可溶性糖主要以淀粉的形式贮存在果肉细胞中，因而，果实生硬而无甜味。当果实发育完全后，淀粉酶活性逐渐增强，将淀粉水解成果糖、葡萄糖、蔗糖等可溶性糖，果实变甜。

在果实形成过程中，果肉细胞的液泡内积累大量的有机酸，因而具有酸味，随着果实的成熟，有机酸转化为糖，还有一些作为呼吸底物被氧化分解或被一些金属离子中和为盐，使酸味减弱。

单宁是果实未成熟时，细胞中的糖类经不完全氧化形成的。果实成熟时单宁则被氧化成过氧化物，或凝结成不溶性胶状物质而使涩味消失。用一定的温水、乙醇、石灰水或 CO_2 等处理可使单宁转变为不溶性单宁，水果失去涩味，这就是脱涩。脱涩过程中单宁并未除去或减少。在一定的条件下，经脱涩的不溶性单宁可再溶解而返涩。

②香味产生　果实成熟过程中，产生一些有香味的物质，主要是酯类、醛类和酮类物质。如苹果产生乙基-2-甲基丁酯，柠檬、柑橘产生柠檬醛等。

③色泽变化　果实在成熟过程中，果皮的颜色由绿色逐渐转化为红色、黄色或橙色。这一方面是因为叶绿素分解，类胡萝卜素的颜色呈现；另一方面是因为花青素的合成而显现出不同颜色。花青素属于类黄酮，其颜色与 pH 有关。当 pH 为酸性时，花青素为红色，pH 升高，花青素则转为紫色和蓝色。较高的温度和充足的 O_2 有利于花青素的形成，所以，果实向阳的一面着色较好。

④乙烯的产生及呼吸速率的变化　部分果实成熟时，呼吸速率降低，到成熟末期又急剧升高，最后又降低，这个现象叫作果实的呼吸跃变。呼吸跃变的出现标志着果实成熟，达到可食的程度。乙烯是诱发呼吸跃变的物质。呼吸跃变的原因是果实产生乙烯使果皮细胞透性增加，气体交换加速，使内部氧化速度加快，呼吸作用提高，加速物质分解，促进成熟。

不同植物果实成熟时，呼吸跃变的程度不同，据此将果实分为两种类型：一种是跃变型果实，在成熟期表现呼吸跃变现象，例如苹果、梨、香蕉等（图 4-57）；一种是非跃变型果实，在成熟期不发生呼吸跃变现象，例如柑橘、葡萄、樱桃等。

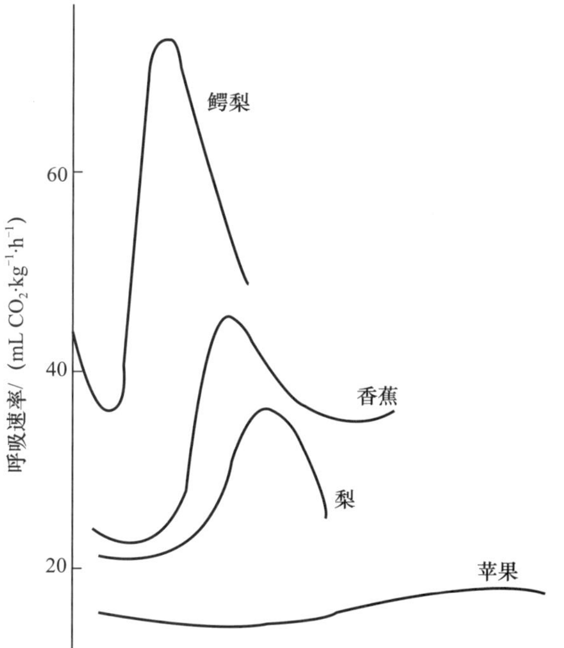

图 4-57　几种果实的呼吸跃变期

在生产上，常施用乙烯利来诱导呼吸

跃变的到来，以催熟果实。通过降低空气中 O_2 浓度或提高 CO_2 浓度，可延缓呼吸高峰的出现，延长果实贮藏期。

⑤植物激素的变化　幼果生长时促进生长的激素类(IAA、CTK、GA)含量升高；成熟时跃变型果实乙烯(ETH)含量升高；果实成熟过程中，脱落酸(ABA)含量不断升高。

2.外界条件对种子和果实成熟的影响

1)光照

光照强度直接影响果实和种子内有机物质的积累。小麦灌浆期遇到连阴天，千粒重减小，会造成减产。此外，光照也影响籽粒的蛋白质含量和含油率。

2)温度

温度适宜利于物质的积累，促进成熟。昼夜温差大有利于种子成熟并能增产。温度还影响种子化学成分的含量，在油料种子成熟过程中温度对含油量和油分性质的影响较大，成熟期适当的低温有利于油脂的积累。在油脂品质上，亚麻种子成熟时，较低的温度和较大的昼夜温差，有利于不饱和脂肪酸的形成，反之，利于饱和脂肪酸的形成。所以，最好的干性油是从纬度较高或海拔较高地区的种子中得到的。

3)水分

空气相对湿度高，会延迟种子成熟；空气湿度较低，则加速成熟。但如空气湿度太低会出现大气干旱，不但阻碍物质运输，而且合成酶活性降低，水解酶活性增高，干物质积累减少，造成籽粒不饱满，种子瘦小产量低。土壤干旱会破坏作物体内水分平衡，严重影响灌浆，造成籽粒不饱满，导致减产。干旱也使种子的化学成分发生变化，早期缺水，使物质合成过程受阻，可溶性糖来不及转变为淀粉即被糊精黏结在一起，形成玻璃状而不呈粉状的籽粒，而蛋白质的积累过程所受阻碍较淀粉小。因此风干不实的种子蛋白质的含量相对较高。土壤水分过多，由于缺氧使根系受到损伤，光合下降，种子不能正常成熟。北方小麦种子成熟时，雨量及土壤水分比南方少，其蛋白质含量较高。

4)矿质营养

氮肥有利于种子蛋白质含量提高，但氮肥过多(尤其是生育后期)会引起贪青晚熟，油料种子则降低含油率；适当增施磷钾肥可促进糖分向种子运输，增加淀粉含量，也有利于脂肪的合成和累积。

(四)植物衰老和脱落

1.植物的衰老

衰老(senescence)是植物体生命周期的最后阶段，是成熟的细胞、组织、器官和整个植株自然地终止生命活动的一系列衰败过程。衰老的结果是导致死亡，这是自然界生命发展的必然规律。衰老不同于老化，老化是指有机体发育进程中，在结构和生理功能方面出现进行性的衰退变化，其特点是机体对环境的适应能力逐渐减弱，但不立即死亡。

1)植物衰老的类型与意义

根据植株与器官衰老的情况将植物衰老分为 4 种类型。

(1)整株衰老　一年生植物或二年生植物在开花结实后出现整株衰老死亡。

(2)地上部衰老　多年生草本植物地上部随着生长季节的结束而每年死亡，而根仍可以继续生存多年。

(3)渐近衰老　多年生常绿木本植物较老的器官和组织随时间的推移逐渐衰老脱落，并被新的器官所取代，随时间的推移，植株的衰老逐渐加深。

(4)落叶衰老　多年生落叶木本植物的茎和根能生活多年，而叶子每年衰老死亡和脱落。

衰老是植物适应季节变化保持种族延续的手段，如一、二年生植物成熟衰老时，其营养器官贮存的物质降解，运转到发育的种子、块根、块茎等器官中，以利于新器官的生长发育；衰老不仅使植物适应不良的环境条件，而且对物种进化起重要作用。

2)植物衰老时的生理生化变化

植物衰老首先从器官的衰老开始，然后逐渐引起植株衰老。目前主要作物(水稻、小麦、棉花、油菜等)的部分推广品种生育后期均出现不同程度的叶片早衰现象，已成为提高作物产量的限制因素。

(1)蛋白质的变化　叶片衰老时，总的表现是蛋白质含量显著下降，蛋白质水解的同时，游离氨基酸积累。叶片中可溶性蛋白质主要是 Rubisco 降解，光合功能下降。

(2)核酸的变化　叶片衰老时，RNA 含量下降，DNA 也下降，但 DNA 下降速度比 RNA 缓慢。一般认为叶绿体和线粒体的 rRNA 对衰老过程最敏感。

(3)光合速率下降　叶片衰老时光合速率下降，原因：一方面是叶绿体的间质破坏，类囊体膨胀、裂解，叶绿素含量迅速下降；另一方面是 Rubisco 分解，光合电子传递与光合磷酸化受阻。

(4)呼吸速率下降　叶片衰老时，呼吸速率下降较光合速率慢。有些叶片衰老时，有呼吸跃变现象。此外，衰老时呼吸过程中的氧化磷酸化逐步解偶联，产生的 ATP 数量减少，会促进衰老的发展。

(5)生物膜结构变化　细胞趋向衰老的过程中，膜脂的脂肪酸饱和程度逐渐增高，脂肪链加长，使膜由液晶态逐渐转变为凝固态，磷脂尾部处于“冻结”状态，完全失去运动能力，膜失去弹性；生物膜结构选择透性功能丧失，透性加大，膜脂过氧化加剧，膜结构逐步解体；一些具有膜结构的细胞器的膜结构发生衰退、破裂甚至解体。

(6)植物内源激素的变化　在植物衰老过程中，植物内源激素有明显变化。一般情况是，吲哚乙酸(IAA)、赤霉素(GA)和细胞分裂素(CTK)在植株或器官的衰老过程中含量逐步下降，而脱落酸(ABA)和乙烯(ETH)含量逐步增加。

3)环境条件对植物衰老的调节

(1)温度　低温和高温均能诱发自由基的产生，引起生物膜相变和膜脂过氧化，加速植物衰老。

(2)光照　光能延缓植物衰老，暗中加速衰老。光可抑制叶片中 RNA 的水解，在光下乙烯的前体蛋氨酸(ACC)向 ETH 的转化受到阻碍。红光可阻止叶绿素和蛋白质含量下降，远红光则能消除红光的作用。蓝光可显著地延缓绿豆幼苗叶绿素和蛋白质的减少，延缓叶片衰老。但强光和紫外光促进植物体内产生自由基，诱发植物衰老。长日照促进 GA 合成，利于生长；短日照促进 ABA 合成，利于脱落，加速衰老。

(3)气体　O_2浓度过高加速自由基的形成，引起衰老；O_3污染环境可加速植物的衰老过程；高浓度的 CO_2可抑制乙烯生成和呼吸速率，对衰老有一定的抑制作用。

(4)水分　在水分胁迫下促进 ETH 和 ABA 形成，加速蛋白质和叶绿素的降解，提高呼吸速率；自由基产生增多，加速植物的衰老。

(5)矿质营养　氮肥不足，叶片易衰老；增施氮肥，能延缓叶片衰老。Ca 处理果实有稳定膜的作用，减少乙烯的释放，能延迟果实成熟。Ag^{+}、Co^{2+}、Ni^{2+} 等可抑制乙烯的产生，可延缓水稻叶片的衰老，可用于延长切花的寿命。

2.器官的脱落

脱落(abscission)是指植物器官自然离开母体的现象，包括正常脱落、胁迫脱落、生理脱落三类。胁迫脱落与生理脱落都属于异常脱落。在生产上，有时需要减少器官脱落，有时需要促进器官脱落，因此采取必要措施控制器官脱落具有重要意义。

1)离层与脱落

器官在脱落之前往往先在叶柄、花柄、果柄以及某些枝条的基部形成离层。木本植物叶片脱落之前，离层细胞衰退，变得中空而脆弱，纤维素酶与果胶酶活性增强，细胞壁的中层分解，细胞彼此离开，叶柄只靠维管束与枝条相连，在重力与风力等的作用下，维管束折断，于是叶片脱落。器官脱落时离层细胞先行溶解。木本植物的叶片脱落，通常是位于两个细胞间的胞间层先发生溶解，于是相邻两个细胞分离，分离后的初生细胞壁依然完整；或者是胞间层与初生壁均发生溶解，只留一层很薄的纤维素壁包着原生质。而草本植物通常是一层或几层细胞整个溶解。

2)脱落与激素

(1)生长素　Addicott 等提出了脱落的生长素梯度学说：离层两端生长素的浓度梯度控制器官脱落，即生长素浓度远轴端大于近轴端时，离层不能形成，叶片不脱落；当两端浓度差异小或不存在时，器官脱落；当远轴端浓度小于近轴端时，加快离层形成和器官脱落。

(2)乙烯　乙烯可诱发纤维素酶和果胶酶的合成、提高这两种酶的活性，使离层细胞壁降解，引起器官的脱落。有人还认为叶片脱落前乙烯作用的最初部位不是离层，而在叶片中，乙烯可阻碍生长素向离层转移(极性运输)，提高了离层细胞对乙烯的敏感性，即使在乙烯含量不再增加的情况下也可导致脱落。此外，乙烯能增加膜透性，能提高 ABA 的含量，促进脱落。

(3)脱落酸　ABA 可促进脱落，如秋天短日照促进 ABA 的合成，导致季节性落叶。ABA 促进脱落的原因可能与其抑制叶柄内 IAA 的传导和促进分解细胞壁酶类的分泌有关，并促进乙烯合成，增加器官对乙烯的敏感性。但 ABA 促进脱落的作用低于乙烯。GA 与 CTK 能够拮抗 ABA 与乙烯的合成，所以能抑制器官的衰老和脱落。

单元小结

本单元包括植物生长物质、植物生长发育生理等。植物生长物质主要讲述植物激素和植物生长调节剂的概念、常见种类及其生理效应。通过学习，要求能够熟知植物生长促进剂、植物生长延缓剂、植物生长抑制剂以及乙烯释放剂的常见种类及在生产上的应用领域，熟练掌握植物生长调节剂的施用方法及注意事项。植物生长生理主要讲述植物从种子萌发到营养生长过程中的基本规律及影响因素，包括种子萌发的过程及影响因素，植物生长大周期，植物生长的周期性、相关性，影响生长的环境因素，植物的休眠，植物的运动等基本内容。

通过学习，要求能够掌握如何根据需要来打破或延迟种子和芽的休眠；掌握如何根据生产目的不同来调控植物的根冠比；掌握快速测定种子生活力的方法。在植物生活周期中，从营养生长转变为生殖生长最明显的标志是花芽分化。花的发育是一个非常复杂的过程，除形态上的巨大变化外，植物体内还发生一系列复杂的生理生化变化。植物生长的早期阶段，任何处理都不能诱导开花，此阶段称为幼年期，幼年期完成后（即花熟状态）才能感受环境刺激诱导开花。春化作用是低温促进植物开花的作用。低温是大多数植物（如芹菜、胡萝卜、白菜、天仙子、冬小麦、冬黑麦等）花诱导的必需条件。我国北方农民采用的“闷麦法”、“七九麦”就是利用这个原理。光周期对花诱导有极显著影响，光周期类型、光周期诱导的机理、光敏素在成花诱导中的作用等光周期理论，在指导引种和育种、调控植物生长、缩短或延迟植株的开花过程等生产实践中具有重要的意义。果实在成熟过程中，由外观到内部均发生了一系列的变化，如乙烯的产生和呼吸速率、贮藏物质、色泽、风味的变化等，表现出特有的色、香、味，使果实达到最适于食用的状态。衰老是植物体生命周期的最后阶段，是成熟的细胞、组织、器官和整个植株自然地终止生命活动的一系列衰败过程。衰老的结果是导致死亡，这是自然界生命发展的必然规律。衰老不同于老化，老化是指有机体发育进程中，在结构和生理功能方面出现进行性的衰退变化，其特点是机体对环境的适应能力逐渐减弱，但不立即死亡。脱落是指植物器官自然离开母体的现象，包括正常脱落、胁迫脱落、生理脱落三类。胁迫脱落与生理脱落都属于异常脱落。在生产上，有时需要减少器官脱落，有时需要促进器官脱落，因此采取必要措施控制器官脱落具有重要意义。

专项实训

一、名词解释

植物生长物质　植物激素　植物生长调节剂　植物生长延缓剂　三重反应　生长发育　分化　生长大周期　协调最适温度　植物的运动　感夜性　春化作用　春化处理　光周期现象　长日植物　短日植物　日中性植物　临界日长　临界暗期　呼吸跃变　衰老

二、填空题

1. IAA 贮藏时必须避光是因为________。

2. 干旱、水淹对乙烯的生物合成有________作用。

3. 五大类植物激素中促雌花分化的是________，防衰保绿的是________，催熟的________，催休眠的是________。

4. 下列情况应选用哪些植物生长物质：诱导插枝生根________；种植无籽葡萄________；除去双子叶杂草________。

5. 种子萌发必须有适当的外界条件，即________、________、________，有些种子萌发还需要________。

6. 种子萌发可分为________、________和________三个阶段。

7. 缺水时，根冠比________；N 肥施用过多，根冠比________；温度降低，根冠比________。

8. 植物随光的方向而弯曲的能力，称为________。

9. 植物在达到花熟状态之前的生长阶段称为________。

10. 根据所要求春化条件的不同，一般可将小麦分为________、________和________三种类型。

11. 一般来说，冬性越强，要求的春化温度________，春化时间________。

12. 对大多数要求低温的植物来说，最有效的春化温度是________。在一定期限内，春化的效应会随低温处理时间的延长而________。

13. 除了低温这一主要条件外，春化作用还需要________、________和作为呼吸底物的________等条件。

14. 植物光周期的反应类型主要有3种：________、________和________。

15. 植物成花诱导中，感受光周期诱导和低温的部位分别是________和________。

16. 光敏色素对成花的作用与Pfr/Pr有关，其中，短日植物要求该比值________于一定的阈值，而长日植物要求该比值________于一定的阈值。

17. 要想使菊花提前开花可对菊花进行________处理，要想使菊花延迟开花，可对菊花进行________处理。

18. 短日植物南种北引，则生育期________，若要引种成功，应引用________品种；长日植物南种北引，则生育期________，应引用________品种。

19. 最早提出有关成花素的假说的学者是________。

20. 光周期还影响植物的育性，如湖北光敏感核不育水稻在短日（小于14 h光照）下花粉________，在长日（大于14 h光照）下花粉________。

三、单项选择题

1. 促进叶片气孔关闭的植物激素是（　　）。

A. IAA　　B. GA　　C. CTK　　D. ABA

2. 组织培养中，愈伤组织分化根或芽取决于培养基中下列哪两种激素的比例？（　　）

A. CTK/ABA　　B. IAA/GA　　C. CTK/IAA　　D. IAA/ABA

3. 在逆境条件下植物体内脱落酸含量会（　　）。

A. 减少　　B. 增多　　C. 变化不大　　D. 不确定

4. 由外部环境中有一定方向的刺激所引起的运动叫（　　）运动。

A. 向性　　B. 感性　　C. 趋性　　D. 生物钟

5. 花生、大豆等植物的小叶片夜合昼开，含羞草叶片受到机械刺激时成对合拢。像这样由外部的无定向刺激引起的运动称为（　　）运动。

A. 向性　　B. 感性　　C. 趋性　　D. 生物钟

6. 产于新疆的哈密瓜比种植于大连的甜，主要是由于（　　）。

A. 光周期差异　　B. 温周期差异　　C. 土质差异　　D. 降水差异

7. 树木的冬季休眠主要是由（　　）引起的。

A. 低温　　B. 缺水　　C. 短日照　　D. 干旱

8. 早春栽培蔬菜时，用地膜覆盖地表，主要是为了（　　）。

A. 防止杂草丛生　　B. 防止太阳辐射　　C. 提高地温　　D. 防止水分蒸发

9. 将北方的冬小麦引种至广东栽培，结果不能抽穗结实，主要原因是：（　　）。

A. 日照短　　B. 气温高　　C. 雨水多　　D. 光照强

10. 多数植物感受低温诱导后产生的春化效应，可通过（　　）传递下去。

A. 细胞分裂　B. 嫁接　C. 分蘖　D. 种子

11. 多数植物通过光周期诱导后产生的效应，可通过(　　)传递下去。

A. 细胞分裂　B. 嫁接　C. 分蘖　D. 种子

12. 春化作用的感受部位是(　　)。

A. 叶片　B. 叶鞘　C. 茎尖生长点　D. 根系

13. 暗期中如给予光间断处理，则被促进开花的植物是(　　)。

A. LDP　B. SDP　C. DNP　D. LDP 或 DNP

14. 光周期刺激的感受部位是(　　)。

A. 叶片　B. 顶芽　C. 叶子和顶芽　D. 根

15. 利用暗期间断抑制短日植物开花，下列(　　)最有效。

A. 红光　B. 蓝紫光　C. 远红光　D. 绿光

16. 用环割处理证明，光周期诱导产生的开花刺激物质主要是通过(　　)向茎生长点运输的。

A. 木质部　B. 胞间连丝　C. 韧皮部　D. 细胞间隙

17. 以 12 h 作为短日植物和长日植物的临界日长的假定是(　　)。

A. 正确的　B. 可以的　C. 不正确的　D. 基本正确的

四、判断题　在后面的括号里对打√错打×

1. 营养器官长得越旺盛，生殖器官就发育得越好。(　　)
2. 生物钟是植物(生物)内源节律调控的近似 24 h 的周期性反应。(　　)
3. 生长的最适温度是指生长最快的温度，对健壮生长来说，也是最适宜的。(　　)
4. 光对植物茎的伸长有促进作用。(　　)
5. 根没有顶端优势。(　　)
6. 有些多年生木本植物的幼年期要几十年。(　　)
7. 冬小麦不经春化处理在春天播种，可以正常开花结实。(　　)
8. 现已从春化植株中分离鉴定出能引起春化作用的春化素物质来。(　　)
9. 若在光期中插入一短暂的暗期，对长日植物和短日植物的开花反应都没有什么影响。(　　)
10. 长日植物天仙子和短日植物烟草嫁接，无论在长日照或短日照条件下两者都不能开花。(　　)
11. 大豆是在子叶伸展期才开始对光周期表现敏感。(　　)
12. 将南方的大豆放在北京地区栽培，开花会推迟。(　　)
13. 若给予菊花遮光缩短光照处理，则可提前至夏季开花。(　　)
14. 南麻北种可使麻秆生长较长，提高纤维产量和质量，种子也能及时成熟。(　　)
15. 冬小麦、冬黑麦等一年生冬性植物只有在营养体生长时期才能通过春化诱导。(　　)
16. 湖北光敏核不育水稻在短日下可育，在长日下不育。(　　)
17. 较大的昼夜温差条件对许多植物的雌花发育有利。(　　)

五、问答题

1. 试举例说明生长素类物质在生产上的应用。
2. 生产上常用的植物生长调节剂有哪些？应用植物生长调节剂的注意事项有哪些？

3. 植物生长调节剂常用的施用方式有哪些？
4. 引起种子休眠的原因有哪些？如何打破种子的休眠？
5. 植物生长为何表现出生长大周期的特性？了解生长大周期对生产有何指导意义？
6. 解释“旱长根、水长苗”现象的生理原因。

Project 3

逆境生理

植物的正常生长离不开适宜的环境条件，然而植物的一生完全生活在绝对舒适的环境中是极其少见的，各种环境污染、自然灾害、土壤的盐碱化，以及病虫侵染仍是限制植物生长发育的重要因素。因此，研究植物在逆境条件下的生长发育规律及其抗性生理，对于培育出一些能适应不良环境条件的优良作物品种意义重大。

一、逆境及植物对逆境的适应性

(一)逆境的概念及种类

逆境又叫胁迫，是指对植物生长发育不利的各种环境因素的总和。逆境可分为生物因素逆境和理化因素逆境两大类。其中生物因素主要指病害、虫害和杂草等。理化因素主要包括四个方面：一是化学方面，包括农药、化肥的副作用；盐碱地；大气污染、水体污染、土壤污染等。二是温度方面，包括冷害、冻害、热害。三是水分方面，包括旱害和涝害。四是物理方面，包括风害、冰雹、雷电等。各种逆境对植物的生长发育会带来或大或小的伤害。

(二)植物对逆境的适应

植物在对逆境的逐步适应过程中形成自己的抗性。植物的抗性主要有两种形式：逆境逃避和逆境忍耐。

植物通过各种方式屏拒逆境对植物组织施加的影响，但植物组织本身并不在能量或代谢方面产生相应的反应，这种抵抗方式叫逆境逃避。如沙漠中的一些短命植物通过调整生长周期来避开某一季节对它的不利影响；或者通过自身形态结构的改变来降低逆境的影响，如植物靠厚的角质层或叶片在阳光下的卷缩以屏拒干旱对其的影响。植物通过代谢变化来阻止、降低甚至修复由逆境造成的损伤，使其维持正常的生理活动，这种抗性叫作逆境忍耐。如一些苔藓植物能在岩石上极度干旱的环境中生存，而有些细菌和藻类能在70～80℃的温泉中存活。实际上，植物对逆境的抵抗往往具有双重性，某一逆境范围内植物可能表现为逆境逃避，超出某一范围时又表现出耐性抵抗，所以这两种抗性有时并不能截然分开。

二、植物的抗寒性

低温对植物造成的伤害称寒害。根据低温的程度和植物受害情况，寒害可分为冻害和冷害。植物对低温的适应和抵抗能力称为抗寒性，可分为抗冷性和抗冻性。

(一)冷害与植物的抗冷性

1.冷害及其症状

喜温植物遭受0℃以上低温的伤害称为冷害。原产于热带或亚热带的植物，常常遭受冷害。如原产热带的香石竹、天竺葵等若遇10℃以下温度就会发生冷害。在我国冷害经常发生在早春和晚秋作物上，主要危害作物幼苗和籽粒或果实。如水稻、棉花、玉米在春天播种后，常遇0℃以上低温的危害，造成死苗或生长缓慢；晚稻灌浆期若遇晚秋寒流，就会产生较多空秕粒。早春寒流还会危害很多果树的花芽，引起结实率降低。一些起源于热带、亚热带的果实(荔枝)或贮藏器官(甘薯)，贮藏期间遇低温也会引起冷害，导致局部坏死，品质降低。

根据植物对冷害反应的速度,冷害可分为两种:一种是直接伤害,即植物受低温影响几小时,至多在一天内即出现伤斑,说明这种影响已侵入胞内,直接破坏原生质活性。另一种是间接伤害,即植物遭受低温后,形态上表现正常,至少要在几天甚至几周才出现组织柔软、萎蔫现象。这是因低温引起代谢失常后生理生化的缓慢变化而造成的伤害,而不是低温直接造成的损伤,这种伤害现象较为普遍。

植物遭受冷害后最明显的症状表现为:生长速度变慢,叶片变色,有时出现色斑。例如,水稻苗期遇低温后,幼苗叶片从尖端开始变黄,严重时全叶变为黄白色,幼苗生长极为缓慢或者生长停止,被称为"僵苗"或"小老苗"。玉米遭受冷害后,幼苗呈紫红色,其原因是糖的运输受阻,导致花青素增多。木本植物受冷害会表现出芽枯、顶枯、破皮流胶及落叶等现象。

2. 抗冷性及提高植物抗冷性的途径

抗冷性是指植物对0℃以上低温的抵抗和适应能力。在生产实际中提高抗冷性一般有以下几种途径:

1)低温锻炼

低温锻炼是个很有效的途径,因为植物对低温的抵抗完全是一个适应的过程。多数植物如预先给予适当的低温锻炼,以后即可经受更低温度的影响而不致受害。如黄瓜、番茄、茄子等幼苗,由温室移至大田栽培之前,先经2～3 d的10℃低温处理,栽后可抗3～5℃低温。玉米、黄豆种子春播时,播前浸种并经适当低温处理,播后苗期抗寒力明显提高。经过锻炼的幼苗,细胞膜内不饱和脂肪酸含量提高,膜的结构与功能稳定,膜上酶及ATP含量增加。

2)化学药剂诱导

一些植物生长调节剂及其他化学药剂可诱导提高植物的抗冷性。如用矮壮素处理水稻、玉米幼苗,可提高其抗冷性。2,4-D、KCl等喷于瓜类叶面可保护其不受低温危害。细胞分裂素、脱落酸等植物激素也能提高植物的抗冷性。

3)培育抗寒品种

通过遗传育种手段培育抗寒性强的或开花期能避开冷害季节的优良品种,可减轻冷害对植物的伤害。

4)其他措施

营造防风林、增施牛羊粪、多施磷钾肥、覆盖有色薄膜、铺草等措施,均有助于提高植物的抗冷性。

(二)冻害与植物的抗冻性

1. 冻害及表现

受0℃以下的低温侵袭,植物组织因结冰而引起的伤害称为冻害。冻害有时伴随着降霜,因此也称霜冻。冻害在我国发生较普遍,尤以东北、西北的晚秋与早春以及江淮地区的冬季与早春时节,易出现寒潮入侵,气温骤降,造成果树林木及冬季作物的严重冻害。植物是否遭受冻害主要取决于降温幅度、降温持续时间以及解冻是否突然。降温幅度愈大,霜冻持续时间愈长,解冻愈突然,对植物的危害愈严重。冻害发生的临界温度与植物种类、器官、生育期及生理状态有关。大麦、小麦、苜蓿等越冬作物一般可忍受－7～－12℃的严寒;白桦、颤杨和网脉柳可以经受－45℃以下的严冬而不死;有些种子可经受短期内－100℃以下低温冷冻仍保持发芽能力。

实际上,冻害就是冰晶的伤害。组织结冰有细胞间结冰和细胞内结冰两种类型。胞间结冰并不一定使植物死亡。胞内结冰时除了在细胞间隙结冰外,细胞内的水分也形成冰晶。胞内结冰破坏了细胞质的结构,常给植物带来致命的损伤,甚至死亡。植物受冻害时,叶片就像烫伤一样,组织柔软、叶色变褐,最终干枯死亡。树木常表现为树干黑心、树皮树干冻裂、休眠花芽冻伤。花芽受冻后其内部变褐,初期从表面不易鉴定,只看到芽鳞松散,到后期芽不萌发,干缩枯死。

2.提高植物抗冻性的措施

植物对冻害的抵抗和适应能力,称为植物的抗冻性。冻害对树木及越冬作物的威胁很大,严重时常导致数十年生大树冻伤或冻死,农作物大面积死亡。因此提高植物抗冻性,防止冻害的发生对农林生产意义重大。具体措施有:

1)抗冻锻炼

经过抗冻锻炼,可以人为地促进植物体内发生一系列生理生化变化,从而增强其抗冻能力。大田作物的抗冻锻炼主要包括两个阶段:一是加强田间管理,促进植物健壮生长,让作物利用入冬前的好天气进行旺盛的光合作用,积累越冬所需的营养物质(糖和氨基酸等),增加膜脂中不饱和脂肪酸的含量,这对防止生物膜的相变、稳定膜结构很重要。二是在晚秋稳定的低温条件下,控制田间灌水,使作物能够进行细胞间隙的正常脱水过程和原生质胶体状态的正常改变,并使植物组织中自由水含量减少,因而也减少了组织结冰的可能性。经过上述两个方面的锻炼,细胞原生质对不良条件的反应便会变得迟钝,抗冻能力自然就会显著提高。

2)栽培管理措施

秋播作物、强冬性品种应适时早播,利用秋高气爽、强光照等有利条件,培育健壮的幼苗,增强抗寒能力。春性强的品种,则不宜播种太早,否则冬前营养生长过旺,抗寒准备不足,易造成死苗。

寒流霜冻来临前实行冬灌、熏烟、盖草或设置风屏,改变作物生长的田间小气候,以抵御强寒流袭击。

合理施肥,施用有机肥,增施磷钾肥,用厩肥与绿肥压青,均可提高越冬作物和早春作物的抗寒能力。

另外,选育抗冻性强的优良品种,也是一个很好的农业及园林措施。

三、植物的抗旱性和抗涝性

(一)植物的抗旱性

1.干旱及其类型

水分过度亏缺的现象,称为干旱。干旱可分为土壤干旱、大气干旱和生理干旱三类。

大气干旱的特点是土壤水分并不一定缺乏,但由于高温和干风而导致空气相对湿度低,空气过度干燥,植物蒸腾失水超过根系吸水,于是体内水分平衡被打破,植物表现出暂时萎蔫,甚至叶枝干枯。“干热风”就是大气干旱的典型例子。我国西北、华北地区常有大气干旱发生。如果长期存在大气干旱,便会引起土壤干旱。

土壤干旱是指土壤中缺乏植物能吸收的有效水分,植物根系吸水不能补偿叶片蒸腾失水,植物组织处于缺水状态,不能维持其正常的生理活动而受到伤害,严重缺水则引起植物干枯死亡。

有时土壤并不缺水，大气也不干燥，但由于土壤通气不良、土温过低或土壤溶液浓度过高等原因，使根系无法正常吸水，从而造成植物水分亏缺，这种情况称为生理干旱。

2.干旱对植物的伤害

干旱对植物伤害的外在表现是萎蔫，即植物细胞失去紧张度，叶片和幼茎出现下垂的现象。萎蔫可分为暂时萎蔫和和永久萎蔫两种。夏季炎热的中午，蒸腾过强，水分暂时供应不上，叶片与嫩茎出现萎蔫，到了夜晚蒸腾减弱，植物又恢复原状，这叫暂时萎蔫。当土壤已无可供植物利用的水分，引起植物整体缺水，根毛死亡，即使蒸腾降低也不会恢复的萎蔫，称为永久萎蔫。永久萎蔫持续过久，会导致植物死亡。通常所说的旱害主要是指永久萎蔫对植物的伤害。

旱害的核心是原生质脱水，由此带来一系列的生理生化变化。首先是引起水分重新分配。植物水势低的部位会从水势高的部位夺水，地上部分从根系夺水，造成根毛死亡；蒸腾强烈的幼叶从老叶吸水，甚至进一步从其他幼嫩的分生组织和生长旺盛的组织夺水，因此干旱时一般受害较大的部位是幼嫩的胚胎组织以及幼小器官。所以，禾谷类作物幼穗分化时若遇干旱，小穗数和小花数将明显减少，若灌浆期缺水将籽粒不饱满，影响产量。其次是引起光合作用下降。由于叶片干旱缺水，导致脱落酸含量增加，气孔关闭，妨碍 CO_2 的供应，影响叶绿体对 CO_2 的固定，同时，缺水抑制了叶绿素的合成和光合产物的运输，也导致光合作用显著下降。此外，干旱还会引起蛋白质分解，导致叶片发黄，影响光合作用正常进行。蛋白质分解主要是形成脯氨酸，其积累量的多少是植物缺水程度的一个标志。

3.植物抗旱性的形态及生理特征

植物对干旱的适应能力称为抗旱性。一般抗旱性较强的植物，根系发达，根冠比大。如高粱的根深入土层 1.4～1.7 m，玉米的根深入土层 1.4～1.5 m，因此高粱就比玉米抗旱。较抗旱的植物叶片小而厚，叶片细胞体积较小，可以减少细胞胀缩时产生的细胞损伤。叶内维管束发达，叶脉致密，气孔数目多，茸毛多，角质层发达或蜡质较厚，这样的结构有利于对水分的贮藏和供应。

生理特征方面，抗旱性强的植物原生质有较大的弹性与黏性，细胞有很强的亲水能力。原生质的弹性与黏性主要表现在束缚水的含量上。凡是束缚水含量高，自由水含量低的植物则原生质黏性就大，保水力也较强，遇干旱时失水少。此外，细胞具有较高的黏性与弹性，还可防止细胞失水时的机械损伤。

4.提高植物抗旱性的措施

1)抗旱锻炼

让植物经受适度的干旱锻炼，可提高其对干旱的抵抗能力。农业生产上有很多锻炼方法。如播种前对萌动种子给予干旱锻炼，即让吸水 24 h 的种子在 20℃温度中萌动，然后风干，再进行吸胀、风干，如此反复进行 3 次，然后播种。经过如此锻炼之后，植株原生质的亲水性、黏性及弹性均有提高，抗旱性增强。在幼苗期适当控制水分供应，抑制地上部分生长，而促其根系发达，也可以增强对干旱的抵抗能力，这种措施在生产上俗称为蹲苗。但是蹲苗要适度，不能过分缺水，否则营养器官生长受到严重的限制，植株生长量不够，不利于产量的形成，甚至造成减产。蔬菜移栽前拔起让其萎蔫一段时间后再栽，即搁苗。甘薯剪下的藤苗，放置阴凉处 1～3 d 甚至更长时间后再扦插，即饿苗。以上措施均可提高植物抗旱性。

2)合理施肥

磷肥和钾肥能促进根系生长，提高根冠比，促进蛋白质的合成和提高原生质胶体的水合能力，增强抗旱能力。钾还能增加气孔保卫细胞的紧张度，使气孔张开有利于CO_2进入叶肉细胞促进光合作用。氮肥过多或不足对植物抗旱都不利。氮肥过多，枝叶徒长，蒸腾过强；氮肥少，植株生长瘦弱，根系吸水慢。硼的作用与钾相似，也能提高植物的保水能力和增加糖类积累。

3)使用生长延缓剂和抗蒸腾剂

矮壮素能适当抑制地上部分的生长，增大根冠比，减少蒸腾量，有利于植物抗旱。矮壮素、B_9等还能增加细胞的保水能力。脱落酸可使气孔关闭，减少蒸腾失水。抗蒸腾剂是一些能够降低蒸腾作用的化学药剂，包括成膜物质，喷于叶面，形成单分子薄膜，来减少蒸腾失水；光反射剂，对光形成反射，从而减少蒸腾；气孔抑制剂，可改变气孔开度，或改变细胞膜透性，达到降低蒸腾的目的。美中不足的是，成膜物质虽然降低了对水分子的透性，但也影响了CO_2的透性，使光合作用受到影响。

另外，也可通过系统选育、杂交、诱导等方法选育抗旱品种来提高植物的抗旱性。

(二)植物的抗涝性

水分过多对植物的伤害称为涝害。水分过多对植物的危害并不是水分本身带来的直接危害，而是由于水分过多引起植物缺氧，产生一系列间接的危害。如果解除了缺氧带来的伤害，植物即使在水溶液中培养也能正常生长。

1.水涝的类型及对植物的危害

一般水涝有两种类型，即湿害和涝害。

1)湿害

湿害是指土壤过湿、水分处于饱和状态，根系完全生长在沼泽化的泥浆中。一般旱田植物在土壤水饱和的情况下，就会发生湿害。湿害常常使植物根系生长受抑，甚至腐烂死亡，地上部分叶片萎蔫，严重时整个植株死亡。其发生原因如下：①土壤空隙充满水分，土壤缺乏O_2，根部呼吸困难，导致根不能正常吸水和吸肥。②土壤缺氧使土壤中的好气性细菌(如氨化细菌、硝化细菌和硫细菌等)的正常活动受阻，影响矿质的吸收；另一方面缺氧使嫌气性细菌活跃，导致土壤溶液偏酸，既影响植物对矿质的吸收，还会产生硫化氢和氨等一些有毒的还原产物直接毒害根部。

2)涝害

涝害指地面积水，使陆生植物的地上部分全部或局部被水淹。在低洼地带和河边，洪水或暴雨过后易发生涝害。涝害使植物生长发育不良，甚至导致死亡。其主要原因是：由于淹水而缺氧，致使无氧呼吸代替有氧呼吸，一方面使酒精、乳酸大量积累，代谢紊乱；另一方面贮藏物质大量消耗而产生能量少，从而降低根系对水分和矿质的吸收。由此导致地上部分光合作用下降或停止，分解大于合成，植物生长受抑，轻者导致产量下降，重者引起植株死亡、颗粒无收。

2.植物的抗涝性及抗涝措施

1)植物的抗涝性

植物对积水或土壤过湿的适应或抵抗能力叫抗涝性。不同植物抗涝能力不同，如油菜比番茄、马铃薯耐涝，柳树比杨树耐涝。同一植物在不同生育期抗涝能力也不同，如水稻一生中在孕穗期最易受涝害，拔节抽穗期次之，分蘖期和乳熟期较抗涝。孕穗期是花粉母细胞及胚囊母细胞减数分裂期，如果此时稻苗地上部淹水，就可破坏花粉母细胞发育，使大量的籽粒空瘪。

不同植物耐涝程度之所以不同，主要是对缺氧的耐力不同，这主要取决于两个因素：一是通气组织的发达程度，另一个是代谢上抗缺氧的能力。例如，水稻之所以比小麦耐涝，是由于水稻地上部分向地下部分运送 O_2 的通道比小麦的发达，能把地上部所吸收的 O_2 顺利地运输到淹在水中的根系。这种通气组织主要是皮层中的细胞间隙系统，从叶片一直连贯到根。水稻幼根的皮层细胞间隙要比小麦大很多，且水稻老根皮层细胞内形成特殊的通气组织即气腔，而小麦老根没有这一结构。从代谢方面看，抗涝植物在淹水时，不是发生无氧呼吸，而是通过改变呼吸途径，如戊糖磷酸途径占优势，从根本上消除有毒物质的积累，从而避免根细胞中毒。

2)抗涝措施

防治涝害的根本措施如下：①给地势低洼地段填土，提高种植平面，或者开排水沟，降低水位。②起垄种植，起到抬高地势的作用。③对通透性较差的黏性土壤，在深翻过程中，在施用有机肥的同时，可掺入适量粗砂来改良，预防和减少水涝危害。④选择耐涝的品种，在易积水地段，尽可能选择抗涝性强的品种，但需要注意的是它们只是耐涝品种，并不是水生植物，不宜种植在长期水淹的地方。

涝害发生后，应及时排涝，同时结合洗苗，洗除粘在叶面上的泥沙，防止堵塞气孔，影响气体交换。还应适时施用速效肥料(如喷施叶面肥)，使植物迅速恢复生机。

四、植物的抗盐碱性

我国盐碱土主要分布在西北、华北和东北平原的低地、湖边以及沿海地带。土壤中盐类以氯化钠和硫酸钠为主时，这两种盐类聚集在土壤表层，形成白色盐结皮，称为盐土。当土壤中含可溶性盐少，而富含碳酸钠和碳酸氢钠时称碱土。但因盐土和碱土常混合在一起，所以习惯上称为盐碱土。我国的盐土分布较广，碱土仅是零星分布。在春旱时，弱盐土地表常呈现一片白色盐霜，影响作物出苗或出全苗。

(一)土壤盐分过多对植物的危害

土壤中盐分过多对植物生长发育造成的危害称为盐害。盐害主要表现在以下几个方面：

1. 引起植物生理干旱

盐分过多，使土壤溶液水势降低，导致植物吸水困难，甚至体内水分外渗，造成生理干旱。所以，盐碱土中的种子萌发延迟或不能萌发，植株矮小，叶色暗绿，表现出干旱的症状。

2. 发生营养失调与单盐毒害

一般盐碱土中钠离子含量较高，由于钠离子的竞争，植物对钾、磷和其他营养元素的吸收减少，而且磷的转运也受到抑制，使植物发生离子的平衡失调，影响植物正常生长。同时，当土壤溶液中某种离子含量过剩时，土壤溶液的生理平衡被打破，可能会对植物产生单盐毒害作用。

3.造成生理代谢紊乱

盐分过多使植物呼吸作用不稳定。盐分过多会使菜豆、豌豆、大豆和葡萄的蛋白质合成严重受阻，而贮藏蛋白质的水解加快，造成氮代谢失调，有毒物质积累。盐分过多也抑制植物的光合作用。因为受盐害的植物叶绿体趋向分解，叶绿素被破坏，叶绿素和胡萝卜素的生物合成受干扰；同时还会关闭气孔。高浓度的盐分，使细胞原生质膜的透性加大，从而干扰代谢的调控系统，使整个代谢紊乱。

4.危害植物组织

土壤含盐量过高还会直接伤害植物组织，尤其在干旱季节，盐类大量积累在土表会使幼苗的胚轴和根茎交界处组织受到伤害。

（二）植物的抗盐性及提高途径

1.植物的抗盐性

植物的抗盐性是指植物对盐分胁迫的适应能力，主要有避盐性和耐盐性两方面。避盐性是指植物在体内建立起某种屏障、机能或机构，部分地阻止盐分进入体内或体内某一部分；或者在盐分进入植物体后，再以某种方式将盐分排出体外，以保证其正常的生理活动。耐盐性是指植物允许盐分进入体内，但它们可通过不同的生理途径忍受或部分忍受盐分对它们的影响而不受害。植物对盐分胁迫的抗性主要通过四种方式：排盐、聚盐、稀盐和拒盐。

1）排盐

排盐也叫泌盐。像柽柳、匙叶草等这些植物，它们常生长在盐碱地，虽然根吸收了大量的盐分，但不会在体内积存。因为它们的茎叶表面有盐腺，能将根吸收的盐分分泌到体外，然后被风吹落或雨淋洗，因此不易受害。

2）聚盐

有些植物的细胞能将根吸收的盐离子收集并贮藏在液泡内，一方面可消除其毒害，另一方面由于细胞内积累了大量盐离子，提高了细胞液浓度，降低细胞水势，可促进细胞吸水，因此能在盐碱土上生长，如盐角草、碱蓬等。

3）稀盐

还有一类生长在盐渍土上的植物，虽然从环境中吸收大量的盐分，但它们生长迅速，代谢旺盛，根系吸收的大量水分能将盐分稀释到不发生毒害的水平，从而避免盐分胁迫。

4）拒盐

有些植物的根细胞对某些离子的透性降低，尤其是在周围介质盐类浓度增高时，能稳定地保持对离子的选择透性，不让外界的盐分进入植物体内。

根据植物抗盐性不同，可将其分为盐生植物和非盐生植物。常见的盐生植物有盐角草、盐地碱蓬、柽柳、紫穗槐、滨藜等。栽培植物中没有真正的盐生植物，只是抗盐能力有所差别。如甜菜、高粱等抗盐能力较强，水稻、向日葵、小麦等抗盐能力较弱，荞麦、亚麻、豆类等抗盐能力最差。植物不同生育时期对土壤盐分的耐受性不同，有时某一浓度对幼苗有害，而对成熟植株危害较轻。如番茄在生长初期抗盐性低，以后逐渐增加，在现蕾和开花期又下降，开花后期则稍有增加。而水稻在分蘖期和拔节期耐盐能力较弱，抽穗后较强。

2.提高植物抗盐性的对策

1）抗盐锻炼

植物的耐盐性可因锻炼而提高。播前用盐浓度逐步提高的溶液处理种子，然后播种萌发，会使其体内发生一系列变化，从而提高抗盐性。如棉花种子依次在不同浓度（0.3%、0.6%和1.2%）的NaCl溶液中各浸12 h，抗盐性明显提高。

2）选育抗盐品种

通过对现有植物物种进行耐盐性筛选，或者通过品种间杂交等传统育种手段与转基因育种相结合选育抗盐品种在盐渍地种植，既能改良土壤又有一定的经济效益。

3）改良土壤，合理灌溉

盐渍土栽培，一定要多施有机肥，尽量少施或不施化肥。有机肥含有大量的有机质，对土壤中的有害阴、阳离子起缓冲作用，有利于发根、促苗。还可通过种植绿肥或秸秆还田等培肥土壤。其次，可适时深耕以利压盐；适时耙地以疏松表土，切断土壤毛细管，减弱土壤水分蒸发，有效地控制土壤返盐。合理灌溉也是改良盐渍土壤的重要环节，播种前，可大水漫灌，泡田洗盐。

4）使用植物激素

一些植物激素可以抵消盐分胁迫，提高植物抗盐性，促进植物生长。如赤霉素可以抵消盐分对菜豆光合作用及物质运输的影响；细胞分裂素处理植物种子可增强幼苗的抗盐性；低浓度的脱落酸可诱导气孔关闭，以减少蒸腾作用和盐的被动吸收，改善细胞对盐的适应能力。

五、环境污染对植物的影响与应用

随着经济的飞速发展，各种人类活动所排放的废渣、废气和废水越来越多，扩散范围越来越广，再加上现代农业大量施用农药化肥所残留的有害物质，给地球上的土壤、水体、大气及生物圈带来严重的污染。环境污染不仅危害人类的健康与安全，也对植物的生长发育带来严重影响。

（一）大气污染

环境污染中对植物危害最大、人们研究最多的是大气污染。造成大气污染的因素很多，最常见的是硫化物、氧化物、氯化物、氮氧化物、粉尘和光化学烟雾等。据统计，每年排入空气的污染物总量达6亿t以上，而且有些污染物在空气中即使含量很低时，也会对农业生产造成严重危害。

1.大气污染对植物危害的类型和方式

因为植物有庞大的叶面积与空气接触并进行活跃的气体交换，所以植物易受大气污染危害。大气污染对植物的危害可分为可见性伤害和不可见性伤害。可见性伤害是由于植物茎叶吸收较高浓度的污染物或长期暴露在被污染的大气环境中而出现的可以看见的受害症状。可见性伤害根据受害程度又可分为急性伤害、慢性伤害和混合型伤害三种情况。

急性伤害是指在较高浓度污染物的作用下，短时间（几小时、几十分钟或更短）内所发生的危害。叶组织受害时最初呈灰绿色，然后转变成绿色的油渍或水渍斑，或者直接使叶片枯萎脱落。慢性伤害是由于长期接触低浓度的污染物而造成的危害，往往是逐步破坏叶绿素的合成，使叶片褪绿、变小、畸形或加速衰老，有时在芽、花、果上会有伤害症状。混合型伤害是介于急性伤害与慢性伤害之间的受害症状，一般叶片出现黄白化现象，以后虽可恢复青绿，但会造成普遍减产。不可见伤害是在低浓度污染物影响下，植物外部不表现出明显的受害症状，生长发育基本正常，只是由于有害物质积累使代谢受到影响，导致植物品质和产量下降。

大气污染危害植物的主要部位是叶片。雌蕊的柱头也很易受污染物伤害，因而造成受精不良，空秕率提高。植物的其他暴露部分，如芽、嫩梢等也可受到影响。有害气体进入植物体的主要途径是气孔。在白天 CO_2 进入的同时，有毒物质也进入植株。有的气体如二氧化硫可以直接控制气孔运动，促使气孔张开，增加叶片对二氧化硫的吸收，而臭氧可促使气孔关闭。另外，氟化氢和氯化氢进入叶肉的主要途径是角质层。

2.主要污染物对植物的危害

1)二氧化硫

虽然少量的硫是植物生长所必需的，但如果大气中二氧化硫浓度过高，会造成植物体内高浓度的亚硫酸根离子的累积，使植物受到损害。小麦受二氧化硫危害的典型症状是麦芒变成白色，很低的浓度就会表现出症状，所以白麦芒可以作为鉴定有少量二氧化硫存在的标志。水稻受二氧化硫危害时，叶片变成淡绿或黄绿色，上面有小白斑，随后全叶变白，叶尖卷缩萎蔫，茎秆、稻粒也变白，形成枯熟，甚至全株死亡。不同蔬菜受害叶片上呈现不同颜色的色斑，如百合科的葱、蒜、韭菜叶片上呈现黄色斑块，萝卜、白菜出现白斑，茄子、马铃薯、胡萝卜叶面呈现较深的褐斑，蚕豆叶片出现黑斑等，果树叶片受害时多呈白色或褐色。同一种植物，嫩叶最易受害，老叶次之，未充分展开的幼叶最不易受害。

2)氟化物

大气中排放量最大、毒性最强的氟化物是氟化氢。氟化氢被植物叶子吸收以后，叶绿素会受到伤害，光合作用长时间受到抑制，或使某些酶钝化，失去活性。叶子中若有胶状物硅酸存在，则由于硅氟结合形成难溶性的硅氟化合物，积累在受害部位。植物受到氟化物气体危害时，出现的症状与 SO_2 受害的症状相似，叶尖、叶缘出现伤斑，受害组织与正常组织之间常形成明显的红色或深褐色的边界线，然后逐渐向内发展，受害严重的也会使整个叶片枯焦脱落。稻、麦类受害后表现为叶片部分失绿，杏、桃叶片表现为全失绿，番茄叶片呈土褐色，棉花叶片呈浅褐色。一般未成熟叶片易受损害，枝梢常枯死。氟化氢是一种积累性中毒的大气污染物，可通过植物吸收积累进入食物链，在人和动物体内蓄积达到中毒浓度，从而使人畜受害。在氟污染区里，常常见到果树不结果，粮食作物、蔬菜生长不良，耕牛生病甚至死亡。

3)氯气

化工厂、农药厂、冶炼厂等在偶然情况下会逸出大量氯气。氯气进入植物组织后产生次氯酸，是一种较强的氧化剂，很快破坏叶绿素，急性中毒症状表现为部分组织坏死。在同样浓度下，氯气对植物组织的伤害程度不及氟化氢强烈，但比二氧化硫重 2～4 倍。氯气危害植物的症状是：叶尖黄白化，渐及全叶，伤斑不规则，边缘不清晰，伤斑呈褐色，严重时全叶漂白、枯卷，甚至脱落。对氯气敏感的植物有大白菜、向日葵、烟草、芝麻、洋葱等；抗性比较强的植物有谷子、玉米、高粱、茄子、洋白菜、韭菜等。在容易发生氯气危害的地方，可以考虑种植抗性强的植物。

4)臭氧

汽车尾气及石油化工企业产生的废气中含有烯烃类碳氢化合物和氮氧化物，被排放到大气中后，在强烈的太阳紫外线照射下，会发生各种化学反应，生成有害的浅蓝色烟雾即光化学烟雾。臭氧是光化学烟雾中的主要成分，所占比例最大，氧化能力极强。臭氧可以使葡萄糖氧化，含糖较多的植物对它的抵抗力较小。菠菜、烟草、菜豆、洋葱等是对臭氧敏感的植物。臭氧从叶背的气孔进入，通过周边细胞与海绵组织细胞间隙，到达栅栏组织后停止移动，并使栅栏组织细胞和上表皮细胞受害，然后再侵害海绵组织细胞，形成透过叶片的坏死斑点。臭氧伤害的典型症状是在叶面上出现密集、细小的斑点，有的植物上表皮出现褐色、红色或紫色斑点，严重的大面积出现失绿斑块。

5)粉尘

大气污染物除多种有害气体外，还有大量的悬浮在空气中的微细固体颗粒，称为粉尘。工矿企业烟囱和内燃机排放的废气中含有大量的粉尘。粉尘中大于10 μm的颗粒称为降尘，它常在污染源附近降落，覆盖在各种植物的嫩叶、新梢与果实等柔嫩组织上形成污斑。幼果受害以后污染部分组织将木栓化，果皮变得粗糙，使其商品价值下降；成熟果实受害后容易引起腐烂，损失更大。叶片常因粉尘积累过多或积聚时间太长，阻碍植物的光合作用、呼吸作用、蒸腾作用和吸收作用，影响植物的生长发育。同时，植物易遭受附着在粉尘上的病菌的感染，使植物生长不良，甚至死亡。

3.大气污染危害植物的特点

大气污染危害植物的症状常常容易和病虫害、冻害、旱害、药害以及营养不良等原因引起的症状表现互相混淆，我们可以根据大气污染危害植物的特点加以鉴别。

1)呈现明显的方向性

植物受大气污染伤害具有明显的方向性，常与风向有密切关系。当高浓度的有害气体使植物发生急性危害时，污染源的下风向会发生明显伤害，植物的受害范围与有害气体的扩散范围相吻合，受害植物往往呈条状或扇面状分布。当发生慢性危害时，主导风向的下风向植物受害程度重于其他方位的受害程度，最先出现症状。树木受害时其面向污染的部分比背向部分严重。

2)植物受害程度与距离污染源远近密切相关

大气污染常以污染源为中心扩散到周围几十公顷地区，一般距离越近，受害越重。但如果污染源的烟囱很高，则有害气体最近落地点以内的地区反而没有稍远的地方严重，且越近受害越轻。有害气体在扩散途中，如遇高大建筑物、乔木树丛、小山丘、田埂等障碍，则障碍物后面的植物可以免受气体的毒害，而障碍物前面的植物受害程度通常会加重，二者形成明显的对比。

(二)水体污染

水体通常指地表水体，如溪流、江河、池塘、湖泊、水库、海洋等，广义的水体也包括地下水体。水体污染是指工业废水、生活污水和其他废弃物进入江河湖海等水体，超过水体自净能力所造成的污染。水体污染的来源主要包括工业废水和生活污水，再加上大气污染物质、矿山残渣、残留化肥农药等被雨水淋溶进入水体。水体污染物多种多样，如重金属、洗涤剂、无机盐类、酚类、氰化物、有机酸、含氮化合物、漂白粉、油脂、染料等。水体污染不仅危害人类健康，而且危害水生生物资源，影响植物的生长发育。

1.酚类化合物

水体中酚的主要来源是冶金、炼焦、石油化工和塑料等工业中排放的废水。城市生活污水中的粪便以及含氮有机物的分解也会产生酚。经过回收处理后的废水酚含量一般不高，有些地区利用处理后含酚量很低的废水进行农田灌溉，不仅未见危害农作物和蔬菜的生长，而且还促进小麦、水稻、玉米植株健壮生长，叶色浓绿，产量提高。但利用酚类化合物浓度过高的废水灌溉时，农作物表现出植株矮小、根系发黑、叶片瘦小、叶色灰暗等生长不良现象。废水中酚类化合物浓度过高会阻碍植物对水分和养分的吸收及光合作用的进行，使结实率下降，产量降低，严重时植株会干枯以致造成颗粒无收。

2.氰化物

氰化物是剧毒物质，水体中的氰化物主要来自工业排放的含氰废水，如电镀废水、焦炉和高炉的煤气洗涤冷却水、化工厂的含氰废水以及选矿废水等。当用含氰量达到 50 mg・L^{-1} 的废水灌溉水稻、小麦时，其生长就会明显受到抑制，植株低矮，分蘖减少，根短而稀，叶鞘和茎秆有褐色斑纹，水稻成熟期推迟，千粒重下降，空秕粒多，产量降低 20%左右；当灌溉水含氰量达到 100 mg・L^{-1}时，水稻就会完全停止生长，稻苗逐渐干枯死亡。

植物不同生育期对氰化物累积情况不同，如在水稻、小麦分蘖期灌溉，氰化物多集中于叶片，在籽粒中积累的可能性小；若在灌浆期灌溉，氰直接转移到生长最旺盛的部位或籽粒中的可能性较大，并在这些部位形成各种衍生物而被贮藏起来。因此，若在生产上利用含氰污水灌溉水稻、小麦，宜在生长前期进行。

3.三氯乙醛

在生产滴滴涕、敌百虫、敌敌畏的农药厂、化工厂的废水中常含有三氯乙醛。用含三氯乙醛的污水灌溉农田，常使作物发生急性中毒，造成严重减产。单子叶植物对三氯乙醛的耐受能力较低，其中以小麦最为敏感，三氯乙醛是对小麦生长危害最大的水体污染物。若种子受害，萌发时第一片叶不能伸长；若苗期受害，叶色深绿，植株丛生，新叶卷皱弯曲，不发新根，严重时全株枯死；若孕穗期与抽穗期受害，旗叶不能展开，紧包麦穗，致使抽穗困难。

其他如甲醛、洗涤剂等水体污染物对植物的生长发育都会造成严重伤害。

(三)土壤污染

当土壤中有害物质过多，超过土壤的自净能力，引起土壤的组成、结构和功能发生变化，微生物活动受到抑制，有害物质或其分解产物在土壤中逐渐积累，进而造成农作物中某些指标超过国家标准的现象，称为土壤污染。土壤污染除导致土质变坏，农作物产量和品质下降外，更为严重的是土壤对污染物具有富集作用，一些毒性大的污染物，如汞、镉等通过食物链传递而在人和畜禽体内积累，危害人和畜禽健康。

1.土壤污染的主要途径

1)工业“三废”对土壤的污染

工业“三废”是指废气、废水、废渣。由于人口急剧增长，工业迅猛发展，生产过程中产生的固体废物不断向土壤表面堆放和倾倒，有害废水不断向土壤中渗透，大气中的有害气体及飘尘也不断随雨水降落在土壤中，导致了土壤污染。进入土壤的工业“三废”对于土壤的结构、酸碱度都有很大影响，加上一些有毒物质的积累，使土壤生产力下降甚至完全失去耕作价值。

2)农药、化肥对土壤的污染

农药中的有机氯类化合物易残留在土壤中，大量或长期施用易造成土壤污染。化肥生产中，由于矿源不清洁，也可带来少量的有害矿质元素。如磷肥生产用到的工业磷矿中往往含有砷和氟，长期大量施用磷肥，可造成土壤中砷和氟的严重污染和残留。

施用石灰氮肥料(氰氨基化钙),可造成土壤中双氰胺、氰酸等有毒物质的暂时残留,有害于农作物的生长及土壤的硝化过程。

2. 土壤污染对植物的影响

土壤中的污染物超过植物的忍耐限度,会引起植物的吸收和代谢失调;一些污染物在植物体内残留,会影响植物的生长发育,甚至导致遗传变异。

1)重金属污染对植物的影响

重金属具有相对稳定性和难降解性,它对土壤的污染是半永久性的。即使某重金属元素是植物生活所必需的微量元素(如铜、锰等),当浓度超过一定限度时,也会对植物生长发育产生明显的危害,甚至杀死植物。

重金属对植物的危害常从根部开始,然后再蔓延至地上部分。重金属会妨碍植物对氮、磷、钾的吸收,使农作物叶黄化、茎秆矮化,从而降低农作物产量和农产品质量。一般禾本科植物对铜元素很敏感,土壤缺铜时植物分蘖数量多但不抽穗,籽粒不饱满,叶片失绿,而铜元素过量会妨碍植物对二价铁的吸收和在体内运转,造成缺铁病。在生理代谢方面,过量的铜抑制脱羧酶的活性,使根部受到严重损伤,主根不能伸长,常在 2~4 cm 就停止,根尖硬化,生长点细胞分裂受到抑制,根毛减少甚至枯死。土壤中过量的镉会破坏叶片的叶绿素结构,降低叶绿素含量,使叶片发黄,严重时几乎所有的叶片都出现褪绿现象,叶脉呈酱紫色,变脆。由于叶片受伤害致使生长缓慢,植株矮小,根系受到限制,造成产量降低,高浓度时植株死亡。

2)有机污染对植物的影响

土壤有机污染的主要来源是向土壤施肥、施用农药、用污水灌溉、在地面上堆放废物,以及大气中的污染物沉降到土壤中等。当进入土壤的污染物不断增加,致使土壤结构严重破坏,土壤微生物和一些小动物减少甚至死亡,严重影响农作物生长,导致产量明显降低、品质下降,而且收获的作物体内有毒污染物残留量很高,影响人类的食用安全。另外,由于长期大量施用同一种农药,使害虫对药剂的抵抗能力增强,产生新的抗药品种。同时,农药在杀虫、防病的同时,也使有益于农业的微生物、昆虫、鸟类遭到伤害,破坏了生态系统,使农作物遭受间接损失。如蚜虫与瓢虫,原来保持一种生态平衡,由于大量施用农药,使瓢虫大量死亡,结果蚜虫反而更加猖獗。

(四)植物在治理环境污染中的应用

治理环境污染的措施有很多,其中利用植物来防治环境污染是一种比较理想的方法,因为植物治理不产生废物残留的产品和能量,无二次污染;不破坏土壤的物理结构;治理费用低。利用植物治理环境污染,一方面可以种植抗污染能力强的抗性植物来净化和美化环境,另一方面可利用对污染物敏感性强的指示植物来监测和预报污染状况。

1. 利用植物净化环境

绿色植物不仅是天然的 O_2 制造厂,可以维持大气中 O_2 和 CO_2 的动态平衡,而且还是绿色的吸毒器、义务的清洁工、灭菌的好帮手,可以净化大气、水体和土壤。

1)净化空气

植物具有过滤空气和吸附粉尘的能力,是天然的吸尘器。植物叶片上的茸毛、皱纹及分泌的油脂等可以阻挡风沙、吸附粉尘。那些叶片粗糙、密生茸毛、叶面有褶皱的植物,例如烟草、榆树、向日葵等,都具有巨大的吸尘、滞尘能力。因此有森林和绿地的地方,空气的含尘量降低 22%,降尘量减少 25%,飘尘量减少 50%。许多植物还具有吸收和抵抗有毒气体的能力。例如,垂柳、山楂、夹竹桃、丁香等吸收二氧化硫的能力较强,能积累较多的硫化物;女贞、泡桐、刺槐、大叶黄杨、垂柳、油菜等具有较强的吸收氟化物的能力,体内含氟很高时仍能正常生长;构树、合欢、紫荆、木槿具有较强的抗氯吸氯能力。因此,在城市或工厂周围合理配置植物,可以净化空气。

2)净化水体、土壤

水生植物可以吸收水中的溶解物质,减少水中含菌数量。例如芦苇能吸收酚,每平方米芦苇一年可以吸收 6 kg 的污染物。种芦苇的水池和一般的水池相比,水中悬浮物减少 30%,氯化物减少 66%,总硬度降低 33%。水葱可吸收污水池中的有机化合物。水葫芦、金鱼藻、黑藻等能从污水里吸收汞、银、金、铅等重金属物质,并能减少酚、铬等有机化合物。对已积累重金属的水生植物一定要慎重处理,不可再做禽畜饲料和田间绿肥等,以免影响人畜健康。

对土壤的净化作用是因为植物的根系能吸收、转化、降解土壤中的有害物质。土壤中的各种微生物对有机污染物也有分解作用。植物根系能分泌杀死土壤中大肠杆菌的物质,并促进好气细菌增多几百倍甚至几千倍,能使土壤中有机物迅速分解,不仅净化了土壤,还提高了土壤肥力。

2.利用植物进行环境监测

有些植物对某些有害气体抵抗能力很弱,对大气污染的反应比人敏感得多,人察觉不到的微量污染物就会对植物产生明显的危害症状。人们将这类对大气污染反应敏感的植物称为环境污染指示植物或监测植物。可以将指示植物种植在有可能产生污染的区域,进行环境监测。例如,在磷肥厂附近种植氟化物监测植物唐菖蒲,监测磷肥厂周围大气的氟污染状况。如果几天后,唐菖蒲出现了典型的氟化物危害症状(叶片先端和边缘产生淡棕黄色片状伤斑),表明该厂周围已被氟化物污染,而且根据各个种植地点的唐菖蒲的症状表现,可以推算出氟化物的污染范围。利用指示植物不仅能监测环境污染情况,而且还可起到美化环境的作用。

单元小结

本单元主要讲述了各种逆境对植物生长发育的影响,在逆境下植物的生理表现和受害特征,以及植物对各种逆境胁迫的抵抗与适应能力。通过学习,要求能够识别冷害、冻害、干旱、水涝及环境污染等各种逆境对植物的危害症状,重点掌握提高植物抗冷性、抗冻性、抗旱性、抗涝性的各种途径,能够利用所学知识,在生产实践中采取适当的措施来增强植物抵抗不良条件的能力。

专项实训

一、名词解释

逆境　逆境逃避　逆境忍耐　冷害　生理干旱　指示植物

二、填空题

1. 干旱可分为________、________和________三类。

2. 环境污染按污染物存在的场所可分为________、________和________，其中以________和________危害面积较广，同时也易于转变为________。

3. 植物在治理环境污染方面的作用有________和________。

4. 对植物有毒的气体有多种，最主要的是________、________、________等。

5. 植物对不良的特殊环境的适应性和抵抗力叫________。

三、问答题

1. 如何提高植物的抗冻性？

2. 什么是涝害？涝害使植物受害的原因是什么？

3. 环境污染主要包括哪几方面？大气污染危害植物有哪些特点？

二维码 4-1　模块四专项实训参考答案

模块五　植物形态、分类教学实习

学习单元一　根、茎、叶、花、果实识别

学习单元二　植物类群识别

学习单元三　植物标本采集制作，检索表使用，种子植物识别

模块介绍：

本模块包括3个学习单元：

1. 根、茎、叶、花、果实识别。

2. 植物类群识别。

3. 植物标本采集制作，检索表使用，种子植物识别。

教学建议：

可与后续核心课有机结合开展各种研究活动，结合季节进行实物教学和现场教学。模块五建议总学时20～40学时(0.5～1.0周)。

知识目标：

1. 学会根、茎、叶、花、果实识别。

2. 认识当地常见野生和栽培植物100种左右。

技能目标：

1. 会采集制作植物标本。

2. 初步学会使用工具书鉴定植物。

3. 通过以小组为单位开展拓展性、探究性研究试验和采集制作植物标本，提高学生团队合作能力，培养创新精神。

Project 1

根、茎、叶、花、果实识别

本单元可以结合模块一教学内容进行安排，主要以植物器官外部特征为主线，可以让学生以小组为单位，利用课余时间到实验室、校园周围学习和识别植物各器官特征，采集压制植物形态标本。

一、植物根、茎、叶外部特征及类型

通过观察植物器官实物、标本或图片，了解种子植物器官外部形态的基本组成和类型。

(一)根的形态观察

1. 根的类型

主根、侧根、不定根。

2. 根系类型

直根系、须根系。

3. 根的变态类型

贮藏根(块根、肉质根)、气生根(支持根、攀援根、呼吸根)、寄生根。

(二)茎的形态观察

1. 茎的质地

木本植物(乔木、灌木)、草本植物(一年生草本、二年生草本、多年生草本)。

2. 茎的生长习性

直立茎、攀援茎、缠绕茎、匍匐茎、平卧茎。

3. 茎的分枝方式

单轴分枝、合轴分枝、二叉分枝、假二叉分枝、禾本科植物分蘖。

4. 茎的变态类型

地上茎的变态(肉质茎、茎卷须、茎刺、叶状茎)、地下茎的变态(根状茎、块茎、鳞茎、球茎)。

(三)叶的形态观察

包括叶形、叶缘、叶脉、叶尖、叶基、复叶以及叶部变态观察。每组制作叶部实物标本一套(包括叶形、叶缘、叶脉、叶尖、叶基、复叶等)。

二、植物花、果实、种子及幼苗观察

(一)花的观察

1. 花萼

离萼、合生萼、落萼、宿萼、副萼等。

2. 花冠

离瓣花冠和合瓣花冠的各种类型。

3. 雄蕊群

离生雄蕊和合生雄蕊的各种类型。

4. 雌蕊群

雌蕊的类型、子房的位置、胎座的类型等。

5. 花的性别

两性花、单性花、无性花。

6. 花序类型

1)无限花序

总状花序、穗状花序、葇荑花序、肉穗状花序、伞房花序、伞形花序、头状花序、隐头花序、圆锥花序、复穗状花序、复伞房花序、复伞形花序。

2)有限花序

单歧聚伞花序、二歧聚伞花序、多歧聚伞花序、轮伞花序。

(二)果实的观察

购买和采收各类果实,进行课堂实物教学。

1. 单果

1)肉质果

浆果、柑果、核果、梨果、瓠果。

2)干果

(1)裂果　蓇葖果、荚果、角果、蒴果。

(2)闭果　瘦果、颖果、坚果、翅果、分果、胞果。

2. 聚合果

草莓、莲、悬钩子。

3. 聚花果

菠萝、桑葚、无花果。

(三)种子和幼苗的观察

新生入学初期,教师将各类种子和营养钵分发给各个学习小组,以小组为单位自行种植培养和管理幼苗,在进行种子和幼苗教学时,各小组将培养的幼苗进行展示与评比。用浸泡一昼夜的各类种子进行实物教学。

这部分内容通过课堂教学、现场教学、实物教学以及充分利用课余时间进行。

1. 种子类型和结构观察

1)有胚乳种子

(1)双子叶植物有胚乳种子　可选蓖麻为材料,课前浸泡一昼夜,使其吸胀与软化,上课时分发给学生。主要观察:种皮(双层,外皮坚硬有花纹,有种脊、种阜和种孔,内种皮薄,白色膜质);胚(包括胚根、胚芽、两片大而薄的子叶、胚轴);胚乳。

(2)单子叶植物有胚乳种子　可选玉米、小麦等,课前浸泡一昼夜,使其吸胀与软化,上课时分发给学生。主要观察:皮层(果皮和种皮不易分开,称为颖果);胚乳(在胚的上方,最外层细胞较大,含蛋白质,在胚乳和胚相连处有一层排列整齐的细胞叫上皮细胞或吸收层);胚[包括胚根(外有胚根鞘)、胚芽(外有胚芽鞘)、胚轴、子叶(1 片)(栽培学叫盾片)]。

2)无胚乳种子

(1)双子叶植物无胚乳种子　可选大豆为材料,课前浸泡一昼夜,使其吸胀与软化,上课时分发给学生。主要观察:种子形状;种皮(颜色、种脐、种孔);胚(胚根、胚芽、胚轴、子叶)。

(2)单子叶植物无胚乳种子　主要有慈姑、泽泻等,农作物很少见。

2. 幼苗及幼苗类型观察

将以小组为单位自行种植培养和管理的幼苗拿到教室，进行展示与评比，主要让学生理解子叶出土幼苗和子叶留土幼苗的特点和上胚轴与下胚轴的概念及识别点，理解子叶出土与子叶留土幼苗和农业生产的关系。

三、植物形态标本拓印技术

结合植物形态器官观察，进行拓印学习，每人制作一份植物形态尤其叶部特征（叶形、叶缘、叶脉、叶尖、叶基、复叶）的拓印标本，以小组为单位装订成册。植物标本拓印技术如下。

（一）拓印法的特点

（1）方法简单，容易掌握，人人动手可做。

（2）不需要携带标本夹，减轻野外负担。

（3）随采随拓，也可按分类需要进行剪贴，便于保存、携带和野外认识区别。

（二）拓印材料和方法

1. 拓印材料

以简便为原则。

（1）准备一本平整的书或一叠纸为拓印时的垫板。

（2）选用新鲜复写纸，最好蓝、黑、红、绿各色齐全。

（3）拓印纸张，以洁白办公纸或轻磅道林纸（80～120 g）为好，白报纸也可以，纸面光滑的拓印效果会更好。

（4）用一支尾端光滑的圆头钢笔，作为摩压的工具，备一支铅笔用于补绘。

2. 拓印方法

采样叶应具有代表性，如初生小叶、萌生条的叶都不具代表性，除特意选用该部分样品外，一般不宜选用；另外要求所用叶片应是无虫、无病害的健康叶，也可以采用带有若干叶片的小枝做拓印材料。

1）单片拓印

将一片叶放在复写纸上，展平，上面盖一张纸，然后放在垫板上，用圆头钢笔尾端在纸上摩压叶片部分，动作要轻重适宜，均匀周到，不要漏摩，摩完将叶片取出，该叶片即均匀粘有复写纸的油墨，这个过程称为初拓。将初拓的叶片放在要拓印纸上，位置可根据需要自行设计；叶片上仍盖上一张纸，用上述方法再次摩压，揭去叶片即有该叶片清晰印迹呈现在纸上，这个步骤称为清拓。

2）综合拓印

对于带有多个叶片的小枝的拓印，除切实注意展平外，还应注意在拓印清稿过程中不要错位，错位会使印像重叠，影响清晰度。对于小枝粗壮或带刺的样品，可将叶片逐一摘下，按叶片原在小枝上排列的形态分别拓印，然后，绘出小枝和枝侧贯穿补漏，其效果较好，俨然一幅完整标本。对鉴别植物，单片拓印价值更高。

彩色拓印：可根据叶的颜色选用与标本同色的复写纸，如拓印秋天的枫叶，可用红色复写纸，这样更增加真实感，而拓印配有花朵的叶片，选用绿色复写纸则显得更有生气。

3)叶以外特殊部分的处理

(1)树皮　比较光滑的树皮可剥下来展开拓印,以显示皮孔。

(2)枝刺　扁平的刺直接拓印,不好拓印的补绘。

(3)花　简单的花,可利用花本身的颜色直接拓印;复杂的花,可拓印少部分花瓣,标明花瓣数目和轮数。

(三)资料的整理和应用

资料的整理主要是将拓印得来资料根据学习或研究需要进行分类、剪贴,装订成册,以便永久保存。

Project 2

植物类群识别

观察识别当地植物各大类群。写出当地植物各大类群的主要种类，简要说明主要特征。本课程要与组培、食用菌栽培、作物栽培、蔬菜栽培、果树栽培等后续课程紧密结合起来。

一、类群识别

除掌握基本知识、基本技能外，应采用任务驱动、项目教学法给学生留一定的专题调查项目，让学生通过自己已有的知识完成调查内容。建议调查内容：①野生蔬菜调查，说明种类及食用方法；②野生食用菌（蘑菇）调查；③当地果树种类、分类地位调查；④当地粮食、蔬菜及其他经济作物调查；⑤组培苗的栽培与管理。以小组为单位，每个小组选择2～3个项目。

二、知识应用试验

如：扦插、嫁接的操作及其成活后的管理；学生还可自立课题进行研究。

三、拓展性、探究性试验

学生可以根据实际条件及实际情况，设立课题，进行周年试验研究，然后写出试验总结。但是由于课程改革，原计划两个学期开设的课程有的学校可能压缩成一个学期，以上内容可以结合专业综合实训和毕业论文设计进行。

Project 3

植物标本采集制作，检索表使用，种子植物识别

在教师的带领下，学会利用工具书识别鉴定植物，利用所学的植物学术语练习检索表的使用方法，以小组为单位鉴定植物，每人鉴定10种植物，写出检索路线，组内成员的植物不能重复。实习结束前利用新鲜植物对学生进行一对一考核，要求准确说出每种植物的中文名和所属科。采集、压制和制作腊叶标本。该部分内容利用综合实训时间进行。

综合实训一　植物标本的采集与制作

为了科研、教学或学习的需要，必须采集植物并以适当方式制作成标本保存起来。目前，植物标本的保存主要有两种方法：一种是用甲醛溶液或其他防腐剂将植物浸泡装瓶，称之为浸渍标本。此法由于制作上不太方便，不经济，保存的数量也有限，因此，只用于大型的花、果的保存以及教学实验材料的保存。而另一种是大量、长期用于教学和科研的标本，主要是用草纸压干，装帧在洁白的台纸上，并且按照植物分类的等级：纲、目、科、属、种存放在特制的标本柜内，按一定的系统陈列在标本室内。

标本定义　植物标本就是将新鲜植物的全株或一部分用物理或化学方法处理后保存起来的实物样品。

标本分类　按制作方法可分为腊叶标本、浸渍标本、风干标本、砂干标本及叶脉标本等。

一、目的和要求

植物标本是进行教学和科研工作的重要材料，可为植物资源的开发利用和保护提供科学依据，如物种的信息，包括形态特征、地理分布、生态环境、物候期、化学成分等。因此，通过植物标本的采集、制作、保存及具体操作方法的学习，可使学生掌握植物标本的采集、制作和保存的整套方法。

二、仪器与用品

主要有标本夹、采集箱、枝剪、高枝剪、标本绳、钢卷尺、放大镜、标本瓶、台纸(38 cm×27 cm的白色厚纸)、吸水纸(吸水力强的干燥纸)、针线、胶水或两面胶条、小纸袋、掘铲、丁字小镐、植物标本记录签、挂签、植物标本签、海拔仪、罗盘、望远镜、照相机、铅笔、广口瓶等。

1. 标本夹

标本夹是压制腊叶标本的主要工具，用2块木板或木条钉成长43 cm、宽30 cm的标本夹，用绳子捆牢，为了便于携带，可以加活动背带，里面夹上一叠吸水力强的草纸或旧报纸。

2. 采集箱

专为野外采集标本时临时存放标本用，也可用厚的塑料袋代替。

3. 枝剪和高枝剪

用来剪取木本植物的枝条和修理标本用。

4. 钢卷尺

用来测量植株的高度(草本植物)，或高大乔木的胸高直径等。

5. **放大镜**

用来观察植物的特征。

6. **台纸**

用于制作植物标本。

7. **吸水纸**

易于吸水的草纸或旧报纸。

8. **小纸袋**

用牛皮纸制成，用于盛放种子及标本上脱落下来的花、果、叶、鳞茎、块根等。

9. **掘铲**

用于挖掘一般草本植物。

10. **丁字小镐**

用来挖掘深根或具有变态茎、变态根的草本植物，以保证标本的完整性。

11. **植物标本记录签、挂签和植物标本签**

植物标本记录签采用统一的格式(表 5-1)，印刷装订成采集记录册，供记录野外采集的植物标本信息。采集记录册中每一页对应记录一号植物，大小为 12 cm×10 cm。挂签用较硬的纸制成，大小为 4 cm×2 cm，一端穿孔，系上细线，其作用是采集标本时，编号系在标本上(表 5-2)。植物标本签的大小为 10 cm×7 cm，是经过正式鉴定后用来定名的标签(表 5-3)。

表 5-1 植物标本记录签

标本号数：________ 采集人：________ 采集份数：________

采集日期：________年________月________日

环境：________________ 地形：________________ 海拔：________________m

土壤：____

小环境：____

生态：____

性状：____

高度：________m 胸径：________m

形态：树皮：________________ 茎：________________ 叶：________________

花：________________ 果：________________

科名：________________ 学名：________________ 俗名：________________

备注：____

表 5-2 挂签

中文名：	
采集人	
采集时间	
地点	
采集号	

表 5-3 植物标本签

<table>
<tr><td colspan="3">××标本室</td></tr>
<tr><td colspan="3">中文名________</td></tr>
<tr><td colspan="2">学名________</td><td>科名________</td></tr>
<tr><td>采集人________</td><td>产地________</td><td>号数________</td></tr>
<tr><td colspan="2">鉴定人________</td><td>日期________</td></tr>
</table>

12. 海拔仪

用来测定采集地点的海拔高度。

13. 罗盘

用来观测方向和坡向、坡度等。

14. 望远镜

用来瞭望远处的地形和观察高大乔木或远处的植物。

15. 照相机

用于生态图拍摄。

16. 广口瓶

内装福尔马林-酒精-冰醋酸固定液(FAA 液),用于浸泡花、果、叶、鳞茎、块根等营养器官。(FAA 液配制:福尔马林 5 mL、冰醋酸 5 mL、70%～80%酒精 90 mL)

17. 铅笔

填写标本号牌。

三、方法与步骤

(一)采集标本的要求

(1)必须采集完整的标本,一个完整的标本除根、茎、叶外,还要采集花或果实,因为鉴别种类时,花、果是区别科、属的重要依据。剪取或挖取能代表该种植物的带花果的枝条(木本植物)或全株(草本植物),大小掌握在长 40 cm、宽 25 cm 范围内。

(2)对一些具有地下茎(如鳞茎、块茎、根状茎等)的科属,如百合科、石蒜科、天南星科等,若未采到地下茎是难以鉴定的,因此应特别注意采集这些植物的地下部分。

(3)雌雄异株的植物,应分别采集雌株和雄株,以便研究时鉴定。

(4)采集草本植物应采带根的全草,如发现基生叶和茎生叶不同,要注意采集基生叶。高大的草本植物可折成"V"或"N"字形,然后再压入标本夹内,也可选形态上有代表性的部分剪成上、中、下三段,分别压在标本夹内,注意编统一的采集号,以备鉴定时查对。

(5)乔木、灌木或特别高大的草本植物,只能采取其植物体的一部分。但必须注意采集的标本应尽量代表该植物的一般情况,可反复折叠或取代表性的上、中、下 3 段,一次采不全,可记下目标,以备回采,或拍该植物的全形照片。

(6)水生草本植物提出水面后,很容易缠成一团,可用硬纸板从水中将其托出,连同纸板一起压入标本夹内。这样,就可保持形态特征的完整性。

(7)一年生植物新枝与老枝上的叶形不同,或者新生叶有毛茸或叶背具白粉,而老叶则无,幼叶和老叶都要采。

(8)对寄生植物的采集,应注意连同寄主一起采下,并分别注明寄生或附生植物及寄主植物,如桑寄生、列当等标本的采集。

(9)采集标本的份数,一般要采 2～3 份,标同一编号,每个标本上都要系上号牌。若遇稀少或奇异的或有重要经济价值的植物,须多采几份。

(二)植物标本的采集方法

1.植物标本采集的时间和地点

各种植物生长发育的时期有长有短，必须在不同季节和不同时间采集，才可能得到各类不同时期的标本。必须根据要采的植物，决定采集时间。采集地点也很重要，不同环境生长不同植物，向阳坡生长的植物阴坡上一般见不到。在低山和平原，由于环境比较简单，植物种类也简单。但随着海拔的增加、地形的变化，植物的种类也变得丰富。如玉竹、黄精喜生于阴坡林下，而荆条、黄草生长于低山向阳山坡上，野罂粟、小丛红景天必须到 2 000 m以上的亚高山草甸上才能采到，采集榆、榛的花要在早春，而采收五味子、榛果则需在秋季。因此，我们在采集植物标本时，必须根据采集的目的和要求，确定采集时间和地点。

2.标本采集的步骤

按预定目标，选择符合要求的单株，剪取代表性枝条 25～30 cm(中部偏上枝条为宜)，依次完成下列步骤：

(1)初步修整，如疏去部分枝、叶，注意留其分枝及叶柄部分，以示植物原貌。

(2)挂上挂签，填上编号等(一律用铅笔，下同)。

(3)填写植物标本记录签。注意与小挂签编号一致，各项内容务求详尽。

(4)暂放塑料采集袋中，待到一定量时，集中压于标本夹中。

(5)采集中应注意同株至少采 2～3 份，标注相同采集号。如有意回采，应记下所选单株坐标方位，留以标记。同种不同采区应另行编号。散落物(叶、种子、苞片等)装于另备的小纸袋中，并与所属枝条同号记载，影像记录与枝条所属单株同号记载。有些不便压在标本夹中的肉质叶、大型果、树皮等可另放，但注意均应挂签，编号与枝相同。

(6)注意有毒性、易过敏种类。如蝎子草、漆树等，应慎重。

(7)注意爱护资源，尤其是稀有种类。

3.标本特征的记录

野外采集应有现场记录，记在专用野外记录册上，按格式填写，以植物的俗名，生态环境，海拔高度，花、果的颜色等最为重要。野外记录的同时对每份标本进行编号，号码写在小挂签和标本签上，二者必须一致，这样可按小挂签查找标本签。同一地点在同一时间内采的同一种标本，一般要采集 2～3 份，可编同一号数，但不同地点、时间采集的认为是同种某一植物时，则应分别编不同的号，每份标本都应拴上挂签，拴好挂签后，应认真观察，将特征记录在标本签上。

记录时注意：

号数：采集号数必须与挂签同号。

性状：填写灌木、乔木、草本或藤本等。

胸径：草本和小乔木一般不填。

叶：记载叶形、颜色，有无粉质、毛、刺等。

花：记载颜色、形状、花被和雌雄蕊数目。

果实：记载种类、颜色、形状及大小。

备注：备注栏用于记录用途及其他。

(三)植物标本的制作

一份合格的植物标本制作需经压制、换纸、消毒和标本装订保存等基本过程。

压制与制作标本须注意以下各点：顺其自然，稍加摆布，使标本各部尤其是叶的正背面均有展现。可以再度取舍修整，但要注意保持其特征；叶易脱落的种，先以少量食盐沸水浸0.5～1 min，再以75% 酒精浸泡，待稍风干后再压；及时更换吸水纸。采集当天应换干纸1～2次，以后视情况可以相应减少。换纸后放置于通风、透光、温暖处。捆绑标本夹时，松紧要适度，过紧易变黑，过松不易干。换下的潮湿纸及时晾干或烘干，备用。

1.腊叶标本的制作

1)标本的压制

标本采集回来后，首要任务就是进行标本的压制和干燥，目的是迅速压干新鲜含有较多水分的植物标本，将其制成扁平的腊叶标本，保证植物形态和颜色不发生很大变化，并防止植株部分脱落。对已做好详细记录和编号的标本进行清理、整形、修剪，剪掉残枝、病枝或过密的枝叶，使标本保持自然状态，接下来可进行腊叶标本的压制。

先将绑有绳子的一块标本夹板放于地上，在夹板上放上几层吸水纸，将整形后的标本平展地放在吸水纸上，保持植物自然状态，叶片不要皱折或重叠，要压正面叶也要压反面叶。标本整理好后，在标本上放2～3层吸水纸，放另一份标本，再放2～3层吸水纸，将标本与吸水纸互相间隔，反复做直到将所有标本都压制完，在最后一份标本上放5～10层吸水纸，最后再放上另一块标本夹板，用绳子捆紧。注意标本夹的四个角高低要一致。放于有阳光、通风处或放入恒温鼓风干燥箱中烘干。压制标本时，还须注意将标本的首尾不时调换位置，使所夹的标本(指标本和吸水纸)整齐平坦，以免倾倒。压制过程中，标本的任何一部分都不要露在纸外。有些花、果或根部较大的标本，压制时常因突起而造成空隙，使部分枝、叶不能紧密接触吸水纸而卷曲起来。在这种情况下，要用纸折叠把空隙填平。

2)标本翻晒换纸

为使标本迅速干燥，最初的几天要勤换纸，每天应换干燥的吸水纸至少1～2次，含水量高或过大过厚的标本，更要勤换纸。一般标本纸换8～10次时，基本上干燥，则可隔天换纸，直至标本全部干燥为止。这时，可将已干标本取出另放，未干者继续换纸。

每次换下来的湿纸要抓紧时间烘干或晒干备用。在最初两次换纸时，如发现标本有重叠或折叠时，要用镊子或手进行整形。尤其是花和叶子要平展，并保证标本正面和反面都能看到花、叶的特征，使标本保持原来的自然状态。

3)标本消毒

一般使用升汞($HgCl_2$)酒精饱和溶液(配制方法：将升汞2～3 g，溶于1 000 mL 70%酒精中即成)消毒。消毒时，可用喷雾器直接往标本上喷消毒液，或将标本放在大盆里，用毛笔蘸上消毒液，轻轻地在标本上涂刷，也可将消毒液倒在盆里，将标本放在消毒液里浸一浸。也可把标本放进消毒室和消毒箱内，将敌敌畏或四氯化碳、二硫化碳混合液置于玻皿内，用毒气熏杀标本上的虫子或虫卵，3 d即可。经消毒的标本要放在标本夹中压干，才能上台纸。

4)腊叶标本的装订

腊叶标本的装订是指将压制整理的标本展平固定在白色台纸(白板纸或卡片纸)上，便于观察和保存。先将台纸板放在桌上，将压干的标本放在台纸板中央，要突出该植物的特征，并使标本在台纸的位置适宜、美观、整洁。通常标本可直放或斜放，注意要把台纸板的左上角和右下角的位置空出，以便粘贴标签。还应注意标本的上、下，左、右离台纸板边缘的距离应相等。

少量的叶片或花、果实在压制时脱掉，装订时可将其粘在脱落的位置，这样可以恢复原状。标本调整好位置后，要用白棉线进行捆扎，这样标本才能牢固。捆扎的方法是用锥子在需要固定的部位两边各扎一个眼，穿过线，在台纸背面打结。两眼点对齐不要错位。较大的部分，可用十字形穿线打结固定。捆扎时，应从根部向上逐步捆扎，捆扎完后在台纸背面打结。凡是枝条、果实等处需要多少道针线就用多少道针线，针线穿过的地方越靠近植物部位越好，这样不会损坏台纸，而且牢固。用线捆扎好后，在叶接近台纸的一面以及所有针眼的地方都要点一些胶，使之固定得更好。最后用湿布很小心地把多余的胶擦掉。

待标本装订好后，将植物标本记录签贴在台纸的左上角。台纸右下角贴植物标本签，经过仔细鉴定后写出拉丁学名，鉴定者应签上自己的名字，以示负责。最后把装有脱落的叶、花、果实、种子的小纸包或照片贴在台纸板上。一般将小纸包贴在台纸的右边。

5)标本保存

装订好的标本用牛皮纸包装起来，统一编号记录后按照一定的要求放入标本柜内保存，以供研究和教学使用。保存条件为室温、干燥和无病虫害。

2.浸渍标本的制作

植物的花、果、地下茎等，可浸泡在药液中制成浸渍标本保存，以保持标本原来的形状和色泽。浸渍药液分一般溶液和保色溶液两种。前者为防腐性药液，后者兼有防腐和保持标本原色的作用。标本材料应采摘新鲜无病(植病标本除外)的材料，果实以八成熟为宜。浸渍材料应保存在玻璃广口瓶或标本瓶中，注意瓶中浸泡的材料不可过满。装好材料和药液后加盖，并用聚乙烯醇、凡士林等将瓶口封严，在瓶的外面贴上标本签。制作好的浸渍标本应陈列在室温较低、无阳光直射的标本柜中。浸渍标本一般可保存1～3年。

1)普通药液浸渍标本

福尔马林液：用市售甲醛(40%浓度)加水配成4%～5%的福尔马林液，即可浸渍花、果和植物的地下部分，但所浸标本容易褪色。

酒精溶液：用市售工业酒精或卫生酒精(通常浓度为95%)加水配成70%酒精溶液，即可浸泡标本。

2)绿色标本浸制

在保色标本中，以保持标本原有的绿色效果较好，常用的方法有以下几种：

方法1：将饱和醋酸铜-醋酸溶液稀释3～4倍，加热至70～80℃；将洗净的标本投入药液中，标本的绿色渐渐褪去，变成黄色，继续煮至标本由黄变绿，又呈现出原有的色泽时取出；洗净整形后放入准备好的保存液(4%～5%福尔马林液)中保存。此法可长期保持绿色。注意浸泡时应保持药液的温度，并不停翻动标本，使之与药液完全接触并均匀受热。加热浸煮的时间因标本质地而异，薄材料10 min左右，厚材料约20 min，坚硬材料时间更长些。

饱和醋酸铜-醋酸溶液的配制方法是，将醋酸铜粉末缓慢加入50%的醋酸中，用玻璃棒轻轻搅动，直至粉末不再溶解为止(100 mL 50%醋酸中加入醋酸铜粉末10 g)。

方法2：将洗净的果实等材料在饱和硫酸铜溶液中浸10～20 d，取出洗净后放入4%～

5%福尔马林液中保存。

方法3:将果实等材料洗净后浸于饱和硫酸铜溶液中1～3 d,取出洗净后放入0.5%亚硫酸溶液中浸1～3 d,取出洗净后放入用亚硫酸1 mL、甘油3 mL、水100 mL配成的混合液中保存。

3)果实原色保存的药液配制

硼酸粉450 g、蒸馏水400 mL、75%～90%酒精2 800 mL、福尔马林300 mL,混合并过滤后使用。此液保存苹果、番茄等果实标本,效果较好。若保存粉红色果实标本则福尔马林液应减半。

4)紫色果实原色保存的药液配制

饱和精盐水1 000 mL、福尔马林500 mL、蒸馏水8 700 mL,混合并过滤后使用。此液适于保存紫色的葡萄、茄子等的果实。

5)黄色果实原色保存的药液配制

亚硫酸568 mL、80%～90%酒精568 mL、蒸馏水4 500 mL混合即可。此液适于保存柠檬、白梨、橙等。若浸渍黄绿色的果实标本在每1 000 mL混合液中加2～3 g硫酸铜,则效果更佳。

6)黑色果实原色保存的药液配制

福尔马林45 mL、95%酒精280 mL、蒸馏水2 000 mL混合后,静置沉淀,取澄清液使用。

四、实训作业

每位学生交5份以上腊叶标本。

综合实训二　常见植物的识别

一、目的和要求

掌握常见种子植物各科的主要形态特征及常见植物的形态特征;学会利用植物检索表和植物志识别植物,应用所学的知识观察、鉴别植物。

二、仪器与用品

剪枝剪、镊子、解剖针、放大镜、解剖镜、刀片、铅笔、植物分类检索表、地方植物志。

三、实验材料

校园、实验基地或野外各种植物。

四、实训内容

常见大田作物的观察与识别；常见木本植物的观察与识别；常见观赏植物的观察与识别；常见草坪植物与地被植物的观察与识别；常见田间杂草的观察与识别。

五、方法与步骤

（一）现场描述

在规定时间内调查校园内某一区域内的植物种类，写出各种植物的中文名称，并挑选出10种以上带花或果的植物，对形态特征、分枝方式、单复叶、叶片着生方式、花果类型等进行描述（表5-4），室外不便观察的，剪取新鲜枝叶带回实验室进一步观察识别。

表5-4　植物观测记录表

<table>
<tr><td colspan="5">植物名称及学名：</td><td colspan="3">类型（如常绿灌木）：</td></tr>
<tr><td colspan="2" rowspan="2">基本形态</td><td colspan="3">高度：</td><td colspan="2" rowspan="2">冠幅</td><td>南北：</td></tr>
<tr><td colspan="3">分枝方式：</td><td>东西：</td></tr>
<tr><td colspan="2" rowspan="2">主干与枝条</td><td colspan="3">主干颜色：</td><td colspan="3">开裂方式及光滑度：</td></tr>
<tr><td colspan="6">枝有无毛、有无刺、枝颜色、皮孔等特征：</td></tr>
<tr><td rowspan="2">叶片</td><td>单叶</td><td>着生方式：</td><td colspan="5">叶型、叶色、叶片大小、叶缘、叶脉类型及数量、有无毛：</td></tr>
<tr><td>复叶</td><td>着生方式：</td><td colspan="5">叶轴级数、叶轴或小叶数量及着生方式、小叶其他特征：</td></tr>
<tr><td colspan="2">芽：</td><td colspan="2">类型：</td><td colspan="2">形状：</td><td colspan="2">颜色：</td></tr>
<tr><td colspan="2" rowspan="2">花</td><td colspan="3">单花或花序类型及着生方式：</td><td colspan="3">花型：</td></tr>
<tr><td colspan="3">花色：</td><td colspan="3">花被片轮次及数量：</td></tr>
<tr><td colspan="2" rowspan="2">果实</td><td colspan="3">类型：</td><td colspan="3">形状：</td></tr>
<tr><td colspan="3">颜色：</td><td colspan="3">大小：</td></tr>
</table>

（二）室内观察与描述

取校园10种以上常见的带花、果植物枝条，用科学术语对植物枝条的形态特征进行描述，并解剖植物的花或果，写出花、果的结构特征，并鉴别胎座类型与果实类型。

（三）检索表的使用

植物检索表是鉴定植物的必要工具，要鉴定植物，必须学会其使用方法。植物的各个分类单位如门、纲、目、科、属、种都有相应检索表，但以分科、分属、分种检索表最常用。

使用检索表鉴定植物时，要经过观察、检索和核对3个步骤。

1.观察

观察是鉴定植物的前提。具体观察内容见表5-4。观察用具包括镊子、解剖针、小刀、放大镜、记录本、笔、地方植物志(或植物图鉴、植物检索表)。

镊子和解剖针:用来夹持花朵和拨开花的各个部分。

小刀:用来切开花的子房和果实。

放大镜:用来观察细小形态。

记录本和笔:用来记载观察结果。

地方植物志(或植物图鉴、植物检索表):用来检索植物和验证检索的结果。

在观察过程中要注意以下几点:

选择正常完整植株进行观察:植株应发育正常、没有病虫斑,这样才能保证识别的准确性。植株的根茎叶花器官必须是健全的(结果的最好有果实)。因为检索表是根据植物全部特征来编制的,如果缺少某个器官,就无法观察该器官的特征,使检索工作半途而废。

要按照植物体的一定顺序进行观察:要从植物整体到各个器官;对各个器官,要从下到上,即从根、茎到叶,到花、果实和种子;对每个器官,要从外向里,例如花,要按照萼片、花瓣、雄蕊、雌蕊的次序依次观察。这样观察到的结果能够有顺序地详细记录,保证准确无误。

对于观察结果要用具体数据描述:对高低、宽窄、长短等要用具体数字衡量。如株高10.5 cm,叶宽2.3 cm,而不能用较高、较小等词汇表示。

边观察边记录:特别是用数字来描述的观察结果一定要及时记录,以免遗忘或记录错误。

2.检索

检索是识别植物的关键步骤。对不认识的植物,可以根据观察结果,选择一定的检索表,逐项进行检索,最后确定该种植物的名称和分类地位。

1)检索方法

检索时,先用分科检索表,检索出某一植物所属的科,再用该科的分属检索表检索到属,最后用该属的分种检索表检索到种。

检索表是根据二歧分类的原理编制的,即把植物一对彼此相反的特征,按照一定次序编排起来,组成检索表。因此,在检索时,要根据“非此即彼”的原则,从一对相反的特征中选择其中一个与被检索植物相符合的特征,放弃另一个不符合的特征。然后,在选中的特征项下,再从下一对相反特征中,继续进行选择。如此继续进行检索,直至检索到种为止。

2)检索时注意事项

植物标本的检索与鉴定应注意以下问题:

(1)根据要鉴定植物的产地确定检索表,因为检索表包括的范围各有不同,有全国检索表,也有地方植物检索表;有枝叶检索表,也有花果检索表及观赏植物冬态检索表等,使用时应根据不同需要,利用不同的检索表。

(2)用科学术语描述植物特征。对于只有营养器官的植物检索比较容易,只要掌握了植物的枝、叶、皮、形、干等各部位形态特征,与检索表一一对照,就能很快检索出来,而对于通过生殖器官检索的植物,需要细致,特别是对花的各部分构造,要进行细致的解剖观察,如子房的位置、心皮和胚珠的数目等,都要一一观察清楚,一旦描述错误,就会一步错步步错,错上加错,即使鉴定出来也是不正确的。

(3)鉴定时,要根据观察到的特征,从头开始按照次序逐项查询,在查询相对的两项特征时,要找到到底哪一项符合要鉴定的特征,要顺着符合的那一项继续查询,直到查出为止。因此,为了避免检索错误,在鉴定过程中,不允许越过一项而去查询其他项目。

(4)检索表的结构都是以两个相对的特征编写的，而两项号码是相同的，排列的位置也是相对的，因此，每查一项，另一项的特征也要进行对照，然后再根据植物的特征确定符合的那一项，若只查一项就确定，极易出现错误，从而导致整个鉴定工作的失败。

(5)为证明鉴定结果是否准确，还应与有关专著或资料进行核对，检查是否完全符合该科、该属、该种的特征，植物标本的形态特征是否与书上的图、文一致。如果完全符合，证明鉴定结果是正确的，否则还需要继续研究，直至完全正确为止。

如果具有现成的分科检索表、分属检索表，首先要鉴定出该种植物所属的科，再利用该科的分属检索表，查出它所属的属，最后利用该属的分种检索表，查出它所属的种即可。

3. 核对

核对是对检索结果的检查。为避免有误，检索后要核对。方法是把植物的特征与植物志或图鉴中有关形态特征的描述进行对比。植物志中有科、属、种的描述且附有插图，核对时不仅要与文字描述核对，还要核对插图。核对插图时，除应注意外形是否相似外，尤其应重视解剖图的特征，因后者往往是植物的关键特征。经核对，如发现有出入，要重新检索，直至准确。

(四)检索表的编制

领取 6～8 种植物，编制一个用于区分这些植物的定距检索表。在编制之前，先把这些植物的主要特征观察清楚并归纳比较，依据检索表的编制原则，确定各级检索特征后再编制检索表。用检索表、植物图鉴、植物志等工具书将植物检索到科、属、种。

编制植物检索表应注意以下几点：

首先要确定做分科、分属还是分种的检索表，并认真观察和记录植物特征，在掌握各种植物特征的基础上，列出相似特征和区别特征的比较表，同时找出各种植物之间的典型区别，才可能进行编制。

选用区别特征时，最好选用相反的特征，如单叶或复叶、草本或木本，或采用易于区别的特征，不能采用似是而非或不确定的特征，如叶片较大或较小。

采用的特征最好是利用手持放大镜能观察到的特征，不要采用难以观察的特征。

检索表的编排号码只能用两个相同的号码，不能用三个甚至四个相同号码并排。

有时同一种植物，由于生长环境的差异，既有乔木也有灌木，针对这种情况，在乔木和灌木的各项中都编进去，这样就能保证可以查到。

(五)编制检索表的验证

编制的检索表是否正确，还应到实践中去检验，如果在实践中可用，且特征均准确无误，就可确定编制的检索表是合格可以利用的。

六、实训作业

1. 编制检索表，并鉴定出所领取植物标本的科、属、种名。
2. 正确描述所观察植物的形态特征，并将结果填入植物观测记录表(表 5-4)。
3. 每名学生要准确鉴定 10 种以上校园常见植物，写出检索路线。

实验实训

实验实训一　光学显微镜的构造、使用及细胞构造观察

一、目的和要求

了解光学显微镜的构造，掌握显微镜的使用方法及保养措施；

认识植物细胞的结构；初步学习生物绘图技术。

二、仪器与用品

显微镜、载玻片、盖玻片、小镊子、刀片、培养皿、吸水纸、蒸馏水、碘液、擦镜纸或小绸布、二甲苯。

三、实验材料

洋葱鳞叶、水生黑藻(或紫鸭跖草雄蕊花丝上的表皮毛)、供练习用旧切片。

四、方法与步骤

(一)显微镜的结构和使用方法

1.显微镜的结构

显微镜的种类很多，但基本结构大致相同，可分为机械系统和光学系统两大部分(图实 1-1)。

1)机械系统

包括镜座、镜柱、镜架(镜臂)、镜筒、载物台(工作台，其下面有调节切片纵横移动的调节轮称为移片器)、物镜转换器、粗调焦螺旋(粗调节轮)、细调焦螺旋(微调节轮)。

2)光学系统

包括接目镜、接物镜、反光镜或电光镜、聚光器、滤光镜、光圈。

2.显微镜的使用方法

1)取镜

将显微镜箱打开，拿取显微镜。拿取显微镜时，必须一手紧握镜臂，一手平托镜座，镜体竖直不可倾斜。然后，镜臂向后轻轻放在镜座后边距实验台沿 6～7 cm 的偏左位置上。检查镜的各部分是否完好。镜体上的灰尘可用绸布擦拭。镜头只能用擦镜纸擦拭，不准用它物接触镜头。

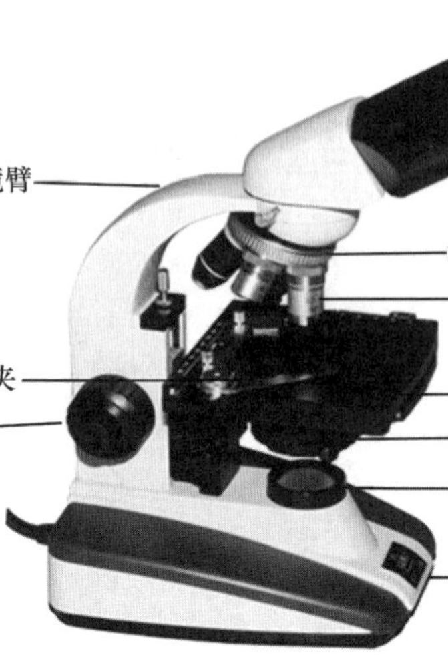

图实 1-1　XSP 型显微镜的构造

2)对光

原则是将自然光或灯光的光源,通过反光镜反射到聚光器中,再通过通光孔到达接物镜和接目镜,使视野达到适宜的亮度。

(1)旋转粗调焦螺旋使物镜转换器下端的接物镜与载物台调至最近,然后转动物镜转换器让低倍接物镜头转到载物台中央卡住,正对通光孔。

(2)调节聚光器,使聚光器上升到稍低于载物台平面的位置。

(3)拨动光圈手柄,将光圈打开。

(4)单目显微镜用左眼接近接目镜观察,右眼睁开,双目显微镜两眼同时观看,不能睁一只眼闭一只眼。用手调节反光镜(使其对向光源,强光时用平面,弱光时用凹面)和聚光器或打开电源,调节亮度调节钮使镜内光亮适宜、均匀一致。这时在镜内所见光亮适度的圆面就是前面提到的视野。一般用低倍镜或观察透明物体及未经染色的活体材料时,光线调暗些。

3)放片

让切片的盖玻片向上放在载物台上,扳动载物台左侧小柄用弹簧夹固定切片(不要将载物台上的弹簧夹提起来固定切片),从侧面观察利用移片器调整切片中的目的物使其对准接物镜头和正对通光孔。

4)观察

(1)低倍接物镜的使用　包括三调,即调焦距、调位置、调光线。

①调焦距:转动粗调焦螺旋,并从侧面注目使载物台缓慢提升(或镜筒下降),至接物镜接近切片时为止。再用左眼(或双眼)接近接目镜进行观察,并转动粗调焦螺旋使工作台缓慢下降(或镜筒上升),直至看到物像时为止(显微镜下的物像是倒像)。再转动细调焦螺旋,将物像调至最清楚(注意:粗调焦螺旋转动一周可使载物台或镜筒升降 10 mm,细调焦螺旋转动一周可使载物台或镜筒升降 0.1 mm)。

②调位置:视野范围大、物像小,可利用移片器将观察的目的物调到视野正中央,以利观察。

③调光线:利用聚光器(聚光器上升光线变强,下降光线变弱)、虹彩光圈、亮度调节钮等

调节视野范围内光线明暗适度为止。

(2)高倍接物镜的使用　使用高倍接物镜时，虽然物像大，但视野范围很小，因此也包括三调。

①调焦距：首先用低倍接物镜按上法调好，再把高倍接物镜转至中央，一般便可粗略看到物像，再用细调焦螺旋调至物像清晰为止(切忌高倍镜头下使用粗调节轮，各接物镜的工作距离有较大差别，低倍镜为 9 mm 左右，高倍镜 0.55 mm，油镜只有 0.15 mm)。

②调位置：利用移片器将要放大观察的部分移至视野中央。

③调光线：一般从低倍镜转到高倍镜时，光线会变弱，可利用聚光器、虹彩光圈、亮度调节钮调整光线适度为止。

5)还镜

显微镜使用完毕，应先将接物镜移开，再取下切片。把显微镜擦拭干净，各部分恢复原位。使低倍接物镜转至中央通光孔，下降工作台，使接物镜远离工作台。将反光镜转直，或切断电源，镜体盖上绸布，套上棉布袋，放回箱内并上锁。

3.显微镜的保养

(1)使用时必须严格执行上述使用规程。

(2)保持显微镜和室内的清洁、干燥。避免灰尘、水、化学试剂及它物沾污显微镜，特别是镜头部分。

(3)不得任意拆卸或调换显微镜的零部件。

(4)防止震动。在转动调焦螺旋时双手同时用力且要轻，转动要慢，转不动时不可强行用力转动，以免磨损齿轮或导致工作台自行下滑。

(5)使用过的油镜头或镜头上有不易擦去的污物，可先用擦镜纸蘸少许二甲苯擦拭，再换用洁净的擦镜纸擦拭干净。

(二)细胞结构的观察

取具有内表皮的洋葱鳞叶一片，在其内侧用刀片将洋葱鳞叶的内表皮划成边长为 4～6 mm 见方的小片。在载玻片上滴一滴蒸馏水，用小镊子取下一小片已准备好的洋葱鳞叶内表皮浸入水滴内(注意表皮的外面应朝上)，并用小镊子尖挑平，再加盖玻片。加盖玻片的方法是先从一边接触水滴，另一边必须慢慢放下，以免产生气泡。如果盖玻片内有气泡，可用小镊子尖轻轻敲打直至无气泡；如果盖玻片内的水未充满，可用滴管吸水从盖玻片的一侧滴入；若水分过多，溢出盖玻片外的水可用吸水纸吸去。为使细胞观察得更清楚，也可使用碘液染色。

(三)生物绘图

在进行植物形态、结构观察时，常需绘图。所绘图形要能够正常反映出观察材料的形态、结构特征。尤其是局部结构的放大图，更适宜手工绘制。绘图时要注意以下几个方面。

1.布局要合理

首先安排好图的位置，在一张纸的中央稍偏左方绘图，右侧留出拉引线和写说明的空间，从宏观上把握整张纸的内容安排，力求平衡、稳定、美观。

2.绘图要求

(1)一律用黑色铅笔绘图和标注，不用软铅笔和有色铅笔，一般选用的铅笔以 2H 为宜。

(2)先绘草图，用细铅笔勾画出轮廓，线条要轻细，注意比例恰当，然后再按照顺手的方向依轮廓一笔画出清晰线条，接头紧密，不可有深浅和虚实的区别。

(3)绘出的图要与实物相符,不能把混杂物、破损和重叠的部分绘上去。内部结构用"点点衬阴"法表示,一律用小圆点,不能涂抹,也不能用小钩或小撇。

(4)绘出的图要科学准确,生物绘图不同于美术绘图,既要美观大方得体,更要注意图的准确性和科学性。

五、作业与思考

1. 说明显微镜的构造和使用方法。
2. 在使用低倍接物镜、高倍接物镜和油浸镜的时候各应该注意哪些事项?
3. 你现在用的显微镜的放大倍数是多少?请计算出来。
4. 你准备采取怎样的措施对你使用的显微镜进行保养?
5. 绘几个洋葱表皮细胞,并注明细胞壁、细胞质、细胞核、液泡。

实验实训二　质体及后含物观察

一、目的和要求

了解细胞的三种质体、淀粉粒的形态特征。

二、仪器与用品

显微镜、载玻片、盖玻片、小镊子、刀片、毛笔、培养皿、滴瓶、滴管、吸水纸、蒸馏水、碘液(碘化钾 3 g、蒸馏水 100 mL、碘 1 g。先将碘化钾溶于蒸馏水中,待全部溶解后再加碘,振荡溶解即可)、10%～20%糖液。

三、实验材料

菠菜叶、白菜叶或天竺葵叶(新鲜的),辣椒果实(红的、新鲜的),吊竹梅嫩叶,马铃薯块茎。

四、方法与步骤

(一)叶绿体的观察

在载玻片上先滴一滴 10%～20%糖液,再取菠菜叶、白菜叶或天竺葵叶,先撕去下表皮,再用刀片刮取叶肉少量,放入载玻片糖液中均匀散开,盖好盖玻片。先用低倍镜观察,可见叶肉细胞内有很多绿色的颗粒,这就是叶绿体。再换用高倍镜观察,注意叶绿体的形状。

(二)有色体的观察

取辣椒果实进行徒手切片或用刀片取辣椒果肉组织装片。在显微镜下观察,可见细胞内含有许多橙红色的颗粒,这就是有色体。

(三)白色体的观察

取吊竹梅较幼嫩的叶，绕在左手食指上，使叶背向外并用拇指和中指夹住叶片，用刀片削切其表皮，注意不能切到叶肉；用毛笔或小镊子将其从刀片上取下，放在载玻片的水滴中，加上盖玻片；在显微镜的低倍镜下观察，找到细胞核，然后换用高倍镜观察，注意在核的周围有许多白色圆球形的小颗粒，即为白色体。

(四)淀粉粒的观察

取马铃薯块茎一小块，用刀片刮取马铃薯块茎组织少许，放入载玻片上的清水中，用小镊子尖将其均匀散开，盖好盖玻片。先用低倍镜观察，可见到有很多卵形发亮的颗粒，这就是淀粉粒。再换用高倍镜观察，可见到淀粉粒呈现轮纹状。淀粉粒上这些轮纹的形成是由于昼夜形成淀粉的量和淀粉含水量的不同而导致的。如将淀粉粒用碘液染色，则淀粉粒都变成蓝色。

五、作业与思考

1. 分别绘几个含叶绿体、有色体、白色体的细胞图。
2. 绘几个马铃薯含淀粉粒的细胞图。你所看到的马铃薯淀粉粒有几种类型？

实验实训三　细胞有丝分裂观察

一、目的和要求

识别植物细胞有丝分裂各期的主要特征，观察染色体的形状。

二、仪器与用品

显微镜、单面刀片、小镊子、载玻片、盖玻片、滴管、吸水纸、蒸馏水、醋酸洋红液、浓盐酸、95%酒精。

三、实验材料

洋葱根尖纵切片、洋葱幼根。

四、方法与步骤

(一)用洋葱根尖纵切片观察细胞有丝分裂

取洋葱根尖纵切片用显微镜观察。先用低倍镜观察，找出靠近尖端的分生区(生长点部分)，可见许多排列整齐的细胞，这就是分生组织。换用高倍镜观察，可见有些细胞正处在分裂过程中的不同时期，分别认出各处在哪一时期(前期、中期、后期或末期)。对照植物细胞有丝分裂模式图进行观察。

(二)制作洋葱幼根压片观察细胞有丝分裂

1.材料的培养与处理(课前准备)

1)幼根的培养

于课前3～4 d,将洋葱鳞茎置于广口瓶上,瓶内盛满清水,使洋葱底部浸入水中,置温暖处,每天换水,3～4 d后可长出嫩根。

2)材料的固定和离析

剪取根端0.5 cm,立即投入盛有一半浓盐酸和一半95%酒精的混合液中,10 min后,用镊子将材料取出放入蒸馏水中,反复冲洗5～6次,备用。

2.染色与压片

取出固定和离析的根尖,切取根顶端(生长点部分)1～2 mm,置于载玻片上,加一滴醋酸洋红染色5～10 min,染色后盖上盖玻片,以一小块吸水纸放在盖玻片上。左手按住载玻片,用右手拇指在吸水纸上对准根尖部分轻轻挤压(在用力过程中不要移动盖玻片),将根压成均匀的薄层。用力要适当,不能将根尖压烂。

3.镜检

将制成的压片置于显微镜下,并按步骤(一)操作,即可观察到正处在有丝分裂不同时期的细胞。

五、作业与思考

绘出正在进行有丝分裂的细胞,每期绘一个,并注明分裂时期及其特点。

实验实训四　植物组织观察

一、目的和要求

认识植物各种组织的类型;熟悉植物成熟组织的各种细胞特征。

二、仪器与用品

显微镜、载玻片、盖玻片、小镊子、刀片、毛笔、培养皿、滴瓶、滴管、吸水纸、蒸馏水、1%番红液、盐酸-间苯三酚、碘液。

三、实验材料

蚕豆(或芹菜)茎和叶,玉米(或小麦)幼茎和叶,油菜(或蚕豆)幼根,柑橘果皮,洋葱根尖纵切片,天竺葵茎和叶,南瓜茎纵切片,松树脂道横切片。

四、方法与步骤

(一)观察分生组织

取洋葱根尖纵切片,在低倍镜下观察,可见根尖尖端根冠后面较暗的部分就是顶端分生组织。其细胞形状近乎等径,细胞壁薄,核大,细胞质浓稠,液泡很小,细胞排列紧密,具有分裂能力。

(二)观察成熟组织

1.保护组织

撕取蚕豆(或天竺葵)叶下表皮,制成装片,在显微镜下观察,可见下表皮由形状不规则、凸凹嵌合、排列紧密的细胞组成。在表皮细胞之间还分布着一些由两个半月形保卫细胞组成的气孔器。

撕取小麦叶上表皮制片观察,可见表皮结构由许多长形细胞组成。转换高倍镜观察,可见气孔器由两个哑铃形保卫细胞组成,在保卫细胞两旁还有一对菱形的副卫细胞。在有些植物的表皮上还可看到表皮毛和腺毛。

2.基本组织

用芹菜茎或用玉米茎横切制片观察,可见到茎中部有大量薄壁细胞,细胞壁薄,具有大液泡,细胞间隙较大,这就是基本组织。

3.机械组织

取蚕豆(或芹菜)茎做徒手横切制片观察,可见表皮细胞下方的一些细胞其角隅处细胞壁加厚。若用1%番红液染色,则加厚部分染成淡暗红色。此为厚角组织。

取蚕豆茎做徒手横切制片,用盐酸-间苯三酚染色,用显微镜观察,可见每个维管束的外方都有一束细胞壁加厚的组织着色。此即厚壁组织中的韧皮纤维。

4.输导组织

取油菜幼根一小段,置于载玻片上,用镊子柄部将其压扁压散后用盐酸-间苯三酚染色制片,在显微镜下观察,可见多条着红色的各种导管旁边夹杂着一些薄壁细胞。调节显微镜细调焦螺旋,可清楚看到导管次生壁不均匀加厚的各种花纹。

用显微镜观察南瓜茎纵切永久切片,在导管的两侧即为韧皮部。韧皮部一般着蓝色,有许多纵向连接的管状细胞即筛管。两个筛管连接处的横隔叫筛板。筛管旁是伴胞,伴胞常与筛管相近,但直径较小。

5.分泌组织

1)分泌腔

取柑橘果皮做徒手切片,装片后用显微镜观察,可见许多薄壁细胞围拢成圆形的腔状结构,其中有挥发油存在。这是分泌组织的一种。

2)树脂道

取松树脂道横切片,置显微镜下观察,可看到一个个的树脂道。

五、作业与思考

1.绘薄壁组织、输导组织、机械组织图,注明各部位名称。

2.绘表皮和松树脂道图，注明各部位名称。

实验实训五　植物根结构的观察

一、目的和要求

通过观察，了解根尖的分区及各区结构特点；掌握单子叶植物和双子叶植物根的初生结构；掌握双子叶植物根的次生结构。

二、仪器用品与材料

显微镜、放大镜、培养皿、刀片、镊子、解剖针、载玻片、盖玻片、擦镜纸、纱布和蒸馏水。

玉米(或者小麦、水稻)的籽粒，小麦(或洋葱)根尖纵切片，棉花(或蚕豆)幼根横切片，小麦(或洋葱)根横切片，花生根次生结构横切片。

三、方法与步骤

(一)植物根尖的培养与观察

1.植物幼根的培养

首先，在干净的培养皿内铺浸湿的滤纸；然后，将浸过水的玉米(或者小麦、水稻)的籽粒均匀排在滤纸上；最后，将培养皿加盖，并放入恒温箱或温暖的地方(温度保持在15～25℃)进行培养。经5～7 d，即可生出1～2 cm的根用于实验实训。

2.植物根尖及其分区结构的观察

选择生长良好的玉米(或者小麦、水稻)幼根，在着生根毛处用刀片切断。然后，将切下的幼根放在载玻片上，用放大镜观察各区的外部形态特征。

取小麦(或洋葱)根尖纵切片，在显微镜上辨别根尖各区，并观察各区的细胞特点。

(二)根的初生结构观察

1.双子叶植物根的初生结构

取棉花(或蚕豆)幼根横切片，先在低倍镜下辨别表皮、皮层和中柱三个基本部分。然后，在高倍镜下识别表皮、皮层和中柱三部分结构，区分初生木质部和初生韧皮部，并理解根的结构与功能的关系。

注意观察内皮层，其细胞径向壁与横向壁上有一条木栓质加厚的带状结构，称为凯氏带，但在横切面上不易切到横向壁，故只能看到径向壁上增厚的部分，被染成红色的凯氏点。

2.单子叶植物根的初生结构

取小麦(或洋葱)根横切片，先在低倍镜下辨别表皮、皮层和中柱三个基本部分。然后，在高倍镜下观察各部分结构，注意观察表皮、皮层和中柱的细胞特点。

注意观察内皮层五面增厚呈马蹄形的凯氏带，并观察与初生木质部辐射角相对应处的内皮层细胞的壁不增厚，这些细胞为通道细胞。

(三)根的次生结构观察

取花生根次生结构横切片，先在低倍镜下辨别次生结构。然后，在高倍镜下观察各部分次生结构的特点，从外向内依次识别周皮、次生韧皮部、韧皮射线、形成层、次生木质部、木射线和髓等结构。

四、作业与思考

1.绘根尖纵切图，并注明各部分名称。

2.绘双子叶植物根初生结构简图，并注明各部分名称。

3.通过观察，比较禾本科植物根与双子叶植物根的主要区别。

实验实训六 植物茎结构的观察

一、目的和要求

通过观察，掌握双子叶植物茎和单子叶植物茎的结构特征；结合观察，熟悉植物茎的形态结构与功能的关系。

二、仪器用品与材料

显微镜；棉花（或蚕豆）幼茎和老茎的横切片，小麦（或者玉米、水稻）幼茎横切片。

三、方法与步骤

(一)双子叶植物茎的初生结构观察

取棉花（或蚕豆）幼茎横切片，放在显微镜下观察，识别表皮、皮层、维管束、髓和髓射线，区分初生木质部和初生韧皮部，并理解茎的结构与功能的关系。

(二)单子叶植物茎的初生结构观察

取小麦（或者玉米、水稻）幼茎横切片，放在显微镜下观察，识别表皮、薄壁组织、维管束、髓腔（有或无），比较禾本科植物茎与双子叶植物茎的主要区别。

(三)双子叶植物茎的次生结构观察

取棉花（或蚕豆）老茎横切片，先在低倍镜下辨别茎的次生结构。然后，在高倍镜下观察其结构特点，从外向内依次识别周皮、次生韧皮部、维管形成层、次生木质部、维管射线等结构，并加以描述。

四、作业与思考

1. 绘双子叶植物棉花（或蚕豆）幼茎横切面结构简图，并注明各部分名称。

2. 通过观察，比较禾本科植物茎与双子叶植物茎初生结构的主要区别，并分析茎的结构与功能的关系。

实验实训七　植物叶结构的观察

一、目的和要求

掌握并区别双子叶植物和单子叶植物叶的结构，并理解结构与生理功能的关系。

二、仪器用品与材料

显微镜，纱布；桃叶横切片，小麦叶横切片，玉米叶横切片等。

三、方法与步骤

（一）双子叶植物叶片结构的观察

首先，取桃叶横切片于低倍镜下观察，辨别上表皮、下表皮、叶肉和叶脉等部分。然后，转换高倍镜观察以下结构：上表皮与下表皮的细胞特点，气孔器的结构与分布；叶肉中栅栏组织与海绵组织的细胞形态特点，叶绿体分布特点等。

（二）单子叶植物叶片结构的观察

取小麦（C_3植物）叶的横切片置于显微镜下观察。首先，在低倍镜下辨别表皮、叶肉和叶脉三部分。然后，转换高倍镜观察表皮、叶肉、叶脉等结构特点。

取玉米（C_4植物）叶的横切片置于显微镜下观察。首先，在低倍镜下辨别表皮、叶肉和叶脉三部分。然后，转换高倍镜除了观察表皮、叶肉和叶脉的基本结构特点外，还应注意观察花环状结构，并比较小麦（C_3植物）叶片和玉米（C_4植物）叶片结构的主要区别。

四、作业与思考

1. 绘桃叶横切面细胞图，注明各部分名称。

2. 通过观察，比较禾本科植物叶与双子叶植物叶的主要区别。

3. 通过观察，比较小麦（C_3植物）叶片和玉米（C_4植物）叶片结构的主要区别。

实验实训八　花药和子房构造及胚发育过程观察

一、目的和要求

掌握花药、子房、胚珠的结构；观察了解双子叶植物胚的发育过程。

二、仪器用品与材料

显微镜、镊子、刀片、载玻片、盖玻片、滴管、培养皿、吸水纸、蒸馏水等。

幼期百合花药横切永久制片，成熟期百合花药横切永久制片，百合子房横切（示胚珠结构）永久制片，荠菜子房纵切（示幼胚发育）永久制片，荠菜子房纵切（示成熟胚）永久制片，新鲜（或浸制）的百合或凤尾兰花等。

三、方法与步骤

（一）花药结构的观察

1. 造孢组织时期

取幼期百合花药横切永久制片，置低倍镜下观察，可见花药的轮廓似蝴蝶形状，整个花药分为左右两部分，其中间由药隔相连，在药隔处可看到自花丝通入的维管束。药隔两侧各有两个花粉囊。看清花药轮廓后，转换高倍镜，再仔细观察一个花粉囊的结构，由外向内可见：

表皮：为最外一层细胞，细胞较小，具角质层，有保护功能。

药室内壁（纤维层）：一层近于方形的较大的细胞，径向壁和内切向壁尚未增厚。

中层：1～3层较小的扁平细胞。

绒毡层：是药壁的最内一层，由径向伸长的柱状细胞组成，这层细胞核较大，质浓，排列紧密。绒毡层以内的药室中有许多造孢细胞，其细胞呈多角形，核大，质浓，排列紧密，有时可以见到正在进行有丝分裂的细胞。

2. 成熟花粉粒形成时期

取成熟期百合花药横切永久制片，置低倍镜下观察，可见表皮已萎缩，药室内壁的细胞径向壁和内切向壁上形成木质化加厚条纹，此时称纤维层，在制片中常被染成红色；中层和绒毡层细胞均破坏消失；两个花粉囊的间隔已不存在，二室相互沟通，花粉粒已发育成熟。选择一个完整的花粉粒，在高倍镜下观察，注意所见到的花粉粒呈什么形状？有几层壁？是否见到大小两个核？它们各有什么功能？

本实验也可以取其他植物近似成熟但尚未开裂的花药，作徒手横切，制成临时装片，置显微镜下观察。

(二)子房结构的观察

取百合子房横切(示胚珠结构)永久制片,置低倍镜下观察,可见百合子房由三个心皮联合构成,子房3室,每两个心皮边缘联合向中央延伸形成中轴,胚珠着生在中轴上,在整个子房中,共有胚珠六行,在横切面上可见每个室内有2个倒生的胚珠着生在中轴上,称中轴胎座。转换高倍镜观察子房壁的结构,可见子房壁的内外均有表皮,两层表皮之间为圆球形薄壁细胞组成的薄壁组织。再转换低倍镜,辨认背缝线、腹缝线、隔膜、中轴和子房室。

(三)荠菜胚发育的观察

1.荠菜幼胚

取荠菜子房纵切(示幼胚发育)永久制片,置低倍镜下,挑选其中比较完整并接近通过中央部位的胚珠纵切面,作进一步观察,注意辨认胚珠各结构的部位,特别要注意区分珠孔和合点端。然后转换高倍镜,仔细观察这一选好的胚珠切面,可见到弯生胚珠的胚囊内合子已发育成幼小的胚胎,在紧挨珠孔的内方,有一个大型的细胞,它与一列细胞相连,共同组成柄状结构,即为原胚或分化胚(心形胚时期)。

2.荠菜成熟胚

取荠菜子房纵切(示成熟胚)永久制片,置显微镜下观察,可见荠菜胚呈弯形,两片肥大的子叶位于远珠孔的一端,夹在两片子叶之间的小突起即为胚芽,与两片子叶相连处为胚轴,胚轴以下为胚根,此时,珠被发育为种皮,整个胚珠形成了种子。

四、作业与思考

1.绘百合成熟花药横切面结构图,并注明各部分结构名称。
2.绘百合子房横切面结构图,并注明各部分结构名称。
3.绘荠菜子房纵切(示成熟胚)结构简图,并注明各部分结构名称。
4.试比较被子植物雌、雄配子体及其形成过程的异同。

实验实训九　细胞质壁分离观察和水势测定

一、目的和要求

理解质壁分离现象,了解植物细胞发生渗透作用的原理,学会用质壁分离来测定植物细胞或组织的水势。

二、实验原理

植物细胞是一个渗透系统,如果将其放入高渗溶液中,细胞内水分外流而失水,由于原生质层比细胞壁的收缩性大,当细胞不断失水时,原生质层就会与细胞壁分离,细胞会发生质壁分离现象。若将细胞置于等渗或低渗溶液中则无此现象。发生质壁分离的细胞如果重新置于低渗溶液中，由于细胞液的浓度大于外界溶液的浓度，细胞就会通过渗透作用而吸水，即外界溶液中的水分通过原生质层进入到细胞液中，整个原生质层就会慢慢地恢复成原来的状态，使植物细胞逐渐发生质壁分离复原现象。

细胞处在等渗溶液中，此时细胞的压力势为零，细胞的渗透势就等于溶液的渗透势，即为细胞的水势。当用一系列浓度梯度的糖液观察细胞质壁分离时，细胞的等渗浓度介于刚刚引起初始质壁分离的浓度和与其相邻的尚不能引起质壁分离的浓度之间，代入公式，即可算出细胞的渗透势(即水势)：

$$\Psi_s = -icRT$$

式中：Ψ_s——溶液的渗透势，MPa；

i——溶液的等渗系数(蔗糖溶液为 1)；

c——溶液的等渗浓度，$mol \cdot L^{-1}$；

R——气体常数，0.008 341 $L \cdot MPa \cdot mol^{-1} \cdot K^{-1}$；

T——绝对温度(273＋t，t 为实验室温度，℃)，K。

三、仪器用品与材料

显微镜、载玻片、盖玻片、培养皿(或试管)、镊子、刀片、表面皿、试管架、胶头滴管、吸水纸、0.2～0.6 $mol \cdot L^{-1}$ 的蔗糖、0.03％中性红、叶片(最好是带色的洋葱表皮或紫鸭跖草等含有色素的植物材料)。

蔗糖溶液的配制：按每 100 mL 母液内溶解 34.23 g 蔗糖的比例，称取所需蔗糖，放在烧杯中，加蒸馏水使其溶解并定容至所需容积，配制成 1 $mol \cdot L^{-1}$ 的母液。母液配制后，将试剂瓶保存于冰箱中，避免溶液发霉。进行实验时，再用母液配制下列浓度蔗糖溶液(0.60 $mol \cdot L^{-1}$、0.50 $mol \cdot L^{-1}$、0.40 $mol \cdot L^{-1}$、0.30 $mol \cdot L^{-1}$、0.20 $mol \cdot L^{-1}$)各 10 mL 于中试管内。

四、方法与步骤

(1)取干燥洁净的培养皿 5 套，贴上标签编号，依次倒入不同浓度的糖液(0.2～0.6 $mol \cdot L^{-1}$)，使其成一薄层，盖好皿盖。

(2)用镊子撕取叶表皮或洋葱鳞茎内表皮放入装有中性红的表面皿内染色 5～10 min(有色材料不染色)，取出后用水冲洗，并吸干植物材料表面的水分，然后依次放入不同浓度糖液中，经过 20～40 min 后(如温度低，适当延长)，依次取出放在载玻片上，用胶头滴管加一滴原来浓度的糖液，盖上盖玻片，在显微镜下观察细胞。

(3)若原生质层紧贴着细胞壁，则没有发生质壁分离，细胞保持原来的状态，溶液为低渗溶液；若细胞壁与原生质分离，即为质壁分离，溶液为高渗溶液。观察并记录哪些浓度的蔗糖溶液会使细胞发生质壁分离现象。

(4)取一个发生质壁分离的材料，从盖玻片的一侧滴入清水，在另一侧用吸水纸吸引，重复几次，镜检。可以观察到：液泡由小变大，颜色由深变浅，原生质层恢复原状，发生了质壁分离复原现象。注意，发生质壁分离的装片，不能久置，要马上滴加清水，才可使其复原，因为细胞失水过久会死亡。

(5)确定引起50%左右细胞初始质壁分离时的那个浓度(即原生质从细胞角隅分离的浓度)作为等渗浓度。

将实训结果记录在表实9-1中。

表实9-1　细胞质壁分离观察和水势测定

项目	蔗糖溶液浓度/($mol \cdot L^{-1}$)				
	0.2	0.3	0.4	0.5	0.6
渗透势/MPa					
质壁分离细胞所占百分率/%					

五、作业与思考

1. 记录实训结果。
2. 算出所测植物组织的渗透势(水势)。

实验实训十　植物蒸腾速率的测定

蒸腾速率是反映蒸腾作用强弱的一项重要的生理指标,其快慢受植物形态结构和多种外界因素的综合影响。所以在研究植物水分代谢时,测定蒸腾速率很有必要。

一、目的和要求

学会用快速称重法测定植物蒸腾速率的过程。

二、实验原理

植物蒸腾失水,重量减轻,故可用称重法测得植物材料在一定时间内所失水量而算出蒸腾速率。植物叶片在离体后的短时间内(数分钟),蒸腾失水不多时,失水速率可保持不变,但随着失水量的增加气孔开始关闭,蒸腾速率将逐渐降低,故此实验应快速(在数分钟内)完成。

为了快速称重,可用感量0.01 g的电子顶载式天平、托盘扭力天平或改制后的托盘天平。采用离体快速称重法测定蒸腾速率简便、快速,定量较准确。

三、仪器用品与材料

电子顶载式天平(感量0.01 g),或托盘扭力天平(感量0.01 g,附砝码),或经改制的横梁式托盘天平(感量0.1 g,附砝码),镊子,剪刀,铁夹,叶面积仪(或透明方格纸);不同植物

(或同一植物不同部位)的新鲜叶片。

四、方法与步骤

(1)普通托盘天平的改制:取一架具横梁游码的托盘天平(感量 0.1 g),将一块扇形硬纸或白塑料板固定在天平的中央,并用细铁丝加长指针,使指针尖端恰在纸片的上缘。调节天平零点,使指针偏于扇形板左方,记下记号作为零点。再在天平右盘内增加 1 g 砝码,使指针偏右,再作下记号作为 1 g。然后在两记号间等分 10 小格,每格等于 0.1 g。使用时可根据指针移动的格数,迅速测出 1 g 以下重量的变化。使用时需将改制的天平置于不受风影响的地方。

(2)在待测植株上选一枝条,重约 20 g(使在 3～5 min 内蒸腾水量近 1 g,而失水量不超过含水量的 10%),在基部缠一线以便悬挂,然后剪下立即称重,称重后记录时间和重量并迅速放回原处(可用夹子将离体枝条夹在原母枝上),在原来的环境下继续蒸腾作用。将到 3 min 或 5 min 时,迅速取下重新称重,准确记录 3 min 或 5 min 内的蒸腾失水量。称重要快,要求两次称的重量变化不超过 1 g,失水量不超过 10%。

(3)用叶面积仪(或透明方格纸、质量法)计算所测枝条上的叶面积(cm^2),按下式求出蒸腾速率:

$$蒸腾速率(g \cdot m^{-2} \cdot h^{-1}) = \frac{蒸腾失水量(g)}{叶面积(m^2) \times 测定时间(h)}$$

质量法测定叶面积:选择一张各部分分布均匀的白纸(纸的质量与纸的面积成正比),测定其单位面积的质量(m_1/S_1),将枝条上叶片的实际大小描在白纸上,并沿线剪下,然后称其总质量(m),则叶的总面积 S 为:

$$S = \frac{S_1}{m_1} \times m$$

(4)针叶树之类不便计算叶面积的植物,可于第二次称重后摘下针叶,再称枝条重,用第一次称得的重量减去摘叶后枝条重,即为针叶(蒸腾组织)的原始鲜重,再以下式求出蒸腾速率。

$$蒸腾速率(mg \cdot g^{-1} \cdot h^{-1}) = \frac{蒸腾失水量(mg)}{组织鲜重(g) \times 测量时间(h)}$$

一般植物也可以鲜重为基础计算蒸腾速率,但应将嫩梢计算在蒸腾组织的重量之内。

(5)比较不同时间(晨、午、晚、夜)、不同部位(上、中、下)、不同环境(温、湿、风、光)或不同植物的蒸腾速率,把结果及当时气候条件记入表实 10-1,并加以解释。

表实 10-1　蒸腾速率测定记载表

植物名称	取材部位	重复	开始时间	叶面积/cm^2	测定时间/min	蒸腾水量/g	蒸腾速率/($g \cdot m^{-2} \cdot h^{-1}$)	当时天气	备注

五、作业与思考

1. 比较不同部位叶片的蒸腾速率。
2. 比较老叶与新叶的蒸腾速率。

实验实训十一　植物溶液培养和缺素症观察

一、目的和要求

学习营养液的配制和溶液培养的方法，进一步了解各种必需矿质元素的生理作用，观察缺素症，为今后的生产与科研打下基础。

二、实验原理

植物在必需矿质元素供应下正常生长，如缺少某一元素，便会产生相应的缺素症。用适当的无机盐制成完全营养液，能使植物正常生长；如果用缺乏某种元素的缺素液培养，植物就会呈现缺素症而不能正常生长发育。将所缺元素加入培养液中，该缺素症又可逐渐消失。

三、仪器与用品

搪瓷盘，培养缸（瓷质、玻璃、塑料均可），石英砂或蛭石，试剂瓶，烧杯，移液管，量筒，黑色蜡光纸，塑料纱网，精密 pH 试纸（pH 5～6）或 pH 计，天平，玻璃管，棉花（或海绵），通气装置；硝酸钙，硝酸钾，硫酸钾，磷酸二氢钾，硫酸镁，氯化钙，磷酸二氢钠，硝酸钠，硫酸钠，乙二胺四乙酸二钠（EDTA-Na），硫酸锰，硼酸，硫酸锌，氯化锰，钼酸钠，硫酸铜，盐酸，钼酸，漂白粉或多菌灵乳浊液。

四、实验材料

玉米、棉花、番茄、水稻等种子。

五、方法与步骤

（一）材料准备

1. 种子选择与处理

精选大小一致、饱满的玉米、棉花、番茄、水稻或其他植物的种子为试材，用漂白粉溶液或多菌灵乳浊液消毒 30 min，无菌水漂洗数次，35℃条件下催芽 24 h。

2. 培苗

用搪瓷盘装洗净的石英砂或蛭石，将催好芽的种子均匀放置其中，置温暖处培养成苗。等苗长出第一片真叶时移栽。

3. 容器的准备

将培养缸洗净，倒入洗净的石英砂，高度为容器高的 4/5，塞上橡皮塞。

4. 配制营养液(贮备液)

取分析纯试剂，按表实 11-1 用量配制成贮备液。

表实 11-1　贮备液的配制　　$g \cdot L^{-1}$

大量元素贮备液		微量元素贮备液	
$Ca(NO_3)_2$	236	H_3BO_3	2.86
KNO_3	102	$ZnSO_4 \cdot 7H_2O$	0.22
$MgSO_4 \cdot 7H_2O$	98	$MnCl_2 \cdot 4H_2O$	1.81
KH_2PO_4	27	$MnSO_4$	1.015
K_2SO_4	88	$H_2MoO_4 \cdot H_2O$ 或 Na_2MoO_4	0.09
$CaCl_2$	111	$CuSO_4 \cdot 5H_2O$	0.08
NaH_2PO_4	24		
$NaNO_3$	170		
Na_2SO_4	21		
EDTA-Na	7.45		

注：EDTA-Na 是隐蔽剂，能隐蔽其他元素的干扰。

配好贮备液后，再按要求配制完全液和缺素液(表实 11-2)。

表实 11-2　完全液和缺素液的配制

(每 1 000 mL 蒸馏水中贮备液用量)　　mL

贮备液	完全	缺氮	缺磷	缺钾	缺钙	缺镁	缺铁
$Ca(NO_3)_2$	5	—	5	5	—	5	5
KNO_3	5	—	5	—	5	5	5
$MgSO_4 \cdot 7H_2O$	5	5	5	5	5	—	5
KH_2PO_4	5	5	—	—	5	5	5
K_2SO_4	—	5	1	—	—	—	—
$CaCl_2$	—	5	—	—	—	—	—
NaH_2PO_4	—	—	—	5	—	—	—
$NaNO_3$	—	—	—	5	5	—	—
Na_2SO_4	—	—	—	—	—	5	—
EDTA-Na	5	5	5	5	5	5	—
微量元素	1	1	1	1	1	1	1

用精密 pH 试纸或 pH 计测定培养液的 pH，根据不同植物的要求，pH 一般控制在 5～6 之间为宜，如 pH＞6，则用 1%盐酸调节所需 pH。

5. 水培装置准备

取 1～3 L 的培养缸，若缸透明，则在其外壁涂以黑漆或拿黑色蜡光纸套好，使根系处于黑暗环境中，缸盖上应打有数孔，一侧用海绵或棉花固定植物幼苗，再通橡皮管，使管的另一侧与通气泵连接，作根系生长供氧之用。

(二)移植与培养

1. 溶液培养法

将以上配制的培养液中各加 1 200 mL 蒸馏水，将幼苗根系洗干净，小心穿入孔中，用棉花或海绵固定，使根系全浸入培养液中，放在阳光充足、温度适宜(20～25℃)的地方。

2. 砂基培养法

选取已培养好的大小一致的幼苗，用蒸馏水将根系冲洗干净，栽入已标记的培养缸中(使上中部砂层间有充足空气，以利根部呼吸)。将幼苗置于温室阳光充足而温暖的地方培养。

3. 补水和更换营养液

培养期间，每隔 1～3 d 加蒸馏水一次至溶液原来的高处，每隔一定时间(一周左右，具体根据植株大小和气候情况而定)更换培养液一次，并且有良好的通气，每天通气 2～3 次或进行连续微量通气。要注意保持营养液 pH 5～6。

(三)观察记录

随时记录整株、根、茎、叶生长发育的情况、缺乏必需元素时所表现的症状及最早出现症状的部位等。

待植株症状表现明显后，各留下一株继续培养，其余各株将缺某种元素培养换成完全培养液，观察植株症状是否减轻以至消失。各处理植株分别测量根、茎的长度和质量，叶片数目、大小和质量，节数和节间长度，然后在烘箱中烘干，通过组织成分分析，测定植株中的氮、磷、钾、铁、铜等元素的含量。

将幼苗生长情况按照观察记录要求进行统计分析，得出初步结论。

六、作业与思考

1. 描述植物缺乏矿质元素所表现出的主要症状。
2. 为什么说无土培养是研究矿质营养的重要方法？
3. 比较溶液培养法和砂基培养法的优缺点。

实验实训十二　叶绿体色素提取分离及测定

一、叶绿体色素的提取与分离

(一)目的和要求

学习叶绿体色素的提取、分离方法；通过叶绿体色素提取、分离方法的学习了解叶绿体色素的相关理化性质。

(二)实验原理

叶绿体色素主要包括绿色的叶绿素(包括叶绿素 a 和叶绿素 b)和黄色的类胡萝卜素(包括胡萝卜素和叶黄素)两大类，它们均以色素蛋白复合体形式存在于类囊体膜上。两类色素均不溶于水而溶于有机溶剂，故可用乙醇、丙酮等有机溶剂提取。由于提取液中不同色素在固定相和流动相中的分配系数不同，所以可借助分配层析方法将其分离。

(三)仪器与用品

研钵、漏斗、大试管、剪刀、滴管、毛细管、圆形滤纸、试管架、玻璃棒、定量滤纸。95%乙醇、石英砂、碳酸钙、推动剂(按石油醚、丙酮、苯的体积比 10∶2∶1 配制)。

(四)实验材料

绿色植物如菠菜等的叶片。

(五)方法与步骤

1.叶绿体色素的提取

取菠菜或其他新鲜植物叶片 4～5 片(4 g 左右)，将其洗净、擦干并去掉中脉，剪碎后置于研钵中。研钵中加入 95%乙醇 2～3 mL 及少许石英砂、碳酸钙研磨至匀浆，再加 95%乙醇 10～15 mL，提取 3～5 min，然后将上清液过滤到大试管中，即为色素提取液。

2.叶绿体色素的分离

1)点样

取前端剪成三角形的滤纸条，用毛细管取叶绿体色素提取液，如图实 12-1 所示点样，注意每次所点溶液不可过多，点样后晾干，再重复操作数次。

2)分离

在大试管中加入推动剂，然后将滤纸固定在胶塞的小钩上，插入大试管中，使前端浸入溶剂内，点样原点要高于液面，滤纸条边缘不可碰到大试管壁，盖紧胶塞，放在阴暗处层析。

当推动剂前沿上升至接近滤纸边缘时，取出滤纸，风干，即可看到分离的各种色素。叶绿素 a 为蓝绿色，叶绿素 b 为黄绿色，叶黄素为黄色，胡萝卜素为橙黄色。用铅笔标出图实 12-1 中①～④的色素名称。

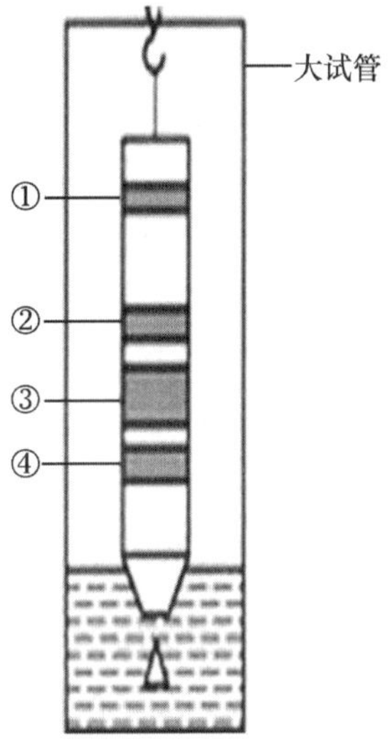

图实 12-1　叶绿体色素的分离

二、叶绿体色素的定量测定

(一)目的和要求

通过实际操作,掌握植物叶绿体色素的定量测定技术。

(二)实验原理

根据叶绿体色素提取液对可见光谱的吸收,利用分光光度计在某一特定波长下测定其吸光度,即可用公式计算出提取液中各色素的含量。

根据朗伯-比尔定律,某有色溶液的吸光度 A 与其中溶质浓度 C 和液层厚度 L 成正比,即:

$$A=kCL$$

当溶液浓度以百分浓度为单位,液层厚度为 1 cm 时,k 为该物质的比吸收系数。各种有色物质溶液在不同波长下的比吸收系数可通过测定已知浓度的纯物质在同一波长下的吸光度而求得。因此,在一定波长下叶绿素 a、b 和类胡萝卜素的比吸收系数是已知的。

如果溶液中有数种吸光物质,则此混合液在某一波长下的总吸光度等于各组分在相应波长下吸光度的总和,这就是吸光度的加和性。测定叶绿体色素混合提取液中叶绿素 a、b 和类胡萝卜素的含量,只需测定该提取液在三个特定波长下的吸光度 A,并根据叶绿素 a、b 及类胡萝卜素在该波长下的比吸收系数即可求出其浓度。在测定叶绿素 a、b 时为了排除类胡萝卜素的干扰,所用单色光的波长选择叶绿素在红光区的最大吸收峰。

(三)仪器与用品

分光光度计,研钵 2 套,剪刀 1 把,玻棒,25 mL 棕色容量瓶 3 个,小漏斗 3 个,直径 7 cm 定量滤纸,吸水纸,擦镜纸,滴管,电子顶载式天平(感量 0.01 g),95%乙醇(或 80%丙酮),石英砂,碳酸钙粉。

(四)实验材料

新鲜(或烘干)的植物叶片。

(五)方法与步骤

1.色素提取

取新鲜植物叶片(或其他绿色组织)或干材料,擦净组织表面污物,剪碎(去掉中脉),混匀。称取剪碎的新鲜样品 0.2 g,共 3 份,分别放入研钵中,加少量石英砂和碳酸钙粉及 2～3 mL 95%乙醇(或 80%丙酮)研成匀浆,再加 95%乙醇 10 mL,继续研磨至组织变白,静置 3～5 min。取滤纸 1 张,置漏斗中,用 95%乙醇湿润,沿玻棒把提取液倒入漏斗中,过滤到 25 mL 棕色容量瓶中,用少量 95%乙醇冲洗研钵、研棒及残渣数次,最后连同残渣一起倒入漏斗中。用滴管吸取乙醇,将滤纸上的叶绿体色素全部洗入容量瓶中,直至滤纸和残渣中无绿色为止。最后用 95%乙醇定容至 25 mL,摇匀,放阴处待用。

2.测定吸光度

把叶绿体色素提取液倒入比色杯内,以 95%乙醇为空白,因为叶绿素 a、叶绿素 b 在 95%乙醇中最大吸收峰的波长 665 nm 和 649 nm,类胡萝卜素为 470 nm,据此可以测定吸光度(如果色素提取液颜色太深需稀释后再测定)。

3. 计算结果

将测定得到的吸光度代入下面的公式,求得各色素浓度:

$$C_a = 13.95D_{665} - 6.88D_{649}$$
$$C_b = 24.96D_{649} - 7.32D_{665}$$
$$C_{x \cdot c} = (1\,000D_{470} - 2.05C_a - 114.8C_b)/245$$

式中:C_a、C_b、$C_{x \cdot c}$——叶绿素 a、b 和类胡萝卜素的浓度($mg \cdot L^{-1}$),$C_a + C_b$ 即得叶绿素总浓度;

D_{665}、D_{649}、D_{470}——叶绿体色素提取液在波长 665 nm、649 nm、470 nm 下的吸光度。

求得色素的浓度后再按下式计算组织中各色素的含量:

$$叶绿体色素的含量 = \frac{色素浓度(mg \cdot L^{-1}) \times 提取液总量(L) \times 稀释倍数}{样品重量(鲜重或干重)(g)}$$

稀释倍数:若提取液未经稀释,则取 1。

三、作业与思考

1. 说明用滤纸分离叶绿体色素的结果,并解释色素分层的原因。
2. 计算所测植物叶片的色素含量。
3. 叶绿素 a、叶绿素 b 在蓝光区也有吸收高峰,能否用这一吸收峰波长进行叶绿素 a、叶绿素 b 的定量分析?为什么?

实验实训十三　植物光合速率的测定(改良半叶法)

一、目的和要求

掌握改良半叶法测定叶片净光合速率、总光合速率的原理和方法。

二、实验原理

植物进行光合作用形成有机物,而有机物的积累可使叶片单位面积的干物重增加,但是,叶片在光下积累光合产物的同时,还会通过输导组织将同化物运出,从而使测得的干重积累值偏低。为了消除这一偏差,必须将待测叶片的一半遮黑,测量相同时间内叶片被遮黑的一侧单位面积干重的减少值,作为同化物输出量(和呼吸消耗量)的估测值。这就是经典的“半叶法”测定光合速率的基本原理。测定时须选择对称性良好、厚薄均匀一致的两组叶片,一组叶片用于测量干重的初始值,另一组(半叶遮黑的)叶片用于测定干重的终了值,不但手续烦琐,而且误差较大。“改良半叶法”采用烫伤、环割或化学试剂处理等方法来损伤叶柄韧皮部活细胞，以防止光合产物从叶中输出（这些处理几乎不影响木质部中水和无机盐分向叶片的输送），仅用一组叶片，且无须将一半叶片遮黑，既简化了手续，又提高了测定的准确性。

三、仪器与用品

分析天平（感量0.1 mg）1台；烘箱1台；称量皿（或铝盒）2个（或者20个）；剪刀1把；刀片；锡纸、橡皮管或塑料管；金属或有机玻璃模板1块；打孔器1支；纱布2块；热水瓶或其他可携带的加热设备；附有纱布的试管夹2个；毛笔2支；有盖搪瓷盘1个；纸牌20个；铅笔1支等。石蜡；5%～10%三氯乙酸。

四、实验材料

不离体的植物叶片。

五、方法与步骤

（一）选择测定叶片

实验可在晴天上午7～8时开始。预先在田间选定有代表性的叶片（如叶片在植株上的部位、年龄、受光条件等应尽量一致）10片，挂牌编号。

（二）叶片基部处理

根据材料的形态解剖特点可任选以下一种：

(1) 对于叶柄木质化较好且韧皮部和木质部易分开的双子叶植物，可用刀片将叶柄的外皮环割0.5 cm左右宽，切断韧皮部运输。

(2) 对于韧皮部和木质部难以分开的小麦、水稻等单子叶植物，可用刚在开水（水温90℃以上）中浸过的用纱布包裹的试管夹，夹住叶鞘及其中的茎秆烫20 s左右，以伤害韧皮部。2个夹子可交替使用。如玉米等叶片中脉较粗壮，开水烫不彻底的，可用毛笔蘸烧至110～120℃的石蜡烫其叶基部。

(3) 对叶柄较细且维管束散生，环剥法不易掌握或环割后叶柄容易折断的一些植物如棉花，可采用化学环割。用毛笔蘸三氯乙酸（蛋白质沉淀剂）点涂叶柄，以杀伤筛管活细胞。

为了使经以上处理的叶片不致下垂，可用锡纸、橡皮管或塑料管包绕，使叶片保持原来的着生角度。

（三）剪取样品

叶基部处理完毕后，即可剪取样品，记录时间，开始进行光合速率测定。一般按编号次序分别剪下对称叶片的一半（中脉不剪下），并按编号顺序将叶片夹于湿润的纱布中，放入带盖的搪瓷盘内，保持黑暗，带回室内。带有中脉的另一半叶片则留在植株上进行光合作用。过4～5 h后（光照好，叶片大的样品，可缩短处理时间），再依次剪下另外半叶。同样按编号包入湿润纱布中带回。两次剪叶的次序与所花时间应尽量保持一致，使各叶片经历相同的光照时数。

(四)称重比较

将各同号叶片的两半对应部位叠在一起,用适当大小的模板和单面刀片(或打孔器),在半叶的中部切(打)下同样大小的叶面积,将光暗处理的叶块分别放在两个称量皿(或铝盒)中。先在105℃下杀青10 min,然后在80℃下烘至恒重(约5 h),在分析天平上分别称重,将测定的数据填入表实13-1中,并计算结果。

表实13-1 改良半叶法测定光合速率的记载表

测定日期: 年 月 日	地点:
植物材料:	生育期:
平均光强/klx	平均气温/℃
第1次取样时间	第2次取样时间
取样面积/dm^2	光合作用时间/h
暗处理叶的干重/mg	光照叶的干重/mg
(光一暗)干重增重/mg	
光合速率/($mg \cdot dm^{-2} \cdot h^{-1}$)(以干物质计)	
光合速率/($mg \cdot dm^{-2} \cdot h^{-1}$)(以$CO_2$同化量计)	

(五)结果计算

1.按干物质计算

$$光合速率(mg \cdot dm^{-2} \cdot h^{-1})=\frac{干重增加总量(mg)}{叶片面积总和(dm^2)\times 照光时间(h)}$$

2.按CO_2同化量计算

由于叶片内光合产物主要为蔗糖与淀粉等碳水化合物,而1 mol的CO_2可形成1 mol的碳水化合物,故将干物质重量乘系数1.47(44/30=1.47),便得单位时间内单位叶面积的CO_2同化量($mg \cdot dm^{-2} \cdot h^{-1}$)。

上述是总光合速率的测定与计算,如果需要测定净光合速率,只需将前半叶取回后,立即切块,烘干即可,其他步骤和计算方法同上。

(六)注意事项

(1)烫伤如不彻底,部分有机物仍可外运,测定结果偏低。凡具有明显的水浸渍状者,表明烫伤完全。这一步骤是该方法能否成功的关键之一。

(2)对于小麦、水稻等禾本科植物,烫伤部位以选在叶鞘上部靠近叶枕5 mm处为好,既可避免光合产物向叶鞘中运输,又可避免叶枕处烫伤而使叶片下垂。

六、作业与思考

1.计算结果,完成实训报告。

2.比较叶片总光合速率与净光合速率测定时的不同之处,并说明原因。

实验实训十四　叶面积系数的测定(含课余时间)

一、目的和要求

了解测定叶面积的几种方法；学会运用正确的方法测定不同植物的叶面积；学会计算叶面积系数。

二、实验原理

叶片是制造有机物的主要场所，作物产量的高低，在一定范围内与叶面积的大小呈正相关。通常一个作物群体叶面积的大小是用叶面积系数表示的，植物总叶面积与土地面积之比，叫叶面积系数。果树的叶面积系数则可计算一棵树的总叶面积与其树冠所覆盖的土地面积之比。

三、仪器与用品

光电叶面积仪、分析天平、剪刀、质地均匀的纸、打孔器、搪瓷盘、卷尺、铅笔、小刀片等。

四、实验材料

田间栽培植物。

五、方法与步骤

(一)叶面积测定

1. 叶形称重法

用于叶片平展但叶形不规则的叶片，通过测定优质纸的纸重面积系数 $\alpha(cm^2 \cdot g^{-1})$，计算叶面积。

(1)剪取 100 cm^2 的优质纸，用分析天平准确称重，并计算出纸重面积系数 α 值 $(cm^2 \cdot g^{-1})$。

(2)把叶片(单叶或全株叶片)平铺在纸上，用铅笔沿叶片边缘准确仔细地画出叶形，剪取叶形纸并准确称重得出叶形纸重 $W(g)$。

(3)计算叶面积(S)：

$$S=\alpha W$$

本法进行叶片的离体测定，但可以保存叶形纸样，不受叶片含水量影响，对纸的质地均匀度要求高，称量准确，可得到较高的精度。

2.鲜样称重法

用于叶形不规则且曲折不平展的叶，尤其是大量测定时，本法方便且迅速，但本法适于离体测定，并要求测 α 值时，叶的水分状况保持一致。

(1)去除待测叶片上的灰尘与附着异物，并取下。

(2)在植物上选取大、中、小有代表性的叶片(不带叶柄或叶鞘)各 3～5 片，分别放入铺有湿滤纸的培养皿中(或带盖搪瓷盘中)。

(3)将同一类型的叶片重叠，用打孔器(由直径求知面积)在叶片的不同部位打取圆叶片。一般从叶片基部至叶尖，分上、中、下 3 个部位打取，一次在主脉上，另两次在叶肉上打取。打取的小圆形叶片应立即放入称量瓶中，盖好并编号，待全部打取完后，立即称重。由小圆形叶片的总面积和重量计算出同一类型叶片的鲜重面积系数 α 值($cm^2 \cdot g^{-1}$)：

$$\alpha=\frac{\text{每小圆片面积}\times\text{小圆片数}}{\text{总重量}}$$

再由不同类型叶(大、中、小)的 α 值求出平均值 $\bar{\alpha}$。

迅速从基部剪取待测植物全株的叶片(不带叶柄或叶鞘)，放入铺有湿滤纸的带盖的搪瓷盘中，全部剪取结束后，立即准确称重，再加上除去圆片后的叶片重，即得全株叶片重量 W(g)。

(4)计算叶面积(S)：

$$S=\alpha W$$

3.干样称重法

基本方法同鲜样称重法，不同的是将打取的小圆叶片和所有待测的叶片，全部烘干后称重。

4.叶面积仪测定

用比较先进的叶面积仪可以迅速测定植物的叶面积，如 Li-Cor 公司的 Li-3000A、Li-3000 型叶面积仪和 CID 公司的 CI-202、CI-203 型叶面积仪可以同时测定叶面积、长度、宽度、周长以及叶片的长宽比。

(二)取样及叶面积系数计算

1.大田作物的取样及计算

(1)在测定地块上，选取有代表性的样点 5 处，每处取 1 m^2(或其他适当大的面积)，正确计算每平方米的株数，并计算出测定地块的平均株数。

(2)在每个样点随机取样 10 株(根据大田作物的不同可增减)，分别测量每株叶面积(用上述方法之一)，并求 10 株平均叶面积，即各单株的平均叶面积。

$$\text{该样点总叶面积}=\text{单株的平均叶面积}\times\text{该样点的株数}$$

再求 5 个样点的平均数，即为每平方米土地内植株总叶面积。

$$\text{平均单株叶面积}(m^2)=\frac{\text{每平方米土地内植株总叶面积}}{\text{每平方米的平均株数}}$$

(3)求叶面积系数：

$$叶面积系数=\frac{平均单株叶面积(m^2)\times株数}{样点土地面积(m^2)}$$

2.果树取样及计算

1)选枝

在选定的树上，根据树枝类型不同(分长枝、中长枝、中枝、短枝和叶丛枝等)，每类树枝各选20根，分别测定每根枝条叶片总面积(用上述方法之一)，求出每类枝条单根的平均总叶面积。

2)计算全树总叶面积

对整棵树上各类枝的数目进行计数，以每类枝条单根的平均总叶面积乘以各类枝条的数目，即为各类枝条的总面积，各类枝条的总面积之和即为全树总叶面积。

3)计算叶面积系数

$$叶面积系数=\frac{全树总叶面积(m^2)}{树体所占土地面积(m^2)}$$

以上计算得出的是某一时点的叶面积系数，可以看作是静态数值。

(三)动态叶面积系数测定

叶面积系数在植株生产周期内是动态变化的，在生产周期内设计几次连续的测定，可观察到叶面积系数的变化情况。

六、作业与思考

1.计算所测植物(或果树)的叶面积系数，并注明测定方法和步骤。

2.静态叶面积系数和动态叶面积系数意义何在？

实验实训十五　呼吸速率的测定(小篮子法)

一、目的和要求

通过实验，学会小篮子法测定呼吸速率。

二、实验原理

在广口瓶中，放入一定量的$Ba(OH)_2$溶液，用其吸收植物材料呼吸过程中释放的CO_2。然后用草酸溶液滴定剩余碱量，由空白和样品二者消耗草酸溶液之差，计算出呼吸过程中释放的CO_2量。反应如下：

$$Ba(OH)_2+CO_2\rightarrow BaCO_3\downarrow+H_2O$$

$$Ba(OH)_2(剩余)+H_2C_2O_4\rightarrow BaC_2O_4\downarrow+2H_2O$$

三、仪器用品与材料

1. 实验仪器

广口瓶一只。三孔橡皮塞一个：一孔插入装有碱石灰的漏斗，漏斗口塞棉花，将压碎的碱石灰粉末覆盖于棉花上，能吸收进入瓶中的 CO_2；另一小孔供滴定用，平时用一小橡皮塞塞紧；第三孔插入温度计，记录测定时的温度；橡皮塞盖下面装一小钩，以悬挂小篮，供装植物材料用。酸式滴定管。

2. 实验试剂

0.05 mol·L^{-1} $Ba(OH)_2$溶液，1%酚酞指示剂，1/44 mol·L^{-1}草酸溶液(每毫升溶液相当于 1 mg 的 CO_2)。

3. 实验材料

萌发的植物种子。

四、方法与步骤

(一)空白滴定

通过滴定孔向广口瓶内放入 $Ba(OH)_2$溶液 20 mL，加入 2 滴酚酞试剂。塞紧小橡皮塞，摇动广口瓶几分钟，使瓶内 CO_2充分吸收。待瓶内 CO_2吸收后，拔出小橡皮塞，把酸式滴定管插入小孔中，用草酸滴定，至红色刚刚消失为止。记录草酸用量(V_1)。

(二)样品滴定

用移液管准确加 20 mL $Ba(OH)_2$溶液于瓶内，将装有待测种子的小篮迅速挂在小钩上，塞紧瓶塞。开始记录时间，30 min 后，小心打开瓶塞，迅速取出小篮，立即重新盖紧瓶塞，充分摇动 2 min，使瓶内的 CO_2完全被吸收，从滴定孔中滴入 2 滴酚酞。其余操作同空白滴定，记下草酸用量，即为样品滴定值(V_2)。

(三)计算结果

$$\text{呼吸速率}(\text{mg } CO_2 \cdot g^{-1} \cdot h^{-1}) = (V_1 - V_2) \times \frac{C}{W} \times t$$

式中：V_1——空白滴定值，mL；

V_2——样品滴定值，mL；

C——1，表示 1 mL 草酸相当于 1 mg CO_2；

W——组织鲜重，g；

t——测定时间，h。

五、作业与思考

1. 计算被测种子的呼吸速率。
2. 为保证结果的准确性，实验中应特别注意哪些问题？

实验实训十六　种子生活力快速测定

一、目的和要求

种子生活力是指种子发芽的潜在能力或种胚具有的生命力，常用一批种子中具有生命力的种子占种子总数的百分率来表示。用化学试剂测定种子的生活力，可以在短时间内正确评定种子质量，合理利用种子。特别是对于有些树种种子的休眠期长，难于进行发芽测定，可以通过测定种子的生活力来快速预测种子的发芽能力。通过实验，理解测定种子生活力的基本原理，掌握种子生活力快速测定的操作程序和鉴定标准。

二、原理、方法与步骤

（一）氯化三苯基四氮唑(TTC)法

1.实验原理

凡有生活力的种子活细胞在呼吸过程中都会发生氧化还原反应，而无生活力的种胚则无此反应。当无色的氯化三苯基四氮唑（TTC）溶液渗入种胚的活细胞内，参与活细胞的还原反应，并作为氢受体被脱氢辅酶（NADH 或 NADPH）还原时，可产生红色、稳定、不扩散、不溶于水的三苯基甲臜（TTF），从而使种胚染成红色。当种胚生活力下降时，呼吸作用明显减弱，脱氢酶的活性亦大大下降，胚的颜色变化不明显，故可由染色的程度推知种子的生活力强弱。TTC 还原反应如下：

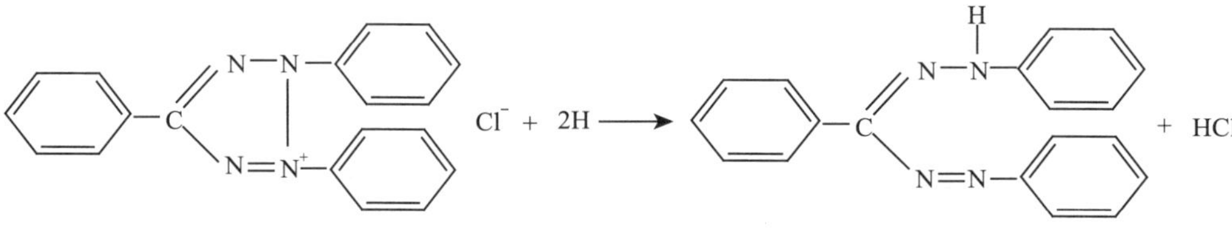

TTC（无色）　　　　TTF（红色）

2.仪器用品与材料

恒温箱、培养皿、镊子、单面刀片、天平、垫板（切种子用）、烧杯、棕色试剂瓶、解剖针、搪瓷盘、pH 试纸、TTC 药品，玉米、小麦种子等。

TTC 溶液的配制：称取 1 g TTC 溶于 1 L 蒸馏水或冷开水中，配制成 0.1%的 TTC 溶液。药液 pH 应在 6.5～7.5，以 pH 试纸试之（如不易溶解，可先加少量酒精，使其溶解后再加水）。

3.方法与步骤

（1）将玉米、小麦等作物的新种子、陈种子或死种子，用温水（30℃）浸泡 2～6 h，使种子充分吸胀。

(2)随机取种子2份，每份50粒，沿种胚中央准确切开，取每粒种子的一半备用。

(3)把切好的种子分别放在培养皿中，加TTC溶液，以浸没种子为度。

(4)放入30～35℃的恒温箱内保温30 min，也可在20℃左右的室温下放置40～60 min进行染色反应。

(5)种子染色结束后，倾出药液，用自来水冲洗2～3次，立即观察种胚着色情况，判断种子有无生活力，把判断结果记入表实16-1内。

表实16-1 染色法测定种子生活力记录表

方法	种子名称	供试粒数	有生活力种子粒数	无生活力种子粒数	有生活力种子百分率/%

4.注意事项

(1)TTC溶液最好现配现用，如需贮藏则应贮于棕色瓶中，放在阴凉黑暗处，如溶液变红则不可再用。

(2)染色温度一般以25～35℃为宜。

(3)判断有生活力的种子应具备：胚发育良好、完整，整个胚染成鲜红色；子叶有小部分坏死，其部位不是胚中轴和子叶连接处；胚根尖虽有小部分坏死，但其他部位完好。

(4)判断无生活力的种子应具备：胚全部或大部分不染色；胚染成无光泽的淡红色或灰白色；子叶不染色或丧失机能的组织超过1/2；子叶与胚中轴的连接处或在胚根上有坏死的部分；胚根不染色部分不限于根尖；胚根受伤以及组织已软腐、虫蛀、损伤、腐烂的种子；休眠种子。

(5)染色时间因种子种类、样品准备方法、本身生活力的强弱、TTC溶液浓度、pH和温度等因素的不同而有差异，具体参照表实16-2。

表实16-2 TTC法测定主要作物种子生活力要点

作物种类	种子准备	TTC浓度/%	在35℃下染色时间/h
水稻	去壳纵切	0.1	2～3
高粱、玉米及麦类作物	纵切	0.1	0.5～1
棉花、荞麦、蓖麻	剥去种皮	1.0	2～3
花生、甜菜、大麻、向日葵	剥去种皮	0.1	3～4
大豆、菜豆、亚麻、三叶草	无须准备	1.0	3～4

(6)TTC法测定的适用范围：新收获的种子、发芽迟缓的种子、发芽试验中未发芽的新鲜种子、短时间内急需知道发芽潜力的种子。

(二)红墨水(酸性大红G)染色法

1.实验原理

有生活力的种子其胚细胞的原生质膜具有选择透性,有选择吸收外界物质能力,某些染料如红墨水中的酸性大红G不能进入活细胞内,胚部不染色,而丧失活力的种了其胚细胞原生质膜丧失了选择吸收的能力,染料进入细胞内使胚部染色,所以可根据种子胚部是否染色来判断种子的生活力。

2.仪器用品与材料

与TTC法相同。

红墨水溶液的配制:取市售红墨水稀释20倍(1份红墨水加19份自来水)作为染色剂。

3.方法与步骤

(1)先将待测种子(新种子、陈种子)用水浸泡3~4 h,待充分吸胀后取出一部分种子(新种子、陈种子均可)在沸水中煮沸3~5 min,作为死种子。

(2)取浸好的新种子、陈种子和死种子各50粒,如为小麦和玉米,则用单面刀片沿胚部中线纵切成两半,其中一半用于测定。

(3)将准备好的种子分别放在培养皿内,加入红墨水溶液,以浸没种子为度。

(4)染色10~20 min后倾出溶液,用自来水反复冲洗种子,直到所染颜色不再洗出为止。

(5)对比观察冲洗后的新种子、陈种子和死种子胚部着色情况。凡胚部不着色或略带浅红色者,即具有生活力的种子,若胚全部或大部分染成与胚乳相同的红色,则为死种子,把测定结果记入表实16-1。

三、作业与思考

TTC法和红墨水法测定种子生活力结果是否相同?为什么?

实验实训十七 生长素类物质对根和芽生长的影响

一、目的和要求

了解不同浓度的生长素类物质对根和芽生长的促进或抑制作用,了解植物不同部位对生长素浓度反应的差异。

二、实验原理

生长素及人工合成的类似物质如萘乙酸等对植物生长的作用体现浓度效应:一般在低浓度下表现促进效应,高浓度则起抑制作用。不同器官对生长素浓度的反应有差异,根对生长素较芽敏感,促进和抑制其生长的浓度均比芽低些。根据此原理可观测不同浓度的萘乙酸对植物不同器官生长的影响。

三、仪器用品与材料

1. 仪器

恒温培养箱，培养皿，移液管，滤纸，尖头镊子，直尺，记号笔等。

2. 试剂

(1)10 mg·L^{-1}萘乙酸溶液：称取 10 mg NAA 结晶粉，置小烧杯中，先用少量 95%乙醇溶解，再用水稀释到 1 000 mL 即可。

(2)0.1%升汞溶液：取 0.1 g $HgCl_2$溶于水中使成 100 mL 溶液即可。(或 10%过氧化氢)

3. 材料

小麦或水稻种子。

四、方法与步骤

(1)取培养皿 7 套，洗净烘干，用记号笔依次编号，在①号培养皿中加入 10 mg·L^{-1}萘乙酸溶液 10 mL，在②～⑥号培养皿中各加入 9 mL 蒸馏水。然后从①号培养皿中用移液管吸出 1 mL 10 mg·L^{-1}萘乙酸注入②号皿中，充分混匀后，即成 1 mg·L^{-1}。再从②号皿中吸出 1 mL 注入③号皿，混匀即成 0.1 mg·L^{-1}。如此继续稀释至⑥号皿，即成 10、1、0.1、0.01、0.001、0.000 1 mg·L^{-1}六种浓度，最后从⑥号皿中吸出 1 mL 弃去。⑦号培养皿中加9 mL 蒸馏水作对照。

(2)精选纯度极高的小麦(水稻)种子 140 粒，用 0.1%升汞溶液(或 10%过氧化氢)消毒 15～20 min，再用自来水及蒸馏水依次冲洗各三次，用滤纸吸干种子上附着的水分后，在上述装有不同浓度萘乙酸溶液的每一培养皿中放一张滤纸，在滤纸上沿培养皿周围整齐地播入 20 粒种子，使种子胚一律朝向培养皿的中心。加盖后将培养皿放入恒温培养箱中培养(小麦 27℃，水稻 32℃)，24～36 h 后，观察种子发芽情况，弃去未萌发和发芽不整齐的种子，留下发芽整齐的种子 10 粒。

(3)3 d 后，测定不同处理中已发芽种苗的平均根数、种子根的平均长度及平均芽长。测定结果记录于表实 17-1。

表实 17-1　NAA 对根和芽生长的影响

实验组别	NAA 浓度/(mg·L^{-1})	平均根数/条	平均根长/cm	平均芽长/cm
①				
②				
③				
④				
⑤				
⑥				
⑦				

五、作业与思考

各组平均根长与芽长用 $X \pm S$ 表示，将 NAA 浓度对根、芽生长的影响作成折线图加以分析，确定 NAA 对根、芽生长具有促进或抑制作用的浓度范围。

实验实训十八 生长发育的化学调控(含课余时间)

一、目的和要求

采用化学合成的方法，生产出作用与内源植物激素相似的植物生长调节剂，适时适量地用于植物体，来调控作物生长发育的栽培工程即生长发育的化学调控。通过本实验观察部分常用植物生长调节剂的生理效应并掌握其施用方法。

二、实验原理

(1)CCC 和 B_9 属于生长延缓剂，能抑制 GA 的生物合成，因此能抑制细胞伸长，使植物节间缩短，抑制茎叶徒长。它们不影响顶端分生组织生长，所以叶片数和节数不变。

(2)TIBA 属于生长抑制剂，可抑制顶端分生组织，促进侧芽萌发，因此可使植株矮化，分枝增加。

(3)乙烯能增强果胶酶和纤维素酶的活性，加速果胶质和纤维素水解，使得细胞间的结合力减弱，导致离层产生，引起器官脱落。同时，因乙烯能增加质膜透性，提高水解酶活性，使呼吸加强，进而使果肉有机物急剧变化，达到可食用程度，因此可以催熟果实。乙烯利(CEPA)在植物细胞液的 pH 条件下(一般 $pH>4$)，缓缓分解放出乙烯，具有与乙烯相同的生理效应。

三、仪器用品与材料

生长着的棉花、大豆、马铃薯、南瓜等植株，番茄、柿子和梨的果实；喷雾器，剪刀，镊子，培养皿，脱脂棉；湿润剂，30 $mg \cdot L^{-1}$ CCC，3 000 $mg \cdot L^{-1}$ B_9，80 $mg \cdot L^{-1}$ TIBA，0.05、0.5、1、5、10、100、200、3 000 $mg \cdot L^{-1}$ CEPA 等。

四、方法与步骤

(一)控制徒长

选取旺长棉花 20 株(可用盆栽)，半数于初花期及盛花期各喷 30 $mg \cdot L^{-1}$ CCC 一次，另一半喷清水作为对照。半月后观察与测量节间长度、叶片大小、茎秆粗细，比较处理植株与正常植株的生长情况。

选马铃薯 20 株，半数于茎高 45～75 cm 时，用 3 000 mg・L^{-1} B_9溶液喷洒叶面，另一半喷清水作为对照。半月后观察处理和对照株高及块茎膨大状况。

选肥水充足、密度大的大豆 20 株，当 1/10 的植株开第一朵花时，10 株用 80 mg・L^{-1} TIBA 喷洒叶面，另 10 株喷清水作为对照。10 d 后对处理与对照的植株对比观察，测量其株高及分枝数，观察徒长情况是否被抑制。

(二)诱导性别转化

选南瓜幼苗 10 株，在 1～2 片真叶时，5 株喷洒 100 mg・L^{-1}的 CEPA，另 5 株喷洒清水作为对照，观察两组植株分别在第几节位着生雌花。

(三)人工催熟

1. 番茄青果催熟

1) 浸果法

摘下番茄青熟果实 40 个，10 个一组，分为 4 组。1、2、3 组用浓度 3 000 mg・L^{-1}的 CEPA 溶液浸果 1 min，取出沥干，放在竹篮等容器中。1 组温度控制在 12～13℃，2 组温度控制在 22～25℃，3 组温度控制在 36～38℃，4 组未用药液浸泡的果实置于 22～25℃温度下作为对照。3 d 后，对比 4 组果实的颜色和成熟度。

2) 涂果法

番茄进入转色期后，于采收前 15 d 挑选 20 个青熟番茄果实，分为两组。1 组用 3 000 mg・L^{-1} CEPA 溶液涂抹果实表面及萼片，2 组涂抹清水，7 d 后对比两组果实的果色、成熟度及品质。

2. 柿子脱涩

从树上摘取已长成的柿子果实(果实顶部已转黄)30 个，分为 3 组。1 组浸蘸 200 mg・L^{-1} CEPA 溶液(可加入少量湿润剂，即不含碱的合成洗涤剂，以使药剂展开并增加药剂的附着力)，2 组浸蘸加有同量湿润剂的水作为对照，3 组放入两个成熟的梨。将 3 组柿子分别用大塑料袋包装，置于 20～25℃温度下，每天观察颜色和硬度的变化，记录结果，一周后取出品尝，对比其成熟度和甜度。

(四)促进棉花落叶

取棉花幼苗 10 株，剪去叶身留下叶柄，并将叶柄剪短，于左右两边的叶柄切口上，包上少许脱脂棉，在右边切口棉花上滴 1 滴乙烯利溶液，左边切口上滴 1 滴蒸馏水，乙烯利的浓度为 10、5、1、0.5、0.05 mg・L^{-1}。每一处理做 2 个重复，将所有处理的材料插在培养皿的湿沙中，24 h 后，用镊子轻碰叶柄，看是否脱落。以后每天早晚用镊子检查脱落情况，记下每个叶柄脱落所需的时间，比较所得结果。

五、作业与思考

记录观察与测量结果，并加以比较分析。

实验实训十九　花粉粒生活力的测定

一、目的和要求

了解花粉的可育性，并掌握不育花粉的形态和生理特征。掌握花粉活力的快速测定方法，为进行雄性不育株的选育、改良杂交技术以及揭示内外因素对花粉育性和结实率的影响奠定基础。

二、花粉萌发法

（一）实验原理

正常的成熟花粉粒具有较强的活力，在适宜的培养条件下便能萌发和生长，在显微镜下可直接观察其萌发情况，计算其萌发率，以确定其活力。

（二）仪器与用品

载玻片、显微镜、玻棒、恒温箱、培养皿、滤纸。

培养基：10%蔗糖，10 $mg \cdot L^{-1}$ 硼酸，0.5%的琼脂。称 10 g 蔗糖、1 mg 硼酸、0.5 g 琼脂与 90 mL 水放入烧杯中，在 100℃水浴中熔化，冷却后加水至 100 mL 备用。

（三）实验材料

南瓜、丝瓜或其他葫芦科植物的成熟花粉。

（四）方法与步骤

（1）将培养基熔化后，用玻棒蘸少许，涂布在载玻片上，放入垫有湿滤纸的培养皿中，保湿备用。

（2）采集南瓜、丝瓜或其他葫芦科植物刚开放或将要开放的成熟花朵，将花粉撒落在涂有培养基的载玻片上，然后将载玻片放置于垫有湿滤纸的培养皿中，在 25℃左右的恒温箱中（或室温 20℃条件下）培养，5～10 min 后在显微镜下检查 5 个视野，统计其萌发率。

（五）注意事项

（1）不同种类植物的花粉萌发所需温度、蔗糖和硼酸浓度不同，应依植物种类而改变培养条件。

（2）此法也可用于观察花粉管在培养基上的生长速度以及蔗糖浓度、离体时间、环境条件等因素对花粉活力的影响。

（3）不是所有植物的花粉都能在此培养基上萌发，本法适用于易于萌发的葫芦科等植物花粉活力的测定。

三、氯化三苯基四氮唑（TTC）法

（一）实验原理

具有活力的花粉呼吸作用较强，其产生的 NADH 或 NADPH 可将无色的 TTC（2,3,5-

氯化三苯基四氮唑)还原成红色的 TTF(三苯基甲臜)而使其本身着色,无活力的花粉呼吸作用较弱,TTC 的颜色变化不明显,故可根据花粉吸收 TTC 后的颜色变化判断花粉的生活力。

(二)仪器与用品

显微镜,载玻片与盖玻片,镊子,恒温箱,棕色试剂瓶,烧杯,量筒,天平。

0.5%TTC 溶液:称取 0.5 g TTC 放入烧杯中,加入少许 95%酒精使其溶解,然后用蒸馏水稀释至 100 mL。溶液避光保存,若发红,则不能再用。

(三)实验材料

百合、君子兰或南瓜等植物的成熟花粉。

(四)方法与步骤

1.花粉采集

采集百合、君子兰或南瓜等植物的花粉。

2.镜检

取少许花粉放在干洁的载玻片上,加 1~2 滴 0.5%TTC 溶液,搅匀后盖上盖玻片,置35℃恒温箱中,10~15 min 后镜检,凡被染为红色的花粉活力强,淡红次之,无色者为没有活力或不育花粉。

3.统计

观察 2~3 张片子,每片取 5 个视野,统计花粉的染色率,以染色率表示花粉的活力百分率。

四、碘-碘化钾染色测定法

(一)实验原理

多数植物正常的成熟花粉粒呈球形,积累较多的淀粉,I_2-KI 溶液可将其染成蓝色。发育不良的花粉常呈畸形,往往不含淀粉或积累淀粉较少,I_2-KI 溶液染色呈黄褐色。因此,可用 I_2-KI 溶液染色来测定花粉活力。

(二)仪器与用品

显微镜,载玻片与盖玻片,镊子,恒温箱,棕色试剂瓶,烧杯,量筒,天平。

I_2-KI 溶液:取 2 g KI 溶于 5~10 mL 蒸馏水中,加入 1 g I_2,待完全溶解后,再加蒸馏水300 mL。贮于棕色瓶中备用。

(三)实验材料

成熟花药、植物花粉。

(四)方法与步骤

1.花粉采集

采集小麦、水稻或玉米可育和不育植株的成熟花药。

2.镜检

取一花药于载玻片上,加一滴蒸馏水,用镊子将花药捣碎,使花粉粒释放,再加 1~2 滴 I_2-KI 溶液,盖上盖玻片,在显微镜下观察。凡是被染成蓝色的为含有淀粉的活力较强的花粉粒,呈黄褐色的为发育不良的花粉粒。

3. 统计

观察 2～3 张片子，每片取 5 个视野，统计花粉的染色率，以染色率表示花粉的育性。

(五)注意事项

此法不能准确表示花粉的活力，也不适用于研究某一处理对花粉活力的影响。因为三核期退化的花粉已有淀粉积累，遇碘呈蓝色反应。另外，含有淀粉而被杀死的花粉粒遇 I_2-KI 也呈蓝色。

五、作业与思考

1. 实验结果记录于表实 19-1。

表实 19-1　花粉粒生活力的测定

材料	发芽率/%	TTC 染色率/%	I_2-KI 染色率/%
南瓜			
百合			
小麦			

2. 哪一种方法更能准确反映花粉的活力？
3. 每一种方法是否适合于所有植物花粉活力的测定？

实验实训二十　春化处理及效应观察(含课余时间)

一、目的和要求

了解春化作用的过程及所需条件。掌握冬性作物春化处理过程，学会鉴定是否通过春化，为生产和科研中的应用奠定基础。

二、仪器与用品

冰箱、解剖针、解剖镜、镊子、载玻片、培养皿。

三、实验材料

冬小麦种子、大白菜种子。

四、方法与步骤

(1)选取一定数量吸水萌动的冬小麦、大白菜种子，当有 1/3～1/2 的种子露白时，置培养皿内，培养皿内垫吸水纸，放在0～5℃的冰箱中进行春化处理。春化期间要维持种子含水量达到干种子重量的80%～90%，加盖，以减少蒸发。处理分播前50、40、30、20和10 d以及对照6种，对照为已萌动但未低温处理的种子。

(2)于春季适当时间，从冰箱中取出经不同天数处理的冬小麦、大白菜种子和未经低温处理的对照种子，同时播种于花盆或实验地。

(3)出苗后，在幼苗生长期间，各处理进行同样肥水管理，随时观察植株生长情况。当春化处理天数最多的麦苗出现拔节或大白菜抽薹时，在各处理中分别取1株幼苗，用解剖针剥出生长锥，并将其切下，放在载玻片上，加1滴水，然后在解剖镜下观察，并作简图。比较不同处理的生长锥有何区别。

(4)继续观察植株生长情况，直到处理天数最多的植株开花时。将观察情况记入表实20-1。

表实20-1 植物生长情况记载表

材料名称： 品种： 春化温度： ℃ 播种时间：

观察日期	不同春化天数条件下植株生育情况					
	50 d	40 d	30 d	20 d	10 d	CK(未春化)

五、作业与思考

1. 春化处理天数多与春化处理天数少的冬小麦及大白菜抽穗抽薹时间有无差别？
2. 春化现象的研究在农业生产中有何意义？举例说明。
3. 幼苗经不同处理后，花期有的较对照提前，有的与对照相当，应如何解释？

实验实训二十一 寒害对植物的影响(电导法)

一、目的和要求

掌握在低温逆境情况下，植物细胞受伤害原理以及受害程度的测量方法。

二、实验原理

植物组织在受到低温危害时，细胞膜的结构和功能首先受到伤害，细胞膜透性增大，细胞内的物质(尤其是电解质)大量外渗，若将受伤害的组织浸入去离子水中，其外渗液中电解质的含量比正常组织外渗液中含量增加，组织受伤害越严重，电解质含量增加越多。用电导率仪测定外渗液电导率的变化，可反映出质膜受伤害的程度和所测材料抗逆性的大小。膜透性增大的程度与逆境胁迫强度有关，也与植物抗逆性的强弱有关。因此，电导法目前已成为作物抗性栽培、育种上鉴定植物抗逆性强弱的一个精确而实用的方法。

三、仪器用品与材料

1.仪器设备

DDS-11A 型电导率仪、冰箱、真空泵、真空干燥器、三用水浴、打孔器、切片器、剪刀、洗瓶、试管、移液管、玻璃棒、烧杯、天平、滤纸、量筒、镊子等。

2.试剂

去离子水（或蒸馏水）。

3.材料

低温处理过的黄瓜、番茄。

四、方法与步骤

（一）清洗器具

由于电导率仪变化非常灵敏，稍有杂质即产生很大误差，因此所用玻璃器具均需先用热肥皂水清洗，再用洗液洗涤，然后用自来水、去离子水各冲四到五遍（最好是容器口朝下用水冲）。向洗净的试管中加入去离子水，用电导率仪测定电导率值，检查试管是否确实洗净。

（二）取样及处理

选取果品，一份放入适温下贮藏作为对照，另一份低温处理使其受冷害。用打孔器及切片器将样品制成厚薄均匀、大小一致的圆片，精确称取 2 g（或 10 个圆片）放入试管内，用去离子水冲洗三次，然后加入 30 mL 去离子水。对照和处理均设 3～4 个重复。

将试管放入真空干燥器内，开动真空泵抽气 10 min，以抽出细胞间隙空气。缓慢放入空气，水即渗入细胞间隙，组织圆片变成透明状，细胞内溶质易于渗出，取出试管，间隔几分钟振荡一次，在室温下保持 30 min。

（三）测定

将 DDS-11A 型电导率仪电极插入试管，测定外渗液的电导率值。测定之后，将试管放入水浴锅沸水中 5 min 以杀死组织。待冷至室温后，再次测定外渗液的电导率值。

（四）计算

（1）以细胞膜相对透性大小表示细胞受害的程度，通常按下式计算：

$$细胞相对电导率=\frac{L_1}{L_2}\times 100\%$$

式中：L_1——组织杀死前外渗液的电导率值；

L_2——组织杀死后外渗液的电导率值。

（2）直接计算细胞膜伤害率，通常采用下式计算：

$$伤害率=1-\frac{1-T_1/T_2}{1-C_1/C_2}\times 100\%$$

式中：C_1——对照组织杀死前外渗液的电导率值；

C_2——对照组织杀死后外渗液的电导率值；

T_1——处理组织杀死前外渗液的电导率值；

T_2——处理组织杀死后外渗液的电导率值。

电导率仪使用方法：

(1)将电极引线接到仪器相应接线柱上。

(2)接上稳压器，接通电源，打开电源开关。

(3)将开关拨向"校正"位置，调整调节器，使指针达到满偏。

(4)将开关拨向"测定"位置，指针应回到零点。

(5)拨动选择测定范围旋钮，使其处于测定范围之内，如不知测定范围，应先放在最大量程位置上，由大到小逐级调整。

(6)将电极用蒸馏水冲洗干净，并用滤纸吸去附着的水分，放在需测组织提取液中，待指针稳定后，读出指针所指数值，此数值即该提取液的电导率。

(7)按上述方法测定组织圆片杀死后提取液电导率。

(8)将电极用蒸馏水冲洗干净，放在水中，如长期不用，则应将电极洗净晾干包装收藏。

(五)注意事项

(1)待测材料不可混放。

(2)抽气前，切记将纱网放入试管。纱网距离液面1～2 cm，可以防止抽气时组织圆片翻出试管。

(3)电导率测定的整个过程均需在恒温下进行，因为温度影响细胞内离子渗透速度，并影响电导率，一般每升高1℃，电导率约增加2%，通常以25℃为标准温度，如不在25℃下测定，则要求把电导率换算为标准温度25℃的电导率。

(4)CO_2在水中溶解度较高，测定电导率时要防止口中呼出的CO_2进入试管。

(5)测定时，电极要完全插入待测液中。且不可甩电极，防止碰破电极。测定一个样品后用去离子水冲洗，再用滤纸将电极表面的水分吸干后测定下一个样品。

五、作业与思考

计算相对电导率值，列表写上各植物不同处理下的相对电导率值和伤害率，比较不同植物的抗逆性。

附录　常用试剂配制

1.碘-碘化钾溶液（碘液）

用途：能将淀粉染成蓝色，蛋白质染成黄色，同时也是植物组织化学鉴定的重要试剂。

配方：1 g 碘，8 g 碘化钾，蒸馏水。

配制方法：称取 1 g 碘放入盛有 8 g 碘化钾及 20 mL 蒸馏水的烧杯中。待碘全部溶解后，将溶液移入 100 mL 棕色容量瓶中，用蒸馏水稀释至刻度，摇匀。

注意事项：此液需置于棕色玻璃瓶内密封避光保存。

2.盐酸-酒精固定离析液

用途：植物根尖细胞固定离析液。

配方：95%酒精，浓盐酸。

配制方法：向 50 mL 95%酒精中慢慢加入 50 mL 浓盐酸。

注意事项：装瓶密闭保存。

3.1%醋酸-洋红染液

用途：细胞核及染色体固定和染色剂。

配方：1 g 洋红，冰醋酸，铁锈钉，蒸馏水。

配制方法：取 45 mL 冰醋酸，加蒸馏水 55 mL，煮沸后徐徐加入洋红 1 g，搅拌均匀后加入 1 颗铁锈钉，煮沸 10 min，冷却后过滤并存贮于棕色瓶中。

4.1%番红溶液

用途：将细胞核中染色质、染色体染成红色。番红溶液还能对植物的木质化、栓质化和角质化部分进行染色，也能将花粉外壁染成鲜艳的红色。

配方：1 g 番红，蒸馏水或无水乙醇。

配制方法：取 1 g 番红，溶于蒸馏水或无水乙醇中，继续定容至 100 mL，即成 1%番红溶液。

5.盐酸-间苯三酚

用途：能将植物维管束中木质部的细胞壁染成红色。

配方：0.1 g 间苯三酚，无水乙醇，盐酸。

配制方法：取间苯三酚 0.1 g，加乙醇 1 mL，再加盐酸 9 mL，混匀。现用现配。

6. 0.03%中性红溶液

用途：可将细胞中的液泡染色，活细胞被染成红色，而死细胞不变色。可据此鉴定细胞死活。

配方：0.3 g 中性红，蒸馏水。

配制方法：0.3 g 中性红溶于 1 000 mL 蒸馏水中即得 0.03%中性红溶液。

7.推动剂

用途：用于层析实验中叶绿素的分离。叶绿素不溶于水，但溶于有机溶剂，叶绿素 a 和叶绿素 b 在不同有机溶剂中溶解度不同，当推动剂挥发后，溶解度低的色素会首先析出呈现在纸上，溶解度高的随着推动剂继续往前扩散，在前面一点析出。

配方：石油醚，丙酮，苯。

配制方法：按石油醚、丙酮、苯 10∶2∶1 的比例配制(体积比)。

8. 0.1% TTC 溶液

用途：对种子进行染色，测定种子生活力。

配方：1 g TTC，蒸馏水或冷开水。

配制方法：取 1 g TTC 溶于 1 L 蒸馏水或冷开水中，配制成 0.1%的 TTC 溶液，使 pH 在 6.5～7.5 之间。如不易溶解，可先加入少量酒精，使其溶解后再加水。TTC 溶液最好现用现配，如需贮藏则应贮于棕色瓶中，放在阴凉黑暗处，如溶液变红则不可再用。

9. 红墨水溶液

用途：对种子进行染色，测定种子生活力。

配方：市售红墨水，水。

配制方法：取市售红墨水稀释 20 倍，即 1 份红墨水加 19 份自来水，混匀即可。

10. 10 mg·L^{-1} 萘乙酸溶液

用途：广谱型植物生长调节剂，能促进细胞分裂与扩大，诱导形成不定根。

配方：10 mg NAA 结晶粉，95%乙醇，水。

配制方法：称取 10 mg NAA 结晶粉，置小烧杯中，先用少量 95%乙醇溶解，再用水稀释到 1 000 mL 即可。

11. 0.1%升汞溶液

用途：消毒液。

配方：0.1 g $HgCl_2$，水。

配制方法：取 0.1 g $HgCl_2$ 溶于水中使成 100 mL 溶液即可。

12. 0.5% TTC 溶液

用途：将具有活力的花粉染成红色，无活力的花粉颜色变化不明显，可据此判断花粉的生活力。

配方：0.5 g TTC，95%乙醇，蒸馏水。

配制方法：取 0.5 g TTC 溶于 100 mL 蒸馏水或冷开水中，配制成 0.5%的 TTC 溶液。如不易溶解，可先加入少量酒精，使其溶解后再加水。

13. 酚酞指示剂

用途：滴定法测定呼吸速率。

配方：0.5 g 酚酞，95%乙醇溶液。

配制方法：取 0.5 g 酚酞，用 95%乙醇溶解，并稀释至 100 mL，无须加水。

14. 苏丹溶液

用途：能把细胞中的脂肪、木栓质、角质等染成红色或橘红色，可用来显示上述物质在细胞中的分布和位置。

配方：0.1 g 苏丹Ⅲ或苏丹Ⅳ干粉，95%酒精，甘油。

配制方法：苏丹Ⅲ或苏丹Ⅳ干粉 0.1 g，用 95%酒精 10 mL 溶解，过滤后再加入 10 mL 甘油。

15. **卡诺氏固定液**

用途:适用于一般植物组织和细胞的固定,常用于根尖、花药压片及子房石蜡切片等。有极快的渗透力,能迅速穿透细胞,将其固定并维持染色体结构的完整性。固定液中的乙醇对样品具有收缩作用,冰醋酸则对样品有膨胀作用。

配方:无水酒精,冰醋酸,氯仿。

配制方法:将无水酒精 3 份,冰醋酸 1 份进行混合;或将无水乙醇 6 份,氯仿 3 份,冰醋酸 1 份混合。

注意事项:根尖材料固定 15～20 min 即可,花药则需 1 h 左右。此液固定最多不超过 24 h,固定后用 95%酒精冲洗至不含冰醋酸为止。也可用大量水冲洗后再离散。如果材料不马上用,需转入 70%酒精中保存。

16. **醋酸-地衣红染液**

用途:细胞核及染色体固定和染色剂。

配方:地衣红 1～2 g,醋酸,蒸馏水。

配制方法:取 45 mL 醋酸,与 55 mL 蒸馏水相混,加热,徐徐加入地衣红粉末 1～2 g,搅拌溶解后,缓缓煮沸 2 h。冷却后过滤。

注意事项:此试剂需贮存在棕色瓶内。

17. **苯酚品红溶液**

用途:优良的核染色剂,能将细胞核和染色体染成红紫色,细胞质一般不着色,背景清晰。

配方:3 g 碱性品红,70%乙醇,5%苯酚,冰乙酸,37%甲醛,45%乙酸,1.8 g 山梨醇。

配制方法:A 液:取 3 g 碱性品红溶于 100 mL 的 70%乙醇中(可长期保存)。

B 液:取 A 液 10 mL 加入 90 mL 5%苯酚(石炭酸)溶液中(可保存 2 周)。

染色液:取 B 液 55 mL,再加入 6 mL 冰乙酸和 6 mL 37%甲醛(可长期使用)。

此染色液可使原生质硬化而保持其固有的形态,但不太适用于植物组织的染色体压片染色。对原配方加以改进,取染色液 20 mL,加入 80 mL 45%乙酸和 1.8 g 山梨醇,配成后染色液为淡红色。改进后的染色液普遍适用于一般植物组织的压片法和涂片法染色。

注意事项:改进后的染色液如立即使用染色较浅,放置 2 周后,染色能力显著增强,可使用 2～3 年不变质。

18. **固绿溶液**

用途:酸性染料,能把细胞质、纤维素细胞壁染成鲜艳的绿色,着色快。可与番红、结晶紫、橘红 G 等合用作双重或多重染色,是植物制片中不可缺少的材料。

配方:1 g 固绿,95%乙醇。

配制方法:把 1 g 固绿溶于 100 mL 95%乙醇溶液中即得 1%固绿乙醇溶液。

19. **苯胺蓝溶液**

用途:酸性染料,适用于纤维素细胞壁、非染色质的结构、鞭毛等染色,也常与番红作双重染色。

配方:1 g 苯胺蓝,95%乙醇。

配制方法:把 1 g 苯胺蓝溶于 100 mL 95%乙醇溶液中即为 1%苯胺蓝乙醇溶液。

20. **橘红 G 溶液**

用途:酸性染料,用于细胞质染色,也常作双重或三重染色。

配方：1 g 橘红 G，95%乙醇。

配制方法：把 1 g 橘红 G 溶于 100 mL 95%乙醇溶液中即为 1%橘红 G 乙醇溶液。

21. 苏木精溶液

用途：苏木精是植物制片中应用最广的染料，适用于一般组织学和细胞学的结构，是很强的细胞核染料，而且可以分化出不同的颜色。其配方很多，现以海登铁矾苏木精染液为例说明（铁矾苏木精染料）。

配方：A 液（媒染剂）：2～4 g 硫酸铁铵（铁铵矾），蒸馏水。

B 液（染色剂）：0.5 g 苏木精，95%乙醇，蒸馏水。

配制方法：

(1)A 液必须保持新鲜，最好在临用前配制，把 2～4 g 硫酸铁铵溶于 100 mL 蒸馏水中即可。其中硫酸铁铵应为紫色结晶，若为黄色则不能使用。

(2)B 液在使用前 6 周配制，将 0.5 g 苏木精溶解于 5 mL 95%乙醇中让它充分氧化，用时再加入 100 mL 蒸馏水，此液配好后可保存 3～6 个月，但不能与 A 液混合，否则会变质。

染色时切片需先经 A 液媒染，并充分水洗后才能用 B 液染色，染色后用水稍冲洗再用 A 液分色至适度即可。

试剂配制注意事项：

配制好的试剂应及时盛入试剂瓶，试剂瓶上必须标明试剂名称、配制日期、浓度等内容。

每次配液后，务必做好登记，记录溶液名称、浓度、试剂用量、配制日期和配制人等情况。

不能用手直接接触的腐蚀性及有剧毒的溶液，需穿戴隔离衣、手套或口罩。

需要测试有效性的试剂，测试合格后方可使用。

针对试剂本身的性质，选择合适的贮存容器。

配制好的试剂，必须及时按要求存放于正确的温度等环境条件下，并在有效期内使用。

需要严格定量的试剂，应使用高精度的天平严格称量。

溶液配制完成后，应将成分原料试剂瓶放回试剂柜的原位置，并及时清理操作台面，按要求做好天平和 pH 计的维护。

参考文献

[1] 李扬汉.植物学.上海：社会科学技术出版社，1982.
[2] 陈忠辉.植物与植物生理.北京：中国农业出版社，2004.
[3] 卞勇，杜广平，刘艳华.植物与植物生理.北京：中国农业大学出版社，2013.
[4] 张守润，杨福林.植物学.北京：化学工业出版社，2007.
[5] 许玉凤，曲波.植物学.北京：中国农业大学出版社，2008.
[6] 郑湘如，王丽.植物学.北京：中国农业大学出版社，2007.
[7] 金银根.植物学.2版.北京：科学出版社，2010.
[8] 金银根.植物学实验与技术.北京：科学出版社，2010.
[9] 王衍安.植物与植物生理.2版.北京：高等教育出版社，2015.
[10] 陈忠辉.植物与植物生理.2版.北京：中国农业出版社，2012.
[11] 唐蓉，韩鹰.植物与植物生理.南京：江苏教育出版社，2012.
[12] 崔爱萍，李永文，林海.植物与植物生理.武汉：华中科技大学出版社，2012.
[13] 胡宝忠，胡国宣.植物学.北京：中国农业出版社，2002.
[14] 杜广平，赵岩.植物与植物生理.北京：北京大学出版社，2012.
[15] 顾立新，崔爱萍.植物与植物生理.北京：中国林业出版社，2015.
[16] 宋志伟.土壤肥料.北京：高等教育出版社，2011.
[17] 张爱芹.植物学.成都：西南交通大学出版社，2006.
[18] 贾东坡.植物与植物生理.重庆：重庆大学出版社，2015.
[19] 李合生.现代植物生理学.北京：高等教育出版社，2007.
[20] 王宝山.植物生理学.北京：科学出版社，2004.
[21] 贾东坡.园林植物.重庆：重庆大学出版社，2014.
[22] 王沙生，高荣孚，吴贯明.植物生理学.北京：中国林业出版社，2001.
[23] 邹秀华.植物与植物生理.重庆：重庆大学出版社，2014.
[24] 胡金良.植物学.北京：中国农业大学出版社，2012.
[25] 张文华.植物与植物生理实训指导.银川：宁夏人民出版社，2014.
[26] 顾立新.植物与植物生理.北京：化学工业出版社，2015.
[27] 王宝库.植物与植物生理.北京：中国轻工业出版社，2011.
[28] 朱广慧，刘艳华.植物与植物生理.北京：机械工业出版社，2012.
[29] 中国植物图像库(PPBC).http://www.plant.photo.cn.

二维码 《植物与植物生理》拓展学习优秀科普书推荐